测绘地理信息科技出版资金资助

测绘地理信息原理、方法及应用
（下册）

——典型工程实践

Principles, Methods and Applications of Geographic Information in Surveying and Mapping (Volume Two)

——Typical Application Practices

杨德麟 等 编著

测绘出版社

·北京·

内容简介

本书全面阐述了测绘地理信息采集、处理、管理、存储、传输、分析、表达和应用的原理方法与典型应用案例,密切关注现代信息技术、大数据、云计算、人工智能等关联学科发展,具有鲜明的时代特征,在测绘地理信息研究应用上具有较好的参考价值。本书共分为上、下两册。上册从原理和方法的层面,重点阐述了测绘地理信息发展历程与展望、地理信息空间参照系、地理空间数据模型、地理空间信息的定位、信息化测绘采集与处理、三维空间数据采集与建模、地理空间信息数据库建设、数字地图的多尺度表达、地理信息系统建设、地理信息服务及新技术应用等内容。下册结合上册内容,汇集了北京、上海、广州、重庆、武汉、福州、江苏等地的测绘地理信息典型应用案例,可为测绘地理信息工程技术人员开展相关应用工程提供范例和参考。

本书可作为测绘地理信息工程技术人员、研究人员的参考用书和技术指导,也可作为测绘地理信息相关专业在校学生、教师的参考教材。

图书在版编目(CIP)数据

测绘地理信息原理、方法及应用. 下册,典型工程实践 / 杨德麟等编著. —北京 :测绘出版社,2019.11

ISBN 978-7-5030-4167-9

Ⅰ. ①测…　Ⅱ. ①杨…　Ⅲ. ①测绘—地理信息系统—研究　Ⅳ. ①P208.2

中国版本图书馆 CIP 数据核字(2019)第 258714 号

责任编辑 巩　岩　**封面设计** 李　伟　**责任校对** 石书贤　**责任印制** 吴　芸

出版发行	测绘出版社	**电　　话**	010—83543965(发行部)
社　　址	北京市西城区三里河路 50 号		010—68531609(门市部)
邮政编码	100045		010—68531363(编辑部)
电子信箱	smp@sinomaps.com	**网　　址**	www.chinasmp.com
印　　刷	北京建筑工业印刷厂	**经　　销**	新华书店
成品规格	184mm×260mm		
印　　张	26.875	**字　　数**	654 千字
版　　次	2019 年 11 月第 1 版	**印　　次**	2019 年 11 月第 1 次印刷
印　　数	001—500	**定　　价**	98.00 元

书　　号 ISBN 978-7-5030-4167-9

如有印装质量问题,请与我社发行部联系。

下册编著委员会

主 编 著 杨德麟

副主编著 林 鸿 谢征海 肖建华 郭容寰 杨伯钢 陈瑞霖 林秀玉

编 著 委 陈利燕 张海涛 王昌翰 谭仁春 汪旻琦 毛炜青 方丹娜 耿 俊 陈廷武 祝晓坤 卢丹丹 何 伟 李 琪 李鹏鹏 王会珠 刘昱君 李 锋 郑佳荣 钱 敏 张鹏程 潘 琛 顾 芒

序

近几十年来全球数字化、信息化和智能化的发展，推动着测绘学科从单一学科走向多学科交叉，学科的内涵和服务目标在深度和广度上发生了重大变化。测绘从数字测绘阶段发展到信息化测绘阶段，正朝向智能化、实时化和大众化转变，进入了一个新时代。测绘地理信息产业发展迅猛，不仅在国家信息化、现代化经济建设和国防建设中发挥了显著作用，而且在促进经济可持续增长和保持社会稳定中做出了重要贡献。随着我国经济社会快速发展、人民生活水平不断提高，全社会对测绘地理信息服务需求急剧增加，迫切要求加快发展测绘地理信息产业，丰富测绘地理信息产品。《测绘地理信息事业“十三五”规划》（国家发展改革委、国家测绘地理信息局）提出了“加强基础测绘，监测地理国情，强化公共服务，壮大地信产业，维护国家安全，建设测绘强国”的总体发展战略。目前，我国测绘已由生产型测绘向服务型测绘转变、由主要依靠政府推动发展向依靠政府和市场两种力量推动发展转变、由单一地图及地理信息数据生产服务向网络化综合性的地理信息服务转变。测绘地理信息工作与政府管理决策、企业生产运营、人民群众生活的联系更加紧密，社会各方面对测绘地理信息服务保障的需求更加旺盛。信息化测绘体系建设重点强调以数据获取实时化、数据成果信息化、数据处理自动化、数据服务网络化、成果应用社会化为主要特征。

本书作者及团队顺应测绘地理信息发展趋势，紧扣测绘地理信息发展前沿，在分析测绘地理信息发展的基础上，进行提炼，形成测绘地理信息原理、方法与应用的框架，对测绘地理信息新技术进行了论述与展望，并结合国内数字城市和智慧城市建设中的测绘地理信息典型案例进行讲述，内容组织严密、深入浅出。

全书共分为上、下两册。上册主要由国内长期从事数字化、信息化测绘教学的一线大学教师编写，他们具有丰富的教学经验和扎实的理论知识，能引导读者深入浅出地理解测绘地理信息原理和方法。下册主要由国内大中型城市测绘地理信息生产单位的高级工程师编写，以项目为引导，总结了作者长期从事一线测绘生产实践工作的经验，具有鲜明的参考价值及实际应用价值。

本书的出版，必将有助于推动测绘学科更快、更好地发展，为我国培养和造就更多更优秀的测绘地理信息人才，为我国测绘地理信息事业的蓬勃发展做出贡献。

李德仁

2019 年 9 月

前　言

近年来，测绘地理信息科技、产业迅猛发展，不仅在国家信息化中发挥着显著作用，而且在促进经济增长和保持社会稳定中做出了重要贡献。随着我国经济社会的快速发展，人民生活水平不断提高，对测绘地理信息服务的需求急剧增加。21 世纪初，我国跨越到信息化测绘阶段，测绘正由生产型向服务型转变。测绘地理信息与政府管理决策、企业生产运营、人民群众生活的联系更加紧密。我国近几年就在全国开展了地理国情监测、不动产登记，且正在进行第三次全国国土调查。此外，在强军、灾害调查、城市规划和“一带一路”建设，以及京津冀协同发展、长江经济带发展等国家战略的实施上，都让人感受到地理信息的保障和服务能力得到了极大提升和加强。进入 21 世纪以来，随着全球经济一体化的形成和第四次产业革命的到来，人类生产经济活动更加频繁，对空间信息的需求前所未有，需要范围更大、精度更高、信息量更丰富及时效性更强的测绘地理信息作为支持人类生产生活的时空基础设施。需求成为推动测绘地理信息事业发展的主要动力。

测绘地理信息是研究与地球表面有关的地理空间位置及其相关现象信息的采集、处理、管理、分析、传输、表达、应用的科学技术。它通过测绘手段实时获取地理位置及其关联的属性数据，经过数据处理形成面向应用的地理信息。

测绘技术已经历了模拟测绘阶段、数字测绘阶段，目前正处在信息化测绘阶段。模拟测绘阶段历经了数百年，数字测绘阶段历经了十余年，21 世纪初迎来了信息化测绘阶段。随着互联网、大数据、云计算、人工智能等新技术的创新引领，还将迎来智能测绘新阶段。

模拟测绘与数字测绘在成图和存储的技术和方法上有质的区别。前者是纸质(或聚酯薄膜)的图，后者是可以传输和存储在计算机中的数字地形图(模拟数字地形图，也可绘制成纸质图)，但它们都是以整幅图的形式服务于经济社会，用图都是靠人脑去分析取用。跨入到信息化测绘阶段后，李德仁院士指出信息化测绘的本质是服务，这就把测绘应用的范围从国家细化至人民群众，测绘的基本单元必须是要素级的地理信息。同时，绘成的图也是信息化数字地形图(信息数字地形图)，可以由图中提取每个要素来服务于用户，而每个要素又带有很多信息。测绘服务已渗透到各行各业，信息化测绘值得推广应用。

笔者通过撰写本书，将测绘地理信息的概念、技术体系进行整理提炼，形成了测绘地理信息原理方法和应用的框架，全面阐述了测绘地理信息采集、处理、存储、传输、分析、表达、管理和应用。本书分上、下两册。上册偏重于原理方法，下册以应用为主。

为了更好地完成本书，分别组成了上册与下册编著委员会，负责上册与下册的编著、审稿、统稿工作。

下册分为 5 篇，共 26 章。各篇统稿人包括：第 1 篇为张海涛(1～5 章)；第 2 篇为陈利燕(6～8 章)；第 3 篇为汪旻琦(9～15 章)；第 4 篇为林秀玉(16～17 章)；第 5 篇为陈瑞霖(18～26 章)。各章节负责人包括：第 1 章为张海涛，其中，§1.1 为张海涛，§1.2 为顾芒、耿俊，§1.3为王昌翰，§1.4 为耿俊，§1.5 为毛炜青，§1.6 为杨铁柱、王磊；第 2 章为杨伯钢、祝晓坤；第 3 章为李琪、方丹娜、郑佳荣、王会珠；第 4 章为王昌翰；第 5 章为林鸿、王红新、陈利燕；

第 6 章为林鸿、陈利燕;第 7 章为林鸿、陈飞、陈利燕;第 8 章为钱敏、耿俊;第 9 章为郭容寰、汪旻琦;第 10 章为汪旻琦、毛炜青;第 11 章为谢征海、王昌翰、李锋;第 12 章为汪旻琦、郭容寰、潘琛,第 13 章为谢征海、王昌翰;第 14 章为毛炜青、汪旻琦;第 15 章为谭仁春、卢丹丹、何伟;第 16 章为刘昱君、耿俊;第 17 章为林鸿、张鹏程、陈利燕;第 18 章为陈瑞霖、翁俊;第 19 章为陈瑞霖、黄磊;第 20 章为肖建华、李鹏鹏、谭仁春;第 21 章为陈利燕,其中§21.1 为林鸿、宋扬、陈利燕,§21.2 为陈瑞霖、陈洪,§21.3 为杨伯钢、祝晓坤;第 22 章为祝晓坤、张海涛;第 23 章为林鸿、宋扬、陈利燕;第 24 章为陈廷武、祝晓坤;第 25 章为谢征海、胡波、王昌翰;第 26 章为何伟、卢丹丹、李鹏鹏。林鸿、陈瑞霖负责下册的审稿及统稿,梁建国参与部分章节的审稿。各篇负责人负责本篇的审稿及统稿。下册的英文目录由陈利燕完稿。

本书在编写过程中得到刘先林院士、王家耀院士的大力支持,也得到清华大学、武汉大学、中国地质大学(武汉)、浙江大学、华中师范大学、闽江学院等高校及北京市测绘设计研究院、上海市测绘院、重庆市勘测院、广州市城市规划勘测设计研究院、武汉市测绘研究院、福州市勘测院、江苏省基础地理信息中心和北京山维科技股份有限公司等技术单位的大力帮助与支持,在此一并表示感谢。

测绘地理信息发展迅速,涉及的面又广,其理论、方法、应用还在不断前行、完善。本书在较短的时间内完成,涉及的编著者较多,写作水平有限,书中难免有不当之处,恳请批评指正。

目　录

第 1 篇　地理空间信息获取与建库

第2篇 空间信息的多尺度表达

第3篇 三维地理信息

第5篇 测绘地理信息新技术应用

Contents

Part 1 Acquisition of Geospatial Information and Construction of Database

Part 2 Multiscale Expression of Spatial Information

Part 3 Three-Dimensional Geographic Information

Part 4 Public Service of Geographic Information

Part 5 Applications of New Technology of Surveying and Mapping with Geographic Information

第1篇　地理空间信息获取与建库

在构建数字测绘技术体系阶段，基本实现了从数据采集、数据处理到图形输出的完整生产流程，在生产过程中全部采用计算机进行数据处理，输出的成果也是数字的。随着数字测绘成果的逐步普及和应用面的扩大，基于所采集的地理空间信息建设数据库并提供相应的数据服务，逐步成为测绘地理信息行业的主要工作模式。在从数字测绘技术体系向信息化测绘技术体系过渡的历程中，数字测图技术的发展已经不仅仅局限于单一的数据采集和单向的数据入库，许多单位已经着力于开发一体化的采集、建库系统，力求提供整体解决方案。在此期间，一体化测绘技术得到了迅猛的发展，成为测绘技术体系建设中的重要技术支撑。地理空间信息获取与建库的内容不但包括数字线划图（digital line graph，DLG）、数字正射影像图（digital orthophoto map，DOM）、数字高程模型（digital elevation model，DEM）等常规的基础地理信息数据，也逐步涉及城市规划、智慧城市、数字城市、地理国情普查、地理国情监测、不动产测绘、地下管线测量、地下空间测绘等领域。同时，数据结构也从单一的数据库向多源、异构的数据库变迁，许多城市已经开展了大型的综合性地理信息数据资源库建设，服务于国计民生的各个领域。

本篇以基础地理信息数据、地理国情数据、不动产权籍数据、地下管线数据、地下空间（建（构）筑物）数据等几个方面的典型工程项目为例，介绍地理空间信息获取与建库的技术流程、技术要求、关键技术、项目创新点和特色，基本涵盖了地理空间信息工程信息获取与建库的主要领域。

本篇重点阐述了图库一体化、采编一体化、增量更新等信息化测绘技术手段在基础地理信息数据获取与建库中的应用情况，除了涉及地下管线数据采集与建库等传统测绘地理信息业务领域之外，还着重对不动产测绘、地下空间测绘、地理国情普查和地理国情监测等近年来新兴的测绘地理信息领域在数据采集和建库中的相关技术进行了介绍。

第 1 章　基础地理信息数据获取与建库

本章以北京 1∶500 基础地理信息数据获取项目为例，介绍了大比例尺基础地形数据获取的典型案例；以江苏省级基础测绘 1∶10 000 地形数据获取项目为例，介绍了中小比例尺基础地形数据获取的典型案例；以重庆 1∶5 000 数字地形图测绘项目的数字高程模型和数字正射影像图数据生产为例，介绍山地复杂地形条件下数字高程模型及数字正射影像图获取的有关技术流程与方法；根据江苏省基础地理信息数据库建设的现状，介绍了涵盖数字线划图、数字正射影像图、数字高程模型等基础地理信息数据建库的典型案例。

同时，根据基础地理信息数据获取与建库技术的特点和当前测绘地理信息技术发展趋势，阐述了信息化测绘技术改造建库的方向与方法，并介绍了大比例尺地形数据多库合一建库的典型案例。

§1.1　大比例尺基础地形数据获取

1.1.1　项目背景

城市基础测绘工作是城市国民经济和社会发展的一项前期性、基础性、公益性的工作。北京市基础测绘是“数字北京”“智慧北京”的空间基础框架和重要基础设施，得到了北京市政府的高度重视和大力支持。根据《北京市测绘条例》《北京市关于加强基础测绘工作的意见》及原国家测绘地理信息局关于深化基础测绘建设的要求，北京市每年对中心城区 1∶500 地形图开展两轮修测更新工作。

本项目的主要工作内容包括外业变化发现、外业数据采集编辑、部门质量检查、入库、出库、成果验收和归档等。

本项目的总任务量为北京市四环范围及五环内重点区域 422.5 km^2，共涉及1∶500地形图 8 450 幅(40 厘米×50 厘米分幅)，范围如图 1.1 所示。

1.1.2　技术流程

1∶500 一体化生产的技术流程如图 1.2 所示。

(1)变化发现：在外业更新前，由专人进行变化区域监测，绘制变化区域范围，按照变化区域下达任务。

(2)外业修测更新生产：由外业队伍根据下达的任务，从数据库下载变化区域的数据，而后进行外业更新，并进行两级检查，合格后提交增量更新数据。

(3)入库：数据库管理部门利用检查合格后的增量更新数据包，更新 1∶500 数据库。当对多个变化区域进行增量更新时，外业部门应解决区域间接边问题。若入库时发现接边冲突，由入库人员确认或下载接边区域工程，并交由相关部门解决。

(4)验收：质量管理部门按照任务批次对 1∶500 数据库进行验收，如有不符合要求的内容，将有问题的区域和检验记录传递给生产部门，由生产部门根据这些信息重新下载数据进行改正，再经过两级检查后重新入库。

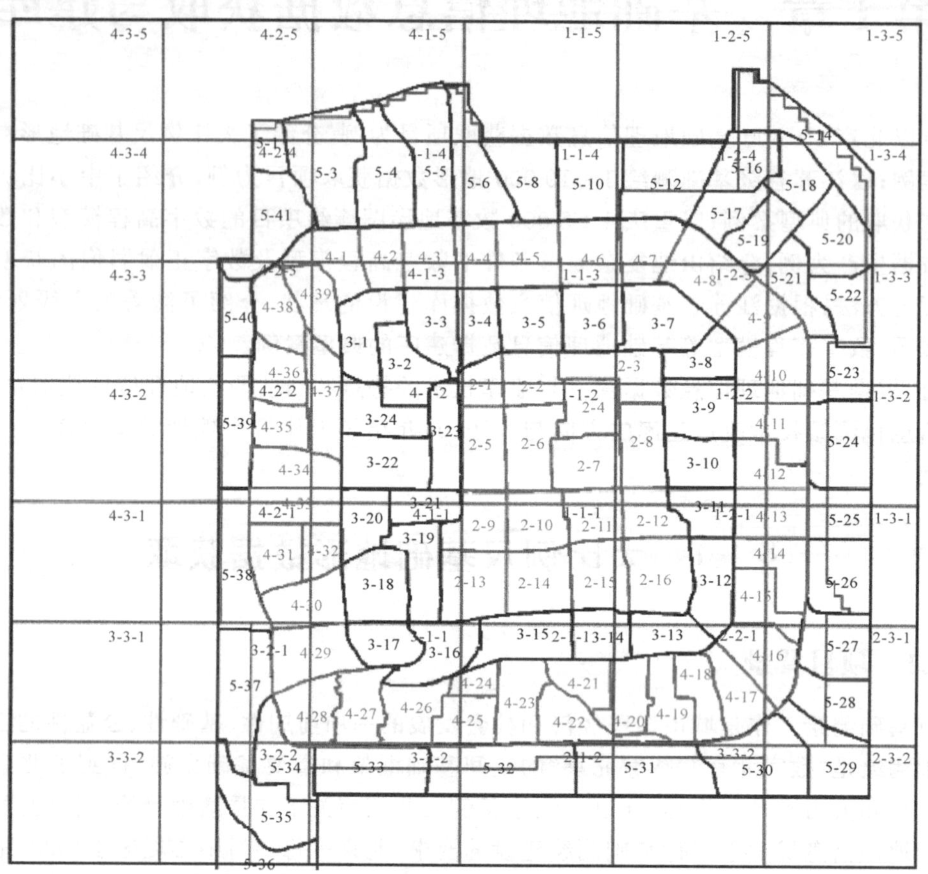

图 1.1　作业范围及格网划分

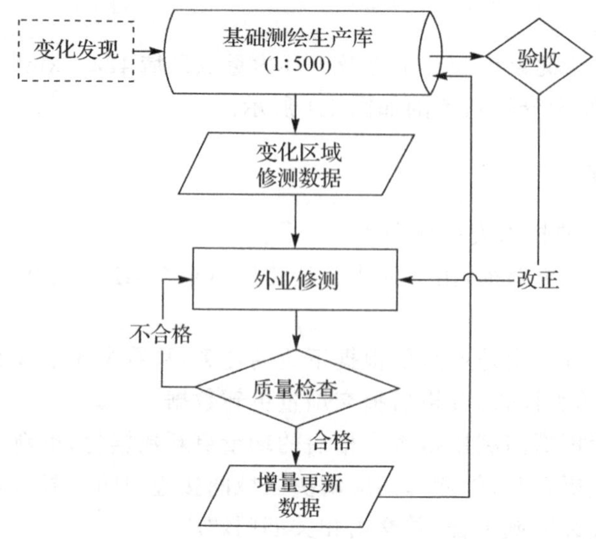

图 1.2　1∶500 一体化生产技术流程

1.1.3　技术要求

1. 主要技术指标

(1)地形图规格。主要包括:①平面和高程系统,平面采用地方坐标系,高程采用地方高程系;②分幅和编号,生产任务安排以网格的形式进行管理,生产过程中的成果文件参考统一固定的网格编号进行分幅,最终成果文件采用地方分幅和编号方法;③地形类别,为平地;④地形图比例尺和基本等高距,地形图成图比例尺为 1∶500,基本等高距为 0.5 m;⑤高程注记点密度,图上每方格应测绘 6～10 个高程点;⑥符号、注记和图廓整饰应符合《北京市基础测绘技术规程》规定;⑦测图日期,原测图日期不变,修测日期以测绘生产日期为准。

(2)精度要求。新测要素相对于邻近图根点的点位中误差不得超过图上 0.5 mm,间距中误差不得超过图上 0.4 mm。设站施测困难的旧街坊内部,其精度要求按上述规定放宽 50%。高程注记点和等高线相对于邻近图根点的高程中误差,分别不大于 0.15 m 和 1/3 等高距。

(3)地形要素分层和数据格式。成果文件的要素分层、数据格式、文件命名,以及元数据文件的命名、内容及格式等均应符合《北京市基础测绘技术规程》的规定。

(4)数据接边。测区内相邻网格对应层的同名要素应接边,接边较差不应大于地物点平面中误差的 2 倍(图上 1 mm),高程较差不应大于 0.15 m,小于限差时可平均配赋,但应保持地物、地貌相互位置和走向的正确性。超限时应查清原因,处理后并注明。与已有网格接边较差不大于上述的规定时,各改一半,并统一将资料室原图替换;超限时应查清原因,若确认新测图无误,则以新测图为准。新旧地物间相对关系要合理。

(5)成果内容和形式。成果主要包括:①EDB 数据文件;②地方分幅 DWG 格式图形数据文件和元数据文件;③基本比例尺地形图图历表文件。

2. 测图技术要求

1)平面控制测量

采用全球导航卫星系统(global navigation satellite system,GNSS)网络实时动态(real-time kinematic,RTK)测量技术布设控制点的主要技术指标如表 1.1 所示。

表 1.1　布设控制点的主要技术指标

等级	相邻点间距离/m	点位中误差/cm	相对中误差	方法	起算点等级	流动站到基准站距离/km	测回数
二级	≥300	≤5	≤1/10 000	网络 RTK	—	—	≥3
				单基站 RTK	四等及以上	≤6	
三级	≥200	≤5	≤1/6 000	网络 RTK	—	—	≥3
				单基站 RTK	四等及以上	≤6	
					二级及以上	≤3	
图根	≥100	≤5	≤1/4 000	网络 RTK	—	—	≥2
				单基站 RTK	四等及以上	≤6	
					三级及以上	≤3	

注:(1)网络 RTK 测量可不受起算点等级、流动站到单基准站间距离的限制。

(2)困难地区相邻点间距离缩短至表中的 2/3,边长较差不应大于 2 cm。

采用电磁波测距的三级导线,线路应尽量布设成直线,技术要求如表 1.2 所示。

表 1.2 电磁波测距导线测量的技术要求

导线等级	附合长度/km	平均边长/m	相对闭合差	测回数(DJ2)	方位角闭合差	坐标闭合差绝对值/m
二级	2.4	200	1/10 000	1	$\pm 16''\sqrt{n}$	0.26
三级	1.5	120	1/6 000	1	$\pm 24''\sqrt{n}$	0.26
图根	0.9	80	1/4 000	1	$\pm 40''\sqrt{n}$	0.26

注:n 为测站数。

布设的图根导线点的密度应以满足测图需要为原则,每幅新测图不低于 4 个点。困难地区图根导线允许附合 2 次。

因地形限制图根导线无法附合时,可布设不多于 4 条边、长度不超过 450 m、最大边长不超过平均边长 160 m 的支导线,支导线边长应观测2 次,角度应按 2 测回观测。

当图根导线线长短于 300 m 时,其绝对闭合差不应大于实地0.15 m;导线总长可放长至 1.5 倍,绝对闭合差不得大于 0.25 m。

2)图根高程控制测量

图根点的高程测量采用水准测量方法、电磁波测距三角高程测量方法、GNSS 网络 RTK 高程测量方法。

3)内业计算整理

平面与高程控制测量应按规定进行平差计算,各类技术指标要符合要求,并认真进行成果整理。手簿填写要齐全,字迹要工整,装订要整齐,内容要齐全,应包括控制点网图及数据文件、精度统计表、计算手簿等。

4)测图的基本要求

1∶500 数字化地形图测绘主要采用全站仪数字化方法,也可采用 GNSS 网络 RTK 测图。布设图根控制点进行图根水准测量和高程注记点测量时,图根控制点采用钢钉进行埋设。可利用已有控制点资料进行更新测绘,但对控制点校核,应满足平面误差小于 10 cm,高程误差小于 5 cm;同时,对周边旧地物(至少一处)校核,应满足平面误差小于 50 cm,高程误差小于 10 cm。

5)变化发现要求

地形图的更新测绘要先进行变化发现,利用审批的建设项目一书两证数据(shapefile 数据)、卫星查违数据(shapefile 数据)、导航地图、卫星影像、航测数据、人工巡视相结合的方法进行。优先满足城市规划用图需求,要仔细寻找公共空间更新要素,以及一书两证数据(shapefile 数据)、卫星查违数据范围内更新要素,其他单位、小区、公园等内部以发现房屋要素变化为主。

6)测绘要求

地形图应按测量控制点、水系、居民地及设施、交通、管线、境界与政区、地貌、植被和土质等分层表示。按分类代码的要求进行注记,并着重显示与城市规划、建设有关的各项要素。

7)信息化处理要求

(1)基本原则。具体包括:①信息化原则,即按照点、线、面和注记等方式表达地理信息;②图属一体化原则,即空间要素及其属性一体化采集、一体化存储;③对象完整性原则,即保持地物等空间对象的整体性、完整性。

(2)基本要求。依照原图,按设计书要求对地形图上各要素数据进行处理。为了使地形图清晰易读，数据整理时要注意各类地物之间的相应关系，原数据中的地物要素不要轻易删除。房屋边线必须封闭，相接的节点应严格捕捉，不能出现悬挂点；数据整理后各要素编码要正确，各类文字注记要正确，分类分层应无误。具体要求如下：

——点、线、面等空间要素及共点、共边要严格提取与捕捉，确保空间要素、空间属性(如编码、颜色等)及空间关系的正确性，采集绘制规则的一致性，杜绝缝隙、悬挂、交叉、自相交等现象的发生。

——正确处理空间要素及空间属性，不得出现错误或异常(如等高线的点线矛盾)。

——点、线、面等空间要素只存储定位点、定位线、骨架线和轮廓线，数据中不得出现以辅助线划表示的图式符号。

——点符号基本要求：所有的点符号应是一个完整的符号，不允许用散线表示，高程点应保证点与高程值注记为一个整体，控制点应保证点与点名、高程值等注记为一个整体。

——线、面状符号基本要求：所有面状符号必须封闭，并修改闭合点位，不能出现自相交；被点状符号、注记压盖的线状符号应保持连通；不同层地物要素共线时，要素应在相应层分别表示，并在共线处保证严格重合；电力线、通信线和境界线等线状要素应无间断绘制；河流、沟渠依比例尺表示的不同水系要素，其面在相交处断开，但应无缝不重叠连接；河流、沟渠等水系要素的面遇桥梁或穿越道路时应保持连通；斜坡、台阶、陡崖等在同一网格内的原则上应表示成整体，并尽量保持图形效果，对于连接后有变形的可采用无缝不重叠的方式分段表示；水系面在同一网格内的原则上也应整合成整体，对于太长的水系面可分为数段以无缝不重叠的方式表示。

——注记基本要求：放置注记时，采用“中心”对齐方式，按照先左后右、先上后下的顺序注记，尽量不要压盖其他地物；注记内容超过一个字符的，应将其全部字符内容作为一个整体注记；注记内容指向多边形区域的，注记定位点一般应放入相应的多边形中，尤其是房屋注记中心点一定要位于房屋面内，以便房屋属性提取时使用；等高线注记字头朝向高程升高方向，并与等高线垂直；符号生成后自动带有注记的不再另外增加文字注记。

——所有地物的编码确保为正确的码位，不得出现规定之外的其他编码位数。

8)数据编辑与成果输出

(1)数据采集过程中采用图元码绘制的地物，利用工具转换成标准的地物编码。

(2)编辑过程中注意点、线、面符号属性正确和扩展属性选项。

(3)植被及水系层要素除了需绘制范围线外，应按规定分种类进行构面，同时注意填写扩展属性选项。

(4)立交桥需要绘制标识点，且必须是唯一的标识点。

(5)图形编辑完成后应对文件进行数据合法性检查，对数据监理窗口问题进行修改。当判定问题不是错误时可以排除。

(6)输出DWG格式的成果图，保留规定的各图层，没有要素的应保留空层。

9)要素的配合表示

(1)地物地貌、地理名称等要素在测区内外都要接好图边。

(2)当两个地物中心重合或接近、难以同时准确表示时，可将较重要的地物准确表示，次要地物移位0.3 mm。

(3)房屋或围墙等高出地面的建筑物，直接建筑在陡坎或斜坡上且其边线与坎坡上沿线重合的，可用建筑物边线代替坎坡上沿线。

(4)水涯线与泊岸、陡坎重合时，可用泊岸、陡坎边线代替水涯线；水涯线与斜坡脚重合时，仍应绘出水涯线。

(5)道路边线与房屋、围墙等高出地面的建筑物边线重合时,可用建筑物边线代替路边线。

(6)地类界与地面上有实物的线状符号重合时,可省略不绘;与地面无实物的线状符号(如架空管线、等高线等)重合时,可将地类界移位0.3 mm绘出。

(7)等高线遇到房屋及其他建筑物、双线道路、路堤、路堑、坑穴、陡坎、斜坡、湖泊、双线河及注记等,均应中断。

3. 质量控制要求

1)检验制度

1∶500数字地形图成果的质量通过两级检查、一级验收方式进行控制,应依次通过生产部门的中队级检查、部门级检查和院级质量管理部门的验收,各项检查工作应独立、按顺序进行,不应省略代替或颠倒顺序。

2)检查比例

(1)中队级检查对数据进行100%内业检查、100%外业巡视检查。

(2)部门级检查对数据进行100%内业检查,30%外业巡视检查及10%变化图幅的数学精度检测。数学精度检测包括平面点位精度检测、高程精度检测、平面点位相对精度检测。

(3)对于更新要素少的图幅,特征点可以按变化要素个数的10%抽样。

3)数据质检原则

(1)要素全面标准化原则:确保成果无任何非标准代码,符号表达完整。

(2)空间关系全面检查原则:数据对象重叠、尺寸超限、出现不合理交叉、有悬挂点、对象内属性矛盾、对象间关联矛盾和注记压盖要素等要做相关检查,确保对象图形和属性的完整性。

(3)地物属性内容检查原则:对数据中各类地物要素必填属性项检查,要确保指定地物要素的属性内容完整、合理。

(4)地物接边检查原则:检查物理接边处,避免由于对象属性不一致而未实现无缝拼接的问题。

(5)图面检查全覆盖原则:利用导航工具,确保图面浏览无遗漏。

4)数据检查内容

数据检查包括数据检查组和数据检查项,如表1.3所示。

表1.3 数据检查组和数据检查项

序号	检查组	检查项
1	标准检查	编码合法性检查、层码合法性检查、非地物要素编码检查
2	重叠对象检查	重叠对象检查、线对象局部重叠检查
3	空间逻辑检查	不合理断线检查、空间逻辑检查
4	悬挂点检查	悬挂线头检查
5	交叉检查	自相交检查、线相交检查、面相交检查、线面相交检查、面包含检查
6	超限检查	最小锐角检查、最小面积检查、碎线检查
7	高程矛盾检查	等高线间矛盾、高程点与等高线矛盾检查
8	自动修复	非法空间逻辑修复
9	属性必填项检查	房屋面必填属性检查、水系面必填属性检查、高程点层必填项检查、等高线层必填项检查、图廓层必填项检查
10	接边检查	图幅接边检查

5)CAD 回放图检查

用于计算机辅助设计(CAD)软件环境的 CAD 回放图应满足《北京市基础测绘技术规程》的要求,尽量避免压盖,确保图面美观、合理。

6)外业检查

(1)检查成果是否正确,资料是否齐全,图根点的密度及各项精度指标是否符合要求。

(2)地物地貌各要素测绘是否正确,取舍是否恰当,图式符号运用是否正确,接边精度是否合乎要求。

(3)部门检查需对变化图幅的 10%进行平面点位、高程、平面点位相对位置的精度检测。

(4)地物点平面位置精度统计:大于 2 倍中误差为粗差,不参加统计。

(5)精度检测中如发现被检测的地物点和高程点具有粗差时,应进行复核。

7)成果验收

(1)对外业测量成果进行验收:控制点的布设、测量、计算、成果应符合要求;成图精度应符合要求,地物地貌取舍应恰当,图式符号运用应正确;绘图应符合要求,各项要素应正确无误。

(2)对出库数据进行验收,包括网格接边处的数据。

(3)综合评定产品质量等级。

(4)作业部门提交验收资料时,可以将多个作业网格成果编制成一个供检查验收的资料。验收的资料包括:目录、项目任务单、生产计划表、结合表、控制网图、计算手簿、附件,这些资料应提供纸质资料并装订成控制资料;出库数据、DWG 格式数据、图历表文件、元数据文件、控制展图文件、数据合法性检查文件、部门质量检查报告(含精度统计表)、本批次的技术总结。

4. 成果提交和归档

提交和归档的成果包括:出库数据、DWG 格式数据等文件,控制资料、图历表文件、元数据文件、控制展图文件、数据合法性检查文件,质量检查报告、质量验收报告,专业技术设计书和专业技术总结。

1.1.4　关键技术

1. 采编一体化技术

在数据采集的同时,充分考虑数据入库的需要,简化工序,由外业人员完成外业数据采集与内业编辑,减少了数据流转经过的部门,大大缩短数据入库周期。

2. 图库一体化技术

采用图库一体的作业平台,从过去的生产图形转变为现在的生产数据。数据库只存储要素的骨架线和相应属性信息,不保存辅助制图要素,由动态符号化机制实现图形可视化显示,彻底解决地理信息系统(geographic information system,GIS)信息与地形图制图的一致性问题。

3. 增量更新技术

在数据入库环节,改变了过去整版入库所带来的重复工作,避免了一版一库的现象。采用增量更新技术,仅对变化的部分入库,从而大大提高了生产效率,并能够在一个数据库中存储现状数据和历史数据。

4. 数据加密技术

在生产中由多个单位承担任务,为了解决数据保密问题,采用了加密文件系统(EFS)专用的数据加密技术。采用这种技术,在没有相应密钥的情况下,任何人也无法破解数据,从而保证了数据的安全。

1.1.5 创新点和特色

1. 面向对象的数据结构

在定义数据结构过程中采用了对象化的思想,突出了整体性。同时取消了本层实线等未定义要素,保证了地物的唯一性。依据新标准定制了采编平台,并依据其进行数据整理和外业修测,优化了数据结构,提升了数据品质。这种面向对象的数据结构为按六分法进行地理信息服务奠定了基础。

2. 网格管理

采用网格管理技术进行生产过程中数据单元的管理,解决了传统的图幅管理带来的接边成本,既保证了数据在更新过程中的完整性,又使未修测的数据能够保持原始状态,避免了重复加工和数据格式转换,提高了生产效率。

3. 面向数据的生产方式

本项目所设计的生产工艺流程,采用"先入库、后出图"的生产模式,即以生产数据为主,兼顾图形输出,因此是一种面向数据的方式。这种方式符合当前的发展方向,为测绘生产实现按需服务打下了良好的基础。

1.1.6 项目评价

与本项目有关的研究成果已经全面应用于北京市基本比例尺地形图更新测绘工作中,并实现了统一的建库与集成管理。地形图数据库定期对数据中心同步,并向社会提供地理信息服务,一举解决了图、库数据分离和现势性差的问题,产品质量与现势性得到了显著提高,为满足原国家测绘地理信息局在《测绘地理信息发展"十二五"总体规划纲要》中指出的"推进基础测绘更新由静态向动态、由时间点向时间段"的要求提供了强有力的支撑。

此外,本项目相关成果在"北京市轨道交通""大兴区综合管线普查""通州新城 1∶500 地形图测绘"等多项重大工程中广泛应用,为北京市基础测绘、城市精细化管理、数字城市建设、地理国情普查等工作提供了有力的数据支撑和技术保障。

§1.2 中小比例尺基础地形数据获取

1.2.1 项目背景

省级基础测绘 1∶10 000 地形数据的获取,能够满足省政府和各级地方政府管理部门的决策需要,为省级经济的快速发展奠定基础。

1.2.2 技术流程

地形数据更新作业流程分为内业核查、外业核查、内业编辑,即首先内业利用遥感影像在立体环境下对地物进行更新采集,并对更新要素进行标记,同时对地形变化大的地区划定范围,然后将矢量数据与正射影像数据进行叠加,以防水相纸为介质,按照 1∶10 000 比例尺输出调绘底图,提供给外业调绘,最后内业依据外业完成的调绘底图进行编辑、整理。1∶10 000 地形数据获取作业流程如图1.3 所示。

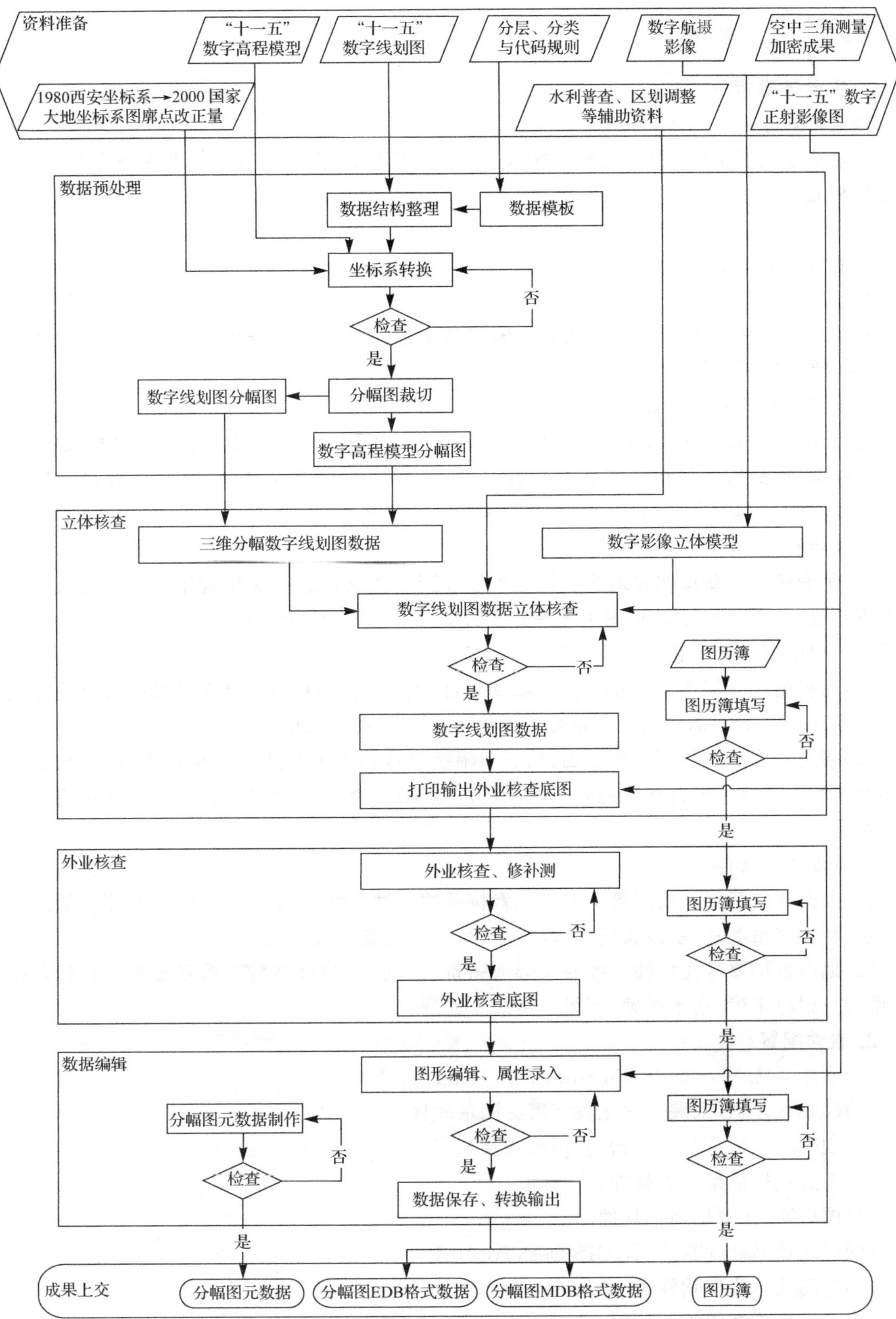

图 1.3　1∶10 000 地形数据获取作业流程

1.2.3 技术要求

1. 主要技术指标

1)空间参考系

大地基准采用2000国家大地坐标系、高斯-克吕格投影、3°分带。高程基准采用1985国家高程基准。

2)基本等高距

平地为1 m,丘陵地为2.5 m。

3)分幅与编号

分幅和编号按GB/T 13989—2012《国家基本比例尺地形图分幅和编号》执行,分幅经差为3′45″,纬差为2′30″。

4)数据格式和命名规则

分幅建库数据为Personal Geodatabase格式,出图数据为EDB格式,数据文件名为1∶10 000标准图幅号加相应扩展名(MDB和EDB)。元数据为MAT格式,数据文件名为1∶10 000标准图幅号加扩展名。电子图历簿为Excel格式。

5)数学精度

(1)平面精度。新增明显地物点相对于邻近野外控制点的平面位置中误差:平地、丘陵地图上不超过±0.5 mm,山地地图上不超过±0.75 mm;特殊困难地区(如大面积水域、大范围树林等),点位中误差可放宽至上述各指标的1.5倍。

(2)高程精度。原图内地貌变化区域高程注记点的补测精度为平地0.35 m、丘陵地及植被密集地区1.2 m;等高线的补测精度为平地0.5 m、丘陵地及植被密集地区1.5 m。

(3)接边精度。在几何图形方面,相邻图幅接边地物要素在逻辑上保证无缝接边,当由于不同时期测图造成不能自然接边时,允许保持不接边状态;在属性方面,相邻图幅接边地物要素属性保持一致。

6)其他技术指标

(1)数据属性精度。描述每个地形要素特征的各种属性数据要正确无误,要素分层及层属性的字段名、字段类别、字段长度、字段顺序、编码应正确无误。

(2)地形数据要素完备性。各要素必须完备、正确,不能有遗漏或重复现象。各种名称注记、说明注记应正确,指示明确,不得有错误和遗漏。

2. 软件配置

(1)操作系统Microsoft Windows 7或Windows XP。

(2)GeowayDPS采编一体化数字摄影测量软件。

(3)EPS2008数据加工平台(含质检模块)。

(4)苏惠数据质量检查软件。

(5)图历簿、元数据制作软件。

(6)空间数据处理软件ArcGIS DeskTop10.1。

(7)空间数据管理软件ArcGIS Server 10.1。

(8)关系型数据库管理软件Oracle 11g。

3. 数据预处理

1)资料的分析与利用

(1)控制资料:基础测绘数据库成果中的控制点部分,收集的新增控制点,可用于高程点补测的卫星导航定位连续运行基准站(continuously operating reference station,CORS)和似大地水准面精化成果。

(2)地形数据资料:基础测绘地形数据库成果,其坐标系统为1980西安坐标系,其高程基准为1985国家高程基准,使用时转换为Personal Geodatabase格式。

(3)坐标转换改正量:1980西安坐标系1∶10 000图廓点坐标转换为2000国家大地坐标系1∶10 000图廓点坐标的改正量。

(4)航摄资料:2012年的全数字摄影系统航摄的数码真彩色影像,其摄影比例尺约为1∶50 000、航高为3 500 m、相机焦距为70.5 mm、像幅尺寸为67.86 mm×103.86 mm、像元分辨率为6 μm、地面分辨率为0.3 m。经验收,航摄资料的质量满足1∶10 000地形数据更新要求。

(5)加密资料:基础测绘解析空中三角测量成果,供立体测图使用。

(6)数字高程模型数据:1∶10 000数字高程模型,其格网间距为5 m,立体测图过程中用来恢复矢量数据高程。

(7)水利普查成果:2012年的全国水利普查骨干河流和拓展河流最终成果数据,作为双线河流名称和起止点更新的依据。

(8)行政区划资料:截至2012年10月,国家统计局发布的各级行政区划代码表,作为境界层行政区划代码更新的依据;2012年10月之后变化的行政区域,根据该代码表的编码原则进行更新;省民政厅2012年出版的《行政区划简册》及2012年以来档案馆收集的省政府关于行政区划调整等相关文件,可作为市、县(区)、乡(镇)行政界线更新的补充资料。

2)预处理要求

(1)按照地形数据模板的图层名称、图层属性和图层表现风格,以及地物类名称、地物类编码和地物类表现风格等,进行作业方案准备。使用软件的方案模块制作统一方案,使用符号制作软件制作符号文件"1万更新符号—采集.SYM"。

(2)对地形数据的分层、分类和代码进行调整。

(3)对已调整好的地形数据库(1980西安坐标系)数据通过国家下发的1∶10 000图廓点1980西安坐标系—2000国家大地坐标系转换改正量进行坐标转换,并按2000国家大地坐标系分幅图图廓进行裁切,作为地形数据更新的源数据。

(4)利用国家下发的1∶10 000图廓点1980西安坐标系—2000国家大地坐标系转换改正量对数字高程模型数据进行坐标转换,并按2000国家大地坐标系分幅图图廓进行裁切,用于立体测图软件中三维矢量数据的恢复。

(5)收集控制点普查成果,并转换为ArcGIS通用格式,提供给各工序使用。

(6)以地形数据库中境界数据为基础,参照行政区划变更资料整理出最新的境界数据资料。

(7)整理水利普查成果数据,提取骨干河流与拓展河流数据资料,将其作为水系更新的重要资料。

4. 立体核查

利用全省的数码航摄资料及空中三角测量加密成果,通过GeowayDPS采编一体化数字摄影测量软件,按像对恢复立体模型,导入上一代地形数据(由数据库下载的MDB数据),在立体环境下对地物进行更新。内业采集数据经检查后,将矢量数据与正射影像数据进行叠加并打印外业调绘底图,供外业进行核查。

1)影像定向建模

(1)资料获取。作业员通过查询“基础测绘加密分区图.dwg”文件获知每幅图所对应的加密分区号、涉及的原始影像片号,并从影像服务器拷贝建模相关资料。

(2)新建建模工程。以加密区域网为单位和顺序,每一个加密区域网建立一个工程,进行航摄资料参数设置。

(3)加载原始影像,建立立体模型。加载与该工程有关的原始影像,格式为TIFF,调整原始影像参数。根据航线和影像的重叠顺序,用相邻影像建立一个像对模型,同时将方案加载到每个模型中。

(4)导入外方位元素,生成核线影像。导入图幅对应加密分区的外方位元素(ORI文件),按外方位元素解算,生成水平核线影像。

2)要素核查

立体核查的精度、要素内容与地形表达的技术要求按设计书中的规定执行。同时立体核查要遵循以下原则:

(1)采集的要求是以建库数据为主,兼顾出图,所以在数据采集时要注意处理好建库与出图的关系。

(2)立体环境下对影像立体模型与地形数据套合进行检查,发生变化的,面状地物位移大于图上0.4 mm、线状地物位移大于图上0.3 mm、独立地物位移大于图上0.3 mm的地形要素重新采集,满足精度要求的可直接套用地形数据。

(3)新增地物在立体下能准确表示的,按实际情况采集,不能准确定性的地物要在“问题标注层”以红色圆圈标记,由外业重点核查。

(4)对数据中的明显丢漏和错误,如线条的打折、重线、重点、属性填写不符合标准等,在采集时需要进行补测和更正。

(5)地物与地物之间需空开图上0.2 mm的间距;要素重叠时,需严格重合。

(6)线状注记尽量使用散点注记,以方便进行数据交换及数据库出图。

(7)更新地物与原图地物衔接时,若衔接差在现行标准规定限差之内,则在精度允许的范围内一般应移动原图地物,并应保持要素相互间位置关系的正确性;若衔接差超过规定限差,应查明原因,做出处理。新增地物或变化地物与原有地物拼接应保持合理状态,如断在地物变换处等。

(8)更新地物与原图地貌衔接时,应协调好地物与地貌的关系,保持地物、地貌相关位置的正确性。

(9)原图与新资料成果因综合取舍等原因会产生矛盾,当原图尚能显示其特征时,可不进行修改。

(10)立体核查人员在作业结束后,根据图内实际变化情况填写图历簿。

3)工作底图输出

(1)工作底图采用符号化地形数据叠加真彩色数字正射影像图,使用防水相纸打印,比例尺设为1∶10 000,线划以统一的颜色方案进行打印,方便外业读图,线宽按图式要求,基本线划宽度为 0.12 mm。

(2)内业无法判定的地物用红色标记打印在调绘底图上，供外业核查。

(3)地形数据中的属性(如名称、道路的等级、电力线的伏数、境界注记及说明注记等)均应标注在图上，供外业核查时确认。

5. 外业核查

外业核查内容用蓝色签字笔清绘在工作底图上，检查内容使用红色签字笔，要求线条光滑、图面清晰易读、文字注记字体正规且指向明确、符号运用得当，补调的地物、管线可以清绘在数字正射影像图上表示。

涉密单位的更新外业调绘处理原则严格按照 GB/T 13977—2012《1∶5 000 1∶10 000地形图航空摄影测量外业规范》的附录 G 执行。

外业核查是对内业进行立体核查，对已有资料利用情况在实地按照地形图图式和设计要求进行全要素核对和调查。针对项目特点，外业核查时应重点核查以下内容：

(1)地形数据更新需要调绘的地物要素以航摄时影像为准，摄影后变化的地物，除了铁路、公路、街道、县道及以上道路上的桥梁、港口、河流、高压线外，局部发生变化的和个别新增的不进行补测。

(2)外业应对内业有疑问的地方或此轮更新新增的地物进行重点核查。

(3)核查底图图面书写必须端正、清晰，避免产生歧义。清绘结束后，对图面新增的文字注记应核查一遍，避免产生错字、多字、少字现象。

(4)地名的核查必须慎重，由于拆迁、行政村合并等原因造成地名变更的，外业需反复核实。由于进行了坐标转换，图廓发生了变化，故需特别注意地名注记的接边。

(5)核实等级公路的代码、等级、起止点。

(6)正确处理桥梁、涵洞、倒虹吸、出水孔等水工构造物的关系。

(7)调绘底图上的鱼塘与池塘，其“鱼”“塘”字可分别简写为“Y”“T”；正在建设的地块统一注“施工区”；正在拆迁的地块统一注“拆迁区”。

(8)植被主要核查影像判读特征与符号表示差异大的地块。居民地周围的大面积杨树林因生长周期比较短，统一用幼林表示。

(9)对外业补测的道路和电力线进行接边时，若接边差小于图上 0.5 mm，则相互调整接边；若接边差大于图上 0.5 mm，则需在野外重新定位再接边。

(10)地貌变化区域高程碎部点采用 RTK 作业模式。测量面积大于 1 km^2 的水库的大坝、溢洪道及具有防洪作用的干堤上的高程点，在图上干堤处每 10～15 cm采集一个高程点。

(11)图名尽量与地形数据一致。图幅名称应选择图幅内较大居民地的名称或较著名的地名，以已消失地名命名的原图名应进行相应的修改。在没有居民地时，可选注其他地理名称。村庄名称作为图名时，其注记字大应按原规定尺寸加大表示。乡镇以上居民地名称选作图名时，其注记不再加大。将行政单位和企事业单位名称作为图名时，应注全称。

(12)外业核查人员在作业结束后，根据图内实际变化情况填写图历簿。

6. 数据编辑

1)基本要求

根据外业核查内容，按数据库要求对图进行编辑修改，最终数据检查合格后经数据整理，生成符合要求的 Personal Geodatabase 格式，同时制作对应的元数据和电子图历簿文件，并提交给质检站验收。编辑数据时,按照外业调绘底图的标示内容,在数据加工平台上叠加数字正射影像图进行编辑,对于丢漏和新增的地物,应在立体环境下进行补测。

地形数据编辑的内容包括:要保证线状地物要素的连续性,不得有变形和打折(包括接边);相接的节点应采用捕捉方式,不得出现悬挂点;有向点、有向线的数字化顺序方向必须准确,有向线符号方向按左手规则;按中心点、边线、中心线数字化的要素,其位置必须正确;接边必须保持跨图幅要素的几何图形的连续性和编码、属性的一致性;共边线的要素均不得相互代替,应各自独立表示并保持位置完全一致;河心岛、湖心岛的边线分别与所在双线河、湖泊的水涯线共线,不重复采集,分类代码采用相应水域多边形线代码;按照面向对象的采集原则,不同名称河流分别构面;有名称且相交的面状主要河流和面状干渠须采集水系交汇处,名称用顿号隔开;植被中的成林、花圃花坛、人工绿化地、绿化带需要构面表示;地理名称的注记点位应放在面状区域内;检查各级政府、行政村、自然村、国有农场、养殖场、开发区、大型企业单位等的名称注记,并在相应的所在地办公点准确标注点位。无法采用全拼输入的字作为生僻字处理,生僻字使用统一编码,出图时使用统一的生僻字库。

2)数据编辑的内容

(1)测量控制点。

(2)水系,主要有洪泽湖、骆马湖、淮河、京杭运河、废黄河、新沂河、淮沭河、徐洪河、总六塘河、濉河等。

(3)居民地及设施。

(4)交通,高速公路独立表示,新增公路参照外业调绘和相关资料表示。

(5)管线层,主要表示 35 kV 及以上高压输电线及工业管道。

(6)境界与政区,境界原则上以已有数据为准,参照所收集的省政府关于行政区划调整的相关文件,调整行政区划。

(7)地貌。

(8)植被与土质。

(9)地名及注记。

3)数据质量检查

每幅图完成后,需通过图面检查和 EPS2008 的监理模块检查,保证每一幅图都在满足建库要求的基础上符合出图要求。

(1)出图数据图面检查:①图廓整饰应符合 GB/T 20257.2—2017《国家基本比例尺地图图式 第 2 部分:1∶5 000 1∶10 000 地形图图式》要求,重点检查图名、图号、图名接合表是否正确,政区略图和政区说明是否与图内 BOUA 层一致,等高距与坡度尺是否与图内一致,各类整饰注记是否正确;②注记检查,图内注记要摆放合理、指示明确、字体和大小正确,河名注记与路名注记间隔要合理、角度要符合阳光法则,作为图名的注记选取应合理;③符号化检查,图内符号化应与《国家基本比例尺地图图式 第 2 部分:1∶5 000 1∶10 000 地形图图式》要求一致,线条要求重合时需严格重合,不需要重合时需至少空开图上 0.2 mm 的间距;④植被需用地类界封闭,植被符号配置疏密要一致;⑤要素应符合设计书和采集规则要求,不得出现多余或遗漏,图内不能出现检查标记、外业问题标注等多余数据。

(2)图形质量检查:①要素特征检查,基础测绘要素是按要素的主题和特征分层,因此某一主题的点(P)、线(L)、面(A)层只能包含单一要素,可用图层要素选择功能检查;②数据范围检查，检查数据中除了整饰层和注记层之外的点、线、面要素是否有超出图廓范围的情况；③空间关系检查，各图层各要素不得出现复合对象，同一图层内部和不同图层之间要素不得重叠（设计书明确规定必须完全重复采集的个别要素除外），各要素不得自相交，对设计书和采集规定要求不得出现悬挂节点、伪节点的各要素应严格相接，重叠、相交、包含等要素之间的空间关系应正确（如线状沟渠不得穿越普通房屋，高程点不得落水，界线必须与相应境界面严格重合，线状桥梁、点状桥梁必须严格与道路中心线重叠，电力线的拐点或电杆应与电力线的节点完全重叠）；④附属物检查，检查道路附属物（道路过水需要有桥或者闸）是否缺失及道路附属物是否正确捕捉在相应道路上。

(3)属性检查：①要素分类代码应符合设计书和相关数据标准的规定，不得出现为空或不在数据字典中的代码；②要素的几何类型和编码应符合采集规则和相关数据标准的规定，如面状要素不得使用线状要素分类代码、面状图层不得出现线状要素分类代码等；③各类要素的属性填写应完整、正确，不得出现非法字符，要符合设计书的要求和相关数据标准的规定；④有向线的采集方向应统一，有向点的起算角度应统一，各要素的面积、长度等指标应符合设计书和采集规定要求；⑤行政区划代码、铁路编码、公路编码等属性填写应符合设计书要求和相关编码标准，附属设施要求填写相应编码的应正确填写，如桥梁要素应填写所在道路的编码等，要素属性与文本标注应保持一致，如河流名称、道路名称、地名等；⑥在图幅接边处，接边要素属性内容应完全一致。

(4)标准化检查：①各图层属性项的名称、类型、长度、精度、顺序数应符合设计书和相关数据标准的规定；②各图层的名称、图层的完整性和组织方式应符合设计书和相关数据标准的规定。

(5)接边检查：在几何图形方面，相邻图幅接边地物要素在逻辑上应保证无缝接边；在属性方面，相邻图幅接边地物要素属性应保持一致；在拓扑方面，相邻图幅接边地物要素拓扑关系应保持一致。

(6)元数据文件检查：各数据项的填写应规范、统一和正确。

(7)回放纸图检查：对照外业调绘工作底图，检查图面上各要素的正确性，确保地形数据与调绘图一致。

4)图幅接边

(1)同期成图内部应严格接边，每幅图的作业员主动负责接好东、南边，并由邻图作业员检查、签名。因不同时期成图而接不上的地方应在图历簿中记录原因。

(2)与其他邻省接边的图幅做自由边处理。

(3)换带接边统一用39带图廓进行接边，对于换带接边后的40带数据需根据其图廓处理此条边上的线条悬挂情况。

(4)接边后的地物地貌，不得改变其真实及相关位置，跨越两个图幅的线状地物或面状地物，要注意两边图形、注记和属性等的一致性。

5)成果数据输出

经作业部门和承担单位质量保证科检查后，方可进行成果数据的导出。导出文件为Personal Geodatabase格式，按照规定的要求包括定位基础、水系、居民地及设施、交通、管线、境界与政区、地貌、植被与土质、地名及注记九个要素类。

6)图历簿的填写

(1)图历簿是反映成图过程和精度的重要资料，各工序作业人员和检查人员必须认真填写,保证内容齐全。

(2)统一的栏目可由部门统一填写,由具体作业队(组)、作业员和检查员单项完成的栏目应分别填写。填写的文字内容和数据要求精练、准确、规范,描述应一致。

(3)反映有关成果和精度误差的数据,填写后必须由专人检查核对。

(4)根据纸质图历簿填写电子图历簿,并保证纸质图历簿与电子图历簿内容一致。

7)元数据文件更新

元数据用统一编制的软件制作。

7. 成果资料上交

任务完成后,按基础测绘成果管理的要求,检查、清理生产过程中所获得或使用的各种资料,逐项登记归档。要上交的成果主要包括地形建库数据、制图数据、全省地形数据库、图历簿、元数据、图幅接合表、外业工作底图、技术设计书、技术总结、检查报告、检验报告、资料清单等。

§1.3 数字高程模型及正射影像数据获取

1.3.1 项目背景

重庆市1∶5 000数字地形图测绘项目是重庆市在"十二五"期间完成的重要基础测绘项目。该项目实现了1∶5 000基础地理信息成果全市域覆盖,其中1∶5 000数字高程模型及数字正射影像图数据获取与建库是本项目的任务内容。

重庆市地处四川盆地东部,东、南、北三面有中高山环绕,中西部丘陵广布,常年多云雾,能见度较低,每年7、8月天气较好,利于航空摄影。地貌类型多样,地势沿河流、山脉起伏较大,最大高差达2 700 m;长江自西向东流贯测区,江河纵横。境内地物比较复杂,植被覆盖面积较大(约为20%)。主城区和各组团房屋密集,基本为街区式建筑,大中城市高层建筑较多;农村民居多为散列式房屋,居民地周围植被繁茂,遮盖明显。

1.3.2 技术要求

1. 主要技术指标

1)数学基础

本项目生产的基础地理信息成果采用的基准为2000国家大地坐标系、1985国家高程基准,采用高斯-克吕格投影,按3°分带,涉及三个投影带。

为了方便数据管理、数据分发应用,数字高程模型和数字正射影像图数据采用分块存储。参照1∶5 000地形图分幅原则进行分幅,由于1∶5 000数字线划图采用的是梯形分幅,不利于数字高程模型和数字正射影像图数据结构存储,且为了方便数字高程模型和数字正射影像图后期使用中不出现裂缝等情况,本项目的数字高程模型和数字正射影像图分幅成果采用标准图幅最大矩形覆盖范围外扩50 m为分幅成果范围。具体的计算公式为

$$X_{起}=\text{int}((\max(X_1,X_2,X_3,X_4)+D)/d)\times d$$
$$Y_{起}=\text{int}((\min(Y_1,Y_2,Y_3,Y_4)-D)/d)\times d$$
$$X_{止}=\text{int}((\min(X_1,X_2,X_3,X_4)-D)/d)\times d$$
$$Y_{止}=\text{int}((\max(Y_1,Y_2,Y_3,Y_4)+D)/d)\times d$$

式中，X_1、X_2、X_3、X_4、Y_1、Y_2、Y_3、Y_4 为内图廓点高斯坐标，单位为 m；$X_{起}$、$Y_{起}$、$X_{止}$、$Y_{止}$ 为数字高程模型的起止格网点高斯坐标(或者数字正射影像图起止像素中心点高斯坐标)，单位为 m；d 为网格尺寸或者像素尺寸，单位为 m；D 为图幅外扩地面尺寸，单位为 m，$D=50$ m。

2)数字高程模型技术要求

数字高程模型数据库的管理系统采用 ArcSDE，数据成果采用 GRID 格式。

完整图幅的成图范围内都应为有效数据，测区省界自由图边破图幅的范围为境界线外扩 100 m，其余部分为无值区域，其格网高程值赋为－9 999。

数字高程模型的格网间距为 2.5 m，其成果的精度用格网点的高程中误差表示，如表 1.4 所示。高程中误差的 2 倍为采样点数据最大误差。高程值取位至0.1 m 时，高程存储格式放大至整型。

其接边精度要求，同名格网点上的高程较差不超过 2 倍格网点高程中误差。

表 1.4　格网点高程中误差

地形类别	平地	丘陵地	山地	高山地
高程中误差/m	0.5	1.4	3.0	4.0

3)数字正射影像图技术要求

正射影像采用 RGB 色彩模式存储，成果格式为 TIFF 格式影像数据和 TIFF World 格式的坐标信息文件。对于跨省界边界处的图幅可不满幅，以省界外扩 100 m 成图，影像数据有效范围覆盖市域，外扩区外的背景值统一为黑色。

数字正射影像图为平面成果，无高程信息。平面精度要求为：影像上地物点相对于附近野外控制点的点位中误差，平地和丘陵地不大于 2.5 m，山地和高山地不大于 3.75 m，地物点平面位置最大误差不超过上述中误差限差的 2 倍。图幅间影像应该进行接边，接边时应根据接边精度情况进行改正，改正后的接边限差不得超过 2 个像元，即 1 m。

2. 航空摄影

本项目采用 UCXp 数字航摄仪，在 2012—2013 年按照计划完成了全市域82 400 km^{2}航空摄影。航空摄影成果的具体的参数如表 1.5 所示。

表 1.5　航摄基本参数

项目	参数	项目	参数
航摄机型	运-8	航速/(km/h)	550
航摄仪	UCXp WA	焦距/mm	70.5
地面分辨率/m	0.39	CCD 像元大小/μm	6
相对航高/m	4 500	像幅大小/像素	17 310×11 310
主点偏移/mm	$(x,y)=(0,0.18)$	航线方向	东西向
航向重叠度	55%～75%	旁向重叠度	26%～52%

3. 像片控制测量

像片控制测量的主要工作是按照《1∶5 000 1∶10 000 地形图航空摄影测量外业规范》的要求布设像控点，并进行实地选点、测量。像片平面控制点相对于附近基础控制点的平面位置中误差不超过图上±0.10 mm，高程控制点相对于附近基础控制点的高程中误差不超过 1/10 基本等高距。具体精度指标如表 1.6 所示。

表 1.6 像片控制测量精度要求

地形类别	平地	丘陵	山地	高山地
平面中误差/m	0.5	0.5	0.5	0.5
高程中误差/m	0.1	0.2	0.4	0.4

按照规定的空中三角测量的精度要求,利用精度估算公式反向推导出了布设像控点时航向相邻控制点间的跨度:平地无基线间隔,丘陵最大为 7 条基线,山地最大为 13 条基线,高山地最大为 16 条基线。规定的旁向重叠为:平地、丘陵地不大于 2 条航线,山地、高山地不大于 3 条航线。

按照上述要求,选定有代表性的试验区进行布点方案测试。通过计算空中三角测量加密成果的基本定向点和检查点精度,对测试区域网的布点方案进行精度评价,最终确定了本项目的布点方案。

本项目要求全部布设平高控制点,航向间隔按 5～7 条基线、相邻航线不间隔进行布设,在部分布点困难地区,如人迹罕至的高山密林区,相邻像控点间隔可适当放宽。此外,在不规则区域网布点时,在凹凸转折处布设平高控制点,在补飞航线三度重叠处也布设平高控制点。

测区的地形地貌复杂,部分地区植被密集,标志目标稀少,且地形起伏高差较大,这为选择合适的像控点点位带来困难。像控点的施测要求如下:

(1)点位应尽量公用,一般布设在航向及旁向 6 片或 5 片重叠以上区域。像控点优先兼顾目标条件,再考虑像片条件。

(2)自由图边、跨省界图边、待成图的图边像控点应布出图廓线外。

(3)航线两端的控制点一般应分别布设在图廓线附近,有困难时,可不受图廓线的限制,但应满足基线跨度的要求。

(4)平面控制点的点位应选在影像清晰的明显地物上,一般可选在交角良好的细小线状地物交点、影像小于 0.3 mm 的点状地物中心。弧形地物、阴影、交角为锐角的线状地物交叉不得作为刺点目标。

(5)高程控制点应选在高程变化小的目标(坡度小且面积大,高程容易切准的目标)上。

(6)平高控制点应兼顾平面控制和高程控制两方面的要求。

(7)长江、嘉陵江两岸像主点落水区域,应根据像片目标条件增设像控点。

(8)点位在坎边沿及高于地面的地物上时,须量注比高至 0.1 m,并应注明点位设在坎上、坎下或地物的顶部、底部。

(9)进行野外测量时,应对像控点进行实地拍照并标上编号,像片的编号应与像片控制点编号对应。

像控点的量测利用网络 RTK 进行联测平面坐标,利用似大地水准面精化模型进行高程改正,得到 1985 国家高程基准下的高程。在网络 RTK 信号不好的局部山区,采用静态 GNSS 测量。

4. 空中三角测量加密

空中三角测量加密是利用加密区中的影像连接点(即加密点)的像片坐标、少量像片控制点的像片坐标和大地坐标,通过平差计算,解算连接点的大地坐标,进而得到影像的外方位元素。空中三角测量加密得到的加密点成果和影像外方位元素是后续一系列摄影测量处理与运用的基础。具体步骤如下：

(1)由于本项目采用的为数字航空影像，空中三角测量精度要求及主要技术指标按照 GB/T 23236—2009《数字航空摄影测量 空中三角测量规范》执行。

(2)内定向。数码量测相机进行内定向时，自动生成内定向文件。

(3)相对定向。连接点上下视差中误差为 1/3 像素，即 2 μm，连接点上下视差最大残差为 2/3 像素，即 4 μm，特别困难资料或地区可放宽 0.5 倍。连接点在精确改正畸变差的基础上，距离影像边缘应大于 0.1 cm。

(4)绝对定向。绝对定向后，基本定向点残差、多余控制点(检查控制点)的不符值及公共点的较差应满足规范要求。

根据本项目航飞影像分布、航线方向、地形类别、外业像控点布设等情况，本测区划分了约 120 个加密分区，并按照不同的地形类别采用不同的精度进行空中三角测量加密。空中三角测量加密流程如图 1.4 所示。

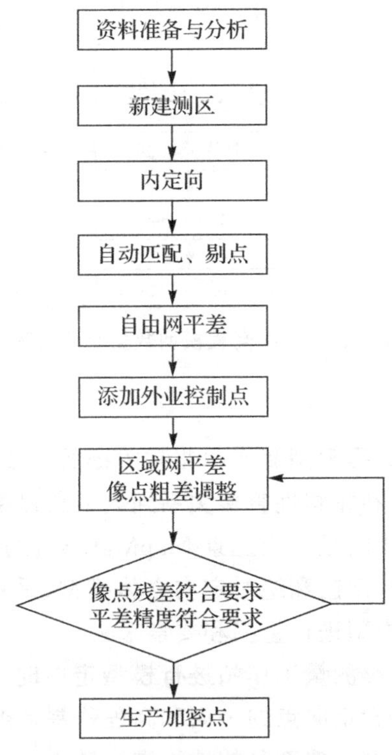

图 1.4　空中三角测量加密流程

每个加密分区间都须进行接边处理，接边具体要求如下：

(1)与已成图范围的空中三角测量数据接边，当较差小于规定限差 1/2 时，以已成图为准；若较差大于规定限差 1/2 又小于规定限差时，则该公共点的坐标在接边后取均值作为加密成果，并对已成图进行修改。

(2)由于跨多个投影带，不同投影带之间公共点接边要先将公共点的平面坐标换算到同一投影带后，在限差以内取中数，再将中数值换算为邻带坐标值。

(3)当接边超限时,须查明原因,对相应成果进行查改。

5. 数字高程模型数据获取

本项目采用航空摄影测量的方法成图,利用航空摄影成果进行摄影测量内外业处理,最后制作所需要的数字线划图、数字高程模型和数字正射影像图等成果,主要生产流程如图1.5所示。

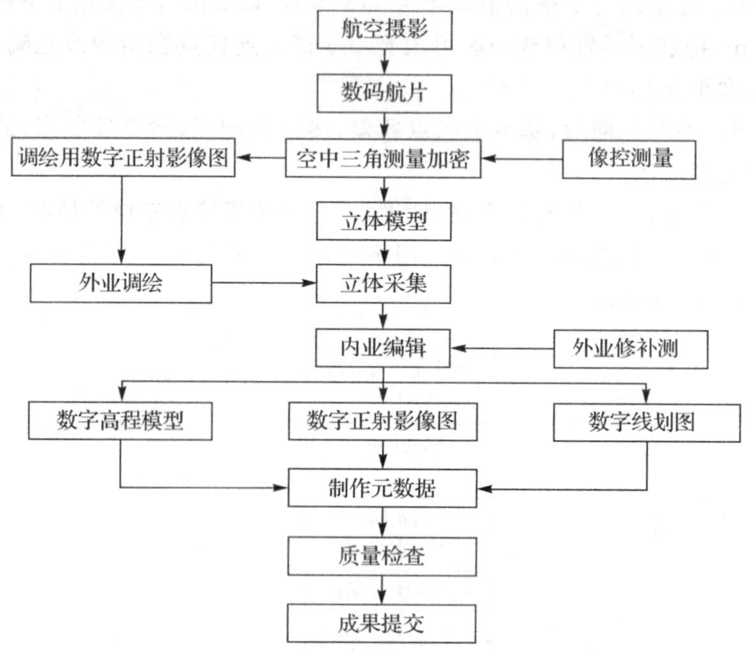

图1.5 数字高程模型数据获取流程

1)立体采集

三维数据立体采集是数字高程模型制作中非常关键的一步,采集的三维数据是制作数字高程模型的直接数据源,其精度和完整性直接关系到数字高程模型成果的质量。

本项目的立体采集工作使用的是航天远景MapMatrix数字摄影测量工作站,利用空中三角测量加密成果创建自动的相对定向和绝对定向立体模型,采用自主研发的航测、采编、质检一体化平台中的联机调用立体模型进行量测和要素采集。

(1)精度要求。利用数字摄影测量工作站进行模型定向时,在完成自动绝对定向后,需要检查绝对定向的结果,主要是查看定向点的平面和高程残差是否符合要求;对相邻的立体模型也必须进行接边检查,对立体模型重叠部分的地物进行量测,查看接边误差。全部检查合格后方能利用该结果进行立体量测和要素采集。

采集时要求测标切准要素,其中等高线采集以立体模型为准,立体切准误差一般不得超过1/3基本等高距;相邻立体像对间的地物接边差不大于地物点平面位置中误差的2倍;等高线接边差不大于1基本等高距。

为了保证所采集要素的精度,单个立体模型的采集范围(即生成的核线影像范围)以控制点范围为准。当模型上存在云影、大面积阴影等时,可采用邻近模型进行补救并对精度进行验证。

(2)三维数据采集内容。本地区地形起伏大、地貌复杂多变,既有地形相对平坦、经济相对发达的城市地区,也有地形复杂、植被茂密的远郊区县。因此,要求在立体采集时必须对所有的特征地貌进行逐一采集,只有完整的、足够的三维特征点线才能保证后续制作的数字高程模型能准确反映真实地貌。

立体采集环节要对 1∶5 000 地形图要求的所有要素都进行立体采集。采集的全要素三维数据一方面可以用于后续的数字线划图成果编辑,另一方面可以提取一部分三维数据用于数字高程模型制作。其中,数字高程模型制作可以用到的要素主要有等高线、高程点、双线河流、面状水域、双线道路等。

用于制作数字线划图的三维数据还不能完全满足制作数字高程模型的需要,还需要根据地形特征,立体采集一些特征点线。

首先,需要增加特征高程点。若满足制图要求的高程点数量太少,不能满足制作数字高程模型需要,则需要保证在山头、鞍部、肩部、凹地等地形变化处都有特征高程点。其次,要对制图立体采集的等高线进行处理。在过于密集处可能进行了首曲线断绘处理,用于制作数字高程模型的三维数据中的首曲线必须全部连通。最后,大面积植被覆盖地方的山脊和山谷线必须绘出。山地与平地交界的地形变换线,有一定高差的堤、堑、坎、斜坡、梯田坎等要素,都要求采集,坡坎的采集不能用线形表示,坡顶线和坡脚线必须按实际位置采集。

(3)采集要求。立体采集时应引入已成图的三维矢量数据进行接边。自由图边及省界需外扩 100 m 以满足数字高程模型制作的需要。制作数字高程模型需要的各类要素的具体要求如下:

采集高程点时一般优先选取在地形变换处和有明显方位作用处,如山头、谷底、鞍部、肩部、凹地等处。在地形平缓区域、等高线间距较大的地方应适当增加高程点数量以辅助表现地貌特征;在部分地形较破碎区域,应在剧烈变化区域适量增加高程点数量。等高线采集要求保持等高线连续不间断。

采集双线河流时,从高到低或者从低到高采集,高低变换处应断开,不要在同一根线上出现起伏或逆流现象。在采集图上面积大于 4 mm^2 的池塘、水库等面状水域,其水涯线按摄影时位置表示,只有土埂相隔、水面高程一致的池塘,可适当综合,但应保持其原有形状和分布特征。

特征线采集必须在立体模型上精确切准地面,所有的三维线相连的时候都需要用三维咬合捕捉到位。

2)内业编辑

内业编辑是对立体采集数据进行编辑处理。在数字高程模型制作中,内业编辑主要是指对立体采集的三维数据进行编辑处理和数据整合。

首先,要对采集的三维数据进行提取。从全要素采集的数据中提取等高线、高程点、双线河流、面状水域、双线道路等数据,与专门采集的其他特征点线进行融合,得到用于制作数字高程模型的三维数据。其次,对三维数据进行分层整理,主要可以分为道路、水系、特征线(包括山脊线、山谷线、坡顶线、坡脚线等)、等高线、特征高程点。最后,对特征点线进行整合,主要是处理特征点线之间的关系。可以对空间位置相交的特征线进行断开处理,使特征线在交叉处的平面距离大于 1 m,这样可以避免生成的三角网出现错乱;还可以用线性内插的方式增加特征线上点的个数,使由特征点、线形成的不规则三角形能尽可能精细地反映地表真实情况;对等高线进行编辑处理,确保等高线不交叉、不无故中断;检查特征高程点的高程值是否与特征线相互矛盾。对三维数据进行接边时必须进行三维咬合,并确保完全接边。

3)构建三角网

构建三角网指利用三维特征点和特征线上的节点构建一系列互不交叉、互不重叠的连在一起的三角形,也可以表示地形表面。构建三角网的点呈不规则分布,所以也叫不规则三角网(triangulated irregular network,TIN)。

首先,要对编辑整理好的三维特征数据进行相关检查,保证等高线连续、无交叉,特征点线无高程异常,特征点线高程值无相互矛盾,静止水面水涯线高程值相同等。检查合格的三维特征数据就可以采用相关软件直接生成三角网。

生成三角网后,还需要对三角网进行检查,去除边界处错误构成的三角形数据,并消除内部不合理平三角。消除不合理平三角的过程为:搜索三角网中的平三角区域,过滤掉水面等合理平三角,对处于山顶、洼地、平缓区域等位置的不合理平三角进行消除,按照一定的规则,自动匹配增加地貌特征线,且使这些要素带有高程信息,加入初始三角网中,重新构建地形细节更精细的不规则三角网。对无法自动消除的不合理平三角形位置要进行人工介入,通过添加特征点线的方式进行消除。

4)数据套合检查

数据套合检查是将生成的三角网按照制作数字高程模型的方法,采用双线性内插生成规则格网数字高程模型,并通过规则格网数字高程模型数据反演生成新的等高线,将新生成的等高线与三维特征数据中的原始等高线进行套合,检查套合差,对套合差超限的局部通过重新采集或增加特征点线的方式进行修改,直到所有成果套合差满足设计要求。

数据套合检查是在数字高程模型生产中进行的检查过程,确保生产的数字高程模型能正确地反映地表信息。虽然对三维特征数据进行了严格的检查,构建的三角网也对不合理平三角进行了消除,但是难免会出现局部的地形表示失真。如果不在生产过程中进行套合检查,那么生成正式的数字高程模型成果后才发现套合超限,就要重新生产所有成果,而根据数字高程模型的特点,一般是以整个测区为单位统一制作的,局部修改后也需要对测区所有的成果进行重新生产,就会出现大量的重复工作。

5)数字高程模型生成及分幅

数据套合检查合格后,就可以利用不规则三角网数据,采用双线性内插生成规则格网数字高程模型。

在实际生产过程中,为了减少数字高程模型数据的接边工作,一般按照测区或者作业区的范围,整体生成大范围数字高程模型成果。然后通过程序设置参数后,利用相关文献中的计算公式,自动计算图幅范围,自动进行裁切,输出分幅的数字高程模型成果数据。

6)数字高程模型质量检查

数字高程模型成果需要对空间参考系、位置精度、逻辑一致性、时间精度、栅格质量、附件质量进行检查。

(1)空间参考系检查主要检查数字高程模型的大地基准、高程基准、地图投影是否符合设计要求。

(2)位置精度检查主要检查数字高程模型的高程中误差、套合差是否超限,同名格网点的高程值是否一致。对于位置精度的检查一般采用的几种方法包括:①利用范围内的立体采集数据中的特征高程点和在对应数字高程模型位置的内插点，比较两者的高程值，计算单点误差及整体中误差；②利用空中三角测量加密成果的保密点或者位于地面上的加密点，以及在对应数字高程模型位置的内插点，比较两者的高程值，计算单点误差及整体中误差；③利用数字高程模型数据成果反演生成等高线，与三维特征数据中的等高线进行套合，对比测量套合误差；④对图幅间重叠部分的格网点高程值进行逐一比对，统计高程值不一致的格网点个数。

(3)逻辑一致性检查主要检查格式一致性，包括数据文件格式、数据文件命名、数据文件存储组织及数据文件内容是否缺失、多余或无法读出等方面。

(4)时间精度检查主要检查原始资料和成果数据的现势性，首先保证使用的原始影像是项目设计规定的时间范围内的航摄影像，其次检查成果现势性是否与成图时间一致。

(5)栅格质量检查主要是在数字高程模型成果中检查格网参数，对格网尺寸和分幅数据的格网范围进行检查。

(6)附件质量检查主要检查元数据和项目附属的文档。

6. 数字正射影像图数据获取

数字正射影像图是利用数字高程模型对航片进行数字微分纠正和镶嵌生成的影像数据，其生产工序比较复杂。本项目中数字正射影像图制作在已经得到空中三角测量加密成果和数字高程模型的基础上开展，采用像素工厂系统进行制作。具体的制作流程如图 1.6 所示。

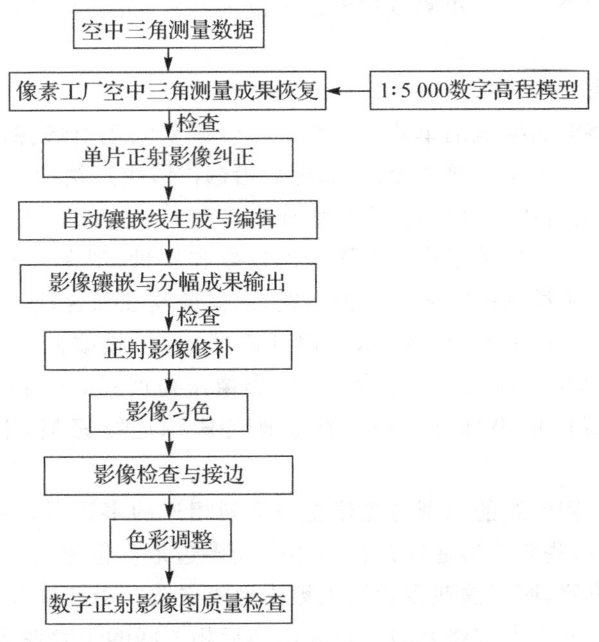

图 1.6　数字正射影像图制作流程

1)像素工厂空中三角测量加密成果恢复

本项目是分期分批完成的，采用的空中三角测量加密软件种类较多，如像素工厂、PixelGrid、SSK、INPHO 等加密软件，因此需要将处理后的空中三角测量加密成果转换，并导入像素工厂系统。像素工厂系统提供的 ConvertFrame 工具可进行像方坐标、相机文件等数据的转换，之后在像素工厂系统中再次进行平差计算；确认像素工厂平差结果与原来空中三角测量平差结果基本一致(不同平差软件处理结果有微小的差别),并满足空中三角测量精度要求,从而完成空中三角测量加密成果恢复。另外,可以直接利用像素工厂系统进行后续处理。

2)单片正射影像纠正

单片正射影像纠正的过程就是对原始航空影像逐片进行数字微分纠正。主要是利用空中三角测量加密成果中影像的内方位元素和外方位元素,结合相应位置的数字高程模型,按照一定的数学模型解算,从原始中心投影的影像得到正射投影的影像。

本项目中已经获取了 1∶5 000 数字高程模型,其数据格式也被像素工厂系统支持,可以直接导入系统。获得同一区域的空中三角测量加密成果和数字高程模型后,像素工厂系统可以自动对范围内所有的航空影像逐片进行数字微分纠正,生成单片正射影像。

纠正后的正射影像不应有拉伸和扭曲现象,对于出现拉伸、扭曲等变形的区域要对其数字高程模型进行检查。按照前文中数字高程模型制作方法,对变形区域重新进行立体采集,制作数字高程模型,然后生成正射影像,直到消除变形情况。

对于立交桥、高架桥等大型架空构筑物部分,要对数字高程模型进行特殊处理。要采集桥面边缘线、桥的地面投影线及特征线,并在桥面上采集一定数量的特征点,重新生成数字高程模型。

最后还要检查生成的单片正射影像有效数据能否完全覆盖测区范围、是否有数据漏洞区。出现漏洞的时候需要检查空中三角测量加密成果范围和数字高程模型范围,在补充数据后重新生成漏洞部分的单片正射影像。

3)自动镶嵌线生成与编辑

正射影像镶嵌是将前面生成的单片正射影像拼合成整幅正射影像的过程,一般是先在相邻单片正射影像上选择同名点连接成镶嵌线,然后沿镶嵌线生产缓冲区,在缓冲区内对影像进行平衡过渡,完成影像的拼接。其中,镶嵌线生成有多种方法,可以全部自动生成,也可以手工添加。镶嵌线是否合理也直接关系到正射影像的效果和质量,现在一般采用先自动生成然后对不合理的地方进行手工编辑的方式生成镶嵌线,以保证其准确合理。

镶嵌线应选在街道、绿化带、水域等处,避开高楼,且拼接线两边高层建筑的倒向应一致。因像片边缘部分高层房屋投影差较大,所以影像压盖严重,正射纠正精度较差,故拼接时应尽量选取单片影像的中央部分。还应注意保持影像连续完整,不得有重影、纹理断裂等现象。

像素工厂系统创建镶嵌线的原则是先建立一系列相连的多边形,然后为每个多边形关联一个对应的影像文件,这些多边形通常被称为镶嵌线多边形。但是由于这些多边形定义的重点内容是其边界线的位置,所以这些多边形也被称为镶嵌线。当计算最终镶嵌影像产品时,每个镶嵌线多边形范围内的像素都将来源于与此多边形相关联的子影像数据。

对自动计算生成的镶嵌线进行后期手工编辑往往是不可避免的。镶嵌线编辑处理的重点内容是:对子影像数据进行几何纠正(如道路、铁轨和建筑屋顶等的错位现象),增强某些地物的辐射均衡度(如某些农田、湖泊等地物,其对比度或亮度与周边地物反差过大),选择最佳子影像(如避开云影、烟囱上面的白烟等影像)。在使用镶嵌编辑器对镶嵌线进行编辑的过程中,可以预览编辑结果对最终镶嵌影像产品的影响,如图 1.7 所示。

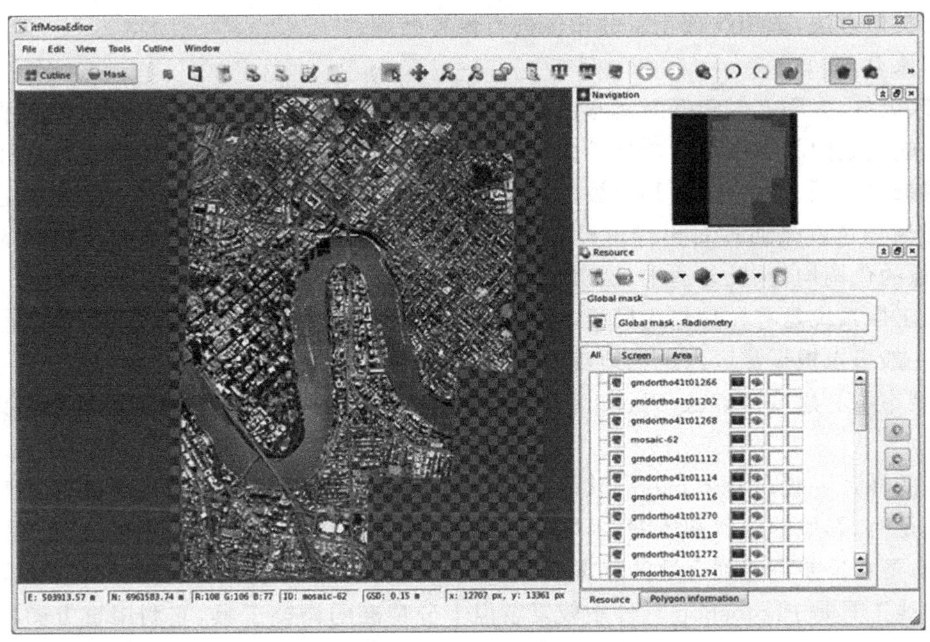

图 1.7　镶嵌线编辑

4)影像镶嵌与分幅成果输出

对所有的镶嵌线都完成检查和编辑整理后,再使用最终的镶嵌线数据自动计算镶嵌影像产品,即按照镶嵌线的范围对所有单片正射影像进行重采样,将其合并成一张全局正射影像。拼接过程中将对影像进行初步的辐射纠正,使全局影像色调基本一致。

分幅成果输出是将像素工厂 ISTAR 格式的全局正射影像,按照 1∶5 000 图幅的有效覆盖范围进行裁切,并按照指定的数据格式(如 TIF＋TFW 格式)输出分幅的正射影像成果数据。

5)正射影像修补

镶嵌后的正射影像在进行影像质量检查时,常会发现局部存在的影像拉花、扭曲、变形等问题,这时就要进行正射影像修补。正射影像修补实际是一个完整的正射影像制作过程,需要对影像中出现问题的局部区域,通过立体采集特征点线、制作数字高程模型、生成单片正射影像、进行影像镶嵌等工序将有问题的影像区域用重新制作的正常影像替换。

桥梁、高架路等离开地面较高的大型构筑物,一般需要进行修补。这是因为正射纠正用的数字高程模型,在这些地方反映的是地面的高程信息。用这样的数字高程模型进行正射纠正时,只能保证贴近地面的要素纹理正常,架空要素的正射影像纹理就会出现拉花和扭曲。对这些特殊要素,需要在数字摄影测量工作站上立体采集桥面的边缘线和一定数量的位于桥面上的特征点,利用采集的数据对桥面部分范围重新制作数字高程模型。然后利用新做的数字高程模型对桥体范围进行正射纠正,得到桥体的正射影像。再利用影像镶嵌的方法将新的正确的桥体纹理拼接到原正射影像中,完成正射影像修补。其中,局部影像的镶嵌拼接可以在 Photoshop 软件中完成。在 Photoshop 软件中可以添加相应插件以实现正射影像的按坐标定位,这样就可以直接在 Photoshop 软件中勾绘镶嵌线进行过渡处理,做到自然拼接。

对正射影像中局部的纹理不清、噪声、影像模糊、影像扭曲、错开、裂缝、漏洞、污点、划痕等也要采用类似方法,选用纹理正常的影像进行修补处理。

6)影像匀色

季节、天气、太阳入射角等对真彩色航空影像的色彩影响较大,会造成不同架次及相同架次的不同航线之间的影像色彩差异较大,同一张像片也会出现明暗不一的现象。这样正射影像镶嵌成果中水域、道路、田块和植被等区域可能存在由拼接线两边色调不一致而引起的影像色差。影像匀色就是通过对影像进行色彩、亮度和对比度的调整,缩小不同影像间的色调差异,使影像的色调均匀、反差适中、层次分明,保持地物色彩不失真。

像素工厂系统是将样片作为模板,由系统自动完成匀色工作。模板的选择和调色工作尤为关键,一般可以根据测区内地物地貌要素的不同,分别选取具有典型代表性的影像作为样片影像,如城市中心建筑密集区,以及市郊田地、水体、绿色植被丰富区等,确保不同地貌均能得到体现。

选择的样片一般在 Photoshop 软件中进行调色,对影像的反差和明暗度进行调整。当影像反差不足时,影像的细节被压缩,不好分开;而当影像反差过大时,又容易丢失影像的细部信息。因此,要将反差调整到合适的状态,可以采用曲线或者阴影/高光工具对反差和亮度进行调整。曲线工具是 Photoshop 软件中较复杂但十分精准的调整工具,它利用直方图均衡对图像所有灰度值范围进行非线性拉伸,可以对图像特定的局部或者全部进行辐射增强。移动曲线顶部的点可以增加亮度,移动曲线中部附近的点可以调整对比度,移动曲线底部的点可以去除雾蒙效果。对于反差过大的情况也可以使用阴影/高光工具进行调整。

调整的时候应该先整体后局部。先将大范围的影像调整至大致合适的亮度和反差,然后进行分块调整直至所有区域亮度和反差均匀。将调整好的样片导入像素工厂系统,系统就可以利用样片的色彩信息对测区所有正射影像进行自动匀色处理。

7)影像检查与接边

影像自动匀色后,将进行影像接边。一般在接边的同时也对影像纹理的质量进行检查,查看影像镶嵌、修补、匀色的效果,将可能存在的镶嵌线不合理切割建筑、影像修补不到位、局部拉花扭曲未修补、影像局部明显有偏色等问题返回各个工序进行处理。

正射影像一般以测区为单位进行整体生产,然后分幅裁切得到分幅正射影像,这样测区内部不用接边,只是测区间需要进行接边处理。接边采用影像镶嵌的方法:在重叠区域选择合适的镶嵌线,然后进行影像拼接,最后将拼接的影像按照各自范围进行裁切,得到接边后的影像。要注意的是,当接边图位于不同的投影带时,应将接边图转换到同一投影带后进行接边处理,接边后的影像再转换回原投影带。

影像接边一般可以在 Photoshop 软件中进行,比较方便实时选择镶嵌线,进行拼接过渡处理。

8)色彩调整

数字正射影像图经过软件匀色处理后的色彩基本一致,但仍需要人工进行全面的色彩调整,以达到色彩自然的目的。色彩调整主要从色调、色彩两方面着手,通过调节影像的亮度、色相、饱合度及对比度,使影像符合人们的视觉要求。色调调整主要包括调整图像的暗调、中间调和高光的强度级别、纠正图像的色调范围和色彩平衡;色彩调整主要是纠正色偏,使影像符合自然色彩。

影像色彩调整一般在 Photoshop 软件中进行,可以利用的工具有色阶、曲线、亮度、对比度及色彩平衡等。在亮度和色差都适中、整体偏色的情况下，可以用色彩平衡工具。例如，植被较多的影像，虽然影像清晰、饱和度适中，但整体偏色，依据色彩互补规律，利用色彩平衡工具进行调整，可使植被更接近真实自然色。当影像过度鲜艳或过度暗淡时，要适当调整饱和度。调整时尽量不要利用颜色替换工具或选择工具对局部颜色过分调整，避免产生影像色彩变异，应采用整体调整的方法。

调整后的影像在大范围内，其颜色和色调基本保持一致，直方图大致呈正态分布，红、绿、蓝三通道信息分布均衡；影像纹理清晰，反差适中，色彩信息丰富，无影像信息损失，色彩饱满，接近地物真实的颜色；特征地物能准确识别。

9)数字正射影像图质量检查

数字正射影像图质量检查需要对空间参考系、位置精度、逻辑一致性、时间精度、影像质量、附件质量进行检查。

(1)空间参考系检查主要检查数字正射影像图的大地基准、地图投影是否符合设计要求。

(2)位置精度检查主要检查数字正射影像图的平面位置中误差、影像接边误差。

平面位置中误差检查：①采用空中三角测量加密成果中的保密点或者位于地面的加密点与成果影像上的同名点进行比对；②通过外业实地量测明显地物点进行比对；③在 ArcGIS 中叠加数字线划图对正射影像上同名地物点的精度进行检查。

影像接边误差检查则是在正射影像成果上选取明显的同名地物点进行比对，计算中误差；还可以在 ArcGIS 中同时加载接边线两边的影像，对重叠部分的情况进行整体查看。

(3)逻辑一致性检查主要检查格式一致性，包括数据文件格式、数据文件命名、数据文件存储组织及数据文件内容是否缺失、多余或无法读出等方面。

(4)时间精度检查主要检查原始资料和成果数据的现势性，首先保证使用的原始影像是项目设计规定的时间范围内的航摄影像，其次检查成果影像是否应用了最新的航摄影像成图。

(5)影像质量检查主要检查分辨率、格网参数、影像特性三个方面：①分辨率检查，首先要检查航摄影像的分辨率是否满足制作 1∶5 000 数字正射影像图的要求，然后检查正射影像成果的分辨率是否为项目设计规定的分辨率；②格网参数检查，主要对影像图幅范围进行检查，检查影像的分幅裁切范围是否为设计规定的范围；③影像特性检查，主要对成果影像的色彩模式、色彩特性、影像噪声、信息丢失情况等进行检查。对于色彩特性，首先通过基于 Matlab 设计的程序检查影像的直方图是否是正态分布；其次可以通过 Photoshop 等软件整体查看成果影像是否色调不均匀、是否存在明显失真和反差不明显的区域。在 Photoshop 软件中还可以检查影像增强质量：影像纹理是否正常，是否存在桥梁扭曲、道路变形、房屋拉伸的现象，影像上是否有异常的噪点、裂缝、局部颜色异常。

(6)附件质量检查主要检查元数据和项目附属的文档。

1.3.3 关键技术

1. 综合运用 GNSS 三星定位技术提高像控测量精度

本项目采用自主研发的“北斗卫星区域定位参数实时转换系统”，利用北斗卫星导航系统(BDS)、全球定位系统(GPS)、格洛纳斯系统(GLONASS)三种卫星信号，实现了三星组合定位，集成运用静态、RTK、精密单点定位(precise point positioning，PPP)测量技术进行像控点野外测量,解决了建筑密集区、高山峡谷地区卫星信号弱的困难,提高了像控测量精度。GNSS技术的综合运用,有效提高了生产效率,节约了生产成本,确保了成果精度。

2. 采用高性能集群式影像处理系统进行影像数据快速制作

针对地形地貌特点,本项目利用高性能集群式影像处理系统——像素工厂系统对影像生产工序进行了多方面优化。利用高精度定位测姿系统(position and orientation system,POS)辅助空中三角测量,减少对外业像控点的需要,提高了空中三角测量的自动化程度和精度;对多源、多尺度数字高程模型接边整合,获取精度更高、现势性更好的数字高程模型数据,并导入像素工厂进行正射纠正、镶嵌,充分发挥了多节点并行计算能力;自主开发了影像换带、裁切程序,实现了大区域影像批量换带与海量影像的自动分幅裁切,实现了数字正射影像图的自动、高效、快速制作。

1.3.4 项目评价

1. 首次实现重庆全市域真彩色影像全覆盖

重庆山高林密、水网密布、地形起伏大、多云雾等典型山地区域特点导致其影像获取困难,本项目组合理统筹、制订阶段计划、抢抓时间节点,克服了空域协调难度大等不利因素的影响,采用先进的面阵电荷耦合器件(charge coupled device,CCD)设计、具有领先像移补偿技术的UCXp WA相机,分29个架次进行航空摄影,共获取空间分辨率为0.4 m的数码航摄影像3万余张。

2. 生产效率高

通过综合应用数字化像控测量、高精度像控点解算、集群式影像处理、批量化数据整合等高新技术,历时6个月,顺利完成了全市域海量数字正射影像图制作,充分发挥了高新技术在实际生产中的指导作用和强大优势。

3. 具有良好的经济效益和社会效益

本项目成果为重庆市第一次地理国情普查提供了可靠的数据源,为开展常态化、动态化地理国情监测奠定了坚实基础。随着社会发展规划、城市总体规划、土地利用规划“三规合一”这一新的城市规划方针的落实,以及重庆五大功能区发展战略的推进,本项目成果及延伸产品可为重庆市规划全覆盖提供数据支持,潜在经济效益显著。

§1.4 基础地理信息数据库建设

1.4.1 项目背景

省级地理空间信息基础框架是省级国民经济各部门规划、建设、管理的基础。根据省级“十二五”基础测绘规划和基础测绘年度计划,全面开展了省级1∶10 000数字高程模型、数字正射影像图、数字线划图基础地理信息数据库的建设工作。

1.4.2 技术流程

1. 数字线划图数据入库流程

数字线划图数据入库流程如图1.8所示。

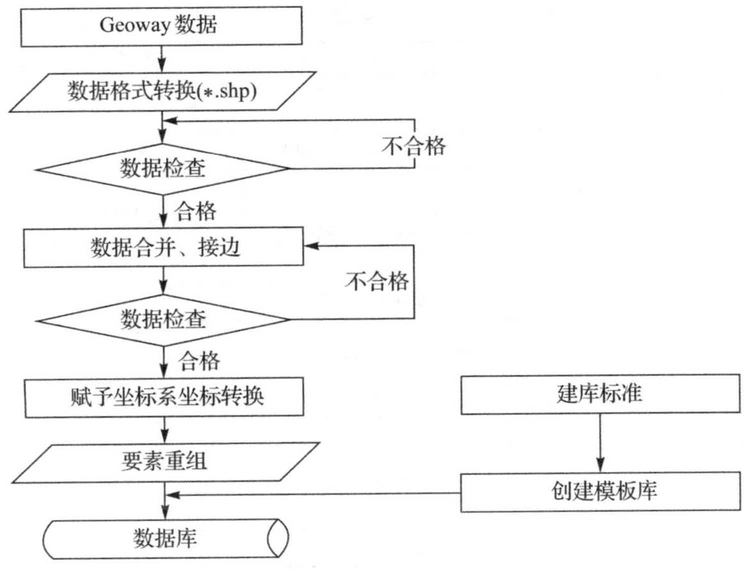

图 1.8　数字线划图数据入库流程

2. 数字正射影像图数据入库流程

数字正射影像图数据入库流程如图 1.9 所示。

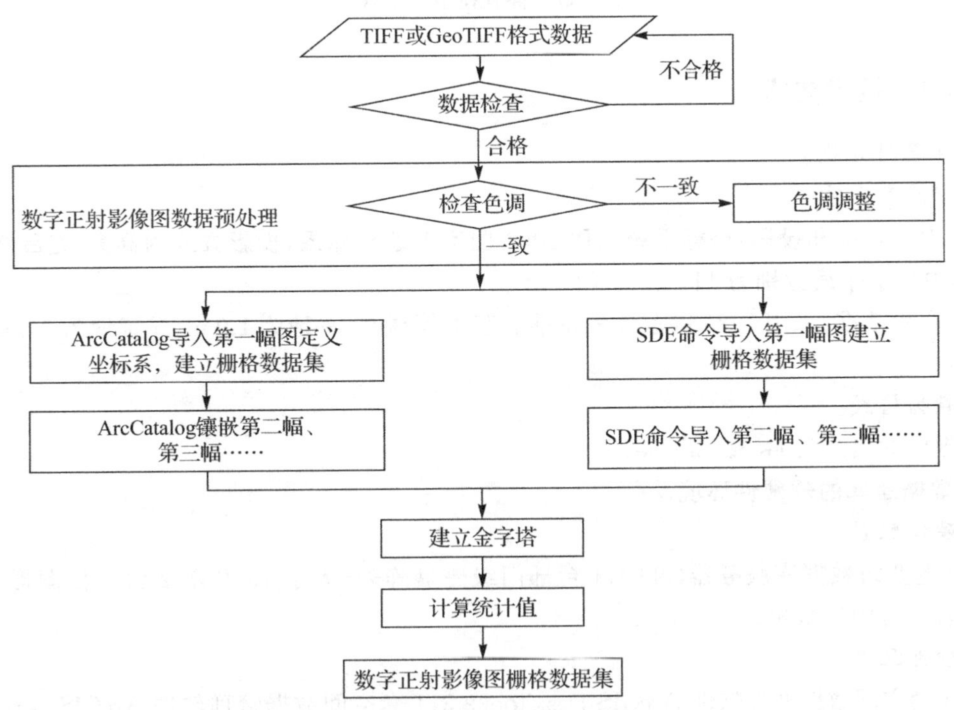

图 1.9　数字正射影像图数据入库流程

3. 数字高程模型数据入库流程

数字高程模型数据入库流程如图 1.10 所示。

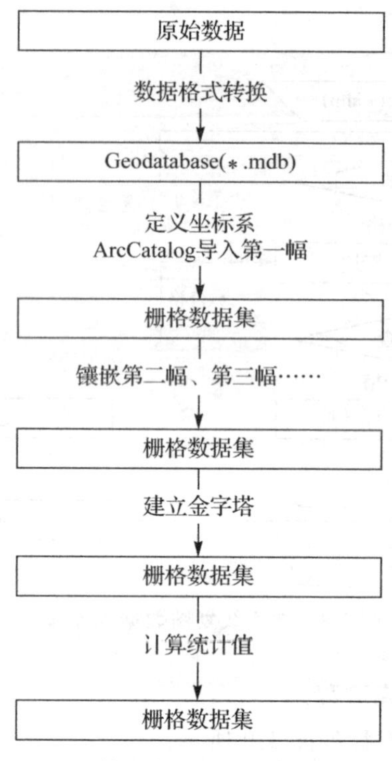

图 1.10 数字高程模型数据入库流程

1.4.3 技术要求

1. 主要技术指标

1)空间参考系

(1)大地基准和投影:坐标系统采用 2000 国家大地坐标系,投影方式为高斯-克吕格投影、3°分带,中央子午线分别为 117°、120°和 123°。

(2)高程基准:采用 1985 国家高程基准。基本等高距:平地为 1.0 m,丘陵地为 2.5 m,山地为 5.0 m。

2)数据格式

数据库的格式为 Geodatabase。

2. 数据建库的软硬件环境

1)硬件配置

1 台企业级数据库服务器(NT),1 台部门级磁盘阵列(大于 15 TB),2 台高档图形工作站(NT),若干台中档微机。

2)软件配置

若干套空间数据处理软件 ArcGIS DeskTop 9.3,1 套空间数据管理软件 ArcGIS Server 9.3,1 套关系型数据库管理软件 Oracle 10 g。

3. 数据库设计

按照规范化设计的方法,数据库设计必须按照步骤分阶段进行,如图 1.11 所示。

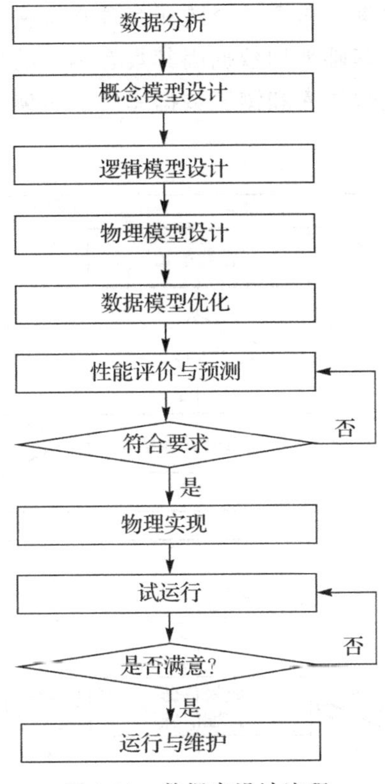

图 1.11　数据库设计流程

1)数据库概念模型设计

数据建库仍然采用面向对象的空间数据模型(Geodatabase),通过空间数据引擎 ArcSDE 建立客户端与数据库的连接。

(1)数据内容。基础测绘数据主要包括控制点数据、数字线划图数据、数字正射影像图数据、数字高程模型数据、元数据等,因此基础地理数据库的组成按照图 1.12的方式设计。

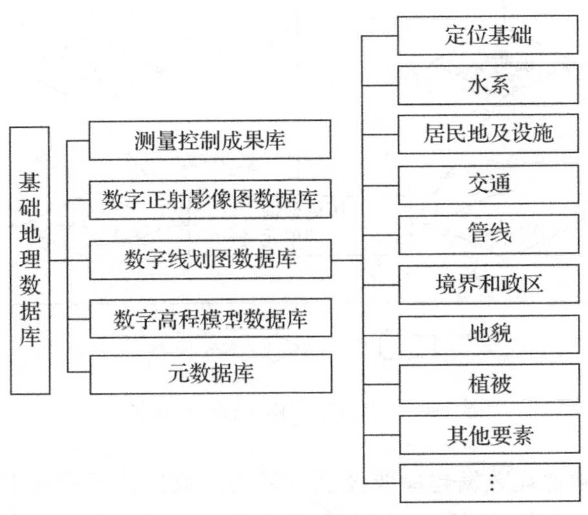

图 1.12　基础地理数据库的组成

(2)数据关系。基础地理数据库包含三个既相互独立又密切相关的子数据库,即成果数据库、历史数据库和浏览数据库。基础地理数据因其具有不同的格式、详细程度、精度、时态等而存放在相应的成果数据库、历史数据库和浏览数据库中。实体-关系(E-R 图)和实体属性分解如图 1.13 和图 1.14 所示。

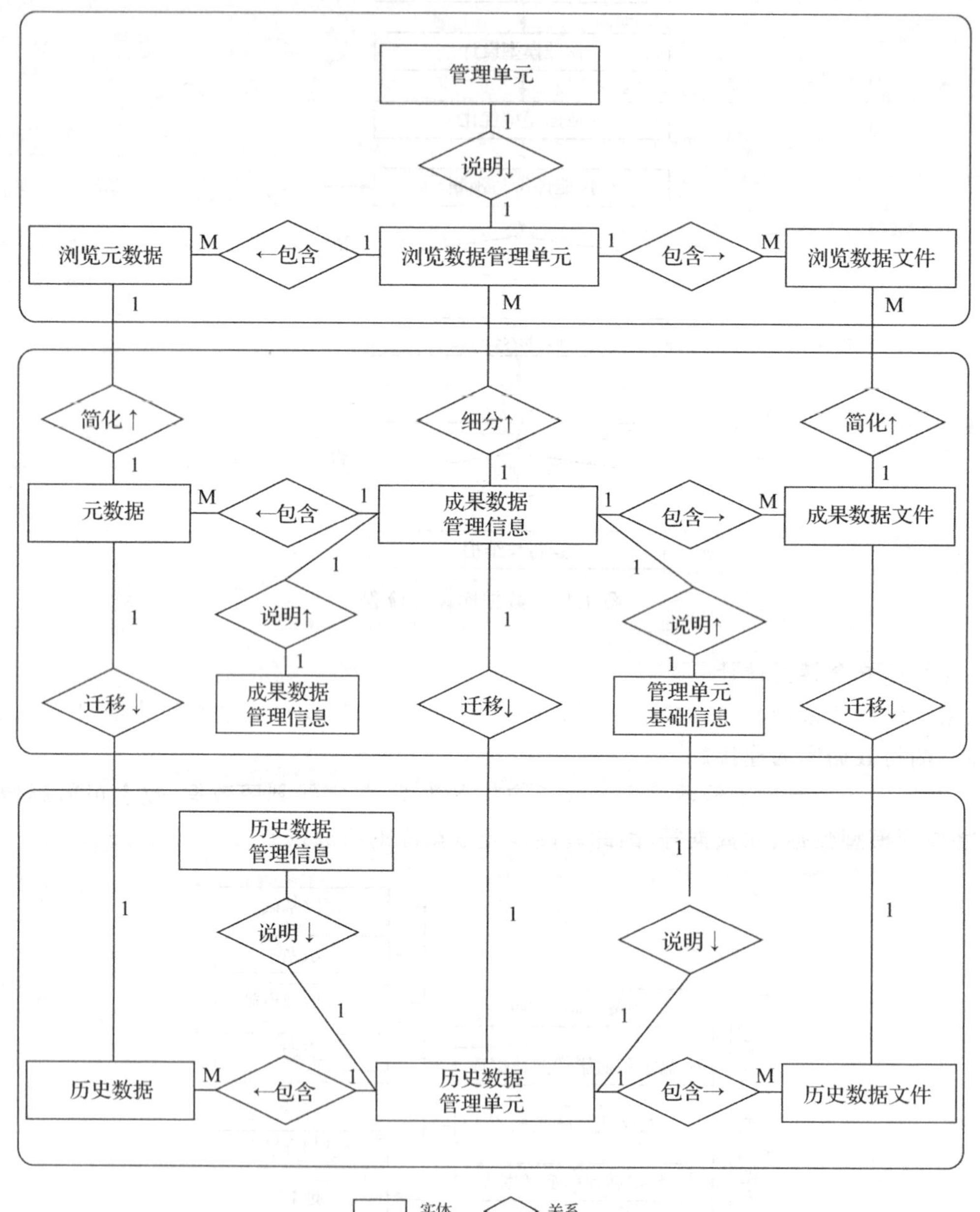

图 1.13　数据库实体-关系(E-R 图)

(3)数据流程。基础地理数据建库要经过一系列的数据处理和加工,主要步骤包括入库数据检查和整理、成果数据库创建/更新、历史数据库创建/更新、数据检索和浏览、数据编辑加工等。基础地理数据库建库流程如图1.15所示。

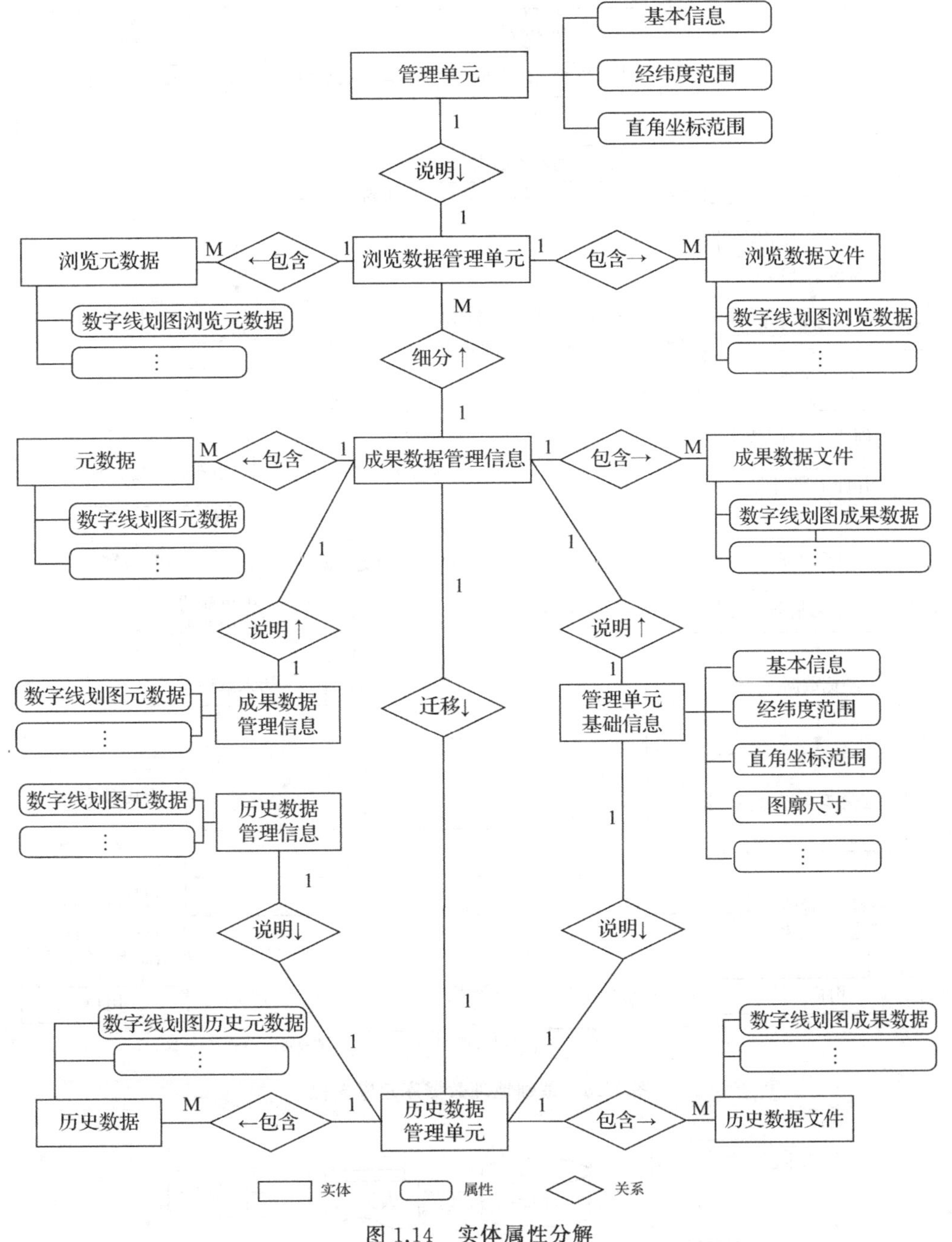

图1.14　实体属性分解

2)数据库逻辑模型设计

在数据库的逻辑设计中,对于矢量和栅格两种不同格式的数据分别组织,如图1.16和图1.17所示。数据库中子库的划分主要依据数据的类型和数据的比例尺,如图1.18所示。

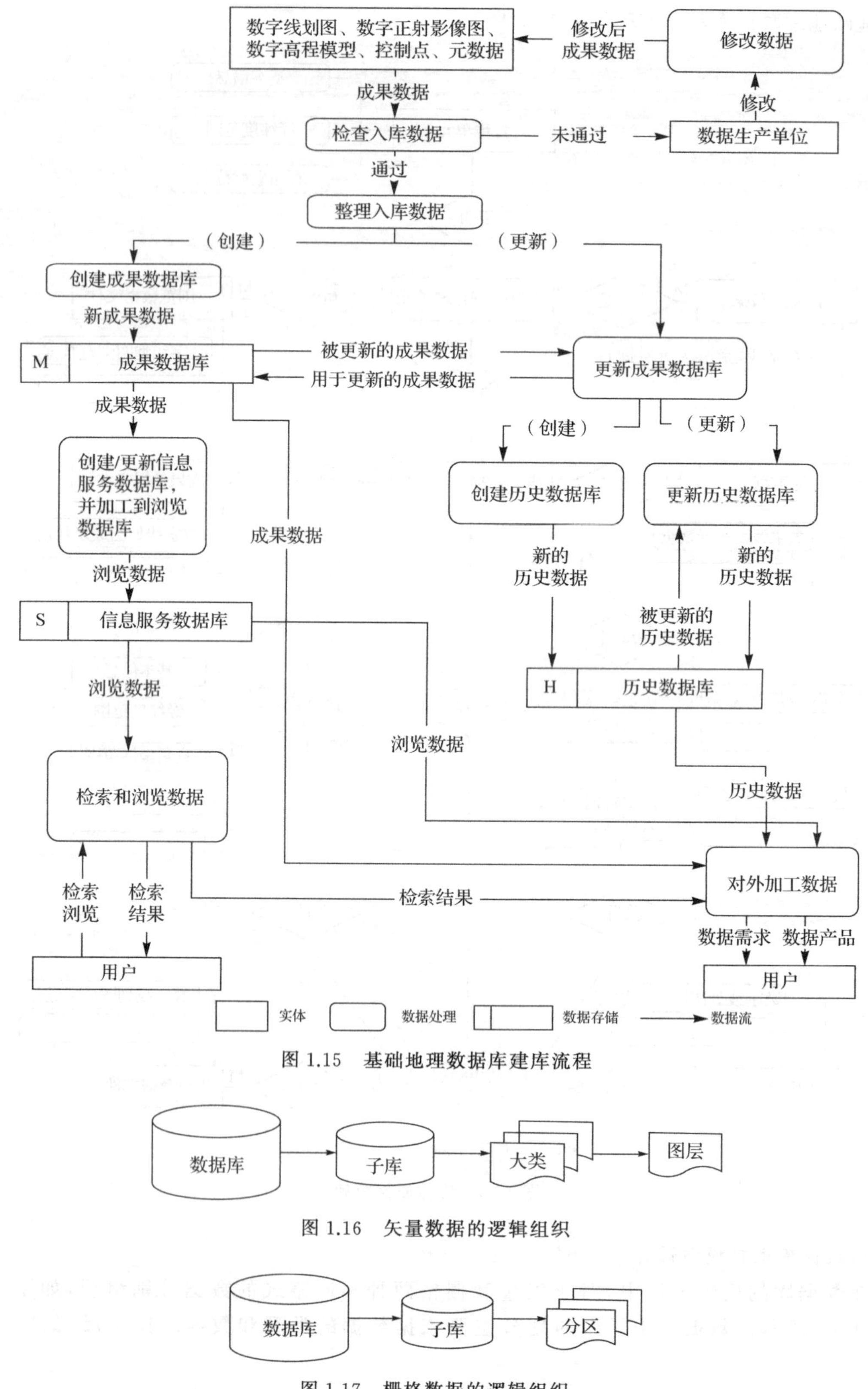

图 1.15　基础地理数据库建库流程

图 1.16　矢量数据的逻辑组织

图 1.17　栅格数据的逻辑组织

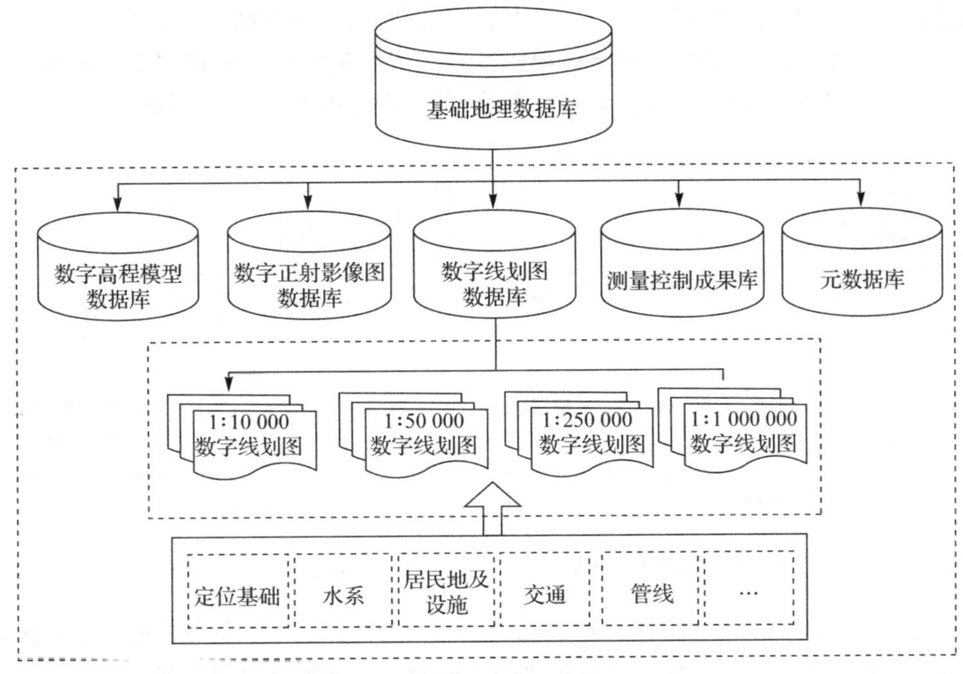

图 1.18　数据库子库划分

(1)数字线划图数据子库。数字线划图数据子库主要存储数字线划图数据。以矢量结构描述带有拓扑关系的空间信息和属性信息,包括大地测量控制点、水系及其附属设施、居民地及设施、交通及其附属设施、管线、地貌、植被、行政区界线和地名等内容。数字线划图数据的逻辑子库均按照国标进行大类的划分,每一个大类再根据实体的类型(点、线、面)和实体在数据中的意义(辅助信息、主要信息)划分具体的逻辑层。数字线划图数据子库逻辑结构如图 1.19 所示。

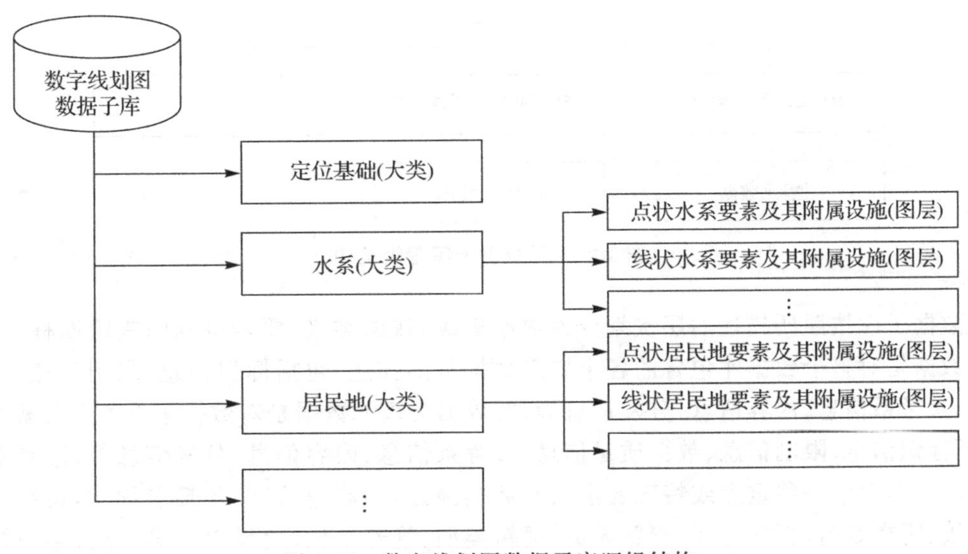

图 1.19　数字线划图数据子库逻辑结构

(2)数字正射影像图数据子库。数字正射影像图数据子库是数字正射影像图数据及其管理软件的集合,按照不同比例尺和分辨率可对其进行划分,其逻辑结构如图 1.20 所示。

(3)数字高程模型数据子库。数字高程模型数据子库是数字高程模型数据及其管理软件的集合,按照地面不同格网间距可对其进行划分,其逻辑结构如图 1.21 所示。

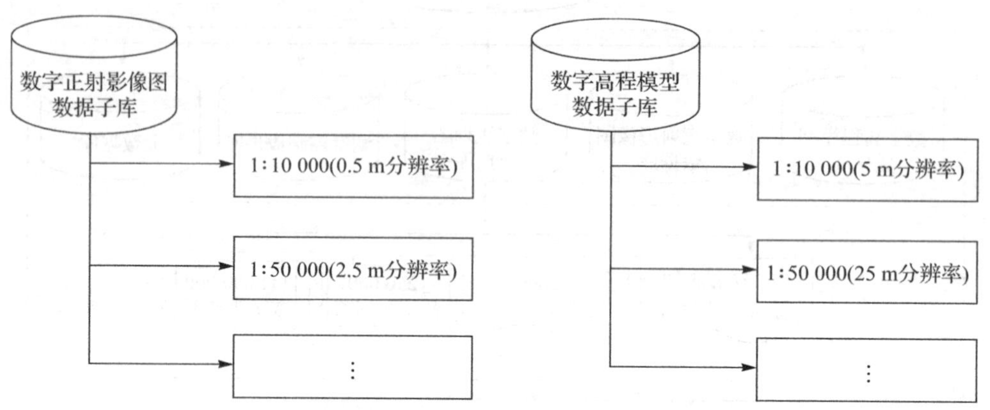

图 1.20　数字正射影像图数据子库逻辑结构　　图 1.21　数字高程模型数据子库逻辑结构

(4)测量控制成果子库。测量控制成果子库主要存储控制测量成果数据。控制测量成果是由新测的所有大地控制点及保存完好可供使用的原有大地控制点所组成。

(5)元数据子库。元数据是说明数据内容、质量、状况和其他有关特征背景信息的数据。通过元数据可以检索访问数据库,可以有效地利用计算机的系统资源,提高系统效率。因此,建立有效的元数据存储体系在整个数据库建设中占有重要的位置。元数据子库逻辑结构如图1.22 所示。

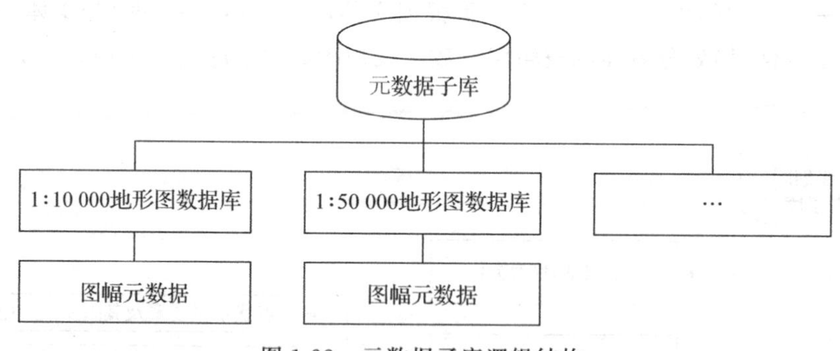

图 1.22　元数据子库逻辑结构

元数据子库按照所描述的层次划分为数据集级、数据类级、要素级和图幅级四种:①数据集级元数据是对整个数据库包含的各个要素数据集的描述,包括标识信息、限制信息、数据质量信息、参考系信息、内容信息、分发信息等;②数据类级元数据是对数据集下各个要素类的描述,包括标识信息、限制信息、数据质量信息、参考系信息、内容信息、分发信息等;③要素级元数据是对数据库中一些重点或特殊要素的元数据描述,如高速公路,包括名称、车道数、限速、道路等级、所在表名、更新时间、更新人员、更新类型、管养单位、建设单位等信息;④图幅级元数据是对各图幅数字产品的描述,包括基本信息、新图信息、原图信息、更新信息、结合表信息、分发信息等。元数据子库层次结构如图 1.23 所示。

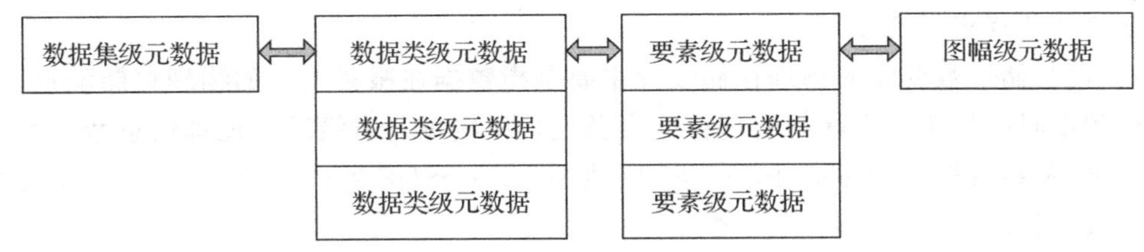

图 1.23　元数据子库层次结构

(6)历史数据库。历史数据库是对过去某一时刻、某一区域的地理现状的回溯，包括历史数据集和历史数据元数据集。

(7)时空数据库的逻辑设计。从数据管理和数据集成的角度看，基础地理数据按时态可划分为现状数据、历史数据和临时工作数据。向用户提供的现势性最好的成果数据，即现状数据；被更新替换下来的成果数据，即历史数据；按照入库的要求经过预处理但尚未正式导入现势库的数据，即临时工作数据。临时工作数据库、现状数据库和历史数据库逻辑关系如图 1.24 所示。

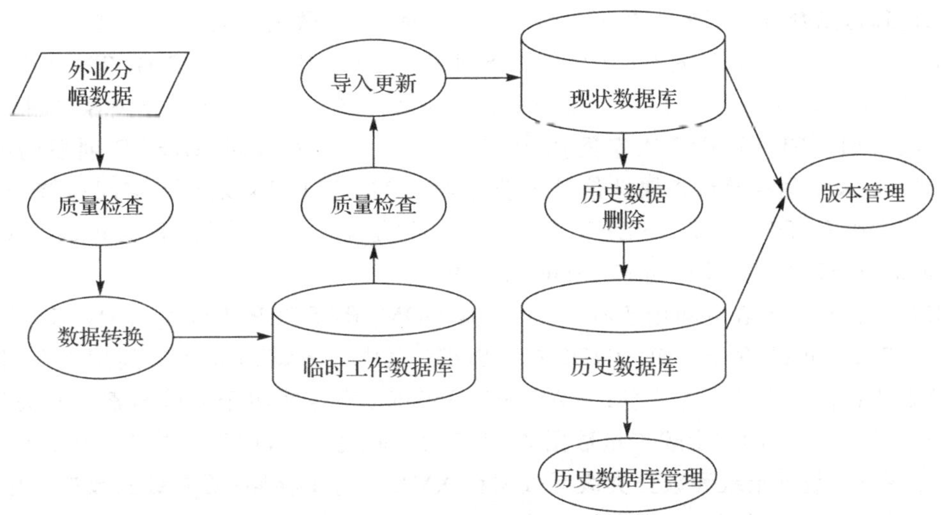

图 1.24　临时工作数据库、现状数据库和历史数据库逻辑关系

建立一个临时工作数据库是十分必要的，经过转换的数据首先进入临时工作数据库，在临时工作数据库中对数据做进一步的检查、修改，或者与从现状数据库中提取相关的数据进行接边处理工作，经确认无误后再把数据上传到现状数据库中。由于临时工作数据库与现状数据库的结构完全一致，经过在临时工作数据库中检查确认的数据可以最大限度地保证其结构的正确性，故用临时工作数据库中的数据对现状数据库进行数据更新还可以保证最小的时间开销和最少的操作步骤。临时工作数据库中的数据只是临时存在的，一旦完成数据的入库工作，临时工作数据库就可以被清空。

现状数据是数据库系统管理和操作的主要数据，是向用户提供的基本数据。各数据生产单位生产的原始采集数据经过入库检查和整理，按照一定的地理单元，根据现状数据管理的要求存储在服务器的磁盘阵列中。

历史数据库与现状数据库的结构基本相同，只是所管理的数据是被替换的成果数据。现状数据被更新后，将原来的数据转移到历史数据库中，变成历史数据。

3)数据库物理模型设计

(1)数据存储。数据库的物理存储设计主要是指数据在服务器中的物理存储配置,目的是使数据库的逻辑结构能在实际的物理存储设备上得以实现。省级基础地理信息数据库的数据存储方式是"关系数据库 Oracle 10g+空间数据引擎 ArcSDE 9.3"的模式,实现空间数据和属性数据的统一管理。

Oracle 数据库是由一个例程(Instance)和存储在硬盘上的文件组成的。通过 Oracle 服务端程序,ArcSDE 使用 giomgr 进程与数据库进行交互。每个 ArcSDE 服务都有一个 giomgr 进程在监听用户应用的连接请求、清理断开的用户进程。在操作系统中,Oracle 将对象逻辑地存储在一个或多个数据文件所支撑的表空间内。对于不同类型数据,在 Oracle 中都应分配各自独立的表空间。

各种应用都需要进行数据库的物理存储设计和参数配置。目的就是优化配置数据库,使数据库对象按照其活动性相互分离。例如,表和其索引分离,高活动性表和低活动性表也不存放在一起。如此配置将会获得运行效率极高并且易于管理的数据库。

基础地理信息数据库对各类数据分别建立表空间,用于数据库数据的存储。

矢量数据有五个表空间用于存储,分别是 FEATURE、ATTRIBUTE、SPATIAL_INDEX、ORACLE_INDEX 和 SDE。每一个表空间都存储 ArcSDE 和其相关客户端所使用的不同的表或索引。FEATURE 表空间用于存储"F[n]"(F 表),即 ArcSDE 创建的要素表;ATTRIBUTE 表空间存储包含属性信息的业务表;SPATIAL_INDEX 表空间存储"S[n]"(S 表),即空间索引表;ORACLE_INDEX 表空间存储的是基于要素、属性和空间索引表创建的 ORACLE 索引;SDE 表空间存储 ArcSDE 系统表。

栅格数据也有五个表空间用于存储,分别是 DOM_RASTER、DOM_RASTER_INDEX、DEM_RASTER、DEM_RASTER_INDEX 和 SDE。其中,_RASTER 表空间用于存储栅格数据的业务表和各种波段及描述信息;_RASTER_INDEX 表空间用于存储与索引有关的信息,如分块信息;SDE 表空间与上述矢量数据的 SDE 表空间是一个,用于存储 ArcSDE 系统表。

对于元数据,数据集级和数据类级元数据在 XML 文件中存储;要素级元数据采用单独表空间存储;图幅级元数据则根据数据类别建立相应的表空间存储。

(2)数据命名规则:①数据库中文全称,省级基础地理信息数据库的英文名称为 JSFGDB;②要素数据集命名规则,按照数据类型组织要素数据集,如 1∶10 000 比例尺的数字线划图数据集命名为 JSDLG_G;③要素类命名规则,具体形式为要素层名称_比例尺代码,如 1∶10 000 比例尺的数字线划图数据集下的行政区域层命名为 JSDLG.BOUA_G;④历史数据的命名规则,在原有要素数据集后加"_H"组成历史数据集,在原有要素类后加"_H 年月"组成历史数据要素类名称,如"十五"期间的 1∶10 000 比例尺的数字线划图要素数据集命名为 JSDLG_G_H,数字正射影像图命名为 JSDOM_50CM_117_H200602,1∶10 000 比例尺的数字线划图历史数据集下的行政区域要素类命名为 JSDLG.BOUA_G_H200602。

4. 数据检查入库

1)数字线划图数据检查入库

数据入库前首先需对数字线划图原始数据的正确性、逻辑性和完整性等进行检查,并对检查出的错误进行修改、处理,在数据达到入库标准要求后,将数据导入数据库。

(1)数字线划图数据检查包括以下几方面。

——空间参考系检查，主要检查坐标系、高程基准是否正确，投影参数是否符合要求。

——位置精度检查，主要包括：①平面精度检查，检查各要素的几何位置是否偏移、面状地物的形状与实际地物是否基本吻合、线状地物的走势与实际地物是否基本吻合、重要的特征性的拐弯是否省略、点状地物有精确位置的定位是否准确、没有精确位置的是否落在面状或线状地物的几何中心点；②高程精度检查，检查高程点、等高线的值是否正确，点、线关系是否矛盾。

——属性精度检查，主要检查各要素属性值是否正确、合理，要素代码、行政区划PAT码和名称、居民地名称、河流等级和名称、道路等级和名称、等高线高程、管线等级等与实际是否均相符。

——完整性检查，主要检查数据层是否齐全、要素是否多余或遗漏、要素是否放错数据层。

——逻辑一致性检查，主要包括：①概念一致性检查，检查属性项定义是否符合要求；②格式一致性检查，检查数据格式、文件命名是否符合要求；③拓扑一致性检查，检查数据拓扑关系是否正确。

——时间精度检查，主要检查原始资料和成果数据的现势性。

——表征质量检查，主要包括：①几何表达检查，检查要素的几何类型是否正确、几何图形是否异常；②图面检查，检查各要素类、各要素关系处理是否正确，符号、注记配置是否合理。

——接边检查，主要检查要素的几何图形接边和属性接边。

——附件质量检查，主要检查元数据、附属文档的填写是否正确、齐全。

(2)数据处理、入库包括：①矢量数据采用经纬度坐标入库，先将高斯坐标转换成经纬度坐标，再由经纬度坐标入库；②境界、居民地、双线河要构成封闭的面，主要河流与支流应进行合理分割，同一境界区域、同一条河流、同一个面状居民地中间应没有分割线；③道路取中心线，公路、铁路分别形成网状，有桥梁的地方道路也要连贯，同一条路为一个要素；④管线连贯，其尽头只能为相关的公共设施或居民地；⑤等高线连贯，遇道路、植被符号等不能断开；⑥建立新的数据集，用ArcCatalog将数据导入数据库，也可用SDE命令行建立新的数据集，将数据导入数据库。

2)数字正射影像图数据检查入库

数字正射影像图数据入库前需对其原始数据进行检查，对检查出的错误进行修改、处理等操作，然后导入数据库。

(1)数字正射影像图数据检查包括：①空间参考系检查，检查坐标系、高程基准是否正确，投影参数是否符合要求；②位置精度检查，平面精度检查基本上有两种方法，一是叠加数字线划图数据检查，二是叠加高分辨率的数字正射影像图数据检查；③逻辑一致性检查，根据格式一致性检查数据格式、文件命名是否符合要求；④时间精度检查，检查原始资料和成果数据的现势性；⑤影像质量检查，分辨率检查可检查影像的地面分辨率是否符合要求，格网参数检查可检查像素起始坐标、结束坐标及图幅范围是否符合要求，影像特征检查进行色彩模式、色彩特征、影像噪音、信息丢失、RGB值、杂色面积等方面的检查；⑥接边检查，检查同名点影像是否有偏移；⑦附件质量检查，检查元数据、附属文档的填写是否正确、齐全。

(2)数据处理、入库。数字正射影像图数据处理是对其原始数据进行色调调整等一系列操作，使之成为符合入库要求的数字正射影像图数据。具体包括：①调整色调，主要是用ERDAS Imagine或者Photoshop软件对其进行色调的调整，如果图内或者图幅接边处的色调不均匀(不是出现在大面积的水域部分)，可用ERDAS Imagine对其进行处理；②建立新的影像数据集,数据分块大小为128×128,压缩方式为LZ77,可用ArcCatalog导入数据,也可用SDE命令行建立新的影像数据集,在第一幅图入库创建影像数据集时,需要定义影像数据集的坐标系统;③数据镶嵌,把其他影像数据镶嵌到数据集中,直到全部导入完成,可用ArcCatalog将其他数据导入数据集,也可用SDE命令行将数据导入至数据集(需要有TIFF World定位信息文件);④建立金字塔,是为了加快对影像数据浏览的速度,可在ArcCatalog中选择“Build Pyramids”,也可在ArcSDE中运行命令(当需要自定义金字塔级数时);⑤计算统计值和直方图,是为了加快显示速度,便于对数据库的管理和查询,可在ArcCatalog中选择“Calculate Statistics”,也可在ArcSDE中运行命令。

3)数字高程模型数据检查入库

数字高程模型数据入库前需对其原始数据进行数据格式转换,同时进行检查,对检查出的错误进行修改、处理等操作,然后导入数据库。

由于上交的数字高程模型数据是国家标准地球空间数据交换格式,ArcGIS不能识别,所以需要编写程序将其转换成File Geodatabase格式数据。

(1)数字高程模型数据检查:①空间参考系检查,检查坐标系、高程基准是否正确,投影参数是否符合要求;②位置精度检查,高程精度检查主要检查格网点高程值是否异常、与数字线划图高程值是否一致;③逻辑一致性检查为格式一致性检查,检查数据格式、文件命名是否符合要求;④时间精度检查,检查原始资料和成果数据的现势性;⑤格网质量检查为格网参数检查,检查格网起始坐标、格网间距及图幅范围是否符合要求;⑥接边检查,检查同名格网高程值是否一致;⑦附件质量检查,检查元数据、附属文档的填写是否正确、齐全。

(2)数据处理、入库包括:①定义投影;②建立数据集,在ArcCatalog导入第一幅数据,建立新的栅格数据集,数据分块大小为128×128,压缩方式为LZ77;③数据镶嵌,把其他数据镶嵌(MOSAIC)到数据集中,直到全部导入完成;④建立金字塔,是为了加快对影像数据浏览的速度,可在ArcCatalog中选择“Build Pyramids”,也可在ArcSDE中运行命令(当需要自定义金字塔级数时);⑤计算统计值和直方图,是为了加快显示速度,便于对数据库的管理和查询,可在ArcCatalog中选择“Calculate Statistics”,也可在ArcSDE中运行命令。

4)测量控制成果数据库

测量控制成果数据采用关系数据库Oracle进行管理,每一个控制点就是一条记录,同时也可以根据它的坐标将其矢量化,按数字线划图方式进行存储和管理。

5)元数据库

不同的比例尺、不同的图幅、不同的数据品种分别对应于不同的元数据。元数据具有与相应的图幅相对应的特点,因此可以将元数据作为图幅的属性,这样元数据成为矢量要素类的一个组成部分,可以按矢量数据的管理方式进行管理。元数据由关系数据库管理系统Oracle管理,同时结合ArcGIS提供的元数据管理方式进行数据的查询与空间数据连接,使元数据在空间数据库中可随时查到。

5. 质量控制

根据GB/T 18316—2008《数字测绘成果质量检查与验收》的要求,产品生产过程检查由中心下属生产部门承担,实施100%的一查与二查。产品最终检查由院级质量管理部门承担,实施10%~20%的抽查,并按CH 1003—1995《测绘产品质量评定标准》进行产品质量评定。

产品经中心质量保证科最终检查合格后,由中心质量保证科负责填写《省级基础测绘产品交验申请书》，报局国土测绘处进行资料审查，符合交验条件的签发《测绘产品验收委托通知书》，由省测绘产品质量监督检验站进行验收。

6. 成果上交和归档

上交和归档的成果包括省级基础地理信息数据库（JSFGDB.SDE）、检查报告、检查记录表、相关问题处理记录表、基础地理信息数据库建设技术设计书、基础地理信息数据库建设技术总结等内容。

1.4.4　关键技术

1. 核心语义模型技术

地理信息数据库采用知识与规则的方式进行构建，所涉及的基础数据和相关属性信息及数据字典等内容通过知识来表达，按规范统一存储在 Oracle 数据库中。在异构数据转换过程中，利用知识库和规则驱动引擎解析数据的属性特征、图形特征和空间关系特征，在做到无损转换的同时，有效实现空间关系的快速重构。系统采用本原理实现了 DWG 格式到 SHP 格式、MIF 格式到 SHP 格式等异构数据的转换。通过知识与规则的方式构建系统，实现了数据组织和功能操作的统一。

2. 多粒度更新技术

在数据库构建的模式上采用了分幅和连续相结合的方式，建立了分幅库和连续库。根据分幅库可以做到快速、实时更新，根据连续库可以做到定期更新，系统提供接口实现两库之间数据的同步。在数据库的更新机制上设计了按区域、图幅、要素实体等多种更新方式，针对不同的数据类型和数据区域特征采取覆盖更新或要素更新的手段，达到了快速更新的要求。

1.4.5　创新点及特色

1. 图库一体化机制

地理信息数据库采用了基于元数据驱动的多版本机制，在对基础空间数据的更新中，利用元数据记录数据库的更新和维护操作，在一定更新周期内根据记录的元数据信息对相应的地图数据进行更新，确保地理信息系统库与图库的同步。同时通过版本日志建立多期数据与地图数据的关联，从而实现基础地理信息数据与数字地图数据的一体化，进一步提高了以库出图的基础地理信息产品的现势性。

2. 历史数据管理机制

地理信息数据库采用版本管理和数据关联相结合的历史管理机制，达到更安全的数据更新机制。在数据更新的过程中，当数据由临时库更新到现状库时，会产生一个历史数据的版本，可以通过历史版本查询历史数据。同时提供历史回溯机制，可对任意时刻的历史数据进行动态回溯，查看数据的演变过程。

1.4.6　项目评价

本项目的建成对加快测绘成果转化，推动测绘更好地为经济社会科学发展服务，提升测绘服务大局、服务社会、服务民生的能力和水平意义重大。该项目提高了基础地理信息数据生产、建库、更新与管理的科学化水平，为政府各部门（公安、建设、广电、工商、环保、城管、水利等）的地理信息应用系统提供标准化、高质量、及时更新的基础地理数据服务，带动了相关领域的信息系统建设,实现了基础地理信息的在线共享服务,同时为社会和公众提供了基础、权威、及时和准确的公共空间基础地理信息,满足了公众对基础地理信息的应用需求。

§1.5　大比例尺地形数据多库合一建库方法

1.5.1　项目背景

上海城市多尺度时空地理信息大数据的建设是在国家推进地理信息公共服务平台及上海智慧城市三年行动计划大背景下开展建设的,其主要目标就是构建一个真正意义上的多尺度时空地理信息大数据库,从而满足地理信息网络化服务的需求,更好地为社会服务。用数据库管理空间数据早在21世纪初就已经有所研究,并取得了相应的成果,一般都是按照原有地形图的比例尺分类,分别构建多个空间数据库,这已经为城市规划、建设与管理,以及城市信息化、社会经济发展做出了很大贡献。应该说早期的空间数据库的建设和应用是基础测绘从数字化到信息化的巨大飞跃,但必须看到,大多数人对于空间数据库的理解还没有脱离数字化地形图的概念,无论是作业部门还是质检部门一般看重的是数据的图形表现,比较容易忽视数据空间关系和属性信息的生产和检查。其原因在于地理信息的采集和应用长期以来都是以用图为主要目的的,更重要的还在于受技术条件的限制无法对具体的地理要素进行高度抽象,即为了满足国家地形图的制图规范要求,通常采用很多辅助空间实体来表达某一类地物,往往导致信息的重复加工和数据转换的困难。这样的空间数据库并不是真正意义上的多尺度时空地理信息大数据库。

当前的社会发展对地理信息的需求更广泛,特别是随着网络技术的发展,各政府部门对基础地理数据的需求更迫切,对地理信息服务提出了数据权威、服务实时、接口标准、内容全面、更新快速的新要求。构建多尺度时空地理信息大数据库,并提供不同比例、不同时态和不同级别的地理信息服务是技术发展的必然选择。

1.5.2　技术流程与要求

1. 多尺度时空地理信息大数据库的构建

多尺度时空地理信息大数据库(以下简称地理数据库)的构建不是简单对原有分比例尺的空间数据库进行技术升级,也不是增加几个图层或扩充几项属性。地理数据库构建的一个核心就是解决地理信息面向对象方式的采集和表达,即地形要素的骨架线存储(抽象化)和多应用的符号化表达,如图1.25所示。

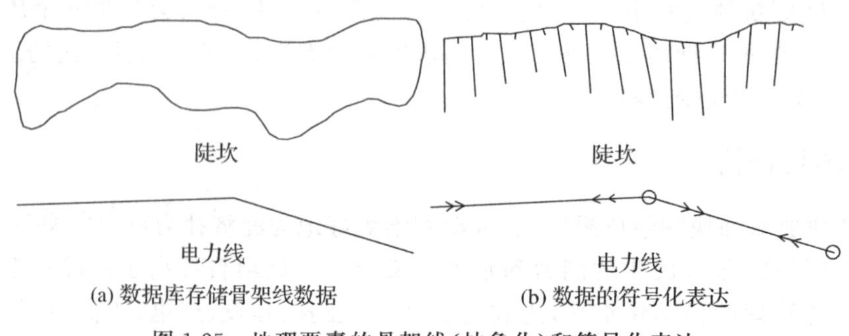

(a) 数据库存储骨架线数据　　(b) 数据的符号化表达

图1.25　地理要素的骨架线(抽象化)和符号化表达

用特定的符号来表达地形和地貌是地图的基本功能，从而形成了由各种符号、色彩与文字构成的表示空间信息的一种图形视觉语言，即地图语言。不同比例尺和不同专题的地图所采用的地图语言是不同的，正如不同国家的文化交流需要翻译一样。在传统的地图制图过程中，不同地图语言的转换“翻译”是通过人工实现的，而不是通过计算机自动实现的。虽然人们已经在使用计算机进行数字化测图，但大多数情况下这个过程仅仅只是把铅笔换成鼠标，把白纸换成屏幕，输出的成果仍然以人能够读懂为标准。在地理信息广为应用的今天，地图语言的表达更丰富，地图语言转换的计算机自动化实现无疑是提高各类地理信息加工效率和质量的有效手段。

面向对象是软件开发方法的主流，但面向对象的概念和应用已超越了程序设计和软件开发，扩展到很宽的范围，如人工智能等，面向对象的概念同样适用于测绘工作。地图语言的计算机自动化转换的实现依赖于如何定义一个被描述的对象。例如，要表述现实世界中的电力线，以往通常是采用一个点表示电杆，并在同样的位置用若干个带有方向的光芒线点符号表示电力线的走向。这样的对象定义不需要额外的计算方法，但是一旦需要进行地图语言转换，如大比例尺地图到小比例尺地图的综合，则只能通过人工进行。从面向对象的角度考虑，电力线的定义应该是一根连续的折线，同样大比例尺地形图中常见的楼梯台阶也是如此。

地理数据库只存储要素的骨架线和相应属性信息，不保存任何辅助线划与制图要素，由动态符号化机制实现图形可视化显示，将彻底解决地理信息与地形图制图的一致性问题。图 1.26是不同比例尺区域的无缝接边效果(图片上边比例尺为 1∶1 000，下边比例尺为 1∶500)，其主要特点可以归纳如下：

(1)在地理数据库中，不再有“比例尺”的概念，其所存储的信息不仅包含传统的地形要素，还包含其他专业领域所需要的专题空间要素。

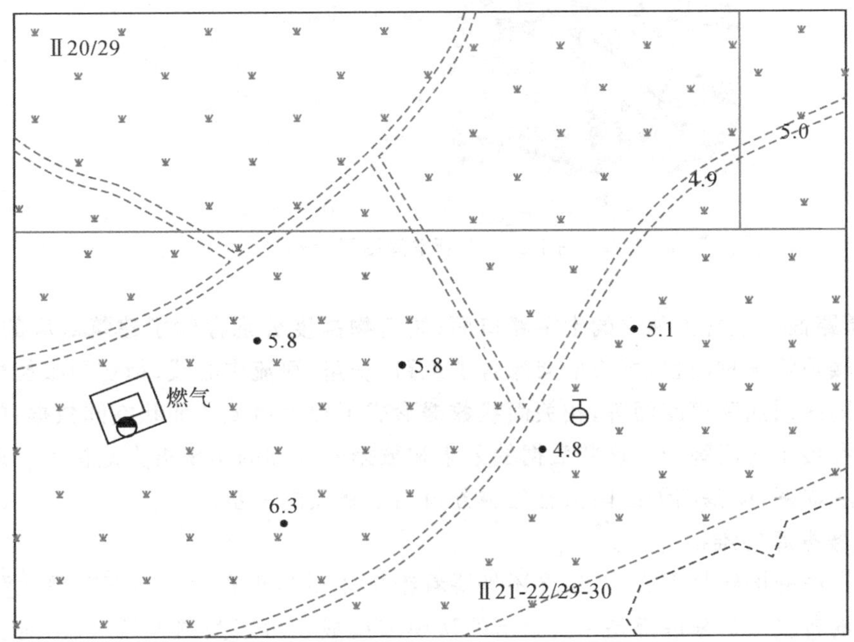

图 1.26　不同比例尺区域的无缝拼接可视化效果

(2)地理数据库中也不应该存放仅为某比例尺制图用的大量辅助信息。

(3)地理数据库可以有区域和面积的概念,但不一定有分幅的概念。

(4)地理数据库的另一重要特征是其内部的信息是完整、不间断的。理论上,一条地理信息应该作为一条记录保存在数据库内。

(5)地理数据库能够保留历史信息,采用长事务机制形成版本管理和历史回溯。

通过统一数据结构来支持空间数据的多级表达,包括运用面向对象方法、语义数据模型等技术,可以把原有的分别用 1∶500、1∶1 000、1∶2 000 比例尺表达的空间数据进行三库合一、有机融合,建立真正意义上的地理数据库。这样可以更有效地从地理数据库中生产多种专题、多种比例尺的可视化表达和空间信息产品,不但可以节省数据库建设费用、方便数据维护,还能大大缩短数据生产周期,实现地理数据库多层次、高效的网络服务。

地理数据库在建设过程中充分吸收了社会应用的需求,在原有的国家基础测绘标准的基础上扩充了大量的符合规划及其他多个行业可用的专题空间图层和属性字段,共计 88 个大类、900 多个专题,如图 1.27 所示。

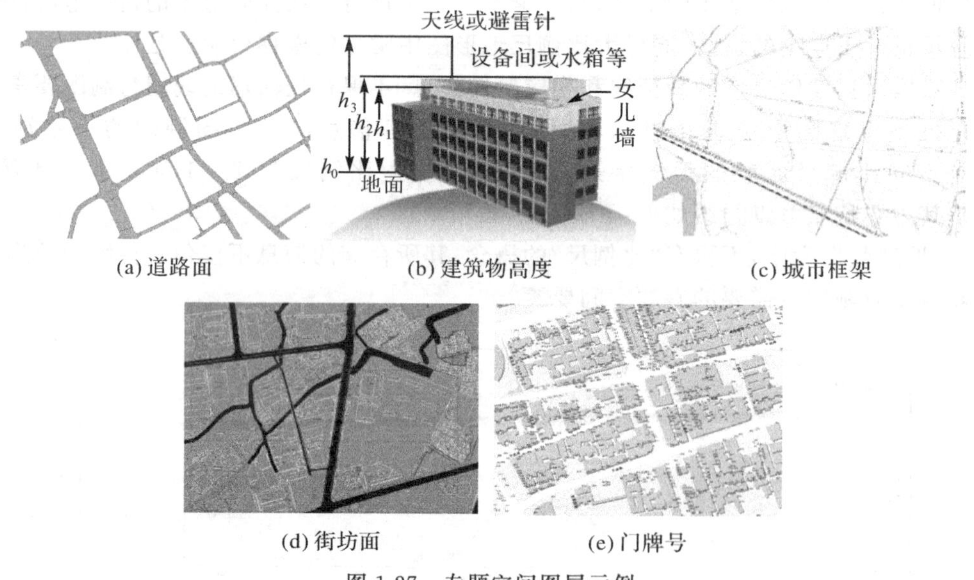

(a) 道路面 (b) 建筑物高度 (c) 城市框架

(d) 街坊面 (e) 门牌号

图 1.27 专题空间图层示例

其中,道路面中包含了独立的十字路口面;建筑物高度分别存储了建筑对应的地面高程、楼顶高程及楼顶障碍物高程;城市框架蕴含了道路、铁路、河流中心线;街坊面根据城市形态形成了独立封闭区划面和道路面等,相关面状数据形成了覆盖市域的面状空间数据;门牌号则囊括所有道路和楼宇的门牌号。这些数据的采集和数据库管理的实现极大地扩大了地理数据库的应用广度和深度,使基础测绘向信息化服务迈出了坚实的一步。

2. 地理数据库的维护

地理数据库的构建是否成功,最终还是要看维护体系是否有效。高度对象化测绘方式对生产环节中的各级人员来说都是一次全新的认识和挑战。对于测图人员来说,需要建立面向对象的概念;对于质检人员来说,除了要求检查图面的完整性之外,还要求检查数据的拓扑性、符号表达的完整性等;对于数据库维护人员来说,要求考虑高效的同步更新过程,满足网络服务的数据要求。据此，图 1.28 描述了一套比较可行的、以地理数据库为核心的维护和应用流程。

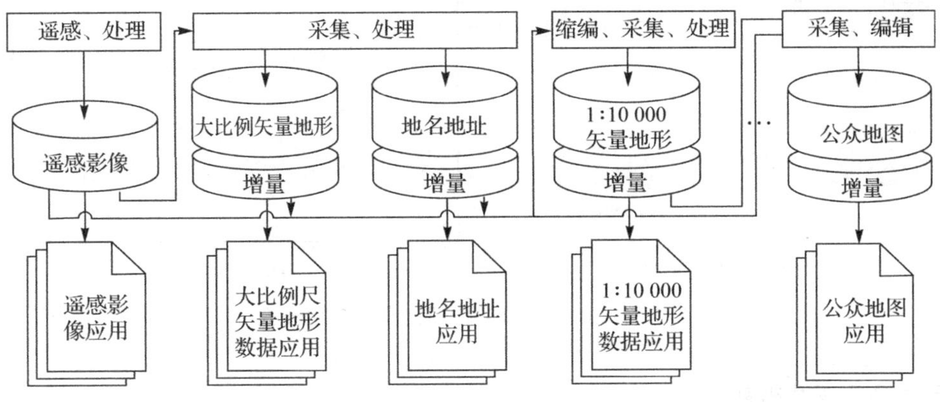

图 1.28　以地理数据库为核心满足网络服务需要的级联更新流程

首先，研究和定制了数据采集编辑平台。其次，需要考虑的是地理数据库的接边问题，传统的不同比例尺间的地形图以图幅为单位进行接边。三库合一后将存储不同比例尺地理空间数据，这些数据不能再以图幅为单位进行接边。在这一区域应当以街坊为界，以保持空间数据的完整和连续。尽管这一变化非常小，但对于传统生产管理方法，仍然需要通过相应技术手段满足要求。最后，初步实现地形要素的自动缩编技术。自动缩编的实现是一个高度智能化的和具有创造性的作业过程，它是一个整体任务，包含了一系列不同性质的操作，可以分解为若干个子过程来实现。作为地理数据库运行和维护中的一项主要内容，必须对市区范围内的大部分图形要素进行自动化程度较高的缩编作业，并取得良好的结果。通过自动缩编技术，地理数据库可以派生出多种专题子库，其更新方式则可以采用“级联更新”的模式，即在原有数据基础上，只对发生变化的数据进行相应更新，并将这些变化更新传递到其派生数据库上，以实现多比例尺系列数据的级联更新。

利用增量数据进行更新，关键是建立有效的增量数据的获取、管理和控制机制。数据库更新的实现必须考虑元数据，元数据在整个多尺度地理数据库更新流程上继续发挥了重要作用。本书始终认为元数据也是数据的一种，是结合整个数据生产不断完善和优化的。随着地理数据库建设的完成，一个显著特点就是矢量地理信息在一个统一的架构体系下实现了综合管理，但又必须面对不同的应用方式和更新方式，同时还要衍生出更多的子库，如三维地理数据库、地下综合管线库。因此，元数据在数据的快速统计分析及可追溯等方面必然发挥新的作用。

3. 地理数据库多领域应用实现

数据库建设的最终目的是应用，地理数据库的建设为基于在线的地理信息服务的实现打下了坚实的基础。由于地理数据库采用了面向对象高度信息化存储方式，空间数据的提取和扩充变得异常容易，常规的地图编制和发布有了更灵活的手段，如图 1.29 所示。通过全自动的信息表达，同一个区域的空间数据可以灵活自由地进行配置，既可以满足专业地形用图的需要，也可以满足普通用户对地理信息的需求。特别是随着地理信息在线服务技术的发展，用户可以第一时间获得最新的地理信息，并且不需要购买专用的地理信息软件，可直接接入常用业务系统中。基于网络使用地理数据库一般可以按照应用环境分为两种类型，即浏览器应用和桌面应用。

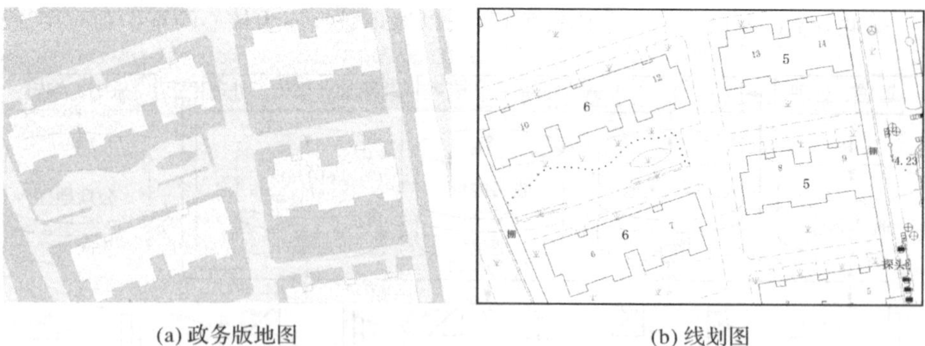

(a) 政务版地图　　(b) 线划图

图 1.29　灵活高效的地理信息可视化转换

1)在线地理信息浏览

所谓浏览器应用即用户通过浏览器在线获取地理信息服务，前提是用户自有的系统也是在浏览器上使用。目前这种应用方式已经成为信息化系统应用的主流。地理信息服务与其他网络服务一样是采用超文本传送协议(hypertext transfcr protocol，IITTP)和文件传送协议(file transfer protocol，FTP)等标准协议和其他互联网通用标准，使用者可以在不同的地方通过不同的终端设备访问网络上的数据并集成到浏览器。区别于直接访问地理数据库，通过网络服务访问地理数据库，能够在一定程度上保障地理数据库的安全，也能够通过数据的组合提供多类型服务。这些服务可以满足用户部门对基础地理信息的一般性需求，如地图可视化、地名查询等，也包括万维网地图服务器(web map server，WMS)、万维网要素服务器(web feature server，WFS)的应用。一般来说，基于浏览器的地理信息应用主要以看图为主，辅助以一定的位置定位和路径分析，通过与其他专业数据综合，利用地理数据库强大的空间分析功能完成基于浏览器的专题图显示、查询和统计。图 1.30 把原有只有地址文本的应急避险场所通过地址定位“落地”到地图上直观可视，进一步可以进行空间统计分析，对其他行业(如规划)都极具应用价值。

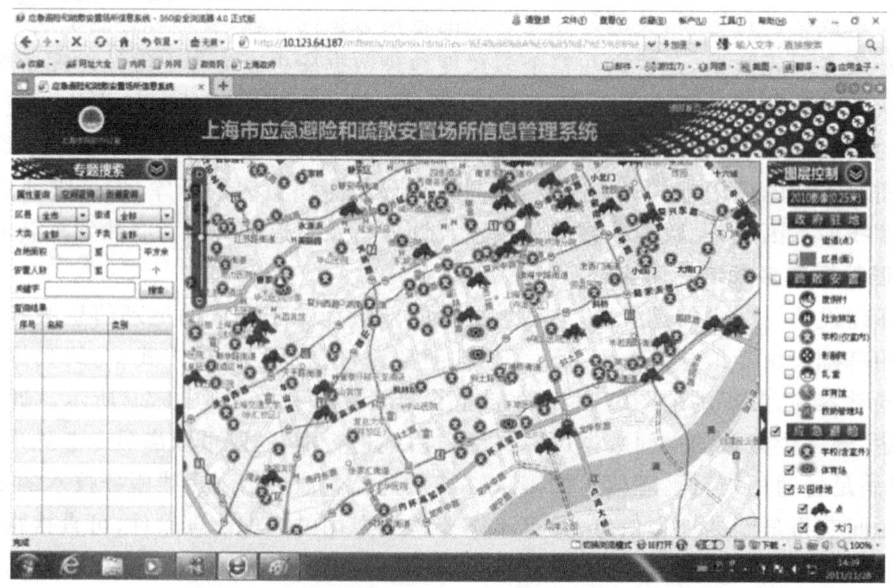

图 1.30　基于浏览器的应急疏散场所地图表达

2)在线数据编辑

除了信息浏览以外,基于浏览器的应用还可以进一步拓展简单的画点、画线或画面等绘图功能,与专业的桌面应用系统相比,在空间图形编辑上无法完成更复杂的功能,此时就需要在常用的桌面软件中实现在线地理信息服务的调入,完成基于空间库的分布式调入应用。通过常用桌面软件,如 AutoCAD、ArcMap,可以实现地理数据库网络服务的桌面应用。考虑这一类用户往往需要在专业的软件上编辑和制作自己的专题信息,如规划部门需要对道路数据进行高效的空间图形捕捉、获取道路边线的节点坐标等,故该功能在桌面软件上才能使用。以往的做法一般是将 DWG 格式的图直接放入规划师的 CAD 环境下进行,现在在一定的安全策略下直接通过网络分层即可获取规划所需的矢量数据,也可以载入影像等其他空间地理信息,如图 1.31 所示。实现这一策略有以下几个步骤:

(1)在桌面软件上实现图形特征读写和符号化解释等地理数据库基本接口。

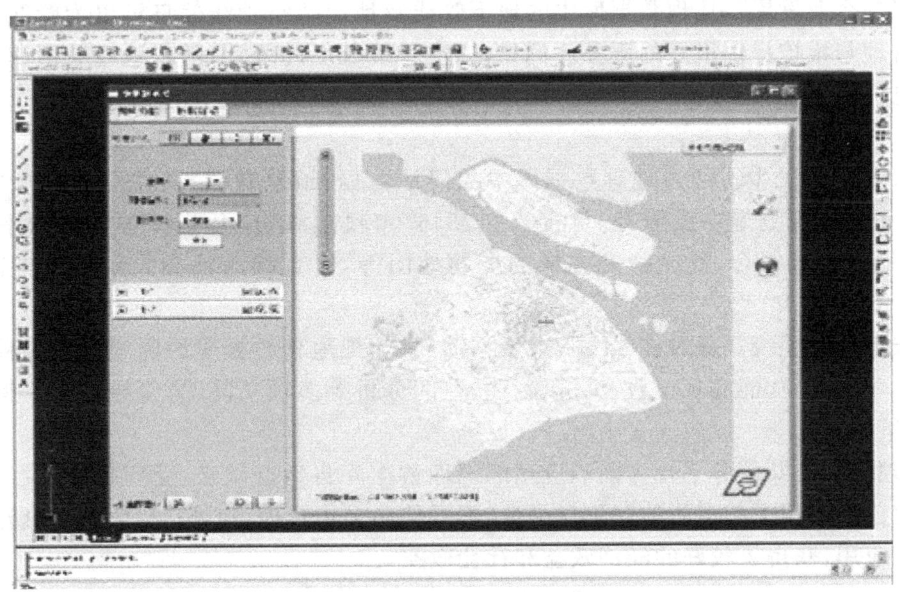

图 1.31 AutoCAD 环境下地理信息服务的直接链入

(2)通过网络服务获取授权用户所能获得的地理数据库骨架数据。

(3)在桌面客户端利用符号化接口进行骨架线的可视化,可视化方法根据用户权限分为两种,一种是动态可视化,另一种是静态可视化。前者可以在骨架显示和符号显示之间自由切换,同时保留了空间实体的其他属性;后者是不保留骨架线,骨架线在符号化后打散,形成一组没有特别意义只能表达一定地图语义的点线。

(4)在桌面软件上实现其他以瓦片格式发布的地理信息服务的调用,如影像、全要素矢量地形服务等,以弥补由于数据安全原因无法获取高精度矢量图形信息带来的参照要素缺失的不足。

地理数据库的网络服务的应用可以是多环境、多级别、多形式的。所谓多环境就是实现在 AutoCAD 和 ArcMap 等常用桌面环境下的网络服务的调用,而不仅局限于浏览器;多级别就是指多安全级别的数据获取,可以设定用户只获取瓦片服务,也可以设定用户获取部门矢量图形,在矢量图形获取过程中还可以区分是否提供信息齐全的骨架数据,还是符号化后的图形数据;多形式就是能够让用户在统一环境下获取多种类型的基础地理信息,不同级别的信息都可以在一个坐标参照系下叠置使用。

3)政务应用

城市地理数据库建设的主要目标就是要为智慧城市建设构建统一的时空信息基础平台,实现政府信息资源共享,避免信息孤岛和重复建设,为政府决策服务,为社会公众服务。通过地理数据库,目前已经形成以下几方面专题应用:

(1)服务政府管理。最直接的就是服务规划土地管理等。例如,将规划用地汇总图与地理数据库的建筑物数据叠加,对各现状用地或规划用地地块进行用地面积及建筑量的统计,包括建筑基地面积、建筑面积、建筑密度等统计,在临港、虹桥商务、迪士尼等新开发区域都采用了地理信息服务的方式实现了各自土地批租和用地规划。在其他领域,还可以对户外广告、架空管线、道路规划、不可移动文物管理等提供强大的数据服务。

(2)服务企业发展。地理数据库中的地下管线及地面架空管线信息可以为管线公司的管线建设、管理与维护提供很好的服务。例如,架空管线长度的统计,随着地理数据库存储方式的改变,电杆的表达方式从原有的点状要素进化到以连续的线状实体存储,使管线长度的计算非常容易。

(3)服务社会民生。通过地理数据库中的门址数据、道路数据、关注点数据形成强大的地址定位和出行规划等在线服务,可接入“12345”市民热线、应急指挥等专业的平台;将不同种类的地理信息组合,形成种类多样的专题地图等,可直接为社会大众提供丰富的地理信息服务。

(4)服务领导决策。通过在线方式或者移动载体,把地理数据库的内容形成多种专题,利用空间计算分析等功能实现定位、浏览、标注、空间分析等多项功能,为领导及时了解情况、做出科学决策服务。

以地理信息公共服务平台为前端应用的地理数据库自运行以来,受到政府及社会的广泛关注,目前已经实现了如消防地理信息平台、不可移动文物管理、户外广告管理、民防应急管理等40多个应用,获得了较好的经济效益和社会效益。

1.5.3 项目特色、技术关键及创新

1. 地理要素分类编码与制图要素分类融为一体

本项目所制定的地理要素分类标准充分考虑了同时满足地理信息系统与多尺度比例尺制图的需求,针对上海市自身特点,在国标编码的基础上,进行了一些扩充与完善,形成了上海市地方编码标准。特别弥补了国标、行标与制图规范脱节的问题,新标准中将地理要素的图式符号分为七类,包括点状符号、简单线形符号、复杂线形符号、两点比例类符号、四点结构类符号、面状填充符号、带状变宽类符号,不再是国标中简单的点、线、面、文字的分类。

2. 地理要素高度对象化

本项目对一个地理要素的定义打破了传统基础地理信息系统对其的简单定义,不再将一个原本一体的对象因技术条件的限制而分别定义。例如,台阶、传送带、龙门吊等不再是一系列无关联的散线,而是一个整体,就是一个实实在在的对象,在数据库中,其整体就是一条记录。在项目中,一个地理要素共有编码信息、图形特征信息、属性信息、符号化信息、数据标识信息、时态信息、工程信息七种描述信息需要定义,可全面描述一个地理对象的类别、位置、形

态、生命周期等信息。特别是符号化信息,详尽描述了地理对象符号化时所需的特征参数信息,不再需要任何辅助信息。

3. 实现了真正意义上的地理数据库

地理数据库存放的是空间地理信息,包括图形数据和属性数据。所构建的数据库把原有的1∶500、1∶1 000、1∶2 000基础地理数据进行有机融合,完全满足地理数据库的数据特征。利用了统一层次数据结构来支持空间数据的多级表达,包括运用面向对象方法、语义数据模型等技术,建立了真正意义上的地理数据库,不但节省了今后数据库建设费用、方便了数据维护,还大大缩短了数据生产周期,更符合基础地理信息网络分发服务应用要求。

4. 实现了网络化基础地理信息的应用模式

通过设计合理的符号化方法和网络地理信息系统服务的概念,基础地理信息的使用不再局限于文件的复制和交换,多形式的网络化使用是符合当今社会应用需求的。基于网络使用基础地理信息可以避免数据的重复加工,缩短用户的数据更新周期;对于生产部门来说,可以按需生产,促进生产效率的提高。

1.5.4　项目评价

本项目全面围绕网络服务的内涵对构建真正意义的地理数据库做了实践性的研究,完成了上海市城市多尺度时空地理信息大数据库的构建和运维体系,并在提高基础地理信息质量、转换效率及最终的服务能力等方面做了积极的尝试。

在地理信息应用日益广泛的今天,服务是测绘地理信息发展的生命线,也是测绘地理信息工作价值的体现。地理数据库及其配套服务平台的建设适应了社会发展的需求,地理信息的更新周期也从原有的中心城区半年、郊区重点城镇一年、全市其他区域二年提速到中心城区半年、其他区域一年,即“0511”的节奏。随着上海智慧城市建设的推进,地理数据库中类型的扩充和动态更新也势在必行,地理信息的按需测绘及服务的快速提供不仅依赖于技术的发展,更需要多方一起合作共同构建信息共享的环境,把地理信息的作用最大限度地发挥出来。

§1.6　数字地形图数据库信息化改造与基础地理信息数据库重构

1.6.1　概　述

随着测绘地理信息科学技术的发展,许多测绘地理信息部门已经形成了数字地图的规模化生产,同时建立了以图形服务为主的数字地形图数据库。在数字测图逐步向信息化测绘发展的今天,信息化成为测绘地理信息建库的主流,负载大量非图形信息。面向社会多元化服务,既可按要求做基于地理空间信息的数据查询、统计、分析、提取等各种处理,又可绘制数字地形图,使地理信息得到更好更广泛的应用。数据库的改造与重构的目标是面向社会、政府成果应用,加强地理空间数据供给改革,以信息化测绘为主线,以数据服务应用为工作方向,挖掘数据自身升值潜力与内容,提升空间数据应用层次。因此,数字地形图数据库具有向信息化改造、现有地形图数据库进行基础转型升级的需要,其本身是数字化测绘向信息化测绘过渡不可避免的一个过程。

1.6.2 改造与重构的基础、原理和方法

1. 数据基础

信息化是数字地形图数据库信息化改造与基础地理信息数据库重构的基础,面向信息与服务是其本质。信息化改造是在建立信息化测绘基础之上进行,其数据成果具有标准的规则和足够的可用信息,若想得到信息化测绘成果,必须通过信息化测绘技术进行约束与处理;基础地理信息数据库重构建立在已有数字地形图数据库的基础之上,尽可能利用已有数据基础进行信息化测绘技术改造。因此,已有数字地形图数据库是信息化测绘技术改造与重构的数据基础。

2. 软件基础

数字地形图数据库信息化改造的意义在于能够基于大量已有数据基础,实现信息化测绘成果的转变。与重新测绘相比,具有减少外业投入、节省生产成本、提高作业效率、缩短信息化建库周期等优势,这需要高效的信息化测绘软件配合,因此信息化测绘软件的选取是数字地形图数据库信息化改造与基础地理信息数据库重构的软件基础。

3. 原理与方法

数字地形图数据库信息化改造与基础地理信息数据库的重构一般情况下包括基础地理信息标准体系建立、地形线划数据预处理、地理信息数据组织重构、要素实体化处理等过程。基础地理信息标准体系建立是信息化改造的基础,需要按照建立单位的实际情况及社会应用需求,确定信息化改造目标,制定信息化测绘数据标准,建立信息化地理数据改造约束体系;预处理主要包括数据提取,必要时进行格式转换与分类代码转换,数据提取的关键是建立整合后实体数据分层与基础地理数据的对应关系;数据组织重构包括数据分层命名与属性结构规整;要素实体化处理是依据原始数据中的属性信息确定地理实体,找同属于该实体的图元,赋以相应实体标识码,并建立相应的图元实体关系表。数据源应选取最新版本,在整合时需要处理好同一比例尺数据各要素间的协调关系,并尽可能地处理好不同比例尺数据间的一致性关系。

1.6.3 地理空间数据标准与约束体系

基础地理信息数据一般直接遵循国际及国内相关规范、标准等,但由于基础地理信息数据自身特点,需要针对实际应用在相关规范基础上进行扩充,制定本地化基础地理信息数据标准。整体来看,本地化基础地理信息数据标准是基础地理信息系统建设的一项重要技术工作,涉及诸多的技术问题,直接影响最终地理信息系统建设的科学性、合理性、有效性和实用性。目前,国内一些城市根据现行有关标准并结合本地需求与技术特点制定了各自的代码体系,但是缺乏统一的代码扩展原则,势必影响数据交换与共享,也不利于地理信息系统技术的发展和应用。

一般来讲,一个成熟的数据标准必须有一个成熟的数据生产与建库平台进行支撑,否则标准的推广或者实施将会成为一个很大的问题。分类代码是地理要素的重要标识之一,编码系统的不一致极大地阻碍了CAD和地理信息系统之间的数据交换,影响信息的无缝传递,进而影响数据生产平台与建库交换,将会对数据动态更新造成新的数据异化;属性结构是面向数据服务对象设计的一套与空间对象相关联的属性信息,面向应用,对提升数据服务与扩展应用具有极大作用。因此,设计一套科学的编码体系与属性结构,使数据生产平台与基础地理信息数

据库间基于同一数据标准体系实现数据共享，具有极大的应用价值，也将会保证动态更新顺利进行。

空间数据标准是地理信息数据灵魂，没有统一的数据标准，任何分析、查询都将失去意义。将标准封装、统一到作业平台中，是标准的具体实现，如果没有这一步，数据标准化生产将无从谈起。标准一般需要在充分调查的基础上形成。在标准的约束上，北京山维科技股份有限公司利用模板技术进行信息封装，实现数据标准在信息化测绘数据生产、数据建库、数据分发应用三方面的有机统一，从而避免由各类转换形成数据异化的现象。相对于 CAD 必须为同一个数据标准在地理信息系统中进行重新定义而言，不仅极大地简化了系统的复杂度，还大大地提高了空间信息的是质量。

1.6.4　技术体系构建

1. 总体技术流程

技术体系是在地理空间数据标准与模板约束体系的基础上制订的信息化改造技术方案，包括数据预处理、数据组织重构、要素实体化处理等技术方法，使已有数字地形图数据库能够批量而高效地向信息化数据成果转变，建立以面向服务为主的信息化测绘数据体系，构建信息化基础地理信息数据库。信息化技术改造建库的方案取决于所采取的信息化测绘软件的特性和原数字地形图数据库的质量，并且也直接决定了信息化测绘技术改造建库的效率。技术体系构建的总体流程如图 1.32 所示。数据处理流程如图 1.33 所示。

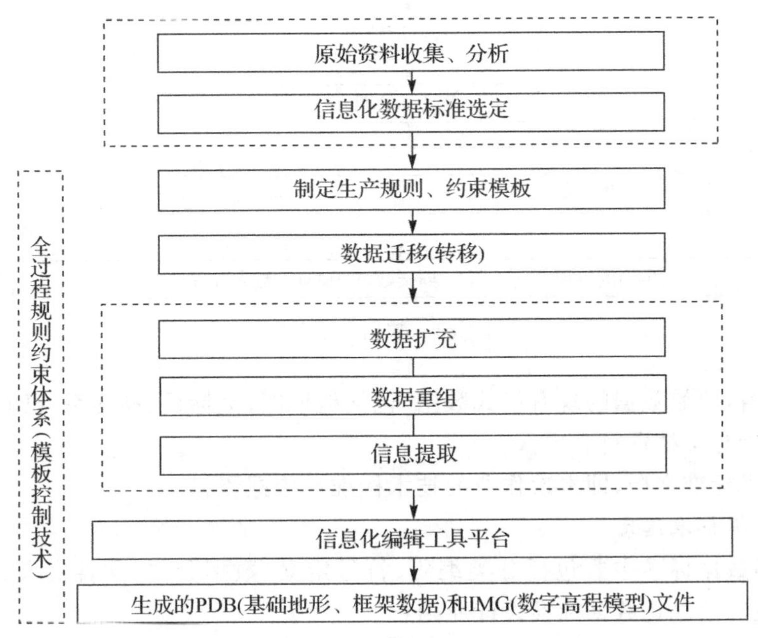

图 1.32　总体体系流程

2. 技术方法

1）原始资料分析

（1）文档资料，包含原始数据的分类代码、名称、线型、块名、层名的标准文档和原始数据的建库标准文档，以及其他一些与原始数据作业相关的说明文档等。

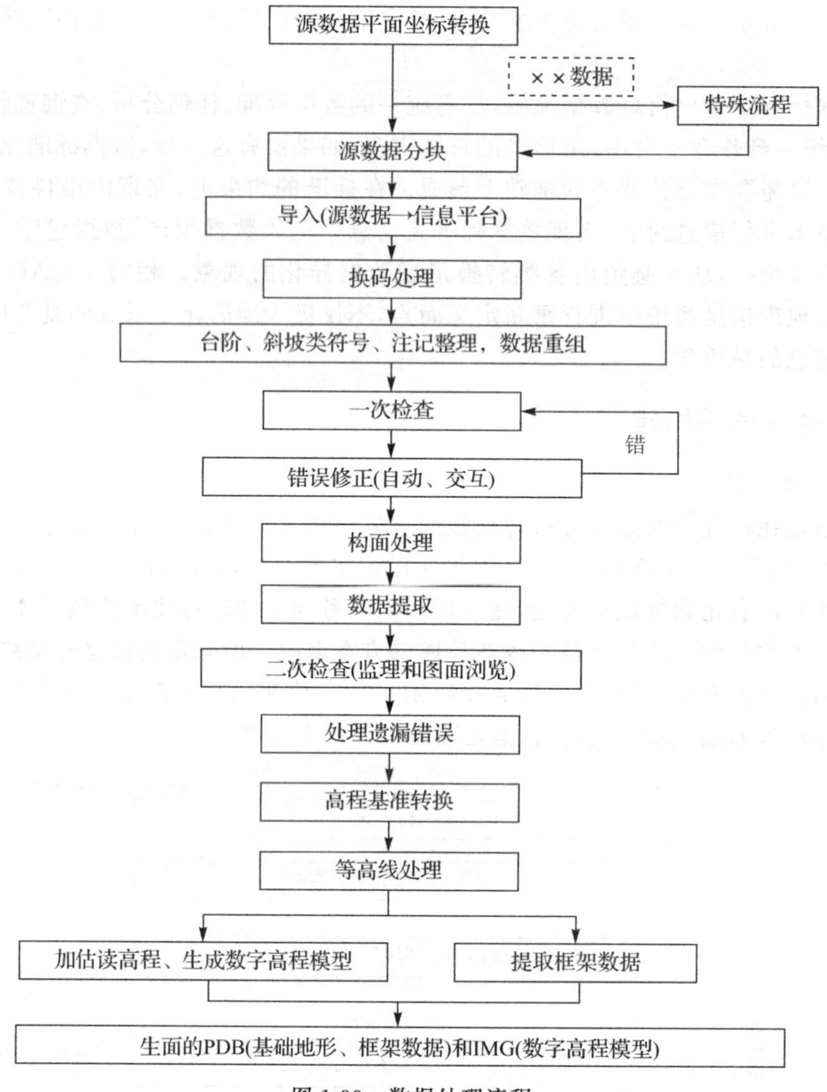

图 1.33　数据处理流程

(2)数据资料，原始数据的现有格式数据，包括地形图、坐标系、高程系、已有数据库格式数据等，其标准可能与文档资料有出入。

(3)相关技术标准文档，即本次作业的技术标准和依据资料。

2)信息化数据标准选定

信息化空间数据标准主要包括分类编码、符号定义、数据分层、属性定义、数据字典等内容。以下为确定的信息化数据标准设计原则：

(1)科学性、系统性。标准方案应适应各种比例尺的数字成图、现代计算机技术实现与数据库管理技术的应用，同时以确保与现有数据编码方案无冲突为目标，进行系统的分类与科学划分。

(2)可操作性。标准方案在保证地图信息分类科学、合理、系统的同时，应充分考虑全野外数字测图的特殊要求及人们的一般习惯，使代码便于记忆和使用。

(3)兼容性。支持现有国标的分类编码体系,以及已完成的城市信息数据的编码体系。

(4)可扩展性。标准方案应设置足够的收容空间,保证在今后 10 年内,面对新信息的增加,不至于打乱已建立的分类体系;扩充代码应符合科学性、系统性、可扩展性、兼容性原则;相关数据子集的分类与编码应保持一致。

3)制定生产规则约束模板

根据已有数据资料和文档标准,制作与数据库标准一样的规则模板,以保证生产数据与库数据标准相匹配。在制作规则模板的同时,要考虑原始数据的情况,便于更好地接收各种数据,兼顾后续的处理,提高工作效率。

模板本身也是数据库。之所以称模板是数字化的、标准化的工程设计实施准则,是因为模板中描述了关于数据工程中的平面坐标系、高程系、比例尺、作业范围、分层标准、编码标准、符号定义、颜色定义、属性表结构及数据转换等一系列指导作业的控制参数。

(1)模板的作用:①增强系统的适应性,因为模板参数是用户可修改的,所以数据生产平台可方便地适应众多具有地方数据标准的用户;②生产质量控制与约束机制,模板中制定的规则,类似于数据库中的约束,将被自动地贯彻到作业过程中,不用人为干涉;③存储公共图形或数据,如控制点、测区范围线等数据可直接保存在模板中,当用该模板新建工程时,工程数据库中就自动拥有了预存的数据,而不需重新输入;④数据格式转换控制,同一个数据,换了不同模板,具有不同的表现形式,通过参数控制,可模仿其他平台的数据格式;⑤可存储地图自动综合(缩编)的知识准则。

(2)模板的定制。考虑数据存储主要依靠数据库进行,因此将数据标准利用 Access 数据库进行定义,简称为模板。可以认为模板就是 1.6.3 节所描述的信息化封装,通过模板复制建立新文件,就会使规范标准共享,以实现全面规范化。模板是一个 Access 的数据库,内容包括地理数据结构表定义、实体编码特征及符号化描述定义、系统环境设置表定义及用户扩展属性表定义等。模板不但是数据标准化的有力保证,而且同时体现了生产与技术相分离的先进理念及与其他地理信息系统平台实现数据交换的信息映射机制。模板的组成如图 1.34 所示。

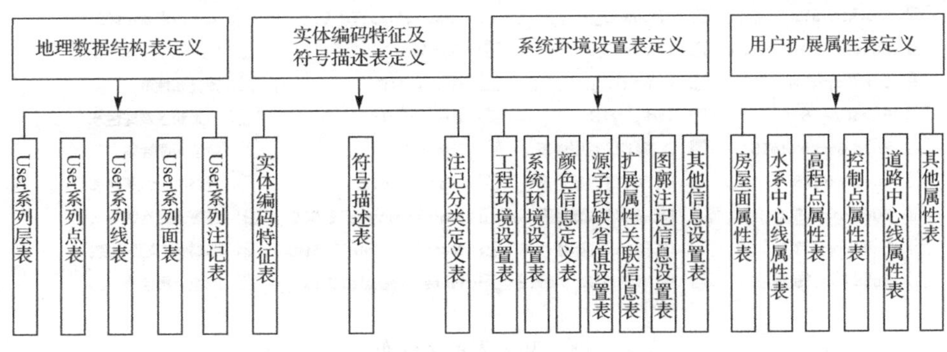

图 1.34　模板组成

基于模板新建工程,即得到一个几乎等同于模板的拷贝作为新建的工程数据库,该工程除了实体编码特征表、符号描述表及注记分类定义表等有限的几张表没有复制之外,包含了其他所有与模板相同的表。实体编码特征表、符号描述表及注记分类定义表保留在模板中,它的优点在于:不管有多少个作业小组参与作业,不管有多少数据,一旦数据要求有所变化时,随时只需修改模板中的实体编码特征表、符号描述表及注记分类定义表的相关定义,再将模板重新分发即可自动实现所有数据的批量处理或标准化。模板可集中定制,然后统一发放给各个生产部门,可实现模板的统一、数据标准的统一、生产流程的统一。根据数据标准定制的“基础地理模板”如图 1.35、图 1.36、图 1.37 所示。

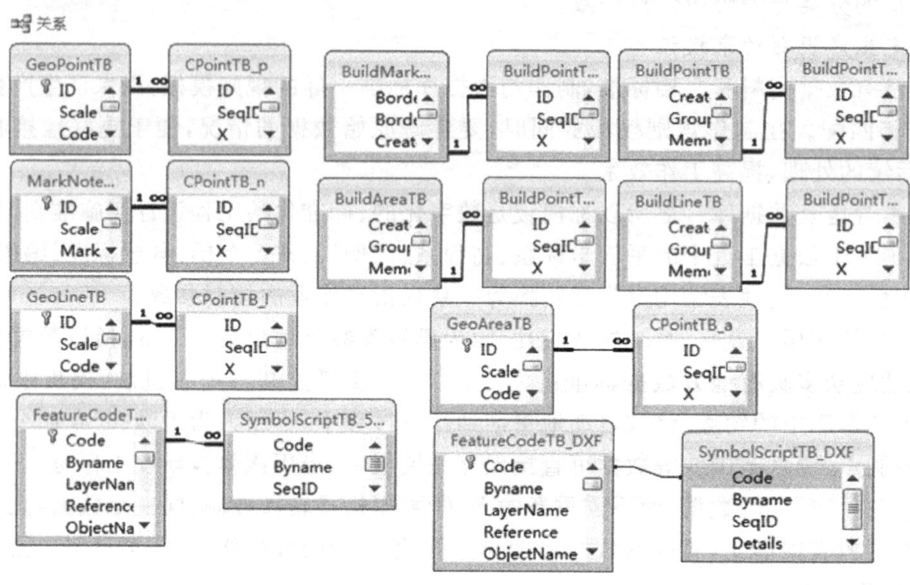

图 1.35　表关系

*CtrPoint_TB	BuildPointTB_P	DTM_TriangleTB	OleObjectDataTB
*DataCheckReportTB	CMLandTB_District	DTM_TriNetAttrTB	ProjectTB
*TriangleTB	CMLandTB_Private	DTM_TriPtTB	SourceTableFieldInfoTB
*TriPtTB	CMLandTB_Public	FeatureCodeTB_500	SSFormTemplateTB
*数据质量评估统计表	ColorInfoTB	FeatureCodeTB_DXF	SymbolScriptTB_500
AttrLinkInfoTB	CPointTB_a	FeatureCodeTB_EDB4	SymbolScriptTB_DXF
BlockDataTB	CPointTB_l	FeatureCodeTB_Ex	SymbolScriptTB_Ex
BuildAreaTB	CPointTB_n	GeoAreaTB	UserLayerTB
BuildLayerTB	CPointTB_p	GeoLineTB	标注属性表
BuildLineTB	CtrPointTB	GeoPointTB	待更新区域属性表
BuildMarkNoteTB	DEFAULT点属性表	IniInfoTB	单位面属性表
BuildPointTB	DEFAULT面属性表	MarkNoteTB	道路中心线属性表
BuildPointTB_A	DEFAULT线属性表	NoteTemplateTB_500	等高线属性表
BuildPointTB_L	DEFAULT注记属性表	NoteTemplateTB_EDB4	等高线注记属性表
BuildPointTB_N	DTM_GridNetAttrTB	NoteTemplateTB_Ex	地貌点属性表

图 1.36　表定义分布

一个新工程建立之后,在工程中加入数据,如路灯、土坎等地形要素,这些数据的存储都是作为一条记录存储在工程数据库的数据结构表中。图 1.38 是数据库中实体对象的存储实例,FeatureCodeTB_500 为编码表,SymbolScriptTB_500 为符号描述表,UserLayerTB 是层挂接属性表的设置表,GeoAreaTB 是面要素存储表,RESA 属性表为挂接的属性表,房屋面 ID 为 33777。从数据的组织存储结构可以看到,数据的空间特征和属性信息一体化存储的记录很清楚，脱开了数据生产平台环境，通过数据库访问，数据的信息也可以完全得到。有了数据库的支持，数据的管理和数据的生命力也有了重要保证。

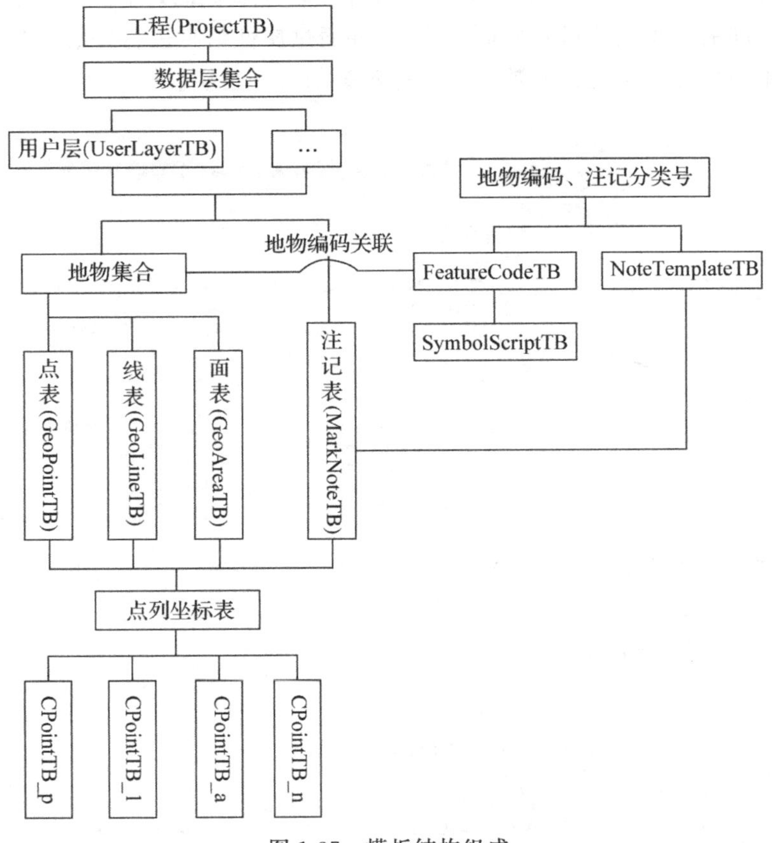

图 1.37　模板结构组成

4）数据转换

（1）定义坐标转换关系，实现数据坐标转换。原国土资源部、原国家测绘地理信息局发布通知要求各地在 2018 年 7 月 1 日起全面启用 2000 国家大地坐标系，停止使用其他坐标系，并明确提出具体任务：①完成存量数据转换；②推广使用 2000 国家大地坐标系；③开展过渡期实时数据转换。坐标转换主要体现在：①时间紧、任务重，如果没有很好的自动化处理机制和程序，那将花费大量的人力；②坐标转换参数是保密的，在处理过程中，需要有保密机制，使得任务既能高效完成，还要确保参数保密；③对于空间数据的精度和符号化等专业问题，需要有好的技术手段，保证这些专业的技术问题不影响数据的处理，也减少人工的干预；④数据类型多，每种数据所采用的技术手段有差异，这样会影响数据处理的进度。面对这些问题，需要批量化、自动化的数据转换工具应对多源数据的坐标转换，并保证转换前后数据的精度无损。数据转换常用的方法有四参数法和七参数法，参数在许多地方属于保密内容。因此，可以在规则模板或者软件加密锁中定义转换参数，在进行数据转换时，自动调用程序可以实现转换程序与转换参数分离的目的，保证了参数保密性。

（2）通过模板定义对照关系，实现编码、属性自动匹配。根据原始数据情况与生产模板，采用信息映射机制，制订数据转换方案，形成原始数据与目标标准的对照关系，包括代码的对照与属性字段的对照，使原始数据能通过数据转换尽可能地自动转换到新标准中。在此过程中，可能会适当调整对照表与转换脚本等，使原始数据能完整无损地转换到新标准数据中。图 1.39为 EPS 软件模板中用于数据转换调入的对照表区域截图，图中显示可以多对一接收，即块名与等级不同的三角点均可对应同一代码，并通过属性信息进行等级区分，对照表通过软件中自带的脚本函数即可实现原始数据到目标数据的自动转换。

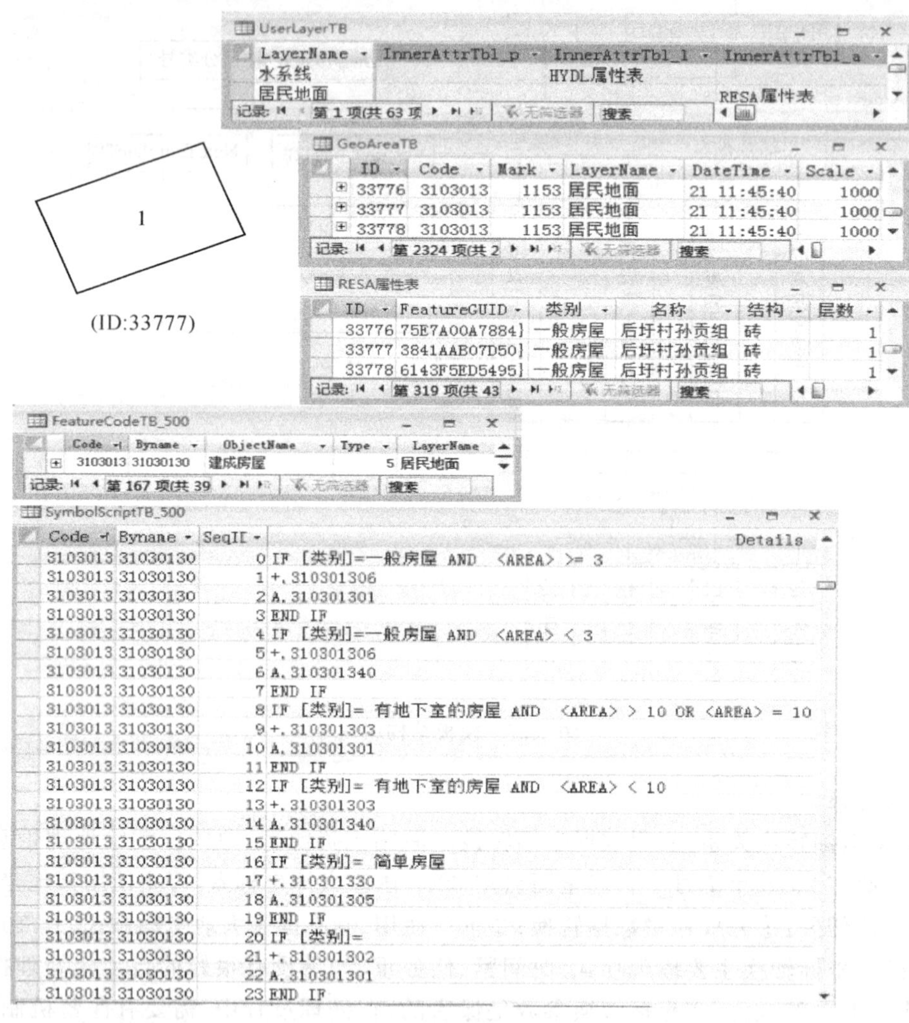

图 1.38　模板与实体关系对照

5)数据提取

空间数据提取是从符号化的图形数据文件及属性数据库中提取空间地理要素的几何信息和属性信息，从而进行空间数据的预处理，并按照软件要求存储在相应的要素层。主要包括以下几个方面：

(1)采用脚本开发与规则定义，实现要素提取。通过模板过滤提取功能，将关键要素提取过来，分类进行聚合处理，提取关键信息赋值到属性中，删除离散辅助信息，结合动态符号化技术实现符号显示。

Code	xianxing	Thickness	Byname	LayerName	ObjectName
1101021	GC113	0	GC113	KZD	一等三角点
1101021	GC200	0	GC200	KZD	二等三角点
1101021	GC201	0	GC201	KZD	三等三角点
1101021	GC202	0	GC202	KZD	四等三角点
1101021	GC203	0	GC203	KZD	二等土堆上的三角点
1101021	GC204	0	GC204	KZD	三等土堆上的三角点
1101021	GC205	0	GC205	KZD	四等土堆上的三角点
1101021	GC205	0	GC205	测量控制点	三角点
1101031	GC116	0	GC116	KZD	埋石图根点
1101031	GC117	0	GC117	KZD	不埋石图根点
1101031	GC906	0	GC906	KZD	埋石图根点
1101031	GC907	0	GC907	KZD	不埋石图根点
1101031	GC117	0	GC117	测量控制点	图根点
1101041	GC015	0	GC015	KZD	5秒土堆上小三角点
1101041	GC114	0	GC114	KZD	5秒小三角点
1101041	GC206	0	GC206	KZD	10秒小三角点
1101041	GC207	0	GC207	KZD	10秒土堆上小三角点
1101041	GC207	0	GC207	测量控制点	小三角点
1101051	GC167	0	GC167	KZD	一级土堆上导线点
1101051	GC208	0	GC208	KZD	二级导线点
1101051	GC209	0	GC209	KZD	三级导线点
1101051	GC210	0	GC210	KZD	二级土堆上导线点
1101051	GC211	0	GC211	KZD	三级土堆上导线点
1101051	GC211	0	GC211	测量控制点	导线点

图 1.39　数据转换对照表区域截图

(2)关键信息提取。通过固定区域信息提取、点面关联信息提取、注记面关联信息提取、嵌套面信息提取等功能，实现对控制点点名、高程、门牌、道路名称、植被信息、工矿信息等的自动化提取。一般根据要素之间的关系，如线与文字、面与文字等关系将文字的信息自动赋到相应的线或者面的属性字段中，以提高作业效率。

(3)从基础地理信息中提取水系、居民地、科教文卫、商贸批发等社会经济数据。这些信息均按照标准编码赋值，赋予相关属性，并保持连贯性，减少线地物破碎。

6)数据重组

数据重组主要包括分层重组、拓扑化重组等内容。采用数据类型定义与符号压盖技术，实现实体表达规范性与信息完整性有机结合。

在数据转换中，有标准的要素实现自动转换并按新标准代码表示；对于非标准的、虽然能区分但需要再次处理的要素，将其自动存入相应主码的图元码中，在人工直接干预前应根据数据的特点和规律，进行一次自动批处理，以提高作业效率。这里的自动处理需要根据具体数据情况而定，一般涉及的数据重组方式如下：

(1)合并。一般包含控制点合并、高程点合并、面合并、断线合并、注记合并等，控制点改造过程如图 1.40 所示。

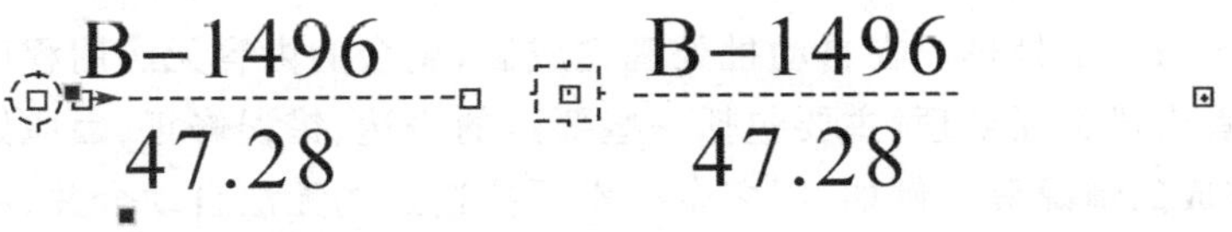

(a) 旧符号组合表示控制点　　(b) 自动处理后独立表示　　(c) 实际存储为1个点

图 1.40　控制点改造过程及符号化存储

(2)模式识别。一般包含点符号识别、线符号识别和特殊符号识别,如以散线组成的草地点、检修井点、栅栏线、内部道路线、地类界线、台阶和楼梯等,均可根据其样式进行自动识别匹配,提高自动化程度。

(3)打散换码。当源数据要素的定位点和骨架线与新标准要素不一致时,一般选择对应一个过渡码转换进来,之后通过打散换码的机制进行符号的自动匹配,以使要素定位点和骨架线改变后位置不变,如点符号的下中定位与中心定位的差异、铁路边线定位与中心定位的差异等,图 1.41 为铁路处理过程及符号显示。

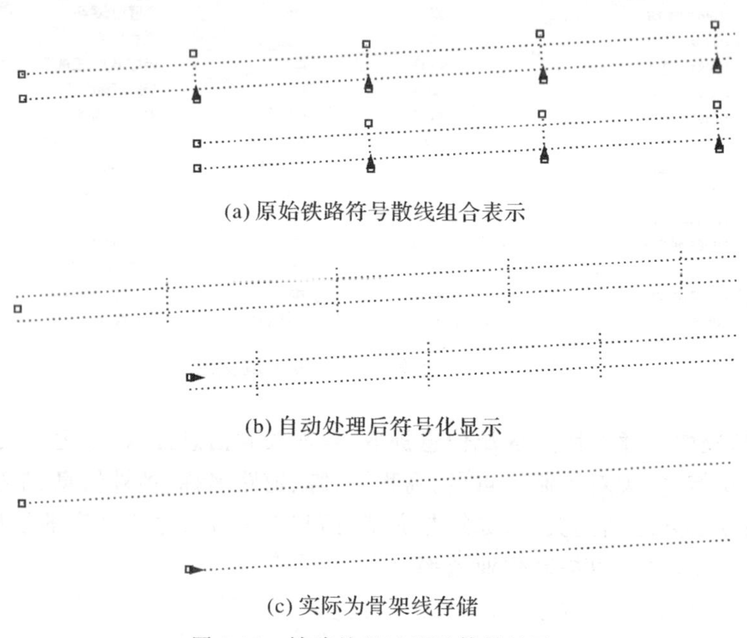

(a) 原始铁路符号散线组合表示

(b) 自动处理后符号化显示

(c) 实际为骨架线存储

图 1.41 铁路处理过程及符号显示

(4)跨层拓扑。对源数据中个别层要素进行分析,如果其拓扑关系足够好或者稍微自动修复后满足拓扑关系要求,则可以进行自动构面,并根据范围线、内部点和文字的类别自动进行分类构面,如一般房屋面、简单房屋面和建筑中房屋面可分别用不同的代码进行构面。

7)信息扩充

信息扩充主要是针对行业标准,扩充地名/地址、地理编码、规划属性信息,补充道路面和道路中心线等框架数据、地名地址数据等,以矢量数据为载体,提高数据信息量,保证其数据适用性。信息扩充内容除了按照常规方法添加外,还可以利用数据提取、数据重组等方法获取扩充信息,实现其自动性与数据准确性。

8)工具化功能定制

(1)人机交互处理与人工处理。在自动批处理完成后,剩余的内容无法用程序直接自动处理,需要人为判断或者人机交互处理,主要包括一些要素的表达、错误修正、因原始数据不标准导致的自动处理未完成的情况等。例如,因多余要素干扰造成的无法自动合并、注记文字写错无法识别、空间关系不满足条件未被自动处理等。同时,最主要的一个工作是地物图式符号的对象化处理,即将原来同一地物的多段符号线处理成骨架线要素对象(包括各种属性的赋值等),并存储在数据库中,在出图过程中,通过符号化工具将骨架线要素对象自动转换为对应的地形图图式符号，从而实现图库一体化。此类要素典型的例子为斜坡和台阶，其处理过程分别如图 1.42、图 1.43 所示。

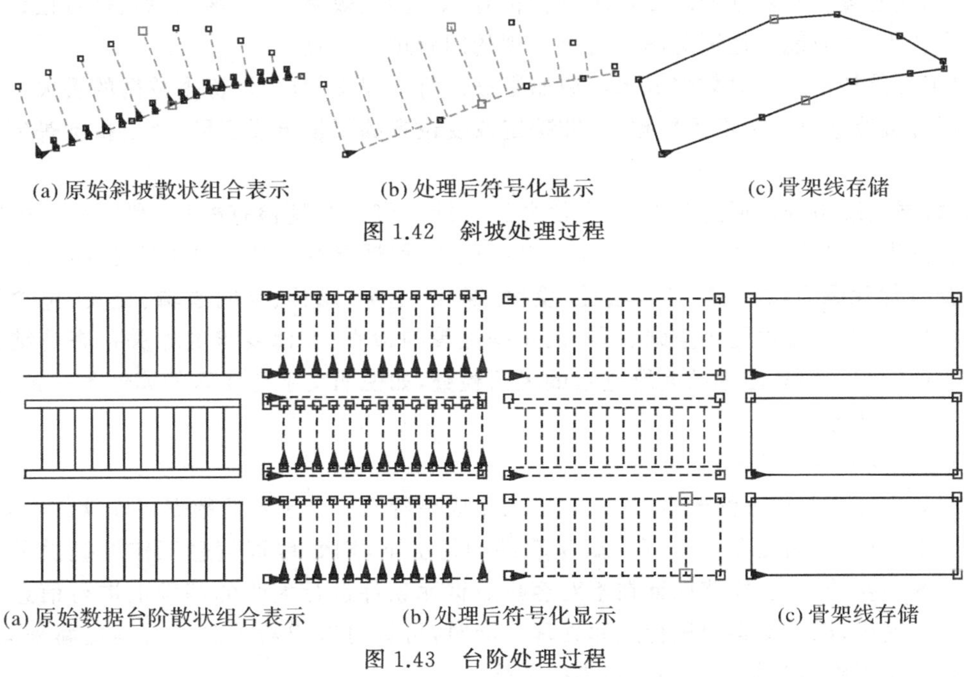

(a) 原始斜坡散状组合表示　(b) 处理后符号化显示　(c) 骨架线存储

图 1.42　斜坡处理过程

(a) 原始数据台阶散状组合表示　(b) 处理后符号化显示　(c) 骨架线存储

图 1.43　台阶处理过程

(2) 自动删除。一般是对于重复和多余要素的处理，即对确认为不需要的要素直接进行删除处理，以减少数据的冗余，给作业判断提供方便。图 1.44 为房屋处理机制，包含构面、属性提取、符号化显示和原注记删除。

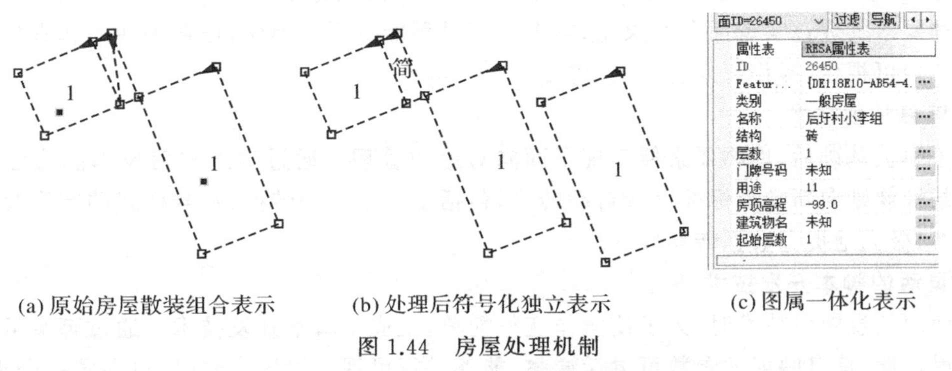

(a) 原始房屋散装组合表示　(b) 处理后符号化独立表示　(c) 图属一体化表示

图 1.44　房屋处理机制

(3) 图面编辑。在数据完全整理和补充完后，需要对数据的图面效果进行编辑，包括地物符号的表达、压盖、样式、方向、文字摆放位置与方向等，也可利用软件的信息化处理手段，如棚房节点的自动取舍、等高线的标注、大面积植被面内点符号与其他点和文字压盖处理等，均可利用软件自动实现。

(4) 其他操作。根据数据的不同情况，采取适当的措施，以提高信息化改造效率。例如，等高线可根据高程值进行首曲线和计曲线的区分，围墙可根据短线的长度进行宽度的自动赋值等。

9)数据检查

数据检查一般分为以下三个步骤:

(1)图面检查。对数据的图面情况进行检查,如位置、效果、完整性、名称、是否按设计书要求制作完整等,即对能通过浏览图面就能发现的问题进行检查。

(2)工程叠加检查。对数据成果与原始数据进行工程叠加比对,检查数据的丢失、变形等,确保数据升级改造过程中不丢数据,对非确定改变位置的要素出现变形、超出指标等情况进行检查。

(3)数据监理检查。通过EPS地理信息工作站自带的监理检查模块,利用基于标准定制的检查工具进行程序上的检查。一般包括基础检查、属性检查和其他要求的相关检查。其中,基础检查包括代码合法性、层名合法性、重叠、断线、缝隙、悬挂、空间逻辑、交叉、包含等的检查;属性检查包括必填项是否空缺、内容的正确性等的检查;其他要求的相关检查是结合项目需求和作业过程中容易出现的问题进行的灵活检查,如说明文字与要素的属性不一致、面边线与面类型不一致等。

10)数据成果输出建库

数据处理完成并检查修改后,进入输出入库成果阶段。由于各地数据建库软件不同,数据库软件成本又很大,因此在本身有数据库软件的情况下,EPS地理信息工作站提供了向多种数据库格式转换的功能,能够保证在不对客户数据库软件进行大改的基础上进行信息化标准数据成果的输出,以方便客户进行入库处理。同时,可针对客户需求制订数据更新采集方案,以便更好地实现将来对数据库的更新维护工作。

1.6.5 关键技术和创新点

1. 模板定制技术

模板是根据一定的需求,对数据库的结构进行规则化、标准化设计的成果。模板定制后,能使地物要素的表达实现面向对象化,整个生产过程能变得简单化,作业中使用和查找某一要素能够实现可视化,操作起来更直接、更便捷、更准确。

2. 信息映射技术

有了模板基础后,地物要素便实现了面向对象的管理。通过信息映射技术能将已有数据存在的某种规则向新模板标准进行自动转换,包括要素编码的转换、符号样式的转换及属性信息的转换,极大地提高数据转换效率。

3. 灵活的脚本开发技术

在使用信息映射技术时,为了使操作变得简单,集成了脚本开发技术。通过脚本可以调用信息映射功能,信息映射的参数可灵活调整,能够进行可视化设置。同时,可在同一个脚本中,在调用信息映射功能后,直接增加其他脚本语句,对数据中存在的其他规则要素进行相应的处理,即可将多步工作合并到一个命令下同时执行,实现自动化的处理。

4. 可充分利用已有数据进行数据库改造

我国已实现传统测绘向数字化测绘技术体系的转变和跨越,正在逐步进行信息化测绘技术体系建设。全国各大城市基础地理信息数据几乎都是数字地形图数据库的形式,并且每年均有不同程度的维护更新,因此充分利用已有数据构建信息化数据库是一项既经济又省时的方式。

1.6.6　项目评价

本技术实现了对已有数字地形图数据库进行信息化改造与对信息基础地理数据库进行重构，即在生产单位采用新技术直接获得新信息化成果的同时，也能对旧的非信息化成果进行信息化改造。这种技术与重新测绘并获得信息化成果相比，具有成本低、效率高的优点，因此已被拥有数字地形图数据库且其现势性比较好的测绘生产单位所广泛采用，具有良好的应用前景和示范效应，并将推动基础地理信息数据获取和建库技术的发展，促进信息化测绘技术体系的建设。

第2章 地理国情数据采集与建库

2013年2月28日，国务院正式印发通知国发〔2013〕9号文件，决定2013—2015年开展第一次全国地理国情普查。北京市在全国地理国情普查的基础上，根据北京市特点和北京市城市发展需求，开展北京市地理国情普查，在内容和指标方面增加了北京市市情内容。本章将以北京市为例，介绍地理国情普查的数据采集与建库特点及主要技术流程。

§2.1 项目背景

全国开展了第一次地理国情普查，目的在于"查清我国自然和人文地理要素的现状和空间分布情况，为开展常态化地理国情监测奠定基础，满足经济社会发展和生态文明建设的需要，提高地理国情信息对政府、企业和公众的服务能力"。

北京市在第一次全国地理国情普查基础上，与北京市政府下属的委、办、局进行需求调研、沟通情况，进行专题咨询、编制普查方案及技术文件，形成了北京市地理国情普查技术文件体系，共包括《北京市第一次全国地理国情普查总体方案》《北京市第一次全国地理国情普查实施方案》《北京市第一次全国地理国情普查内容与指标》《北京市第一次全国地理国情普查项目管理办法》4个体系文件，以及《数字正射影像生产技术细则》《多尺度数字高程模型生产技术细则》《内业编辑与整理技术细则》《外业调查底图制作技术细则》《外业调查技术细则》《遥感影像解译样本技术细则》《数据整合技术细则》《数据库建设技术细则》《成果图制作技术细则》《基本统计分析技术细则》《检查验收与质量评定技术细则》11个技术细则和对应的11个指导作业的技术设计书。另外，还有"内业数据编辑整理"和"外业调查与核查"2个作业手册。

§2.2 技术流程

地理国情普查对象为普查范围内地表基本的自然和人文地理要素，包括地表覆盖、地理国情要素、地形地貌三大类内容。国家地理国情普查内容指标包括12个一级类、58个二级类、133个三级类。一级类包括耕地、园地、林地、草地、房屋建筑(区)、道路、构筑物、人工堆掘地、荒漠与裸露地表、水域、地理单元、地形；二级类在一级类基础上细化；三级类在二级类基础上细化。北京市普查内容除了涉及国家地理国情普查内容与指标外，还根据自身需求增加了本地化的内容，包括2个二级类(单体建筑、规划城市道路实施情况)、24个三级类(古树名木、住宅、公共建筑、工业仓储、农业建筑、其他建筑、排水管网、城市积水点、浅层地下水监测点、交通场站、轨道交通出入口、危险废物处置场、重点污染源、人口分布、地表水水源地保护区、垃圾场站、城乡规划用地、城市下垫面、应急避难场所、城镇典型地质点、地表沉降监测点等)、40个四级类(三级类对应扩展类别，如住宅等)，最终形成的《地理国情普查内容与指标》包括12个一级类，60个二级类，157个三级类，40个四级类。

本项目以覆盖全区域的0.2 m和0.5 m高分辨率航空数字正射影像图数据、机载激光雷达(light detection and ranging,LiDAR)数据、雷达干涉测量(interferometry synthetic aperture radar,InSAR)及最新的1∶500、1∶2 000和1∶10 000基础地理信息数据为主要数据源,辅以我国资源三号、天绘系列和高分一号等卫星影像数据,收集、整合其他部门已有的普查成果、相关专题信息及其他重大工程获取的测绘成果,采用自动与人机交互影像处理、多源信息辅助判读解译、外业调查、空间数据库建模、统计数据空间化、多源数据融合、空间量算、地理统计、空间分析等技术与方法,以“先内后外再内”的作业方式,开展全区域地形地貌、地表覆盖、重要地理国情要素的普查与建库,搭建全区域地理国情普查统计分析专用平台,基于规则格网、行政区划、流域单元、地形单元、经济区划等多种地理单元,进行地理国情信息统计与分析;通过地理国情信息发布与服务系统、管理系统、地理国情监测平台等技术体系建设,实现地理国情普查成果的管理、汇交、应用和监测。总体技术流程如图2.1所示。

§2.3　技术要求

2.3.1　数据准备

1. 资料收集整理

资料收集是开展地理国情普查的基础性工作。根据第一次地理国情普查工作数据源,数据收集整理具体包括以下内容:

(1)控制点资料:外业获取的用于影像正射纠正的像控点。

(2)基础地理信息数据:根据不同尺度要求收集最新1∶500数字线划图、1∶2 000数字线划图、1∶10 000数字线划图、1∶50 000数字线划图。

(3)最新1∶10 000数字高程模型。

(4)最新0.2 m、0.5 m分辨率航空数字正射影像图及WorldView遥感影像。

(5)重点监测区域的雷达干涉测量数据及全区域激光雷达数据。

(6)相关部门有关自然资源、土地利用、生态环境等资料数据。其中,水利普查数据可作为水域、水工设施等普查对象信息获取的重要资料;园林局提供专题数据,辅助获取名木古树信息;国土二调土地确权数据,可辅助村界确定;交通委提供的行业资料,为等级道路、交通基础设施提供普查依据。

(7)其他可用参考数据,包括地名地址数据、地下管线数据、公众版电子地图数据。

2. 数据资料的利用要求

(1)对于有多种符合普查现势性要求的影像数据源的地方,优先选用空间分辨率和光谱分辨率更高、时相更靠近植被生长季节、现势性更新的影像开展普查。如果同时具有相当的卫星影像和航空影像,一般情况下采用航空影像。

(2)优先选用现势性好的、精度符合要求的基础地理信息数据源,作为普查采集数据的空间定位基础,并与航空航天遥感资料结合,解译或提取符合要求的要素内容。

(3)如果普查承担单位自有的航空航天遥感资料及基础测绘成果现势性和质量优于普查统一提供的资料,优先选用承担单位自有数据。

(4)收集或共享的相关部门资料数据应分析其内容、现势性及精度,符合要求的可直接采用,其他可作为参考资料使用。

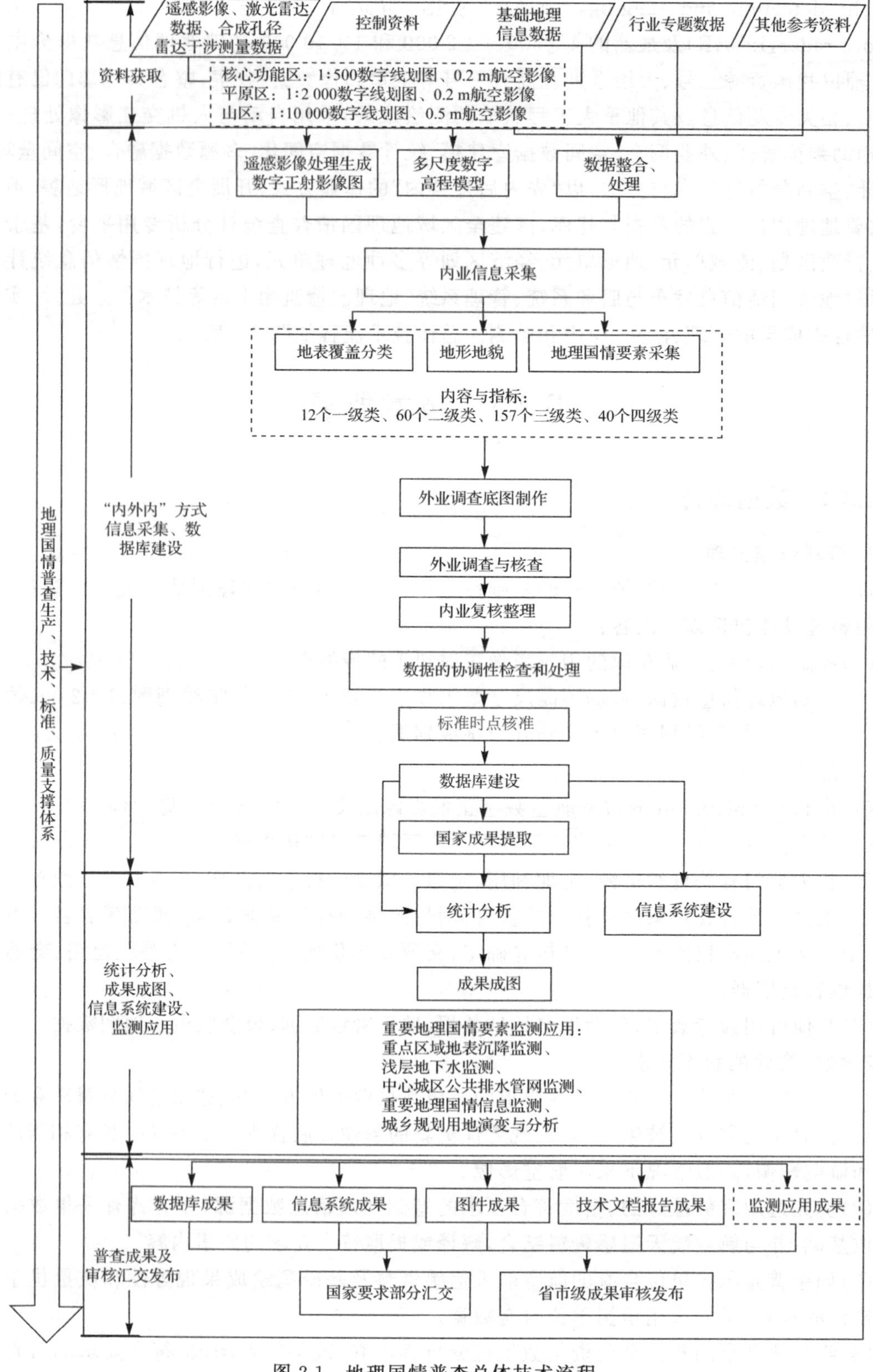

图 2.1 地理国情普查总体技术流程

(5)数据整合处理时,对于经认定的数据来源和质量均可靠的地理信息数据,原则上不做改动,若与普查所用正射影像叠加不能满足采集精度要求,应分析找出具体原因再做适当处理。

2.3.2　数据精度与一致性要求

(1)数据成果定位精度,总体上空间数据成果定位精度优于 1∶10 000 地形图成图精度。

(2)野外测量单点实测精度达到亚米级。

(3)图上地物对附近野外控制点的平面位置中误差,平地、丘陵地不超过 5 m,山地、高山地不超过 7.5 m。

(4)统计分析成果,基于上述成果精度完成的有关长度和面积进行统计计算。

(5)普查中利用遥感影像解译的地表覆盖类型,按照国家要求最小图斑在一般地区为 400 m^2、城区地区执行细化指标。

(6)增加要素的外业调查核查精度,在参考使用 1∶500、1∶2 000 数字线划图数据的普查区域,要求附近野外控制点优于 2.5 m;在参考使用 1∶10 000 数字线划图数据的普查区域,平地、丘陵地对附近野外控制点要求优于 5 m,山地、高山地对附近野外控制点要求优于 7.5 m。

1. 平面精度指标

平面精度指标包括正射影像平面精度和数据采集精度两个方面。正射影像平面精度需符合《数字正射影像生产技术细则》的要求。数据采集精度,即采集的地物界线和位置与影像上地物的边界和位置的对应程度。影像上分界明显的地表覆盖分类界线和地理国情要素的边界,以及定位点的采集精度应控制在 2.5 m 以内。

2. 分类精度

地表覆盖类型的归类应确保其正确性,在因覆盖类型本身的渐变性而不存在清晰界线的特殊情况下,覆盖类型的归类至少应确保其上一级类型的正确性,不应出现跨大类错误。应综合采用包括外业调查、交叉复核等多种措施,并加强过程质量控制,确保各级类型具有优良的分类精度。

3. 数据现势性

普查成果数据整体现势性原则上应达到普查时点的要求。

4. 属性精度

长度、宽度、高程、面积、体积等需获取的定量属性值保留的小数位及数量单位应符合各个属性项的要求,填写的数值必须与规定的数量单位匹配。属性赋值必须符合规定的取值范围,取值与实际应相符。

5. 数据一致性

应严格执行地理国情普查规定的内容、指标及要求,不同任务区采集的同一内容分类,全区域应保持一致,便于数据汇总和统计分析比对。

6. 数据接边原则

与周围省市普查成果数据的接边依据国家统一提供的接边线数据进行。具体按照 GDPJ 03—2013《地理国情普查数据规定与采集要求》及相关协议执行。

2.3.3　数据采集一般要求

(1)地表覆盖分类数据采集须遵循统一的原则和方法,正确进行归类,确保普查内容与指标执行的一致性。

(2)地理国情要素数据采集须按照确定的原则和方法,以地理实体形式采集道路、水域、构筑物、人工堆掘地中的尾矿库及地理单元,并以规定的结构和格式实现存储和交换。

(3)遥感影像解译样本数据的内容和采集应遵照相关要求执行。

(4)数字高程模型精细化数据的生产应覆盖全市的坡度、坡向数据,须利用数字高程模型精细化处理后的数据计算,格网单元统一为 2 m×2 m。

2.3.4　遥感影像处理

1. 数据源

(1)最新的航空数字正射影像图。

(2)最新全区域 WorldView 卫星遥感影像。

2. 作业方法

通过对全区域 0.5 m 数码航空数字正射影像图进行质量检查、坐标系转换(地方坐标系到 2000 国家大地坐标系)、分幅裁剪,得到满足国家要求的 2000 国家大地坐标系下的数字正射影像图,并按照要求完成数字正射影像图像控点信息采集和整理。

将满足质量要求的 0.2 m、0.5 m 分辨率的地方坐标系下的数字正射影像图作为普查工作底图,开展信息采集工作。流程如图 2.2 所示。

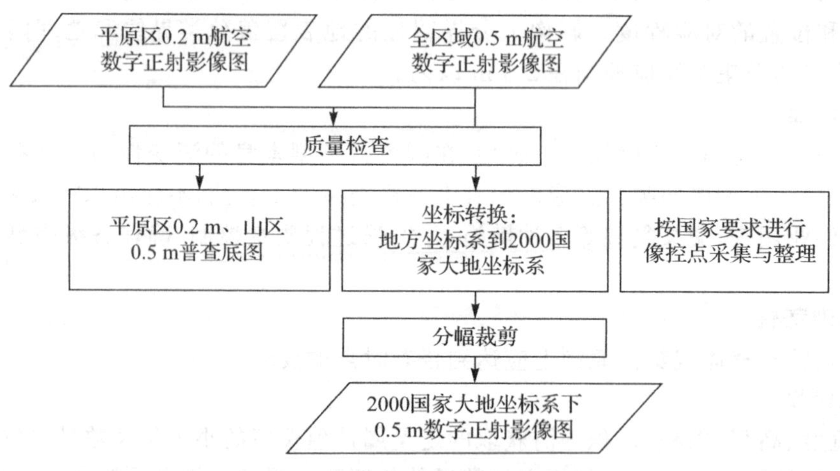

图 2.2　数字正射影像图生产流程

2.3.5　多尺度数字高程模型生产

1. 数据源

(1)最新的 1∶10 000 数字线划图。

(2)最新的激光雷达航飞数据。

(3)最新的航空影像。

2. 作业方法

参照《多尺度数字高程模型生产技术细则》,采用矢量生产法生产加工 2 m 格网的数字高程模型成果。数据源为本市 1∶10 000 数字线划图,矢量法生产数字高程模型技术路线如

图2.3 所示。

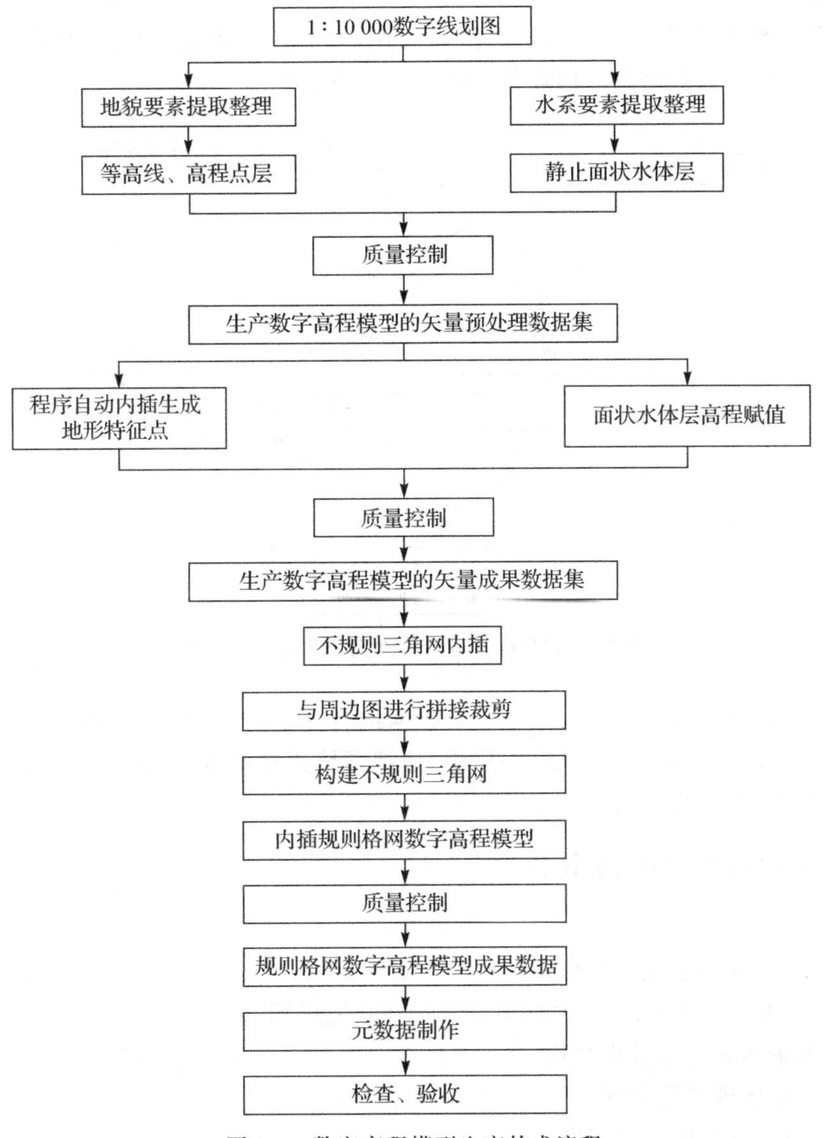

图 2.3　数字高程模型生产技术流程

2.3.6　内业信息采集

1. 数据源

(1)0.2 m、0.5 m 数字正射影像图。

(2)1∶500 地形图、1∶2 000 地形图、1∶10 000 地形图。

(3)专业资料数据：地名地址、道路名称数据；地下管线数据；关注点(point of interest, POI)数据及其他委办局提供的资料。

2. 作业方法

以遥感数字正射影像图为基础，利用收集整理的基础地理信息和其他专业部门的资料，对

《北京市第一次全国地理国情普查内容与指标》规定的采集内容，采用自动分类提取与人工解译相结合的方式，开展地表覆盖类型内业判读与解译。同时，补充或更新水域、交通、构筑物及地理单元等重要地理国情实体要素，提取要素属性，形成相应的数据集，供外业调查核实。生产过程中同时采集元数据信息。内业信息采集工作流程如图 2.4 所示。

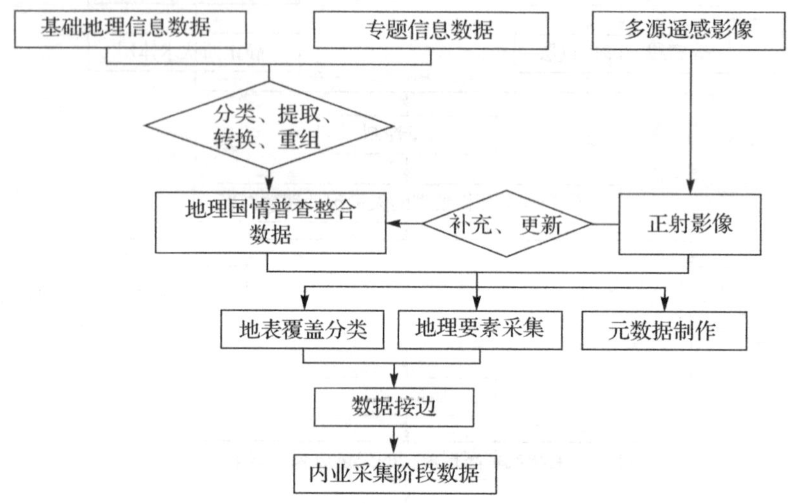

图 2.4 地理国情普查内业信息采集工作流程

对内业采集的地表覆盖数据及地理要素数据进行分层管理、编辑。地表覆盖分类数据存储在地表覆盖面(land cover area，LCA)层中，地理国情要素数据根据要素类型存储在其他图层中，数据层类型为点、线、面。

2.3.7 外业调查底图制作

1. 数据源

(1)0.2 m、0.5 m 数字正射影像图。

(2)1∶500 地形图、1∶2 000 地形图、1∶10 000 地形图。

(3)内业采集地表覆盖分类数据。

(4)内业采集地理要素数据。

(5)地名地址、行政区划界线数据。

(6)关注点数据。

(7)作业范围数据。

2. 作业方法

外业调查底图包括数字底图和纸质底图两种。数字底图是以电子数据的形式存储制作，输入外业调绘设备中使用；纸质底图是利用电子数据回放纸图的形式制作，外业调查人员直接在纸质工作底图上标绘。外业调查底图内容包括全区域航空遥感影像、全要素地形图、地表覆盖及地理要素内业采集初步成果数据、疑问图层数据，以及区县界、乡镇界、地名、主要道路名称。外业调查底图输出，山区采用1∶10 000标准分幅，平原区采用 1∶2 000 标准分幅形式。外业调查底图制作技术流程如图 2.5 所示。

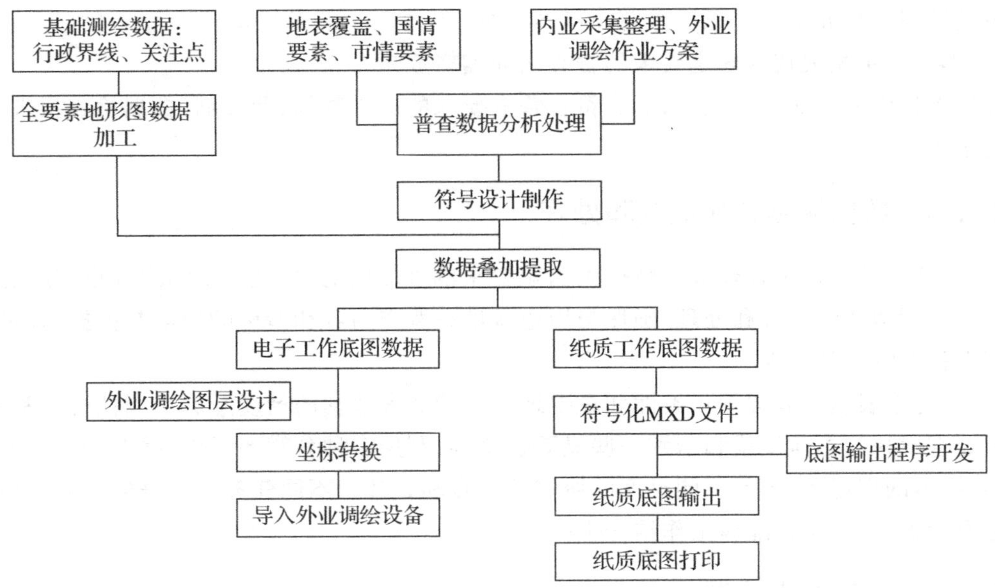

图 2.5 外业调查底图制作技术流程

2.3.8 外业调查

1. 数据源

(1)外业调查底图。

(2)用于外业工作中与有关部门联系的资料、测区相关的资料等其他资料。

2. 作业方法

(1)利用外业调查工作底图，采用数字调查系统或纸质标绘方式，对内业分类与解译中无法确定边界或属性的要素和无法准确确定类型的地表覆盖分类图斑，开展实地核实确认，对新增和发生变化的信息分类要素和图斑进行补调或补测。

(2)为了满足后期内业核查和正式普查中的需要，对《地理国情普查内容与指标》中涉及的各种覆盖类型实地采集遥感影像解译样本。

(3)对内业采集成果进行抽样核查，为判断内业采集数据质量情况提供客观依据，并为相关普查专题分析、多媒体制作积累素材。

(4)对外业调查与核查成果进行整理，制作外业元数据。

2.3.9 内业整理

1. 数据源

(1)内业采集得到的地表覆盖分类和地理要素数据。

(2)外业调查成果及报告。

(3)遥感影像解译样本。

(4)数字正射影像图及基础测绘数据。

2. 作业方法

基于外业调查成果，结合数字正射影像图及专题数据资料，按照《内业数据采集、编辑与整理技术细则》对内业采集的地表覆盖分类和地理国情要素采集阶段数据进行类型、边界、属性的修改编辑、接边,并整理遥感影像解译样本数据,制作内业编辑与整理阶段元数据。经过质量检查,形成满足相关技术规定要求的普查内业编辑成果。

经过上述内外业交互作业后,形成符合普查要求的成果数据、元数据、数据检查报告、作业修改记录等。

2.3.10 数据的协调性检查和处理

(1)将地方坐标系下普查成果转换到国家要求的 2000 国家大地坐标系下,并与周边省市普查成果进行协调性检查和处理,确保与周边省市在普查内容和指标的理解与把握、技术方法的运用上符合统一的要求。

(2)针对地表覆盖分类的正确性和重要地理国情要素数据的精度开展协调性检查和处理。为检验普查成果的总体质量和识别一些显著性错误,利用多种分辨率影像,并在相关专家知识库、检查样本的支持下,开展不同尺度的协调性检查和处理。不同任务区数据的协调性检查和处理与质量抽查、时点核准等工作结合进行。

2.3.11 标准时点核准

按照普查时点的要求,采用卫星或航空遥感影像数据,形成新的底图。适度结合外业调查,开展标准时点核准工作,使普查成果的整体现势性达到普查时点的要求。标准时点核准的具体方法与要求按照国家相关规定执行。

2.3.12 数据库建设

1. 数据库内容

本市普查数据库分为三类,如图 2.6 所示。

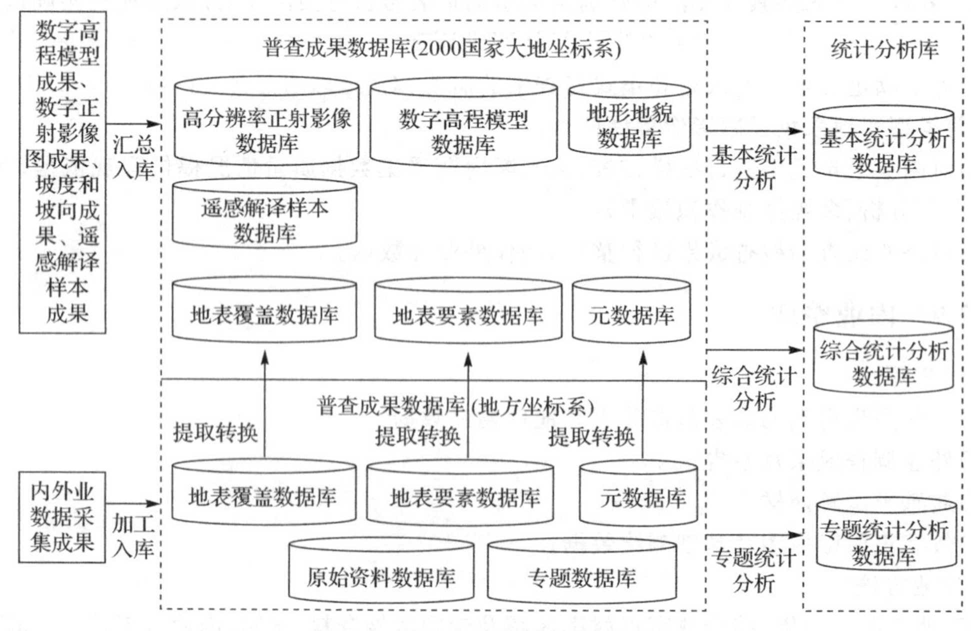

图 2.6 普查成果数据库组织框架

（1）地方坐标系的普查成果数据库，包括全区域高分辨率正射影像数据库、数字高程模型数据库、地形地貌数据库、遥感解译样本数据库、地表覆盖数据库、地表要素数据库、元数据库，以及相关委、办、局专题资料数据库。其中，高分辨率正射影像数据库包括 0.2 m、0.5 m 分辨率数字正射影像图；地形地貌数据库主要包括精细化处理的数字高程模型数据及派生的坡度与高程、坡度分带数据等；地表覆盖数据库主要包括耕地、园地、林地、草地、房屋建筑（区）、道路、构筑物、人工堆掘地、裸露地表、水域 10 种类型的完整地表覆盖分类数据集；遥感解译样本数据库主要是采集对象的地面照片和遥感影像解译样本数据集；地表要素数据库主要是《地理国情普查内容与指标》中规定采集的河流湖泊、交通道路、构筑物、房屋建筑等地物实体要素数据集，以及用于地理国情统计分析单元的各级行政区划单元、社会经济区域单元、自然地理单元、城镇综合功能单元等数据集；专题资料数据库主要是为支持综合开展地理国情统计分析工作，从相关委办局收集整理及国家下发的社会经济、人口等统计数据。

（2）2000 国家大地坐标系下的成果数据库，按照国家要求，将上述普查成果转换到 2000 国家大地坐标系下，形成向地理国情普查办公室汇交的普查成果数据库。

（3）统计分析数据库，包括地理国情统计分析形成的数据集、报表和报告。

2. 数据建库

地理国情数据建库过程包括需求分析、数据库设计、成果入库前检查、对象化预处理、数据入库、道路水系构网、数据库管理与统计分析软件设计开发、数据库系统集成测试等过程。

（1）需求分析。分析建库需求，结合相关委办局需求，形成《数据库建设技术细则》。

（2）数据库设计。明确数据库的数据内容，开展数据库概念设计、逻辑设计、物理设计、运行环境设计、系统安全设计。

（3）成果入库前检查。通过“二级检查、一级验收”后汇交到建库单位的地理国情普查成果数据，在入库前均需按照数据建库要求对各种成果数据进行入库检查，包括待入库数据的文件与结构一致性、拓扑一致性、其他逻辑一致性、空间参考正确性及矢量数据接边等。

（4）对象化预处理。按照《数据库建设技术细则》对地理国情普查成果数据和专题数据进行入库前系列处理，包括数据入库整理、数据派生提取、属性结构调整、地理国情要素对象化处理、道路和水系网络数据处理、元数据处理、数据分区处理等预处理过程。通过开发数据预处理工具软件，实现数据批量预处理。

（5）数据入库。在关系型数据库、地理信息系统平台软件等环境下，按照数据库设计建立地理国情普查数据库框架，将地形地貌数据、遥感影像数据、遥感影像解译样本数据、地表覆盖数据、地理国情要素、专题数据、元数据、统计分析成果数据等各种数据直接单幅或拼接上传到数据库中。

（6）道路水系构网。设计道路网络与水系网络数据模型，并在数据库环境下构建道路网络和水系网络。

（7）数据库管理与统计分析软件设计开发。设计开发数据库管理与统计分析软件的架构和功能，实现地理国情普查数据集成显示、检索查询、统计分析、输入输出、元数据管理、安全管理、数据更新维护、应用展示等功能，并编写与开发工作配套的技术设计文档和系统操作使用手册。

（8）数据库系统集成测试。

2.3.13 国家成果提取

从地理国情普查成果数据库中提取数据,并进行坐标转换,形成国家成果。

§2.4 创新点和特色

2.4.1 数据源多尺度

本项目分功能核心区、平原地区及山区三个不同区域,采用不同尺度数据源,满足不同需求。

(1)功能核心区主要采用0.2 m分辨率航空影像、1∶500大比例尺地形图作为基础数据,为核心功能区精细化管理提供地理国情数据。

(2)平原地区主要采用0.2 m分辨率航空影像、1∶2 000比例尺地形图作为普查基础数据,为平原区规划建设管理和人口资源环境协调发展提供地理国情数据。

(3)山区主要采用0.5 m分辨率遥感影像、1∶10 000比例尺地形图作为普查数据基础,为山区生态环境保护提供地理国情数据。

(4)对于地形数据,采用机载激光雷达进行航飞,制作山区2 m格网、平原地区1 m格网的高精度的数字高程模型数据,为山区防洪、平原地区排涝提供地理国情数据。

2.4.2 内容指标扩展

在国家普查要求基础上,本项目围绕房屋建筑、道路、水域等方面扩充和细化了普查内容与指标。在不改变《地理国情普查内容与指标》一级类和地表覆盖要求的基础上,在地理要素采集内容中扩展部分二级类、细化若干三级类、增加四级类,最终形成地方的普查内容与指标。针对地域情况扩展细化和增加的内容,在数据源选用、采集指标要求上进行补充说明。

(1)数据源方面。使用大比例尺基础测绘数据(1∶500数字线划图、1∶2 000数字线划图),整合利用有关部门专题数据,在内业过程中采集大部分要素及属性;对于内业无法采集的内容,由外业补测补绘。

(2)采集指标方面。扩展细化的部分内容采集指标更详细,如房屋建筑方面,增加了平原区面积大于100 m^2的单体建筑;构筑物方面,普查桥梁长度指标由100 m细化到10 m。

2.4.3 边普查、边监测、边应用

在普查工作开展过程中进行重点区域地表沉降监测、浅层地下水监测、中心城区公共排水管网监测等监测应用工作,为城乡规划、国民经济发展、环境治理和重要工程提供决策依据。

§2.5 项目评价

本项目是在全国地理国情普查的基础上,结合北京市的特点,在普查内容和指标方面进行了细化,在数据采集和建库方面进行了提升,采用了多尺度数据源,增加了市情内容和指标。

北京市第一次地理国情普查利用高分辨率航空航天遥感影像数据、基础地理信息数据和其他专题数据等，按照统一标准和技术要求，查清行政区域范围内地表自然和人文地理要素的现状和空间分布情况，建立多种普查成果数据库，基于多种地理单元开展基本地理国情统计分析，形成普查报告和普查成果系列地图，建立地理国情监测业务体系和成果的审核发布机制等，揭示经济社会发展和自然资源环境的空间分布规律，为首都发展战略规划、公共安全、生态环境、资源配置和公众服务提供有力保障。

第3章　不动产权籍数据采集与建库

不动产是指土地及房屋、林木等地上定着物。不动产登记是《中华人民共和国物权法》确立的一项物权制度，是指经权利人或利害关系人申请，由国家专职部门将有关不动产物权及其变动事项记载于不动产登记簿的事实。不动产权籍是不动产权利归属和其他法定事项，其调查包括不动产权属调查和不动产测量。不动产测量主要是测定土地及附属物的权属、位置、数量、质量、面积和土地利用状况。落实登记机构、登记簿册、登记依据和信息平台的“四统一”要求，逐步建立不动产权籍调查体系和工作机制，完善不动产登记制度，是当前不动产登记工作的重要内容。《不动产登记暂行条例》已于2015年3月1日起实施，不动产权籍调查作为不动产登记的基础，是条例实施、簿册统一和信息平台建设的重要支撑，慎重稳妥做好《不动产登记暂行条例》实施后的不动产权籍调查工作意义重大。

本章主要从不动产权籍数据采集与建库的项目背景、项目流程、技术要求等方面，介绍武汉市和南宁市不动产权籍数据采集和处理、宗地图绘制、房产分户图绘制的流程和技术方法，以及不动产权籍数据建库、数据整合入库等。

§3.1　项目背景

2016年1月18日，武汉市东湖新技术开发区率先颁发了武汉市第一本不动产权证，而全市各区在2016年6月底前全面实施不动产登记服务。在进行不动产登记前，房产、土地各自有登记标准。统一登记启动后，武汉市国土资源和规划局逐步实现从多个标准向统一标准转化，建立了不动产数据预处理工作平台，参与各方将各自的不动产相关数据挂接到统一的系统中，严格按照统一的数据交换标准、指标对应关系执行，确保不动产单元的唯一性。通过不动产登记，实现管理信息与房产信息技术对接，国土与房管网络互通，不动产150项指标、房产交易237项指标对接，国土、房产可互提取登记、交易数据。同时，南宁市不动产登记改革初期，采取的是“合署受理、业务联办”的过渡期工作模式，使房产交易审核与不动产登记“一个窗口进、一个窗口出”。但随着业务量的不断增加，该工作模式逐渐暴露诸多弊端。为有效解决办理环节多、办理时限长等问题，南宁市将原房屋产权交易中心涉及的房屋登记职能，特别是房产测绘成果，整体划转到不动产登记机构，并统筹推进发改、自然资源、住房、公安、税务、民政等多部门的数据互通共享，推出了具有南宁特色的“互联网＋不动产登记”办证新模式。

两个项目的目标是贯彻执行各类不动产登记的法规、规章和政策，建立不动产统一登记制度，辅助全市土地登记、房屋登记、林地登记等不动产登记管理工作，形成统一的不动产登记信息管理基础平台，管理不动产登记权籍档案，巩固拓展不动产统一登记成果。武汉市基于不动产登记信息系统，集成了不动产权籍数据采集与建库的相关功能，实现了与不动产登记发证的实时同步。南宁市基于EPS地理信息工作站的不动产权籍数据采集与建库的功能，打通了不动产权籍数据与不动产登记平台数据的共享渠道，实现了不动产权籍和登记数据的实时更新。

§3.2　技术流程

本项目的技术路线是以地籍调查为基础，以宗地为依托，以满足不动产登记要求为出发点，充分利用已有不动产权籍调查、登记，以及前期审批、交易、竣工验收等成果资料，采用已有集体土地所有权地籍图、城镇地籍图、村庄地籍图、房产平面图，以及最新的地形图、影像图等图件作为工作底图，通过内外业核实、实地测量的方法，按照"图库一体"的工作思路，实现不动产测量及相关成果数据建库等工作的"一体化"实施。

本项目的技术流程分为技术准备、权籍一体化测量、内业生产与数据建库、成果整理与归档 4 个阶段和 10 个具体环节，如图 3.1 所示。

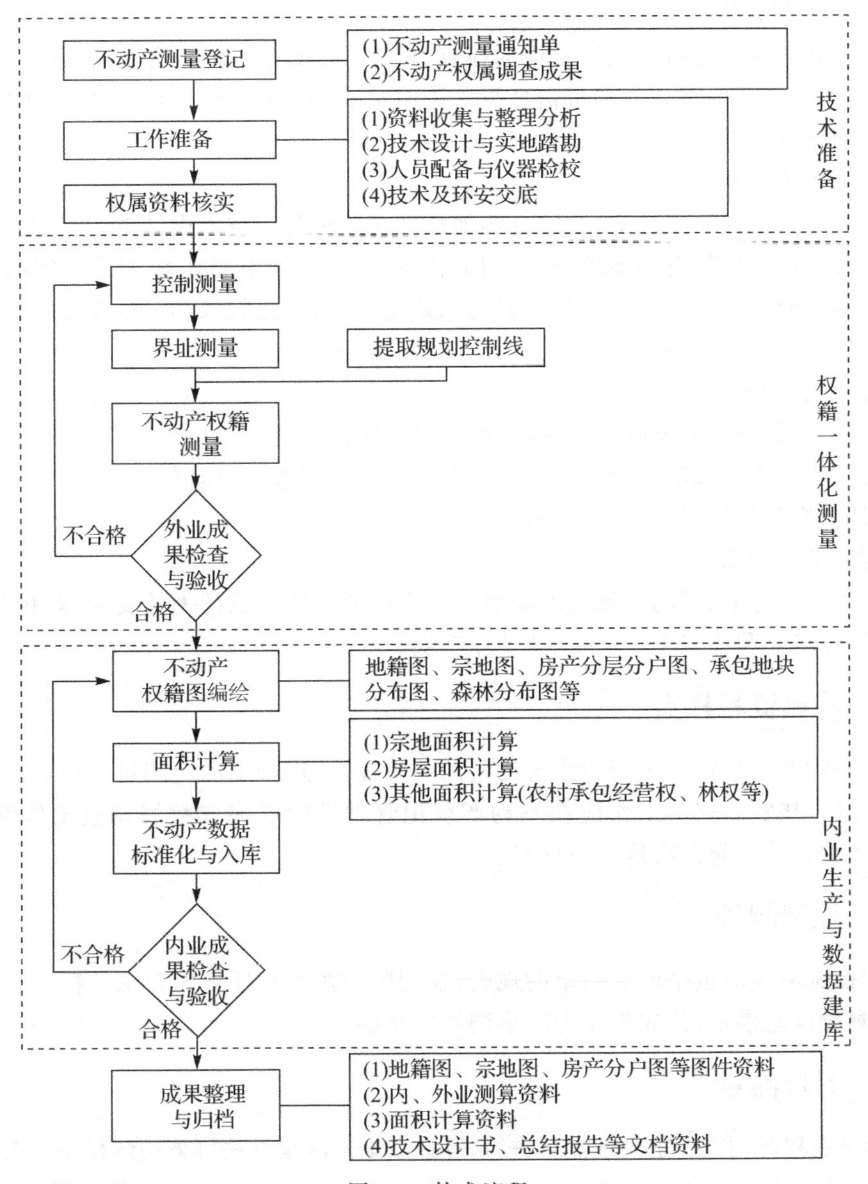

图 3.1　技术流程

3.2.1 不动产测量登记

不动产登记申请前，需要进行不动产权籍调查的，应当依据不动产权籍调查相关技术规定开展不动产权籍调查。不动产权籍调查包括不动产权属调查和不动产测量。不动产登记管理机构负责出具不动产测量通知单。

3.2.2 工作准备

1. 资料收集

收集的资料包括土地权属来源、基础测绘、土地调查、房屋测量、土地规划、农村承包经营权调查、林权调查等。

2. 资料整理与分析

对已收集到的各类资料再进行全面的检查、审核，无误的不动产测量信息视为有效资料，直接利用；有误或可疑的不动产测量信息视为陈旧资料，暂时作为参考资料，待实地界址点测量时进行鉴别、检测和修正。

3. 编写技术设计书

技术设计书应根据收集的资料，结合实地踏勘情况编写。技术设计书内容包括：①测量区域的地理位置、行政隶属、自然地理特征、用地特点；②不动产测量工作程序及组织实施方案；③对已有资料的分析和利用；④坐标系的选择，地籍图规格、比例尺和分幅要求；⑤不动产测量方法和技术依据；⑥成果资料的检验要求；⑦成果资料的上交。

4. 仪器设备准备

(1)仪器，包括 GPS 接收机、全站仪、钢尺、测距仪、计算机等。

(2)软件，包括数字摄影测量系统、数字测量系统、遥感影像处理软件等。

(3)其他应准备的生产及安全装备。

5. 技术及环安交底

开始不动产测量前，不动产测量的项目负责人应依据技术设计书的要求，对相关的作业人员进行技术、环境及职业安全、健康安全工作交底。

3.2.3 权属资料核实

为保证不动产测量顺利进行和法定测量的权威性，在进行不动产测量之前，应对不动产权属调查资料进行核实。核实工作应在不动产登记管理部门已完成权属调查工作的基础上进行，与权属调查人员一起在实地一一核对。

3.2.4 控制测量

不动产控制测量应遵循传统测绘的规则，在测区内按测量任务所要求的精度，建立测量控制网，限制测量误差累积，其成果作为后续测量的基础。

3.2.5 界址测量

界址测量在权属调查确定界址点后进行，界址点坐标测量方法可采用解析法或图解法获得。

(1)解析法是指采用全站仪、GPS 接收机、钢尺等测量工具，通过全野外测量技术获取界址点坐标和界址点间距的方法。

(2)图解法是指采用标示界址、绘制宗地草图、说明界址点位和说明权属界线走向等方式描述实地界址点的位置,由数字摄影测量加密或在数字正射影像图、土地利用现状图、扫描数字化的地籍图和地形图上获取界址点坐标和界址点间距的方法。图解界址点坐标不能用于放样确定实地界址点的精确位置。

3.2.6 不动产权籍测量

地籍图是不动产权籍调查工作的基础资料之一。地籍图的测绘方法可采用编绘法、内外业一体化测图法。对于测区内没有数字地形图的区域,采用“图库一体”的作业方法,外业采集地籍要素和地形要素,内业采用 AutoCAD 编绘地籍图。地籍原图经过外业 100%的巡视对照、检查,对错漏要素及时改正、补测成图。对于测区内有数字地形图的区域,应统一调用已有的数字地形图数据,经实地对照、检测无误后,可采用编绘法制作地籍图。

3.2.7 不动产权籍图编绘

不动产权籍图包括地籍图及不动产单元图等。其中,不动产单元图主要包括宗地图和房产分层分户图(房产平面图)等。

1. 宗地图编制

以地籍图为基础,编绘宗地图,其比例尺和幅面根据宗地的大小和形状确定,比例尺的分母以整百数为宜。

2. 房产分层分户图测绘

房产分层分户图是在地籍图、宗地图基础上绘制的细部图,以一户产权人为单位,表示房屋权属范围的细部图,以明确异产毗连房屋的权利界线供核发房屋所有权证的附图使用。

开展房产分层分户测量时,应按 DB42/T 1049—2015《房产测绘技术规程》第 7 条的相关规定,合理划分房屋的幢、层次和户,逐户开展房屋的分层分户测量,测量的基本内容包括以下几方面:

(1)房屋应逐幢测绘,不同产别、不同建筑结构、不同层数的房屋应分别测量。独立成幢房屋,以房屋四面墙体外侧为界测量;毗连房屋的四面墙体,在房屋所有人指界下,区分自有、共有或借墙,以墙体所有权范围为界测量。每幢房屋除了按规范要求的精度测定其平面位置外,应分幢、分户丈量作图。丈量房屋以勒脚以上墙角为准,测绘房屋以外墙水平投影为准。

(2)房屋附属设施测量。柱廊以柱外围心为准;檐廊以外轮廓投影为准,架空通廊以外轮廓水平投影为准;门廊以柱或围护物外围为准,独立柱的门廊以顶盖投影为准;挑廊以外轮廓投影为准;阳台以底板投影为准;门墩以墩外围为准;门顶以顶盖投影为准;室外楼梯和台阶以外围水平投影为准。

(3)房角点测量,指对建筑物角点进行测量,其点的编号方法除了点的类别代码外,其余均与界址点相同,房角点的类别代码为 4。房角点测量不要求在墙角上都设置标志,可以房屋外墙勒脚以上(100±20)cm 处墙角为测点。房角点测量一般采用极坐标法、正交法测量。对正规的矩形建筑物,可直接测定三个房角点坐标,另一个房角点的坐标可通过计算求出。

(4)其他建筑物、构筑物测量,指不属于房屋、不计算房屋建筑面积的独立地物,以及工矿专用或公用的蓄水池、油库、地下人防干支线等。

(5)独立地物的测量,应根据地物的几何图形测定其定位点。亭以柱外围为准,塔、烟囱、罐以底部外围轮廓为准,水井以中心为准,构筑物按需要测量。

(6)共有部位测量前,须对共有部位进行认定,认定时可参照购房协议、房屋买卖合同中设定的共有部位,经实地调查后予以确认。

3.2.8 面积计算

1. 宗地面积计算

宗地面积计算是宗地水平投影面积的计算。宗地面积应采用解析法计算;地类图斑面积、建筑占地面积和建筑面积等可采用解析法计算,也可采用图解法计算。计算面积的方法主要有几何要素法和坐标法。

2. 房屋面积计算

房屋面积计算是根据外业采集的数据进行整理配赋,利用面积计算软件或计算工具,计算出所需要的各项面积。面积计算方法包括几何解析法和坐标解析法。房屋面积计算包括房屋建筑面积、套内建筑面积、共有建筑面积、产权面积、使用面积等计算。其中,套内建筑面积包括房屋套内使用面积、套内墙体面积和套内阳台建筑面积。边长以 m 为单位,标注边长尺寸取至小数点后两位,即 0.01 m。房屋各类面积均以 m^2 为单位,最后结果保留小数点后两位,即 0.01 m^2。小数点后第三位按照“四舍六入、单进双舍”的原则保留。

3.2.9 不动产数据标准化与入库

不动产数据库建设是指在不动产测量的基础上,将测量过程中所形成的图、表和报告纳入数字管理,即依据《不动产登记数据库标准(试行)》(国土资发〔2015〕103 号)(以下简称 103 号标准),建立集图形、属性、电子档案为一体的不动产权籍数据库,为开展不动产测量的信息化建设工作提供数据基础。

在土地、房屋等现行数据库标准规范和 103 号标准的指导下,不动产登记数据整合按照先建标准化的原始库,再整合成中间库,最终建成用于支撑不动产登记信息管理基础平台运行的成果数据库的思路完成。每一个环节都需要进行质量控制。建库流程如图 3.2 所示。

1. 数据采集

当不动产登记数据没有完整的电子化成果时,须对其他介质的不动产登记数据按照原规范、标准进行采集整理。对空间数据进行扫描矢量化、矢量数据转换和不动产数据测量,对属性数据进行手工录入、挂接导入(有电子登记信息的,通过具有唯一编号的宗地代码、业务号等进行属性关联,直接挂接导入)和不动产权属调查。

2. 数据检查分析

检查、分析国土、住建及林业部门的图形、属性、登记信息、档案数据的数据类型、现势性、完整性、一致性、规范性、空间参考、合法性。

3. 无效数据清洗

对原集体土地所有权、国有或集体建设用地使用权、宅基地使用权、房屋所有权、林权等权利登记资料逐项进行检查,把已注销的权利在数据库、登记簿和权籍图中进行标注剔除,转化为历史数据,并把相应的信息转入档案库管理。档案库管理遵循统一的不动产登记档案管理的要求。

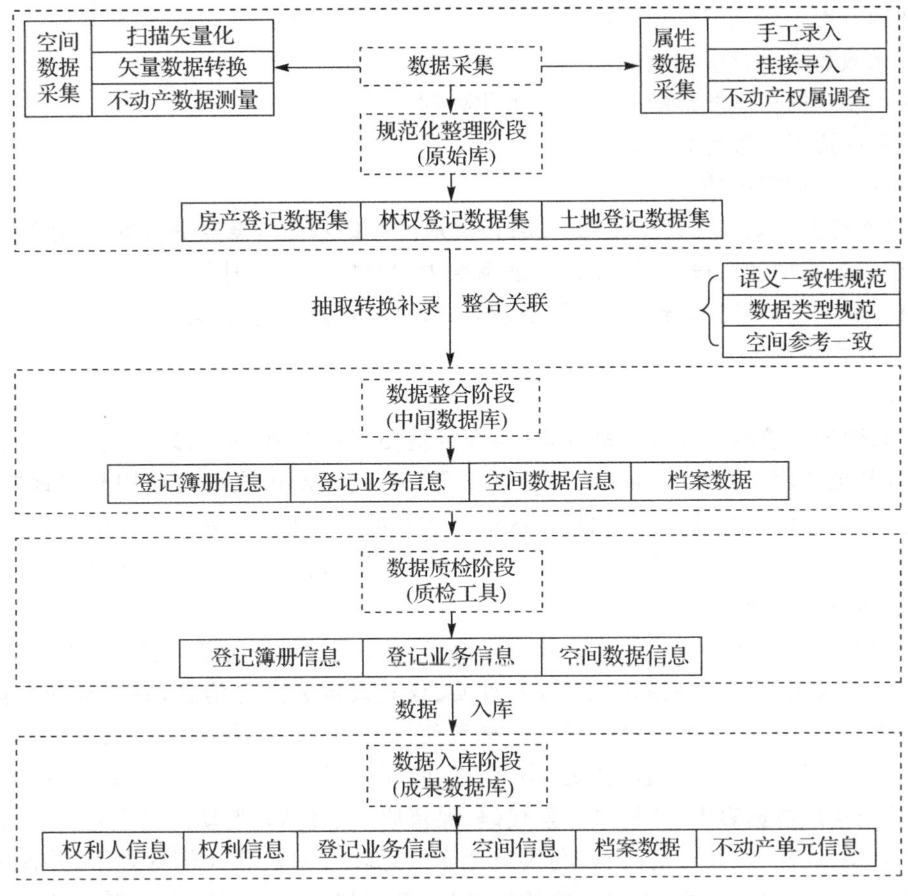

图 3.2　不动产数据建库流程

4. 规范化整理

规范化整理主要是对各权属数据的空间数据、登记信息和档案数据按照现行的技术标准和规范要求进行整理，建立标准化的原始库，并通过宗地代码、自然幢号、林宗号及证书号、业务号、档案编号等建立空间数据、登记信息和档案数据的内在逻辑联系。

5. 数据整合

通过对整理后的空间数据集进行图层合并、冗余数据剔除、信息补录等操作，形成符合103 号标准要求的空间数据及与之关联的属性数据，并以此为基础进行地籍区、地籍子区、宗地及建筑物、构筑物等空间数据统一编码。

通过对整理后的非空间数据进行数据归并、冗余数据剔除、信息补录等操作，形成与不动产登记相关技术要求及 103 号标准要求相符的不动产登记簿。

1)*房产*

(1)按照 103 号标准要求，整合自然幢空间图层。

(2)形成自然幢、构(建)筑物、面/线/点状定着物等空间数据。

(3)在数据整合前再次确认整理后的自然幢空间信息的空间参考和城镇地籍的空间参考一致，不一致的须转换保持一致。

(4)对自然幢空间图形进行处理。

(5)处理过程中叠加遥感影像底图,作为图形的预判依据。

(6)对无效数据进行清洗剔除。

(7)对不规范的房屋图形统一进行规范化处理。

(8)对房屋边界线进行处理。

(9)检查图形内部拓扑。

(10)自然幢属性表与JGJ/T 252—2011《房地产市场基础信息数据标准》中描述一致。

(11)按照要求中的字段,对原登记发证系统中的数据进行映射关联。

(12)根据档案资料对部分信息进行手动录入(其中,房屋的空间名称,即房屋、建筑名称全部需要人工查找并录入)。

2)林权

(1)空间数据。按照103号标准要求,整合林地使用权宗地、界址线、界址点和注记等空间图层。提取林地使用权宗地、界址线、界址点和注记空间图层形成林地使用权宗地空间信息,将林地使用权宗地信息与地籍区、地籍子区信息进行叠加赋值,在属性项中增加宗地代码,并按照TD/T 1001—2012《地籍调查规程》中规定的编码方式进行编码。其他数据参照集体土地所有权宗地进行整合。

(2)非空间数据。将整理后的林权登记信息、宗地代码、坐落信息、宗地面积信息转录到宗地信息表中,补录土地用途、权利类型、权利性质、权利设定方式等信息,并与空间数据进行关联;将发包方、业务号、登记类型、登记原因、林地使用期限、森林/林木所有权人、主要树种、株数、林种、起源、造林年度、小地名、林班、小班、不动产权证号、登记时间、登簿人、附记等信息转录到林权登记信息数据表中,并补录要素代码,保留原宗地代码,不动产单元号暂空;将林地权利人、证件类型、证件号、共有情况、权利人类型等信息转录到权利人信息表中,并保留原宗地号,使之与宗地代码保持关联;将本宗地的地役权、抵押权、查封登记、异议登记的信息分别转录到对应的数据表中,保留原宗地号,使之与宗地代码保持关联。

3)土地

(1)空间数据整合。按照103号标准要求,整合行政区、地籍区、地籍子区、土地所有权宗地、土地所有权界址线、土地所有权界址点、土地所有权注记、建设用地使用权宗地、建设用地使用权界址线、建设用地使用权界址点、建设用地使用权注记等空间图层。

(2)行政区数据整合。不动产登记数据库成果中的行政区划数据直接采用第二次土地调查成果中的行政区、行政区界线及行政要素注记三类空间要素,属性结构和值域必须符合103号标准的要求。

(3)地籍区、地籍子区数据。不动产登记数据库成果的地籍区和地籍子区数据直接采用集体土地所有权成果中的地籍区和地籍子区两类空间要素,其属性结构和值域必须符合103号标准的要求。

(4)集体土地所有权宗地数据。提取集体土地所有权宗地、界址线、界址点和注记类空间图层,形成土地所有权宗地空间信息,对应的属性结构在103号标准的基础上,增加原宗地号,将在集体土地所有权登记中产生的宗地代码赋值到原宗地号。

(5)建设用地使用权宗地数据。主要将建设用地使用权数据库中的国有土地建设用地使用权、集体土地建设用地使用权、宅基地使用权宗地数据整合,保留建设用地使用权宗地、界址线、界址点和注记层空间要素。其属性结构在103号标准宗地属性表的基础上,增加原宗地号，将建设用地使用权数据库中的宗地代码赋值到原宗地号。数据已编制了宗地统一代码的，直接继承原宗地代码；未编号的须因地制宜，新的宗地代码要较明显地反映与旧宗地号的内在关系，尽可能做到“见旧知新”。

6. 数据关联

将整合后的空间数据和非空间数据进行关联，用宗地代码把宗地和不动产单元进行关联，用不动产单元编号把不动产和不动产权利关联，用业务号实现不动产权利和登记过程的关联，最终形成空间数据和非空间数据关联、历史和现状信息清晰完整的不动产登记信息。

1)信息落宗

对于国有建设用地使用权登记、集体土地所有权登记、集体建设用地使用权登记、宅基地登记、林权登记等，宗地代码分别采用《地籍调查规程》中规定的方法编码，通过原宗地代码关联相应的不动产登记权利信息、地役权信息、抵押权信息、查封登记信息及异议登记信息，用新宗地代码对宗地代码属性项赋值，并形成原宗地代码与新宗地代码之间的对应关系表。

2)不动产单元编号

分类分宗按不动产单元编码规则对不动产单元进行编号。补录要素代码、不动产类型选项、宗地特征码、不动产单元状态等信息。不动产单元的设定和代码编制见《不动产单元设定与代码编制规则》(试行)。

在宗地内通过宗地代码建立与不动产单元的关联关系，通过不动产单元代码建立不动产单元、权利及权利人之间的关联关系，通过业务号建立权利和办理过程的关联关系。

7. 数据检查

(1)数据库质量检查：使用专业数据库质量检查软件进行检查。

(2)数据质量检查：成果整合前后一致性检查，主要靠人工检查。

(3)各级检查职责：①作业单位做好自检；②县级做好复检；③市级复查。

8. 数据入库

将整理后的不动产登记信息按照103号标准对基础地理信息、宗地数据、自然幢数据、权利数据、权利人数据、登记业务等进行数据组织、编码、入库，建成支撑不动产登记信息管理基础平台运行的不动产登记数据库(成果数据库)，并按照元数据的要求填写所建数据库的元数据。

不动产登记数据入库前要进行全面的信息复核，保证入库的数据符合质量控制要求。

(1)基础地理数据入库。基础地理数据入库包括整合后的行政区、行政区界线、行政区注记、地籍区、地籍子区等空间数据入库，还包括属性表达的标准化。这些数据入库后必须满足空间数据的质量要求，并生成标识码。

(2)宗地数据入库。将整合后的宗地空间数据入库，根据103号标准的要求进行属性值代码化、表达标准化。这些数据入库后必须满足空间数据的质量要求，并生成标识码。

(3)自然幢数据入库。将整合后的自然幢空间数据入库，根据103号标准的要求进行属性值代码化、表达标准化。这些数据入库后必须满足空间数据的质量要求，并生成标识码。

(4)权利数据入库。将整合后的不动产登记数据库表信息进行标准化、代码化，并导入不动产登记信息的权利数据库表。这些数据入库后必须满足数据完整性、逻辑关系一致性及语义一致性的要求。

(5)权利人数据入库。将整合后的权利人数据进行代码化，并导入不动产登记信息的权利人数据库。这些数据入库后必须满足数据完整性、逻辑关系一致性的要求。

(6)登记业务数据入库。将整合后的档案数据库依据 103 号标准进行关联挂接或者转换成符合 103 号标准中登记业务类数据库。这些数据入库后需要满足不动产登记对历史业务处理过程查询的要求。

(7)不动产登记信息元数据生成。参照国土资源核心元数据标准,在信息入库后形成不动产登记信息元数据。

3.2.10　不动产权籍数据管理与更新方案

不动产权籍管理系统建立了项目管理机制,通过项目管理可实现查询检索,如图 3.3 所示。

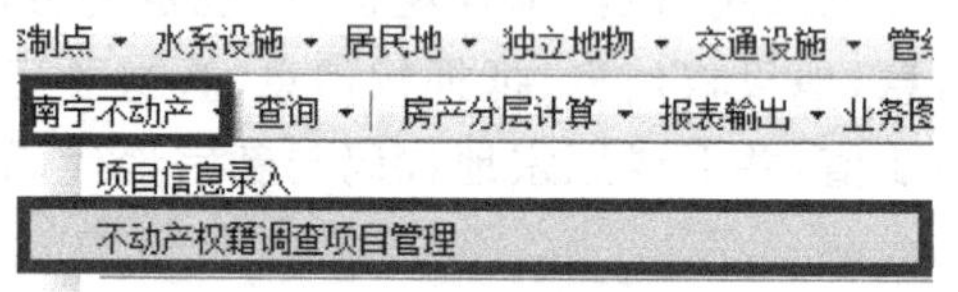

图 3.3　项目管理界面

不动产权籍项目管理主要是以宗地数据为基础,以测绘楼盘表为核心,将地、幢、层、户空间数据与权属信息有效地通过不动产单元号进行关联,实现土地和房产业务数据、登记簿数据、电子档案数据等的一体化管理,如图 3.4 所示。

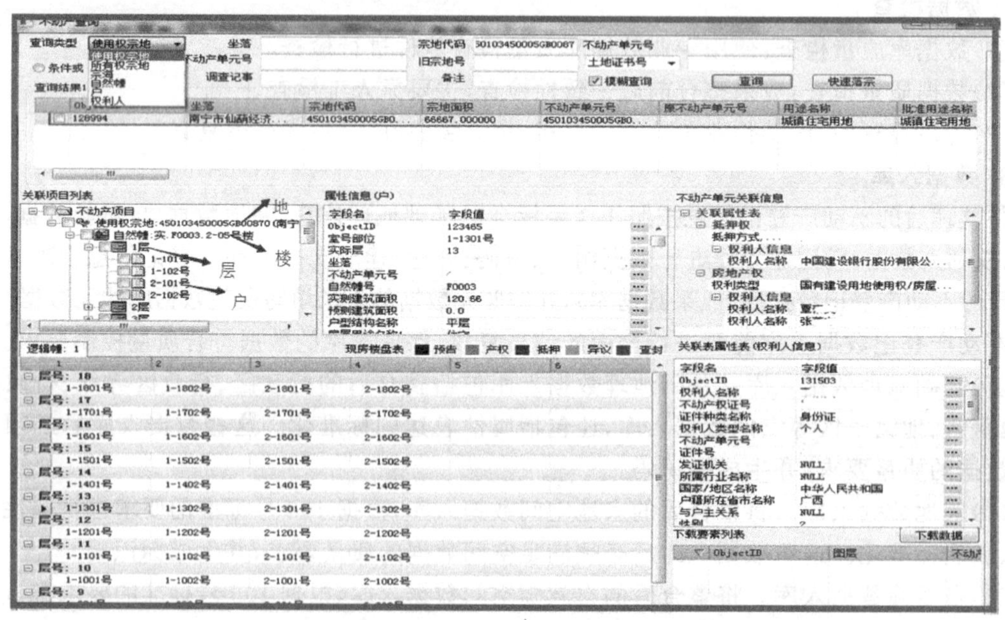

图 3.4　不动产权籍项目管理业务树(地、幢、层、户)

通过项目管理对不动产权籍的生产、备案和登记等全过程数据进行妥善管理,实现各阶段数据的实时更新,也可将不同阶段数据灵活共享给其他部门使用。

如图 3.5 所示,在不动产权籍数据入库或向其他阶段推送数据的过程中,系统将会启动“项目冲突检查”功能,对数据冲突进行分析检测,即当同一幢有多个业务同时进行编辑时,系统会提示有多人同时使用，需要办理人员协调判断是否可以继续办理，能避免数据重复入库，确保入库数据的准确性。

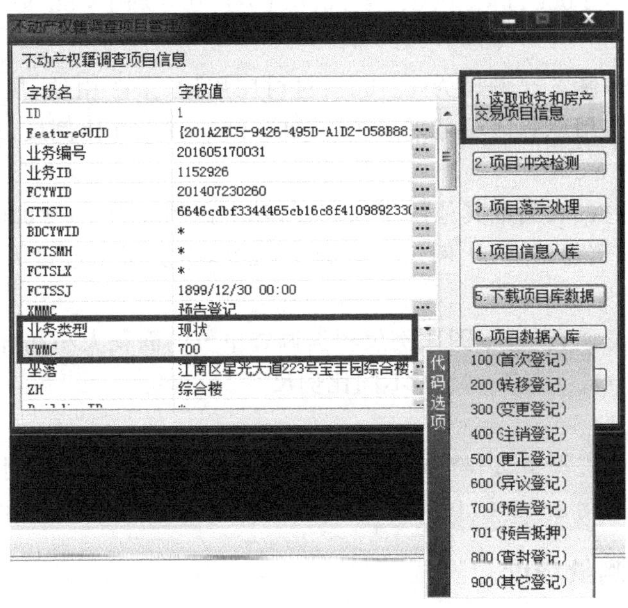

图 3.5　不动产权籍项目信息管理窗口

3.2.11　成果整理与归档

不动产测量工作结束后，测量机构应以宗地为单位，按照统一的不动产权籍调查表、不动产测量报告和不动产权籍图等成果样式，形成不动产单元测量成果，提交纸质成果和相应的电子数据，并按照统一的规格、要求进行整理、立卷、组卷、编目和归档。

§3.3　技术要求

3.3.1　数学基础

1. 坐标系统

采用 2000 国家大地坐标系。

2. 平面投影

1∶500～1∶10 000 国家基本比例尺的图件或数据采用高斯-克吕格投影的统一 3°带的平面直角坐标系，中央子午线为东经 108°，纵坐标轴西移 500 km，即 Y 值为 +500 km，并在 Y 坐标前加 3°带带号。

1∶25 000 或 1∶50 000 的图件或数据应选择高斯-克吕格投影的统一 6°带的平面直角坐标系，中央子午线按照地图投影分带的标准方法选定，纵坐标轴西移 500 km，即 Y 值为 +500 km，并在 Y 坐标前加 6°带带号。

3. 高程基准

采用 1985 国家高程基准。

4. 比例尺

1)调查基本比例尺

可采用1∶500、1∶1 000、1∶2 000、1∶5 000、1∶10 000和1∶50 000等基本比例尺，具体比例尺选用要求如下：

(1)土地权属调查，基本比例尺为1∶500；对村庄用地、采矿用地、风景名胜设施用地、特殊用地、铁路用地、公路用地等区域可采用1∶1 000和1∶2 000比例尺；对集体土地所有权调查，基本比例尺为1∶10 000。

(2)土地承包经营权、农用地其他使用权调查，基本比例尺为1∶2 000。

(3)房屋等建(构)筑物调查，比例尺一般为1∶200，当房屋图形过大或过小时，比例尺可适当缩小或放大。

(4)森林、林木信息调查，基本图比例尺根据调查单位的面积大小和林地分布情况确定，可采用1∶5 000、1∶10 000、1∶25 000等不同比例尺。

2)打印出图比例尺

根据不动产权籍调查类型、内容、范围大小等采用相应国家基本比例尺，其中大比例尺出图应根据调查需要宜采用1∶200、1∶300、1∶500、1∶1 000或1∶2 000比例尺。

3.3.2 不动产测量精度

以中误差作为衡量测绘精度标准，2倍中误差作为极限误差。

1. 平面控制测量精度

(1)四等网或E级网中，最弱边相对中误差不超过1/45 000。

(2)四等网或E级以下网最弱点相对于起算点的点位中误差不超过±0.05 m；房产平面控制测量，末级相邻基本控制点的相对点位中误差不超过±0.025 m。

2. 界址要素测量精度

利用解析法获取不动产单元界址物点坐标和界址物点间距，包括宗地界址(含承包经营权和农用地的其他使用权宗地界址)、房屋界址，以及森林、林木所有权和使用权界址的精度要求，如表3.1所示。

表3.1 界址点的精度要求　　单位：cm

类别	界址点对邻近图根点点位误差		相邻界址点间距误差	
	中误差	允许误差	中误差	允许误差
一	±2	±4	±2	±4
二	±5	±10	±5	±10
三	±7.5	±15	±7.5	±15
四	±10	±20	±10	±20

注：(1)土地使用权明显界址点精度不低于二级，隐蔽界址点精度不低于三级。

(2)土地所有权、农村承包经营权、林地界址点可选择三、四级精度。

(3)房产界址点可选择一、二、三、四级精度。

3. 其他要素测量精度

其他要素碎部点平面精度要求：图上地物点相对于邻近图根点的点位中误差和邻近地物点间的距离中误差不应超过表3.2的规定。

表 3.2　碎部点平面位置精度

地区分类	比例尺	点位中误差/m	邻近地物点间的距离中误差/m
城镇、工业建筑区平地、丘陵	1∶500	±0.15	±0.12
	1∶1 000	±0.30	±0.24
	1∶2 000	±0.60	±0.48

注：其他比例尺参照相应规范执行。

4. 房产面积测量精度

房产面积的精度分为三级，各级面积的限差和中误差不超过表 3.3 计算的结果，市区房产面积的精度等级启用二级。

表 3.3　房产面积的精度要求　单位：m^2

房产面积的精度等级	限差	中误差
一	$0.02\sqrt{S}+0.000\,6S$	$0.01\sqrt{S}+0.000\,3S$
二	$0.04\sqrt{S}+0.002S$	$0.02\sqrt{S}+0.001S$
三	$0.08\sqrt{S}+0.006S$	$0.04\sqrt{S}+0.003S$

注：S 为房产面积。

5. 高程测量精度

高程测量采用卫星定位方式获取大地高，通过城市测绘基准服务平台计算获取正常高。高程测量相关精度应满足下列要求：

(1)高程测量应满足三维权籍调查的要求，严格测定不动产单元主要特征点(界址点、拐角等)高程值。

(2)不动产单元图的基本等高距根据地形类别需要，按表 3.4 的规定选用。一个测区内同一比例尺地形图宜采用相同基本等高距。平坦地区和城市建筑区，根据实际情况，也可以不绘等高线，只用高程注记点表示。

表 3.4　不动产单元图基本等高距　单位：m

比例尺	地形类别			
	平地	丘陵	山地	高山
1∶500	0.5	0.5	1.0	1.0
1∶1 000	1.0	1.0	1.0	2.0
1∶2 000	1.0	1.0	2.0	2.0

注：其他比例尺参照相应规范执行。

(3)等高线插求点相对于邻近图根点的高程中误差应满足表 3.5 的要求。

表 3.5　等高线插求点高程中误差

地区分类	平地	丘陵地	山地	高山地
高程中误差/等高距	±1/3	±1/2	±2/3	±1

(4)高程注记点相对于邻近图根点的高程中误差不应大于地形图基本等高距的 1/3。高

山、林地等困难地区可放宽 0.5 倍。

3.3.3 不动产单元设定

1. 地籍区和地籍子区划分

(1)在县级行政辖区内,以乡(镇)、街道界线为基础,结合明显线性地物划分地籍区。

(2)在地籍区内,以行政村、居委会或街坊界线为基础,结合明显线性地物划分地籍子区。

(3)地籍区、地籍子区划定后,其数量和界线应保持稳定,原则上不随所依附界线或线性地物的变化而调整。

2. 宗地划分

不动产测量的基本单元是不动产单元。在地籍子区内,按照以下情形划分宗地:

(1)依据宗地的权属来源,划分国有土地使用权宗地和集体土地所有权宗地。在集体土地所有权宗地内,划分集体建设用地使用权宗地、宅基地使用权宗地、土地承包经营权宗地和其他使用权宗地等。

(2)两个或两个以上农民集体共同所有的地块,且土地所有权界线难以划清的,应设为共有宗地。

(3)两个或两个以上权利人共同使用的地块,且土地使用权界线难以划清的,应设为共用宗地。

(4)土地权属未确定或有争议的地块可设为一宗地。

3. 定着物单元的划分

在使用权宗地内,应将房屋、林木等定着物划分为不同的定着物单元。

1)定着物为房屋等建筑物、构筑物的单元划分

(1)同一权利人拥有的独幢房屋宜划分为一个定着物单元。

(2)具有多个权利人的一幢房屋,应按照界线固定,且具有独立使用价值的幢、层、套、间等封闭空间划分定着物单元。

(3)同一权利人拥有多套(层、间等)界线固定且具有独立使用价值的房屋,每套(层、间等)房屋宜各自划分定着物单元。

(4)同一权利人(如行政机关、企事业单位等)拥有的两幢或两幢以上的房屋可共同组成一个定着物单元。

(5)定着物为森林、林木的,按情形划分定着物单元:①权属界线封闭、独立成片的森林、林木,可划分为一个定着物单元;②属于同一权利人的多片森林、林木,可共同组成一个定着物单元。

2)定着物为其他类型的单元划分

(1)每个定着物可各自单独划分一个定着物单元。

(2)属于同一权利人的全部同类定着物(如水塔、烟囱等),可组成一个定着物单元。

4. 不动产单元设定

(1)集体土地所有权宗地应设定不动产单元。

(2)无定着物的使用权宗地应设为一个不动产单元。

(3)有定着物的使用权宗地,宗地内的每个定着物单元与该宗地应设为一个不动产单元。

3.3.4　不动产代码编制规则

1. 不动产单元编码

1)代码结构

按照每个不动产单元应具有唯一代码的基本要求,依据 GB/T 7027—2002《信息分类和编码的基本原则与方法》规定的信息分类原则和方法,不动产单元代码采用 7 层 28 位层次码结构,由宗地代码与定着物代码构成,分述如下:

(1)宗地代码为 5 层 19 位层次码,采用《地籍调查规程》规定的编码规则,按层次分别表示县级行政区划、地籍区、地籍子区、宗地特征码、宗地顺序号。其中,宗地特征码和宗地顺序号组成宗地号。

(2)定着物代码为 2 层 9 位层次码,按层次分别表示定着物特征码、定着物单元编号。

不动产单元代码结构如图 3.6 所示。

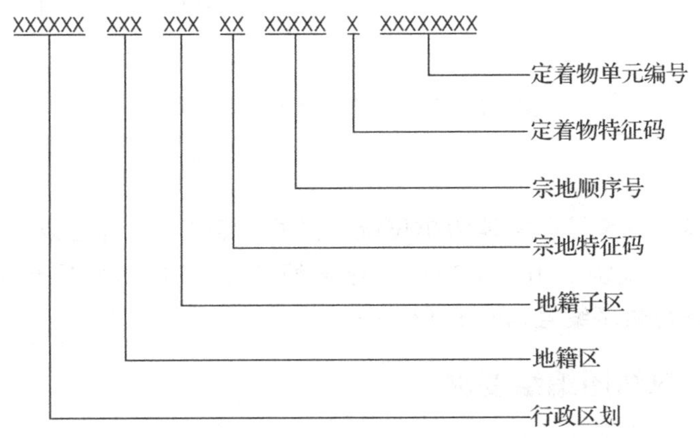

图 3.6　不动产单元代码结构

2)编码方法

第一层次为县级行政区划,代码为 6 位,采用 GB/T 2260—2007《中华人民共和国行政区划代码》规定的行政区划代码。

第二层次为地籍区,代码为 3 位,码值为 000～999。

第三层次为地籍子区,代码为 3 位,码值为 000～999。

第四层次为宗地特征码,代码为 2 位。其中:第 1 位用 G、J、Z 表示,“G”表示国家土地所有权,“J”表示集体土地所有权,“Z”表示土地所有权未确定或有争议;第 2 位用 A、B、S、X、C、D、E、F、W、Y 表示,“A”表示集体土地所有权宗地,“B”表示建设用地使用权宗地(地表),“S”表示建设用地使用权宗地(地上),“X”表示建设用地使用权宗地(地下),“C”表示宅基地使用权宗地,“D”表示土地承包经营权宗地(耕地),“E”表示土地承包经营权宗地(林地),“F”表示土地承包经营权宗地(草地),“W”表示使用权未确定或有争议的土地,“Y”表示其他使用权土地,用于宗地特征扩展。

第五层次为宗地顺序号,代码为 5 位,码值为 00001～99999,在相应的宗地特征码后顺序编号。

第六层次为定着物特征码,代码为 1 位,用 F、L、Q、W 表示,“F”表示房屋等建筑物、构筑物,“L”表示森林或林木,“Q”表示其他类型的定着物,“W”表示无定着物。

第七层次为定着物单元编号,代码为8位。

3)代码表示方法

不动产单元代码采用分段表示,具体方法为:①第一段表示行政区划代码;②第二段表示地籍区与地籍子区;③第三段表示宗地号,由宗地特征码和宗地顺序号共同组成;④第四段表示定着物代码,由定着物特征码和定着物单元编号共同组成;⑤不动产单元代码在表示时,段与段之间可用全角字符“空格”进行分隔,“空格”不占用不动产单元代码的位数,如图3.7所示。

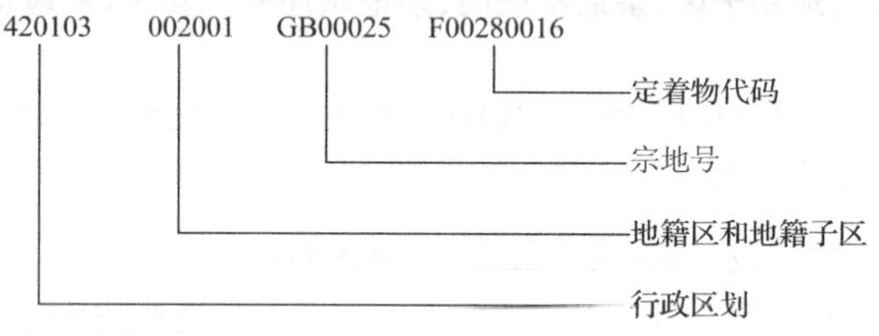

图3.7 不动产单元代码表示方式

2. 界址点编号

不动产单元的界址点编号以宗地为单位统一进行,其中解析界址点采用“J”标注,图解界址点采用“T”标注,一宗地统一用一个顺序号连贯编排,从宗地西北角开始为1号,以顺时针方向按照自然序数进行顺序编号,如J1、J2、……。

3.3.5 不动产权籍图编绘要求

1. 编绘宗地图的基本要求

(1)宗地图图幅规格一般为A4、A3、A2幅面,较大、较小宗地可适当缩放。

(2)宗地图内界址线走向正确,四至关系明确无误;宗地外轮廓及内部房屋、建筑物等形状正确,比例恰当。

(3)各项注记正确齐全,与地籍图、宗地草图及地籍簿册一致。

(4)宗地图一律用单色(黑色)绘制。宗地界址线和建筑物上区分所有权专有部分,所在房屋的轮廓线用加粗实线表示,线宽均为0.3 mm。当界址线较短、图上直接注记困难时,可以引注边长或在图内用表格形式表示。

(5)界址点边长注记。宗地界址线边长注记至0.01 m,边长注记用字高为2.0 mm的等线体在该界址线的中心位置进行标注,字头朝上或朝左,并与该界址线垂直。

(6)宗地代码与地类代码注记。宗地地类代码标注于宗地代码的下方,合成为一组分数式,用2.0 mm的中等线体注记在本宗地中央位置,其中宗地代码前的“0”可以省略,地类代码注记至二级分类。

(7)界址点及其编号。界址点用直径1.2 mm的圆表示,中心位置用0.1 mm的点表示;界址点编号注记用等线体,字高2.0 mm,字头朝北。

(8)土地权利人。在宗地代码与地类代码分式注记的左边或右边用3.2 mm中等线体黑色注记,注记中心线与分式线在同一条水平线上。

(9)房屋幢号。房屋的幢号用(1)、(2)、(3)等表示，用2.0 mm的中等线体注记在房屋轮廓线内的左下角。

(10)邻宗地信息注记。应标注邻宗地宗地代码、地类代码和权利人名称。

(11)建筑物和构筑物。宗地范围内的建筑物和构筑物应详细表示，2层以上房屋还须标注结构和层数。一户多房的，依GB/T 20257.1—2017《国家基本比例尺地图图式 第1部分：1∶500 1∶1 000 1∶2 000地形图图式》区分主附建筑物。

(12)表头部分。在宗地图的上方用表格的形式表示该宗地的有关信息，包括宗地代码、土地权利人、所在图幅号、宗地面积四项信息，如表3.6所示。

表3.6　宗地图表头信息

宗地代码		土地权利人	
所在图幅号		宗地面积	

(13)整饰部分。该部分包括图框线、图名、面积和长度单位、左下角的位置说明部分、图形的比例尺、制图和审核的人员名称、日期指北针等内容。

(14)其余要素编绘的方法与地籍图相同。

2. 测绘房产分层分户图的基本要求

1)房屋面积数据采集要求

(1)房屋面积预测数据采集。依据建设单位提供的符合房产管理要求的图件、说明等，采集面积计算数据及相关的信息要素。

(2)房屋面积预测算数据及相关信息要素采集的依据包括：①建设工程规划许可证及其附件、附图；②房屋建筑施工图及相应的电子文档；③人防管理部门批准或备案的人防设计图；④规划审批的物业服务用房、社区用房平面图或说明；⑤建设单位出具的销售(分割)方案及共有面积的使用说明；⑥预测工作中需要的其他资料。

(3)房屋面积预测算及边长数据采集的方法为：①设计图纸上标注无误的尺寸，可以直接采集；②边长尺寸不能直接得到的，可通过其他相关数据换算得到；③设计图纸上，局部无标注尺寸，也无法通过其他相关数据换算得到的，可通过图解法采集；④灰层、保温层、外墙贴面等计入外墙体的厚度。

(4)特殊情况处理方式。除了按照一般规定进行房屋面积数据采集外，遇特殊情况，按下列规定处理：①房屋建施图与电子图不一致时，建设单位需重新提交图件；②设计图纸上标注的分段尺寸之和与总长度经校核不符时，应返回建设单位重新修正设计图；③设计图纸上局部无标注尺寸，也无法通过其他相关数据换算得到时，通过图解法采集的边长数目超过5%的，应返回建设单位重新修正；④设计图纸上，因设计单位明显失误造成的错误，可由建设单位出具相关说明后予以确认；⑤各层外墙相应的抹灰层、保温层、外墙贴面等面积，分别计算在外半墙面积内；⑥预测算完成后，房屋设计发生变更的，预测面积应进行变更测算。

(5)房屋面积实测数据及相关信息根据房屋的实际情况，结合建设单位提交的文件资料进行采集。

(6)边长测量的一般规定中，房屋边长的测量按照下列规定执行：①直接量取房屋各边，应保持尺头、尺尾在同一水平位置，使用红外测距仪或全站仪测量时，宜使测线紧贴墙角并离地面0.8～1.2 m，并使测线两端保持在同一水平面上；②采集建筑物内的边长与墙体厚度数据时,应在未进行装饰贴面处理部位量取,采集建筑物外的边长与墙体厚度数据时,应沿建筑物外墙体的最外层表面的勒脚以上部位量取;③形状规则的房屋边长数据采集应进行总尺寸和分尺寸数据校核;④形状不规则或直接测量有困难的房屋,可实测房屋几何要素数据并进行至少一次多余观测,按几何公式计算面积,或采用实测房屋特征点坐标,按坐标点计算面积,实测坐标点的中误差应控制在±0.05 m内;⑤房屋内部分基本单元的户型未分隔完成,如果不影响其他基本单元建筑面积计算的,可以根据需要分步实测,获取所需边长数据;⑥房屋边长尺寸经实地测量后,应进行配赋,满足相应几何条件的要求,房屋测量时应绘制草图,草图上所规定的信息要素应现场调查,填写完整;⑦房屋边长数据也可采用坐标解析法得到。

(7)阳台、平台、廊、落地窗的数据采集的要求包括:①阳台采集的数据包括阳台顶盖水平投影尺寸、阳台围护结构的尺寸、阳台顶板至底板的垂直距离;②平台、露台应采集定位数据;③有柱廊,应采集廊柱与廊围护结构之间的相对位置数据,无柱廊,应量取廊的顶盖水平投影面积及位置数据;④落地窗应量取底板到顶板之间的垂直距离。

(8)无围护结构车位、商铺的边长数据采集。车位(地上或地下车位)、商铺的基本单元,实地无围护结构的,应设有界址点,量取界址点连线作为车位、商铺摊位的边长数据。

(9)斜坡屋顶及倾斜房屋边长数据采集的要求包括:①斜屋面楼层2.20 m以下的,应进行层高测量,并进行相应记录;②房屋的屋顶为斜坡屋顶或房屋的墙体为内倾斜时,应分别测量层高在2.20 m以上和以下两部分的边长数据并附略图说明;③房屋的墙体为向外倾斜时,边长尺寸应量至倾斜位置的底部。

(10)房屋实景照片拍摄。由于房产要素测量的数据太多,为防止遗漏,要求在进行房产要素测量时,对每个测量的房屋进行实景照片拍摄,一可作为作业人员计算时使用,二可作为检查人员在检查时参考。

2)房产分层分户图绘制要求

(1)以地籍图、宗地图(分宗房产图)等为基础编绘房产分层分户图,比例尺一般为1∶200。当房屋图形过大或过小时,根据房屋的大小比例尺可适当放大或缩小,比例尺分母以整百数为宜。

(2)房产分层分户图的幅面规格宜采用32开或16开两种尺寸。

(3)房产分层分户图的方位应使房屋的主要边线与轮廓线平行,按房屋的朝向横放或竖放。分户图的方向应尽可能与分幅地籍图一致,如果不一致,需在适当位置加绘指北方向。

(4)房产分层分户图上房屋边长应实际丈量,注记取至0.01 m,注在图上相应位置。

(5)房产分层分户图应反映该不动产单元的宗地代码、幢号、户号、坐落、房屋结构、所在层次、总层数、专有建筑面积、分摊建筑面积、建筑面积,以及房屋轮廓线、房屋边长、分户专有房屋权属界线、比例尺、指北针等。

(6)房产分层分户图中对于电梯、楼梯等共有部分应标注"电梯共有""楼梯共有"等字样。

(7)房产分层分户图中应注明不动产登记机构、作业人员、绘制日期等测量信息。

§3.4　关键技术

3.4.1　以权籍调查作为不动产测量的基础

以地籍调查为基础,以宗地为依托,以现有权籍调查成果为依据,充分利用土地、房屋、林木等各类不动产调查、登记、审批、交易等资料，稳妥有序地组织开展土地及房屋、林木等定着物的测量工作，避免因调查基础不一而可能导致的权利交叉、重叠、信息不对称等问题，依法保护权利人的合法权益。

3.4.2　对不动产各项权籍实施一体化测量

不动产测量应以不动产单元为基本单位，在权籍调查的基础上，一并开展土地及房屋、林木等定着物测量。一个不动产单元的权籍调查事项应由一家测量机构主导完成，避免多家测量机构多次测量同一不动产单元。不动产测量机构应进一步加强协作、提高效率、降低成本，通过“全程负责”“一站式”服务等配套措施，遵循“权属清楚、界址清晰、面积准确”的原则，按照“不变不更、有变则测”的工作方法，根据不动产登记申请人申请调查或登记的不动产权利类型，合理确定不动产测量的内容，方便业务申请和办理，更好地为不动产权利人和行政职能部门服务。

3.4.3　基于“图库一体”的不动产测量数据处理与建库

结合不动产测量作业工序多、成果种类多等实际情况，采用城市测绘基准和数据库标准，按照测量建库同步、生产检查同步的总体思路，统一调用“不动产一张图”的成果数据后，完成不动产的控制测量、界址测量、不动产权籍图测制、测量数据处理与建库等各项工作，实时更新不动产测量数据库成果，建立统一规范的不动产测量数据库，辅助完成不动产登记发证工作。

3.4.4　房地合一，整体化存储

对地、幢、层、户设立不动产单元，从而进行图属关联；对建设用地使用权及房屋所有权进行统一登记，实现“房地合一”，解决土地与房屋两张皮的现状，实现不动产“一张图”，确保不动产单元在空间上的唯一性；实现生产过程中的信息全记录，一个数据工程包含所有的矢量空间要素、非空间要素、成果资料（pdf、jpg 等），为日后信息追溯提供有力依据。

3.4.5　动态更新机制

不动产权籍管理系统具备完整的数据动态更新机制，可以实现不动产登记系统与房产交易系统间的数据推送、数据实时共享及双方业务的无缝衔接，为不动产交易和登记安全提供有力保障。同时，开通档案系统查询权限，解决历史档案数据和电子登记资料的互查互用问题。

3.4.6　不动产权籍系统与登记发证系统同步

不动产数据同步以项目为单位进行，一个项目可以是单宗、单户、地幢户一体，或者一块宗地内有多幢多户等多种形式。根据项目中的业务大类、宗地作业类型和户作业类型等信息，自动把全息权籍库中的宗地、幢、户基本信息及关联的权属、权利和权利人等信息推送到不动产登记平台。同时，登记平台的权簿变更信息，并将其自动推送到全息权籍库中。

3.4.7　多源异构数据整合

现阶段不动产登记的业务涉及多个国家部门。通过对各类多源、异构、海量的不动产数据源的整合，建立以宗地、宗海为核心的不动产全息权籍库，能最大限度地满足权籍调查生产和

不动产统一登记的需求。

§3.5 项目评价

武汉市落实不动产统一登记制度,实现登记机构、登记簿册、登记依据和信息平台的"四统一",既是工作目标,也是工作方法,其中信息平台的统一是关键。平台统一不仅是登记机构统一的标志,同时也是登记簿册和登记依据规范化、标准化的结果。

遵循"需求牵引、自主研发、顶层设计、分步实施、信息共享、保障安全"的建设原则,以国土资源"一张图三大平台"为工作基础,边建设、边应用、边完善,建立起一个"灵活、弹性、融合、共享、便捷、泛在、安全"的不动产登记管理信息平台,形成了不动产协同工作体系。平台于 2015 年 12 月 14 日开始建设,2016 年完成了"1 个中心、1 张图、6 大系统"(云数据中心、权籍一张图、共享交换系统、权籍调查系统、登记发证系统、档案系统、公众服务系统、统计分析系统)的框架搭建,支撑了全市不动产登记的平稳运行。

南宁市创立了具有南宁特色的"互联网+不动产登记"办证新模式,开发了不动产权籍系统、不动产权籍数据检查系统、不动产登记服务平台等,开展了不动产权籍相关工作,助力不动产登记改革,极大地提高了不动产登记效率。交换接口可确保不动产登记系统与各部门系统间的数据推送、实时共享及各部门间业务数据无缝衔接的实现,有助于消除"信息孤岛"。截至 2018 年年底,每天业务办理量超过 2 500 宗,多项不动产登记业务办理时限整体提速 80%,约 96%的不动产登记业务实现"24 小时不打烊"全自助办理,登记量是上线前的 2.5 倍,切实提升了群众的获得感和幸福感,也为市优化营商环境及全市经济社会发展做出了新的贡献。该项目成果已应用到市司法、教育、税务、工商、公安等政府部门,以及金融企业、房地产开发企业、房产中介企业、社会公众等多个领域,创造了显著的社会效益,改革措施得到了李克强总理的批示肯定,自然资源部将其称为"南宁样本",并在全国推广。

第4章　地下管线数据采集与建库

地下管线是城市基础设施的重要组成部分，是城市赖以生存和发展的物质基础，被称为“城市的生命线”。随着经济的发展、城市规模的扩大和现代化程度的不断提高，地下管线越来越庞大、密集，其种类也越来越繁多。为满足城市地下管线设施的规划、建设和管理的需求，开展地下管线数据采集与建库势在必行。

本章以“重庆市地下管线普查与更新”项目为例，介绍地下管线数据采集、数据处理及应用服务系统建设等方面的内容。

§4.1　项目概况

4.1.1　项目背景

2014年6月，国务院办公厅发布了《关于加强城市地下管线建设管理的指导意见》(国办发〔2014〕27号)(以下简称《意见》)，要求进一步加强城市地下管线建设管理。《意见》要求，由城市人民政府统一组织实施，按照相关技术规程开展城市地下管线普查，并建立地下管线综合管理信息系统，以满足城市规划、建设、运行和应用等工作需要。2014年12月，住房城乡建设部、工业和信息化部、新闻出版广电总局、安全监管总局和能源局五部门印发《关于开展城市地下管线普查工作的通知》(建城〔2014〕179号)(以下简称《通知》)，对贯彻落实《意见》要求做出明确要求。

为贯彻落实《意见》精神，加强城市地下管线建设管理，保障城市安全运行，提高城市综合承载能力，重庆市人民政府办公厅于2015年4月发布了《关于进一步加强城市地下管线规划建设管理工作的通知》(渝府办发〔2015〕63号)，将开展城市地下管线普查与更新、建立和完善地下管线综合管理信息系统作为政府的一项重要工作。

4.1.2　普查范围

重庆市市政管线普查范围为城市建设用地范围内的建成区，具体为该范围内已通车的道路，并以道路两侧第一排建筑物内边线或道路两侧路沿外30 m为界。跨区县长输管线普查为重庆市全市域范围，具体为该范围内的输油、输气、通信等管线。社会单位、院校庭院、公园、部队和住宅小区内部使用管线不普查，以其范围外第一座检修井起进行普查，但穿越社会单位、院校庭院、公园、部队和住宅小区等的过境管线需查清。在上述普查范围内，地下管线局部露出地面或架空部分应普查连通，地面上的其他架空管线不普查。

§4.2 数据采集

4.2.1 技术准备

1. 资料收集

在进行地下管线数据采集作业前,需要收集控制成果、各种比例尺地形图,以及地下管线及其附属设施的工程规划审批、施工、竣工等资料。

2. 资料整理

由于收集的资料数据格式、坐标系等往往并不一致,需要对收集的资料进行格式及坐标系转换,并按管线种类、资料类别等进行分类整理,便于资料的利用。

3. 现场踏勘

根据任务要求进行实地踏勘调查。通过踏勘,了解作业区域内地形、地面介质、管线掩埋情况、建筑物分布、交通状况及各种可能的干扰因素等。核查作业区域内控制点位置及保存情况,了解作业区域内可能存在的管线类型、埋深、材质、管径及相互关系,通过踏勘调查对所收集资料可信度和可利用程度进行评价。

4. 探查方法试验

探查方法试验应在地下管线探测前进行。长期应用于某区域地下管线探测的仪器,若同时具有多地段、多个项目的探测使用验证,可不进行该方法试验。

探查方法试验可与探查仪器校验同时进行,并应符合下列规定:

(1)试验场地和试验条件应具有代表性和针对性。

(2)试验应在测区范围内的已知管线段上进行。

(3)试验要针对不同类型、不同埋深的地下管线和不同地球物理条件分别进行。

(4)拟投入使用的不同类型、不同型号的探查仪器均应参与试验。

通过探查试验结果的验证和校核,评价、确定有效的探查方法和技术参数,并编写方法试验报告。验证和校核内容应包括探查方法和仪器的有效性、技术措施的可行性与有效性、探查结果的可靠性与精度。

5. 探查仪器检验

(1)探查仪器在投入使用前应进行检验,包括稳定性检验及精度检验。

(2)探查仪器的稳定性检验应采用相同的工作参数对同一位置的地下管线进行重复探测,多次探测的定位及定深结果应一致。

(3)探查仪器的精度校验要在单一已知地下管线或管线敷设条件相对简单地段进行,通过探查结果与实际对比评价其定位精度和定深精度。

(4)经校验不符合要求的各类探查仪器不得投入使用。

(5)长期使用的探查仪器,检验期在一年内的,可不进行该检验。

6. 编写技术设计书

在收集资料、现场踏勘、方法试验、项目及规范要求的基础上,编写项目技术设计书。技术设计书一般包括:①项目目的、任务、范围、技术依据;②作业区域内基础地理数据、地下管线概况等;③管线调查、探查的工作方法及具体技术要求;④管线测量的工作方法及具体技术要求;

⑤综合管线数据的编辑处理；⑥实施计划；⑦项目管理(资源管理、质量管理、环境管理、安全保密管理、工期控制等)；⑧存在的问题和对策；⑨拟提交的成果资料。

4.2.2　外业数据采集

1. 管线点标志设置及编号

地下管线探查应在管线特征点(包括起讫点、变径点、变坡点、交叉点、转折点、分支点等各类特征点和附属物点)的地面投影位置上设置管线点标志。在无特征点的管线段上，应以能够反映地下管线走向变化、弯曲特征为原则设置地面管线点标志。标志可依据保留时间长短和实际情况选用预制水泥桩、刻石、铁钉、木桩、油漆等。不便设置地面标志的管线点，应实地栓点，并记录其与邻近固定地物间的距离与方位，绘制示意图。

应在检查井中心位置设置管线点，其他附属设施(物)应在其地面投影的几何中心设置管线点，管沟(廊)应在其几何中心设置管线点；对于同种类双管或多管并行的直埋管道或管沟，应分别探测各自的管线中心线。

管线点的编号由管线代号和管线点序号组成。管线代号用管线汉语拼音字母标记，管线点序号用阿拉伯数字标记，如 DL00031(DL 为电力管线代号，后 5 位为管线点序号)。管线点的编号可按作业分区进行统一编号，在同一作业区内应是唯一的。

2. 地下管线实地调查

地下管线实地调查应根据管线类别，按表 4.1、表 4.2 的要求实地调查相应的属性项目，同时查明地下管线的材质(砼、砖、石、铜、钢、铸铁、玻璃钢、光纤、铜/光、PE、PVC、空管、空沟等)。

表 4.1　地下管线实地调查属性项目

管线类别		埋深		断面		孔数(根)	材质	构筑物	附属物	载体特征			建设时间	运行时间	权属单位
		内底	外顶	管径	宽×高					压力	流向	电压			
给水			△	△			△	△	△				△	△	△
排水	管道	△		△			△	△	△		△		△	△	△
排水	压力		△	△			△	△	△		△		△	△	△
排水	沟道	△			△		△	△	△		△		△	△	△
燃气			△	△			△	△	△	△			△	△	△
工业	压力		△	△			△	△	△	△			△	△	△
工业	自流	△		△			△	△	△		△		△	△	△
工业	沟道	△			△		△	△	△		△		△	△	△
热力	管道		△	△			△	△	△				△	△	△
热力	沟道	△			△		△	△	△				△	△	△
电力	管块		△		△	△	△	△	△			△	△	△	△
电力	沟道	△			△		△	△	△			△	△	△	△
电力	直埋		△			△	△	△	△			△	△	△	△
通信	管块		△		△	△	△	△	△				△	△	△
通信	沟道	△			△		△	△	△				△	△	△
通信	直埋		△			△	△	△	△				△	△	△
综合管沟		△			△		△	△	△				△	△	△

注：表中“△”表示实地要调查清楚的项目。

表 4.2 地下管线应查明的建(构)筑物和附属设施

管线类别	建(构)筑物	附属设施	管线特征点	测注高程位置
给水	水源井、给水泵站、净化池、水塔、清水池	阀门、预留口、排气(污)阀、水表、消火栓、各种窨井	弯头、变径点、出露点、变材点、多通点	井底、管顶、地面
排水	化粪池、净化池、沉淀池、泵站、污水处理厂	修井、预留口、排水装置	弯头、变径点、变材点、多通点、起终点	井底、管(沟)底(管道、沟道)/管顶(压力)、地面
燃气	燃(煤)气站、调压箱、储气柜	排气装置、阀门、凝水缸、各种窨井	弯头、变径点、出露点、变材点、多通点	井底、管顶、地面高
工业	动力站、冷却塔、支架、加压站	排液、排污装置,各种窨井、阀门	弯头、变径点、变材点、多通点	井底、管顶(压力)/管底(自流)、地面
热力	锅炉房、换热站、动力站、储气罐	阀门、检修井	弯头、变径点、变材点、多通点	井底、管顶/沟底(沟道)、地面
电力	变电室、配电室、高压线塔、高压线杆	变压器、接线箱、各种窨井	转折点、变径点、变材点、多通点、进出房、上杆	井底、沟底(沟道)/外顶(直埋、管块)、地面
通信	变换站、控制室、电缆检修井、各种塔(杆)	交接箱、分线箱、各种窨井	转折点、变径点、变材点、分支点、进出房、上杆	井底、沟底(沟道)/外顶(直埋、管块)、地面
综合管沟	—	窨井、检修井	变径点、变材点、多通点	管沟底、管沟顶、地面

注:部队、铁路、民航及其他专业管线调查探测标注项目参照本表规定执行,但应注明权属单位。

(1)明显管线点(包括各类井、阀、栓、孔、箱等)用量杆、“L”尺或钢尺直接量测,对同一检修井内的上、下游内底埋深或不同方向的外顶埋深应分别进行量测。

(2)量测排水、电力、通信等管道(沟)内径,断面尺寸用“宽×高”表示。宽与高的取值四舍五入到 10 的整数倍。给水、燃气等其他管线量取其不含保护层的管道外径并记录。

(3)量测通信管道人孔(圆盖)和手孔(方盖)埋深。管块(砼)量测位置为块顶,埋管(塑料管)量测位置为最上一孔的顶部。通信管线截面用“宽×高”并四舍五入到 50 的整数倍表示。塑料管孔均量测其行(列)最外端两孔内径边沿,水泥管块量测其最外端管块的顶/底,不规则管孔量测整个管孔的外切矩形尺寸。

(4)定位电力管沟、通信管沟、排水管沟、综合管沟的几何中心位置;管沟断面尺寸若不规则或有特殊要求,边线须进行实测;定位给水、燃气等管线管顶中心(或管顶中心在地面的投影)位置。

(5)电力、通信管线直埋(管块)须调查总孔数。沟埋电力、通信管道只测绘其几何中心线;电力井范围较大时,若分支管线偏离中心,须在井边按实际进出位置施测。当通信管线附属物人孔(手孔)有两个及以上井盖时称为一井多盖,在多个井盖的几何中心进行实地定点编号,对进出管线进行实地定点,井内须加特征点再连线。

(6)对多家权属单位共用的通信管线进行调查时,应查清管线权属单位。

(7)实地量测地下管线埋深时,量测排水、电力、通信电缆沟道内底埋深,量测其他管道外顶埋深，并量测所有检修井的井底高。

3. 地下管线探查

1)管线探查的原则

(1)从已知到未知。在现状调绘的基础上，选取测区内已知条件较好地段先行进行探查，再外推到其他未知区域开展探查工作。

(2)从简单到复杂。首先选择管线少、干扰小、条件比较简单的区域开展工作，然后逐步推进到条件相对复杂的地区。

(3)方法有效、快捷、轻便。针对工区地质及地球物理特征，结合工作环境，实际选择效果好、快捷、轻便、安全和低成本的探查方法。

(4)在相对复杂条件下，根据管线复杂程度采用综合物探方法探查，以提高管线探查的精度和可靠程度。

(5)先主管、后支管。先查埋深较浅的管线，后查埋深较深的管线；先探查管线稀疏路段，再探查管线密集路段。

(6)先查管径大的管线，后查管径小的管线，以管线直线段或明显标志点为基础，逐步向管线密集、复杂地区深入。

2)金属管线探查方法

探查金属管道和电缆应根据管线的类型、材质、管径、埋深、出露情况、地电环境等因素选择探查方法，遵循的要求如下：

(1)金属管道、线缆探查，应优先选用电磁感应法的感应法、夹钳法、直接法或探地雷达法；深埋金属管道探查，可选择探地雷达法、井中磁梯度法、示踪电磁法或综合物探方法。

(2)有高阻接头的金属管道探查，要选用高频电磁感应法或探地雷达法；具备铁磁性的管道，干扰较小时，可选择磁法。

(3)管径(相对埋深)较大的金属管道探查，可选择电磁感应法的直接法、感应法，也可选用探地雷达法、直流电阻率法、磁法或浅层地震法；埋深(相对管径)较大的金属管道探查，要选择大功率低频电磁感应法。

(4)热力金属管道或高温输油管道探查，可选择电磁感应法或红外辐射测温法。

(5)电力电缆探查，先采用工频法进行搜索，初步定位后再用电磁感应法精确定位、定深，当电缆有出露端时，采用电磁感应法的夹钳法；通信电缆探查，选择主动源电磁感应法。

(6)在盲区探查金属管线时，先采用电磁感应法或工频法进行搜索，搜索可采取平行搜索法或圆形搜索法，发现异常后采用电磁感应法进行追踪，精确定位、定深。

3)非金属管线探查方法

非金属管线探查，采用示踪电磁法、探地雷达法、直流电阻率法或浅层地震法等，也可按如下规定选用地球物理探查方法：

(1)有出入口的非金属管道探查，采用示踪电磁法。

(2)钢筋混凝土或带金属骨架的管道探查，采用磁偶极感应法。

(3)管径较大的非金属管道探查，采用探地雷达法，具备条件时，可采用直流电阻率法或浅层地震法。

4)管线探查定位、定深方法

利用峰值法(极大值法)定位观测数据相对稳定，定位误差较小，故适合精确定位。谷值法

(极小值法)定位易受随机干扰影响,定位精度相对较低,只适合大概定位。用管线仪定深的方法主要选用70%法和直读法两种。直读法定深简捷、实用,在简单条件下有较高的精度。但可能影响直读埋深精度的因素较多,直读法定深应进行以下相关检查验证:

(1)检查测深点两边管线的走向至少应有5 m是直的,不应有分支或弯曲。

(2)检查10 m范围内信号是否相对稳定。

(3)检查目标管线附近是否有其他带信号的干扰管线。

(4)稍微偏离管线位置进行几次测深,深度最小的读数是最准确的。

(5)把接收机提高0.5 m左右重复进行深度测量,如果测量的深度增加值与接收机提高的高度相同,则前一次的测深值是正确的。

另外,直读法定深也可通过确定的定深修正系数进行深度校正,提高定深精度。70%法适合大多数场合,且有较高的定深精度。

5)几种管线特征点的探查方法

(1)拐点,系管线的转折点。当用接收机沿管线走向探测时,拐点处的信号响应会急剧变化。这时记下信号变化的位置,调整接收灵敏度(增益),并以该位置为圆心做圆形搜索,直到发现新的信号响应,找出管线新的走向后再用交会的方法确定管线拐点位置。

(2)变坡点(变深或变浅)。在管线变坡点处,接收机信号强弱变化较突然,做圆形搜索未发现新的信号响应时,适当加密观测点,增加或降低灵敏度,逐点测出埋深,找出管线上的变坡点。

(3)分支点(三通或四通)。由于分支管线具有信号分流作用,当沿管线走向探测发现信号明显变化时,即以该位置为圆心做圆形搜索,根据被测管线走向左侧或右侧的信号响应确定分支管线走向,再用交会的方法确定分支点位置。

(4)终止点。在追踪管线时,信号突然中断、消失,经圆形搜索亦未发现新的信号响应,表明管线已在此终止。

(5)曲线道路点。当道路弯曲时,地下管线也随城市道路的弯曲而弯曲,在实际探测工作中,至少在圆弧起讫点和中点上设置管线点。当圆弧较大或是不规则弯曲时,适当增加管线点,以保证其弯曲特征,且两点之间任一点管线实际位置与两点连线平面误差不得大于20 cm。

6)疑难管线探查方法

在城市地下管线普查工作中,最常用的方法是电磁法。地面测定地下管线在一次场作用下,通过管线被激发而产生的二次场的变化来判断地下管线的空间位置。城市地下管线分布密集、种类各异,当被探查的目标管线周围还埋有其他金属管线或还存在其他交变电磁场源时,接收机的观测读数将是这些场源综合影响的结果,对其进行定位、定深将会带来误差或造成错误。必须采用综合探测方法进行探查和分析,确保探测成果可靠。

(1)多条平行管线的探查。探查多条平行管线最大的障碍是相邻管线的干扰,在探查中由于干扰会给探测造成较大的测深误差及平面位置错误,所以探查此类管线最好是用直接法或夹钳法。这两种方法能减少相邻管线的干扰,突出目标管线异常。实际应用中受场地条件的影响,可采用感应法,运用下列技术可取得较好效果:①垂直压线法,令发射机呈直立状态,置于管线的正上方,可突出目标管线的异常,适用于近于上下的平行管线,但必须有可供垂直压线的条件;②水平压线法,令发射机呈平卧状态,置于管线的正上方,可压制地下管线的干扰,适用于管线间距较大的平行管线，但探测深度较小；③倾斜压线法，当相邻管线间距较小时，不应采用垂直压线法，而水平压线法的探测效果也不一定理想，此时采用倾斜压线法，使发射线圈倾斜，与干扰管线不耦合，既能抑制干扰管线的信号，又能增强目标管线的异常，此方法适用于近间距的平行管线，但不适用于近于上下的平行管线。

(2)纵横交叉管线的探查。纵横交叉管线多数是多条管线既交叉又平行，管线埋深不一，交叉点多，干扰大，探查难度较大，此时须采用电磁法无源和有源互相配合，直接法和感应法互相配合，灵活运用。

(3)上下重叠管道的探查：①金属管道重叠可采用电磁法精确定位，因为上下管线异常叠加，异常明显，但定深误差大，可在两重叠管道交叉的区段分别进行定深，来推知重叠处管道的深度，亦可用地质雷达探测；②金属与非金属管道重叠时，由于两者的电性差异，可用电磁法对金属管道进行定位、定深，对非金属管道则要采用地质雷达进行探测，当非金属管道内有钢筋网时，也可采用加大发射功率的电磁法解决；③非金属管道重叠时，由于非金属管道特别是现在使用较多的聚乙烯(polyethylene，PE)管、三聚丙烯(propylene trimer，PPR)管与周围环境电性差异较小，必须采用地质雷达进行探测，必要时采用地质雷达探测和开挖验证。

(4)深埋管道的探测。对于埋设较深管道的探测，采用常规的探测仪器和探测方法都比较困难，因此采用加大发射机功率、双端连接法(长导线法)进行探测比较实用，必要时采用地质雷达探测和开挖验证。

(5)大口径管道的探测。大口径管道一般埋设很深，现行各类仪器及相应的技术对其进行管线探测还比较困难。在应用常规探测方法时，应多进行剖面测量，通过全曲线来分析、计算定位和定深，同时地质雷达对大口径管道探测效果也十分有效，必要时才采用开挖验证。

4. 管线探查草图绘制

探查草图绘制内容应包括管线连接关系、管线点编号、必要的管线注记及必要的放大示意图等。具体要求包括：管线点与周围地物及管线点的相对位置要准确；探查草图上的文字和数字注记应整齐、完整，图例、文字和数字注记内容应与探查记录一致。将管线的断面尺寸、管径、埋深、附属设施等属性标注到探查草图上，其中断面尺寸、总孔数、材质(含管线材质、管沟或管块材质)、埋设方式、流向被标注在线上；物探号、井深、管线埋深被标注在管线点附近。当管线较密集、标注困难时，可用引线进行标注，也可将上述信息输入掌上电脑，制作电子数据，以代替探查草图。当不能确认隐蔽管线的规格、材质时，可根据权属单位提供的资料标注到探查草图上或输入掌上电脑。标注在探查草图上的一切原始记录项应填写齐全、正确、清晰，不得随意擦改、涂改、转抄。

5. 地下管线测量

1)一般规定

(1)地下管线测量坐标系应与城市坐标系一致。地下管线测量包括控制测量、地下管线点测量。

(2)地下管线测量前，应对现有的控制测量成果按现行 CJJ/T 8—2011《城市测量规范》的有关规定进行检测。对缺少控制点的区域，应布设基本控制点。

(3)地下管线点的平面位置和高程采用全站仪极坐标法进行测量，也可采用 GNSS RTK 方法进行。

(4)测量所使用的仪器设备必须经检验和校正合格。

2)控制测量

尽量利用已有城市控制点,不满足要求时可采用 GNSS RTK 测量或导线测量的方法布设图根点。

3)地下管线点测量

地下管线点测量通常采用内外业一体化数字测绘技术,在测量管线点空间位置的同时,现场录入管线代码、管线序号、管径大小、连接方式、埋深、材质等属性信息。

地下管线点测量采用全站仪极坐标法进行,包括:检修井、转折点、起终点和三通等特征点的坐标;井盖、井底、沟槽、井内敷设物和管顶等处的标高;井距大于 75 m 时,除了测出井内管顶或井底标高外,尚需加测中间点。地下管线点的高程测量,要先测出地面高程,管底(或管顶)高程等于地面高程减量测井深(或探测的埋深)。

6. 数据采集质量检验

地下管线外业数据采集质量检查应按 CJJ 61—2017《城市地下管线探测技术规程》的要求,抽取相应比例数据进行检验。地下管线探查质量检验通过重复探测、开挖、巡视等检查方式,对隐蔽管线点及明显管线点的平面位置和埋深精度、管线错漏及连接关系、管线属性等内容进行检验。地下管线测量质量检查包括控制点和地下管线点测量精度检验及地下管线与邻近的建筑物、相邻管线的间距精度检验。

4.2.3 内业数据处理

1. 数据处理一般规定

(1)内业数据处理主要包括综合管线数据处理、管线属性数据处理、附属设施属性数据处理、地理框架要素处理等,并可根据需要建立数据文件。

(2)数据处理一般应采用专门的管线处理软件进行,管线处理软件的基本功能应包括数据导入导出、数据检验查错、图形编辑、属性编辑、管线图生成、查询统计、成果输出等。

(3)数据处理建立的数据文件应符合规定格式要求,并可导入管线信息系统数据库。

(4)管线数据应完整表示作业区域内所有探测的各种地下管线及其附属设施。

2. 数据处理要求

管线外业数据采集完成后,将原始测量数据传入计算机,然后用专用软件生成数字化综合管线数据,在综合管线数据的基础上编制管线属性数据、附属设施属性数据。

(1)综合管线数据。综合管线数据中的管线点号、管线长度、断面尺寸、流向、管块和孔数等管线属性、规格等的生成和标注由软件自动进行,并按要求进行整理和编辑。综合管线数据中的各种文字、数字注记不得压盖管线及附属设施的符号,管线上文字、数字注记平行于管线走向,字头朝向图的上方。

(2)管线属性数据。管线属性包括管线的点属性和线属性,应分别建立管线点属性数据表、管线线属性数据表,并将管线属性数据分别存储在管线点属性数据表、管线线属性数据表中。

(3)附属设施属性数据。附属设施属性包括附属设施的点属性和线属性,分别建立附属设施点属性数据表、附属设施线属性数据表,并将管线建(构)筑物和管线附属设施属性存储在统一的管线附属设施点属性数据表、管线附属设施线属性数据表中。

(4)其他成果数据。其他成果文件主要包括原始探测记录、各类检查记录、质量检查报告、项目技术设计书、项目技术总结。内业完成后，编写项目技术总结，并整理相关文件，最后提交质量验收。

内业数据处理完成后形成的地下管线数据成果，主要包括综合管线数据、管线属性数据、附属设施属性数据、其他成果文件等。

3. 数据处理质量检查

综合管线数据的质量检查包括：管线有无遗漏，属性及连接关系是否正确，符号、文字、数字注记是否符合要求；管线数据格式是否符合规定要求，数据内容是否完整、正确，数据项之间关系是否完整、正确，管线管径、流向、管线点间距有无逻辑错误。

§4.3　数据库建设

4.3.1　总体设计

1. 数据库逻辑结构设计

地下管线数据库包含地下管线数据、地理框架要素数据和系统支撑数据。

(1)地下管线数据库。地下管线数据库的核心内容是地下管线，包含给水、排水、燃气、工业、热力、电力、通信、综合管沟八大类。

(2)地理框架要素数据库。地理框架要素数据库存储了系统空间定位和空间分析所需的基础地理信息数据，该数据主要反映和描述自然地理信息中的行政区划、道路、水系、绿地、建筑物、地名等有关自然和社会要素的位置、形态和主要的属性信息。

(3)系统支撑数据库。系统支撑数据库作为地下管线综合管理信息系统有效运行的必要保证，存储了系统运行的相关环境配置信息、用户权限信息和相关日志等信息。

2. 地下管线数据组织

城市地下管线类型繁杂，按其行业可分为给水、排水、通信、电力、燃气、热力、工业和综合管沟等类型。每一类管线按空间存储类型可分为点、线两种，每条管线由两个管点相连而成。管点代表实际的管线设施或者测量点，如供水的阀门井、消防栓、水表、探测点及燃气的管冒、预留口、凝水缸等。管点与管线数据库设计的原则是实现管点与管线的属性拓扑关系。例如，选择了一条管线，通过管线数据库能够查到组成该管线的两个管点；同样，如果选择了一个管点，通过管点数据库能够查到所有与该管点相连的管线。

每种管线数据按照数据内容可分为管线点(点状)、管线(线状)、管线附属物(面状)及工程信息。

3. 数据库安全机制

1)数据库保密性

系统通过多方面、多级别的“认证”措施来实现数据库的保密要求。某用户欲存取数据库中的数据，必须经过用户级别的安全认证、操作系统级别的安全认证、应用程序级别的安全认证、数据库级别的安全认证后，才能实现数据的存储。

2)数据库使用权限

依据管线数据使用人员的业务需求，对各类数据库使用者及维护者应进行明确的权限划分，可主要分为系统维护级、通用查询级、区域查询级及行业查询级四类级别。

(1)系统维护级。为最高权限拥有者,可新建、删除不同级别的用户;设定、修改其他用户的权限;对所有的数据库表、地图图层(包括基础地理空间图层和专业管线图层)都有查询、编辑的权限。

(2)通用查询级。可浏览查询本数据库所有数据库表、所有图层的信息。

(3)区域查询级及行业查询级。只有本区域或本行业数据库信息的查询权限。

3)防灾难性技术措施

为了避免人为的和不可抗拒的自然灾害和计算机软硬件故障造成的数据破坏,解决数据安全和系统业务应用不间断问题,通过双机热备、远程及本地备份方式,对系统和数据进行全面、安全、可靠的备份。

4.3.2 地下管线数据库建设

1. 数据库逻辑构成

数据库按用途分为市级地下管线数据库和专业管线应用子库两类。

市级地下管线数据库为全市统一的地下管线数据库,为全市政府决策部门和各权属单位提供服务。同时为各个专业管线单位建立专用数据库,该数据库称为专业管线应用子库,用于存放各类专业管线成果,服务于各个专业管线单位。专业管线应用子库中的数据,通过定期质量检查后,再更新到成果库,如图 4.1 所示。

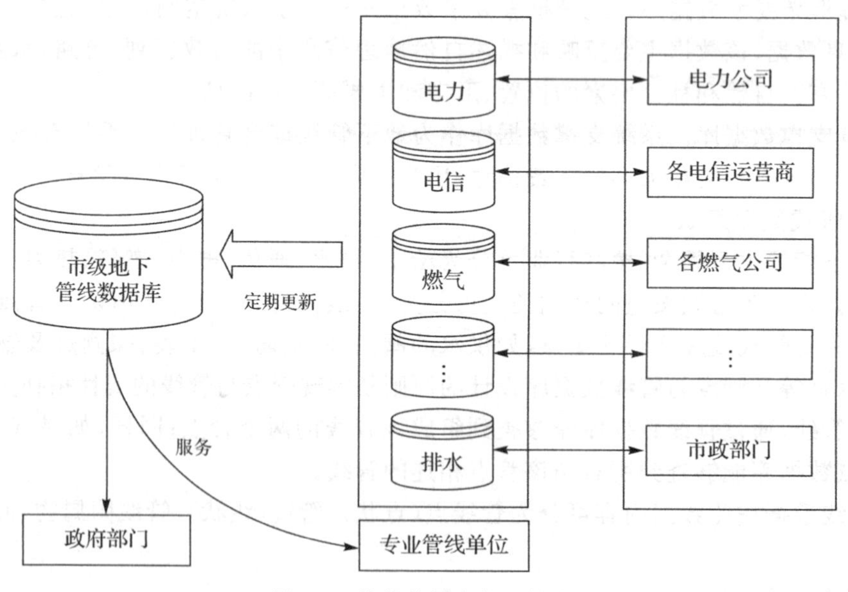

图 4.1 管线数据库物理构成

2. 数据库数据内容构成

地下管线数据库中的数据包括电力、通信、给水、排水、燃气、热力、工业、综合管沟八类管线的管线点、管线、附属设施、工程信息和隐患信息等数据。

4.3.3 地理框架要素数据库建设

地理框架要素数据库为地下管线综合管理信息系统运行提供了必要的地理空间参照,满足各类用户对地理空间定位和相对关系参照的应用需求。地理框架要素数据库中的数据内容如图 4.2 所示。

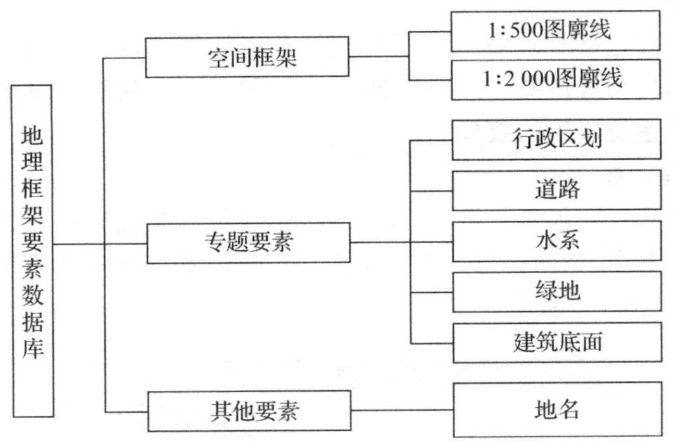

图 4.2　地理框架要素数据库内容构成

§4.4　综合管理信息系统建设

4.4.1　总体设计

地下管线综合管理信息系统是运用地理信息系统、数据库等计算机技术，建立的一个分布于管线行政职能部门和专业管线单位、为城市地下综合管网管理决策提供服务的信息管理系统。系统建设主要包括综合管网信息服务平台、数据生产更新子系统、行业应用子系统，以及基础的软硬件环境、标准规范和相应的规章制度。系统主要建设内容及组成关系如图 4.3 所示。

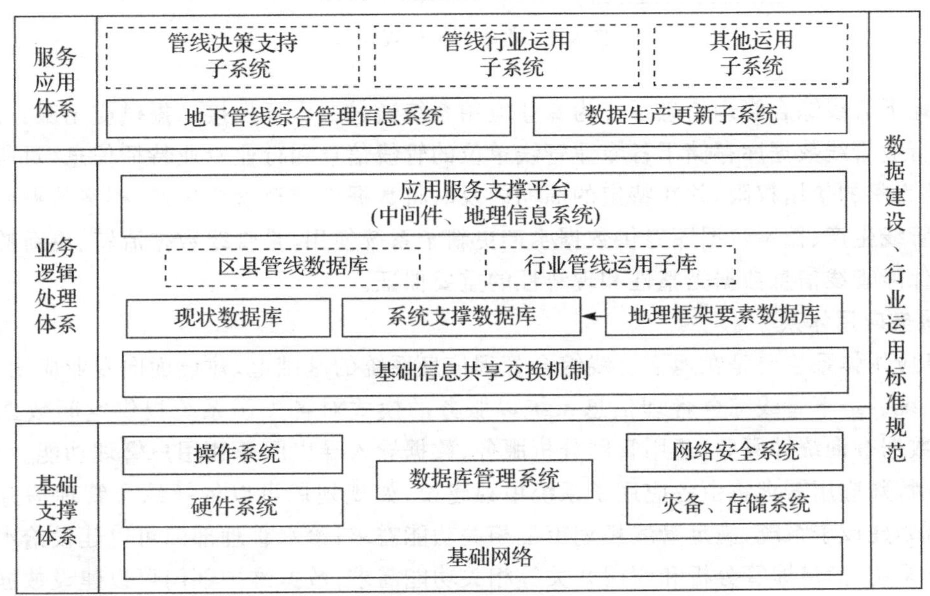

图 4.3　系统建设内容

系统在遵循相关数据建设、行业应用的标准规范下建设，主要分为基础支撑、业务逻辑处理和服务应用三大功能体系。

1. 基础支撑体系

基础支撑体系主要包括承载系统应用的网络环境和硬件环境。由于系统的建设规模巨大，数据覆盖全市域，应用规模要达到为各业务系统提供支撑，所以其基础支撑体系的建设成果很大程度上决定了系统应用的效果。

2. 业务逻辑处理体系

业务逻辑处理体系主要包含各类数据库的建立、应用服务支撑平台的建立和基础信息共享交换机制的确立。其中，基础信息共享交换机制是保证系统长效运行和数据持久有效的重要保障，其主要机制如图 4.4 所示。

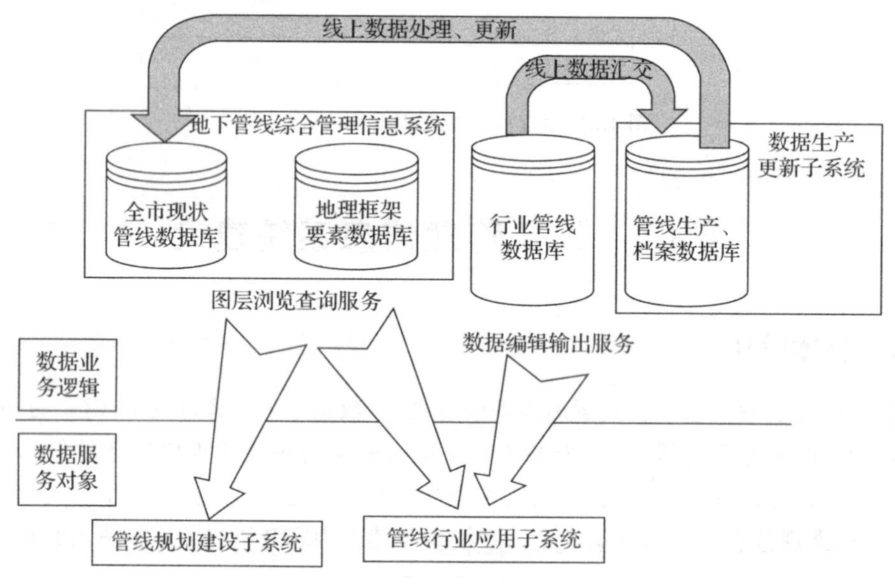

图 4.4　业务逻辑处理体系

(1)地下管线综合管理信息系统为专业应用系统通过二次开发接口提供应用服务。

(2)行业管线数据库存储了各专业管线单位的管线信息和行业专业特征信息，对所属行业用户开放完整的使用权限，并在特定的周期内及时将数据汇交至管线生产、档案数据库。

(3)管线生产、档案数据库专供数据生产更新子系统使用，是管线数据流转、更新的中间环节，也是保障管线信息数据完整性和现势性的重要保证。

3. 服务应用体系

服务应用体系主要是在地下管线综合管理信息系统的基础上，建设面向专业应用、决策支持的子系统。地下管线综合管理信息系统以服务的模式对各类子系统提供空间数据发布服务、空间数据查询统计服务、通用管网分析服务、数据导入导出服务和用户管理功能。

其他特殊应用需求将由各应用子系统单独建设，如规划局可以依托综合管理信息系统建设管线规划建设子系统，满足管线规划审批相关功能需求；给水管理部门可以建设给水管线行业应用子系统，满足爆管分析和阀门开关等相关功能需求；数据维护部门可以建设数据生产更新子系统，满足数据更新、历史数据管理等功能需求。

4.4.2　系统主要功能

地下管线综合管理信息系统是以地下管线数据及地理框架要素数据为基础,实现数据浏览、查询、统计、分析等基本功能,满足城市规划、建设、应急等部门的应用需求。在满足各管线单位的基本管理需要的同时,还提供二次开发接口,实现专业应用需求。系统主要功能如表 4.3 所示。

表 4.3　系统主要功能

系统模块	功能项	说明
数据更新生产子系统	基本地理信息系统功能	地图浏览等基本功能
	入库前数据检查	根据规则检查交换数据的合法性
	数据入库	管线交换文件通过系统数据检查后,导入生产库
	入库后数据检查	检查生产库中数据的合法性
	数据编辑	空间编辑和属性编辑
	数据同步	将生产库中的管线数据同步至现状库中
	管线数据分发	将生产库中的管线数据输出到交换格式文件
地下管线综合管理信息系统	系统登录	用户输入用户名和密码,验证成功后进入系统门户,系统根据用户相关权限展现不同的应用模块
	系统注销	
	修改密码	
	数据加载	通过勾选不同的图层,从而加载对应的图层数据
	基本地理信息系统功能	地图浏览等基本功能
	CAD 叠加	选择 DWG 文件,将其与管线数据进行融合叠加显示
	空间查询	通过点击地图上的管线要素或隐患数据,得到相关的属性信息或者隐患信息
	属性查询	通过输入关键字,查询相关的管线属性信息、隐患信息或者工程信息
	横断面图	在地图上绘制一条管线切割线,从而查询其横断面图
	纵断面图	在地图上选择一条管线,从而查询其纵断面图
	净距分析	选择两条管线,查询它们之间的水平净距和垂直净距
	开挖分析	通过设计开挖范围和深度,查询受影响的管线信息
后台管理	创建角色	在地图上选择两个管线点,查询它们之间的连通关系
	编辑角色	
	创建用户	
	编辑用户	
	查询日志	

4.4.3　服务模式和内容

系统主要服务对象包括各个政府决策部门及专业管线单位,也可以为智慧城市、智慧社区等信息化建设提供数据和应用支持。

1. 政府决策部门

政府决策部门可以从系统中获取两类服务:一类是整合全市地下管线现状信息到自有的系统中,依托自有系统辅助决策;另一类是可针对业务特点,在地下管线综合管理信息系统之上委托相关单位进行定制化开发,满足管理上的特殊需求。

2. 专业管线单位

专业管线单位的应用模式与政府决策部门类似,同样包括数据服务和系统服务两种类型。区别在于,专业管线单位的业务针对性更强,同时对数据的现势性要求更高。因此,在数据服务方面,除了综合管线数据库之外,系统还可以为不同的专业管线单位提供应用子库。专业管线单位可将日常管理的数据导入子库,与综合管线数据库一起使用。专业管线单位数据子库中的数据需要定期更新到综合管线数据库,以保证综合管线数据库的现势性,如图 4.5 所示。

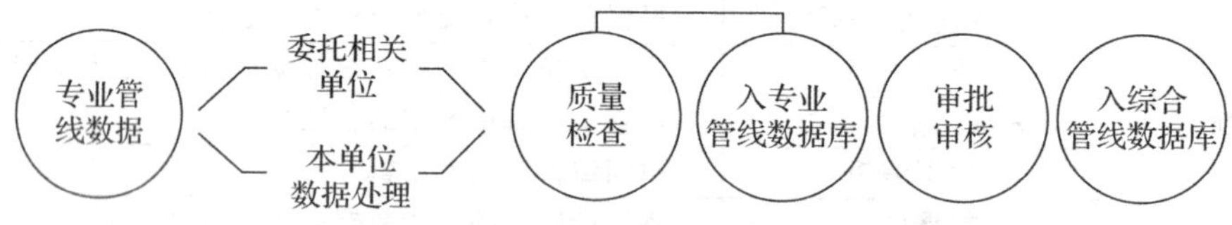

图 4.5 专业管线数据入库方式

在应用系统方面,系统还应提供二次开发的接口,保证其扩展性。专业管线单位可根据自己的应用需求开展个性化服务建设,委托或自己定制开发相关工具集,地下管线综合管理信息系统负责提供部分接口,帮助专业管线单位进行二次开发。

系统为专业管线单位提供的功能除了为政府决策部门提供的主要功能以外,还包括以下几种:

(1)专业管线数据处理。专业管线在录入数据库前须经过一定的数据处理与质检,系统负责提供相关的处理工具。

(2)数据管理与更新。根据专业管线单位权限,可以对数据进行编辑和维护管理,以及对数据进行定期更新和实时更新。

(3)应用程序二次开发接口。根据各专业管线单位的业务需求,各单位可在系统提供的二次开发接口基础上,开发专业应用分析功能,如燃气公司需全面监控燃气管网运行状态,实现对管网进行调度、预警及控制。

§4.5 关键技术

4.5.1 构建了地下管线数据动态获取、检查、更新与可视化表达框架体系

本项目编制了管线普查更新技术规程、地下管线数据共享服务地方标准,建立了地下管线数据动态更新机制,形成了框架的标准基础;构建了基于知识的管线信息模型,实现了管线空间信息、要素信息和约束信息的一体化表达,形成了框架的模型基础,并在此框架体系下解决了现状管线和规划设计管线在综合管理信息系统和专业管线系统之间的共享交换,实现了多源管线数据的整合与应用。

(1)研究了管线数据生产与更新的关键技术,编制了《重庆市地下管线基础信息普查技术

规程》,建立了完善的数据处理方法与技术流程、数据检查方法及地下管线数据库。

(2)完善了重庆市地下管线数据更新机制,建立了基于规划竣工核实的动态更新机制和定期汇交更新相结合的地下管线数据更新机制,保障了管线数据的现势性与鲜活性。

(3)建立了地下管线信息模型,在此基础上实现了多源管线数据整合、普查更新与规划设计管线检查,以及地下管线二维、三维可视化。

(4)开发了重庆市地下管线生产更新子系统,地下管线数据管理人员通过管线生产更新子系统提供的数据管理功能,负责地下管线数据生产入库及快速更新。

4.5.2　建立了重庆市地下管线多级分布式服务框架

(1)设计了全市地下管线数据库总体结构,编制了数据共享与服务地方标准,构建了“面向用户、需求主导”的全市地下管线信息共享与服务体系,实现了多源管线数据的整合与全市地下管线数据的共建共享。

(2)通过聚合服务等前置机制,建立了面向全市、主城区、区(县)及管线权属单位等多层次、多对象的应用框架,通过软总线与工作流等技术整合了系统各类服务模块,实现了系统功能的组合与快速构建。

(3)基于地下管线信息服务及系统丰富的应用服务接口,结合二维、三维地理信息技术与移动应用技术,探索了“现状数据管理—辅助规划设计—服务建设施工—巡检维护”全流程应用体系,为重庆市地下管线规划建设的全生命周期管理服务机制的建立提供了支撑。

§4.6　项目评价

建立的地下管线探测数据和地下管线综合管理信息系统,可广泛应用于城市地下管线综合管理、规划设计、应急抢险等领域。

本项目形成了丰富的地下管线数据资源,通过整合前两次地下管线普查成果及近年竣工测量成果,建成了包含 36 000 km 地下管线的综合数据库,其中,包含主城区约 30 000 km,远郊区县约 6 000 km。

本项目建成的示范应用系统集成了对地下综合管线数据的查询、统计、空间分析、网络分析、数据管理、数据更新等应用模块,形成 C/S 和 B/S 两种应用模式,并提供二维、三维两种服务模式。

结合三维数字城市建设成果,以三维地理环境为支撑,研发了地下管线三维规划设计系统,并与三维道路设计、三维场平设计系统相结合,实现了道路、场平和管线一体化设计与优化。依托市政设计项目,该系统在重庆市几十项工程中得到了应用,极大地提升了地下管线与道路协同设计的效率,有力推动了市政设计的技术进步。

第5章 城市地下空间(建(构)筑物)数据采集与建库

本章以广州市地下空间设施普查及测绘项目为例，分别介绍了城市地下空间设施普查与测绘工作的重要性和迫切性、数据采集内容和成果编制的具体要求、城市地下空间设施的分类编码等数据标准，以及数据获取与建库的技术流程、关键技术等方面的内容。

§5.1 项目概述

城市地下空间是为了满足人类社会生产、生活、交通、环保、能源、安全、防灾减灾等需求，而在地表以下进行开发、建设与利用的空间。合理开发利用城市地下空间有助于扩充城市容量，促使城市空间向三维立体集约化发展，提高城市土地利用效率，节约土地资源，从而有效保护生态环境，实现可持续发展。城市地下空间的大规模开发利用，是经济发展和城市建设，特别是城市功能聚集到一定阶段的必然趋势和要求。

近年来，城市地下空间已经得到大规模利用，地下设施不断增加，但地下空间“家底不清”及“管理欠账”的问题依然突出，不能满足地下空间统一规划、合理开发和科学化管理，以及防灾救灾与可持续发展的需要。因此，尽快摸清和查明地下空间现状，是一项十分重要和紧迫的工作。

为了改变广州市城市地下空间基础数据缺乏的现状，也为了城市地下空间规划和建设管理提供基础地下空间数据，广州市于2012年首次组织开展了城市规划地下空间设施普查及测绘的试验研究工作，并随后逐年持续开展了地下空间设施普查及测绘实施工作。截至2017年年底，总计开展了中心城区大约300 km^2 范围的城市规划地下空间设施普查及测绘工作，并制定了相关技术规范和数据标准，同时建立了广州市城市规划地下空间设施数据库及数据生产管理平台。

§5.2 技术要求

本项目参照广州市《地下空间(设施)测绘技术规程》有关技术要求，对城市各类地下空间设施进行普查、测绘。地下空间设施采集内容主要包括地下公共服务设施、地下工业及仓储设施、地下防灾减灾设施、地下交通设施、地下居住设施和其他地下空间设施。同时，按照城市规划地下空间设施数据标准，利用采集到的各类资料，通过数据整理、数据加工、数据制作、图件编制、图形输入、属性录入等内业处理和集成等技术手段生成各类数据成果，系统规范地将成果输入至城市规划地下空间设施成果数据库。

5.2.1 地下空间设施的空间信息

(1)定位基准：采用广州市平面坐标系统和高程系统。

(2)地下空间设施测量精度：平面位置中误差不得大于±10 cm(相对于邻近控制点)，高程测量中误差不得大于±15 cm(相对于邻近高程控制点)，净空高量测限差为±10 cm。

(3)地下空间设施数据要求分层表达。

5.2.2 地下空间设施的属性信息

地下空间设施的属性信息调查主要包括地下空间设施所在地下空间建筑的属性信息、地下空间设施所在地下空间地层的属性信息、地下空间设施所在地下空间建筑出入口的属性信息、地下空间连接通道的属性信息、地下空间高程点的属性信息、地下空间道路中心线的属性信息。地下空间设施的属性信息,包括地建标识码、所在地层、序列号、设施编码、设施类别、设施名称、X 坐标、Y 坐标、备注等信息。

§5.3 数据标准

地下空间数据标准规定了地下空间设施的分类编码、图层定义、属性定义、图式符号等,满足了地下空间设施的获取、管理、交换、共享和服务的要求。

5.3.1 地下空间设施分类

城市地下空间依据其功能及功能主特征进行分类,分类对象包括商业、工业、居住、交通、民防和其他用途的各种建(构)筑物设施,以及电力、通信、给水、排水、燃气等地下管线设施。按照城市地下空间设施的功能,采用线分类法将地下空间设施分为地下管线设施、地下建(构)筑物和基础类设施,如图 5.1 所示。

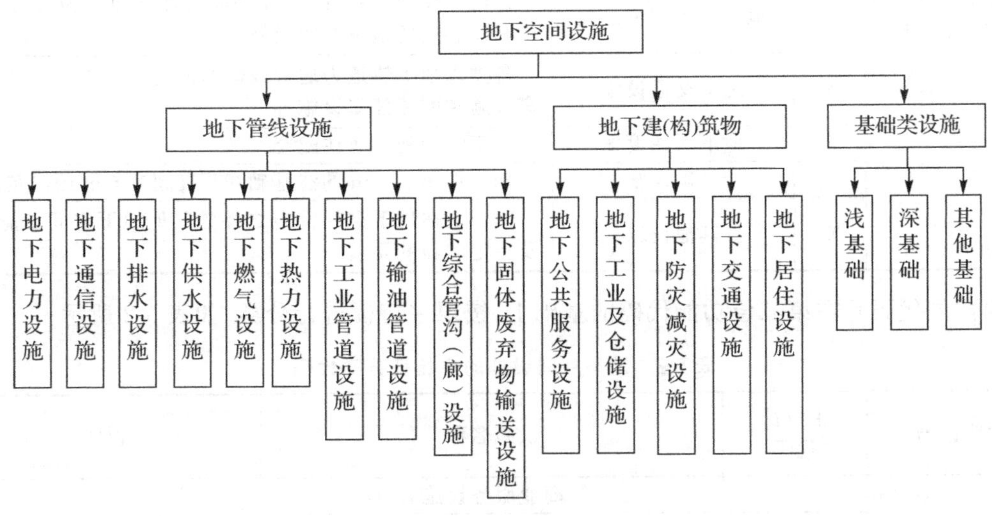

图 5.1 地下空间设施分类体系

5.3.2 地下空间设施的分类编码

按照地下空间设施的功能、主特征、实体类及要素类型进行编码设计,如图 5.2 所示。

第一位、第二位代码数字“18”表示地下空间设施(地下管线除外);第三位代码是功能代码,表示地下空间设施类别,数字 1 表示地下公共服务设施,数字 2 表示地下工业及仓储设施,数字3表示地下防灾减灾设施,数字4表示地下交通设施,数字5表示地下居住设施,数字6表示基础设施,数字9表示其他设施,预留数字7、8,如表5.1所示。

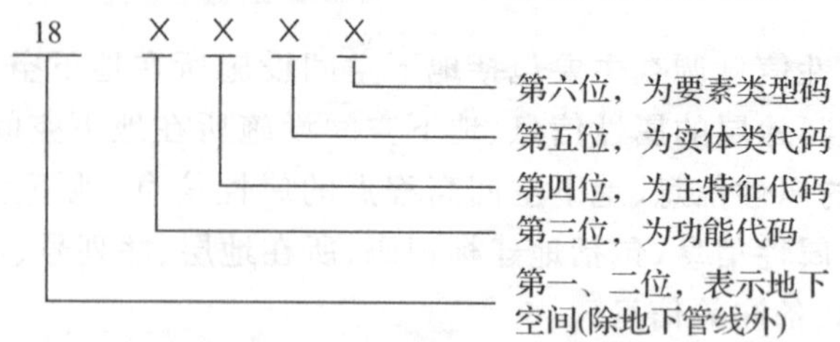

图5.2 地下空间设施的分类编码

表5.1 地下空间设施的功能分类代码

第一、二位代码	功能代码	设施名称	说明
18(表示除了地下管线之外的地下空间设施)	1	地下公共服务设施	在城市公共活动中心、大型交通枢纽、大型公共建筑集群等区域,将步行、车行、停车等交通功能与商业、文化娱乐服务等功能进行有机结合,沿三维立体空间发展并进行空间集约与整合形成的大型多功能地下空间设施
	2	地下工业及仓储设施	充分利用地下空间恒温恒湿、隐蔽封闭、耐震、不占(或少占)地面等环境特性,为规划建设各种物资存储而开发利用的地下空间设施
	3	地下防灾减灾设施	以防御城市自然灾害、战争灾害和其他人为灾害为目的开发利用的地下空间设施
	4	地下交通设施	各类以地下轨道为通行载体的设施及各类公共地下停车设施和配建停车设施等
	5	地下居住设施	地下室和地下居住配套设施
	6	基础设施	深度不超过5 m的浅基础和深度超过5 m的深基础
	9	其他设施	除了上述地下空间设施之外的其他地下空间设施,以及特定的辅助要素

第四位代码是在第三位功能代码的基础上,按照主特征进行分类,如表5.2所示。

表5.2 地下空间设施的主特征分类代码

功能代码	主特征代码	设施名称	说明
1(地下公共服务设施)	1	商业服务设施	预留4、5、6、7、8编码
	2	社会服务设施	
	3	地下综合体	
	9	其他地下公共服务设施	
2(地下工业及仓储设施)	1	工业生产场所	预留4、5、6、7、8编码
	2	农业生产场所	
	3	仓储设施	
	9	其他地下工业及仓储设施	

续表

功能代码	主特征代码	设施名称	说明
3(地下防灾减灾设施)	1	人防工程设施	预留 4、5、6、7、8 编码
	2	消防工程设施	
	3	防爆、抗震设施	
	9	其他地下防灾减灾设施	
4(地下交通设施)	1	轨道交通设施	预留 4、5、6、7、8 编码
	2	道路设施	
	3	停车设施	
	9	其他地下交通设施	
5(地下居住设施)	1	地下室	预留 3、4、5、6、7、8 编码
	2	地下居住配套设施	
	9	其他地下居住设施	
6(基础设施)	1	浅基础	预留 3、4、5、6、7、8 编码
	2	深基础	
	9	其他基础	
9(其他设施)			

第五位代码是在第四位主特征代码的基础上，按照实体类进行分类，以地下公共服务设施为例，数字 1 表示商贸场所，数字 2 表示餐饮场所，数字 3 表示娱乐场所，数字 4 表示商务场所，数字 5 表示商业服务配套设施，数字 9 表示其他商业服务设施。

第六位代码表示要素的类型，分别用数字 0(点状要素)、1(线状要素)、2 或 3(注记要素)、5(面状要素)表示。

5.3.3　地下空间设施的颜色系统

地下空间设施的颜色系统按照地下空间设施的不同分类赋予不同的颜色，同一类地下空间设施的不同空间层面采用不同饱和度的渐变表示，渐变颜色由浅到深表示地下空间从地下负一层到最深层，如表 5.3 所示。

表 5.3　地下空间设施的颜色系统

序号	设施分类	表示方式	面填充颜色	边线表示方式(线宽/mm)
1	常规建筑	U1 U2 U3 U4 U5 U6 ⋮	C10	C30K5 实线 0.3
			C20	C40K10 实线 0.3
			C30	C50K15 实线 0.3
			C40	C60K20 实线 0.3
			C50	C70K25 实线 0.3
			C60	C80K30 实线 0.3
			⋮	⋮
2	地下轨道交通	U1 U2 U3 ⋮	M10Y40	M20Y50K10 实线 0.3
			M20Y80	M30Y90K20 实线 0.3
			M60Y100	M40Y100K30 实线 0.3
			⋮	⋮

续表

序号	设施分类	表示方式	面填充颜色	边线表示方式(线宽/mm)
3	地下车行通道	U1	C12M12	C40M40K10 实线 0.3
		U2	C35M35	C60M60K15 实线 0.3
		U3	C60M60	C90M90K20 实线 0.3
		⋮	⋮	⋮
4	地下人行通道	U1	C30M30Y10	C50Y50Y20 实线 0.3
		U2	C50M50Y20	C70M70Y40 实线 0.3
		U3	C70M70Y20	C90M90Y50 实线 0.3
		⋮	⋮	⋮
5	人防建筑	U1	M10	M30K5 实线 0.3
		U2	M20	M40K10 实线 0.3
		U3	M30	M50K15 实线 0.3
		⋮	⋮	⋮
6	综合管廊	U1	C10Y40	C20Y50K10 实线 0.3
		U2	C20Y80	C30Y90K20 实线 0.3
		U3	C40Y100	C40Y100K30 实线 0.3
		⋮	⋮	⋮
7	在建地下空间		K10	K50 虚线 0.3

5.3.4 地下空间关系表达

用实线绘制地下空间建筑最大范围面，用虚线表示分间关系。最大范围线和分间虚线均用最深地下层颜色表示;多层地下空间建筑重叠部分颜色填充最上层地下空间面颜色,并用边线内推虚线表示重叠层数,内推虚线使用相应空间边线颜色;不重叠空间填充该地下空间面颜色。

对于多层的地下空间设施,需要标注每一层的设施性质,其标注规则为“地下空间分层注记+设施性质符号”,地下空间分层注记的排列顺序按楼层的绝对高程由高往低进行排序,如图 5.3 所示。

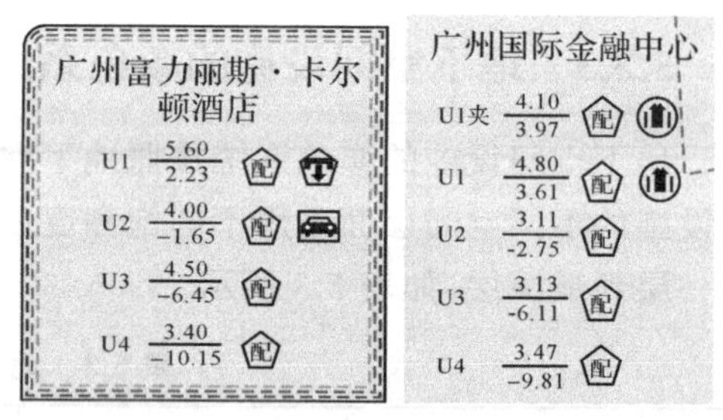

图 5.3 地下空间设施标注

5.3.5 地下空间设施的属性设计

按照“项目—建筑—地层—设施”四个层次进行地下空间设施的属性设计。使用地下空间项目属性表记录地下空间普查项目的基本信息和统计信息,如各类地下空间建筑的总数和建筑面积,以及普查时间、普查单位等。地下空间建筑是地下空间项目的基本组成单位,每一个地下空间建筑又由多个地下空间地层和建筑附属物(出入口、风亭等)等组成。地下空间建筑信息由地下空间建筑属性表表达,地下空间地层由地下空间地层属性表表达,地下空间出入口由地下空间出入口属性表表达,其他附属建筑由地下空间建筑附属属性表表达。设立在地下空间地层的地下空间设施信息由地下空间设施基本属性表和附加属性表表达,在进行普查作业时仅记录基本属性,在进行详查作业时需要连附加属性一并记录。

不同层次属性表之间通过关键字段建立联系。地下空间设施数据组织结构如图 5.4 所示。

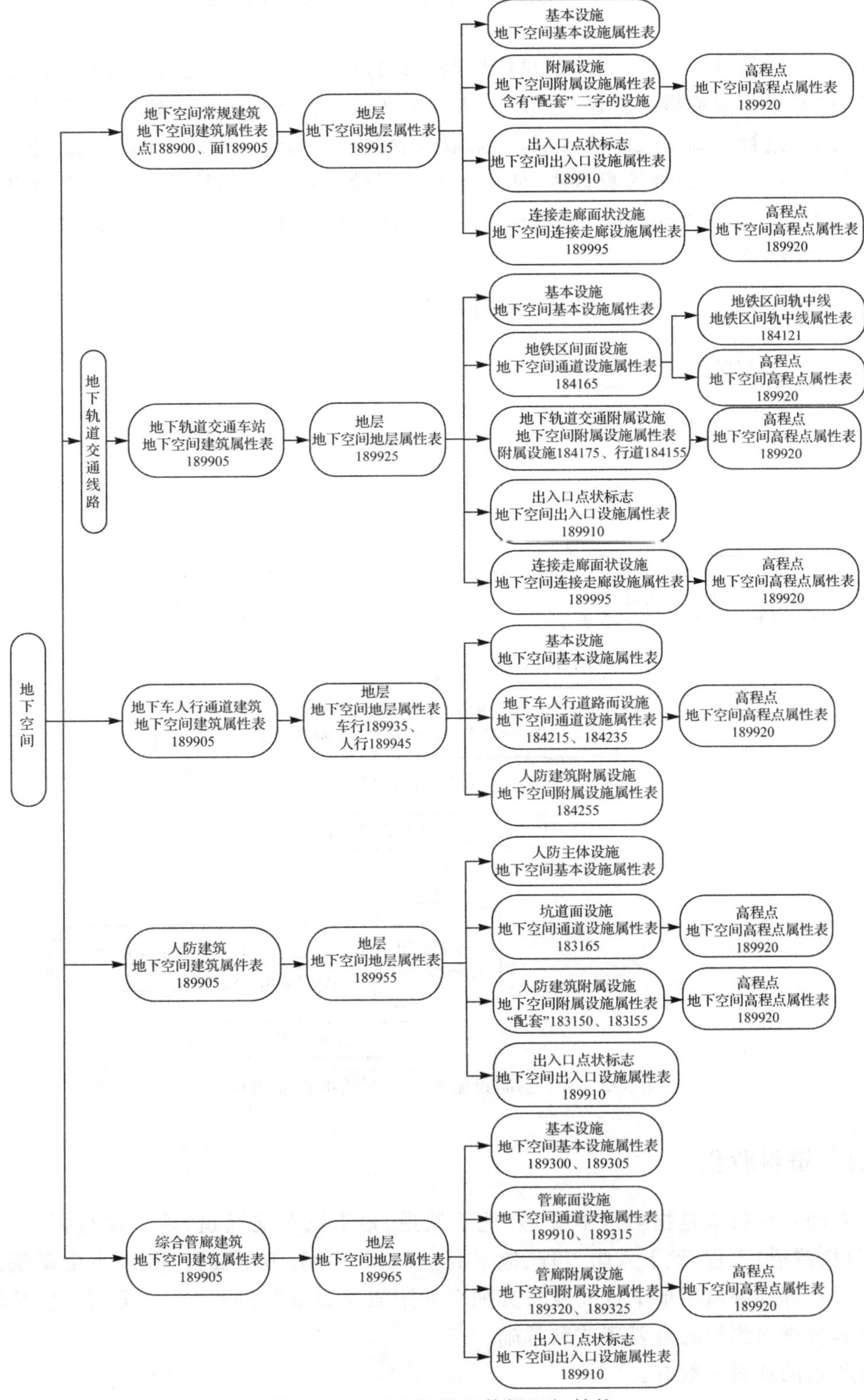

图 5.4　地下空间设施数据组织结构

§5.4 数据采集与更新流程

城市地下空间设施普查与测绘的总体思路是：通过外业巡视，确定需要普查与测绘的地下空间建筑，并收集相关资料。已进行规划竣工测量区域可直接利用已有数据，辅以外业调查核实各类属性；未进行规划验收测量区域，可采取外业测量和属性调查结合的方法。经调查核实的地下空间信息数据和属性信息数据，使用地下空间设施普查与测绘数据生产平台进行图形编辑、属性赋值，并建立逻辑关系，经质检后最终生成入库数据。地下空间设施普查与测绘的作业流程如图 5.5 所示。

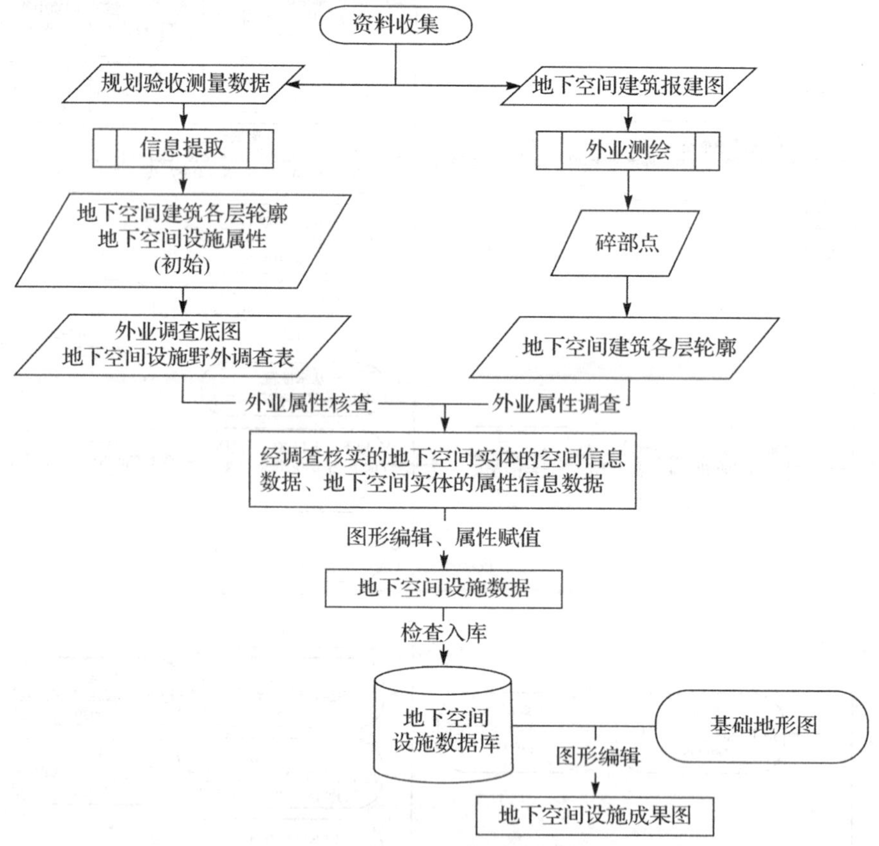

图 5.5 地下空间设施普查与测绘的作业流程

5.4.1 资料收集

地下空间资料收集是指对地下交通(地下铁道、地下汽车交通道、地下步行街、地下停车场、地下过街隧道)工程、地下人防工程、地下商业(地下商场、地下商业街、地下电影院)工程、地下居住工程等各种城市地下空间及与其配套的附属设施资料的收集、分类、整理，是城市地下空间设施普查与测绘的重要环节和基础。

需要收集的资料一般有：

(1)建筑物、人防工程及地下轨道交通工程等的规划验收测量资料。收集规划验收测量资料中的规划验收测量平面位置关系图、面计算略图、立面图、验收测量成果汇总表等。

(2)城建档案等规划管理资料。收集地下空间建筑的《建设工程审核书》《人防工程设计专项审查意见书》、规划报建图纸等规划管理资料。

5.4.2 属性提取

地下空间设施的属性信息可以通过以下方式获得:

(1)程序自动或统一赋值,如 ID 号、地建标识码、序列号、图幅号、行政区、普查单位、普查时间、入库时间和更新时间等。

(2)通过城市规划管理资料(放线资料、竣工验收资料、地形图、城建档案资料)提取。

(3)通过测量获得,需要通过测量获取的属性主要是地下空间设施的空间位置属性,如坐标、高程、宽度、净空等。

(4)通过数据的加工整理获得,如地下空间建筑的道路中心线绘制、图形坐标匹配、数据比例尺变换、建筑总面积及道路总长度等属性项。

通过分析已收集到的资料提取地下空间设施属性是地下空间设施普查的重要步骤。通过属性提取可以获取的地下空间设施属性有:①地下空间建筑属性,包括外轮廓线、权属部门、所在道路、地址描述、地面关联物、中心点坐标、出入口最大地面高程、建筑规模、出入口数、建成时间和照片等;②地下空间建筑地层属性,包括最大净空高和设施总数;③地下空间出入口属性,包括出入口的朝向;④地下空间建筑连接通道属性,包括地下空间建筑连接通道的起止高程;⑤地下道路属性,包括高程点坐标;⑥地下空间设施属性,包括地层、设施类别、设施名称等。

5.4.3 地下空间属性调查

地下空间属性调查是通过现场外业调查的方式获得地下空间设施的属性,验证已提取的地下空间设施属性,补充未提取的地下空间设施属性,以保证地下空间设施属性的完整性和现势性。地下空间设施属性项的外业调查具体要求如下:

(1)设施属性表填写的字迹必须清晰可辨认,以便内业人员识别录入。

(2)设施属性必须按规定的标准填写,需要特别说明的情况可写在备注栏。

(3)野外调查表上的序列号必须与调查图上标注的序列号对应,一张图上的序列号不能重复。

(4)对某个设施拍摄数字照片时,要求图片保存为 JPEG 格式,拍照时数码照相机像素应调整在 100 万以上。

(5)外业调查工作必须认真细致,做到走到、看到、记到,调查图标记应明确、清晰,并由调查人签字。

(6)对于无法进入和拒绝调查的单位和院落应做好记录,并及时与作业区域指定的调查协作人员联系,与拒调单位协调后进行调查。

(7)野外调查表按照地下空间建筑进行编页和装订(成册)。外业调查当日工作完后,调查小组应及时完成调查表的数据录入和检查工作。

5.4.4 地下空间测量

地面控制点一般布置成三维全面网,有两种测设方式:一种是常规导线测量加水准测量的方式;另一种是使用卫星导航定位连续运行基准站系统直接测设地面控制点的三维坐标。测设方式的选择需根据地面控制点的精度要求和测量条件确定。外业测量流程如图 5.6 所示。

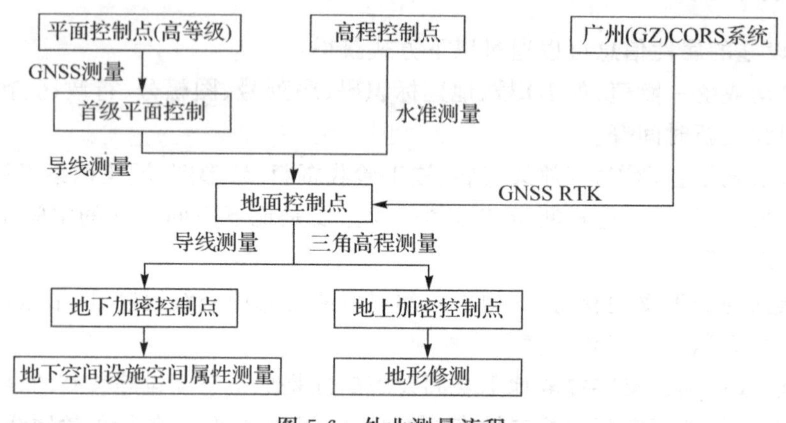

图 5.6 外业测量流程

地下空间设施测量包括以下内容:

(1)地下空间各层的位置、高程、净空和外轮廓线。采集具有代表性的高程、净空,外轮廓直线段应采集不少于 4 点,弧线段不少于 5 点,各层顶底同一个高程面应采集不少于3 点高程和量测不少于 3 处净空高,测量示意图如图 5.7 所示。

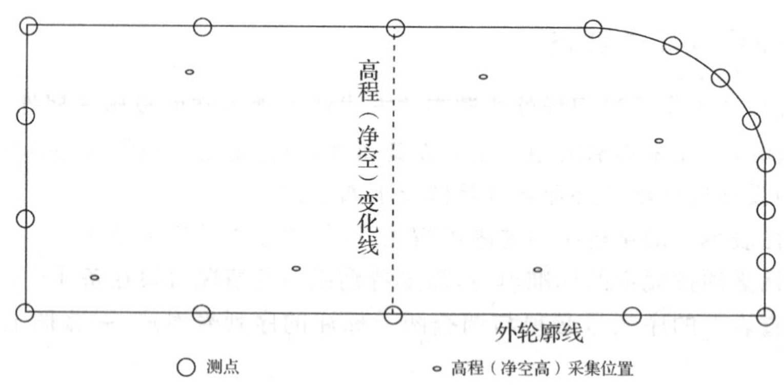

图 5.7 地下空间设施测量示意

(2)地下空间建筑出入口的位置、高程、宽度和净空高。

(3)地下空间通道的高程、宽度和净空高。

(4)地下空间道路的位置、高程和净空。需要测量地下空间各层,采集有代表性的高程和净空高。

野外作业时可以用自编的地下空间设施要素代码,代码应有利于对数据的编辑处理,且易为观测人员记忆和减少野外作业的工作量。

测量草图应实地在工作底图上标绘,测量的原始数据不得涂改或擦拭。汉字字头一律向北,数字字头向北或向西。

5.4.5　成果整理

外业普查与测绘采集后形成的数据集,如野外测量草图、测量数据及属性调查表等数据资料,必须经过内业数据处理才能作为成果提交。数据处理工作包括几何要素规整、属性赋值、接边处理、平面图等图件编绘、分区数据合并等。几何要素规整是指面状、线状实体的绘制和点状实体的识别;属性赋值是利用地下空间设施普查与测绘数据生产平台提供的属性录入功能录入外业调查表及内业属性提取得到的地下空间设施各类实体的属性,如图 5.8 所示。

5.4.6　数据质量检查与入库

地下空间设施入库的数据质量应符合下列要求:

(1)数学精度:应符合现行行业标准城市测量规范、城市地下空间设施普查及测绘技术规程的相应要求。

(2)属性精度:要素的分类编码应正确,要素的属性项及属性值应完整正确。

(3)逻辑一致性:面状要素应闭合,节点匹配应准确,要素应具有唯一性,几何类型和空间关系应正确。

(4)完整性:要素应全面完整符合规定的取舍要求,要素的几何描述应完整,数据的分层应正确且不得有重复或遗漏,注记应完整正确。

成果数据经检查合格后进行入库操作,利用数据生产平台提供的入库工具进行。地下空间设施数据计算机自动检查方案如图 5.9 所示。

图 5.8　属性赋值录入界面

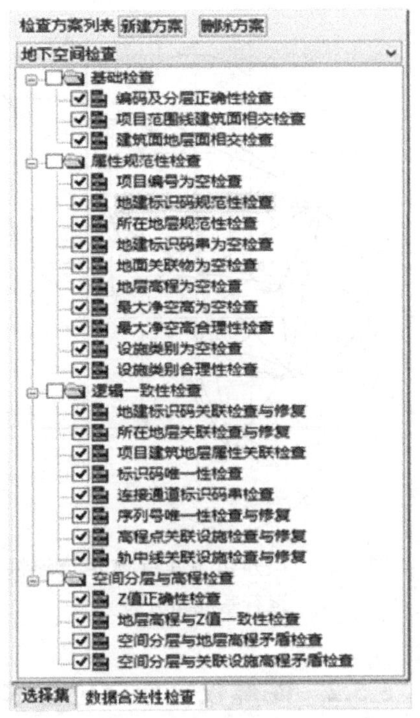

图 5.9　地下空间设施数据计算机自动检查方案

§5.5 关键技术

城市地下空间设施普查与测绘中的关键技术主要有:基于虚拟参考站(virtual reference station,VRS)技术动态测量的卫星导航定位连续运行基准站系统、高精度似大地水准面精化技术、陀螺仪定向定位技术和基于北京山维科技的数据生产及信息应用管理技术。

5.5.1 基于卫星导航定位连续运行基准站系统和高精度似大地水准面精化成果的控制测量技术

基于虚拟参考站技术动态测量的卫星导航定位连续运行基准站系统和高精度似大地水准面精化成果,可以极大地提高地面控制点的测设速度和作业效率。利用卫星导航定位连续运行基准站系统和高精度似大地水准面高程计算技术测设控制点(图5.10、图5.11),通过移动通信技术与信息中心进行数据交换,可以将大地坐标在线转换为广州市平面坐标和高程,为地下空间设施数据的采集提供了精准的数据来源,大大提高了数据测绘精度。

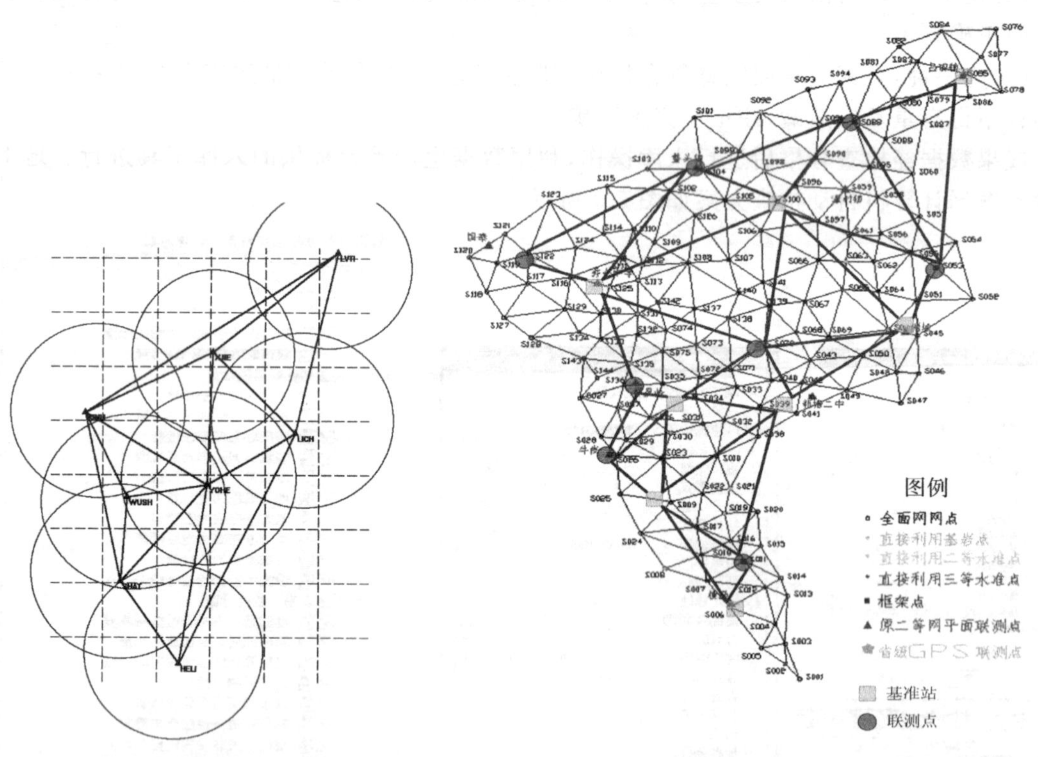

图5.10 广州市卫星导航定位连续运行基准站分布

图5.11 城市似大地水准面精化网点

5.5.2 陀螺仪定向定位技术

1. 陀螺经纬仪

在项目实施中用到了AGT-1高精度自动陀螺经纬仪(图5.12),采用悬挂式陀螺,利用照准部固定状态下的对称测时法来确定陀螺北方向。采用光电读数装置进行量测时,由光标通过分划线时的一系列时刻解算出陀螺北的方向值。它的一次定向标准偏差小于±5″,自动寻北时间为 8 分钟,一测回约需 20 分钟。陀螺定向技术可以有效地解决超长隧道等狭长地下空间设施测量中的控制测量精度问题。

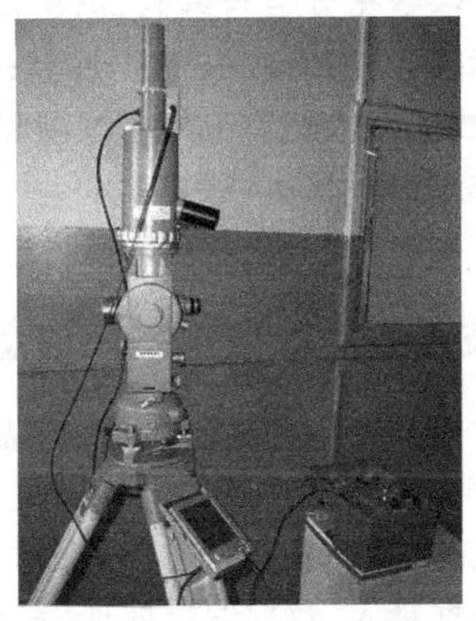

图 5.12　AGT-1 高精度自动陀螺经纬仪

2. 三维管线陀螺定位仪

三维管线陀螺定位仪是运用了陀螺仪和惯性定位原理而研制的,其外观和结构如图 5.13 所示。

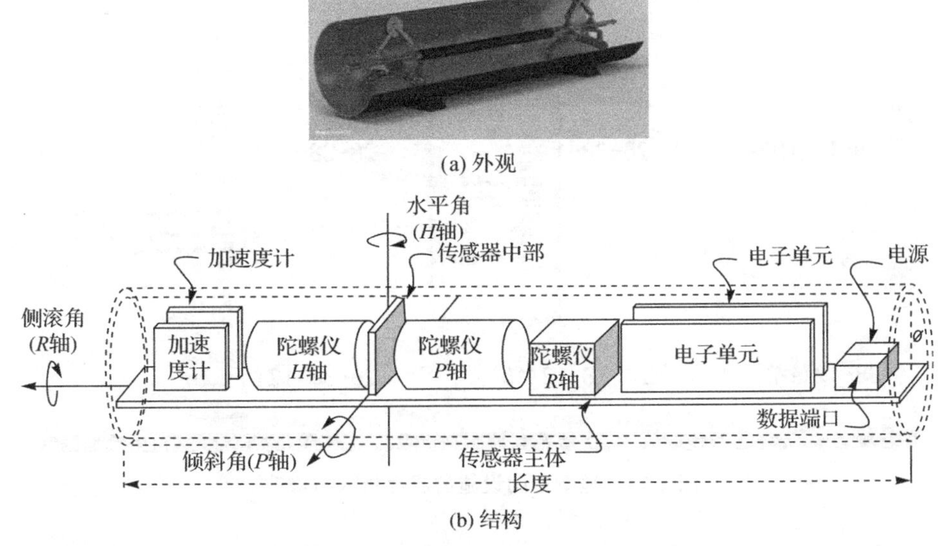

(a) 外观

(b) 结构

图 5.13　三维管线陀螺定位仪外观及结构

基于捷联惯导原理的三维管线陀螺定位仪不受电磁干扰、地质环境和施工深度等因素的影响,使用范围最广,应用前景最大。本项目采用的陀螺仪管道定位测绘系统由陀螺仪计算器、置中测距仪、软件系统及专用计算机组成,具有采样点多、数据翔实、测量精度可靠的特点,可以精细描述管线的三维形态,可以有效解决地下综合管廊或人防设施等不方便进入的狭长通道的定位问题。

5.5.3　具有广州特色的地下空间设施数据建库标准

本项目详细设计了数据的内容、数据分类与编码、图层设计、属性设计、符号库设计、数据组织和存储、图形编制等各部分标准,选用 Oracle 数据库软件,按照相关设计标准的要求完成了广州市城市规划地下空间设施数据库的建库工作。本项目的分类详见 5.3.1 节;在《广州市城市规划基础地理信息系统数据标准(1∶500 1∶1 000 1∶2 000)》的基础上扩展编码,详见 5.3.2 节;针对颜色系统、地下空间关系表达、设施信息标注进行了独特的设计。

5.5.4　基于北京山维科技平台的数据生产及信息应用管理技术

为满足生产应用,以及地下空间数据采集、资料录入的需要,研制了广州市城市规划地下空间设施普查与测绘数据生产平台,将经过数据加工后形成的北京山维软件的 EDB 格式、图属一体化的地理信息系统标准数据录入 Oracle 数据库(图 5.14)。该平台实现了地下空间设施普查与测绘的完整流程,包括数据录入、数据编辑处理、查询统计、数据入库、成果输出、成果编制、成果展现等相关功能。该平台根据本项目制定的技术标准进行了地下空间设施数据表达设计,包括地下空间实体、带状地下空间(如地下室、地下室连接体、带状地下构筑物)等实体的平面和立体表达,并定制了广州地下空间数据模板(包括符号、属性、定位标准的封装及符号显示)。

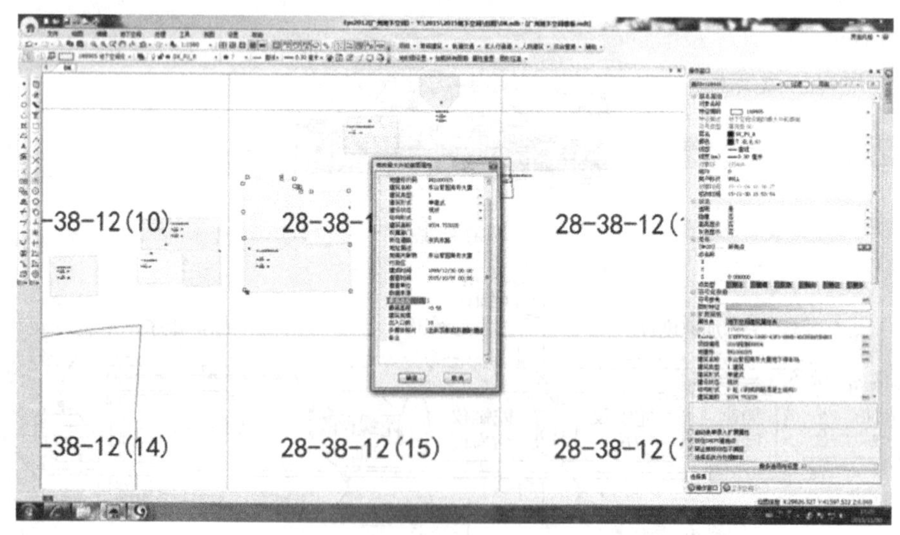

图 5.14　地下空间设施的属性录入与修改

§5.6　项目总结

在国内尚未有成熟的地下空间普查与测绘技术体系的前提下,广州市通过地下空间普查与测绘项目的摸索,编制了城市地下空间设施普查与测绘技术规程,研制了广州市城市规划地下空间设施普查与测绘数据生产平台，建立了广州市城市规划地下空间设施数据库，为今后广州市城市地下空间的规划管理、专题研究的开展，以及地下空间合理开发和有偿使用奠定了数据基础和技术保障。

本项目特色如下：

(1)编制了广州市《地下空间(设施)测绘技术规程》(2016 年广州市地方技术规范立项项目)，建立了广州市城市规划地下空间设施的分类体系，制定了广州市城市规划地下空间设施普查与测绘的技术方案和作业标准，从普查作业、监理，到建库与验收归档，均建立了统一技术规定。

(2)研究了广州市地下空间设施测绘方法技术。联系测量是地下空间设施测绘的关键步骤，狭长的地下空间设施(如地下建筑的连通走廊、地铁区间隧道、综合管廊等)和出入口唯一的多层地下室的联系测量只能通过导线来完成。这些导线具有边长较短、测站数多、起闭于同一对控制点等特征，对测绘精度造成了影响，本项目研究了提高测绘精度的方法和应用条件。

(3)制定了广州市地下空间设施数据建库及信息管理系统建设方案，基于北京山维软件开发了具有自主知识产权的地下空间设施数据生产及信息管理系统，为地下空间设施数据的开发利用提供了应用平台基础。

(4)制定了创新独特的城市地下空间设施普查平面图的成图标准，针对颜色系统、地下空间关系表达、设施信息标注进行了独特的设计。将地面 1∶500 地形图作为背景，以灰度显示，地下空间设施要素信息均采用彩色及相应图式等专题显示。

第 2 篇　空间信息的多尺度表达

城市基础空间数据是城市发展建设的基础，是政府不同部门办公、决策的基础。对内实现政府科学化管理，对外提供公众信息服务，是“智慧城市”建设的核心。按照城市实际应用尺度，其空间数据主要包括 1∶500、1∶2 000、1∶5 000、1∶10 000 各类矢量与影像数据。多尺度空间数据生产和建库是城市基础测绘的核心工作内容，也是城市基础地理信息系统建设的重要内容。空间信息的表达按照应用层次可分为多尺度基础地形图与电子地图两种测绘成果。多尺度基础地形图主要以服务城市规划建设、管理、决策为主，以线划数据集的形式存在，要素分类与景观表现具备严格要求，一般参照 GB/T 13923—2006《基础地理信息要素分类与代码》、GB/T 20258—2019《基础地理信息要素数据字典》(有四个部分)、GB/T 20257—2017《国家基本比例尺地图图式》(有四个部分)等相关规范执行，是城市基础地理信息数据库的核心内容。多尺度电子地图主要以公共应用为主，电子地图数据一般以相应尺度地形图为基础，通过数据提取、数据扩充、面向对象的数据重组和模型重构等工序形成。

获取多尺度基础地理空间数据成果主要有两种途径：一种是运用现代测绘技术，按不同比例尺地形图的要求进行实地测绘、建库；另一种是利用测绘、图形学和信息技术，由大比例尺地形图缩编获得更小比例尺地形图。后者是一种更经济、高效、快捷的技术方法，利用不同比例尺地形图之间的内在联系，建立一套科学、实用的转换关系，获得系列图形数据成果。当前地图缩编和综合主要有两种技术方法：一种是在测绘数据生产平台上进行图形绘制和缩编的二次开发，按地形图比例尺不同，梯次逐级综合编制、标准化、成图；另一种是利用计算机制图综合软件与电子地图数据库交互式访问，即先建立基本比例尺地图数据库，在数据库中整体缩小一级。本篇将分别对这两种技术方法的实际应用进行阐述，并对多尺度电子地图的制作工艺进行详细介绍。

电子地图综合与地形图综合缩编的区别和关系如下：

(1)研究对象。电子地图综合主要是研究电子地图数据从大比例尺(1∶5 000以内)到中比例尺(1∶10 000、1∶25 000、1∶50 000)、小比例尺(1∶100 000、1∶250 000、1∶500 000)的综合缩编问题，考虑更多的是几何图形的综合；大比例尺地形图的综合缩编(1∶500 到 1∶2 000到 1∶5 000)，不仅要考虑图形的综合，同时也要考虑属性的综合。

(2)几何要素。电子地图综合主要解决地图中面状要素的综合和部分线状要素的综合(道路中心线的自动分级)；地形图综合需要考虑全要素的综合，包括点状要素、线状要素和面状要素的缩编问题。

(3)综合参数。电子地图综合中建立起来的综合参数在某些情况下，为了图面的美观而牺牲了一点精度；大比例尺地形图对精度的要求很高，因此电子地图的综合参数并不能完全适用于地形图的综合缩编，需要在此基础上进一步进行细化和完善。

第2篇　空间信息的多尺度表达

第 6 章　大中比例尺基础地形图缩编

§6.1　项目背景

大比例尺地形图数据包含了小比例尺地形图数据所需要的全部信息，将大比例尺地形图数据缩编成小比例尺地形图数据，是获取小比例尺地形图数据的最科学、最有价值的手段。基础空间数据承载的地理信息内容丰富、关系错综复杂，在人工制图综合过程中，往往依靠人脑的判断来处理地理要素的取舍、化简与概括。同时，为满足制图规范的要求，对一些次要的地物、文字注记等进行适当的移位。计算机自动缩编需要复杂的数学模型及人工智能技术的支持。

广州市城市基础地形图的系列比例尺为 1∶500、1∶2 000、1∶5 000。为满足国土规划管理的要求，需通过 1∶500 地形图缩编生产 1∶2 000、1∶5 000 地形图。为此，广州市开展了大比例尺基础地形图缩编工作。

§6.2　项目内容及技术原则

6.2.1　项目内容

本项目以广州市现有 1∶500 数字线划图数据（数据格式为 ArcGIS MDB、清华山维 EDB，以块图方式存放）为基础，以清华山维 EPS 地理信息工作站为基础生产平台，采用二次开发及其功能定制技术，开发缩编软件，将 1∶500 地形图数据缩编为 1∶2 000、1∶5 000 地形图数据，并对缩编的数据进行质量检查、修正，最终成果符合《基础地理信息要素分类与代码》《基础地理信息要素数据字典》《国家基本比例尺地图图式》等相关规范，满足城市空间数据库动态更新及其国土规划工程应用的要求。

6.2.2　缩编技术原则

在进行数字地形图数据缩编时，为了确保缩编成图后的数据与原尺度数字地形图的数据情况一致，一般遵循“宁舍勿移”的原则进行取舍，缩编后的数字化地形图不得有整体移位的地形要素。下一级较小尺度编绘图上的房屋一般情况下不取舍，但在建筑较密集零乱、表示有困难的地区可按具体要求进行取舍、综合。应充分考虑属性综合部分，保证属性信息取舍准确，尽量避免因信息量损失而增大信息录入工作。按照信息化测绘及其数据库动态更新需要，还要遵循以下原则：

（1）信息化原则。存储点、线、面空间要素的定位点、定位线、骨架线、轮廓线，舍弃用于图式符号表示的辅助线划。

（2）图属一体化原则。空间要素及其属性要进行一体化采集、一体化存储。

(3)对象完整性原则。保持地物等空间对象的整体性、完整性。

(4)Pdb模型原则。符合 ArcGIS Geodatabase 点、线、面空间要素及共点、共边等空间关系的表达与存储方法。

(5)标准化原则。符合《基础地理信息要素分类与代码》《基础地理信息要素数据字典》《国家基本比例尺地图图式》等相关规范的要求。

(6)自动化原则。可利用程序自动处理,尽量避免因人工操作而造成的不规范,提高作业质量。

6.2.3 技术标准依据

(1)《广州市城市规划基础地理信息系统 1∶500 1∶1 000 1∶2 000 数据标准》。

(2)《广州市 1∶500、1∶1 000、1∶2 000 地形图图式》。

(3)《国家基本比例尺地图图式 第2部分:1∶5 000、1∶10 000 地形图图式》。

§6.3 技术指标体系建立

由于大中比例尺地形要素种类繁多,不同尺度表达差异较大,故地形图数据缩编难以按照特定制图标准一步实现自动化。另外,许多工程建设对地形图的图面表示要求相对简单,不需要严格执行城市地形图出图标准,将缩编工作大体上分为两步:首先进行自动化缩编,即粗编,粗编的原则是不损失图形精度、不影响地物判读,以满足空间信息分析、查询、选址等多种工程应用需要;其次,如果工程应用对图面有严格要求,则需要在粗编的基础上进行交互编辑,达到相关地形图标准的要求,即精编。粗编为全自动化过程,不需要人工干预,缩编成果可以满足一般工程应用,人工成本低,快捷高效。精编为粗编下一个工序,主要为满足精细化成图需要,辅助人机交互,达到特定地形图图面标准需要,人工成本较高,精细化程度越高、效率越低。

6.3.1 1∶500 地形图缩编至 1∶2 000 地形图技术指标

1. 测量控制点

(1)控制点选取。三角点,小三角点,一、二、三级等级导线点及相应的 GPS 点均应全部选取,四等以上水准点全部选取,其余控制点不保留(粗编)。

(2)控制点高程。保留的控制点高程注记应保留两位小数(粗编)。一般情况下,等级号、点号及高程要完整保留在图面上,在居民地过于密集、图面上无法完整放下时,可只保留等级和点号,在极个别情况下,可只保留控制点符号(精编)。选取高程时,优先选取图根点高程,并把图根点符号改为高程符号,只留高程注记,并保留一位小数(粗编)。

2. 居民地和栅栏

(1)门牌不表示,保留房屋结构和层数,结构和层数均在属性中存在,图面上显示层数和结构(粗编)。

(2)不同结构、不同楼层在图上相距小于 0.3 mm,但门牌信息相同的房屋,在图上的面积小于一个结构注记(如 A、B、C、D,图上注记尺寸为 4.0 mm×7.2 mm)的可以并入较大面积的房屋,合并后的房屋注记选择综合前所占面积较大房屋的注记(粗编)。

(3)能分别放下注记的结构相同、共边的,门牌信息相同,且楼层差小于 3 的房屋应合并

(粗编)。

(4)放不下一个结构注记的独立房屋(图上面积小于 6 mm^2)不表示,删除后,连贯的围墙、栏杆等应该联通(粗编)。在房屋稀少地区的独立房屋,应保留(精编)。

(5)可放下结构注记,不同结构、不同楼层之间图上间距小于 0.3 mm 时,可作为共边处理(粗编),但要注意居民地街区的通向性(精编)。

(6)在图上小于 0.4 mm 的房屋、建筑物(A、B、C 类),在图上小于 0.6 mm 的简单房屋(D 类),其轮廓凹凸可综合成直线(粗编,但由于房屋、建筑物形状的多样性,自动化简形状效果不一定能达到要求,因此房屋精细化简一般放入精编中)。

(7)图上宽度为 0.5 mm 的次要巷道可以不表示,但作为主要通道的小街巷,虽然宽度小于 0.5 mm,亦应选择且以 0.5 mm 表示(精编)。

(8)图上宽度小于 1.5 mm 的廊房、柱廊不表示,廊房保留注记,柱廊则不保留;依比例尺的方形或圆形柱子,如小于不依比例尺符号尺寸,则用不依比例尺符号(1 mm×1 mm)表示(粗编)。

(9)飘台及飘台符号、飘檐不表示,其内部支柱也不表示(粗编)。

(10)飘楼一般不表示(粗编),个别明显突出的飘楼可适当选取(宽度大于2 mm)(精编)。

(11)骑楼可以综合取舍,图上宽度小于 1.5 mm 时可以不表示(粗编)。

(12)台阶不足三级(在 1∶2 000 图上)时不表示,室外楼梯一般不表示(粗编),在范围比较大的情况下可适当保留(精编)。

(13)图上长度大于 8 mm 的广告牌应表示(粗编)。

(14)地下建筑物出入口符号改为 2 mm×3 mm 不依比例尺符号表示(粗编)。

(15)图上面积小于 2 mm× 3mm 的悬空建筑、建筑物地下通道不表示(粗编)。

(16)图上宽度小于 1.5 mm 的棚房可不表示,间距不超过 0.5 mm 的可以合并(粗编)。

(17)可放下注记"破"的破坏房屋应表示(粗编)。

(18)街巷名在放不下注记的情况下,可以不选取,要求中心线有宽度属性,可根据宽度来选取名称(粗编)。

(19)居民区内的围墙,图上长度小于 2.5 mm 且对居民地的通向性无影响,可不表示(粗编)。

(20)图上小于 1.0 mm 的支架、墩、门墩用不依比例尺符号表示(粗编)。

(21)为保证图面清晰,图上长度不足 0.5 mm 的围栅栏、篱笆、活树篱笆、铁丝网等直接删除(粗编)。在地物密集地点,不足 1 cm 时,可适当省略(精编)。

(22)门顶不表示(粗编)。

(23)房屋内放不下注记"空"的天井,即图上面积小于 3 mm×3 mm 的不表示(粗编)。

3. 工矿建筑物及其附属设施

(1)图中不依比例尺符号表示的各地形要素,直接按地物定位点放置相应单元。范围小于 6 m×6 m(图上范围为 3 mm×3 mm)的各面状地物在其中间放置相应的地形符号。例如,亭、钟楼、碉堡、宝塔、庙宇、土地庙、教堂、清真寺、敖包、岗亭、加油站、环保监测站、水文站、液气体存储设备、通气设备、粮仓、水磨车、抽水机站、肥气池、气象站、雷达站、塔形建筑物、水塔、露天设备、地磅等图上面积小于3 mm×3 mm 时,依据 1∶2 000 数据转换成相应的点符号,符号放在实测点,没有实测点的放在范围面的中心点上(粗编)。

(2)水池不论高于地面或低于地面,一律用单线表示其范围,加注"水"或"污"等。图上面积小于 1.5 mm×1.5 mm 的不表示(粗编)。

(3)图上宽度小于 1.6 mm 的传送带按图式规定用 1.6 mm 的半依比例尺符号表示(粗编)。

(4)漏斗只绘范围线,加注"漏斗"(粗编)。

(5)厕所、垃圾房不注结构,保留说明注记,图上面积小于 2 mm×3 mm 的可不表示(粗编)。

(6)修车台一般不表示(粗编)。

(7)地铁通风口,若以点状符号表示,则不表示;若以面状符号表示,图上面积小于 6 mm^2 的不表示;否则以房屋表示主结构(粗编)。

(8)传送带的支柱面积如果小于 1 mm×1 mm,则用不依比例尺符号表示(粗编)。

(9)独立符号的位置不应移动,严格遵守"宁舍勿移"原则(粗编)。

(10)球场和晒地范围线内应加注"球"或"晒",且应表示地面属性"砼"或"沙"等,如图上范围小于 10 mm×10 mm 则不表示(粗编)。

(11)彩门、牌坊、牌楼、宣传橱窗和邮筒、单柱广告牌等不表示(粗编)。

(12)花房、温室、菜窖放不下说明性注记的,即图上面积小于 3 mm×3 mm 的可舍去(粗编)。

(13)图上面积小于 3 mm×3 mm 的领操台、检阅台不表示,小于 3 mm×3 mm的坟地用散坟表示,不绘范围线(粗编)。

(14)水池、喷水池、污水池、粪池、平台等面积小于一个说明性注记时,即小于 3 mm×3 mm,不表示(粗编)。

(15)主要道路交叉处路灯保留(粗编)。

(16)当露天设备面积小于 3 mm×3 mm 时,只绘点符号,其间距小于 5 mm 的,保留 1 个点符号,放在所选全部点符号的图面中心(粗编)。

(17)假山面积小于 3 mm×3 mm 的不表示(粗编)。

(18)加油站架空虚线范围大于 3 mm×3 mm 时应表示,柱子在小于 1 mm 情况下,需用不依比例尺符号(1 mm×1 mm)表示(粗编)。

4. 交通及其附属设施

(1)依照图式正确区别道路级别,注意图式补充规定中的"城市次要道路"的划分。城市主要道路是实际宽度大于 7 m(包含 7 m)的城市道路,用 0.3 mm 粗线表示,小于 7 m 的城市道路则用 0.1 mm 细线表示(粗编,主要取决于 1∶500 基础数据)。

(2)路堤、路堑均按实地宽度绘出边界,当与公路边线重合时,移出 0.2 mm 表示(精编)。

(3)当虚线道路相交接时,应以实部相接(粗编)。

(4)无轨电车杆线不表示(粗编)。

(5)浮码头与固定码头应区别,浮码头不需注记,固定码头需注明(粗编,1∶500 基础数据需要区分两种注记分类)。

(6)道路与房屋、围墙相交时要空 0.3 mm(粗编)。

(7)当坎与 0.3 mm 线粗的道路边线相距不超过 0.2 mm 时,应移坎与道路边线重合表示。在坎牙与道路细线相互交叉的情况下,可剪断道路边线,以坎线表示道路边线(粗编)。

(8)双线道路与桥相接时,应断开表示,与桥保持 0.3 mm 的间隔(粗编)。

(9)铁路线如果过近、相互打架的情况下,可适当进行选取(精编)。

(10)山上的阶梯路宽度小于 1 mm 的情况下,采集阶梯路中线用单线小路表示(粗编)。

(11)电气化铁路电杆应表示,间隔 4 cm 进行选取(粗编)。

(12)双线大车路、乡村路、内部道路在图上宽度小于 1 mm 时，可以用单线小路表示(粗编)。

(13)道路宽度小于 2.4 m(图上宽度为 1.2 mm)的绿化隔离带不表示(粗编)。

(14)路面铺装材料不表示(粗编)，双线路铺装材料表示(精编)。

(15)道路名按路段表示，路口与路口之间保留一个名称，短的路段不单独表示名称。注记字体应统一，南北走向时用长字体，字头与道路走向一致；东西走向时用扁字体，字头与道路走向垂直(粗编，依据中心线生成)。

(16)内部道路只表示宽度大于 2 m(图上宽度为 1.0 mm)的，以及绘制了内部道路中心线的。乡村路、小路等无明显到达地的且长度小于 100 m 的支叉路应舍去(粗编)。

(17)公园里的较大型轨道娱乐设施按窄轨铁路表示(粗编)。

(18)图上面积小于 1 mm×1 mm 的高架路柱、墩则用不依比例尺符号表示，比较密集的情况下可以取舍，一般间隔选取比较合适(粗编)。

(19)所有桥名用说明性注记，字头朝正北(粗编，取决于 1∶500 基础数据)。

5. 管线及其附属设施

要求准确反映实地点位和走向特征，垣栅表示要类别清楚、范围明确，并要正确处理与其他要素的关系。

(1)电力线、配电线和通信线均保留，但配电线和通信线的电杆可按间距4 cm、角度 3°进行节点取舍(粗编)。

(2)各种地下检修井、路灯在道路交叉口或主要道路上时应择要表示(1～2 个)，粗编不表示(精编)。

(3)居民地内、沿道路走向的电力线和通信线不连线(粗编)。

(4)铁塔图上边长小于 1 mm 时，用不依比例尺符号表示(粗编)。

(5)电线架两个电杆的图上距离小于 1.5 mm 时，可以在中心位置配置一个电杆，删掉电线架(粗编)。

(6)变电室范围过小(通常认为放不下符号)的情况下，即图上面积小于 3 mm×3 mm，用不依比例尺变电室表示(粗编)。

(7)图上长度小于 1 mm 的架空管道的墩需用不依比例尺符号表示，并间隔 2 cm 选取一个，转折位要保留(粗编)。

(8)入地符号应与电杆符号的圆相切，箭头向下，与点线走向垂直(粗编)。遇到非圆形的铁塔符号，直接用管线类说明注记“入地”(粗编，取决于 1∶500 基础数据)。

(9)当几根架空管线并行时，可视具体情况取其中一根或保证管线群外围宽度表示。管线长度小于 60 m(图上长度为 30 mm)时不表示(精编)。

6. 水系及其附属设施

(1)围墙、房屋边线在水边的不必绘加固坎(粗编)。

(2)平地池塘、沟渠若无显示周围地形需要，不绘陡坎(粗编，统一不绘)。

(3)池塘图上面间距小于 0.5 mm 的，可以合并(粗编)。

(4)丘陵或山地池塘、沟渠一般用陡坎和水边线配合使用，但如果水边线与陡坎发生冲突，需要移动水边线。双线沟渠如果过窄，可直接把陡坎改为双线沟渠线，删除原有的双线沟渠线。如果高程差别较大，可以把双线沟渠改为单线沟渠配合坎表示。加固坎不需要使用水边线，但综合后，如果加固坎两边的坎牙互相打架，可以把加固坎改为双线沟渠线(粗编处理，精编修饰)。

(5)双线沟渠在图上宽度小于0.8 mm的情况下用单线表示,注意应每段配置一个流向(粗编)。

(6)面积小于一个水系类说明注记尺寸的水塘,可不表示(粗编)。但水系比较少的干旱地区,一般要根据情况保留(精编)。

(7)宽度小于2 m(图上宽度为1 mm)的依比例尺涵洞转换为不依比例尺涵洞表示(粗编),涵洞并排或者比较密集时,可适当选取(精编)。

(8)地下灌渠不表示,只表示出水口。出水口密集时,可适当取舍(两个并排时),保留的出水口位置不变(粗编)。渠遇到出水口要封闭,有的渠到田埂时没有封闭,要把它封闭(1∶500基础数据要求)。

(9)两陡坎之间表示干沟且间距小于1 m(图上间距为0.5 mm)时,以单线干沟表示(精编,粗编必须是闭合封闭的陡坎)。

(10)水系流向及潮汐方向适当按密集程度进行筛选,一般无方向变化的每段配置一个符号(粗编)。

(11)围墙(栏杆)和坎(或加固坎)配合表示防波堤时,围墙线保持0.3 mm线粗(栏杆不变),并可调整方向,与坎牙相背。

(12)两条背向的坎的图上距离小于1 mm时,可用垄表示(精编)。

(13)图上距离小于1.5 mm、通过不依比例尺涵洞连接的单线沟渠,可连接起来,去掉涵洞(粗编)。

(14)图上长度小于20 mm、在图面上不起其他作用的单线沟渠可以不表示(粗编)。

7. 境界

在1∶2 000图上一般不表示(粗编),特殊需要表示时则采用以下原则(精编):

(1)遇到走向与街区内房屋冲突的情况,调整界线走向,沿街区或其他地物进行调整,严禁打断房屋。

(2)界线在双线河、湖的情况下,一般是以河流中心线为走向。

(3)界线在山体上时,一般与山脊线、防火带或者小路走向一致。

(4)如界界线走向没有明显的地物标志,则进行局部调整,使之与地貌、地物走向尽量保持节段一致。

8. 地貌

(1)等高距为0.5~1 m,采用计算机辅助方式选取(粗编);0.5 m高差以上坎、坡应选取;坡坎的图上长度小于5 mm时可舍去;梯田过密,两坎间的图上距离小于5 mm时可适当选取或舍去(精编);斜坡坡脚线的图上宽度小于3 mm时以陡坎表示(粗编)。

(2)地形高程点选取按照高差0.5 m、图上间距25 mm取舍,可重点保留路口高程(粗编)。

(3)地形高程点按"均匀选取"原则选取,山顶、鞍部、山脊、山脚、谷底、谷口、沟底、沟口、凹地、河塘岸边、水涯线上、坎上坎下、等高线疏密变换处及其他地面倾斜变换处,按"优先选取"原则选取(精编)。

(4)建城区高程点优先选取,如道路中心线上和交叉口上、建筑物边、检修井口、桥面、广场、较大庭院或空地及其他地面倾斜变换处(精编)。

(5)建城区房屋密集不便绘等高线的地方可以不绘,平坦地区少于2条等高线时可不表示

（精编）。

9. 植被

（1）相同植被之间的田埂删除，不同植被之间的田埂换成地类界，注意某些地物不表示后，要延长地类界表示完整范围（粗编）。

（2）图上面积大于 25 mm^2 的林地需注树名，图上面积大于 2 mm^2 的水生植物需注名称（粗编，取决于 1∶500 基础数据）。

（3）某品种耕地图上面积小于 25 mm^2 时可合并到较大面积品种中（粗编）。

（4）狭长花圃图上宽度小于 1.5 mm 时可舍去（粗编）。

（5）植被符号的间距按 40 m×40 m 格网，按"品"字形进行排列配置；其他区域间隔可按 56.5 m（图上距离为 28～30 mm）间隔配置；如果是混种植被，则按行进行间隔配置，如第一行格网按林地，第二行就是草地，以此类推（粗编，按模板符号自动生成）。

（6）行树的图上间隔距离为 20 mm（粗编，按模板符号自动生成）。

（7）不同植被类型之间以其他地物为边界，无边界则补地类界表示（粗编）。

（8）注意各种植被符号的定位点应在植被面范围内，如果符号超出范围面，则可以进行压盖处理（粗编，植被面符号自动生成）。

（9）独立树应保留，可不表示直径（粗编，其直径应有规律文字表示）。

10. 注记

（1）居民地、单位名跨越两幅图时，占面积较大的一幅在图内注记，占面积较小的一幅在图廓间注记（精编）。

（2）图上地物密集、名称注记过长时，字大可缩小一至二级注记。单位名"×××省×××""×××市×××"可省略为"省×××""市×××"（粗编）。

（3）注记分布应清晰易读、配置合理，同一名称注记字距不应超过字大 8 倍（精编）。

（4）注记位置的摆放。面的注记应放在面的重心位置；线状地物的注记，如道路名和水系名，如果线状地物的倾斜度不超过 45°，则从左至右均匀摆放，一般每组名称的有效范围不超过 15～20 cm，如果超过 45°，则从上至下均匀摆放。比较大的村名如果空余位置较多，可每个字之间空半个字位（粗编处理，精编修饰）。

（5）水系名注记应左斜 15°，字头正北，非旋转字体（粗编）。

6.3.2　1∶2 000 地形图缩编至 1∶5 000 地形图技术指标

1. 测量控制点

三角点，小三角点，一、二、三级等级导线点及相应的 GPS 点均应全部选取，四等以上水准点全部选取（粗编）；导线点取舍，当图面上导线点过于密集时，三级导线点可适当选取（精编）；标注取舍，位于居民地内的测量控制点，如影响居民地的清晰时，可以只注点名或将高程和点名同时省略（精编）。

2. 居民地和垣栅

居民地和垣栅是地形图上重要的地物要素，在图上要准确绘出外轮廓的平面位置，正确显示各种类型居民地的特点，如通行情况、行政等级、名称等，反映居民地的类型、分布特点及与其他要素的关系。居民地的编绘包括街区、独立房屋、突出房屋。

（1）街区，指房屋毗连成片，按一定街道形成排列的居住区。综合街区时，应注意保持街区的总体结构特征、房屋建筑密度对比及街区单元(指图上被街道分割的街区块)大小对比,并正确显示街区内部的通行情况。综合原则如下:

——街区内的道路处理。按其通行条件分为主次两级,主要街道用 0.8 mm 宽度表示,次要街道用 0.5 mm 宽度表示(粗编)。

——街区内综合。街区内部的建筑物、垣栅等可进行较大的综合(粗编);街区轮廓,图上凹凸小于 1 mm 的部分可综合表示,但要保持其主要特征(粗编);街区内房屋的图上间距大于 1.5 mm 的可分开表示(粗编)。街区边缘的房屋不并入街区,应适当取舍(粗编);街区内空地的图上面积大于 6~9 mm^2 的表示(粗编);大中城市的主要街道加注名称(粗编)。

(2)独立房屋在图上按真方向表示,分为依比例尺、半依比例尺和不依比例尺三种(粗编)。

(3)突出房屋,指高度与周围房屋有明显区别,并且具有方位作用的房屋。图上只表示依比例尺的,其外轮廓用 0.3 mm 的线划绘出(粗编)。

(4)散列式居民地、分散式居民地及独立房屋等居民地的综合,应注意保持居民地中心和外围特征的房屋(粗编);半依比例尺和不依比例尺的房屋视图面情况也可适当选取(精编)。

(5)其余破坏房屋、门洞、棚房、厕所、露天体育场、观礼台等要素的综合参照图式(粗编);图上面积大于 1.6 mm^2 且具有方位意义的损坏房屋,保留,且在预处理时加保留标志,否则删除(粗编)。

(6)栅栏、围墙。栅栏、铁丝网篱笆、活树篱笆合用一种符号表示(粗编);围墙与街道边线重合时只表示围墙符号(粗编);围墙与街道线图上间距小于 0.5 mm 时只表示围墙符号(粗编),图上长度小于 5 mm 时不表示(粗编)。

(7)地下建筑物天窗不表示(粗编)。

3. 工矿建筑物及其附属设施

工矿建筑物、公共设施和独立地物是具有一定方位作用或经济意义的重要地物,在图上要准确表示。依比例尺的用对应线表示范围,其内适当位置配置符号,不依比例尺的用点表示;厕所,进行独立的、完整的、固定的表示(粗编);水池,图上面积大于 1.3 mm^2 时依比例尺表示(粗编);露天设备,毗连成群的范围用地类界表示,中间配置符号(粗编);旗杆、宣传栏、避雷针、乱掘地、污水箅子、路灯、照射灯均不表示(粗编)。

4. 交通及其附属设施

道路是连接居民地的纽带,应正确表示道路的类别、位置,反映道路网的结构特征、通行情况及与其他要素的关系,做到主次分明、取舍恰当。

(1)选取道路时,应按由重要到次要、由高级到低级的原则进行。

(2)铁路的表示:复线铁路、单线铁路均应表示(粗编);火车站的铁路符号,选取主干线用铁路符号表示,其余用站线符号表示(粗编)。

(3)公路的表示:高速公路、等级公路、等外公路、城市道路、大车路、乡村路均应表示,当路宽在图上大于符号尺寸时,依比例尺表示(粗编);图上宽度大于1 mm时依比例尺表示(粗编),图上宽度小于 1 mm 时择要表示,反映道路的构成特征(加标志,粗编)。依比例尺表示范围:①高速公路、等级公路,图上宽度大于 0.8 mm;②等外公路,图上宽度大于 0.6 mm;③城市道路,图上宽度大于 0.8 mm;④大车路,图上宽度大于 0.3 mm;⑤乡村路,图上宽度大于0.3 mm,小路可适当选取;⑥内部路,图上宽度大于 0.3 mm。

(4)道路与桥梁相接时,应留 0.5 mm 空格,不能与桥梁符号相连(粗编);当铁路与公路并行时，铁路符号在桥上可不间断绘出(粗编)。

(5)道路附属设施。桥梁，依比例尺表示，其图上长度大于 1 mm、图上宽度大于 0.8 mm(粗编)；不依比例尺表示，其图上长度小于 1 mm(粗编)。涵洞，依据道路等级选取，属于公路附属的表示，其他道路不表示(粗编)。隧道，图上长度小于 2 mm 的不表示(粗编)。路堑，比高大于 1 m、图上长度大于 5 mm 的表示(粗编)。路堤，依比例尺的图上堤坡的宽度大于 0.5 mm，不依比例尺的为同路堑(粗编)。路标，有方位意义的表示(加标志，粗编)。里程碑，只在地物稀少区选择表示(加标志，粗编)。收费站，依比例尺表示，图上宽度大于 0.9 mm、图上长度大于 1.3 mm(粗编)。码头，依比例尺表示，图上宽度大于 0.5 mm、图上长度大于 2.0 mm(粗编)；半依比例尺表示，图上宽度小于0.5 mm、图上长度大于 2.0 mm(粗编)；不依比例尺表示，图上宽度小于 0.5 mm、图上长度小于 2.0 mm(粗编)。

5. 管线及其附属设施

(1)图上长度不足 1 cm 的和居民地内的管道不表示(粗编)，地下管道只表示出入口(粗编)，图上表示的管道应加相应的说明注记(粗编)。

(2)电力线主要表示输电线和通信线。图上应区分杆上和塔上的电力线(粗编)；图上距离铁路、公路 4 mm 以内的电力线、通信线等不表示(粗编)，但在分岔、转折处和出图廓时，在图内应绘一段符号以示走向(精编)；通往街区式居民地的输电线、通信线绘至居民地边缘，其他情况不间断表示(粗编)。

6. 水系及其附属设施

水系是江、河、湖、海、水库、池塘、沟渠、井等各种自然和人工水体的总称。对河流、沟渠的表示应主次分明、构成体系，正确表示水系的类型、附属设施及名称，处理好水系与其他要素的关系。

(1)河流、沟渠(粗编)：依比例尺表示，图上宽度大于 0.8 mm 的用双线表示；依比例尺表示，图上宽度小于 0.8 mm 的用单线表示。

(2)池塘(粗编)：地形平坦地区的池塘陡坎可舍去；图上面积在 4 mm^2 以下的池塘可不表示；池塘一般只取舍不综合，但在大面积的基塘区或只有土埂相隔的池塘，可适当综合。

(3)堤(粗编)：依比例尺表示，图上宽度大于 0.5 mm；不依比例尺表示，图上宽度小于 0.5 mm；水涯线与堤脚线的图上距离小于 0.2 mm 时，水涯线可不表示。

(4)加固岸(粗编)：用加固岸符号表示，图上长度小于 5 mm 的不表示。

(5)输水渡槽(粗编)：图上长度大于 1.5 mm 的依比例尺表示。

(6)沟堑(粗编)：比高大于 1 m、图上长度大于 5 mm 的表示，单线沟渠其沟堑可适当外移。

(7)图上长度小于 5 mm 的堤或坝不表示(粗编)。

7. 境界

在 1∶5 000 图上一般不表示境界(粗编)，特殊需要表示时则采用以下原则(精编)：

(1)遇到走向与街区内房屋冲突的情况，调整界线走向，沿街区或其他地物进行调整，严禁打断房屋。

(2)界线在双线河、湖的情况下，一般是以河流中心线为走向。

(3)界线在山体上时，一般与山脊线、防火带或者小路走向一致。

(4)如果界线走向没有明显的地物标志，则进行局部调整，使之与地貌、地物走向尽量保持节段一致。

8. 地貌

要求正确显示各地区的基本地貌类型及形态特征,保持地貌特征点、地性线的位置和高程点的正确,正确反映土质类型和分布规律,处理好地貌与其他要素的关系。

(1)等高线:①依照基本等高距 2 m,进行等高线取舍(粗编);②在等高线密集地段,当相邻两条计曲线间距小于 2 mm 时,可省略首曲线(精编);③大面积农田或地势平坦地区,等高线不多时,可省略等高线(精编);④独立小山头、图廓边的小山包应加绘示坡线(精编)。

(2)高程点:①高程点选取原则一般为均匀选取(粗编);②应按地貌特征进行选取,地貌形态比较破碎、复杂的地区应多选(粗编);③地形特征点应优先选取,如山顶、鞍部、山脊、山脚、谷底、谷口、沟底、沟口、凹地、河塘岸边、水涯线上、坎上坎下、等高线疏密变换处及其他地面倾斜变换处(加保留标志,粗编);④平坦简单地区为每格 9～15 个,丘陵地区为 15～20 个,山地及高山地区为 10～15 个(粗编);⑤适当选注计曲线的高程,一般字头指向高处(精编)。

(3)坎、崖:①图上长度小于 5 mm 的不表示(粗编);②陡崖,图上宽度大于 2 mm 的按面状依比例尺符号表示(粗编),图上宽度小于 2 mm 的按线状不依比例尺符号表示(粗编)。

9. 植被

图上应正确反映植被的种类、分布范围、轮廓特征及与其他要素的关系。各种植被符号的表示按图式规定执行。

(1)删除与保留(粗编):图上面积小于 25 mm^2 的不表示,包含菜地、水生作物地、经济作物地、幼林/苗圃、迹地、花圃。

(2)经济林(粗编):图上面积小于 25 mm^2 的用不依比例尺符号表示。

(3)成林(粗编):图上面积小于 25 mm^2 的不依比例尺表示;狭长的、图上宽度小于 2 mm、图上长度大于 5 mm 的保留,否则删除。

(4)灌木、竹林(粗编):图上面积小于 25 mm^2、有方位意义的不依比例尺表示;狭长的、图上宽度小于 2 mm、图上长度大于 5 mm 的表示。

(5)个别符号进行精细化处理(精编)。

10. 注记

注记是地形图的主要内容之一,是判读地形图的主要依据,所以应依照图式正确注记、合理配置。

(1)居民地、单位名跨越两幅图时,占面积较大的一幅在图内注记,占面积较小的一幅在图廓间注记(粗编)。

(2)图上地物密集、名称注记过长时,字大可缩小一至二级注记,单位名“×××省×××”“×××市×××”可省略为“省×××”“市×××”(粗编)。

(3)注记分布应清晰易读、配置合理,同一名称注记字距不应超过字大 8 倍(粗编)。

(4)字大可视图面实际情况进行调整(精编)。

6.3.3 1∶5 000(1∶2 000)地形图缩编至 1∶10 000 地形图技术指标

1. 测量控制点

测量控制点只保留大地原点、三角点、水准原点、水准点、重力点、卫星定位等级点和独立天文点(粗编)。

2. 居民地和垣栅线

(1)居民地:①房屋间距的图上距离小于0.4 mm时进行合并,生成面状独立房屋,房屋不能跨设施合并(粗编);②当相邻面不能进行合并,而图上间距在0.2 mm以内时,要将间距调至0.2 mm(精编);③合并后的面状独立房屋及原独立房屋,根据其长、宽值进行图形等级变换,图上宽度小于0.7 mm、长度小于1 mm的变为点状独立房屋,图上宽度小于0.7 mm、长度大于1 mm的变为线状独立房屋(粗编);④房屋形状尽量化简,角度在90°附近的边角保留直角特征(粗编);⑤高层房屋与低层房屋不能合并,突出房屋需要单独表示,30层以上(包括30层)的房屋按高层房屋表示(粗编);⑥单独的棚房需要保留,与独立房屋相接在一起的合并到单独房屋中(粗编);⑦孤立的简单房屋按棚房表示,孤立的廊房删除,挨着一般房屋的简单房屋和廊房按一般房屋表示(粗编);⑧架空房屋、建筑中房屋按一般房屋表示(粗编);⑨悬空通廊、门牌号、天井、建筑物下通道、天窗、通风口、远门、门墩、支柱、门顶不表示(粗编);⑩挨着房屋的柱廊线、门廊线不表示,孤立的、狭长的、图上宽度大于0.8 mm、图上长度大于5 mm的按单线柱廊表示(粗编);⑪ 图上面积小于2 mm^2、图上长度小于2 mm或图上宽度小于1 mm的台阶不表示,室外楼梯不表示(粗编)。

(2)垣栅线:①按照长度进行选取,指标为5 mm,曲线弯曲综合间距指标为1 mm(粗编);②对于小区等附近的垣栅线,只保留能够体现小区范围的垣栅线即可,地物比较稀少的地方可保留部分垣栅线(粗编);③确保垣栅线与建筑物的捕捉关系(粗编)。

3. 工矿建筑物及其附属设施

(1)依比例尺的探井、矿井、水塔、烟囱、粮仓、风车、水车、抽水机站、气象站、地震台、天文台、雷达接收站、卫星接收站、射电站、科学实验站、环保监测站、水文站、加油站、无线电杆、移动通信塔、微波塔、电视发射塔、纪念碑、碑柱墩、塑像、牌坊、亭、旧碉堡、庙宇、土地庙、教堂、清真寺、敖包、坟按不依比例尺的点符号表示(粗编)。

(2)起重机、龙门吊、天吊、漏斗、传送带支柱、滑槽、烟道、烟道支柱、宣传橱窗、广告牌、露天舞台、检阅台、门洞、司令台、路灯、导航灯、照射灯、喷水池、斜台、平台、假石山、岗亭、岗楼、避雷针、邮筒、电话亭、旗杆、防空洞、广场、地磅不表示(粗编)。

(3)依比例尺的传送带按半依比例尺单线表示(粗编)。

(4)一些小面积的工矿面可按点表示,只表示大型的垃圾站,对于点地物密集的地方可根据适当间距抽稀,如5 mm间距(粗编)。

4. 交通及其附属设施

(1)等级道路边线:全部保留,在1∶10 000比例尺中仍然以双线表示;进入一般小区内的出入口(没有连接内部道路的)道路边线可以舍弃,进入较大单位、工厂的出入口需要保留(粗编);遇桥、建筑物时处于打断状态(粗编,通过符号压盖自动处理)。

(2)高架路边线:全部保留;对大比例尺数据中的出入口进行适当取舍(粗编);高架路图上宽度小于1 mm时按1 mm表示,大于1 mm时以实测位置表示(粗编)。

(3)铁路:延伸到工矿区与工厂区的支线铁路的图上长度小于20 mm时舍弃,其他保留(粗编);当两条平行单线铁路的图上间距小于1 mm(中心线)时,以复线铁路表示;形状弯曲的综合指标为直径长,即2 mm(粗编);铁路岔线较密的站台部分以站线(站线的图上间距不得低于0.5 mm)表示,其他选择主要线路表示(粗编)。

(4)非等级道路线:1∶10 000 数据中全部以单线表示,即大车路和乡村路(粗编);原则上只保留连接村与村之间构成路网的小路,其余可不用表示(精编);根据长度、密度进行取舍,图上长度指标为 10 mm,对于地物稀少的地方应当择要取舍(精编)。

(5)内部道路边线:根据宽度进行取舍,图上宽度指标为 1 mm,小于 1 mm 择要表示(粗编);当其有一定的形状特征时需要保留,一般只保留大型公园、大型工厂主要内部路,地物稀少的地方择要表示(精编);保证其与建筑物的位置关系(粗编)。

(6)桥梁:其缩编与道路、水系同步考虑;双线道路与双线河流相交时,以桥梁边线表示;双线道路与单线河相交时,以线状桥梁表示;单线道路与双线河相交时,以线状桥梁表示;单线道路与单线河相交时,以点状桥梁表示;公园、小区的内部路边线舍弃时,相连接的人行桥也不表示(精编)。

(7)附属设施点:水鹤、电车拉杆、路灯、坡度标、漫水路面、跳墩、船缆柱、过河缆、囤船、跳板设施、过江管线标、沉船、急流、漩涡不表示(粗编)。

(8)附属设施面:依比例尺灯塔面按不依比例尺点符号表示(粗编)。

5. 管线及其附属设施

(1)电力线只有在电力塔存在的情况下才需要保留(粗编);居民地内部的不依比例尺的变电室不表示(粗编)。

(2)低压线不表示,通信线只表示图上长度大于 40 mm 的(粗编)。

(3)长度小于 400 m 的管道不表示,其说明注记择要表示(粗编)。

(4)居民地内不依比例尺变电室和面积小于 70 m^2 的依比例尺变电室不表示,点符号密集的可按 5 mm 间距取舍(粗编)。

(5)其他管线附属设施不表示(粗编)。

6. 水系及其附属设施

(1)面状河流(常年河、时令河):面状河流全部保留(粗编);河流图上宽度大于 0.5 mm 时以双线河流表示,图上宽度小于 0.5 mm 时以单线河流表示(粗编);河流曲线弯曲综合间距指标为 1 mm(粗编),当弯曲部分的面积很大而弯曲间距小于指标时,需要夸大表示弯曲部分(精编);保证水网的连通性(粗编)。

(2)面状河流(湖泊、池塘、水库):图上面积小于 4 mm^2 的一般都不表示,但是对于缺水地区或有重要意义的对象可以择要表示(粗编);水库不进行合并(粗编);池塘一般不进行合并,但是大面积的基塘区或者只有土埂相隔的池塘,可以适当合并(精编);湖泊比较密集时,可以进行适当合并;池塘等弯曲综合间距指标为1 mm(粗编)。

(3)面状河流(渠):图上宽度大于 0.5 mm 时为双线渠,图上宽度大于 0.3 mm 且小于 0.5 mm时为单线干渠,图上宽度小于 0.3 mm 时为单线支渠(粗编);依据渠的长度和间距进行取舍,其中长度指标为 10 mm,间距指标为 3 mm;保证渠网的连通性(粗编)。

(4)线状水系(河流、渠):根据长度、间距进行取舍,长度指标为 10 mm,间距指标为 3 mm(粗编);地物稀少地方可择要表示(精编);保证渠网自连通性和与河流连通性(粗编);单线渠的图上间距小于 5 mm 应进行取舍,密集处图上长度小于 1 cm 的应舍去(粗编)。

(5)水系边界:与面状水域的范围线保持一致(粗编);遇桥梁、加固岸等地物时被打断(粗编);当水域边界与围墙、加固岸等地物的图上距离在 1 mm 以内时,水域边界线打断,直接以围墙、加固岸作为范围(粗编)。

(6)线状水系附属设施：防洪墙缩编为加固岸(粗编)；坡、坎在面状水域较宽处(大于 2 mm)缩编为加固岸，否则舍去(粗编)；当水系附属设施与水域边界容差在 1 mm 处，直接以水域边界位置为准(粗编)。

7. 境界

在图上一般不表示(粗编)，特殊需要表示时则采用以下原则(精编)：

(1)遇到走向与街区内房屋冲突的情况，调整界线走向，沿街区或其他地物进行调整，严禁打断房屋。

(2)界线在遇到双线河、湖的情况下，一般是以河流中心线为走向。

(3)界线在山体上时，一般与山脊线、防火带或者小路走向一致。

(4)如果界线走向没有明显的地物标志，则进行局部调整，使之与地貌、地物走向尽量保持节段一致。

8. 地貌

(1)高程点：进行密度选取，筛选间距为 20 mm，高差大于 1 m 的保留，再结合人工添加需要保留的特殊高程点(精编)；等级道路交叉口处的高程点需要保留(精编)；较长道路中间择要保留部分高程点(粗编)；高程值的取位按模板定制标准表示(粗编)。

(2)等高线：根据 1 m 等高距要求，进行等高线等高距抽稀；化简等高线；平滑等高线(粗编)；检查等高线是否自相交(粗编)。

(3)陡坎、加固岸：根据长度进行取舍，长度指标为 5 mm(粗编)；比高大于1 m；与河流边线完全重合的陡坎，缩编为加固岸，其他的缩编为陡坎(粗编)。

(4)面状地貌：可适当进行合并及曲线综合，原则上要保留其特殊形状，图上合并间距为 0.2 mm；图上面积小于 25 mm^2 时一般舍去(粗编)；保证地貌面与其他地物正确的位置关系(粗编)；注意“岛”现象(精编)。

9. 植被

(1)面状地类：对面状植被按面状地貌要求适当进行合并及曲线综合，等级道路边线的面状植被可适当缩小面积指标(粗编)；城市绿地、花圃的图上面积大于 8 mm^2 时一般表示(粗编)。

(2)线状地类界：根据长度进行取舍，长度指标为 10 mm(粗编)；植被面边线与其他地物没有共边的地方，需要添加地类界(精编)。

(3)点状地类：根据密度进行取舍，保留的点地物保证达到制图效果(粗编)。

10. 注记

(1)注记是地形图的主要内容之一，是判读地形图的主要依据，所以要依照图式，正确注记，合理配置。

(2)居民地、单位名跨越两幅图时，占面积较大的一幅在图内注记，占面积较小的一幅在图廓间注记(粗编)。

(3)图上地物密集、名称注记过长时，字大可缩小一至二级注记，单位名“×××省×××”“×××市×××”可省略为“省×××”“市×××”(粗编)。

(4)注记分布应清晰易读、配置合理，同一名称注记字距不应超过字大 8 倍(粗编)。

(5)字大可视图面实际情况进行调整(精编)。

§6.4 缩编基本流程

6.4.1 基于EPS地理信息工作站缩编软件开发定制流程

EPS地理信息工作站缩编软件设计采用数据库的管理模式,基于缩编流程自定义、模板控制、多综合模型和知识规则库等关键技术,实现地形图缩编与综合处理过程的自动化和信息化,具备大量缩编优秀算子,为基于大比例尺数据派生中小比例尺数据生产提供简单实用、高效便捷的解决方案。但是由于各地大中比例尺地形图数据差异大,且目标数据标准也不尽相同,因此需要针对本地数据情况进行二次开发定制。下面介绍缩编基本流程。

1. 数据分析与作业规范制定

首先对本地1∶500、1∶2 000、1∶5 000地形图作业规范要求进行详细分析,了解缩编生产的技术标准和要求,编制针对本项目的《地形图缩编技术方案》,包括缩编作业细则与质量检查方案。

2. 模板的制作

依据本地《基础地理信息要素分类与代码》《基础地理信息要素数据字典》《国家基本比例尺地图图式》等相关规范定制生产模板,在EPS地理信息工作站缩编软件中使用。

3. 缩编脚本编写与参数设定

依据本地《基础地理信息要素分类与代码》《基础地理信息要素数据字典》《国家基本比例尺地图图式》等相关规范进行脚本的定制,即根据缩编技术指标体系,通过EPS地理信息工作站提供的各类标准函数的接口,利用软件脚本定制缩编流程与缩编功能。

4. 软件功能定制与二次开发

针对缩编作业细则,在EPS地理信息工作站缩编软件基础上,需对EPS地理信息工作站定制本地化模板和利用脚本编制本地化模板,完善规范缩编流程和缩编功能,进行相应的软件功能开发,以进一步提高效率和保证质量。

5. 数据检查方案(模板)定制

按项目要求制定数据检查方案(模板),对缩编成果数据进行100%质量检查,并进行错误数据的修复,检查定制的主要内容如下:

(1)文件形式检查。检查数据文件的命名是否正确、数量是否齐全。

(2)接边状况检查。检查数据是否正确接边。

(3)属性数据检查。检查地理要素的基本属性是否正确、完备及关联属性数据是否一致。

(4)逻辑一致性检查。检查要素分类代码和分层的正确性、空间要素表示的合理性、图形数据与属性数据的一致性、注记与相关属性的一致性等。

(5)拓扑关系检查。检查各要素的空间关系表示的合理性、拓扑关系的正确性。

6.4.2 作业流程

缩编操作流程包括前期准备、数据预处理、EPS地理信息工作站缩编软件自动编绘处理、交互缩编处理、图面及数据检查、数据入库等环节,如图6.1所示。

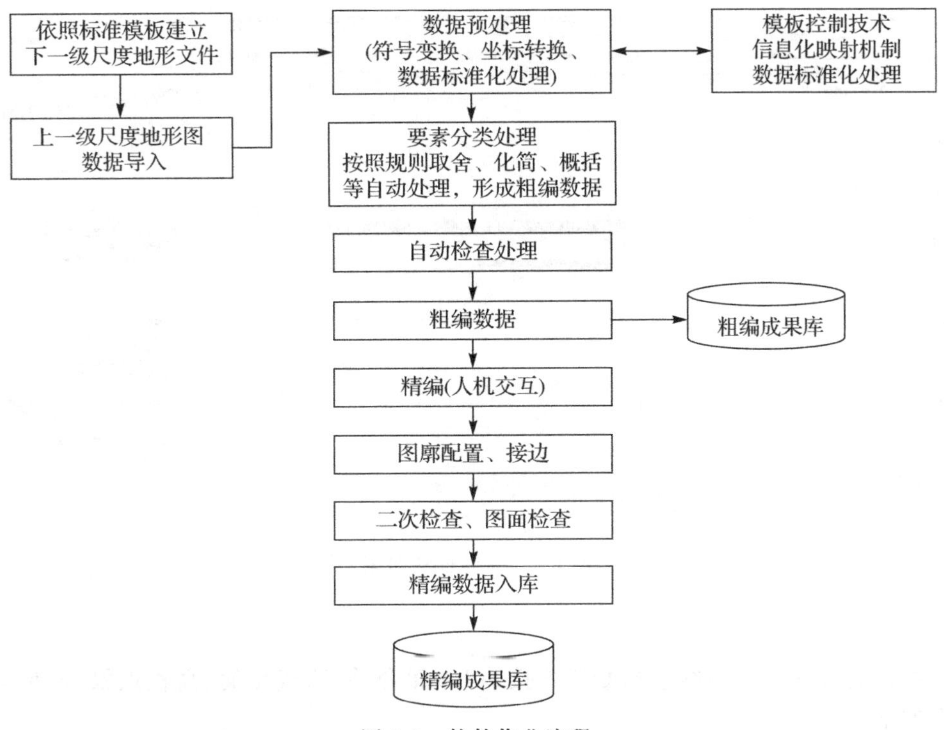

图 6.1　软件作业流程

1. 前期准备

在数据资料准备方面，为确保编绘数据的完整性和正确性，编绘前须对大比例尺数据源(*.edb)进行必要的数据整理和检查，同时按输出成图比例尺地形图打印出工作底图，便于作业员编绘过程中参考查看，并作为检查员进行图面检查的依据。

2. 数据预处理

在进入自动缩编处理之前，需要对数据源进行预处理使其满足软件自动缩编处理的要求。根据已制定的数据质检方案，利用 EPS 地理信息工作站缩编软件提供的数据质检工具对数据进行检查，对于不符合要求的数据进行编辑改正，也可视为数据整理。

3. 自动缩编处理(粗编)

自动缩编处理是利用 EPS 地理信息工作站缩编软件提供的工具，批量执行自动化操作完成数据的初步缩编。主要按照控制点、居民地和垣栅、工矿建筑物及其附属设施、交通及其附属设施、管线及其附属设施、水系及其附属设施、地貌和土质、植被、注记九大类地物要素的内容和指标规则，执行程序进行自动缩编，形成编绘成果(粗编)，如图 6.2 所示。

1)数据导入

(1)数据导入。进行比例变换。

(2)编码重置。根据设定重新设置地物编码。

(3)等高线抽稀。根据设置的等高距对等高线进行取舍。

(4)面转点。将依比例尺的符号转为点符号，如水塔、烟囱、雕像等。

(5)地物要素删除。按条件删除指定地物(不需要表示的编码)。

(6)注记删除。按设定条件(分类号、注记内容)删除注记。

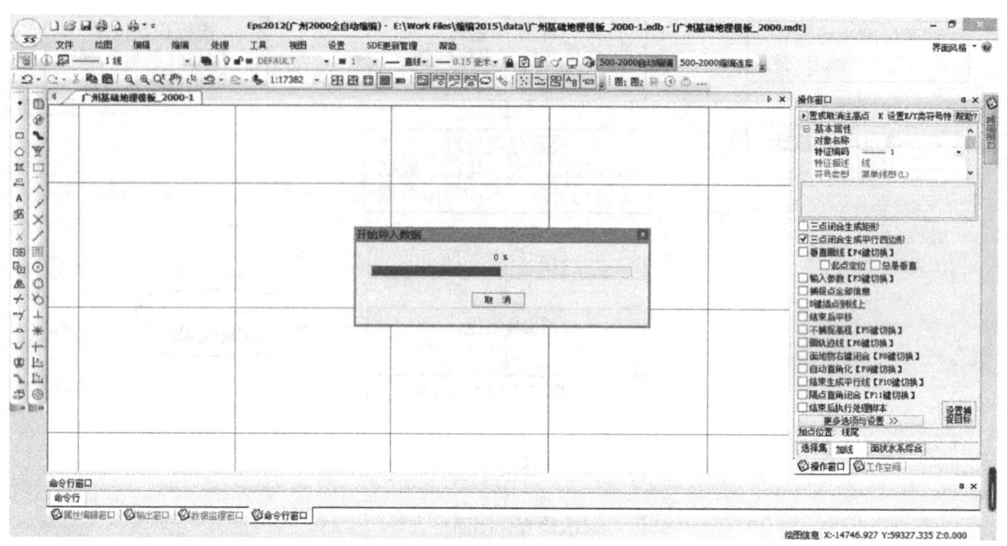

图 6.2 一键自动缩编

2)自动综合

自动综合需要完成的内容包括断线连接、相邻面合并、边线化简、高程点筛选、坡转坎等。处理过程如下：

(1)断线连接。依线端点间距连接线地物。

(2)相邻面合并。按相邻面的编码、间距进行合并。

(3)边线化简。依凹凸值,对边线进行综合。

(4)面转点。依面积,将小于限值的依比例尺符号转为点。

(5)电线塔类型变换。依大小,将依比例尺塔以不依比例尺表示、中心定位。

(6)电力线节点取舍。依距离、角度取舍。

(7)桥梁类综合。依桥宽,将依比例尺表示的符号转为半依比例尺或不依比例尺符号。

(8)坡转坎。依坡宽度,将小于限值的转为坎。

(9)高程点筛选。依每格网保留数,对高程点进行筛选。处理后的多余点不标高程,颜色变灰,执行“确认删除”时,全部删除;执行“确认保留”时,可逐个选取保留的高程点。

(10)对街区外的房屋进行综合处理。按参数设置将房屋转为依比例尺房屋、半依比例尺房屋、不依比例尺房屋。

建筑物综合的方式(图 6.3)支持:①按预设参数综合,即按参数进行综合—合并、类型转换;②按预设参数取舍、转换类型,即只进行类型转换不合并;③生成凸多边形,即合并时,自动将边线平直,去除凹凸。

4. 交互缩编处理(精编)

数据经过自动缩编处理之后已能满足一般工程的需要,但对图面要求较高的应用,则需要人机交互半自动处理,以保证地物综合的准确性和完整性。利用 EPS 地理信息工作站缩编软件提供的各类功能实现交互处理,如高程点筛选、线结构类地物转点、面边线化简、多边形间距拓宽、房屋边线化简等。交互处理常用的功能如图 6.4、图 6.5 所示,主要包含街区、建筑物、水系的综合,以及面合并与分隔等。

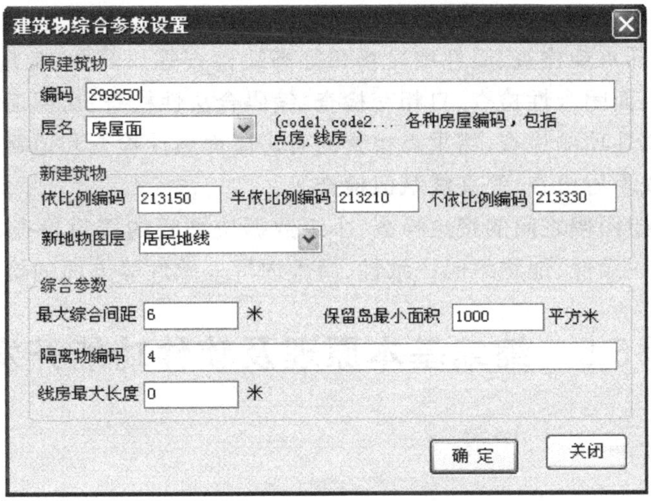

建筑物综合参数设置
原建筑物
编码 299250
层名 房屋面
(code1,code2... 各种房屋编码，包括点房,线房)
新建筑物
依比例编码 213150
半依比例编码 213210
不依比例编码 213330
新地物图层 居民地线
综合参数
最大综合间距 6 米
保留岛最小面积 1000 平方米
隔离物编码 4
线房最大长度 0 米
确 定
关闭

图 6.3 建筑综合参数设置框

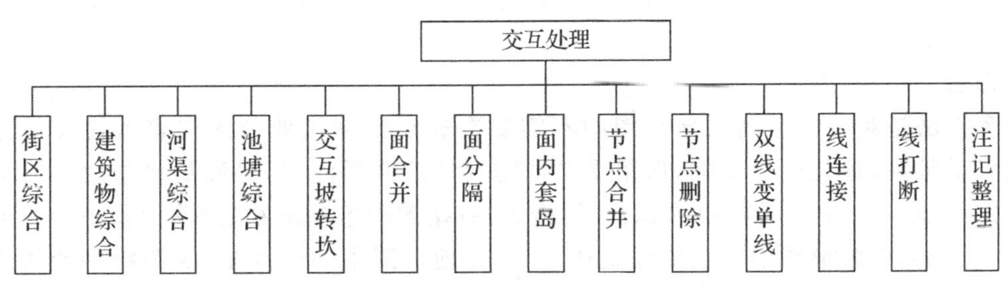

交互处理
街区综合
建筑物综合
河渠综合
池塘综合
交互坡转坎
面合并
面分隔
面内套岛
节点合并
节点删除
双线变单线
线连接
线打断
注记整理

图 6.4 交互处理功能

街道线
主干道
次干道
空地
街区综合
建筑物综合
河渠综合
池塘综合
交互坡转坎
面交互合并
面分割
面内套岛(去岛)
节点编辑器
确认删除

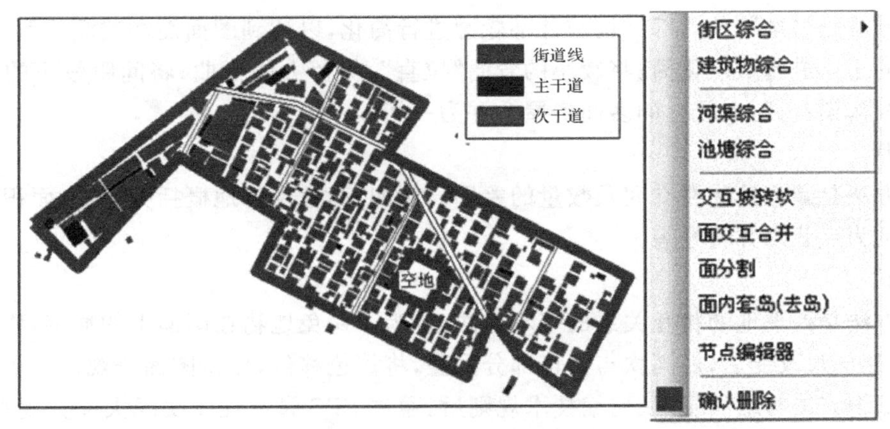

图 6.5 交互处理运行界面

5. 图面及数据检查

按照 GB/T 24356—2009《测绘成果质量检查与验收》的相关规定，项目成果必须进行二级检查，具体内容如下：

(1)图面检查包括：地物位置准确性及地形要素内容正确性检查，点、线、面各要素综合取舍合理性检查，地形地物相对位置合理性检查，注记内容和配置位置合理性检查，符号配置合理性检查,符号注记压盖检查,图面整饰及图廓整饰检查等。

(2)数据检查包括常规检查、属性项检查和等高线检查等。其中,常规检查包括重叠地物检查、空间逻辑检查、面闭合性检查、自相交检查、编码合法性检查、房屋面重叠交叉检查等;属性项检查包括所有属性项的检查,需重点检查的有房屋面属性检查和道路中心线属性检查等;等高线检查包括点线矛盾检查、等高线赋值检查等。

(3)接边检查是指图幅之间的接边检查、小组数据块之间的接边检查、不同作业区之间的接边检查,包括图面一致性、地物编码一致性、属性内容一致性等方面的检查。

§6.5 缩编基本原理及软件功能开发

6.5.1 基本原理

地形图缩编是保留大比例尺地形图本质的、主要的和整体规律性的内容,舍弃非本质的、次要的和局部细节性的内容,并进行图面处理,生成符合制图要求的较小比例尺的地形图。下面介绍其基本实现方法。

1. 取舍

取舍方法是对较大比例尺地形图中不需要在较小比例尺地形图中表示的及不符合一定“资格”的地物、注记进行删除,保留重要地物及选取必要注记,是缩编最常用的方法。例如,1∶2 000地形图中不需要表示飘台、飘檐等,直接删除这些地物;删除面积小于一定阈值的鱼塘;1∶2 000 地形图中的道路注记比 1∶500 地形图中的少许多,需要将多余的道路注记删除。

2. 化简

化简方法是将地物的内部结构与外部轮廓进行简化,以达到图面简洁美观的目的。例如,对小弯曲的土坎进行节点化简,将较小的弯曲“拉直”,保留大的弯曲;将间距较小的双线沟渠化简为单线沟渠;将距离较近的多间房屋合并为一间。

3. 概括

概括方法是减少地物在空间及数量的差别。例如,草地及林地概括为绿地,面积较小的面状水井概括为点状水井符号等。

4. 移位

移位方法是处理地物相互关系的基本方法,是为了避免地物在图面上的冲突,移动次要地物。例如,比例尺改变后,加固坎与篱笆部分重叠,将篱笆移位,保持图面美观。

确定缩编方法与缩编粗编、精编技术规则后,通过 EPS 脚本程序实现大部分规则明确、规律明显的缩编工作,大大简化了工作,提高了工作效率。

6.5.2 自动缩编关键技术

1. 模板定制

模板内容主要包括地理数据结构表定义、数据分层分色方案、编码体系及符号化描述定义、系统环境用户化设置及用户扩展属性表定义等,如图 6.6 所示。模板就是符号描述与环境定制的信息化封装,通过模板复制建立新文件,就会使规范标准与环境共享,以实现全面规范化。模板不但是数据标准化的有力保证，而且同时体现了生产与技术相分离的先进理念，以及与其他地理信息系统平台实现数据交换的信息映射机制。在模板描述中，任何一个地理特征元素（单一的地物或对象）都有一个唯一的编码，用于地物的分类管理，同时，又为每类地物配上一个形象的符号，用于地物的抽象表示。描述符号画法规则的语句叫作符号描述，按规则将一个符号分解成一系列最基本的点、线、面（显示设备可接收的）的过程叫作符号化，也可称为符号解译。对符号解译充分考虑了跨平台的数据转换或异构数据之间转换的需要，规范了数据转换的层次。

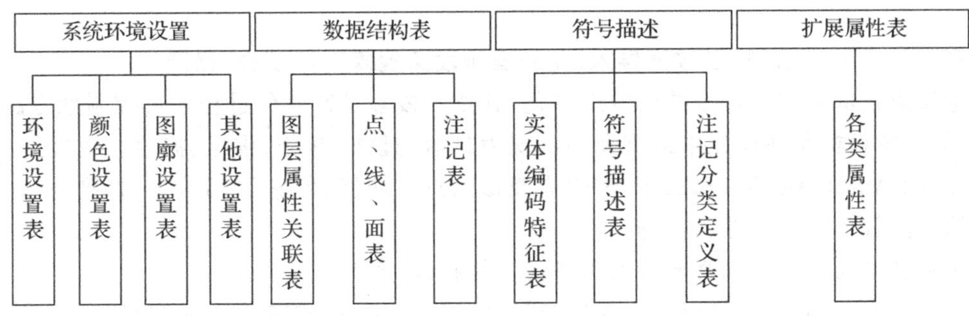

图 6.6　模板结构组成

本项目基于模板控制技术定制了 1∶500、1∶2 000、1∶5 000 模板，并在生产与成果显示过程中实现一体化显示，不需要再制作额外符号库，可以有效保证成图与数据应用环境下符号显示一致性。

2. 多尺度符号定制

本项目基于地理信息数据特点与清华山维模板控制技术，形成对各种不同尺度地形图符号分类与归纳，归纳符号分类规则与形状特征通过结构化语义描述实现。符号的语义描述实际上是预先定义了地物的嵌套关系，即某种地物是由另外哪几种地物组成的。定义地物类型时，充分考虑了地理信息数据点、线、面要素特征与制图输出需要，将其归纳分为八类：点类、基本线类、线性均分类、两点型类、四点型类、填充类、特殊类、标注。具体应用时，地物的解译深度由不同的编码对照表（FeatureCodeTB）来控制，解译内容由符号描述表（SymbolScriptTB）来控制，对地理信息平台来说是解译到其能接收的地物为止，对于 CDC 绘制来说是直接解译到其能够在屏幕绘制能接收的地物为止。

为满足信息化符号解译的需要，符号描述语法支持信息化的绘图指令，即“用户层”“编码”“颜色”“线宽”等，并允许任意顺序嵌套。符号描述语法还支持基本绘图指令，即画点、画直线、画曲线、画圆弧、画圆、画文字、骨架线指令、点位相关指令。在语义描述中，要对符号定位基准与优先表达规则进行约定，主要包括坐标系、嵌套类规则、偏移、节点优先、基本要素、基本属性优先等。

符号描述由 Access 数据库的编码对照表、符号描述表两个表定制。编码对照表描述符号的基本属性定义，由编码、层名、几何类型、线形、颜色、线宽、打散等组成。符号描述表定制符号的具体描述语句，一个符号由若干条语句（Sentence）组成，每条语句由若干语段（Section）组成，每语段由若干项目（Item）组成。一个符号的不同语句之间用 SeqID 序号区分，第一条语句为 0，依次为 1、2、……、N；语段之间用空格区分，如图 6.7 所示。

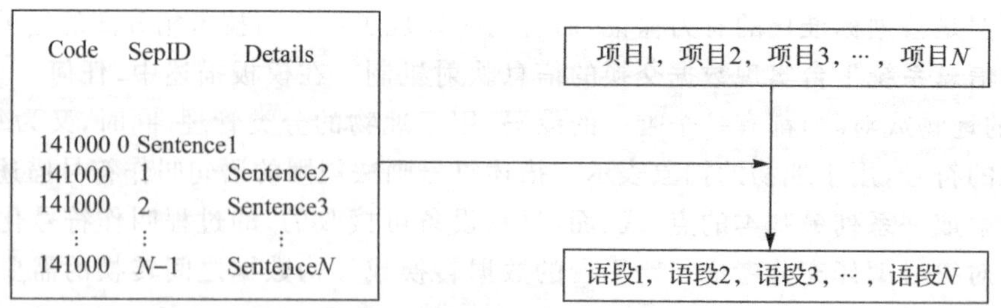

图 6.7　清华山维模板内部符号描述定义结构

3. 基于信息映射机制,在数据导入、预处理阶段实现规则性取舍、化简

信息映射技术基础是符号结构的组件化,其技术核心是符号化过程中可控制性方法(分级解析)。信息映射机制在模板中最重要的实现为打散、过滤、拆分、重组、派生。现在许多图形平台软件(如 AutoCAD、MicroStation)也有类似的打散功能,但它们都是"一打到底",不能实施有目的、有层次、可控制性的分解。

1)数据转换过程中实现要素级数据规则性解析、取舍

在实际要素定制中,要进行要素代码与符号分级定义,形成定制映射解译机制,然后在源平台中进行定制装载,实现由模板决定任一地物要素在数据转化中的规则。一般来讲,一个地物要素按照规则可以选择打散到下一个层次、直接映射、过滤、反向四种操作,下一层次的要素同样有相同的四种选择,直到满足目标平台的符号要求为止。图 6.8 描述了数据解析转换过程。

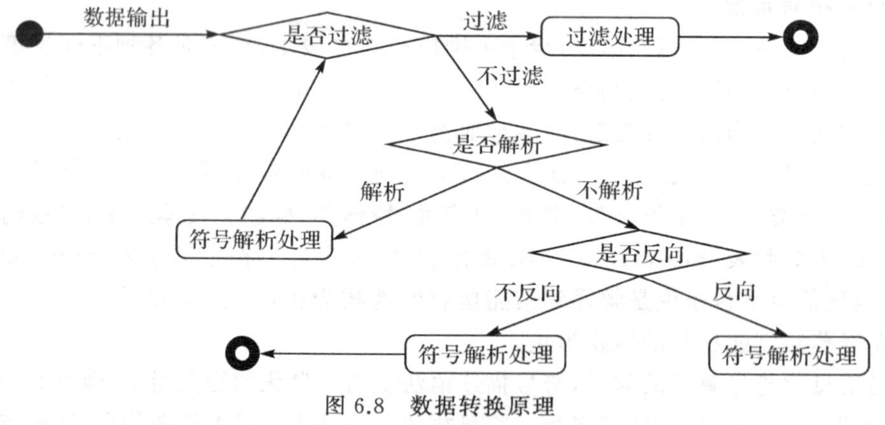

图 6.8　数据转换原理

2)数据预处理过程中实现不同尺度要素级数据规则性取舍、化简

主要通过模板中 FeatureCodeTB_2000To5000 缩编参数表、NoteTemplateTB_2000To5000 缩编参数表实现不同尺度数据对照。

(1)FeatureCodeTB_2000To5000 缩编参数表包含 1∶2 000 到 1∶5 000 比例尺的地物(点、线、面)对照关系,如图 6.9 所示。1∶5 000 比例尺编码中,当此项值为 0 时,在导入数据过程中删除 1∶2 000 比例尺编码指定的地物要素。

(2)NoteTemplateTB_2000To5000 缩编参数表包含 1∶2 000 到 1∶5 000 比例尺的注记对照关系,如图 6.10 所示,可实现 1∶2 000 比例尺与 1∶5 000 比例尺注记分类对照转换。

5000编码	2000编码	LayerName	ObjectName
0	100005	现状用地面	现状用地面
101100	111000	控制点	三角点
101300	113000	控制点	小三角点
101500	115000	控制点	导线点
101500	117000	控制点	埋石图根点
812100	118000	控制点	不埋石图根点
102100	121000	控制点	一般水准点

图 6.9　1∶2 000 到 1∶5 000 比例尺的地物(点、线、面)对照关系

2000分类号	5000分类号	层名	
%3	0	控制点注记	控制点注记(平高点
@	0	地貌注记	陆地高程注记
0	0	DEFAULT	普通注记(EPS默认
101000	0	控制点注记	控制点注记
101100	0	控制点注记	控制点字轨
102000	0	现状用地面	现状用地说明注记
297000	231100	居民地注记	省、市政府驻地
297100	231200	居民地注记	区政府驻地

图 6.10　1∶2 000 到 1∶5 000 比例尺的注记对照关系

4. 运行环境台面下参数设置

设置数据导入(1∶2 000 到 1∶5 000 比例尺)过程中的参数,主要包括规则性编码、阈值、特定参数等,是系统自动化缩编关键。

(1)文件名为“缩编参数设置.txt”。

(2)文件位置为“\Eps2008\DeskTop\广州 5000 缩编\”。

(3)文件内容中参数以行进行设置,一行为一类参数,具体如下:

参数 1(第一行),面转点_面代码。格式:缩编前面编码 1|新点编码 1|面积 1,面编码 2|新点编码 2|面积 2,……

参数 2(第二行,保留,暂时无用)。

参数 3(第三行),等高线编码。格式:原等高线编码@缩编后基本等高距@新等高线编码,编码段用逗号分隔,新编码顺序为首曲线、计曲线。

参数 4(第四行),无条件删除地物编码。格式:编码 1,编码 2,……

参数 5(第五行),根据注记分类号删除注记。格式:分类号 1,分类号 2,……

参数 6(第六行),根据文字内容删除注记。格式:删除内容 1,删除内容 2,……

5. 脚本语言二次开发

有些需要计算、分析、统计的功能通过模板定制不容易实现,可以通过脚本二次开发定制,实现要素匹配、概括、空间筛选、抽稀等功能。本项目采用脚本定制技术,将系统大量封装的缩编优秀算法通过脚本提供使用,用户通过改变脚本中所用函数及函数的参数、执行顺序等可自定义调整缩编流程及缩编方案。通过参数设置和脚本编写,实现作业流程的定制或补充某功能,从而实现自动化、批处理、自动缩编,最大限度地避免人为操作所产生的不规范行为和成果,提高自动化水平和生产效率。下面以部分功能为例进行说明。

1)调入 1∶500 地形图数据及数据预处理

运行脚本程序,调入需要缩编的 EDB 格式的 1∶500 地形图数据。导入数据后,脚本自动执行系统函数 BeforeSaveImportData,可将必须执行的数据处理放在此函数内,包括以下几类处理:

(1)无条件删除地物及注记。例如,删除所有阳台符号,通过 SSProcess.GetSelGeoValue(i,“SSObj_Code”)获取地物编码,判断其是否是需要删除的编码,如是,则删除。脚本程序中删除地物的函数有两个:一个是 DeleteObject,根据地物 ID 删除地物;另一个是 RemoveSelGeo,根据选择集中的索引号删除地物。又如,删除所有门牌注记,通过 SSProcess.GetSelNoteValue(i,“SSObj_FontClass”)获取注记分类,判断其是否是需要删除的注记类型,如是,则删除。删除注记的函数也有两个:一个是 DeleteNote,根据注记 ID 删除注记;另一个是 RemoveSelNote,根据选择集中的索引号删除注记。

(2)面概括为点。例如,面积小于 24 m^2 的变电室概括为不依比例尺电房,通过 SSProcess.GetSelGeoValue(i,“SSObj_Code”)获取编码,通过 SSProcess.GetSelGeoValue(i,“SSObj_Area”)获取面积,两者符合条件则计算对象的焦点,并在焦点处新建与面对应的点编码地物。

(3)电力线化简。其算法是计算连续的三点形成的转折角是否小于阈值,如果转折角小于阈值,则判断线段长度是否也小于阈值,如果也小于阈值,则通过 SSProcess.DeleteSelGeoPoint (i,j)删除该点。

(4)编码属性转换。例如,更改高程点属性小数位数,通过 SSProcess.SetSelGeoValue (i,“SSObj_Z”,newValue)实现高程点高程属性赋值。

2)房屋构面综合处理

房屋构面在 1∶500 及 1∶2 000 图中有较大不同,1∶500 图中有一般房屋面及房屋分层面,一般房屋面包含房屋分层面,而 1∶2 000 图中只有一般房屋面。因此,1∶500 图中的房屋面需要重新拓扑构面才能符合 1∶2 000 图中的房屋构面规则。

首先删除面积小于规定面积的房屋分层面及房屋分层面内的房屋结构注记,然后将所有的房屋分层面换码为一般房屋面,最后对所有一般房屋面进行拓扑构面。

3)高程点筛选

高程点筛选主要以均匀分布为原则,对于地形特征点(如道路交叉位)等重要位置通过种植“钉子点”确保该位置的高程被选取。主体思想是:先搜索所有道路中心线的所有交点,并在交点处新建“钉子点”,人工在其他重要区域种植“钉子点”;然后搜索离“钉子点”最近的高程,将其属性设为保留;搜索数据库内所有的高程点,获取其最小外接矩形范围,根据外接矩形范围新建多个(250×250)编码为 2 的矩形;然后搜索每个两面内的高程点,找出每个两面内高程的极大值和极小值,并将其属性设为保留;根据高程范围新建多个(60×60)矩形编码为 1 的矩形,如面内没有属性的设为保留的高程点,则将离矩形中心最近的高程点设置为保留,确保 60×60 的范围内保有一个高程点;最后删除不需要保留的高程点。以上步骤完成后还需进行人工检查及补充。

4)植被点抽稀

植被点抽稀功能是通过设置外部函数“间距”并执行“PointFilter”外部函数实现的。

§6.6 技术特点和效果

6.6.1 项目主要特色

(1)本项目梳理了缩编的流程,将缩编过程分为粗编和精编,并制定了编制的规则,提高了自动化的水平。粗编过程可以利用EPS地理信息工作站缩编软件实现完全自动化,基本原则是不损失图形精度、不影响地物判读,以满足应用需要;精编过程需要借助EPS地理信息工作站缩编软件进行人机交互实现,以达到能符合出图要求的标准地形图,主要是为了满足标准制图输出的需求。

(2)借助软件建立了标准化的生产流程,大大提高了缩编的工作效率。传统地形图缩编方法的作业过程中有较大的手工工作量,消耗大量的人工和时间。本项目采用新的缩编方案,总结提炼缩编过程中可以实现自动化处理的步骤,并用程序自动化实现,做到缩编过程的半自动化,实现库对库自动更新,大大提高了缩编的工作效率。

(3)实现多种缩编数据源标准的统一。标准化的缩编工艺流程需要标准化的数据源作为支撑,本项目统一了1∶2 000、1∶5 000地形图作业数据标准(粗编数据和精编数据),同时也加强了缩编数据源的管理。为了满足自动化缩编及入库的管理要求,本项目对不同用途加工和生产的数据源的标准进行了统一,同时在EPS地理信息工作站缩编软件的缩编功能菜单中加入对多种缩编数据源(如新测、修测、工程数据等)的缩编数据检查模块,提高了数据源质量检查的效率。

6.6.2 项目实施效果

本项目(图6.11)以广州市现有1∶500数字线划图(数据格式为ArcGIS MDB、清华山维EDB,以块图方式存放)为基础,以清华山维EPS地理信息工作站作为基础生产平台,采用二次开发及其功能定制技术,定制开发缩编软件,采用梯级比例尺缩编策略,将1∶500地形图数据依次缩编为1∶2 000、1∶5 000比例尺地形图数据,并对缩编的数据进行质量检查、修正,最终成果符合广州市《基础地理信息要素分类与代码》《基础地理信息要素数据字典》《国家基本比例尺地图图式》等相关规范要求,满足城市空间数据库动态更新及其国土规划工程应用的需求。本项目具有的显著效果包括:①改变城市中小比例尺地形图只能靠传统测绘获取或数字化图形编绘的历史,减少大量人力工作,绝大部分工作由计算机全自动化完成,在质量、效率和效益上获得重大突破;②从作业完成的周期上讲,大大缩短完成时间,作业的精度、质量也有显著提高,综合后的数据可以直接入库,从而大大降低了人员成本投入,缩短了周期,提高了数据质量和处理效率;③具有缩编简练、快速、精度高、成本低、通用性强、按需供图(粗编、精编,面向不同客户需求)、更新维护方便的优点,尤其适用于现代化的国民经济建设、国防建设和社会发展的需求。

(a) 1∶500地形图

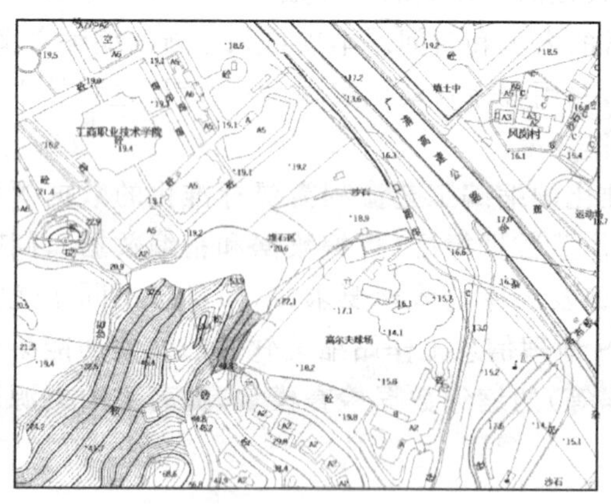

(b) 缩编后的1∶2 000地形图

(c) 缩编后的1∶10 000地形图

图 6.11　1∶500 地形图缩编

第7章　矢量电子地图综合

§7.1　项目背景

随着城市的发展，城市地理数据在不断变化，为了得到实时准确的数据，需要对数据进行定期或不定期的更新维护。多尺度地图数据更新不仅要求完成本尺度的数据更新，还必须完成其他相关尺度数据的关联更新，从而保证不同尺度数据的一致性，也保证数据库中定义和表达地理对象的完整性，特别是像河流、道路等跨越了广阔空间范围的地理对象。为此，多尺度地图数据更新技术是当前研究的热点，矢量电子地图综合作为快速更新的重要技术手段，也一直备受关注。

本章将以广州市多尺度地图数据库建设为例，阐述多尺度地图数据综合的规则及其步骤。广州市依托城市多尺度地图数据综合及建库软件，快速构建了覆盖全市域的多尺度电子地图数据库和专题关注点数据库，满足公众及政府部门对地理信息服务的迫切需求。

本项目的实施为广州市城市地图信息数据库的建设和更新拓展了新的技术路线，通过综合更新技术建立不同尺度数据间的纵向立体化联系，保证不同尺度数据间的高度一致性与最新的现势性，使测绘技术能更快捷、更准确地为国民经济建设服务。

§7.2　建设内容和要求

本项目的建设内容是依托广州市现有的基础地理信息数据库和基础测绘数据，建立广州市多尺度标准电子地图数据库，内容包括制图数据的六大要素，即境界、道路交通、水系、居民地、植被与地貌。本项目建设的核心内容是研究广州市地图数据库的多尺度综合方法，并开发适应于广州地区的城市地图综合及多尺度空间数据库建设软件，即建立一套完善的广州市城市多比例尺数据库，包括交通、水系、居民地、植被、地貌、关注点等不同地理要素，涵盖1∶500、1∶2 000、1∶10 000、1∶25 000、1∶50 000、1∶100 000等系列比例尺，并且能够根据实际需要生产特定比例尺数据。技术要求如下：

(1)能够利用现有的基础地理信息数据库和城市基础测绘数据综合缩编不同的小比例尺数据，包括1∶500综合缩编为1∶2 000、1∶2 000综合缩编为1∶10 000、1∶10 000综合缩编为1∶25 000、1∶25 000综合缩编为1∶50 000、1∶50 000综合缩编为1∶100 000的地图生产任务。

(2)可实现非标准尺度间(如10 000到18 000)综合规则的设置，并实施局部区域的综合，从而使局部区域的地图表达更理想；可实现变比例尺综合，如对一幅图不同的区域实施不同的综合力度，从而使重点区域表达更详细，或者拥挤的区域只显示级别较高的地物而空旷的区域可以显示较低级别的地物。

(3)能够正确导入现有格式的数字地图数据，数据的要素分类、分层、精度、编码在软件系统转换过程中不失真,能够对不同时期生成的地图数据的分类编码在综合缩编结果图中统一。

(4)能完成地图综合缩编操作中的主要功能,包括目标选取、化简、合并、移位、中轴化等,综合缩编的操作规则、指标体系能方便地根据需要实时调整。

(5)提供拓扑检查及地理信息系统数据入库合法性检查功能,提供等高线断线检查、属性数据缺失或者空值检查、线的自相交或冗余检查、悬挂点伪节点探测等错误检查功能,并有批量或交互修复功能修改要素间不一致性问题。

(6)在地图综合模块基础上构建的地图制图平台具有自动符号化及图形符号冲突关系处理功能,包括注记显示的避让、注记自动标注、面状要素自动在中心注记标注、道路或水系自动沿线注记标注,且标注后的注记仍然为一个整体。

(7)能够实现多幅图的集成合并,正确实现跨图幅数据层的组织管理,具有综合结果图的图廓整饰功能。

(8)能够正确输出DXF、SHAPE格式的数字地图数据,保证数据正确导出,保证数据要素分类、分层、精度、编码在软件系统转换过程中不失真,符合地形图分类编码体系和数据库结构。

(9)提供人机交互编辑功能,以实现对局部自动综合效果不理想区域的编辑修改,提供不同要素间的冲突批处理工具或冲突探测工具。

项目总体按照规则制定、数据处理、综合实施、成果整理等环节进行,技术路线包括:①数据库设计与数据标准制定;②数据预处理;③综合指标确定;④综合实施;⑤综合评价;⑥成果整理;⑦多尺度空间数据库建立;⑧地图出图。总体路线流程如图7.1所示。

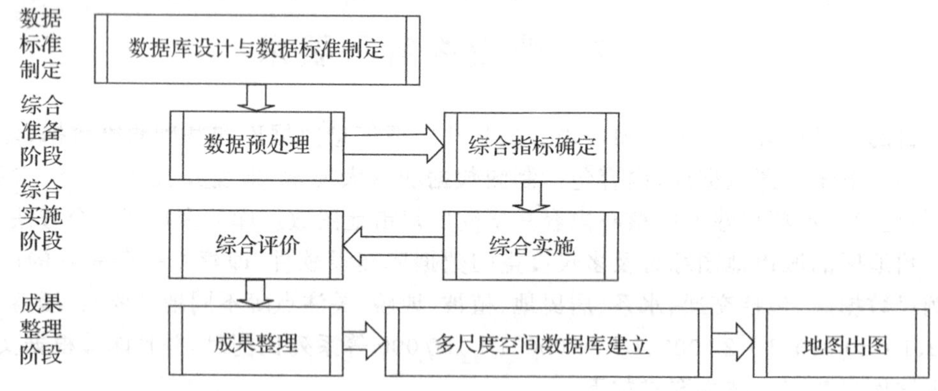

图7.1 总体路线流程

§7.3 综合指标体系建立

7.3.1 综合指标确定方法

综合指标体系建立是要根据城市地图更新任务的地理环境特征,结合编图规范,设定综合规则的指标阈值。一个综合指标体系对应着一项编图工程任务,它的建立取决于地图综合任务要求，可根据综合前后比例尺地形图的图式规范、专题要素化简综合的特殊要求及常规编图过程的经验确定。一般是先征询各方用户要求后统一设置规则，并选择典型地理特征区域内的几幅图作为试验，综合缩编结果输出后由用户检查确认，并根据用户反馈的意见修订规则指标，综合程度过大的应减少综合指标阈值。

为此，在综合指标确定过程中，首先根据广州城市地理特征，将地图按照地理特征进行分区，通过对各个分区的样本数据进行综合分析，结合相关制图规范，初步得到一套综合指标库。然后对这套综合指标库征求制图专家意见，进行专家认证，修订后可基本确定各区域多尺度城市地图数据库综合指标体系规范，为后续的综合实施提供指导。综合指标确定流程如图7.2所示。

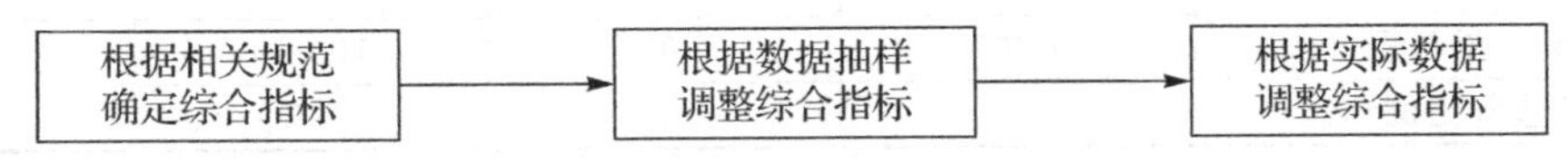

图7.2　综合指标确定流程

依据相关编图规范，在对样本数据进行综合分析情况下，确定广州市各比例尺下综合指标，具体内容如表7.1所示，在实施不同工程时，综合指标可根据实际数据适当调整。

表7.1　综合指标

综合指标名称	比例尺			
	1∶2 000～1∶10 000	1∶10 000～1∶25 000	1∶25 000～1∶50 000	1∶50 000～1∶100 000
一级道路最小长度/m	5 000	5 000	5 000	5 000
一级道路最小宽度/m	20	20	20	20
二级道路最小长度/m	2 000	2 000	2 000	2 000
二级道路最小宽度/m	10	10	10	10
三级道路最小长度/m	1 000	1 000	1 000	1 000
三级道路最小宽度/m	4	4	4	4
四级道路最小长度/m	0	0	0	0
四级道路最小宽度/m	0	0	0	0
道路完全选取等级/级	3	2	2	1
道路选取连通度/个	5	7	10	10
道路选取长度/m	100	300	500	1 000
道路选取比例/%	0.5	0.7	0.8	0.8
道路化简弯曲深度/m	—	—	20	50
建筑物分组距离/m	6	10	—	—
建筑物分组面积/m^2	400	10 000	—	—
建筑物合并距离/m	5	20	—	—
建筑物化简弯曲深度/m	5	20	—	—
建筑物最小上图面积/m^2	100	1 000	—	—
建筑物最小空洞面积/m^2	100	5 000	—	—
建筑物选取比例/%	0.5	0.7	—	—
街区等宽缝隙/m	—	15	—	—
水系融合距离/m	10	25	50	100

续表

综合指标名称	比例尺			
	1∶2 000～1∶10 000	1∶10 000～1∶25 000	1∶25 000～1∶50 000	1∶50 000～1∶100 000
水系最小上图面积/m^2	1 000	5 000	10 000	30 000
水系自动分组距离/m	20	100	—	—
水系自动分组面积/m^2	1 000	20 000	—	—
水系化简弯曲深度/m	9	40	100	200
植被合并距离/m	10	25	50	100
植被化简弯曲深度/m	9	40	100	200
植被最小上图面积/m^2	1 000	5 000	10 000	20 000
关注点选取比例/%	0.5	0.7	0.8	0.8

7.3.2 地图综合指标

综合指标主要受三方面因素的影响:一是地图的用途,主要决定地图所应表示或着重表示的内容;二是地图比例尺,主要决定地图内容表示的详细程度;三是制图区域的地理特点,即应显示本地区地理景观的特点。为此,综合指标的确定要根据广州市基础地理信息数据库和城市基础测绘数据的数据特色,结合数据表达比例尺,建立分要素多尺度城市地图数据库综合指标。

1. 道路综合指标

道路综合基本思路:根据实测的道路面与道路中心线的位置对应关系,计算道路的宽度,并根据宽度、长度及延展性等参数自动进行道路分级;然后根据道路等级及连通度进行道路的综合选取,其中需要手工调整道路自动分级结果和道路自动选取结果中不合理的地方。道路综合指标如表 7.2 所示。

表 7.2 道路综合指标

指标名称	指标含义	单位
一级道路最小长度	确定地图上一级道路的最小长度,与一级道路最小宽度一起确定道路分级中一级道路	米
一级道路最小宽度	确定地图上一级道路的最小宽度,与一级道路最小长度一起确定道路分级中一级道路	米
二级道路最小长度	确定地图上二级道路的最小长度,与二级道路最小宽度一起确定道路分级中二级道路	米
二级道路最小宽度	确定地图上二级道路的最小宽度,与二级道路最小长度一起确定道路分级中二级道路	米
三级道路最小长度	确定地图上三级道路的最小长度,与三级道路最小宽度一起确定道路分级中三级道路	米
三级道路最小宽度	确定地图上三级道路的最小宽度,与三级道路最小长度一起确定道路分级中三级道路	米
四级道路最小长度	确定地图上四级道路的最小长度,与四级道路最小宽度一起确定道路分级中四级道路	米
四级道路最小宽度	确定地图上四级道路的最小宽度,与四级道路最小长度一起确定道路分级中四级道路	米

续表

指标名称	指标含义	单位
道路完全选取等级	确定选取道路时完全被选取的道路等级，高于或等于该等级的道路将会完全保留	等级
道路选取连通度	确定选取道路时最小的连通度要求，连通度是道路与其他道路之间的联系，连通度低于该值的道路将会完全舍弃	等级
道路选取长度	确定选取道路时被保留的最小长度，长度小于该值的道路将会被舍弃	米
道路选取比例	确定道路选取的比例，根据方根模型确定道路选取的长度比例	长度比
道路化简弯曲深度	确定道路化简中最小保留弯曲的弯曲深度，低于化简弯曲深度的弯曲将被舍弃	米
悬挂线处理方式	确定道路悬挂线处理方式，分为提升或降低等级与删除或延伸两种方式	选择
悬挂线处理等级	确定处理悬挂线的道路等级，使高于指定等级的道路不出现悬挂线	等级
悬挂线最短长度	小于指定长度的道路悬挂线将会进行删除（或降级）处理	米
悬挂线延伸距离	在指定距离内可以延伸到其他高等级道路上的悬挂线将会进行延伸（或升级）处理	米

2. 建筑物综合指标

建筑物是城市中最多的要素，其分布在一定程度上体现了城市的特色。建筑物在不同比例尺下表现出不同的形态，在1：2 000比例尺下表现为独立房屋，在1：10 000比例尺下表现为独立房屋的集群，在1：25 000比例尺下表现为居民地片，在1：50 000及以上比例尺下表现为街区。

建筑物综合基本思路：确定需要综合的范围，对建筑物进行自动分组，根据建筑物分组及建筑物邻近关系进行建筑物面的合并和化简，其中，需要手工调整建筑物自动分组结果和建筑物自动合并结果中不合理的地方。建筑物综合指标如表7.3所示。

表7.3　建筑物综合指标

指标名称	指标含义	单位
建筑物分组距离	确定地图上可以合并的建筑物的最大距离，该距离采用建筑物相关边的平均距离，距离大于该值的两个建筑物将不会被分到同一组	米
建筑物分组面积	确定地图上合并后的建筑物的最小面积，小于该面积的建筑物将与其他建筑物合并	平方米
建筑物合并距离	建筑物合并时选用的最大距离，距离大于该值的同一组内的建筑物也不会合并	米
建筑物化简弯曲深度	建筑物化简时使用的最小弯曲深度，建筑物上小弯曲的深度小于该值的将被删除	米
建筑物最小上图面积	目标地图上保留的最小建筑物，小于该面积的建筑物将参与选取和夸大，被选取的建筑物将被夸大到最小上图面积	平方米
建筑物最小空洞面积	目标地图上建筑物内部保留的最小空洞，小于该面积的空洞将会被删除	平方米
建筑物选取比例	面积小于最小上图面积的建筑物保留的比例，该指标确定建筑物选取个数的比例	个数比
街区等宽缝隙	当居民地体现为建筑物片及街区时，中间空白区域的宽度	米

3. 水系综合指标

水系是城市地图的重要组成部分,按形成原因可以分为人工水域(如沟渠、养殖水面)和自然水域(如河流、湖泊),按要素类型可以分为面状水域和线状水域。

水系综合基本思路:根据要素代码把水系分成河流和湖泊(池塘)两大类,河流主要是进行合并操作,湖泊采用类似于居民地综合的方法,最后进行水系的化简。水系综合指标如表7.4所示。

表 7.4 水系综合指标

指标名称	指标含义	单位
邻接河流合并特征值比	确定地图上可以合并的两条河流的特征值比,特征值取决于河流的宽度与河流之前相关距离,比值小于该值的河流会进行合并	比例
水系融合距离	原则上水系不进行合并,大比例尺下人工养殖水面可以做适当合并,距离小于该值的水域可以进行合并	米
水系最小上图面积	地图上保留的最小水域面积,小于该值的水域将被舍弃	平方米
水系自动分组距离	对于需要合并的水域,利用该值确定合并前的水系分组时,计算相关边的有效距离	米
水系自动分组面积	用于控制水系合并面积,面积小于自动分组面积的水域将参与分组	平方米
水系化简弯曲深度	用于控制水系形状化简,在水域上深度小于该值的小弯曲将被删除	米

4. 植被综合指标

植被综合基本思路:根据植被邻近关系及距离对植被进行自动分组,并根据分组情况进行合并,最后对植被进行化简。

5. 其他综合指标

其他综合指标如表7.5所示。

表 7.5 其他综合指标

指标名称	指标含义	单位
关注点选取比例	确定地图上选取的关注点的比例,该指标确定地图上被选取的关注点的数目	个数比

7.3.3 综合规则表达

在进行传统手工编图时,有各类技术规划、技术设计书规定详细的制图综合规则,在计算机地图缩编中也需要相应的策略,制定存储管理地图综合缩编的有关规则及综合指标,建立综合指标规则库,一套缩编比例尺对应一个规则库。综合指标规则由制图负责人制定,并在整个编图工程中保持不变,具有规则的一致性。

在综合实施中,首先要将综合规则表达为计算机能够理解的形式——综合规则的六元组表达。项目中应用的具体形式描述为

(〈层代码〉,〈操作算子〉,〈属性码〉,〈指标项〉,〈下限〉,〈上限〉)

其中,〈层代码〉确定本规则所适用的性质层,取值为B、H、L、T、R、P、G、……;〈操作算子〉确定本规则是综合、删除、合并还是化简;〈属性码〉确定本规则适用于某层下的具体目标,如建筑

物图层,高层砖结构建筑物多边形化简与土结构平房化简的规则不一样;〈指标项〉确定规则针对的特征项,长度、面积均可作为化简依据;〈上限〉、〈下限〉确定指标项的取值范围。该六元组的通用意义可表达为:当〈层代码〉内的目标具有〈属性码〉,且其〈指标项〉小于〈上限〉且大于〈下限〉时,执行〈操作算子〉。

六元组的各项的属性定义如下:

(1)〈层代码〉:字符型(char),取值为 C、B、S、H、T、L、R、P、G、V 之一。

(2)〈操作算子〉:字符串型(string),由字符串表示的综合操作,如 DELETE、SIMPLIFY、LINK 等。

(3)〈属性码〉:长型(long),由数据库建库方案规定。

(4)〈指标项〉:字符串型(string),取值为 AREA、HEIGHT、DENSTTY、GAP-DISTANCE 等。

(5)〈上限〉:浮点型(float),由综合后图的 mm、mm^2 单位表示。

(6)〈下限〉:浮点型(float),由综合后图的 mm、mm^2 单位表示。

§7.4　综合实施

7.4.1　道路综合

道路综合的步骤(表 7.6):道路连通度检查→道路宽度计算→道路分级→人机交互调整分级→道路选取→人机交互调整综合。

表 7.6　道路综合基本步骤

道路综合步骤	内容	参数	作业方式
道路连通度检查	确保道路中心线的完全衔接	—	全自动化
道路宽度计算	道路中心线与道路面叠置计算道路宽度	—	全自动化
道路分级	根据道路宽度、长度进行分级	1～4 级大路的长度、宽度阈值	自动分级和人机交互调整
道路选取	根据道路选取比例、级别、最小长度、连通度进行道路选取	道路选取比例、级别、最小长度、连通度	自动选取和人机交互调整
道路化简	一般在 1∶25 000 比例尺数据以上进行		

1. 道路连通度检查

道路连通度检查由软件自动对道路中心线图层进行,标识初始数据中出现的道路没有挂接的情况。

(1)工作原理:首先提取所有道路的端点,对端点构建德洛奈(Delaunay)三角网;然后根据三角网各条边的长度选出长度小于指定阈值的边,并进行分组,同时在屏幕上提示分组;当制图员确认分组需要进行连接或需要指定全图所有邻近点都连接时,系统根据分组的信息,计算同一组点的重心,并将相关的道路端点移至指定重心点,达到完成挂接的目的。

(2)涉及参数:道路挂接距离。

(3)工作方式:自动化检查,自动或交互式连接。

2. 道路宽度计算

道路宽度计算由软件根据道路面与道路中心线的空间关系自动进行计算。

(1)工作原理:首先根据工作区元数据,找出道路面图层和道路中心线图层;考虑道路面与道路中心线之间不是一一对应的关系,系统需通过遍历分析道路面图层上穿越的道路中心线及其穿越长度,按比例将道路面的面积累加至各条穿越道路中心线,最终得到每条道路中心线的占用面积;最后根据面积和长度计算道路宽度。

(2)涉及参数:无。

(3)工作方式:程序自动计算,不需要人工参与。

3. 道路分级

道路分级由软件根据道路中心线宽度、长度及连通延展关系自动计算道路中心线的等级。

(1)工作原理:首先根据计算的道路宽度及道路中心线的长度初步判定道路等级,初步判定条件为:对宽度和长度依次与各等级指定阈值进行对比,对于宽度和长度均满足较高等级要求的道路中心线,直接设定其相应的道路等级;对于宽度达不到较高等级阈值的道路中心线,直接与下一个等级进行比较;对于宽度达到阈值要求、长度不到指定阈值的道路中心线,跳过该中心线并添加至存疑组。存疑组的各个道路通过连通延展关系进行排查。排查条件为:依次找出存疑组中每一条道路的连通延展道路中心线,并将这些道路归并为同一组,计算出该组的平均宽度及总长度,然后与各等级指定阈值进行对比,判定该组所有道路的道路等级。

(2)涉及参数:各级道路宽度阈值,各级道路长度阈值。

(3)工作方式:自动处理,并提供工具,可以手工调整处理结果。

4. 道路选取

道路选取根据道路中心线等级、长度及连通度自动选取。

(1)算法原理:依次对最低等级道路进行选取,在最低等级道路没有被删除完之前,不删除高等级道路。对最低等级道路的选取条件为:根据道路中心线与其他道路的空间关系计算道路连通度,优先删除连通度低的道路;对于连通度相同的道路,优先删除短的道路。连通度计算方式为:判断与目标道路相交的道路,找到相交道路各自的分组,排除同一组的道路之后把每组等级对应的连通值相加,可以得到这条道路的连通度。连通度越高,说明与道路相连的道路越多、越重要,这条道路等级就越高。

(2)涉及参数:道路完全选取等级。

(3)工作方式:自动处理,并提供工具,可以进行人机交互处理。

7.4.2 建筑物综合

建筑物综合的步骤(表 7.7):建筑物数据检查→建筑物分组→手工调整分组→建筑物合并→建筑物化简→建筑物等宽化处理→手工调整优化。

1. 建筑物数据检查

建筑物数据检查包括检查建筑物数据中存在的复杂多边形(具有飞地状态的建筑物)、删除面积过小的建筑物多边形(如面积小于 1 m^2 的建筑物)、修复自相交的多边形、检查重叠的多边形并对重叠度达到 99%的多边形自动进行处理。

(1)算法原理:首先遍历建筑物多边形,检查并修复复杂多边形、自相交多边形的同时删除面积过小的多边形,然后再次遍历建筑物多边形,判断当前多边形与其他多边形的关系,选出重叠建筑物。对重叠建筑物进行判断的方法为：如果建筑物重叠面积达到 99%，则认为两个建筑物完全一致、为重复多边形，删除属性信息较少的一个或任意一个；其他情况则视为多边形有重叠，在屏幕上显示并提供交互式工具，方便操作员进行排除。

表 7.7　建筑物综合基本步骤

建筑物综合步骤	内容	参数	作业方式
建筑物叠置分析	确保无重叠建筑物	—	全自动化
建筑物分组	确定建筑物邻近关系	最小图斑面积、距离阈值	全自动化
手工调整分组	人工调整不合理分组	—	人工调整
建筑物合并	建筑物合并	—	全自动化
建筑物化简	不规则建筑物处理	—	全自动化
建筑物等宽化处理	1∶10 000～1∶25 000 比例尺需要		
散列建筑物选取夸大	解决非中心城区大片散列建筑物的情况	最小图斑面积、选取比例	全自动化

(2)涉及参数：无。

(3)工作方式：自动检查，自动处理复杂多边形、小面积多边形、自相交多边形及完全重叠多边形，交互式处理其他重叠多边形。

2. 建筑物分组和合并

建筑物分组和合并先对建筑物进行自动分组，并提供工具使操作员可以进行手工调整，调整完成后在保持建筑物直角化特征的情况下进行合并。

(1)算法原理：首先提取所有建筑物的中心点，对中心点构建德洛奈三角网，然后对三角网各边进行排序，根据三角网各条边的长度选出长度小于指定阈值的边，并进行分组，同时根据最小上图面积控制分组面积。这个操作分成两步：第一步先对邻近的建筑物进行分组，确保具有直接邻近关系的多边形能够优先分在同一组；第二步把分好组的邻近多边形当作一个多边形再与其他组或者单个多边形进行分组。建筑物合并是根据分组结果，利用构成多边形的点之间的距离及多边形的形状特征，找到邻近多边形的相关边，连接多边形的相关边，并保持建筑物的直角化特征。最后，删除面积小于最小上图面积的建筑物。

(2)涉及参数：建筑物自动分组距离，建筑物自动分组面积，建筑物融合距离，建筑物最小上图面积。

(3)工作方式：自动分组，并提供工具，可以手工调整分组结果，自动合并。

3. 建筑物化简

建筑物化简是在保证建筑物直角化特征的情况下，对建筑物进行自动化简。

(1)算法原理：首先判断建筑物邻近关系，找到不同建筑物之间的邻近边；然后依次对每个建筑物在保持邻近关系的情况下，删除小的弯曲，保持建筑物形状，并维持建筑物直角化特征，达到化简建筑物的效果。

(2)涉及参数：建筑物化简容差，建筑物最小上图面积。

(3)工作方式：自动化简。

4. 建筑物等宽化处理

建筑物等宽化处理是对街区进行等宽化处理。

(1)算法原理:首先对街区提取街道中心线,对中心线进行化简;然后将中心线作为固定阈值的缓冲区,以缓冲区代替原有建筑物缝隙。

(2)涉及参数:建筑物等宽化缝隙。

(3)工作方式:手工确定需要等宽化的区域,自动等宽化。

7.4.3 水系综合

水系综合的基本步骤(表 7.8):河流合并→沟渠分离→沟渠中轴化→沟渠选取→水面合并→水系化简→手工调整。

表 7.8　水系综合基本步骤

水系综合步骤	内容	参数	作业方式
河流合并	同名分段河流合并	面积、周长	全自动化
沟渠分离	将沟渠从坑塘、湖泊中分离		全自动化
沟渠中轴化	较细河流、沟渠中轴化	宽度阈值	
沟渠选取	对沟渠进行抽稀		全自动化
水面合并	小面积邻近水面合并	距离阈值	自动化和人机交互调整
水系化简	水系弯曲化简、独立小面积水面删除	弯曲阈值、面积阈值	全自动化

1. 河流合并

河流合并是将数据中存在的、由分幅等原因导致的被分割的河流进行合并。

(1)算法原理:首先根据河流面积和周长算出河流大致宽度;然后根据邻近关系找出可能被分为一组的河流,通过名称和宽度比进行排除;最后合并因为各种原因被分割的河流。

(2)涉及参数:邻接河流特征值比。

(3)工作方式:自动合并。

2. 水面合并

水面合并是根据距离对湖泊及坑塘水面进行合并。

(1)算法原理:将水系构建约束三角网,首先删除水系多边形内部的边;然后从内至外依次删除最长边,直到所有边的距离都小于合并距离;最后根据三角网合并结果构建合并后的水面。

(2)涉及参数:水面合并距离。

(3)工作方式:自动合并。

3. 水系化简

(1)算法原理:化简时根据水系面各边的弯曲生成弯曲树,删除小的弯曲,保留重要弯曲;最后删除较小的湖泊、池塘水面(结构类似于房屋面,但并不强调直角化)等。

(2)涉及参数:水系化简阈值。

(3)工作方式:自动化简。

7.4.4 植被综合

植被综合的基本步骤(表7.9):植被要素的自动综合→综合结果的手工调整。

表7.9　植被综合基本步骤

植被综合步骤	内容	参数	作业方式
植被合并	合并距离相近的植被	距离阈值	全自动化
植被选取	选取满足面积要求的植被	面积阈值	全自动化
植被化简	化简植被面的外形,处理狭长植被	弯曲度阈值、缓冲距离	全自动化
有设计理念的植被趋合理	对外形有设计理念的植被进行处理		人机交互调整

(1)算法原理:首先根据植被邻近关系及植被之间的距离对植被进行自动分组,然后对分组的植被进行合并,最后对植被进行化简。合并中,找到相邻植被面的相关边,连接相关边并保持自然地物特征。化简中,根据植被面的边弯曲生成弯曲树,删除小的弯曲,保留重要弯曲。最后,删除面积较小的植被面。

(2)涉及参数:植被合并距离、植被化简弯曲深度、植被最小上图面积,如表7.10所示。

(3)工作方式:自动合并。

表7.10　植被综合指标

指标名称	指标含义	单位
植被合并距离	确定地图上可以合并的植被的距离,距离小于该值的植被面将被合并	米
植被化简弯曲深度	用于控制植被形状化简,在植被上深度小于该值的小弯曲将被删除	米
植被最小上图面积	用于植被选取,面积小于该值的植被将被删除	平方米

§7.5 综合成果评价

为了保证地图综合的正确性与综合后的数据质量,综合完成后应该对综合结果进行评价检查。综合评价主要体现在综合效果评价和数据质量评价两个方面。综合效果评价主要通过综合前后各要素的分布特征、形状特征、分布密度、面积长度对比等,对综合效果进行评价检查,参照各要素综合指标体系对未达标区域进行提示,并提供交互式操作工具供作业员进行效果微调。数据质量评价主要通过对综合前后的数据存储量、定位精度、属性数据进行比较分析,检查综合过程中可能出现的数据质量问题,并提供修复工具供操作员进行数据修复。

§7.6 项目特色和效果

本项目对理论、技术与工程应用进行一体化集成,面向大城市地图生产任务需求提出了可行的解决方案,突破了本领域一直存在的地图综合理论研究与工程化应用相脱离的局面。本项目将地图综合算法、模型等方面的理论研究成果与广州市城市地图综合缩编生产项目相结合,将地图综合技术向工程化应用推进了一大步。

本项目实施中对地图综合算法进行了优化,显著提高了地图更新生产任务效率。运用计算机几何德洛奈三角网、沃罗诺伊(Voronoi)图、凸壳原理、图论方法、统计分析等方法开发了针对多边形、线、点目标的化简、合并、聚合、移位等综合算子,并根据空间目标之间的距离、方向、拓扑和语义关系建立了定量化的计算模型,用于探测空间冲突与目标邻近,为综合算法提供了定量化的决策依据,显著地提高了生产作业效率。具体效果如图 7.3 至图 7.5 所示。

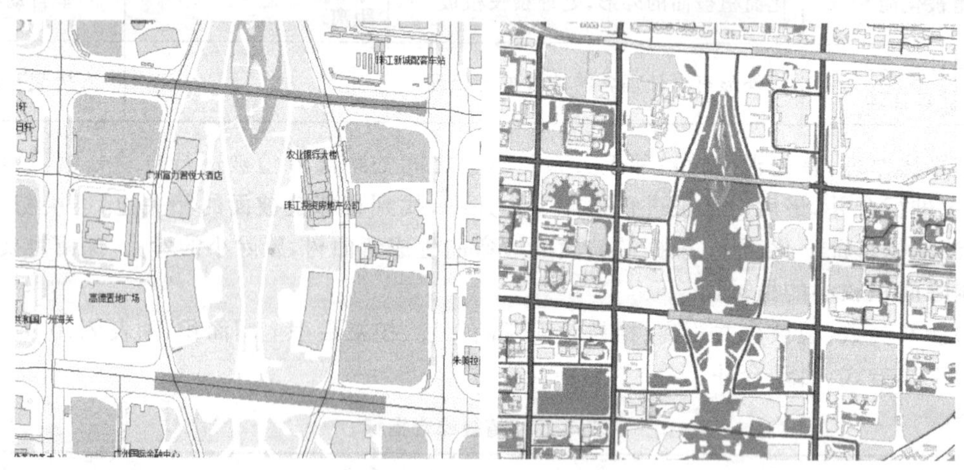

图 7.3　道路综合效果对比

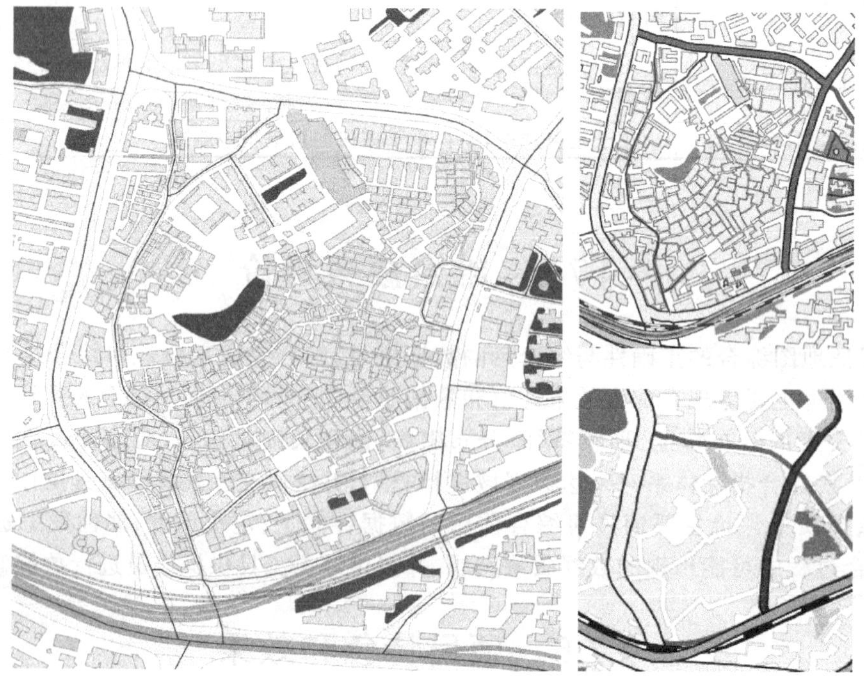

图 7.4　居民地综合的三种形态

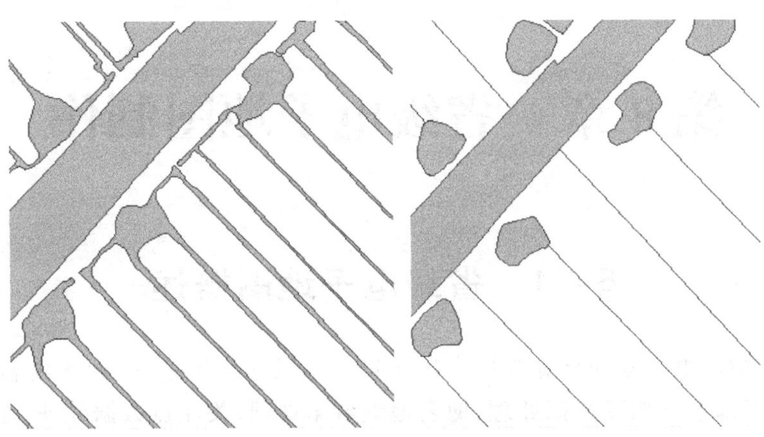

图 7.5　沟渠不同的形态

本项目通过开发智能化地图综合软件，可以快速建立和更新多尺度空间数据库，为数据更新维护、各级数据利用提供优质的数据源。项目成果已在广州市公众地理信息服务、森林防火专题图、广州市行政区划图集等项目中得到了成功应用。

第8章　省级电子地图制作

§8.1　省级电子地图概述

电子地图是应用电子学和计算机技术建立起来的视屏显示地图，制作内容包括线划电子地图数据处理、影像电子地图数据处理、地名地址数据处理、关注点数据处理、地理实体数据处理、线划及影像电子地图符号化处理、瓦片数据集制作等。

§8.2　省级电子地图数据集定义

8.2.1　线划电子地图数据集

线划电子地图数据集是省级地理信息公共服务平台的基本数据，内容为政务版基础地理信息数据，基本比例尺为1∶10 000，比例尺代码为G。其内容主要从现有矢量数据内容中提取、综合，并参考《基础地理信息公开表示的内容规定(试行)》，现列举部分如下：

(1)境界与政区，包含国界、省界、地级市界、县级界、乡镇级界、国有农场界、国有林场界、自然保护区界、开发区界、特殊地区界等境界及相应各级政区或区域。

(2)水系及其附属设施，包括地面河流、地下河段、地下河段出入口、消失河段、时令河、河道干河、漫流干河、运河、河流结构线、干渠、支渠、地下渠出水口、坎儿井、涵洞、输水渡槽、输水隧道、倒虹吸、常年湖、池塘、时令湖、干涸湖、水库、溢洪道、泄洪洞、岛、沙洲、岸滩、水中滩、泉、水井、地热井、瀑布、跌水、沼泽、湿地、干沟、蓄水池、水窖、干堤、一般堤、防波堤、水闸、船闸、扬水站、滚水坝、拦水坝、制水坝、加固岸、蓄洪区(分洪区)等。

(3)居民地及其附属设施，包括省级城市、地级城市、县级城镇、乡镇、乡级以下居民地、政企合一单位(农、林、牧场等)、街区、单幢房屋、普通房屋、简单房屋、凸出房屋、高层建筑区、高层建筑、棚房、破坏房屋、架空房、地面窑洞、地下窑洞、蒙古包、放牧点、空地、污水处理厂、垃圾处理场、露天采掘场、乱掘地、地质勘探设施、放空火炬、工业塔形塔类建筑、烟囱、窑、盐田盐场、露天设备、烟道、传送带、滑槽、地磅、露天货栈、抽水站(水轮泵)、饲养场、水产养殖场、陵园、温室、大棚、打谷场、水磨房、水车、风磨房、风车、贮草场、药浴池、积肥池、学校、医院、科技馆、博物馆、展览馆、宾馆、饭店、专用供氧点、游乐场、公园、游乐设施、动物园、植物园、露天体育场、高尔夫球场、体育馆、游泳场、游泳池、露天舞台、球场(其他体育设施)、跳伞塔、厕所、垃圾台(场)、公墓、陵园、坟地、独立大坟、殡葬场所、古迹、遗址、纪念碑、柱、墩、像、牌楼、牌坊、彩门、钟鼓楼、城楼、古关塞、亭、文物碑石、烽火台、旧碉堡、旗杆、塑像、庙宇、清真寺、教堂、古塔、宝塔、经塔、纪念塔、地下建筑物出入口、天窗、通风口、台阶、室外楼梯、院门、门墩(依比例尺)、支柱、墩、照射灯、路灯、岗亭、岗楼、喷水池、假石山、盐井、超市、剧场、电影院、邮电局、口岸、城墙、城门、长城、土城墙、围墙、栅栏、柱廊、雨搭、悬空通廊、建筑物下的通道和车道、避雷针等。

(4)铁路,包括单线铁路、复线铁路、窄轨铁路等。

(5)公路,包括国道、省道、县道、乡道、专用公路、其他公路、轨道交通、快速路、引道、高架公路架空部、主干道、次干道、支线、城市其他路、内部道路、阶梯路、机耕路(大车路)、乡村路、小路、时令路、无定路等。

(6)交通附属设施,包括火车站、机车转盘、火车站车挡、火车站信号灯或柱、火车站水鹤、火车站天桥、高速公路临时停车点、山隘、地铁站、汽车站、加油(气)站、停车场、服务区、收费站、公路监管站、门洞、下跨道、铁路桥、公路桥、铁路公路两用桥、立交桥、天桥、人行桥、亭桥、廊桥、溜索桥、栈桥、火车隧道、汽车隧道、明洞、地下人行通道、路标、桥墩或柱、水运港客运站、固定顺岸码头、固定堤坝式码头、浮码头、干船坞、停泊场、里程碑、灯塔、灯桩、浮标、岸标、信号杆、系船浮筒、路标、飞机场、缆车道、架空索道、火车渡、汽车渡、人渡、徒涉场等。

(7)植被,包括行树、狭长林带、带状绿化树、林地、草地、城市绿地。

(8)地名,包括各种自然地名、居民地地名、政府机关、企事业单位名称、关注点名称等。

(9)地貌,包括峰、柱、漏斗、山洞、溶洞、火山口、沟壑、陡崖、陡岸、陡石山、露岩地、沙地、雪山、地质灾害地貌、斜坡、路堤路堑等自然、人工地貌。

8.2.2　影像数据集

影像数据集包括影像数据及影像标注数据,其中,影像数据又分为 2.5 m 航天影像数据集和 0.5～1 m 航空影像数据集。影像标注数据主要为影像范围内的道路、水系等自然地名、居民地地名及城市关注点名称。

8.2.3　关注点数据集

关注点数据主要包括关注点名称、类别及该关注点所在的位置信息。

8.2.4　地名地址数据集

地名地址数据主要包括地名信息及该地名所在的位置信息。地名地址数据的分层命名方式、比例尺、几何类型标示均与线划电子地图命名方式相同,数据内容标示为 PLN。

8.2.5　地理实体数据集

省级地理实体数据采用中比例尺数据源进行处理,基本比例尺为 1∶10 000。地理实体数据主要包括境界、行政区划、水系、道路、铁路等。地理实体数据的分层命名方式、比例尺、数据内容标示、几何类型标示均与线划电子地图命名方式相同。

§8.3　数据处理

8.3.1　线划电子地图数据处理

作为省级地理信息公共服务平台的基本地图服务数据,为保持与基础地理信息的一致性,其数据源应符合国家或行业标准,数据的精度应符合相应比例尺精度要求。省级基础数据主要来源于省级 1∶10 000 基础测绘成果,同时收集水利厅、交通运输厅、住房和城乡建设厅等厅局的最新行业数据为参考数据。

为了保障省、市与国家地理信息公共服务平台实现互联互通和服务聚合,数据源坐标系须统一为2000国家大地坐标系。依据CH/Z 9011—2011《地理信息公共服务平台 电子地图数据规范》要求,省级线划电子地图数据分级级别为15～17级。

1. 数据标准化处理

1)要素整理

在大、中比例尺数据源中(尤其是大比例尺中),数据的表示方式主要是为满足出图需要,许多要素的属性信息是以注记或符号的方式表达。在进行不同的数据格式转换后,很难保持原有的信息,因此在进行数据标准化处理前,需将注记与符号信息转换为属性信息。数据整理主要工作内容如下:

(1)数据符号要求转换。在大比例尺数据中,以符号表示的要素,需要提取符号的范围或位置信息,并转换成以地理要素为实体,转换后的实体要素要能准确地描述数据的位置、范围等信息。

(2)数据属性内容转换。将原始数据中的以标注或符号方式表示的信息内容,添加到相应地图实体要素的属性项中,使其成为属性内容。

(3)要素内容完善。通过收集不同的数据源,补充基础数据的数据内容,并添加名称、编码等基本属性内容;补充完善原始数据中因表示方式不同而造成的不连续等现象,从而表示完整的地物要素信息。

(4)要素信息简化。简化数据名称或编码的表示方式,增加一些简称属性项,用于符号化标注,如简化公路、道路编号的名称标注信息,省道203编号简化为S203。

2)编码转换

不同的数据源存在不同的分类编码体系,为使不同比例尺、不同级别的数据在分类上易于标识,采用统一的分类方式。将省级基础数据编码体系以《基础地理信息要素分类与代码》为标准,进行编码转换。

在进行编码转换时,尽量保持原始数据的分类精度,对《基础地理信息要素分类与代码》中缺少的分类类别,按照该标准的编码规则在现有的编码基础上进行扩充。扩充的编码不应与现有的编码产生重叠、矛盾。

3)分层与属性结构整理

省级数据分层与属性结构以国家《1∶400万～1∶5万地理实体数据整合技术要求》为依据,结合数据的实际内容,进行数据的分层与属性结构调整。按照地理要素的分类特点,明确要素的归属类别,调整要素所属图层。

在进行图层整理时,图层的属性结构以地理实体的基本属性为基础,结合数据源的属性内容,可适当扩充省级、市级基础数据的属性结构,与国家级层面的1∶50 000比例尺基本属性结构的顺序、内容尽量保持一致。

2. 现势性更新

因全省各测区基础测绘数据采集时间有一定的差距,对现势性较差及局部变化更新较大的地区需要进行额外的更新处理。此过程应当持谨慎修改、统一更新的原则,同时对初始数据进行备份,对修改处进行标记,方便将来进行更新比对。

3. 数据预处理

对所有使用数据需要进行数据预处理及检查，对可能出现的较明显的错误在地图上线前进行改正。修改错误数据也应当做到参考权威资料，同时进行初始数据备份及修改标记。数据预处理工作主要包括以下几个方面。

1)要素综合取舍

由于地图的信息量受到比例尺、图幅范围和负载量等限制，须对电子地图数据集进行要素选取。综合取舍原则如下：

(1)水系要素表示要反映区域水系的总体特征及附属设施的情况，位置准确，主次分明。水系要素包括了河流、渠道、湖塘、水库、水利附属设施、海洋要素等，对河网密集地区的短小河流、沟渠、小面积湖塘进行酌情取舍，而水利附属设施的选取表示要考虑与水系及其他地物的关系。

(2)交通要素数据要正确反映道路网的结构特征、通行状况、分布密度及与其他要素的关系。

(3)居民地的表示要反映居民地轮廓、分布特征及与其他要素的关系。

(4)植被主要是采集县市区(含)以上城区的大型绿地，城镇内以山为主体的公园一般表示为绿地。

(5)对境界的选取包括乡镇行政区及其以上行政区划，对飞地按相应的行政境界进行了表示。

2)拓扑处理

对线划电子地图数据集的拓扑关系要进行如下处理：

(1)消除一个对象有多个端点和自相交的现象，消除面对象外围线段互相交叉及出现分离复合面的现象。

(2)道路节点是道路交叉口或连接点，交叉口是两条或数条道路的相交处，连接点用于标定道路方向的改变及同一道路发生属性描述变化的转折点，路段之间通过节点建立拓扑关系。

(3)路段的所有伪节点必须是不同属性路段或形成环路道路的分界点，否则两个路段必须合并为一个，道路在平面交叉口处不能出现悬挂点。

(4)线划电子地图要素集包含线、面要素，线对象为简单线对象，即一个对象只有两个端点，且不能自相交；面对象允许存在组合面对象，但不允许组成面对象的外围线段互相交叉，也不允许出现分离复合面。

3)数据检查及改错

对线划电子地图数据集中要素数据进行检查，包括数学基础、位置精度、逻辑一致性、要素集之间协调一致性、属性精度、数据完整性与正确性等。

(1)数学基础：检查数据的平面坐标基准、高程基准和分幅情况是否符合要求。

(2)位置精度：主要检查要素的平面位置精度。

(3)逻辑一致性：主要检查道路网络连通性、拓扑关系的正确性、节点匹配的正确性、要素间关系的正确性和要素接边的一致性。

(4)要素集之间协调一致性：检查各要素集之间的地物要素表示的协调一致性。

(5)属性精度：检查属性项名称、类型、长度及属性值等的正确性。

(6)数据完整性与正确性：主要检查数据处理的符合性，地图内容的现势性，关注点的完整性,数学基础、数据格式文件命名、数据组织和数据分层的正确性和要素的完整性。

(7)图面质量:检查图面注记表达的合理性、易读性,各要素的色彩、符号与设计的符合性。

(8)图形输出检查:主要检查各地理要素的更新情况,其关系是否合理,有无矛盾;符号化后检查要素有无遗漏及要素符号的正确性;无符号化的对象是否存在;接边检查有无要素遗漏或不接边情况。

(9)计算机辅助检查:主要检查数据文件的完整性、正确性,图内各分层全要素是否具有不正确的代码和不正确的分层,线状要素是否连续、是否有多余的悬挂点,面状要素是否封闭、是否存在重叠面,入库要素属性的正确性、有无遗漏,道路连通性,接边要素属性是否一致。

(10)计算机自动检查:通过软件自动分析和判断结果进行检查,如可计算值(属性)、逻辑一致性、值域、各类统计计算等。

4. 涉密信息处理

按照《基础地理信息公开表示内容的规定(试行)》《公开地图内容表示若干规定》《公开地图内容表示补充规定(试行)》(国测图字〔2009〕2 号),对整合处理之后的线划电子地图数据内容进行处理,删除涉密信息内容。

(1)查找并删除指挥机关、地面和地下的指挥工程、作战工程,军用机场、港口、码头,营区、训练场、试验场,军用洞库、仓库,军用通信、侦查、导航、观测台站和测量、导航、助航标志,军用道路、铁路专用线,军用通信、输电线路,军用输油、输水管道等直接服务于军事目的的各种军事设施及其标注信息。

(2)查找并删除军事禁区、军事管理区及其内部的所有单位与设施及标注信息。

(3)查找并删除武器弹药、爆炸物品、剧毒物品、危险化学品、铀矿床和放射性物品的集中存放地等与公共安全相关的设施及标注信息。

(4)查找并删除专用铁路、站内火车线路、铁路编组站、专用公路及标注信息。

(5)查找并删除未公开的机场及标注信息。

(6)查找并删除国家法律法规、部分规章禁止公开的其他要素及标注。

(7)查找并删除大型水利设施、电力设施、通信设施、石油和燃气设施、重要战略物资储备库、气象台站、地震台、降雨雷达站和水文观测站(网)等涉及国家经济命脉、对人民生产和生活有重大影响的民用设施及标注。

(8)查找并删除监狱、劳动教养所、看守所、拘留所、强制隔离戒毒所、救助管理站和安康医院等与公共安全相关的单位及标注。

(9)查找并删除公开机场的内部详细结构及运输能力的标注。

(10)查找并删除渡口的内部结构及属性标注。

(11)查找并删除重要桥梁的限高、限宽、净空、载重量和坡度属性的标注,以及重要隧道的高度和宽度属性的标注、公路的路面铺设材料的标注。

(12)查找并删除江河的通航能力、水深、流速、底质和岸质属性标注,水库的库容属性标注,水坝的构筑材料和高度源质,水源性质及沼泽水深和泥深属性标注。

(13)查找并删除高压电线、通信线、管线及其属性标注。

(14)查找并删除未对外挂牌的公安机关及标注、未经批准公开招生的军队院校及标注、未挂牌并对外服务的军队医院及标注、未成为公共标志性建筑的电视发射塔及标注。

(15)查找并删除各级国家安全机关及标注信息。

5. 坐标转换与变形

经整合处理之后的线划电子地图，其数据坐标系统需统一转换为 2000 国家大地坐标系。由于需要进行外网发布，故要经过测绘主管部门认定的机构进行脱密变形处理，降低平面位置精度。

根据《公开地图内容表示若干规定》《公开地图内容表示补充规定（试行）》《遥感影像公开使用管理规定》内容要求，地图位置精度不得高于 50 m，按照以省区域范围内的 1∶250 000 基础测绘数据为基准框架，在省区域内，从 1∶250 000 数字线划图数据和 1∶10 000 数字线划图数据集中选择了 100 个以道路中心线交点和河流中心线交点共同组成的同名控制点文件，利用该控制点文件来降低省级电子地图空间位置精度。

8.3.2　影像电子地图数据处理

1. 数据源基本要求

影像数据源采用收集到的最新的卫星遥感影像及航摄影像，图面清晰，反差适中，具有较好的视觉效果，无大量云雾遮盖，7～14 级影像分辨率为 2.5 m，15 级、16 级、17 级影像分辨率为0.5 m。

2. 影像电子地图数据集制作

(1)影像数据处理流程。影像数据处理主要包括影像重采样、坐标转换、纠正、融合、调色、接边处理等常规操作。除此之外，针对公共网数据，还需要降低其平面精度，进行涉密信息处理。

(2)影像数据脱密处理。依据《遥感影像公开使用管理规定》要求，公开使用的遥感影像位置精度不得高于 50 m，影像地面分辨率不得高于 0.5 m。需降低原始影像数据的平面精度，并对收集到的高分辨率影像进行重采样，重采样后分辨率为 0.5 m。

(3)影像数据质量要求。影像的纠正精度应不小于该分辨率所对应比例尺的矢量数据精度，有相应矢量数据的，应与矢量数据实现较好的套合；进行影像接边处理后，接边处应无明显的错位、接边痕迹；影像整体应色调均匀，无明显区域项色彩不一致现象；高分辨率遥感影像中，拼接后的影像无明显的重影、导向不一致、扭曲、拉丝等现象。

3. 影像标注数据制作

在公开使用的遥感影像上标注地名、地址或其他属性信息，与线划电子地图一样，应当符合《基础地理信息公开表示内容的规定（试行）》《公开地图内容表示若干规定》《公开地图内容表示补充规定（试行）》《遥感影像公开使用管理规定》要求。影像标注数据与线划电子地图数据集采用同一套底层数据。

8.3.3　关注点数据处理

1. 数据源说明

关注点数据源为省级基础测绘 1∶10 000 数字线划图数据、收集到第三方省域内的关注点数据（以下简称第三方关注点数据）。省级基础测绘 1∶10 000 数字线划图数据为 1980 西安坐标系，收集到的第三方关注点数据的坐标系也为 1980 西安坐标系。

经分析，第三方关注点数据城市地区部分数据现势性较差，农村地区的数据信息量极少；省级基础测绘 1∶10 000 数字线划图数据与第三方关注点数据之间存在较多的重复；两套数据的字段属性都不符合关注点数据属性字段标准，数学基础也都不符合标准。

2. 基础关注点数据提取

省级基础测绘 1∶10 000 数字线划图数据中包含大量的关注点信息，这些信息有的以注记点、注记线存在，有的则以点状、线状、面状各类地物要素属性信息存在。要利用基础测绘 1∶10 000数字线划图数据中关注点信息，需对数据进行处理。基础测绘数据与第三方数据之间存在较多的重复，且基础测绘数据中的各级行政区划名称、政府驻地、农村地区信息数据比第三方关注点数据要精准、精细。为了便于后期数据处理，将基础测绘中提出的关注点数据分为两个要素层，各级行政区名、各级行政政府驻地中包括自然村、行政村等地名的部分为一层，剩下的为另一层。

3. 第三方关注点数据预处理

将第三方关注点数据按基础关注点数据分层方式进行分层。

4. 删除重复关注点数据

通过对比分析，结合 2.5 m、0.5 m 影像全省区域逐屏检查处理，去除重复的关注点。删除重复工作遵循的原则包括：相同的空间位置，关注点重复，保留基础测绘数据，删除第三方中重复数据；基础测绘数据、第三方关注点数据的空间位置有矛盾，以基础测绘数据为空间基准；基础测绘数据有而第三方没有的数据，保留基础测绘数据；第三方有而基础测绘没有的数据，保留第三方数据。

5. 关注点数据合并

将经过去重处理的第三方关注点数据与基础关注点数据整合为一套数据。

6. 数据保密技术处理

对合并后的关注点数据进行数据保密技术处理，主要工作是删除空间涉密信息。依据《公开地图内容表示若干规定》《公开地图内容表示补充规定(试行)》《基础地理信息公开表示内容的规定(试行)》删除关注点涉密信息，删除具体涉密项内容和矢量线划数据集内容，降低关注点数据的空间精度。

7. 数据坐标系转换

将 1980 西安坐标系下的关注点数据转换到 2000 国家大地坐标系下。

8.3.4 地名地址数据处理

由于基础地理数据中的地名数据涵盖了省级和市级信息点，为了适应地图服务应用及符号化配置需求，根据地名类别、级别等信息对其进行分层提取。

1. 地名提取

在省级数据中，地名数据来源于矢量数据中的地名信息、关注点数据、专题资料地名信息，需将其合成为一套比较完整的地名层数据。在进行地名合成时，需要统一不同来源的数据的地名表达方式，明确地名定位点。依据 CH/Z 9010—2011《地理信息公共服务平台 地理实体与地名地址数据规范》对地名进行提取及结构化描述。

1)地名地址数据以地理位置标识点表达的规则

(1)行政区划的政治、经济、文化中心所在地的点位。

(2)行政区划内标志性建设物的点位。

(3)面状区域的重心点的点位。

(4)线状实体中心点的点位。

(5)线状实体中心线系列点的点位。

(6)线状地物(河流、山脉等)的标志点。

(7)门(楼)址标牌位置或建筑物任意内点的点位。

(8)标志物中心点的点位。

(9)关注点门面中心点或特征点的点位。

(10)自然地物的中心点或标志点。

2)结构化地名地址描述规则

结构化地名地址采用分段组合的方式描述,由行政区域、基本区域限定物、局部点位置三大类要素构成。描述使用巴克斯范式(Backus normal form,BNF)语法,其语法规定为:尖括号(<>)内包含的是必选项;方括号([])内包含的为可选项;竖线(|)表示在其左右两边任选一项;"::="表示"被定义为"。例如:

<行政区域名称>::=[洲级][国家级]<省级>[地区级]<县级>[乡级]

<基本区域限定物名称>::=<街>|<巷>|<居民小区>|<村>

<局部点位置描述>::=<门(楼)址>|<标志物名>|<关注点名>

在基本区域限定物地名中,遇有使用小区名和街巷名描述均可的情况时,街巷名优于小区名;局部点位置中,遇有使用标志物名、关注点名和门(楼)址描述均可的情况时,门(楼)址优先标志物名、标志物名优先关注点名。

2. 地名地址编码处理

地名地址编码依据《地理信息公共服务平台 地理实体与地名地址数据规范》、参照地名地址的编码方式进行。处理地名地址数据时,对地址描述信息、地名地址代码、地名地址坐标、地理实体名称、地名地址分类代码进行结构化、统一化处理。地名地址代码采用《国家 1∶50 000 数据库更新工程 1∶50 000 地形要素数据规定(第二版)》的规则,进行代码编制。行政区划代码需编至四级行政区域(乡镇街道级),五级及基本区域限定物代码不明确的可以以"0"填充,顺序号则按顺序编制。地名地址坐标信息根据地名点位的经纬度信息填写,地理实体名称按照地名名称填写。

8.3.5　地理实体数据处理

以《地理信息公共服务平台 地理实体与地名地址数据规范》为基础,结合最新的基础测绘数据,充分利用所收集到最新交通运输厅、水利厅、住房和城乡建设厅等厅局的数据,对地理实体数据进行更新完善。省级地理实体建设采用中比例尺数据源,基本比例尺采用 1∶10 000。

1. 政区与境界实体数据处理

政区实体由不同级别的行政单元构成,在进行省级数据处理时,可表示到乡级政区。在进行省级地理实体表示时,分了四级行政区划,即省级政区、市级政区、县级政区、乡级政区。对政区信息的更新需要使用更高一级的政区数据,最大需要土地详查的村级政区作为参考,更新完成乡级政区后,可以合并得出更高级别的政区。在进行政区与境界数据处理时,需要注意与其他地物的空间关系表示正确。

境界与政区为一一对应关系,境界线由政区生成,境界的线划位置与政区范围的位置应重叠表示。境界级别与政区级别应对应。境界实体编码为境界两侧政区的实体编码的相加组合。

2. 公路、铁路实体数据处理

道路实体以道路的结构线(或中心线)表示,在大比例尺数据中,依比例尺表示的道路较多,需要采集道路结构线(或中心线)信息,将道路的基本信息附加到道路的属性结构中。

在进行道路实体数据处理时,需要注意道路实体的连通性及多层实体信息内容。作为地理实体,在表示时,应尽量保持地理实体的完整性,每个地理实体作为一个独立要素,应连续表示;在道路图层中,路网应贯通,整体应具有连通性。

省级电子地图主要使用省级基础测绘 1∶10 000 高速、国道、省道数据进行道路贯通检查与名称核对,同线部分进行实体处理。同时,使用交通运输厅提供的最新的国省道数据进行参照比对检查,并参考最新政区图进行比对;最后,利用2.5 m数字正射影像图和交通运输厅最新图册对部分建设中国道、省道进行检查。

一个图形要素可能对应多个地理实体,如国、省道穿过街区,则该路段既是街道的实体,又是国、省道实体,或某一路段既有国道穿过、又有省道通行,则该路段既是国道的实体,又是省道实体。对此类要素进行实体处理时,作为重叠要素信息,在一个路段图元中,通过顺序增加"地理实体标识码"字段的方式解决。为使字段不重名,在增加的字段后添加顺序号。具体做法是在基本图元数据表中添加"地理实体标识码"字段,在增加的字段后添加顺序号,即"地理实体标识码 1""地理实体标识码 2""地理实体标识码 3"……在表示重叠要素时,公路按照等级由高到低、序号由小到大的顺序依次表示。在既有地理实体名称又有地理实体标识码的图元属性中,地理实体名称与地理实体标识码的表示顺序及对应关系应进行一致表示。

在不同比例尺中,同一要素的地理实体编码应保持一致,省、市公路实体要素表示以公路编码为准统一表示。对不同比例尺的道路进行编码时,由小的比例尺开始编码,制定道路名称及道路编码对照表,预留最后的两位用"0"填充,在进行下一级比例尺数据编码时,以此对照表为参考。相同名称的道路,赋统一实体编码;增加的道路,按照位置关系,在预留位中逐级依次编码。

跨局铁道部属正线的线路顺序号范围为 000～099,以跨相同铁路局的线为一组进行顺序编定,各组间预留若干空码;局内铁道部属正线的线路顺序号范围为 100～999,按铁路局分组,各局间及各组间均空若干空码以备变动之用。地方铁路线顺序号范围及分组情况与铁道部属正线相同。

对于跨行政区域的道路、铁路实体,其所在的行政区划标识码采用其所跨的行政区域的上级行政区划代码,如跨两个县的编码归于地级市编码,跨城市两个区的归于市辖区编码。目前,由于仅更新到高速、国、省道实体,所以道路行政区域编码统一赋省级政区编码。

3. 水系实体数据处理

水系实体数据处理按照实体的编码方式进行实体编码。制作过程中需要利用水利厅 1～6 级水系骨架线数据、基础测绘 1∶10 000 面状水系,以 2.5 m 数字正射影像图作为参考。省级电子地图仅对能够确认名称等级的 1～6 级水系进行实体标识码的编写。主要制作流程分为数据预处理、数据叠加检查及修正、实体码赋值三个主要步骤。

水利厅提供的水系骨架线数据必须经过一定的数据格式转换及标准化处理后才可以进行下一步的操作。其处理过程与线划电子地图水系线的标准化过程基本一致。

数据叠加检查整理工作主要是:将经过水利厅确认的 1～6 级河流骨架线数据与基础测绘

面状水系面进行叠加检查，对基础测绘水系面中与骨架线走势和名称不同的地方进行修正，此修正过程要对数据的名称进行备份，基本保证参考水利厅数据进行修改的同时不破坏数据的完整性。基础测绘水系面的走势和走向与水利厅骨架线的偏差非常大时，需要参考 2.5 m 数字正射影像图数据与其他图册资料进行修改。

处理完成的河流骨架线中，单条河流线层必须构成连通的河流线路。在对实体码进行赋值检查时，必须保证同一河流实体标识码相同。

§8.4　地图符号化

省级电子地图符号化内容包括线划电子地图与影像标注的配置工作。为了向用户提供色彩协调、符号形象、图面美观的省级地图服务，需要在数据处理完成后进行地图符号化（即配图），在不同显示比例下设定显示要素内容及符号（包括要素及注记的样式、规格、颜色等）。

8.4.1　线划电子地图底图

1. 线划电子地图底图要素选取

线划电子地图底图大多表示线状及面状要素，需图面表示的点状要素（如居民地点、水系附属设施点等）已整合为关注点数据集，在线划电子地图标注配图中以符号连同注记的形式表现。

2. 线划电子地图底图配图文件命名

线划电子地图底图配图文件命名采用“配图文件类型简称＋‘_’＋比例尺代码＋‘_’＋数据行政区字母码＋‘_’＋数据年份”的方式，即配图文件类型简称_比例尺代码_数据行政区字母码_数据年份。

3. 线划电子地图底图要素表达

1)15 级线划电子地图底图要素表达

(1)境界：海岸线、已(未)定省级行政区界线、已定地级行政区界线、已定县级行政区界线、已定乡级行政区界线、开发区、保护区界线。

(2)交通附属设施：高速公路入口、高速公路出口、单层桥、双层桥、铁路桥、公路桥、人行桥、火车渡、汽车渡、人渡、并行桥、引桥、级面桥、人行拱桥、栈桥。

(3)铁路：铁路、在建铁路、地铁、轻轨。

(4)公路：高速公路、高速匝道、引道、隧道、匝道、高架路、建成国道、建筑中国道、建成省道、建筑中省道、快速路、主干道、建筑中主干道、建成县道、建筑中县道、乡道、专用公路、机耕路、乡村路、小路、栈道、时令路。

(5)居民地附属设施：砖石城墙、长城(完好)，砖石城墙、长城(破坏)。

(6)水系：地面河流、水系交汇处、消失河段、时令河、地面干渠、运河、河道干河、慢流干河、高于地面干渠、地面支渠、高于地面支渠、溢洪道、湖泊、池塘、水库、时令湖、干涸湖、建筑中水库、海域、海岛、蓄水池、水窖、沼泽、湿地、干出滩、滩涂、贝类养殖场、干出滩中河道、潮水沟、危险岸区、危险海区、明礁、暗礁、干出礁、沙洲、岸滩、水中滩。

(7)居民地：街区。

(8)植被：成林、人工绿地、花圃花坛、绿化带。

(9)省政区:省级政区面。

2)16级线划电子地图底图要素表达

(1)境界:海岸线、已(未)定省级行政区界线、已定地级行政区界线、已定县级行政区界线、已定乡级行政区界线、开发区、保护区界线。

(2)交通附属设施:高速公路入口、高速公路出口、单层桥、双层桥、铁路桥、公路桥、人行桥、火车渡、汽车渡、人渡、并行桥、引桥、级面桥、人行拱桥、栈桥。

(3)铁路:铁路、在建铁路、地铁、轻轨。

(4)公路:高速公路、高速匝道、引道、隧道、匝道、高架路、建成国道、建筑中国道、建成省道、建筑中省道、快速路、主干道、建筑中主干道、建成县道、建筑中县道、乡道、专用公路、机耕路、乡村路、小路、栈道、时令路。

(5)居民地附属设施:砖石城墙、长城(完好),砖石城墙、长城(破坏)。

(6)水系:地面河流、水系交汇处、消失河段、时令河、地面干渠、运河、河道干河、慢流干河、高于地面干渠、地面支渠、高于地面支渠、溢洪道、湖泊、池塘、水库、时令湖、干涸湖、建筑中水库、海域、海岛、蓄水池、水窖、沼泽、湿地、干出滩、滩涂、贝类养殖场、干出滩中河道、潮水沟、危险岸区、危险海区、明礁、暗礁、干出礁、沙洲、岸滩、水中滩。

(7)居民地:房屋、盐田。

(8)植被:成林、人工绿地、花圃花坛、绿化带。

(9)省政区:省级政区面。

3)17级线划电子地图底图要素表达

(1)境界:海岸线、已(未)定省级行政区界线、已定地级行政区界线、已定县级行政区界线、已定乡级行政区界线、开发区界线、保护区界线。

(2)交通附属设施:高速公路入口、高速公路出口、单层桥、双层桥、铁路桥、公路桥、人行桥、火车渡、汽车渡、人渡、并行桥、引桥、级面桥、人行拱桥、栈桥。

(3)铁路:铁路、在建铁路、地铁、轻轨。

(4)公路:高速公路、高速匝道、引道、隧道、匝道、高架路、建成国道、建筑中国道、建成省道、建筑中省道、快速路、主干道、建筑中主干道、建成县道、建筑中县道、乡道、专用公路、机耕路、乡村路、小路、栈道、时令路。

(5)居民地附属设施:砖石城墙、长城(完好),砖石城墙、长城(破坏),盐田、盐场、水产养殖场、露天体育场、高尔夫球场、体育馆、游泳场(池)、露天舞台、观礼台、古迹、遗址、宝塔、经塔。

(6)水系:地面河流、水系交汇处、消失河段、时令河、地面干渠、运河、河道干河、慢流干河、高于地面干渠、地面支渠、高于地面支渠、溢洪道、湖泊、池塘、水库、时令湖、干涸湖、建筑中水库、海域、海岛、蓄水池、水窖、沼泽、湿地、干出滩、滩涂、贝类养殖场、干出滩中河道、潮水沟、危险岸区、危险海区、明礁、暗礁、干出礁、沙洲、岸滩、水中滩。

(7)居民地:房屋。

(8)植被:成林、人工绿地、花圃花坛、绿化带。

(9)省政区:省级政区面。

4. 底图要素图面表达

为保持线划电子地图表达内容的完整性和一致性,线划电子地图表达详见《地理信息公共服务平台 电子地图数据规范》。

8.4.2　线划电子地图标注

1. 线划电子地图标注要素选取

线划电子地图L15、L16、L17三级标注要素选取基本一致，内容包括关注点、铁路、公路、交通附属设施、河流中心线、水系。

2. 线划电子地图标注配图文件命名

线划电子地图注记配图文件命名采用“配图文件类型简称＋‘_’＋比例尺代码＋‘_’＋数据行政区字母码＋‘_’＋数据年份”的方式，即配图文件类型简称_比例尺代码_数据行政区字母码_数据年份。

3. 线划电子地图标注要素表达

1)关注点标注

在线划电子地图标注中，采用符号联同注记的显示方式，并利用自动避让抽稀来表达关注点，一方面使符号与标注不压盖，另一方面可使在关注点要素过于密集区域的图面注记保持一定的密度。除此之外，结合地标码(DB)与配图码(PTM)，避免出现图层内重要要素及标注被避让而不显示的状况，保证了电子地图的重要信息负载量及其负载均衡性。

首先，从关注点中提取部分地标性建筑物，赋地标码(DB)为“1”。由于省内地域差异，分地域选取地标性建筑物原则如下：

(1)城市地区：由于城市中的关注点密集，在选取地标时主要包括大型商场、四星级酒店、五星级酒店、旅游景点、大型市民广场、大型大楼大厦、省市政府、重要机关单位、大面积居民小区、客运站、火车站、机场、大型医院、大专以上院校、重点中专职业学校、重点中学、重点小学、高尔夫球场、大型文化场所、大型体育场、大型企事业单位。

(2)城镇地区：由于这些地区关注点密集程度一般，在选取地标时主要包括大型商场、三星级酒店、四星级酒店、五星级酒店、较大的旅馆、旅游景点、市民广场、大楼大厦、市县政府、机关单位、居民小区、客运站、火车站、机场、医疗卫生机构、大专院校、重点中学、重点小学、中专职业学校、高尔夫球场、较大文化场所、体育场、较大企事业单位、较大休闲娱乐、较大餐饮。

(3)其他地区：主要包括各乡村、农场、盐场等不包含在上面两类中的区域。由于这些区域关注点很少，且分布比较松散，故在提取地标时只要在15级(1∶18 056)中可以显示且不相互压盖的村政府、学校、医疗卫生机构、居民点、企事业单位、金融机构、文化场所、休闲娱乐、餐饮住宿、购物指南等，均可保留。

其次，依据关注点分类标准，并结合省级关注点数据情况，对关注点进行配图码(PTM)编码。配图码(PTM)由符号码(FHM)和权重码(QZM)两部分组成，共4位。编码原则为：符号相同的关注点类别符号码相同；符号码相同的关注点类别中，若有细分的中类及小类，甚至是大类，以权重码区分其重要性(权重码越小越重要，权重码大的避让权重码小的)。关注点分级表示内容按15～17级分别表示，此外针对统一表示为点符号的关注点类别(如俱乐部、溜冰场、旅行社等)，图面上仅表示作为地标的要素。

(1)15级：省政府、地级市政府、区(县)政府、乡(镇)政府、村(居)委会、街道办、写字楼商务中心、大楼大厦、小区、广场、公安局、政府机关、开发区、自然保护区、农林牧渔场、商场、学校(小学、中学、职业技术学校)、高等学校、博物馆、景区、服务区、机场、客运站、火车站、地铁站、公园、社区医院、大型医院、大型超市、五星酒店、四星酒店、三星酒店、度假村、体育馆、高尔夫球场、动物园、植物园、海洋馆、桥(地标)、村庄(组)、山(地标)、陵园、港口码头。

(2)16级:省政府、地级市政府、区(县)政府、乡(镇)政府、村(居)委会、街道办、写字楼商务中心、大楼大厦、小区、研究所设计院、培训中心、各协会、科技馆、艺术馆、杂志报社、广场、交警队、公安局、政府机关、开发区、自然保护区、农林牧渔场、商场、电信、学校(幼儿园、小学、中学、职业技术学校)、高等学校、驾校、邮局、其他银行、浦发银行、兴业银行、深圳发展银行、广东发展银行、邮政储蓄、华夏银行、光大银行、民生银行、中兴银行、招商银行、交通银行、中国银行、农业银行、建设银行、工商银行、农业商业银行、公墓、博物馆、景区、收费站、服务区、机场、客运站、火车站、地铁站、殡仪馆、公园、社区医院、大型医院、图书馆、农贸市场、大型超市、五星酒店、四星酒店、三星酒店、度假村、体育馆、高尔夫球场、动物园、植物园、海洋馆、游乐园、桥(地标)、村庄(组)、山、纪念碑、陵园、港口码头。

(3)17级:省政府、地级市政府、区(县)政府、乡(镇)政府、村(居)委会、街道办、写字楼商务中心、大楼大厦、营业厅、保险、小区、研究所设计院、培训中心、小店、物流、各协会、科技馆、艺术馆、杂志报社、广场、交警队、公安局、政府机关、新华书店、开发区、自然保护区、农林牧渔场、商场、电信、学校(幼儿园、小学、中学、职业技术学校等)、高等学校、驾校、邮局、其他银行、浦发银行、兴业银行、深圳发展银行、广东发展银行、邮政储蓄、华夏银行、光大银行、民生银行、中兴银行、招商银行、交通银行、中国银行、农业银行、建设银行、工商银行、农业商业银行、ATM、公墓、博物馆、清真寺、教堂、庙宇、景区、收费站、停车场、服务区、机场、客运站、火车站、出租车站、公交站、地铁口、地铁站、公厕、殡仪馆、宠物医院、公园、社区医院、大型医院、图书馆、中餐馆、西餐馆、简餐、必胜客、肯德基、麦当劳、酒吧、咖啡店、药店、农贸市场、加油站、便利店、超市、大型超市、五星酒店、四星酒店、三星酒店、其他住宿、度假村、农家乐、KTV、影剧院、体育馆、保龄球馆、高尔夫球场、动物园、植物园、海洋馆、游乐园、游泳池、桥、村庄(组)、水坝、涵洞隧道、阁楼牌坊、井、山、塔、碑石、亭、纪念碑、陵园、港口码头、山洞。

2)其他数据标注

其他数据标注内容包括铁路名称、地铁名称、高速公路名称及编码、隧道名称、国道编码、省道名称、快速路名称、主干道名称、次干道名称、高架路名称、县道名称、渡口名称、河流名称、海岛名称、水系名称等。

3)标注要素图面表达

为保持线划电子地图标注表达内容的完整性和一致性,线划电子地图标注表达规范详见《地理信息公共服务平台 电子地图数据规范》。

8.4.3 影像电子地图底图

1. 影像电子地图底图配图文件命名

影像电子地图底图配图文件命名方式与线划电子地图底图配图文件命名方式一致。

2. 影像电子地图底图表达

(1)15级:影像地面分辨率为2.5 m,影像范围覆盖全省。

(2)16级:影像地面分辨率为0.5 m,影像范围覆盖全省。

(3)17级:影像地面分辨率为0.3 m,影像范围覆盖全省。该级按照公开版地图的规定,其影像地面分辨率不能高于0.5 m。

8.4.4　影像电子地图标注

1. 影像电子地图标注要素选取

影像电子地图L15、L16、L17三级标注要素选取基本一致，内容包括关注点、铁路、公路、交通附属设施、河流中心线、水系等。

2. 影像电子地图注记配图文件命名

影像电子地图注记配图文件命名方式与线划电子地图注记配图文件命名方式一致。

3. 影像电子地图标注配图

影像电子地图标注配图与线划电子地图标注配图方法一致。

§8.5　地图瓦片数据制作

8.5.1　地图瓦片

1. 地图瓦片规格及数据格式

(1)地图瓦片分块的起始点从西经180°、北纬90°开始，向东、向南行列递增。

(2)地图瓦片分块大小为256像素×256像素。

(3)地图瓦片数据格式采用PNG24。

2. 瓦片金字塔

瓦片金字塔的各层显示比例及数据源比例尺详见行业标准《地理信息公共服务平台 电子地图数据规范》中地图分级章节。

8.5.2　地图瓦片数据集制作

1. 地图瓦片数据集命名

地图瓦片数据目录的组织方式为：瓦片统一存放于以"服务名简称+'_'+类型名称+'_'+数据行政区字母码+'_'+数据年份"方式命名的文件夹中。

2. 地图瓦片数据集存储

"地图瓦片数据集"为地图瓦片文件数据的根目录，其下的目录为地图瓦片分级(目录名命名方式为"L+级别"，即L01、L02、L03、……，采用十进制)，地图瓦片分级目录下为该级别地图瓦片矩阵的行为目录(目录名命名方式为"R+行号"，即R00000000、R00000001、……，采用十六进制)，行目录下为具体的地图瓦片文件(文件名命名方式为"C+列号"，即C00000000.png、C00000001.png、……，采用十六进制)。

3. 线划电子地图瓦片制作

线划电子地图瓦片数据制作工具采用ArcGIS 10.0软件。为便于数据更新，将线划电子地图分为矢量底图与矢量注记两部分，分别进行底图瓦片和注记瓦片数据制作。

1)线划电子地图底图

线划电子地图底图制作整体流程共分为以下四部分：

(1)准备工作。安装所需的字体库、符号库及配图插件等，并检查数据源与配图模板的版本正确性，确保下一步自动配图顺利完成。

(2)自动配图。将数据导入至配图 MXD 模板,依据制图模板存储规则自动完成要素符号化,形成 MXD 制图文档,检查比例尺设置、图层顺序控制。

(3)检查编辑工作。针对形成的 MXD 制图文档,由专人进行图面检查,确保数据源及配图模板匹配完整,要素符号化准确,并进行道路交叉口处理、符号分级检查调整及反锯齿设置。检查编辑工作完毕后,将 MXD 制图文档另存为 MSD 地图发布文档,以提高切图效率。

(4)电子地图切片。将 MSD 地图发布文档发布为 ArcGIS 服务,利用 Create Cache 工具按照地图瓦片规格及瓦片金字塔各层显示比例生成电子地图瓦片。

2)线划电子地图注记

线划电子地图注记瓦片数据制作流程与底图瓦片数据制作流程一致。

4. 影像地图瓦片制作

影像地图瓦片数据制作工具采用 ArcGIS 10.0 软件。为便于数据更新,将影像地图分为影像底图及影像注记两部分,分别进行影像底图瓦片制作及影像注记瓦片制作。

(1)影像底图瓦片制作采用的数据源为原始影像数据和 ArcMAP 的 MXD 工程文档,影像底图瓦片制作流程与线划底图瓦片制作流程一致。

(2)影像注记瓦片制作方法与线划电子地图注记瓦片数据制作方法一致。

5. 省界地图瓦片制作

省界地图瓦片制作采用的数据源为线划电子地图数据集和 ArcMAP 的 MXD 工程文档,数据制作过程和方法与线划电子地图瓦片数据制作一致。

第3篇　三维地理信息

以往通过二维坐标(x，y)描述的二维地理对象具有较高的抽象性，较难让用户直接感知地物真实场景，也无法满足三维空间分析运算对数据的要求。随着计算机技术与数据获取技术的不断发展，具有直观可视和三维数据处理与运算能力的三维地理信息受到了越来越多的关注。三维地理信息通过三维立体坐标(x，y，z)来描述地理对象，虽然只增加了一个维度的数据，但却包含了更丰富的空间信息，突破了二维抽象的地理对象的表达方式，提供了更真实、直观、可视的观察和理解现实世界的方式。

三维地理信息平台是综合运用地理信息技术、三维仿真技术和系统工程开发等手段，实现从三维建模、数据管理到三维实时动态仿真的综合系统。三维地理信息平台发展的一个突出标志就是地理信息公共服务平台(简称公共平台)的建设和推进。就像二维地理信息系统一样，它的发展经历了单机到网络化、部门应用到通用化、行业应用到综合化的过程。三维地理信息平台涉及面广泛，从城市规划到辅助设计，从地上消防到地下管线，可以说三维地理信息应用无处不在，贯穿于真实三维世界生产、生活的各个方面。

三维地理信息是一个囊括数据、模型、数据库、平台等多个专业与领域的综合性课题。三维城市模型数据库对海量的几何数据、纹理数据和相匹配的要素属性数据进行统一管理和访问，能提供高效的空间数据索引、查询、分析与管理能力。本章结合国内较典型的三维地理信息数据生产、建库与应用项目，重点介绍三维城市模型生产、三维地理信息建库和三维地理信息平台建设方法，并且结合城市规划、工程设计、智慧消防与地下管线等方面的具体需求，详述三维地理信息在各行业中的应用案例。

第 9 章　三维城市模型生产

三维地理信息形象真实地描述了城市三维地理空间的内容，而三维城市模型是三维地理信息中非常重要的内容，属于基础地理数据的范畴。三维城市模型不仅具有虚拟现实表现的真实感，还具有真实的地理坐标，具有空间分析和空间运算能力。智慧城市建设的不断推进，加大了各行业对空间信息三维可视化、大众化的迫切需求，以及对数据生产与管理的要求。

本章主要以上海为例，介绍三维城市模型生产与建库涉及的重要技术指标和可操作的流程方法。三维城市模型的生产流程可以归纳为模型位置与命名的确定、构筑物主体白模的生成、建筑物几何结构模型的构建、纹理采集与处理、建筑结构细化、纹理贴图、质检与后期加工等几个标准环节。

§9.1　数据准备

9.1.1　基础资料

1. 基础地形数据

建模区域内应具备 1∶500、1∶1 000、1∶2 000 等大、中比例尺地形图数据。该数据具有较高的平面位置精度，适合作为三维城市模型的平面基础数据。

2. 影像数据

影像数据包括建模区域内现状的航空影像数据、航天影像数据及其他类型影像资料。

3. 高程数据

高程数据包括建模区域内现状地理要素的有关高程资料。

4. 其他资料

(1)竣工测量数据，三维竣工测量具有很高的时效性，适用于小范围内竣工建筑的实时更新。

(2)建筑设计资料，包括建(构)筑物的平面图、剖面图、立面图等资料及相关说明文件。建筑设计资料有三个特点：一是可以描述规划中的建筑信息；二是能同时描述室内和室外的结构；三是具有极高的精度。因此，这类数据适合用于生产具有较高精度要求的规划建筑或室内建模。

(3)三维激光雷达数据，分为机载和地面两类。机载激光雷达数据适合大规模获取地面点云数据，生成高精度数字地形模型(digital terrain model，DTM)；地面激光雷达数据能获得建筑物侧面的精细点云，甚至获得纹理信息，适合小范围内建筑物的精细模型制作。

9.1.2　数据源精度要求

三维城市模型的精度是由三维数据源数据质量、数据分辨率等因素决定的。要满足三维城市模型生产的需求，要求生产中使用的基础数据的精度如表 9.1 所示。

表 9.1 数据源精度要求

数据源	数据源分辨率	平面精度/m	相对高程精度/m
二维数据	1∶500	0.1	—
航空影像	0.25 m	0.75	0.8
	0.1 m	0.3	0.5
二维数据和航空影像	1∶500 比例尺+0.25 m	0.2	0.4
	1∶500 比例尺+0.1 m	0.2	0.4
三维激光扫描	0.6 m	0.1	0.5
竣工测量	1∶500	0.1	0.3

注:表中影像分辨率都是指"地面分辨率"。

根据表 9.1 的内容,由于使用数据的来源和分辨率不同,故平面精度和相对高程精度也会有所不同,平面精度最高为 0.1 m,最低也能达到 0.75 m;相对高程精度则在 0.3~0.8 m。

§9.2 技术要求

上海三维城市模型的生产技术要求主要是在 CH/T 9015—2012《三维地理信息模型数据产品规范》、CH/T 9016—2012《三维地理信息模型生产规范》、CH/T 9024—2014《三维地理信息模型数据产品质量检查与验收》等行业标准的基础上,根据上海城市特点所制定。

9.2.1 模型命名要求

模型及纹理都是基于图幅来命名,三维城市模型图幅划分如图 9.1 所示。

图 9.1 图幅划分

三维城市模型生产的作业单元是以 300 m×300 m 格网为单位的图幅,每个单元格网对应一个 4 位的唯一代码。这样划分的原因是,经过大量试验,发现 300 m×300 m的格网内模型面数一般都在 10 000 个以内,是进行自动渲染烘焙的安全数量,同时顾及了建模操作方便性、模型烘焙正确性、三维场景浏览高效性和流畅性等诸多因素。根据每个单元格网的唯一代码,可以利用转换工具获得与格网相对应的地形图标准图幅编号。

图 9.2 中浅灰色模型实体所在图幅编码为 6K5I，根据命名要求该实体所在三维数据文件名称为 6K5I.max。若已知该实体模型级别为标准模型(C)，类型为建筑物(B)，那么根据编码规则该实体名称为 CB6K5I××、纹理名称为 6K5IB×××，具体命名规则将在下文介绍。

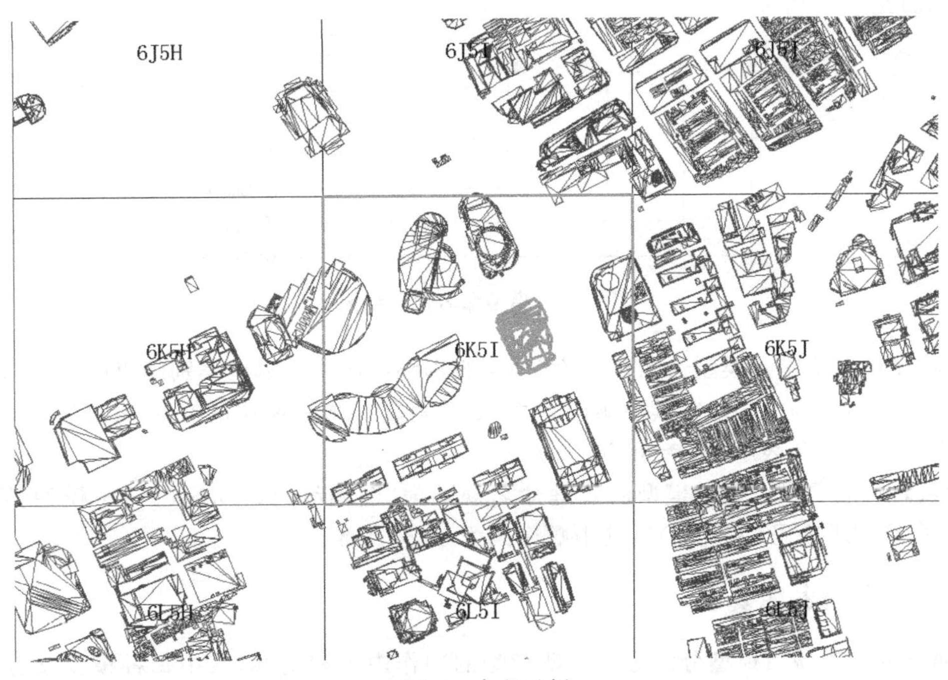

图 9.2 命名示例

对于跨图幅的模型，按照东南接西北的原则划分，即用与该模型相交的所有图幅中行号最小者作为模型所属图幅。如果有两个以上图幅的行号相同且最小，则选取其中列号最小者作为模型所属图幅。如图 9.3 所示，图中高亮模型所属图幅应为 6F50 而非其他。

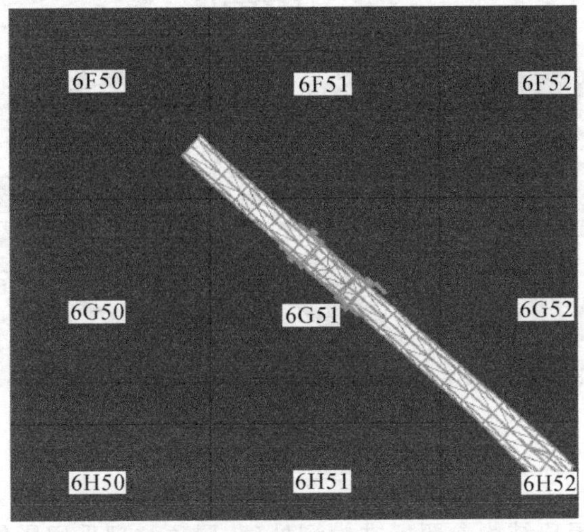

图 9.3 跨图幅模型划分规则

参照《三维地理信息模型生产规范》,三维城市模型命名应由建模单元编码、模型类型、模型顺序号和表现等级四部分组成。基于以上的图幅划分和命名原则,上海三维城市模型命名(图 9.4)具体要求如下:

(1)图幅命名要求。原则上每个图幅对应于一个 max 文件,max 文件名称应为图幅编码(××××)。

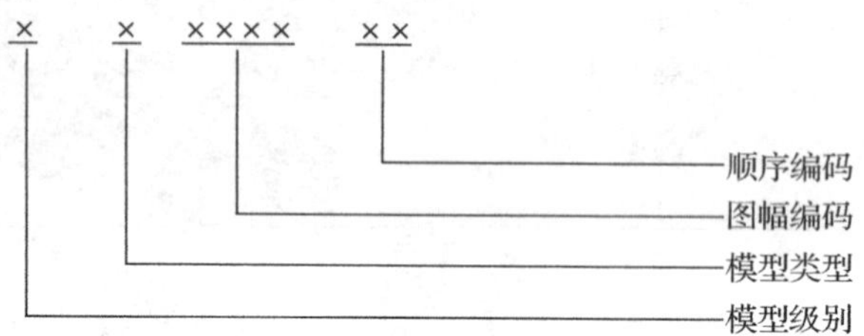

图 9.4 模型命名代码结构

(2)模型命名要求。模型命名规则为"模型级别编码(×)+模型类别编码(×)+图幅编码(××××)+顺序码(××)",其中顺序码为 36 进制数。36 进制中的0~9 用数字 0~9 表示,10~35 用字母 A~Z 表示,每逢 36 进一位。

(3)纹理命名要求。每个模型的纹理命名规则为"图幅编码(××××)+模型类别编码(×)+3 位纹理顺序码(×××)",其中顺序码为 36 进制数。

9.2.2 模型表现要求

按照五种三维城市模型分级分别说明模型的制作内容和指标,其中每种模型又分为构筑物(建筑、围墙河堤)、交通(高架、桥梁、人行天桥)、植被和其他城市部件四大类。

1. 体块模型

构筑物体块模型是通过构筑物垂直投影范围和建筑主体高程信息生成的简易结构模型,主要用于城市宏观决策与分析,其效果如图 9.5 所示。

图 9.5 体块模型效果

2. 简单模型

构筑物简单模型的屋顶结构参照标准模型处理,屋顶纹理采用影像或者标准材质库纹理,主要用于禁止拍摄的小区和在建建筑等区域构筑物,其效果如图 9.6 所示。

图 9.6　简单模型效果

3. 标准模型

城市中主要构筑物都采用标准模型的方式进行建设。屋顶特征通过航测方式进行采集，屋顶纹理采用影像或标准材质库进行表达，立面纹理需通过实地采集，效果如图 9.7 所示。

图 9.7　标准模型效果

1)构筑物

在制作标准模型时，对于满足以下指标的建筑部件应用几何结构结合纹理贴图的形式，进行准确表达，不满足以下指标的建筑部件，可采用纹理贴图的形式示意表现。

(1)建筑物指标：①附属建筑物，基座面积(或投影面积)大于 20 m^2，且相对高度大于3 m；②多层建筑物，投影面积大于 10 m^2，且相对高度大于 2 m；③简单内部庭院，平顶房内大于10 m^2的空地按照简单内部庭院建模；④复杂内部庭院，不同类型建筑物围成面积大于10 m^2的空地按照复杂内部庭院建模，周边建筑物的精度指标参见以上各建筑物指标；⑤复杂建筑物，对于主体包含球面、弧面、折面或多种几何形状的复杂建筑物，要求表现建筑物的主体几何特征，对于包含多种类型建筑物的复杂建筑物，可以拆分为以上提到的不同类型建筑物，精度指标参见以上各建筑物指标。

(2)建筑物屋顶指标：①平顶，所有平顶建筑物在标准模型中都必须表现；②单斜面顶，相对高度大于 1 m 的单斜面顶建筑物必须表现；③脊房，包括鞍形屋顶、脊形屋顶、鞍脊屋顶、菱形屋顶，在标准模型中都必须表现；④复杂屋顶，投影面大于10 m^2 且相对高度大于 2 m 的几何造型必须表现，并且造型的几何特征要有较好的表现。

(3)建筑物附属设施指标：①烟囱，直径大于 2 m 且高度大于 2 m 的必须表现；②水箱，必须表现；③门厅(台阶、室外扶梯)，投影面大于 5 m^2 的，如果带台阶、扶梯必须表现；④房屋墩、柱，直径大于 1 m 且高度大于 1 m 的老虎窗必须表现；⑤建筑物立面突出物，最长边长度大于 1 m 的必须表现；⑥建筑物立面装饰，投影面大于 5 m^2，或最长边长度大于 1 m 的必须表现；⑦屋顶装饰物，投影面大于 10 m^2 或者最长边长度大于 2 m 的几何造型必须表现；⑧阳台，投影面大于 5 m^2，或最短边长度大于0.8 m的必须表现；⑨屋檐，突出长度大于 1 m 的必须表现；⑩避雷针，必须表现。

注意：对于农村宅基地、棚户区、简屋等构筑物，须制作模型的主体结构，可用纹理表现模型的附属设施(如阳台、楼梯等)。对于城乡接合部和农村地区的学校、医院、政府机关等构筑物，模型制作应严格参照标准模型指标。

2)交通模型

包含高架、桥梁、人行天桥等道路交通设施模型。制作标准参照标准建筑物模型制作标准。

3)植被模型

包含绿化带、树、草地等植被模型，其中树一般以十字面片模型表示。

4)其他城市部件模型

需要制作港湾式公交车站、路灯、路牌，以及面积大于 10 m^2 的广告牌。

4. 精细模型

城市风貌保护区等重点地区，主要采用精细模型进行表达，其效果如图 9.8 所示。

图 9.8　精细模型效果

1)构筑物

以下指标是指在制作精细模型时，对于满足以下指标的建筑部件应用几何结构结合纹理贴图的形式，进行准确表达，不满足以下指标的建筑部件，可采用纹理贴图的形式示意表现。

(1)建筑物指标：①附属建筑物，基座面积(或投影面积)大于 10 m^2，且相对高度大于1 m 的；②多层建筑物，投影面积大于 5 m^2，且相对高度大于 1 m 的；③简单内部庭院，平顶房内大于 7 m^2 的空地按照简单内部庭院建模；④复杂内部庭院，不同类型建筑物围成面积大于 7 m^2 的空地按照复杂内部庭院建模，周边建筑物的精度指标参见以上各建筑物指标；⑤复杂建筑物，对于主体包含球面、弧面、折面或多种几何形状的复杂建筑物，要求表现建筑物的主体几何特征，对于包含多种类型建筑物的复杂建筑物，可以拆分为以上提到的不同类型建筑物，精度指标参见以上各建筑物指标。

(2)建筑物屋顶指标：①平顶，所有平顶建筑物在精细模型中都须表现；②单斜面顶，相对高度大于 0.8 m 的单斜面顶建筑物必须表现；③脊房，包括鞍形屋顶、脊形屋顶、鞍脊屋顶、菱形屋顶，在精细模型中都必须表现；④复杂屋顶，投影面大于5 m^2 且相对高度大于 1 m 的几何造型必须表现，并且造型的几何特征要有较好的表现。

(3)建筑物附属设施指标：①烟囱，直径大于 1 m 且高度大于 1 m 的必须表现；②水箱，必须表现；③门厅(台阶、室外扶梯)，投影面大于 5 m^2 的，如果带台阶、扶梯必须表现；④房屋墩、柱，直径大于 0.8 m，且高度大于 0.8 m 的必须表现；⑤老虎窗，必须表现；⑥建筑物立面突出物，最长边长度大于0.8 m的必须表现；⑦建筑物立面装饰，投影面大于 5 m^2 或最长边长度大于 0.8 m 的必须表现；⑧屋顶装饰物，投影面大于 5 m^2 或者最长边长度大于 1 m 的几何造型必须表现；⑨阳台，必须表现；⑩屋檐，突出长度大于 0.8 m 的必须表现；⑪ 避雷针，必须表现。

2)交通模型

包含高架、桥梁、人行天桥等道路交通设施模型。制作标准参照精细建筑物建模标准。

3)植被模型

包含绿化带、树、草地等植被模型，其中树一般以十字面片模型或多面片模型表示。

4)其他城市部件模型

除了标准模型全部内容之外，还需要制作道路指示牌、花坛、喷泉。

5. 超精细模型

城市重要地标区域采用超精细模型进行表达，效果如图 9.9 所示。所谓超精细模型是相对于精细模型采用更高的要求，尽可能地还原地物的真实情况。

图 9.9　超精细模型效果

1)构筑物

对于建筑重要结构部件都需要采用几何结构结合纹理贴图的形式，进行准确表达。

2)交通模型

包含高架、桥梁、人行天桥等道路交通设施模型。制作标准参照精细建筑物建模标准。

3)植被模型

包含绿化带、树、草地等植被模型,其中树一般表现为多面片树或模型树。

4)其他城市部件模型

除了精细模型全部内容之外,还需要制作道路护栏、一般公交车站、电线杆、交通灯、消防栓、一般广告牌、雕塑、垃圾桶、电话亭、书报亭、固定遮阳设施。

9.2.3 纹理数据要求

1. 纹理采集要求

(1)纹理采集任务分配应以作业单元为基准,所采集纹理的存放目录名称应参考建模单元和模型的名称。

(2)数码相机拍摄纹理须在天气晴朗、能见度好时拍摄,不建议选取太阳光线漫射时拍摄(清晨或黄昏),避免造成光色不正或曝光不足;同时应避免中午太阳光直射时拍摄,避免造成曝光过度。

(3)尽量拍摄物体的正立面,先整体,后局部,做到每个面都有照片可以参考,即每个面至少需要两张照片,一张整体,一张局部。如有更多单元,则照片需要拍到每个不同的单元,在内业通过数字图像处理软件拼接成建筑物完整纹理。

(4)采集的纹理应清晰,不能有杂物干扰,否则应在内业中进行处理。

2. 纹理贴图数据要求

(1)纹理分辨率应不低于 0.05 m。

(2)纹理文件必须与相对应的三维城市模型文件放在同一目录下。

(3)贴图应使用 JPG、PNG、TGA 文件格式,其中 PNG 与 TGA 格式的文件主要用于透明贴图,贴图长宽(像素)方向必须符合 2 的幂次方,如 32×32、64×128 等。最大尺寸不得超过 512×512,最小尺寸不得小于 16×16。在满足分辨率的前提下,应使用小尺寸贴图。

(4)填充色块的材质规格应为 8×8。

(5)屋顶纹理应利用分辨率高于或等于 0.1 m 的数字正射影像图,分辨率低于 0.1 m 时利用标准材质库纹理。

(6)材质采用正方形(如 128×128),不能采用长宽比差异较大的形状。

(7)文字贴图应在保证文字清晰可辨的情况下,最大限度地缩小贴图。同一建筑上的不同贴图应协调,同一墙体贴图色调应一致,不应出现明显的拼接感。

(8)采用实景照片作为纹理时,贴图内不应存在人、车、植物、衣物等非建筑物体。不清晰的文字标识、徽标(logo)等必须进行清晰化处理,保证贴图的透视关系准确。所有贴图的门窗、层高线、字体、建筑立面等必须保持横平竖直、清晰可见。

(9)当一个作业单元不同建筑物立面用到相同的贴图时,必须共用同一张纹理贴图。

(10)对于相邻两个面的贴图应做到对齐窗缝、门缝、砖缝等。

(11)为保证贴图表现真实效果,贴图应经过亮度/对比度、色相饱和度、色阶等图像调整操作。

(12)纹理所反映的楼层数和门窗数应与实际相符。

(13)使用 3dsMax 软件建模应只使用标准材质或多维子材质,除了金属和玻璃等特殊要求外,材质明暗器类型均应使用 Blinn 明暗器。不透明材质使用漫反射通道,透明材质使用不透明度通道,烘焙使用自发光通道,其他通道不得加贴图。

(14)不应在材质编辑器中对贴图进行裁切。

(15)不应在材质编辑器中对材质的透明度进行调节,材质的透明度应靠贴图的通道来实现。

(16)模型贴图坐标不应出现拉伸现象,不应出现 U、V、W 坐标丢失的现象。其中,U、V、W 坐标与 X、Y、Z 坐标的方向平行:U 相当于 X,代表该贴图的水平方向;V 相当于 Y,代表该贴图的竖直方向;W 相当于 Z,代表与该贴图的 UV 平面垂直的方向。

(17)模型完成后不应出现贴图丢失的情况,否则应重新指定贴图。

(18)纹理贴图烘焙要求为:①制作光照贴图(lightmap)烘焙的模型时,按照手工纹理合并、UV 展平和纹理烘焙的制作流程进行,一般一个物体一个 UV,UV 不可重叠并尽量避免 UV 空间浪费;②场景不应存在空的材质球;③烘焙单元大小原则上应为 300 m×300 m,每个烘焙单元必须对应一个模型对象,每个单元的面数不应大于 6 000,若单元中面数超限,必须对单元进行拆分;④每个烘焙单元应烘焙一张烘焙贴图,即一个模型对象对应一个烘焙贴图;⑤在烘焙之前,必须进行顶点焊接和平滑操作,否则会影响烘焙效果。

9.2.4　几何数据要求

(1)模型中不应存在冗余数据。冗余数据包括多余点、线、面、材质及辅助模型等,以节省数据量。

(2)表面建模、非均匀有理数 B 样条线建模方式不能使用。

(3)模型不应存在重叠面情况。

(4)应利用捕捉工具使模型的相邻面严格衔接,而不应出现缝隙、错位和交叉情况。

(5)在保证模型效果的前提下,应尽量减少模型的数据量。重点主体模型应保证模型视觉效果,同时节省数据量;非重点或体积小的附属设施可以简化表现,尤其是曲线挤压的时候应控制线的段数。

(6)模型面数要求如表 9.2 和表 9.3 所示。对于地标建筑可适当放宽面数限制。

表 9.2　标准模型面数要求

建筑物类型		面数要求
住宅	多层普通住宅	≤500
	高层普通住宅	≤800
	别墅	≤1 000
商办	一般	≤800
	重要	≤2 000
地标	一般	≤2 000
	重要	≤5 000

(7)模型单体拆分要求为:①毗邻建筑物应根据间隔距离和权属单位性质进行拆分,原则上间隔距离大于 1 m 或者权属单位不同的建筑物都应进行拆分;②高架、围墙、河堤等连续性

构筑物，一般按照图幅进行拆分，确有不便的，允许单体模型跨图幅的情况，但所跨图幅的行号和列号差距均不得大于3，如一个模型最西端点落在列号为200(对应编码5K)的图幅，那么最东端点所在图幅列号不得大于202(对应编码5M)。

表 9.3　精细模型面数要求

建筑物类型		面数要求
住宅	多层普通住宅	≤1 000
	高层普通住宅	≤1 500
	别墅	≤2 000
商办	一般	≤1 500
	重要	≤4 000
地标	一般	≤4 000
	重要	≤10 000

9.2.5　属性数据要求

(1)属性数据的字段内容与类型应严格按照属性模板进行填写，在填写过程中不应出现漏填、错填现象。

(2)屋顶纹理来源、立面纹理来源和三维数据源应根据预定义选项选择，不能任意填写。

(3)属性信息表和作业信息表应保持正确的关联关系。

9.2.6　成果提交

三维城市模型生产应上交的资料包括技术设计、技术总结、检查报告、外业采集的实景照片、三维数据源、中间过程数据(三维矢量、白模型等)、三维城市模型数据、三维城市模型FileGDB数据、作业范围的二维基础库数据、模型属性表、作业信息表，以及工作图和工作范围指示图。

§9.3　生产流程

三维城市模型生产的工作内容主要包括作业准备、模型制作、模型质检、成果提交、成果检查、入库准备和数据入库等几个阶段。

9.3.1　作业准备

接受模型生产任务后，首先要进行作业准备。准备工作包括作业单元确定、二维数据提取、数据拆分与任务分配四项主要工作。

(1)作业单元确定。根据生产任务范围和作业单元文件确定当前作业单元。

(2)二维数据提取。按照确定的作业单元提取对应的二维矢量数据和属性数据，以便于三维城市模型数据建模和入库使用。

(3)数据拆分。将三维矢量数据按照作业单元进行拆分。按照东南接西北的原则，拆分按模型位置进行划分，即用与模型相交的所有图幅中行号最小者作为模型所属图幅。

(4)任务分配。以作业单元为单位进行任务分配。

9.3.2　模型制作

模型制作包括简易模型、纹理采集、纹理处理、细化模型。

1. 主体建模

简易模型(以下简称白模)是通过二维地形图中的建筑矢量数据和建筑主体高程信息自动生成的。由于其只有结构信息没有纹理贴图信息,因此也被称为白模。这种方法的优势是利用二维地形图和建筑主体高程点,能充分保证模型的平面精度和高程精度,并且能通过程序批量完成,具有很高的效率。该方法适用于绝大多数规则建筑。

2. 细节建模

细节建模表现是指对地理要素主体结构、细部结构进行精细几何建模表现,外立面纹理通常采用能精确反映物体色调、饱和度、明度等特征的影像或照片。

1)纹理采集与处理

(1)建筑物。建筑物立面纹理应采用实地拍摄方法;建筑物屋顶纹理视影像分辨率情况而定,若分辨率大于 0.1 m,屋顶纹理应利用数字正射影像图数据,否则应利用标准材质库数据。

(2)高架道路及其附属设施。高架道路路面纹理应利用数字正射影像图数据,道路栏杆、路牌、路灯等附属设施应采用实地拍摄方法。

(3)管线。管线模型纹理应采用图像处理方式制作各种材质的管线纹理。

(4)绿化、其他城市部件。应采用实地拍摄或调用标准纹理库的方式。

外业采集来的纹理照片不能直接用来贴图,还须按照 9.2.3 节中阐述的纹理贴图要求进行相应的处理。

2)纹理贴图处理

纹理贴图处理就是将处理后的纹理贴到模型上的过程,处理过程中具体的要求请见 9.2.4 节中详述的内容。

3. 建模后处理

模型制作完成后,还需要进行一些后处理工作,以便烘焙和入库达到更好的效果。后处理工作包括模型重置变换、属性表和作业信息表生成、优化材质、顶点焊接、平滑操作等。

(1)重置变换。对模型进行重置变换。

(2)属性表生成。若作业区域没有对应的二维数据,或者作业区域为规划区域,则按照模型编码名称生成一份属性表,主要存放模型相关属性信息,如表 9.4 所示。

表 9.4　模型属性

字段名称	字段类型	字段说明
模型编码	文本	在实际作业过程中,根据模型实体命名规则命名的模型实体编码
模型名称	文本	根据外业调研或其他方法获得的构筑物名称
楼层数	数值	如果是建筑物模型(类型编码为 B),填写实际的楼层数,否则为空

(3)作业信息表生成。作业信息表包括简易模型生产起始时间、纹理拍摄起始时间、模型生产用时、模型制作人员或制作单位等信息。作业信息表以作业单元为单位进行记录,如表 9.5 所示。

(4)优化材质。合并模型中具有相同贴图文件的材质,删除没有使用到的材质。

表 9.5 作业信息

字段名称	字段类型	字段说明
作业单元编码	文本	作业单元的 4 位编码
白模开始时间	日期	白模型生产的开始时间
白模结束时间	日期	白模型生产的结束时间
纹理拍摄时间	日期	立面纹理的拍摄时间
屋顶纹理来源	文本	数字正射影像图或者材质库
模型完成时间	日期	模型完成时间即模型成果提交的时间
模型制作人员	文本	模型制作人员的名称
模型制作单位	文本	模型制作单位的名称
其他	文本	特殊说明

9.3.3 模型质检

三维城市模型是城市三维地理信息系统的数据源，具有真实地理坐标，覆盖面积大，需要完备的组织和管理。因此，三维城市模型不仅要有正确的结构和视觉表现效果，与一般的三维建模相比，还需要制定更多指标对数据质量加以控制。

1. 质检流程

为保证数据质量，对三维城市模型的质量检查分为以下五个过程(图 9.10)：

(1)详细检查阶段，由模型制作人员在模型制作完成后实施。在这个步骤中，模型制作人员应对每一个完成单元内数据的各项指标进行全面检查。这个过程的主要目的是对数据进行全面检查，及时发现数据中存在的错误，并予以纠正。

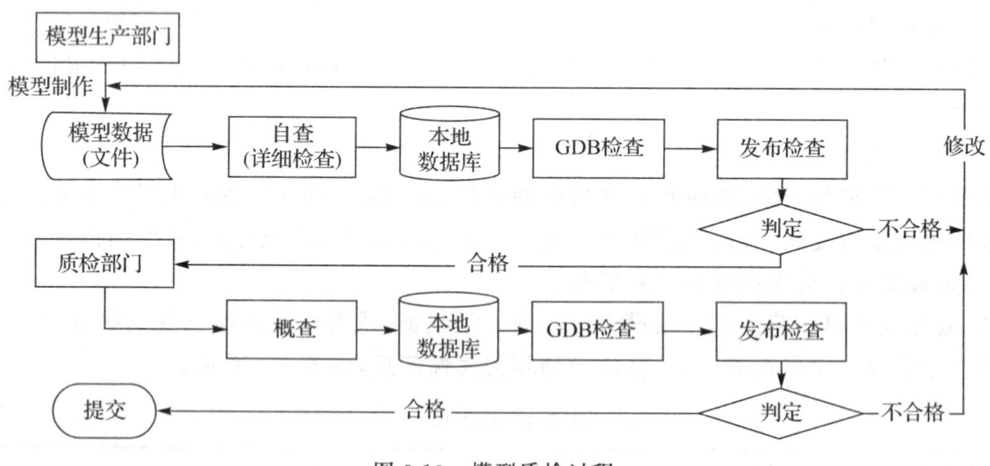

图 9.10 模型质检过程

(2)概查阶段，由质检人员实施。在这个步骤中，质检人员使用概查工具对模型进行检查，同时在完成的模型数据中抽取一部分进行详查。这个过程可以快速发现模型中存在的问题，对模型质量做出评价。

(3)入库检查阶段，由模型制作人员和质检人员实施。三维城市模型在制作完成后要通过数据库管理，而模型在数据库中还会暴露一些文件模式下无法发现的问题，如 3ds 文件格式数据在进入数据库后可能发生坐标偏移现象，另外不同制作批次的数据在接边位置可能发生命名冲突的问题。因此，模型制作人员和质检人员在完成模型文件的检查后，都要将数据导入一个本地数据库，利用 GDB 检查工具对数据库环境中的模型数据进行检查。

(4)模型发布检查阶段，即对三维城市模型在最终显示和应用平台上的效果进行检查，由模型制作人员和质检人员实施。在模型制作人员和质检人员分别完成各自的检查项目后，将模型发布到浏览器上，对发布后的场景进行检查，以便进一步发现模型的位置、高度、纹理贴图等方面的问题。

(5)冲突检查，由归档作业人员实施。这个步骤主要检查空间上相邻的两个不同批次之间是否存在模型和纹理名称冲突的情况，避免造成入库后数据的混乱。

2. 质检要求

三维城市模型质量控制指标主要包括以下五个方面：

(1)数据精度要求，主要规定模型的平面和高程精度，具体精度是由三维数据源数据质量、数据分辨率等因素决定的。

(2)数据命名要求，包括模型和纹理数据的命名，应符合命名规范，且命名中标识图幅的部分应与实际位置相匹配。

(3)几何数据要求，用于控制建模过程中模型几何特征的指标，包括独立模型的拆分标准，模型点、面的数量，模型编辑方式，以及模型制作中对点、线、面的具体要求等。

(4)纹理数据要求，用于描述模型纹理和材质制作等要求的指标，包括纹理分辨率、纹理尺寸、纹理格式、材质 UV 值、通道等方面，还包括贴图内容、清晰度、对齐方式等。

(5)渲染烘焙要求，主要描述模型后期进行加工时的渲染烘焙技术要求，包括基本烘焙单元、渲染器、烘焙贴图通道和操作注意事项等。

9.3.4　成果提交

应上交的资料按 9.2.7 节描述的内容执行，至少应包括技术设计、技术总结、检查报告、三维城市模型数据(后缀名为 3ds 和 max 的文件)、三维城市模型 GDB 数据、作业范围的二维数据和属性表、作业信息表、工作图及工作范围指示图。

§9.4　实施效果

本章阐述的三维城市模型生产方法在上海中心城区 600 多平方千米三维城市模型生产任务中得到了很好的应用。上海目前通过三维城市模型生产技术标准的建立和模型生产检查工具的应用，有效提高了三维城市模型的生产效率；研制了相应的自动化辅助工具，能够及时发现问题并予以辅助修正，使数据质量得到了明显提升。依据三维城市模型生产技术标准，生产成果得到了更有效的组织，有利于后续的管理、更新和应用。可以说，这一套生产技术体系的建立，使上海三维数据生产水平上了一个新台阶，具备了高效率、高质量进行大规模数据生产的能力，也为三维数据在更大范围内的生产应用打下了坚实的基础。

第10章　三维城市模型数据建库

三维技术的发展和数据的不断丰富对三维数据的管理和维护提出了更高要求。以往三维城市模型数据的管理方法主要包括基于文件管理系统的方式和基于关系型空间数据库的方式。前者将几何数据(包括三维城市模型的顶点坐标、顶点法线、顶点纹理坐标,以及使用的纹理信息等)和纹理数据按照磁盘文件的方式分离分散存储,不利于数据的管理和维护更新;后者对几何数据、纹理数据和相匹配的要素属性数据进行统一管理与访问,提供了高效的海量空间数据索引、查询、分析与管理能力。

本章将以上海三维城市模型数据建库方法为例,介绍三维城市模型数据设计、三维元数据库设计、建库关键技术与数据库管理系统等内容。

§10.1　三维城市模型数据库设计

上海三维城市模型数据、作业单元数据采用 ArcGIS Geodatabase 几何对象模型中的 Multipatch 数据类型来组织管理;纹理数据通过 Blob 二进制数据组织。模型数据与纹理数据的记录是一对多的关系。所有数据存入三维地理信息数据库(Oracle),通过空间数据引擎 ArcSDE 实现访问和操作。

10.1.1　数据库总体结构设计

三维城市模型数据库总体结构如图 10.1 所示。

其中,模型数据包含:①标准模型数据,城市大部分区域按照标准模型生产,这类模型划分为建筑物、高架桥梁和人行天桥三类;②小场景数据,小场景按照制作精细程度分为精细和超精细两类,每个小场景区块内,除了建筑物、高架桥梁、人行天桥外,还要划分出地面、绿化树木和其他城市部件三类。划分后的数据分别用工具入库,在三维城市模型数据库中形成模型表、纹理表、图幅信息表和小场景范围信息表。它们之间的关系如图 10.2 所示。

10.1.2　建库主要技术路线

1. 纹理与几何数据分开存储

Multipatch 格式能够存储模型的几何信息和纹理信息,但在模型生产过程中,为实现透明贴图效果,经常需要在一种材质中叠加透明贴图通道。最终呈现的效果是两个通道纹理的组合,而这种效果是 Multipatch 格式所不支持的。因此,数据库在存储 Multipatch 格式的模型表之外另建立纹理表,将纹理与几何数据分开存储,以便于全面保存模型的纹理信息。在纹理表中,每条记录代表的都是一个材质,而材质中每个通道所使用的纹理用 Blob 二进制流的形式存储,因此一条记录可以同时存在 Diffuse 通道和透明贴图通道两个 Blob 字段。模型表中的每条记录与纹理表中的记录是一对多的关系。

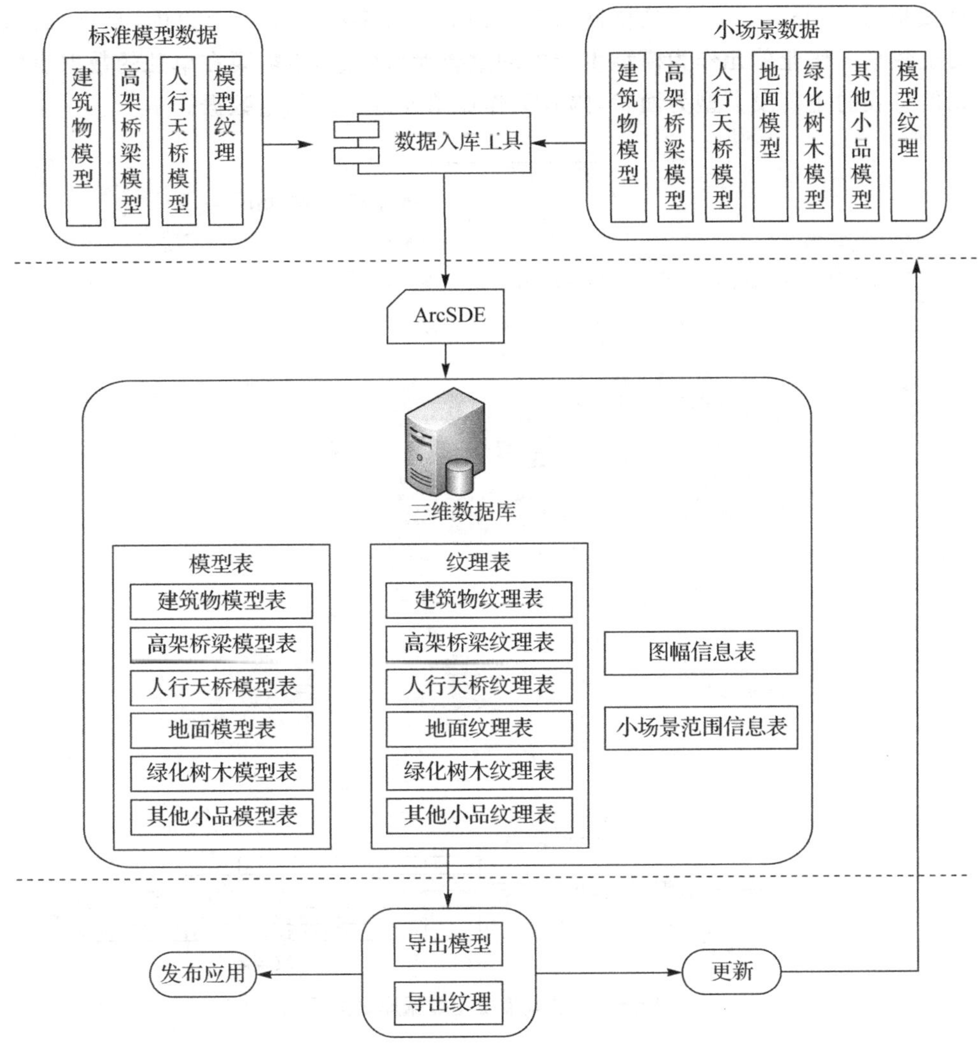

图 10.1　三维城市模型数据库结构

2. 模型数据分类存储

随着三维城市模型数据的不断丰富，数据类型也有了很大扩展，除了基础生产中的建筑物模型外，还包括高架桥梁、人行天桥、河堤及局部精细小场景模型。其中，小场景模型还可能包括道路地面、树木植被、路牌、路灯和各类城市部件等模型。在小场景制作的过程中，以上数据往往都集中在一个模型文件中，如果以文件为单位存储，当需要提取某一区域的建筑物或地面模型时，就必须人为地从文件中分离出需要的数据，效率较低。出于精细管理的需要，应当按类别为这些模型建立不同的数据结构，并在数据库中分类存储。

3. 作业单元信息存储

划分三维城市模型数据作业单元的目的有两点：一是在模型生产时，按照一定的单元划分，更便于任务分派和检查验收；二是从库中提取数据时，如果以作业单元为单位，有利于数据自动渲染和烘焙，而且数据发布后的显示、刷新速度更快，视觉效果也更好。与二维基础地形数据的图幅不同，三维城市模型数据的作业单元是 300 m×300 m 的正方形格网。这样划分是经过大量试验的,300 m×300 m 的格网内模型面数一般都在 10 000 个以内,是进行自动渲染烘焙的安全数量。作业单元作为模型生产中的重要参考信息,也需要在单独的数据表中存储。作业单元信息表的主字段类型为面状,内容为作业单元的二维矢量数据。

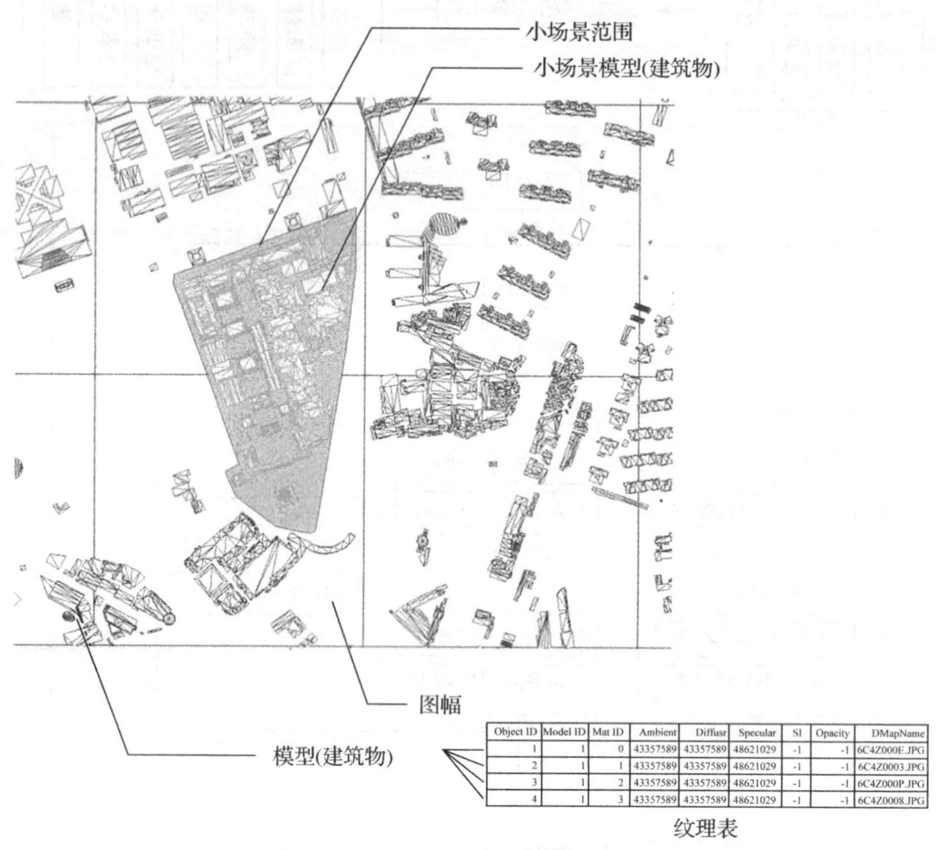

Object ID	Model ID	Mat ID	Ambient	Diffusr	Specular	SI	Opacity	DMapName
1	1	0	43357589	43357589	48621029	-1	-1	6C4Z000E.JPG
2	1	1	43357589	43357589	48621029	-1	-1	6C4Z0003.JPG
3	1	2	43357589	43357589	48621029	-1	-1	6C4Z000P.JPG
4	1	3	43357589	43357589	48621029	-1	-1	6C4Z0008.JPG

图 10.2　三维城市模型数据库表关系

4. 模型属性存储

Multipatch 格式记录的是模型的几何结构信息和部分纹理信息,而对于属性则要在表中另建字段来保存。模型表的属性字段包括编号、标准编码、数据类型、所属作业单元、名称、楼层数、文件名等;纹理表的属性字段包括纹理的文件名、环境光色、漫反射色、高光色、高光度、纹理 UV 值;作业单元表的属性字段包括单元行列号、编码、单元内模型的数量。以上属性的保存使三维城市建模数据库能够全面地记录模型相关属性。

5. 数据库版本化管理

数据库使用基于 Oracle 的 ArcSDE 空间数据引擎进行管理。ArcSDE 支持通过版本信息来存储历史数据,在数据库内容有更新时,可以通过版本数据的归档来保留城市的历史面貌,便于查询和分析。

10.1.3　数据结构设计

1. 建筑物模型表

所有建筑物模型存储在该表中,模型实体用 Multipatch 格式存储在形状字段中,属性字段有 ID、模型编码、模型级别、所属作业单元、名称、楼层等。模型级别分为体块模型、简单模型、标准模型、精细模型和超精细模型五类。

2. 高架道路和桥梁模型表

高架道路与桥梁（包括桥墩）模型存储在该表中，材质另存在纹理表中，主要字段有模型 ID、模型类别、模型名称等。

3. 人行天桥模型表

所有人行天桥模型存储在该表中，材质另存在纹理表中，主要字段有模型 ID、模型类别、模型名称等。

4. 河堤模型表

河堤（包括防汛墙、亲水平台等非房屋类建筑）模型存储在该表中，材质另存在纹理表中，主要字段有模型 ID、模型类别、模型名称等。

5. 小场景模型表

按图层对数据进行分类，小场景模型包括地面模型、树木模型、路灯模型、路牌模型、垃圾桶模型和其他小场景模型。在需要提取小场景数据时，首先从空间上确定提取范围，然后将范围内所有模型图层（包括建筑物模型图层和上述其他模型图层）中的模型及其对应纹理导出。

6. 纹理表

每一张模型表都对应一张纹理表。所有模型纹理按照与模型的对应关系，存入纹理表。纹理表的主要字段有纹理所属模型 ID、纹理编码、纹理各通道值的设定、纹理 UV 等。

7. 作业单元表

作业单元信息存储在该表中。全市区域按照 300 m×300 m 网格划分作业单元，每个单元作为一条记录存储。作业单元表中的主要字段有单元格行列号、编码、单元格内已经存储的模型的数量等。

数据表的具体表述如表 10.1 所示。

表 10.1　三维地理信息数据结构

<table>
<tr><th>数据类型</th><th colspan="2">数据表</th><th>表名</th><th>实体类型</th><th>大场景</th><th>小场景</th></tr>
<tr><td rowspan="14">三维城市模型</td><td rowspan="5">建筑物模型表</td><td>体块模型</td><td rowspan="5">SHBuildings</td><td>Multipatch</td><td>√</td><td></td></tr>
<tr><td>简单模型</td><td>Multipatch</td><td>√</td><td></td></tr>
<tr><td>标准模型</td><td>Multipatch</td><td>√</td><td>√</td></tr>
<tr><td>精细模型</td><td>Multipatch</td><td></td><td>√</td></tr>
<tr><td>超精细模型</td><td>Multipatch</td><td></td><td>√</td></tr>
<tr><td colspan="2">高架道路与桥梁模型表</td><td>SHHighway</td><td>Multipatch</td><td>√</td><td>√</td></tr>
<tr><td colspan="2">人行天桥模型表</td><td>SHOverpass</td><td>Multipatch</td><td>√</td><td>√</td></tr>
<tr><td colspan="2">河堤模型表</td><td>SHRiverbank</td><td>Multipatch</td><td>√</td><td>√</td></tr>
<tr><td colspan="2">地面模型表</td><td>SHGround</td><td>Multipatch</td><td></td><td>√</td></tr>
<tr><td colspan="2">树木模型表</td><td>SHTree</td><td>Multipatch</td><td></td><td>√</td></tr>
<tr><td colspan="2">路灯模型表</td><td>SHLight</td><td>Multipatch</td><td></td><td>√</td></tr>
<tr><td colspan="2">路牌模型表</td><td>SHGuidePost</td><td>Multipatch</td><td></td><td>√</td></tr>
<tr><td colspan="2">垃圾桶模型表</td><td>SHWaste</td><td>Multipatch</td><td></td><td>√</td></tr>
<tr><td colspan="2">其他模型表</td><td>SHOther</td><td>Multipatch</td><td></td><td>√</td></tr>
</table>

续表

数据类型	数据表	表名	实体类型	大场景	小场景
纹理	建筑物纹理表	SHBuildingsMat	Blob	√	√
	高架道路与桥梁纹理表	SHHighwayMat	Blob	√	√
	人行天桥纹理表	SHOverpassMat	Blob	√	√
	河堤纹理表	SHRiverbankMat	Blob	√	√
	地面纹理表	SHGroundMat	Blob		√
	树木纹理表	SHTreeMat	Blob		√
	路灯纹理表	SHLightMat	Blob		√
	路牌纹理表	SHGuidePostMat	Blob		√
	垃圾桶纹理表	SHWasteMat	Blob		√
	其他纹理表	SHOtherMat	Blob		√
作业单元	作业信息表	SHGridsAll	Polygon	√	√

10.1.4 数据库运行设计

三维城市模型数据库的数据详细流转方式如图 10.3 所示。首先,将模型文件格式 max 转换成交换格式 3ds,对于划分了作业单元、以标准编码方式命名的模型文件,通过解析 3ds 文件名和文件结构,可以得到模型几何结构、模型纹理信息和模型所在作业单元信息;然后,将模型几何结构与属性表结合导入数据库中的模型表,将纹理信息与纹理文件结合导入纹理表,其中纹理文件以二进制流的方式存入纹理表中的相关字段,3ds 文件中描述的其他纹理信息,如纹理编号、对应模型编号、纹理颜色、纹理 UV 值等,存在纹理表中的其他字段内;最后,用模型所在单元信息更新作业单元表的内容。

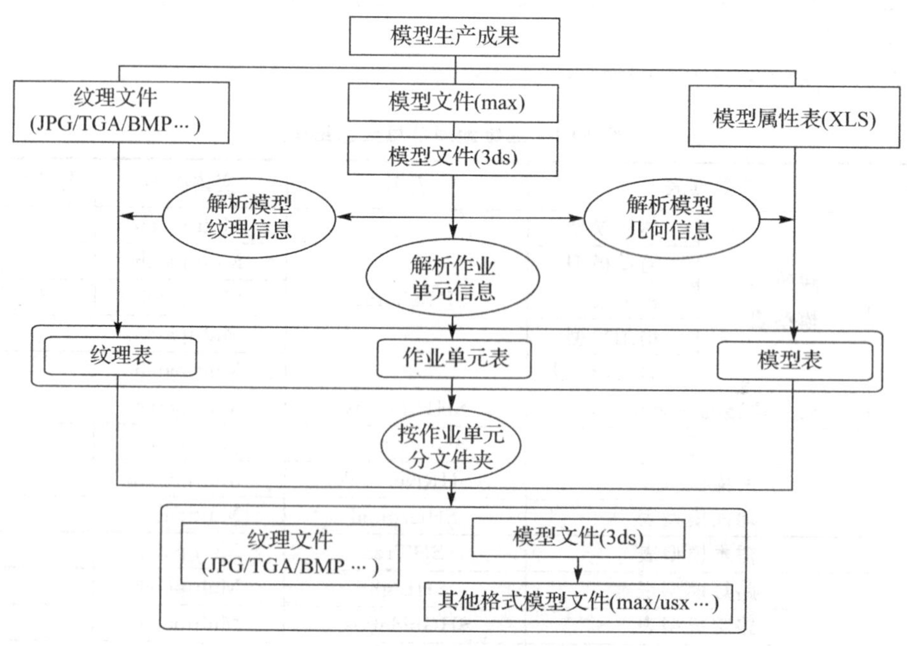

图 10.3 三维城市模型数据库数据流转设计

在提取数据时，通过作业单元来划分文件夹，从模型表和纹理表中读取模型几何结构和纹理信息，导出 3ds 模型文件和纹理文件。在发布应用时，可以将 3ds 格式转换为其他需要的格式。通过建立版本，可以实现历史数据的保存。

§10.2　三维城市模型数据库管理系统

三维数据具有数据量大、结构复杂的特点，不同的文件格式不仅易造成数据混乱，还无法解决数据属性管理和数据更新的问题，因此需要建立三维城市模型数据库实现一体化的数据管理与存储，便于数据的管理和维护更新。

10.2.1　结构设计

三维数据库需要与之对应的管理系统，完成日常的数据查询、浏览、管理，以及数据入库、更新、提取等功能。管理系统功能模块划分如图 10.4 所示。

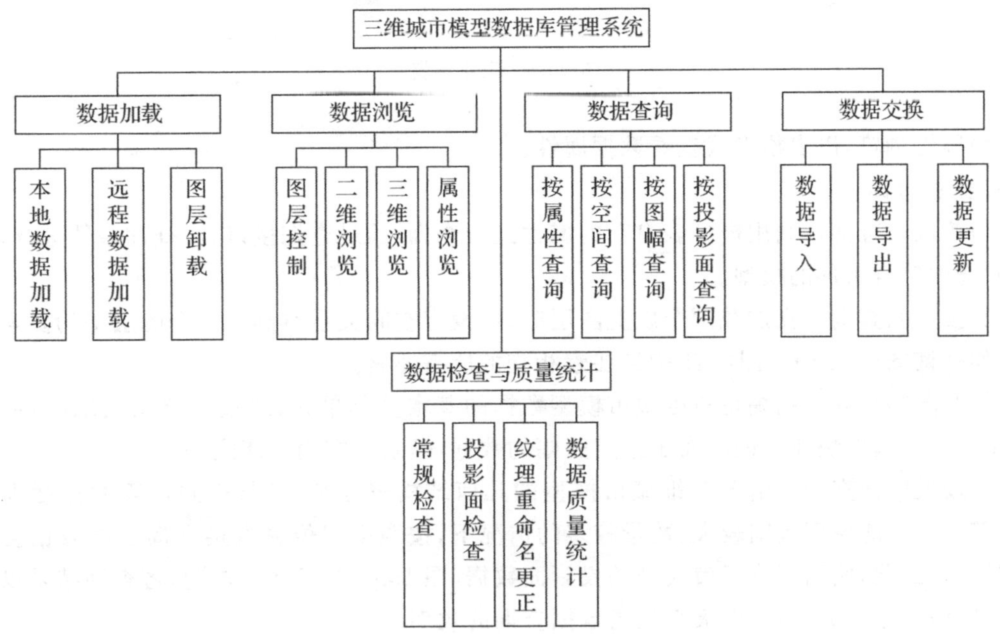

图 10.4　三维城市模型数据库管理系统功能模块

10.2.2　主要功能模块

1. 数据加载

(1)本地数据加载。加载本地数据库，如 GDB、MDB 中的二维或三维数据。

(2)远程数据加载。加载远程 SDE 数据库中的二维或三维数据，加载时需要提供服务器名称、服务名、用户名、密码、数据库版本等信息。

(3)数据卸载。以图层为单位将数据从系统中卸载。

2. 数据浏览

(1)图层控制，包括控制系统中加载的各图层的显示、关闭、符号样式和叠放次序。

(2)二维浏览,包括放大、缩小、漫游、全图、距离量测、面积量测等功能。

(3)三维浏览,将选定的模型数据在三维视角下进行预览,能以任意角度观察模型结构和纹理,如图 10.5 所示。

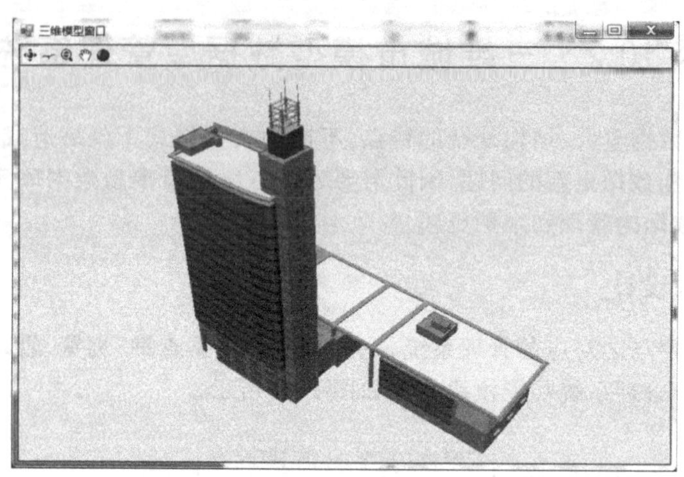

图 10.5 三维浏览

(4)属性浏览,以表格形式查看数据属性。

3. 数据查询

(1)按属性查询。利用模型表自带的属性进行查询,通过查询接口,对查询条件进行设置,查询并选中符合条件的模型。

(2)按空间查询。在加载两个以上图层时,可设定空间关系对其中一个图层中的要素进行查询,如查询图层 A 中与图层 B 中某要素相交的所有要素。

(3)按图幅查询。图幅是三维城市模型数据的基本分割单元,通过指定图幅编码,可以结合模型位置和属性快速查询出属于指定图幅的数据,是系统常用功能之一。

(4)按投影面查询。由于三维城市模型的几何结构较复杂,参与空间运算的速度也比较慢,在需要查询的模型范围较大、数量较多的情况下,按照空间位置直接查询三维数据会消耗大量时间。因此,使用三维城市模型的投影面数据(图 10.6)进行空间查询,将查询结果以关键字段与模型数据相关联,可以极大提高数据查询的效率。

4. 数据交换

三维地理信息业务必然涉及数据交换,而数据量大一直是三维地理信息的特点之一。上海以内网万兆网为依托,借助缓冲池和文件服务技术,实现对数据在业务流程之间的安全流转和数据库的保护。数据流向如图 10.7 所示,简述为:①利用数据库管理系统将模型数据库中的数据导出到数据下载缓冲池中并压缩;②三维地理信息业务中需要的基础数据均从下载缓冲池中获取,从而屏蔽了日常业务中对模型数据库的频繁访问,有利于数据库的运维和稳定;③下载的数据形式为按图幅分目录的压缩包,生产开始前首先要将数据解压;④生产完成后,利用业务管理系统中的功能进行批量检查、压缩,并上传至质检缓冲池和归档缓冲池;⑤在质检和入库归档过程中,相关部门从缓冲池中下载成果数据并解压进行检验和入库,其中入库过程也需要依赖数据库管理系统的功能;⑥入库完成后,将发生变化的图幅导出至数据下载缓冲池,完成成果更新。

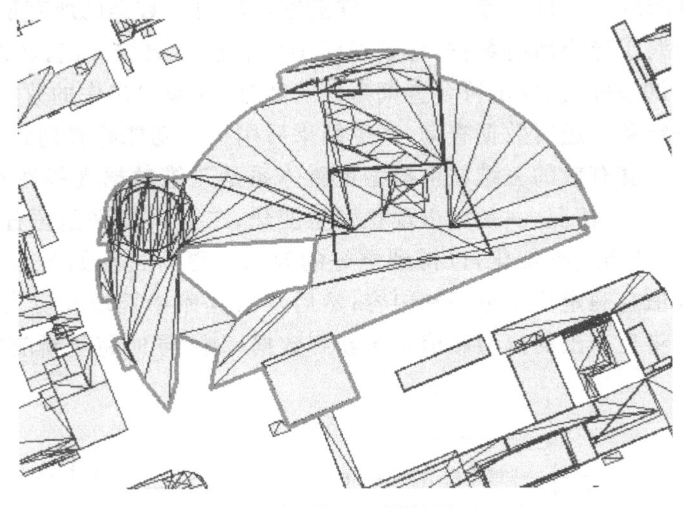

图 10.6　模型及其投影面

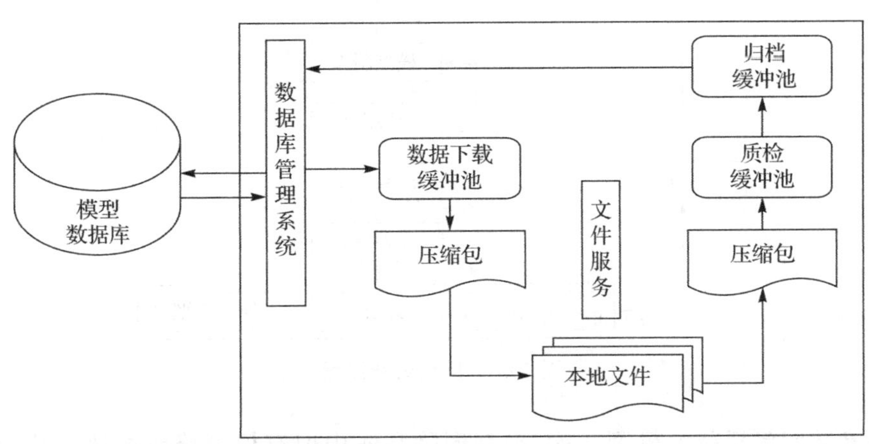

图 10.7　数据缓冲池与数据流向

以上过程中,缓冲池起着数据枢纽的作用。缓冲池是部署在服务器上的目录,只能通过文件服务访问,具有安全性好、结构简单、无冗余等特点。由于数据以压缩包形式存储,有效控制了文件数量,因此可以达到较高的传输速度。数据的压缩和传输通过文件服务完成,其原理是通过服务读取缓冲池中的数据,转换成内存中的字节流(对于较大文件可分批读取)发送到客户端,或接收客户端发送的字节流来实现数据的下载和上传。而客户端以 ActiveX 控件形式部署在业务管理系统的页面中,负责完成本地文件的读写、压缩。

(1)数据导入。数据导入是将外部数据导入数据库的过程。从功能上划分为两种导入类型:①从 3ds 文件导入,将 3ds 文件转换为 Multipatch 格式并解析其属性、纹理等信息,存入本地或远程数据库,几何数据与纹理数据分别对应于模型表和纹理表,同时更新图幅信息表,对于建筑物模型和三维场景中的地面、树木、其他城市部件等模型,分别有不同的加载设置;②从文件型数据库导入,将已经存在文件型数据库中的三维城市模型数据及其对应的纹理信息导入数据库中,同时更新目标数据库的图幅信息表。

(2)数据导出。数据导出的过程与数据导入相对应,将三维数据库中指定的记录提取出来,转换成3ds文件与纹理文件。导出后的文件能够还原模型数据的所有信息。从功能上,数据导出分为三种类型:①导出所有数据,将数据库中所有模型数据导出;②按查询条件导出数据,根据属性设置查询条件,仅导出符合查询条件的数据;③导出选中的数据,此功能与数据查询结合使用,根据一定条件进行数据查询,产生结果后用这一功能将查询到的记录导出。

(3)数据更新。一套有效的三维城市模型更新体系是三维数据现势性和准确性的重要保障。数据更新主要有三种情况:一是城市现状发生变化;二是模型平面位置或高程错误;三是根据需要对原有模型结构进行细化,以得到更好的效果。更新过程如图10.8所示,首先是根据竣工资料、影像等信息确定更新范围和内容;然后从数据库中提取相应模型作为资料,结合影像进行生产;最后将生产出的模型和信息更新到数据库中,同时将更新前的数据库保存为一个历史版本。

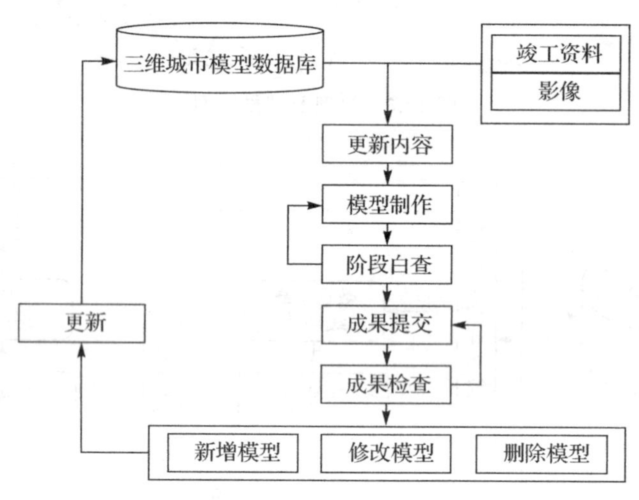

图10.8 模型更新流程

数据更新功能包括新增模型入库、模型删除和库中旧有模型修改替换三部分。将带有"增、删、改"标识的三维城市模型数据导入数据库,依据"增、删、改"标识自动判别发生变化的模型,并且只导入新增和发生修改的模型,将被删除的模型名导出为列表。

5. 数据检查与质量统计

(1)常规检查。数据库常规检查的内容有模型位置错误、命名错误、UV值错误、纹理边长错误、纹理丢失、模型面数超标等。

(2)投影面检查。原则上三维城市模型不允许存在相互交叠、重合的现象,利用模型投影面,可以快速判断和发现存在重合现象的模型,并计算出重叠度。

(3)纹理重命名更正。新制作数据在导入数据库之前,模型纹理要与库中原有纹理的名称进行比对,如果有重名现象,那么模型重新提取后可能会发生纹理错乱的现象。此功能可以发现与库中现有纹理重名的现象,并进行更正。

(4)数据质量统计。对数据检查的结果进行统计和排序,可将检查结果按正确性进行分类,如图10.9所示。

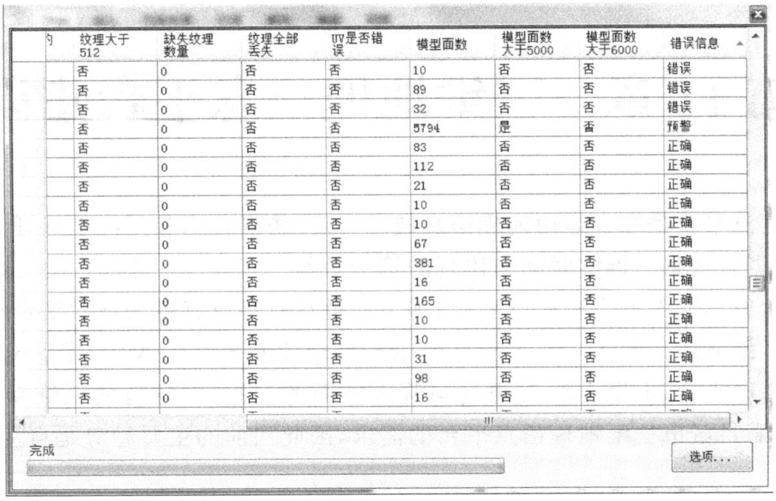

纹理大于512	缺失纹理数量	纹理全部丢失	UV是否错误	模型面数	模型面数大于5000	模型面数大于6000	错误信息
否	0	否	否	10	否	否	错误
否	0	否	否	89	否	否	错误
否	0	否	否	32	否	否	错误
否	0	否	否	5794	是	否	预警
否	0	否	否	83	否	否	正确
否	0	否	否	112	否	否	正确
否	0	否	否	21	否	否	正确
否	0	否	否	10	否	否	正确
否	0	否	否	10	否	否	正确
否	0	否	否	67	否	否	正确
否	0	否	否	381	否	否	正确
否	0	否	否	16	否	否	正确
否	0	否	否	165	否	否	正确
否	0	否	否	10	否	否	正确
否	0	否	否	10	否	否	正确
否	0	否	否	31	否	否	正确
否	0	否	否	98	否	否	正确
否	0	否	否	16	否	否	正确

完成　选项...

图 10.9　数据质量统计报表

§ 10.3　特色与评价

上海对全市三维城市模型都采用了数据库的方式进行了管理，建立了三维城市模型数据库，提高了三维数据管理效率与安全性。通过三维城市模型数据库的建立和三维数据管理工具的开发，使上海所有的三维数据及其附属信息能够通过数据库的方式管理。在三维数据的获取过程中，采用了数据缓冲池模式，不仅提高了数据提取的效率，还加强了数据安全的保障，使三维数据的组织和管理形成独立的系统，具有清晰的结构。数据的生产、入库、更新和提取应用形成了完整的数据链，有助于三维数据在更广阔的领域形成应用。与以往传统三维数据库管理系统相比，该数据库主要有以下不同点：①采取面向业务的模式，入库与出库均以项目为单位，合并了各图层出入库操作，提高了出入库的效率；②功能更有针对性，界面更简洁，避免误操作；③所有操作均与元数据相关联，通过元数据服务验证操作的合法性，记录执行内容；④融入数据缓冲池技术，实现数据批量压缩和传输，实时更新数据缓冲池；⑤采用数据库连接参数和用户密码的双重认证模式保障数据库安全。

第 11 章　三维地理信息平台建设

三维地理信息平台是综合运用地理信息技术、三维仿真技术和系统工程开发等手段，实现从三维建模、数据管理到三维实时动态仿真的综合系统。近年来，国际上在三维虚拟现实、三维地理信息平台方面取得不少积极进展，出现了一批具有各自特色的技术平台和解决方案，如OSG、Vega 等三维显示平台及 Virtools、Skyline、CityMaker 和 3DVRI 等系统。三维显示平台是一种图形基础平台，不适合城市规划与管理方面的应用，而现有的三维系统往往应用单一，又无法全面满足城市三维地理信息平台的需求，因此当前的主要趋势是自主搭建三维地理信息平台。

三维地理信息平台发展的一个突出标志就是地理信息公共服务平台（以下简称公共平台）的建设和推进，就像二维地理信息系统一样，其发展经历了单机到网络化、部门应用到通用化、行业应用到综合化的过程。三维地理信息平台是数字城市建设的重要内容，已成为城市信息化的主流趋势，广泛应用于城市规划、建设管理、辅助决策、应急等领域。本章将结合实际工作介绍自主搭建三维地理信息平台的方法，以及该平台的两个应用案例。

§11.1　平台建设背景

三维地理信息平台的出现大大推进了三维视觉仿真、虚拟现实、城市三维地理信息系统的发展。我国在这方面虽然起步较晚，但通过借鉴和利用国外最新的技术成果，发展非常迅速，已开发了具有自主版权的商业应用软件。许多国产地理信息系统软件也先后在其产品中开发了三维地理信息软件系统，如 CityMaker、3DVRI 等。

国内在数字城市的基础上，进一步发展了基于三维地理信息在规划、市政、应急等领域的应用，并且正在由展示为主的应用体系向管理为主的应用体系转换。当前国内外在应用体系建设上的不足可以归纳为以下几点：

(1)平台开放性不足。无论是基于 C/S 架构还是 B/S 架构，大多数平台倾向于集中应用。系统一般由政府出资，统一建设，前期投资巨大，但后期更新和发展困难。由于没有良好的机制，项目验收后，系统基本上固定下来，一旦业务流程发生变化，系统很难根据用户的需求进行有效变更。

(2)数据开放性不足。由于信息的获取与维护需要付出大量的成本和长时间的积累，因此数据共享一直是信息应用无法突破的瓶颈。而在建成的各类应用系统中，往往也对系统数据实行严格的保密措施。一方面增加了更多企业应用现有成果的难度，另一方面也增加了平台数据更新的难度。

(3)应用开放性不足。受限于系统开放性，外部应用一般很难访问平台本身的丰富资源。新的应用系统开发往往需要从头构建，无法共享现有平台的资源，包括已有的工具集。

§11.2　平台总体设计

11.2.1　平台架构设计

平台在逻辑上按照三层结构设计，即数据层、引擎层和应用层。其中，数据层主要用来存储三维地理信息数据；引擎层是三维仿真平台的核心，采用基于开源渲染引擎 OpenSceneGraph 设计，主要包括场景管理器、缓存管理器、标准插件及空间索引、渲染引擎、场景交互等功能；应用层主要对三维地理信息平台需要执行的功能要素进行封装，通过用户插件或二次开发应用模式提供应用服务。平台总体结构如图 11.1 所示。

11.2.2　平台开发技术路线

1. 开放式插件架构

从平台开放性、数据开放性和应用开放性三方面着手，建立一套开放的应用体系。平台采用了开放式架构，用户可以自定义插件来完成自定义功能，快速实现面向行业的应用扩展。插件的编写和使用有两种方式：①编写插件集成到客户端的安装目录中，可以动态加载和启用用户自定义插件；②编写插件集成到基于运行时的独立应用程序中，脱离客户端也能使用用户自定义插件。开放式插件式架构如图 11.2 所示。

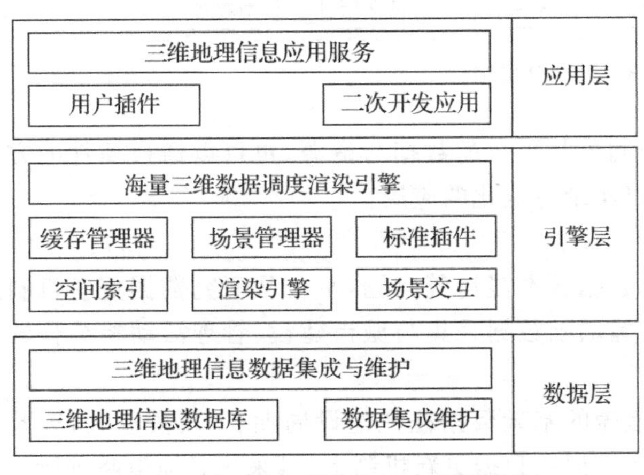

图 11.1　三维地理信息平台总体架构

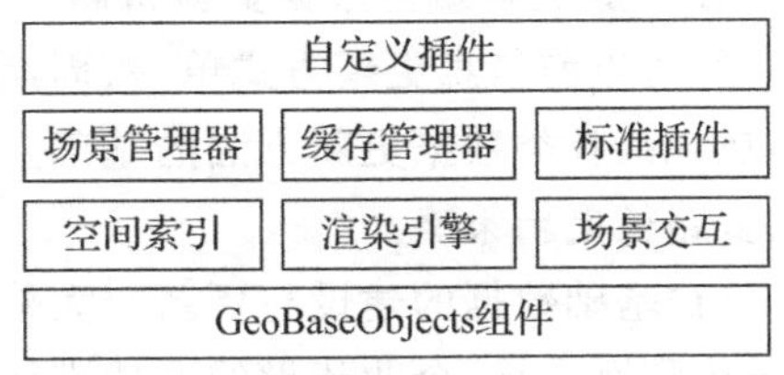

图 11.2　三维地理信息平台插件式架构

GeoBaseObjects 组件提供了基础功能，包括场景管理、数据输入输出、用户输入、渲染引擎接口等。插件的编程基于 GeoBaseObjects 类库，插件定义的接口函数为：①GetPluginCount，描述插件个数的函数（一个 DLL 函数可以包含多个插件）；②GetPluginInfo，描述每一个插件信息的函数，用于插件的发现、加载和卸载，而插件信息包括作者、描述、类别、初始化函数、退出函数等；③RegisterDeclarations，用于注册插件功能函数声明，定义插件功能的定义、创建、核心逻辑、事件回调等信息。插件的编程采用基于 DLL 的方式。实现自定义插件的主要步骤是：①实现插件定义的接口函数并导出；②实现插件核心逻辑；③测试并使用。

支持插件式架构的优势是：①开放性，支持自定义插件的开发，解决公共平台不同特点的行业业务应用；②灵活性，对于已有的插件，可以进一步升级和更新，增强了平台的可维护性。

2. 面向服务和面向领域的总体设计思路

面向服务是平台提供的交互方式。根据面向服务的思想,平台的应用程序将构建为不同功能单元(称为服务),而不同单元通过良好的接口和契约联系起来。基于该结构,平台坚持数据、管理、服务、应用相分离的架构原则,实现平台的扩展性和应用的灵活性。

面向领域是平台提供服务的解决方案。在平台的服务层,将服务构建为基本的通用构件和面向领域应用的领域构件。通用构件不仅为平台的业务流程提供基础服务,还为平台的开放性应用提供基础服务。领域构件封装行业应用,提供支持特定领域应用流程的基础服务。

基于该思想,结合面向服务的架构(service-oriented architecture,SOA)与传统模型—视图—控制器(model view controller,MVC)架构,设计系统内部层次关系,如图 11.3 所示。

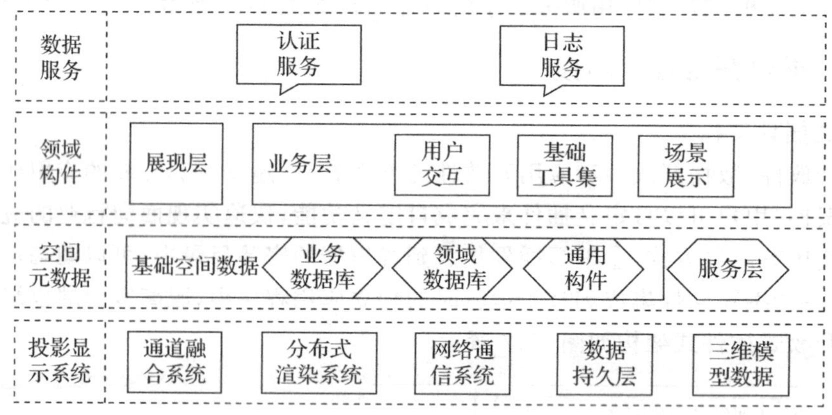

图 11.3 平台分层结构

专业应用系统可以通过服务的方式访问公共平台的数据与资源,也可以通过插件的方式将平台提供的功能集成到自己的应用中,以实现专业化的应用。

3. 开放性多路径数据更新机制

针对当前信息更新方式单一、周期长、数据版本混淆等问题,平台从研究数据更新机制入手,在规范各类数据更新方法的基础上,实施基础数据采集与城市建设、管理活动相结合的多源、多路径更新策略。

(1)基础数据的建设与更新。大范围覆盖的基础数据往往建设周期长、投资巨大,因此仍然采用政府主导、企业建设的方式进行生产。但在数据更新机制上,可采用其他策略进行。一个有效的办法是与城市建设工程报建、规划报批、建设资料汇交等城市建设环节相结合,实现数据的同步更新。利用相关部门的管理职能,为数据更新提供政策性的支持。

(2)业务驱动的数据更新。企业在基于开放的平台实现自己的业务流程时,必然会产生相应的业务数据。开放性的数据更新机制允许企业以规范的方式提交业务数据到数据平台中。这些数据可以基于不同来源、不同用途的数据格式,只要符合规范的要求,即可整合到数据平台中。数据平台以数据版本的方式管理数据在平台上的调用与更新。

(3)基于地理编码的增量式更新。通过构建面向对象的数据组织,对每个数据对象建立唯一的地理编码,并记录包括更新时间、更新人员等信息在内的对象特征描述。在更新过程中,数据平台将发生变化的数据进行替换,并将旧数据归入历史库,建立生产数据和历史数据的联动,实现面向对象的增量式更新机制。

4. 以用户需求为导向的开放式应用方式

借鉴插件式软件设计技术与开放平台的互联网思想，在应用上提供开放、灵活的集成方式。一方面，平台向授权的企业合作伙伴开放系统应用程序接口(application programming interface，API)，企业可以通过应用程序接口访问数据平台的资源和应用平台的分析功能，实现快速定制面向领域应用的工具集，实现自己的业务应用；另一方面，插件式的软件开发方式可以为系统提供灵活的配置方式，使企业的应用工具集很好地集成到平台上。

§ 11.3　平台数据管理

数据组织与管理是三维地理信息平台建设的主要部分，包括建立三维地理信息数据管理系统、数据集成维护系统两个部分。

11.3.1　平台数据库设计

建立三维模型数据库是实现分布式三维应用的基础，然而由于三维数据量大、结构复杂，业界尚无一套成熟的技术实现三维数据库的组织、整合与管理，阻碍了三维集成管理的推广和应用。平台根据要素实体数据和属性数据相结合的思想，基于关系型数据库设计了场景数据库，数据设计如图 11.4 所示。

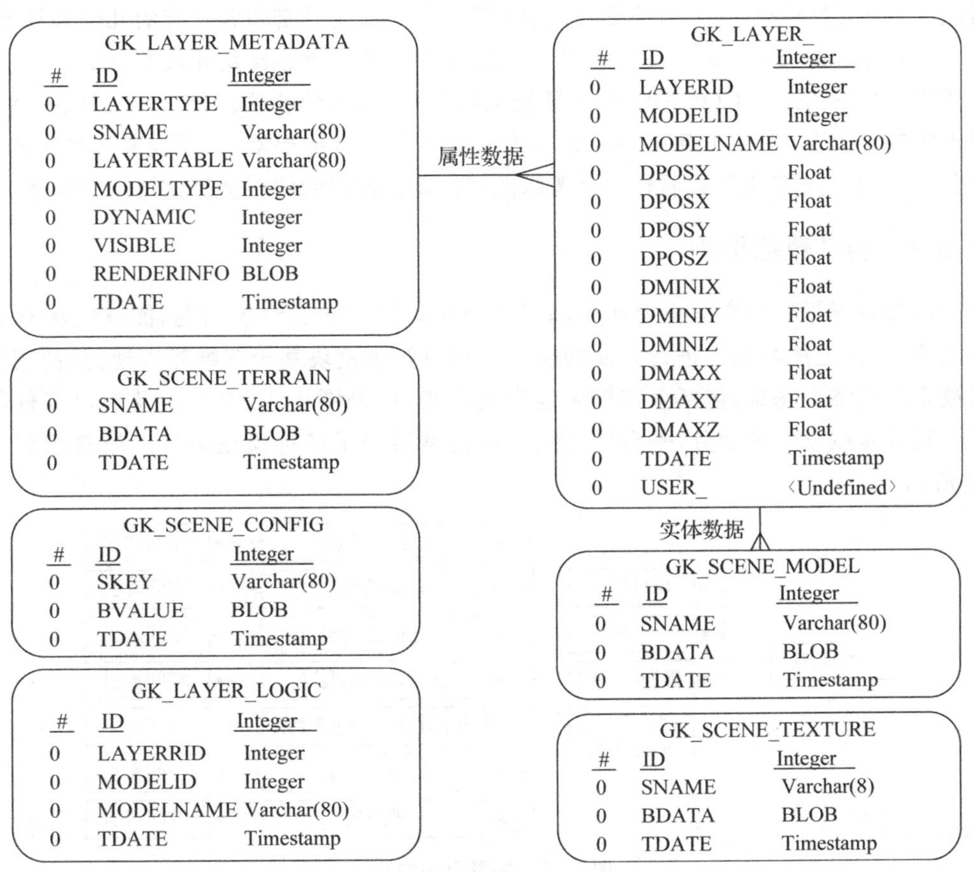

图 11.4　三维模型数据库模式设计

图层是要素的实体数据和属性数据结合的核心概念,整个三维模型数据库以图层为核心而设计。图层元数据表 GK_LAYER_METADATA 用来存储图层数据的元数据信息,每一行都对应于一个图层,LAYERTABLE 字段定义了该图层表的对应图层列表。而图层表则定义该图层包含的要素信息,同时也支持用户自定义属性,从而将要素实体数据和属性数据绑定起来。

模型表 GK_SCENE_MODEL 存储几何数据,纹理表 GK_SCENE_TEXTURE 存储共享的纹理数据,从而集中存储了要素的实体信息。每一个模型通过 ID 与相应的图层要素相关联,进而获得其对应的属性数据。基于视觉可视化的规律和渲染性能的要求,纹理表设计了细节层次(level of detail,LOD)级别,包括:①背景纹理级别,用于表现较遥远物体的透明背景效果;②低精度纹理级别,用于表现较远物体的贴图效果;③高精度纹理级别,用于表现较近物体的精细贴图效果。这些不同级别的纹理都统一存储到纹理表中。

从逻辑上来说,图层元数据表是图层列表,模型表和纹理表是要素的实体信息,图层表则是要素的属性信息。由于图层表支持自定义表名,同时也支持自定义扩展属性字段,因此这种架构灵活可变,能够很好地支持图层动态管理和属性的自定义动态管理。

地形瓦片表 GK_SCENE_TERRAIN 存储地形建模的成果数据。地形建模的数据来自航空遥感和航空摄影测量技术。通过常规的航空摄影或者新兴的无人机获得高精度的高程和影像资料,然后对数字高程模型和数字正射影像图按照不同分辨率进行重采样,生成不同级别的金字塔四叉树地形瓦片,最终形成金字塔地形瓦片数据集。每一个瓦片都包含相应的几何和纹理数据。整个地形层通过最顶层的主瓦片文件形成一个地形图层,也存储在图层元数据表中。

配置表 GK_SCENE_CONFIG 存储场景配置信息,如场景参数、用户自定义数据等。

逻辑图层要素表 GK_LAYER_LOGIC 存储逻辑图层包含的要素,用于表现某些实体要素的概念集合,如一个规划方案可以看作一个逻辑图层。逻辑图层的使用会简化物体的管理功能。

11.3.2 场景数据组织

大规模海量场景组织方案主要解决基于模型层的模型动态组织问题,能够使场景在动态高效吞吐的同时,也能与用户进行方便的交互。场景管理模块基于三维建模规范,使用基于模型层的概念组织整个场景,包括金字塔大地形瓦片集、模型图层组、天空盒及窗口部件等。模型层的类别只是概念上的划分,平台使用统一的模型层表示各种模型集合。场景组织结构如图 11.5 所示。

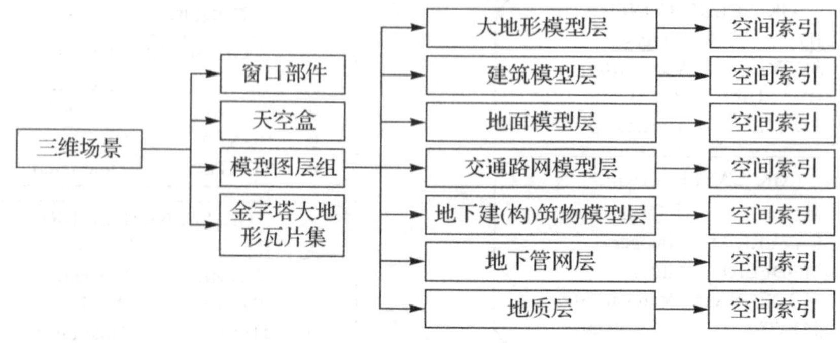

图 11.5 场景组织结构

11.3.3　平台数据更新与维护

三维地理信息平台按照空间数据的生产、集成、更新和维护的要求，同步实现三维数据集成维护系统，集成了与生产实际紧密结合的数据集成、更新和维护工具。数据集成维护平台采用可视化设计，通过良好的用户界面，实现了多源数据集成与处理，包括数据集成检查、集成建库、模型转换、纹理转换、数据加密、大地形瓦片生成、各种数据格式解析与过滤等。具体包括三部分：①三维模型数据，开发三维模型数据的格式转换工具、模型 LOD 自动生成工具、模型入库与管理工具、模型空间索引生成工具等；②钻孔、剖面，以及三维点、线、体块数据，开发数据导入和管理工具，实现在三维模型数据库中存储；③元数据，开发图层级、要素级和专题级的元数据浏览和管理工具。

数据集成维护平台能够按照建模技术规范要求，进行数据的一体化集成、金字塔大地形纹理集成、模型纹理 LOD 生成等检查、集成、整合、处理，支持模型区块更新机制，为三维数据的进一步发布和分布式渲染做好数据准备。

§11.4　调度与渲染

海量三维数据为可视化引擎带来了巨大的负载。为保障可视化的流畅及专业应用的顺利，研究了海量三维数据自适应可视化方法；对海量三维数据进行组织，建立了 LOD 和高效的三维空间索引；研究了开放场景组织、处理与渲染策略，在三维场景中实现了海量三维数据的自适应动态调度及实时交互。

11.4.1　海量三维场景加载

在系统初始化之后，进行工程加载。通过数据访问层读取工程配置文件，自动发现各个图层及金字塔大地形层，同时初始化天空盒和窗口部件(如指南针)。系统中可以有多个动态图层，但只能有一个金字塔大地形层。

在加载工程配置后，顺序加载各个模型层。首先，确定该模型层的空间索引是否存在，如果不存在，则根据该模型层包含的物体信息生成 R 树空间索引，然后加载空间索引。其次，根据该模型层包含的物体信息生成物体列表，用于动态调用的空间查询。最后，向动态加载器注册该模型层。

动态加载器会启动一个后台线程处理动态加载请求，利用后台加载的方式通过数据访问层读取三维数据库，然后在内存中生成节点，并经过场景更新步骤将编译好的节点添加到场景中去，从而完成场景的动态更新。

在加载金字塔大地形层时，会将 Master 块读入内存，然后通过分页的 LOD 方式进行地形块的动态更新。地形瓦片的动态加载也是由动态加载器支持的。海量三维数据可视化的截图如图 11.6 所示。

11.4.2　场景模型动态调度

场景模型动态调度分为两个部分：①调度算法，解决调度加载的时机和内容；②数据访问层设计及实现，解决动态加载和场景合并更新的问题。

图 11.6　海量三维数据可视化(渝中区两江四岸)

1. 基于运动预测的动态漫游算法

模型层的更新是整个动态漫游机制的核心,更新流程如图 11.7 所示。

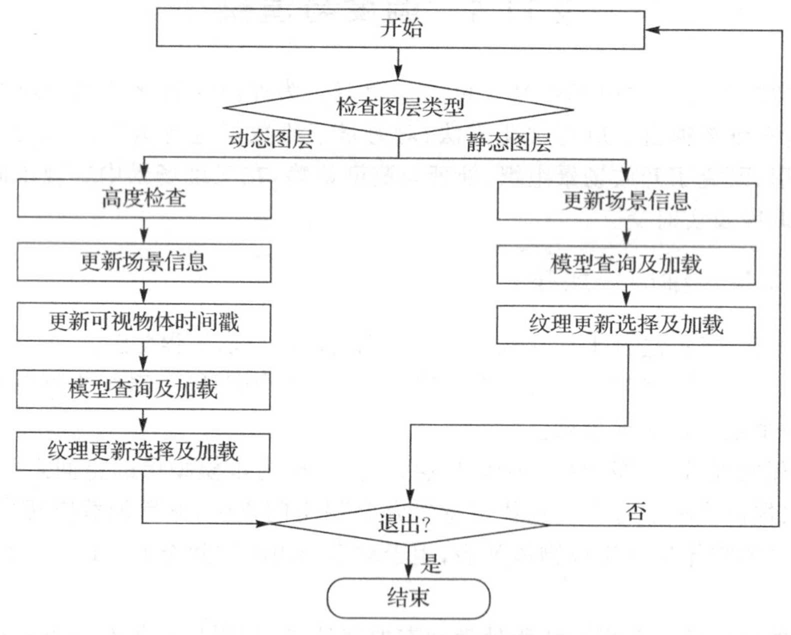

图 11.7　模型层更新流程

动态加载机制采用了基于时间戳的动态物体删除机制:预先设定物体过期时间或者过期帧数的过程阈值参数;通过场景物体遍历,给场景中的每个可见物体打上当前的时间戳,同时比对物体上次更新的时间戳和当前时间戳的差异,如果差异超过了过期阈值参数,则设定该模型为过期模型。对于过期的模型,由专用的场景更新后台线程删除并释放内存资源和缓存的高精度纹理资源。

为了适应动态漫游的需要,要实现基于运动预测的物体请求加载机制,即根据当前相机的运动趋势,在动态请求计算对加载视点进行空间查询的时候,加上运动预测偏移量,如图 11.8 所示。

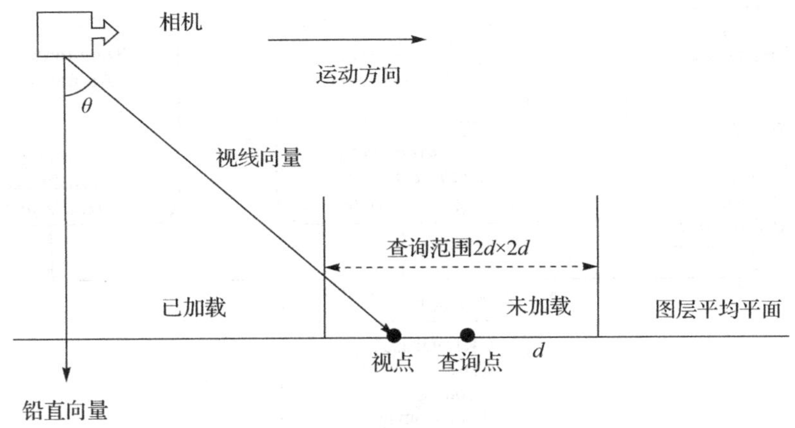

图 11.8　基于动态预测的动态漫游查询

当更新时发现需要动态调入模型，则引发空间查询，通过当前相机的视线方向和铅直向量，计算出视点位置 Vp 及查询点位置 Qp。设 $\boldsymbol{M}$ 表示相机运动向量，v 表示运动速度，T 表示向前预测时间，$\boldsymbol{L}$ 表示归一化的视线向量，Cp 表示相机位置，h 表示图层平均平面高度，$\boldsymbol{H}$ 表示铅直向量[0　0　−1]，则

$$\cos\theta=\frac{\boldsymbol{HL}}{|\boldsymbol{H}||\boldsymbol{L}|}=-L.z \tag{11.1}$$

$$Vp=Cp+\frac{\boldsymbol{L}}{|\boldsymbol{L}|}\cdot\frac{|Cp.z-h|}{\cos\theta}=Cp+\frac{\boldsymbol{L}}{|\boldsymbol{L}|}\cdot\frac{Cp.z-h}{-L.z} \tag{11.2}$$

$$Qp=Vp+\frac{\boldsymbol{M}}{|\boldsymbol{M}|}vT \tag{11.3}$$

由查询点 Qp 和当前的查询范围 d（可以动态扩大和缩小），构建查询矩形 $QR=\{(Qp.X-d, Qp.Y-d):(Qp.X+d, Qp.Y+d)\}$，使用查询矩形 QR 搜索已经建立并加载的空间索引，获得未加载模型 ID 列表，并利用模型后台线程加载进行动态加载。

2. 数据访问层设计及实现

数据访问层的目的是隔离数据访问逻辑和实际的数据存储架构，从而能方便灵活地支持更多种数据库。数据访问层的接口和实现设计如图 11.9 所示。

其中，IConfig 接口描述了工程加载、保存、验证密码等通用功能；IDataConfig 接口描述了获取工程配置信息和图层信息的方法；IdataAccessLayer 接口描述了通过数据库读取模型节点或物体，以及纹理图像二进制数据的方法；GKDatabase 通过虚继承的方式默认实现了三个接口，不过相关的函数都是默认空实现；真正实现数据库访问的是 GKFirebirdDatabase，它使用查询池的方式，高效地实现了 Firebird 数据库的访问；GKFirebirdDatabase 的查询池机制是预先生成一个模型查询池和纹理查询池，其中，池中缓存的对象是一个结构体，包括查询事务、预编译语句、二进制读取对象、读取缓存。当有模型读取线程使用模型读取查询时，注册该线程，并将一个可用的查询缓存分配给该线程，之后该线程一直使用该查询缓存完成数据访问。

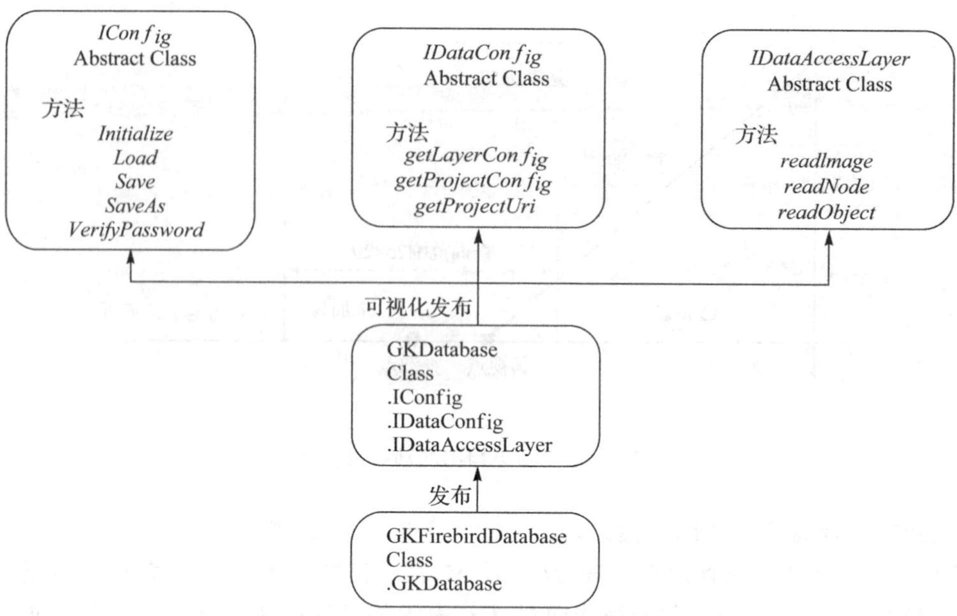

图 11.9 数据访问层的接口和实现类

11.4.3 LOD 技术

1. 大地形 LOD 技术

三维大地形 LOD 研究主要是金字塔大地形的四叉树生成。金字塔大地形按照级别从上到下逐渐生成,如图 11.10 所示。

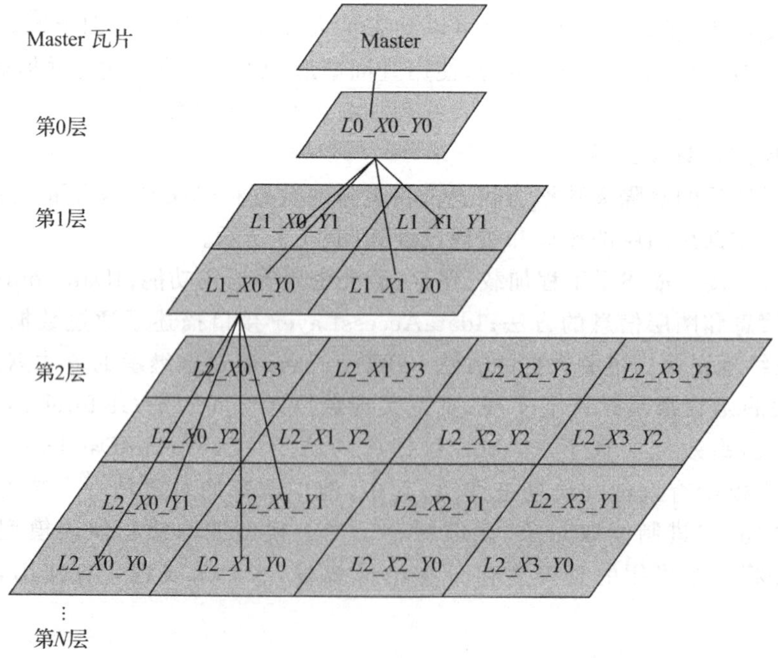

图 11.10 金字塔大地形的四叉树生成

生成金字塔大地形的四叉树时，直接读取高程数据和精细影像数据，并根据不同的级别进行重采样，生成相应的高度场图和相应大小的纹理。每一个节点瓦片文件都是一个地形模型，因此高层次的节点到低层次的节点是一种逐渐细化的 LOD 过程。地形渲染时，根据视点决定相应的级别和可见瓦片，进行动态加载和吞吐。当地形瓦片加入场景时，会自动重构几何网格，由连续细节模型(CLOD)算法保证地形模型没有因为不同的临近级别而导致地形裂缝问题。

三维模型的 LOD 技术还支持对面数过多、批量复制建模的别墅等模型进行减面优化。它采用采样率(sampleRatio)和最大点误差(maximumError)两个指标，使用边塌陷算法进行模型简化。

2. 纹理 LOD 技术及纹理缓存

纹理缓存功能使用可配置的纹理级别，通过延迟加载、使用缓存等方式实现了模型和纹理的分离加载，即从半透明纹理到粗略纹理，再到精细纹理的 LOD 选择和更新，以及纹理的吞吐。纹理缓存是对纹理一次全部加载的革新，做到了动态模型和动态纹理。纹理缓存的组织结构如图 11.11 所示。

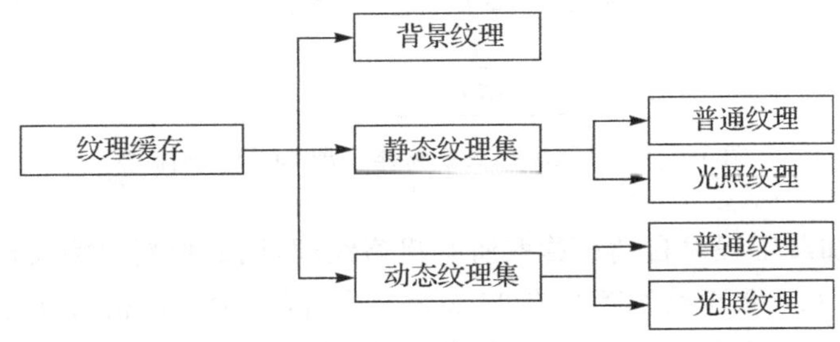

图 11.11　纹理缓存的组织结构

纹理缓存分为三个部分：①背景纹理，用于表现较遥远物体的透明背景效果；②静态纹理集，是预加载的粗略纹理集，用于表现较远物体的贴图效果，包括粗精度的普通纹理和光照纹理；③动态纹理集，是动态吞吐的精细纹理集，用于表现较近物体的贴图效果，包括高精度的普通纹理和光照纹理。通过纹理 LOD 和光照贴图、多通道贴图的使用，可以减少纹理开销，避免实时光照计算，提高场景的运行流畅度。

纹理的更新选择及加载是纹理 LOD 机制的核心，其选择、计算纹理 LOD 更新列表流程如图 11.12 所示。

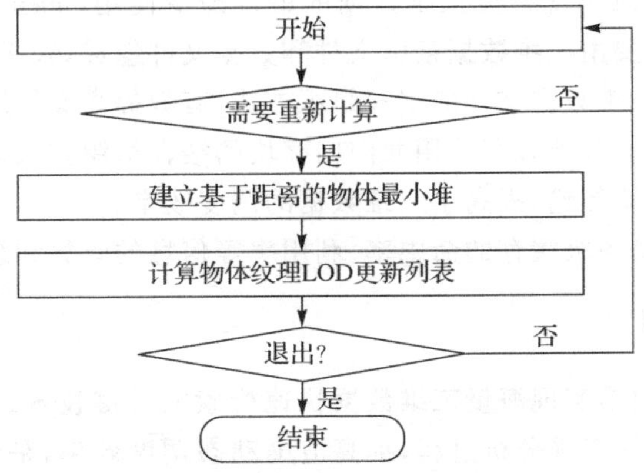

图 11.12　选择、计算纹理 LOD 更新列表流程

纹理缓存更新物体纹理LOD级别的流程如图11.13所示。

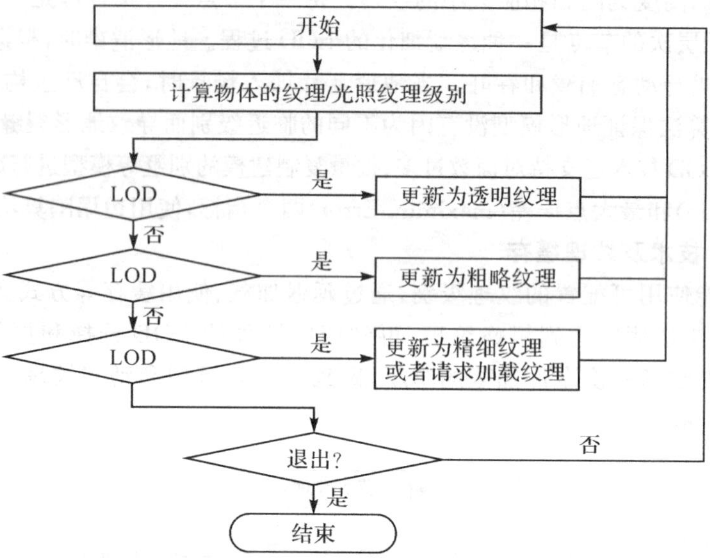

开始
计算物体的纹理/光照纹理级别
LOD 是 更新为透明纹理
否
LOD 是 更新为粗略纹理
否
LOD 是 更新为精细纹理或者请求加载纹理
退出? 否
是
结束

图11.13　纹理缓存更新物体纹理LOD级别流程

纹理缓存会在加载工程时自动预读取所有粗略纹理,因此更新粗略纹理不需要动态加载。经实际测试发现,36 656张粗略纹理只有11 MB大小,因此预读取粗略纹理是值得的。

场景物体过期后,会自动删除。删除时,物体所用纹理会自动清除。采用基于物体计数的纹理删除策略,当没有物体使用该纹理时,将该纹理从缓存中释放。

11.4.4　多级缓存

三维地理信息平台采用了多级缓存管理方法。针对多用户并发引起的数据库服务器的磁盘I/O瓶颈和服务器性能瓶颈,多级缓存机制可以有效地减少网络的通信量,减轻服务器的负载,显著提高响应速度。

三维数据多级缓存结构由客户端内存缓存、客户端文件缓存、应用服务器缓存三级缓存构成:①客户端内存缓存是通过与渲染引擎相结合的方式实现的,通过智能指针的引用计数机制进行自动维护,采用缓存池实现各类三维数据的最近最少使用(least recently used,LRU)管理;②客户端文件缓存主要由三维数据索引文件和数据文件组成,采用基于空间索引节点统一组织与内存结构一致的三维数据文件的缓存组织方式,有效提高文件缓存的数据访问效率,降低网络访问开销;③应用服务器缓存采用面向内存块的缓存组织方式,采用统一结构的内存块进行管理,直接应用于网络传输,提高了三维数据的调度效率。

多级缓存模块还支持各级缓存的命中率、利用率等信息的收集和统计。

11.4.5　空间索引

高效的三维空间索引是实现海量三维数据快速检索的关键技术。通过空间索引,能够迅速了解图层图元信息,加快三维分析过程,提高渲染动态调度效率,是整合多源数据的核心技术。使用多类型混合的三维空间索引方法,采用由粗到精的多层索引和多级过滤,实现三维空间数据的快速、准确查询和三维分析。

多级空间索引首先通过格网索引作为一级索引实现快速定位，然后将改进的 R 树索引（基于 LOD-R 树和改进的 R 树分支策略）作为二级索引，实现三维目标基于 LOD 的精确查找。

§11.5　平台应用案例

以三维地理信息平台为基础，通过二次开发搭建满足各方面需求的专业应用系统，广泛应用于规划管理、工程建设等领域。

11.5.1　轨道环线试验段可视化应用

基于三维地理信息平台，通过集成轨道交通规划相关业务数据，开发面向轨道交通规划应用的工具集，形成一套面向轨道交通选线的应用系统，并在重庆市轨道交通环线试验段选线工作中得到了实际应用。

重庆是全国著名的山城，建筑密集，建设用地紧张。重庆市轨道交通环线试验段位于地下，如何有效利用已有的数据辅助地铁隧道选线，是一项具有重要意义的工作。该平台紧密联系实际，将地铁隧道选线涉及的相关范围内的数据在三维场景中进行直观表达，并集展示、评价、分析、管理、辅助决策于一体。

轨道环线试验段可视化系统在重庆市轨道交通环线试验段选线工作中得到了实际应用。该系统建立了轨道交通环线试验段沿线（包括地形、地下管线、地下建（构）筑物三维模型）的三维地理信息数据库。通过集成显示、多角度浏览、虚拟漫游等方式，对规划方案进行了有效展示，如图 11.14 所示。

图 11.14　规划方案展示

通过隧道缓冲分析，获取了影响半径内对隧道结构可能产生影响的地下建筑物基础。分析结果直观地显示出有建筑桩基础深入到拟建隧道以内，提醒设计人员要引起高度重视，如图11.15 所示。

该系统实现了对主要数据的集成管理。借助平台强大的可视化及专业分析功能，为轨道交通环线试验段选线及设计（特别是纵断面设计）提供了丰富而准确的三维信息。该系统通过数据共享、空间分析、方案展示及交互式修改，极大地提高了工作效率及质量，有效提升了管理水平,为轨道交通环线试验段的勘察、设计及施工建立了高效的可视化及分析系统。

图 11.15 隧道缓冲分析结果

11.5.2 三维交互式建筑规划方案设计应用

本项目位于重庆市梁平县体育馆右侧丹桂大道与碧桂路交界处,临近渝万高铁梁平站、高速公路梁平站出口,是城市发展的新方向,多条环城公交线经过该项目,使生活“畅通全程,便捷到家”。该项目地块四周均有城市道路,规划建设总用地面积为 43 547.00 m^2。

三维交互式建筑规划方案设计系统提供了用地布局、建筑体量、建筑外部方案,并通过实时调整、优化支撑规划审批决策等。

在地块内部,根据设计初步的建筑底面、建筑间距、建筑限高等指标,叠加地块矢量范围,执行自动行列式布局,获得地块初步的布局和体量方案,如图 11.16 所示。

图 11.16 行列式布局

在三维地理空间环境中,从不同角度评估初步体量方案对周边的影响。通过体量实时调整,比较了高层低密度和低层高密度的两种高度方案情况,以及对周边的影响。为了不影响周边生态和整体空间形态的和谐,初步确定了中等程度的高度方案。

在确定初步体量之后,通过进一步优化,确定了项目的布局和底面形状,由此形成了建筑外部轮廓。对初步形成的方案进行不同的评估,通过定量、定性的指标来反映初步成果的可行性、协调性，如视角模拟、视域分析等，直观地展示项目建成后对周边的影响。通过建筑风格的选择、建筑外部形态的细化、周边景观的设置，形成最终效果。在“云湖・天地”项目中，形成了两种外部形态的方案，如图 11.17 所示。这种方式的建筑规划方案设计为后期的规划审批、设计施工提供了有力支撑。

(a) 方案一

(b) 方案二

图 11.17　最终效果

三维交互式建筑规划方案设计系统显著提高了设计效率。三维政务基础平台已用于辅助规划管理全流程，服务于城乡规划编制、片区城市设计、规划方案审批、规划竣工核实等多个规划环节。

第12章 三维地理信息在城市规划管理中的应用

城市规划是对一定时期内城市的经济与社会发展、土地利用、空间布局及各项建设的综合部署、安排和管理。当前很多地方正在全力推进"创新驱动、转型发展"战略，因此城市规划设计和管理工作应适应城市转型发展的需要，不断创新规划管理的技术手段和方法，进一步实行精细化管理。三维地理信息技术应用于城市规划管理工作，能促进其适应城市创新与转型发展的需要，并且开展该项技术研究及其应用，是对国家《城乡规划法》中有关空间管制要求的落实，有利于探索对城市空间进行有效管制的方法和手段，提升规划管理的水平。利用三维技术能形象真实地描述城市三维地理空间的内容，在表现虚拟现实真实感的同时，可显示真实的地理坐标，并具有空间分析与运算能力。本章以上海"三维规划管理业务服务系统"为例，结合规划管理业务需求，介绍三维地理信息在城市规划管理中的应用。

§12.1 项目背景

目前，三维相关技术的发展已日趋成熟，如三维建模技术、三维数据存储和管理技术、基于网络的海量三维数据浏览技术、三维数据分析技术等，都已在各个领域得到了广泛应用。三维规划相比于传统的二维规划管理而言，具有如下明显的优势：

(1)规划所见即所得。利用三维技术对城市现状进行建模和还原，可以在计算机中为规划管理人员提供一个逼真、准确的工作环境，使规划人员足不出户就可进行规划管理的相关工作，从而大大提高规划管理的工作效率。由于规划管理工作都是基于高度逼真的三维环境，规划编制管理结果与最终项目实施效果高度吻合，能真正实现"所见即所得"。

(2)方案评审和比选。在三维场景中进行规划管理工作，可充分发挥三维技术的优势，特别是在规划设计方案评审和比选环节。传统二维规划的方案评审比选是根据方案的二维效果图进行的，但是二维效果图却无法表达方案准确的体量信息和真实的实际效果。利用三维技术则可将设计方案在规划区域中预先"建成"，在三维场景中多角度、全方位地查看方案的效果及与周边环境的协调性，同时也可利用三维分析的相关技术，分析方案对其他现状建筑的视线、日照等产生的影响。此外，在三维场景中还可将不同的设计方案同时放入场景之中，利用多个屏幕对方案效果进行综合比较，从而选择最佳方案。

(3)指标自动计算和校核。传统的二维规划中，设计方案的实际指标是否符合规划要求需要规划管理人员人工进行核对。然而，三维技术可利用相关算法，在设计方案的三维模型插入场景的时候，便可计算出方案的建筑密度、容积率等各项指标，并且还可自动与各项规划指标进行比较，对不符合的指标进行预警。

本章以城市空间合理布局和城市空间形态控制为研究对象，构建城市空间形态控制模型，以及三维形象化表达控制性详细规划指标体系，弥补控制性详细规划在城市空间控制上的不足，满足城市规划管理领域的社会经济发展与应用需求。

§12.2　城市空间形态控制模型

城市空间形态控制模型是以控规数据为基础，利用空间形态和属性等方式管理和表达控规数据，使控规数据能以统一有效的方式进行管理，同时使控规数据在三维地理信息系统场景中得以直观形象的表现。利用三维地理信息系统技术，城市空间形态控制模型可对抽象的控规要素进行形象化的三维表达。根据每个规划地块的退线和控高等控制要素生成空间形态控制模型，其展示效果如图 12.1 所示。在空间形态方面，空间形态控制模型形象地反映了这个地块的空间控制要素。也就是说，每个地块的设计方案不能超出空间形态控制模型的范围，在一定程度上对设计方案的空间形体进行了控制。在属性方面，每个空间形态控制模型都带有相应地块的控规指标数据，如地块编号、用地代码、建筑密度等。在三维地理信息系统场景中可以实时查询任意空间形态控制模型所带的属性信息，为空间形态控制模型在应用方面的进一步拓展奠定了良好基础。

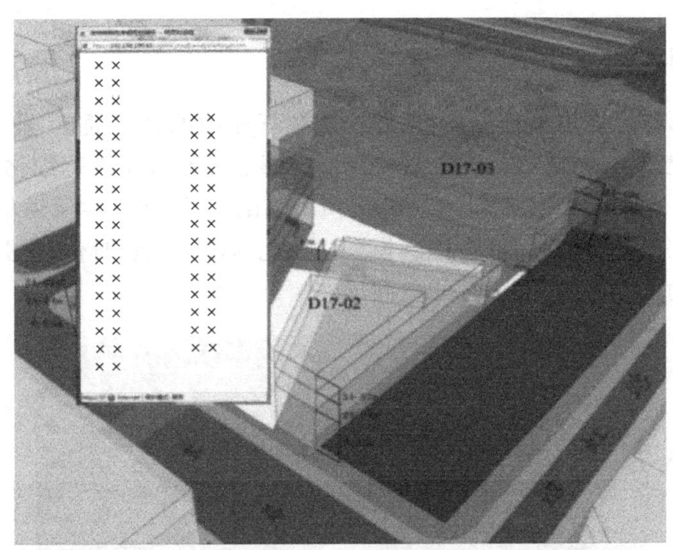

图 12.1　某规划地块城市空间形态控制模型

根据不同地区的控制性详细规划成果和规划实施要求，城市空间形态控制模型分为四种类型，分别为基础空间形态控制模型、精细空间形态控制模型、扩展空间形态控制模型和地下空间形态控制模型。

12.2.1　基础空间形态控制模型

对于一般地区，根据控规数据库中的地块边界、用地性质、建筑控制线、建筑高度等指标形成空间形态控制模型，将控规数据库中的其他指标作为属性赋予空间形态控制模型。如图 12.2 所示，空间形态控制模型 D17 和 D18 从空间形态上直观地体现了两个规划地块的建筑控制线和建筑控制高度指标信息，并且通过颜色表达了两个地块的用地性质信息，图中左侧列表为空间形态控制模型 D17 的属性信息。

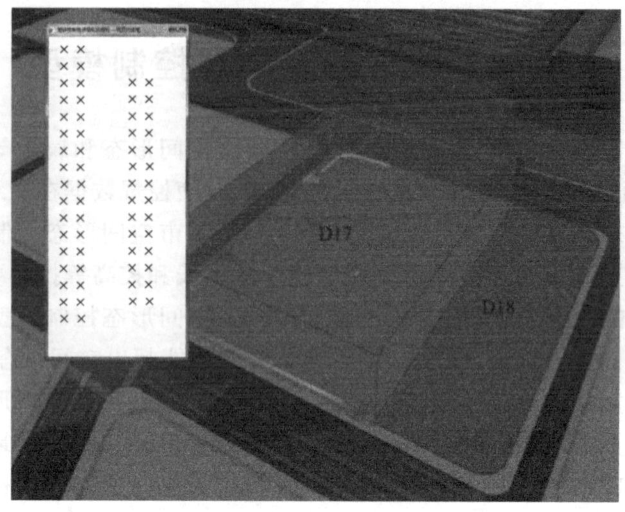

图 12.2 基础空间形态控制模型

12.2.2 精细空间形态控制模型

对于重点地区,结合城市设计方案,按照控规数据库中的公共通道、业态功能、建筑形式、建筑层数、标志性建筑位置等控制要素,对基础空间形态控制模型进行细化而形成空间形态控制模型。如图 12.3 所示,在基础空间形态控制模型基础上,增加公共通道信息,将原有基础空间形态控制模型拆分为五个空间形态控制模型。在此基础上根据具体规划项目需求再逐步增加建筑形式、业态功能等信息,形成精细空间形态控制模型。

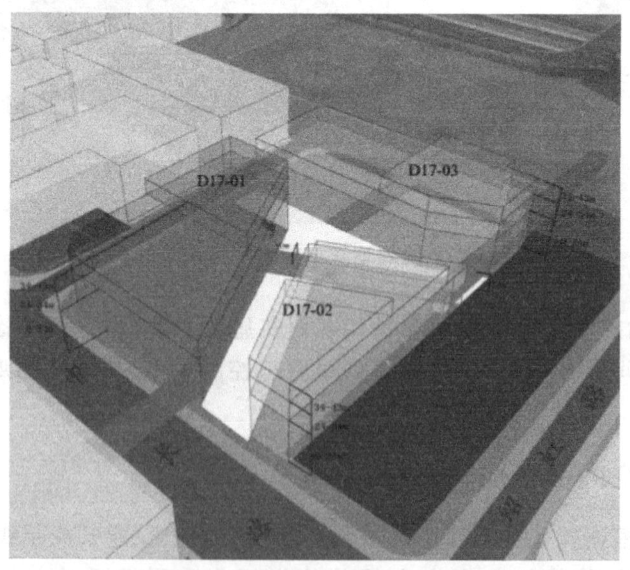

图 12.3 精细空间形态控制模型

12.2.3 扩展空间形态控制模型

在规划实施过程中,按照规划执行的要求,对基础空间形态控制模型的地块边界、容积率、建筑高度等部分控制要素进行弹性扩展。图 12.4 为通过弹性扩展后的扩展空间形态控制模型。

图 12.4　扩展空间形态控制模型

12.2.4　地下空间形态控制模型

地下空间形态控制模型反映了地下空间的可开挖范围，是根据控规数据库的地下控制指标生成的，如图 12.5 所示。

图 12.5　地下空间形态控制模型

§12.3　控规指标计算

在传统的规划管理中，建设方提交的控规指标方案都是以二维图纸和文字描述为主，不但不够直观，而且无法对方案进行快速分析和审核。三维规划管理首先要将控规要素和方案三维化。由控规要素形成的城市空间形态控制模型与建设方案的三维模型集成了控规指标中的空间属性和其他属性,将传统二维数据中必须分成几个图层的数据合并到一个模型中。空间形态控制模型与方案模型可以相互套合进行直观的对比,并且通过三维空间分析,也能快速计算出各类指标,比传统方式更快捷。分析结果可以为方案的审核提供科学、合理的依据。

12.3.1 关键技术

规划审批流程中,三维数据可应用于建筑高度检验、退线检验、贴线率检验和分层密度检验等指标的校验。其中,关键技术主要是建筑立体分层投影计算和投影多边形组织。

1. 建筑立体分层投影计算

建筑退线检验、贴线率检验和分层密度检验都要用到建筑投影面。建筑模型在三维模型数据库中都以三角面片集合的形式存储。投影面的生成分为两步:第一步是将所有三角面片投影到平面上;第二步是将水平面上各投影三角形进行组织,得到最后的建筑投影面。

分层投影面是建筑投影面的一种特殊情况,是建筑在某个特定的高度区间内部分的水平投影。它首先要截取全部或部分落在区间内的三角形,然后再进行投影,如图 12.6 所示。

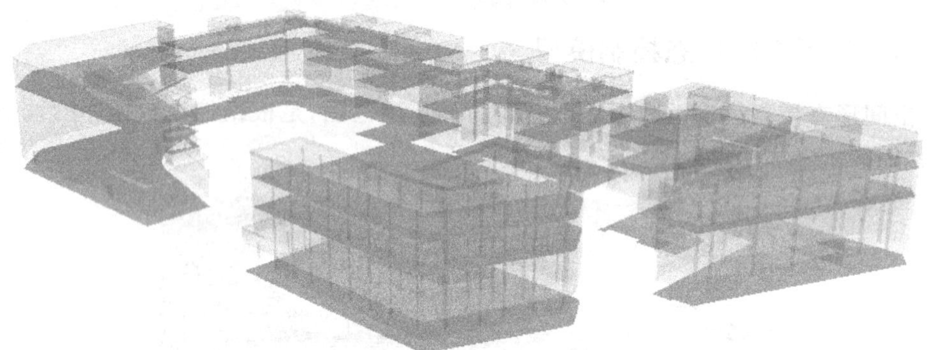

图 12.6 分层投影面示意

2. 投影多边形组织

空间三角面片投影到水平面之后得到的是零碎散乱的水平三角面或线段,这时需要对其进行组织,使其生成不带孔洞的建筑投影面。主要的设计思路如图 12.7 所示。

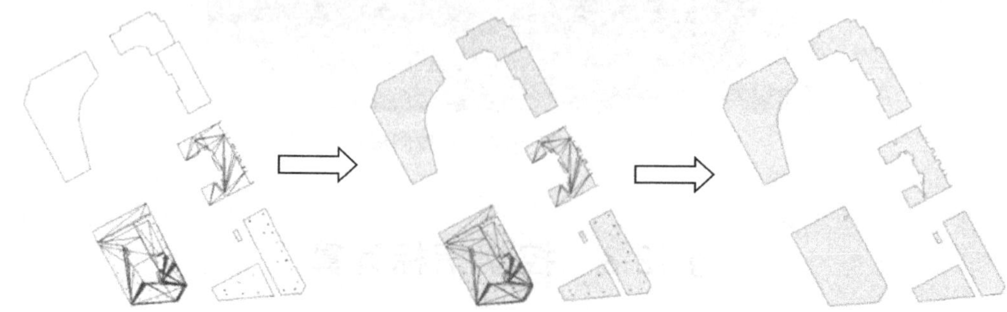

图 12.7 投影多边形生成过程

首先，提取三角面的边界，将其与投影线一起组成线集合，再将线集合进行网络组织，形成网络结构。其次，以任意线段进行跟踪，找到与其连接的线段，以此类推，直到回到起始线段为止。这时线段形成闭合环，将其转化为多边形。当所有线段均被搜索后，则形成了多边形集合。最后，将多边形集合进行融合，得到最终的建筑投影面。

12.3.2　建筑密度计算

利用建筑整体在地面的投影面与地块范围相比较，可得到建筑密度值，如图12.8 所示。

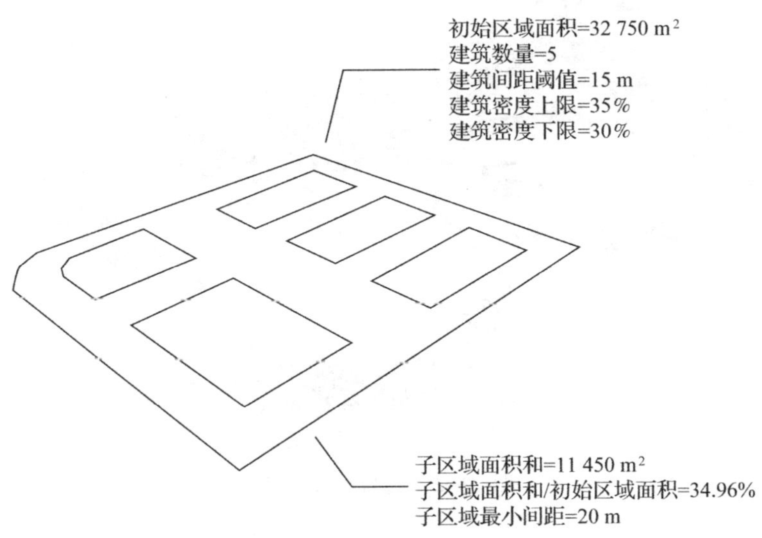

图 12.8　建筑密度计算示意

12.3.3　建筑高度检验

根据地块限高属性，判断方案中的模型是否超过地块限制开发高度，并计算超高部分的建筑体块，如图 12.9 所示(深色屋顶部分为建筑超高部分)。

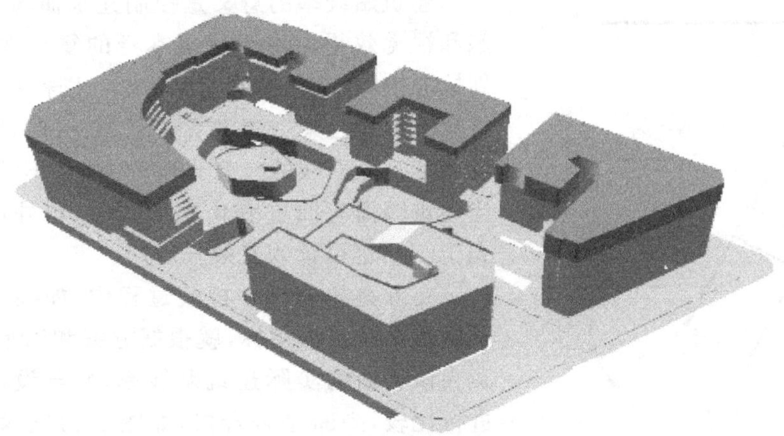

图 12.9　建筑高度检验

12.3.4　建筑退线检验

地块范围加上退线指标可以得到某个地块内允许的建筑范围,如方案超出此范围,则视为超限。在具体分析中,将建筑模型投影在地面上得到建筑投影面,用投影面与建筑范围线进行比较,判断方案建筑范围是否超限,并计算超限部分的建筑体块,如图 12.10 所示(深色屋顶部分为建筑超限部分)。

图 12.10　建筑退线检验

12.3.5　建筑贴线率检验

建筑贴线率是指建筑贴合某一分界面的墙面长度与该界面长度的比值,即

$$贴线率=建筑贴合界面部分的长度/界面长度 \tag{12.1}$$

实际计算时,建筑贴合界面部分的长度取建筑墙面与界面距离不超过 2 m 部分的长度。

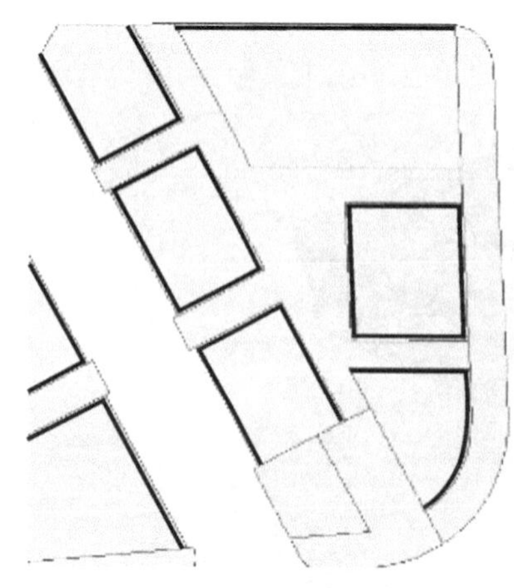

图 12.11　有贴线率规定的界面

建筑贴线率的意义是控制建筑面向公共界面的形态和视觉效果。由于建筑本身的复杂性,在具体的规划标准中,有一些特殊情况需要区别标示:当建筑为底层架空形式且架空高度不大于 10 m 时,架空部分的宽度可计入立面线的有效长度,否则将不计入有效长度;当建筑墙面有凹进变化的形式时,若外墙凹进深度不大于2 m,也可计入有效长度。

在方案的分析和检验过程中,如某一段界面规定了建筑贴线率的指标,就根据方案和以上规则,计算方案在该界面的实际建筑贴线率,并与设计建筑贴线率进行比较,判断是否合格,如图 12.11(深色线条部分)和图 12.12(深色墙体部分为贴线率不符合要求的界面)所示。

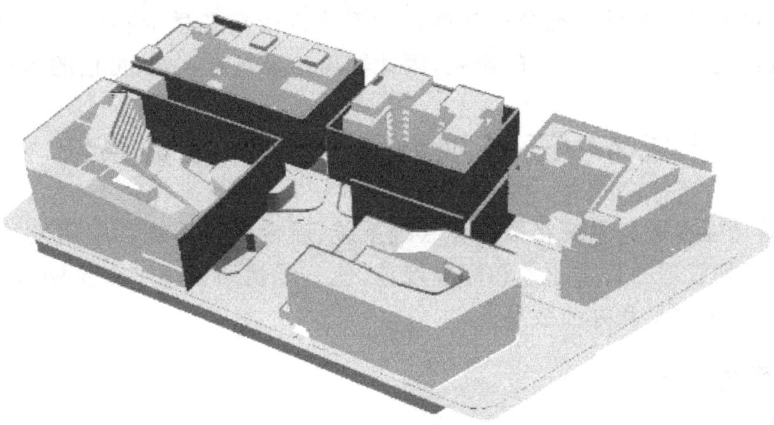

图 12.12　贴线率检验

12.3.6　建筑分层密度检验

建筑分层密度是建筑密度概念的延伸，指建筑在某个高度区间内的建筑密度。计算公式为

建筑分层密度＝高度区间内建筑投影面面积/地块面积　(12.2)

根据地块的具体分层密度指标，将地块分为若干个不同的高度区间，用区间的上限和下限截取建筑，再用截取部分进行投影，求出投影部分的面积，进而求出每个高度区间内的建筑密度，并与控制指标进行比较，如图 12.13 所示(深色部分为分层密度超限的区间)。

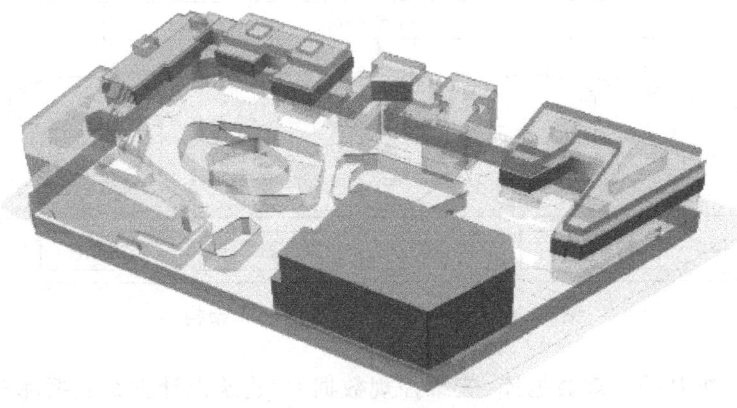

图 12.13　建筑分层密度检验

12.3.7　公共空间利用率计算

对设计方案中的公共空间和规划地块中的公共空间进行比较，计算空间利用率。计算公式为

利用率＝公共空间面积/(规划公共空间面积×(1－绿地率))　(12.3)

综上所述，在计算出以上相应的特征与指标后，基于城市空间形态控制模型，指标计算与检验算法能够定量地对建设方案模型的主要指标进行立体化对比分析，并判断其与控规条件

的符合性,同时将不符合条件的部分以部件化的形式进行高亮显示和输出。计算过程具有快速、自动的特点,不会受到人为因素的影响,因此输出结果具有客观、可信的特点。

§12.4 三维规划管理业务服务系统

三维规划管理业务服务系统将数据库管理系统、后台分析系统和应用发布系统有机结合起来,有效结合规划管理的日常业务和标准规范,使三维规划管理平台更贴合实际应用,有效提高规划管理的技术水平和办公效率。

12.4.1 系统架构

图 12.14 为三维规划管理平台体系架构,包括数据层、服务层、应用层和运行支撑层。

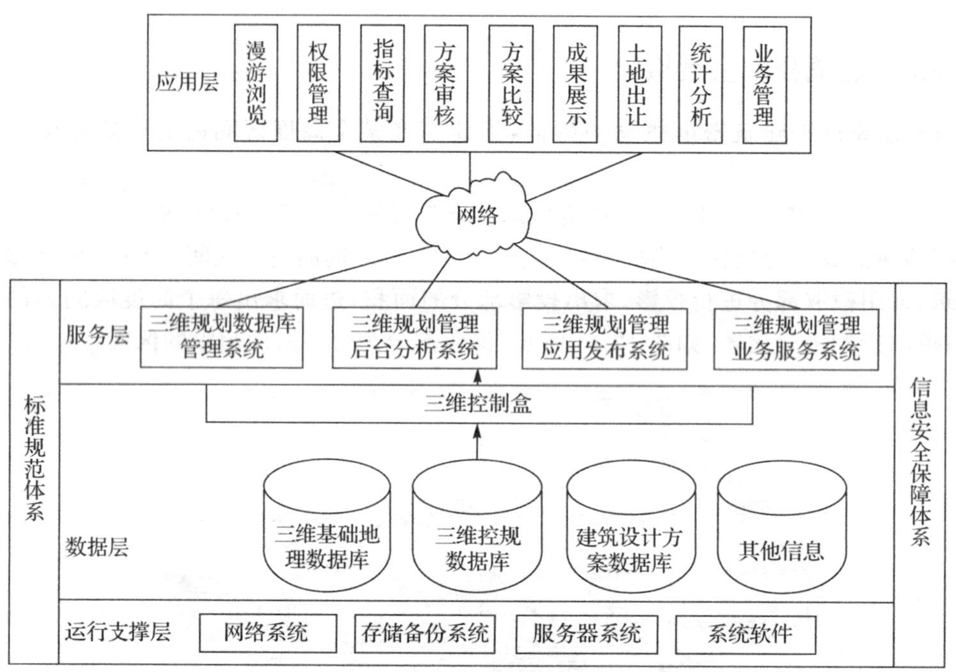

图 12.14 三维规划管理平台体系架构

数据层包括三维基础地理数据库、三维控规数据库、建筑设计方案数据库和其他信息。平台利用城市空间形态控制模型将数据层数据在三维空间进行有效表达和管理,同时为各种应用服务实现奠定了良好基础。

服务层向用户提供各种应用服务,包括三维规划数据库管理系统、三维规划管理后台分析系统、三维规划管理应用发布系统和三维规划管理业务服务系统四个子系统。三维规划数据库管理系统完成对三维基础数据、规划要素和规划方案等数据管理、维护等工作;三维规划管理后台分析系统完成复杂的三维空间分析和运算,为三维规划管理和审批提供强有力的技术支撑;三维规划管理应用发布系统是将后台分析系统中的各种分析功能和分析结果进行包装和分发,以服务或者 XML 方式发布到三维规划管理平台,同时完成获取三维规划管理平台的用户消息,并将消息进行解译传递到后台分析系统;三维规划管理业务服务系统有效结合规划管理的日常业务和标准规范，将数据库管理系统、后台分析系统和应用发布系统有机结合起来，切实将三维技术融入三维规划管理日常业务办公中。

应用层主要针对规划管理的应用需求，开发形成一套完整的应用系统。而运行支撑层则包括网络系统、存储备份系统和服务器系统等。

12.4.2 主要功能

1. 方案浏览

在业务服务系统中，规划管理工作人员可以还原待审批项目周边现状的真实三维场景，并将建设单位报批的一个或若干个设计方案加载到场景中，多角度、全方位地浏览设计方案与周边环境融合的情况；还可以对不同的方案进行双屏或多屏比较，分析不同设计方案的体量大小、色彩协调性等特征，从而确定与周边现状相协调的最“美”方案，如图 12.15 所示。

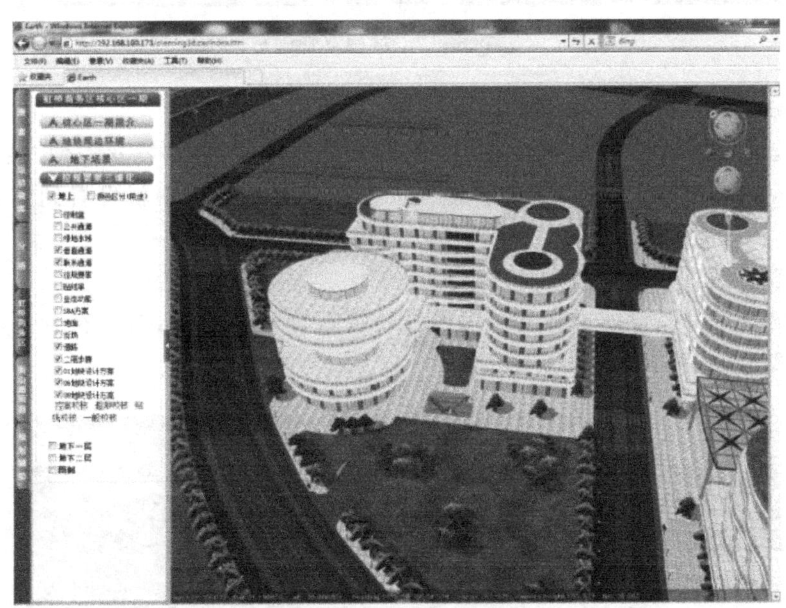

图 12.15　方案浏览

2. 方案检查

设计方案实际指标计算完成后，在后台分析系统中就可将各项指标与规划编制时的规划值进行比较，得到对比分析结果。这种分析结果要在业务服务系统中表现出来，需经过应用发布系统的发布，才能将指标超限值在三维场景中以图形化的方式直观地表达出来。在这之后，规划管理人员在业务服务系统中就可以直观地看到相关规划指标超限的区域和具体的超限数字，从而对设计方案的实际指标是否符合规划编制要求有准确、直观的判断。

3. 控高校核

业务服务系统中，规划审批人员要进行设计方案控高校核。请求被发送到后台分析系统之后，后台将建筑设计方案和规划控制指标(空间形态控制模型)进行对比计算，得到模型超高情况，再通过应用发布系统发布。规划管理人员在业务服务系统中，可看到方案超高部分已被高亮显示，如图 12.16 中深色屋顶部分所示。

图 12.16　控高校核

4. 退线校核

退线校核是判断设计方案在平面上是否符合规划要求，与控高校核类似，经过后台分析系统分析运算和应用发布系统发布，规划管理人员在业务服务系统中就可看到方案超"界"部分被高亮显示。

5. 分层密度检查

分层密度检查是判断设计方案的分层密度是否符合规划要求，对不符合要求的部分将高亮显示，如图 12.17 深色屋顶部分所示。

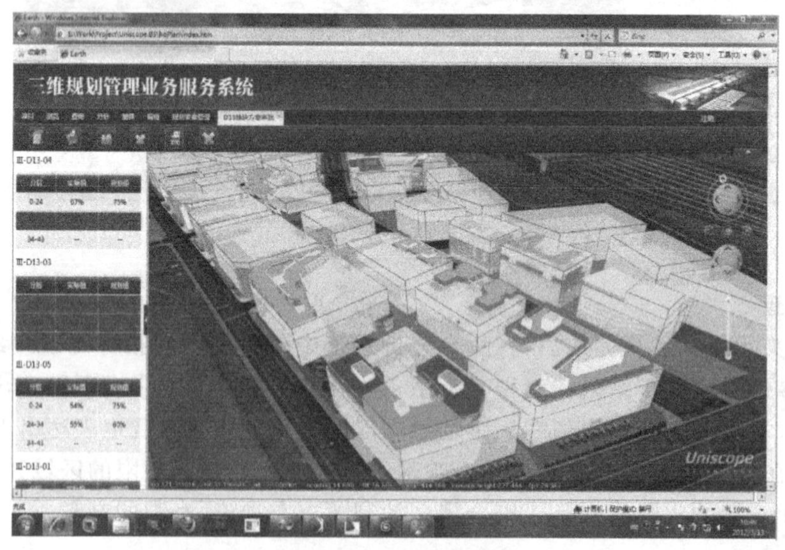

图 12.17　分层密度检查

6. 贴线率检查

贴线率检查是判断设计方案的贴线率是否符合规划要求，对不符合要求的部分将高亮显示，如图 12.18 深色墙体部分所示。

图 12.18　贴线率检查

§12.5　特色与评价

12.5.1　应用特色

(1)提出了城市空间形态控制模型,为控制性详细规划数据在三维空间有效表达和管理提供了基础,将抽象的控规要素进行形象化的三维表达;提出了含拓扑关系的城市空间形态控制模型的建模方法,从三维几何空间、属性信息和拓扑关系三方面表达控制性详细规划指标体系。实现了以三维技术手段来编制规划控制指标和管理城市规划过程,弥补了城市规划和建设在空间形态上引导和控制的缺陷。

(2)提出了三维空间控制与引导图则,与普适图则和附加图则一起作为土地出让的必备附件,从退线、控高、建筑密度、分层密度、建筑层数、建筑形式、公共通道、业态功能和地下空间等多个方面来控制和引导出让地块空间形态。不仅对出让地块的三维空间形态进行了有效控制与引导,还对这些控制性详细规划指标进行了三维形象化表达,突破了目前二维空间和属性指标进行出让地块控制的限制。

(3)提出了三维空间的建筑模型立体分层算法,解决了规划建筑方案的建筑密度、分层密度、贴线率,以及规划出让地块的连续度、建筑面积、容积率的自动提取。在此基础上实现了建筑形态在立体空间内的定量化比对,从而能够对城市整体的空间布局与形态进行智能化控制,最终实现建设项目审批从定性到定量的精细化管理要求。

(4)针对城市空间布局与建筑形态进行分析研究,建设了"三维规划管理业务服务系统",支持地上、地下城市空间形态控制模型建模及可视化,实现了从规划编制与设计、土地出让、建设项目审批与管理、建设项目竣工等规划全过程对城市空间形态进行控制。

12.5.2　项目评价

基于研究成果,上海市规划和国土资源管理局于 2013 年 3 月 1 日发布了在上海市重点地区进行建设项目三维审批的试行意见,在全国率先启动建设工程设计方案三维审批规划试点管理。全市重点项目须在“上海市建设工程三维规划审批管理平台”上进行管理和审批。该研究成果已经在上海市17个区县及世博地区、虹桥商务区等重点地区得到成功应用。“上海市建设工程三维规划审批管理平台”的成功运营为解决城市规划与管理、城市景观风貌保护、政府部门科学决策中城市空间形态控制等难题发挥了重要作用,获得了显著的社会效益和经济效益。

本项目中相关技术的突破与创新,对于推进三维地理信息系统技术在城市设计、城市规划、审批和管理工作中的应用,促进城市规划的精细化、科学化管理,都有着重要的意义。同时,三维建模因其具有真实、直观、表现力强等特点,还能够让观看者更快速、全面地了解城市环境和城市布局,在城市宣传、招商引资等工作中也起到了非常大的推动作用。另外,三维地理信息系统在规划管理工作中的推广应用,是以测绘技术为基础,通过跨行业、跨领域的结合应用实现的,反过来又将推动测绘行业的发展,对地理信息、地图编制、市政测量、建筑测量、航测遥感、地形测量等都具有重要的促进作用。通过技术创新,能够极大地丰富传统测绘业务的产品线,拓展业务发展空间,提高市场竞争能力,扩大测绘市场规模,带动相关测绘工作更好地服务于城市测绘、规划、管理,必将产生更大规模的经济效益,对产业结构优化升级和实现行业技术跨越具有显著的促进作用。

第13章　三维地理信息在工程设计中的应用

以前面章节介绍的三维地理信息平台为基础进行专业功能模块开发，构建具有三维分析与设计功能的专业应用系统，用于各项复杂、烦琐的建设项目。本章将以重庆开展的辅助道路设计及场地平整设计两个典型应用为案例，重点介绍三维地理信息在工程规划设计中的应用方法与效果。

§13.1　项目背景

重庆作为典型的山地城市，传统二维设计系统在竖向设计上很难体现出用地、道路、建筑景观等各要素之间的衔接关系，重平面、轻竖向的传统设计模式放大了设计意图表达困难、沟通困难等问题。利用三维辅助道路设计，以所见即所得方式，实现基于三维地理环境的草图设计与初步设计成果的三维可视化展示、道路路线三维交互式调整、平纵横可视化设计和道路实时三维模拟，以及基于三维道路模型的分析与评价等，为道路规划设计及方案比选等提供科学的技术支撑。

场地平整设计是工程项目可研阶段的一项关键工作，土石方平衡影响到对场地平整标高、路基设计标高调整等工作的进一步展开。为了减少工程投资和估算工程进度，规划部门对场地平整土石方量的计算要求也逐渐加强，并期望能够在调整场地标高、路基标高等设计条件后快速获取结果。基于三维地形模型的场地平整土石方计算，针对多种类型平整方案进行设计，运算速度快，可以满足规划建设部门的土石方计算和标高动态调整需求。

§13.2　系统架构

采用软件工程分层构建的思想，对系统进行分层设计，以减弱系统各层级间的耦合性。系统的层次结构如图13.1所示。

系统各层功能分别如下：

(1)基础设施层。基础设施层是运行系统必不可少的硬件设施，包括PC机、存储设施、网络设施等设备。如果数据使用分布式存储方式，可能还需要相应服务器。

(2)数据层。数据层为系统提供必需的数据支撑，包括各类空间影像数据、三维地形模型等基础数据，以及设计所需的基础素材、基础模板、相关模型等。

(3)平台层。平台层为系统提供基础支撑，包括三维引擎、数据访问等基础功能组件。

(4)服务层。服务层以应用程序接口的方式向应用开发提供相对底层的支持，以实现应用功能与数据等要素的解耦。

(5)应用层。应用层由一系列查询、分析、设计等功能组件构成，为系统的应用提供界面和应用支持。

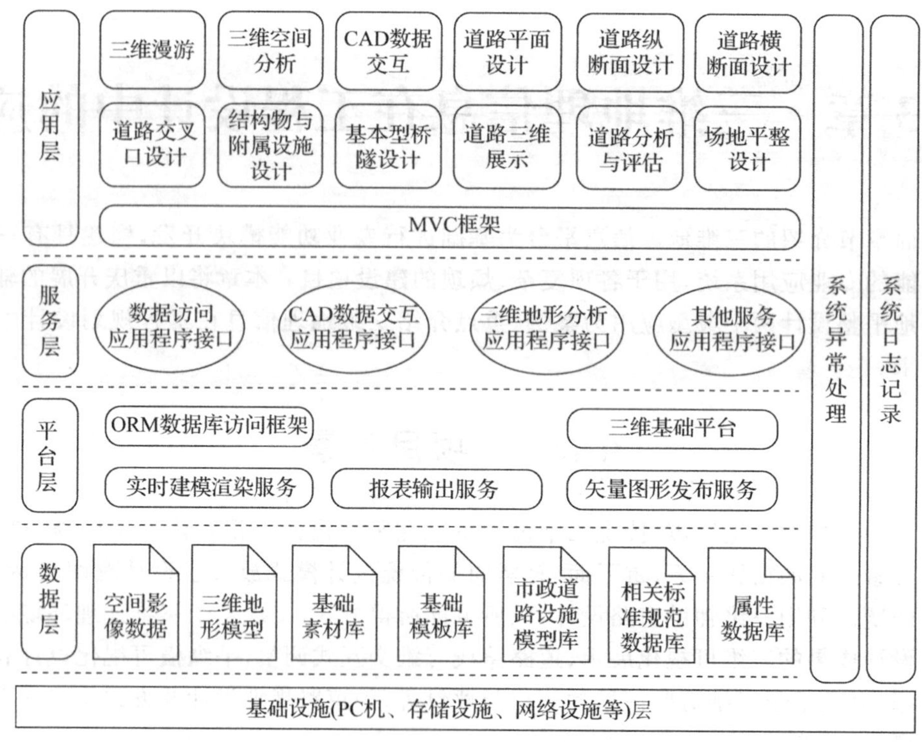

图 13.1　系统层次结构

§13.3　系统功能

采用上述模式搭建的基于三维地理信息平台的专业应用系统具有协同设计功能：支持在三维虚拟地理环境下的交互式设计，通过草绘、输入参数、导入已有设计等方式，形成各类专业设计方案并进行成果输出；支持设计方案的评估，从安全因素、交通因素、景观因素、成本因素、技术因素五个方面进行设计方案的定量、定性评估，并以此为依据不断调整、改进设计方案；通过针对性功能模块开发，支持道路、场地、管线、建筑等相关专业的在线协同设计，形成依赖关系；支持设计意图的直观展示和交互，提供交流平台。

13.3.1　基本功能

专业应用系统支持分布式、多源、多尺度的地理空间数据的叠加集成展示。利用虚拟地理环境的逼真展示功能，可直观模拟设计方案及周边环境的景观效果。

13.3.2　辅助道路设计功能

道路是建设在大地表面、供各种车辆行驶的带状空间三维结构物，主要由几何线形、路基路面、排水及跨越结构物、支挡与特殊构造物、附属设施五部分组成。

要在系统中实现道路设计专业的各项功能，首先要将道路组件模型进行参数化，这样才能在交互设计、实时方案评估、协同设计等功能中通过调整参数的方式，实现道路三维模型随平面线形、竖向标高、道路形式、道路附属设施等设计要素的更改而更改。其次，要利用上述设计参数对道路进行三维模拟，自动建立三维模型，并自动在三维地理信息平台中融合集成，实现展示功能。

1. 道路模型表达

(1)设计模型。从设计的思想上，道路由一系列要素组成，包括道路的平面线形信息、纵断面信息、横断面信息、加宽信息、超高信息、路段信息等，这些信息构建道路的设计模型，如图13.2 所示。

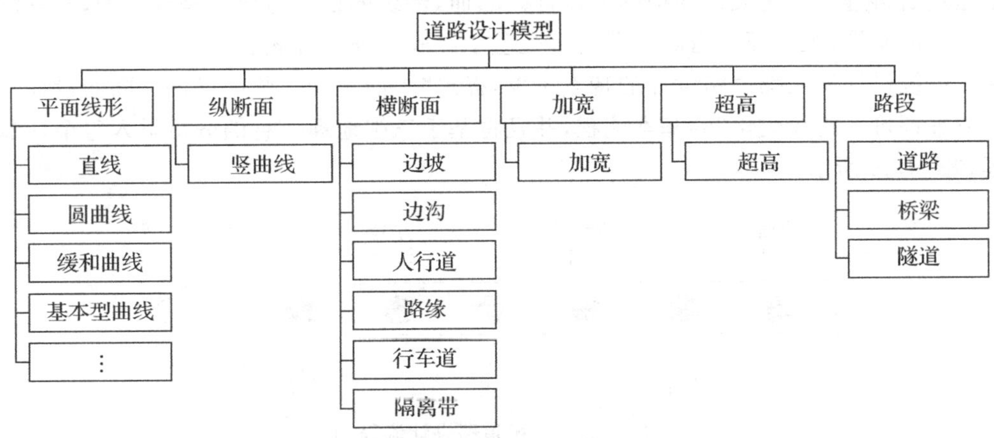

图 13.2　道路设计模型

(2)表现模型。根据参数化的思想，对道路的各部件建立参数模型。道路抽象为模型的整体，由路基、边坡、附属设施等组成。路基又可以分解为边沟、人行道、路缘、行车道、隔离带等部件。道路的层次关系如图 13.3 所示。

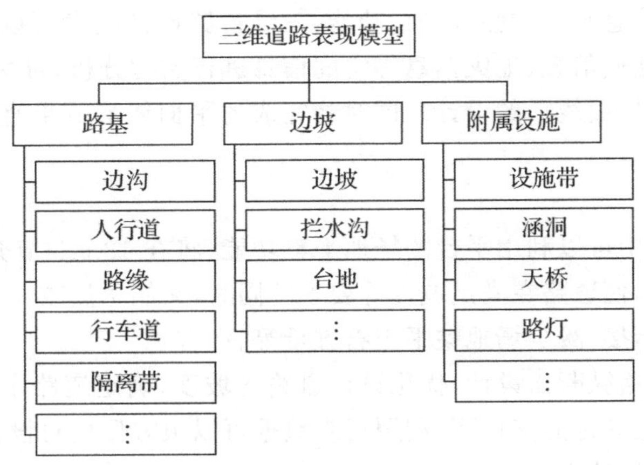

图 13.3　道路表现模型

(3)道路组件参数化。使用约束来表达设计对象的形态特征，通过定义一组参数来控制设计结果，从而达到通过调整参数来修改设计模型的目的。本项目将道路设计的各个元素抽象化为“对象”，建立这些“对象”内部的层次结构，以及各层次之间、层次内部成员之间的关联关系，形成对象的层次模型。在层次模型的底层，对每个内部成员建立一个参数模型，实现对成员的参数化表达与表现。

2. 道路三维模拟

道路三维模拟的过程是将道路设计成果构建为三维实体面,并赋予材质贴图的过程。对道路设计成果进行实时三维建模,并将三维模型与地形三维模型进行叠加拼接,就可以利用三维地理信息平台实时展示设计道路。

3. 三维辅助道路设计流程

在传统的道路设计中,道路是按"平、纵、横"的顺序进行设计的,即先设计平面线形,在平面线形通过后再进行竖向设计和横断面设计。然而,传统的设计与分析是分离的,并且没有地理信息技术的支撑,很多面向道路的分析都是基于经验验证的方式。

专业系统设计从三维道路设计的特点出发,提出"平面设计—竖向设计—断面设计—三维建模—方案评价—路线优化"的基本流程,并且将基于三维地理信息的分析融入每个环节。整个过程如图 13.4 所示。

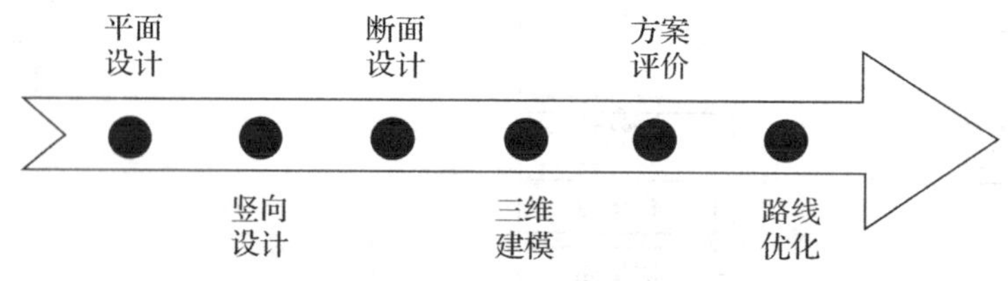

图 13.4 三维道路设计流程

4. 三维道路设计功能实现

1)平面设计

平面设计的目的是设计道路的平面线形。传统的设计方式在对线形走向、占地、地质等方面分析较弱,或者无法实时进行分析,导致平面线形的调整费时费力。

依托于三维地理信息平台的强大分析功能,三维道路设计技术可以通过叠加多种类型的用地类型、宗地信息、地质信息、地灾信息等空间信息进行实时分析,可快速反馈当前线形的合理性,并在平台上完成平面线形的设计。同时将完成的平面线形成果直接用于构建道路三维模型。

2)竖向设计

首先,在初步设计中可以利用平台的场地平整功能(将在 13.3.3 节介绍)进行土石方平衡计算,确定合理的标高,使道路在满足坡度等要求的同时,又能尽量减少道路施工的成本,还能与道路周边用地协调衔接,减少场地整平土石方量等。

其次,可以进行道路纵断面设计,优化设计道路的坡度,确定道路中心线各个桩点的设计高程。在三维地理信息平台的支持下,利用三维数据可以很方便地对设计成果进行展示、对比和调整,并得到纵断面设计成果。

3)横断面设计

横断面设计主要是根据道路等级、功能、交通组织形式等确定道路的宽度、形态等。

三维道路设计平台解决的关键问题是将设计道路的路幅以三维平台的描述格式表现出来。一般在道路的规划和初步设计中会确定道路的基本宽度,而平台建立基本道路横断面模板库,通过匹配的方式来为每种基本路宽提供一种基本横断面。例如,典型的横断面宽度包括 16 m、20 m、26 m、36 m 和 44 m 等多种类型,也可以指定车道数、人行道宽度、隔离带宽度等参数的形式确定横断面。

4)方案评价

在三维建模的基础上,可以通过道路三维空间形态,进行驾驶模拟、透视分析、视距分析、土石方分析等,从而对道路的设计方案进行综合评价。

5)路线优化

在方案评价的基础上,对道路路线进行优化,包括平面线形优化、纵断面优化等。优化的成果可以实时体现在三维道路模型上,直观展现优化的效果,为方案的评价提供快速有效的技术支持,大大提高道路优化效率,缩短道路设计周期。

13.3.3 场地平整设计功能

场地平整设计也是工程规划设计的一个重要的方面。如何使用地与道路竖向取得协调,如何使用地既能满足地面排水、建筑布置、城市景观的要求,又能尽量减少用地平整的土石方量、减少投资,是场地平整设计的重要研究内容。

场地平整设计中的土石方计算模式在 CAD 体系下已经非常成熟,主要包括方格网法、三棱柱法、断面法等。以方格网法为例,土石方的计算过程如图 13.5 所示。

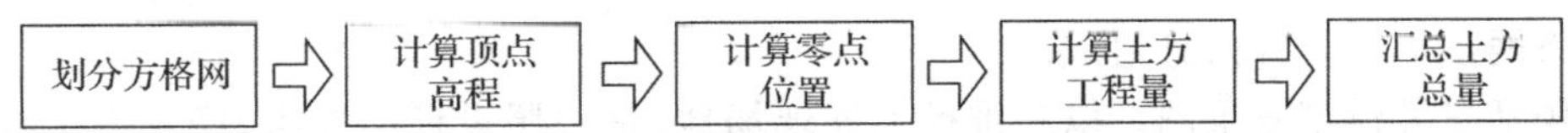

图 13.5　方格网法土方计算过程

依据该过程,采用面向对象的思想,实现从场地定义、土石方计算、成果展现和施工图输出的流程,如图 13.6 所示。

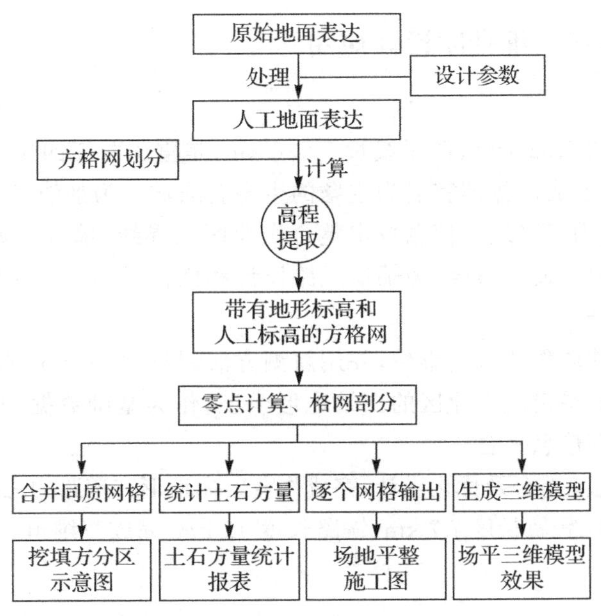

图 13.6　三维场景下土石方分析流程

场地平整设计模块具有以下功能:

(1)挖填方分区示意。使用不同色区域,直接在三维场景中展现挖填方区域,具有直观的展现效果,如图 13.7 所示。

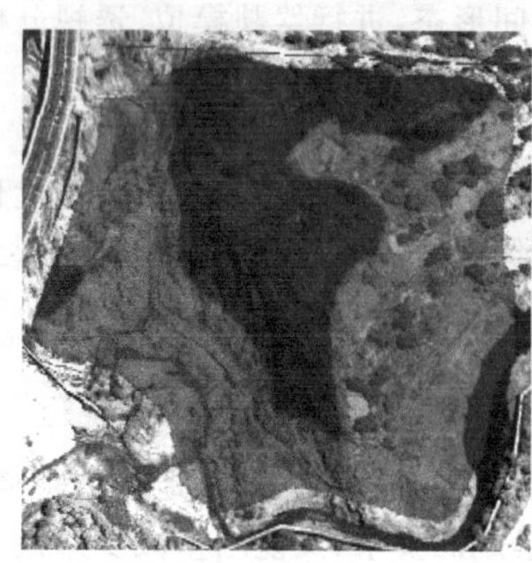
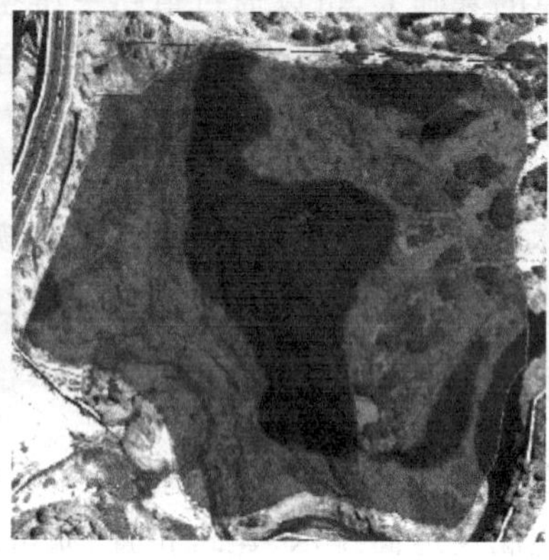

图 13.7 不同标高的挖填方分区示意

(2)土石方量统计报表。用于表示一个或多个场地土石方挖填方量及汇总情况。

(3)场地平整施工图。与按照传统设计的软件施工图一致,以方格网及节点的设计高、地形高、方格网挖填方量等信息组成。

(4)场平三维模型效果图。以三维模型展现场地,是按照设计的要求,经过人工处理后的最终效果,并且可以在三维场景中对场地进行任意角度展现和量测。

§13.4 主要应用

13.4.1 道路方案三维辅助设计应用

1. 项目概况

某开发片区面积约 7.92 km^2,江岸线长 10.26 km,是重庆两江四岸中未开发的一个半岛。根据规划,该片区将开发成以休闲宜居为主题的生态宜居城。为加快道路规划设计进度,提高设计的科学合理性,使用三维地理信息技术整合作业区内界线、单位用地、现状设施等空间信息,完成三维道路、轨道交通的整合,为辅助道路设计和优化提供技术支撑平台。

2. 工作内容及成果

通过无人机航摄获取作业区内影像,并用航测方法制作约 12 km^2 真彩色正射影像及数字高程模型。利用以上成果建成作业区的三维地形模型,作为基础数据,并集成已有的地形、规划等数据构建三维地理信息平台。

在此基础上进行道路整合及优化设计,完成作业区内地形和道路的三维模拟,包括规划道路长度 50.2 km、立交 4 个、轻轨长度 7.7 km、铁路长度 12 km,完成三维道路设计长度 19.4 km,如图 13.8、图 13.9 所示。

3. 应用效果

(1)实现了作业区现状道路、规划道路、设计道路三个层面的整合和全方位三维展示;明晰了区域内道路、桥梁、轻轨、铁路等各层次道路的空间关系,为道路的设计提供科学的决策支持。

图 13.8　路网三维展示

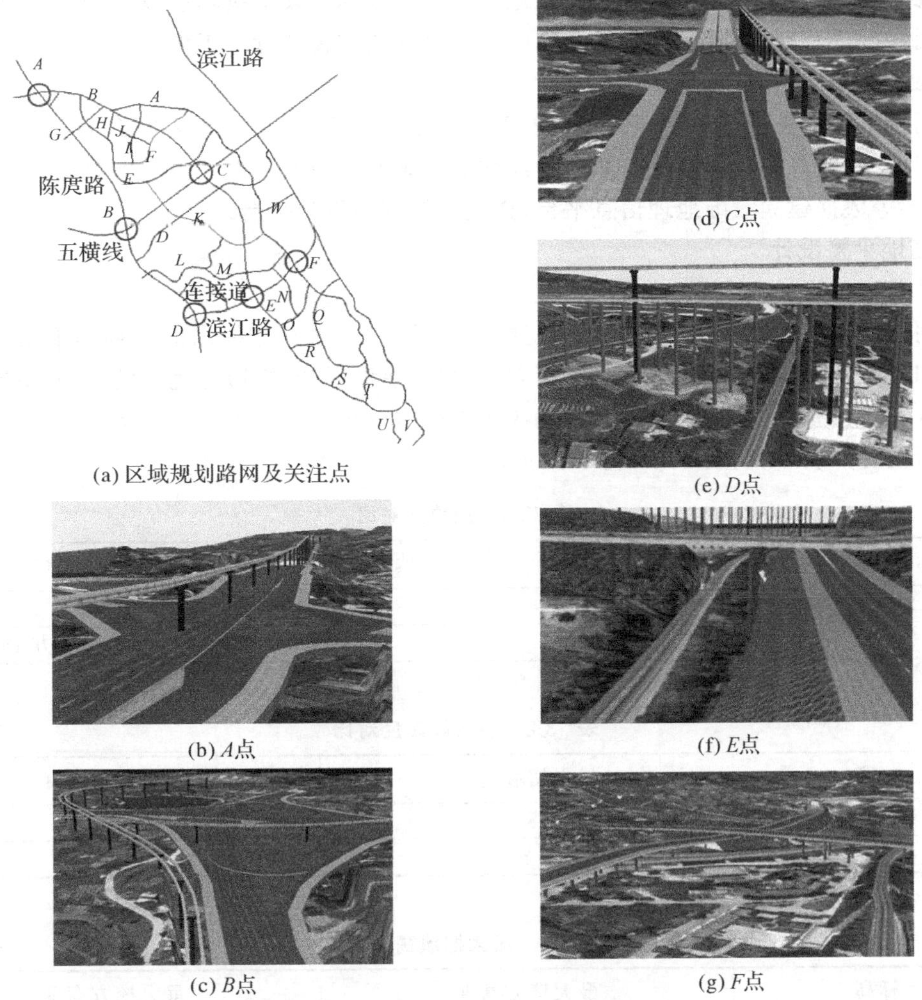

图 13.9　道路重点关注点三维展示

(2)区域内交通状况复杂,三维道路展示和分析手段为协调道路与铁路关系、轻轨与道路关系等道路设计中的复杂问题提供了技术支持。

(3)对于设计道路部分,通过线形和竖向分析,展示了作业区道路曲线半径、坡度等情况。

在三维场景中,利用色彩标示法展现道路曲线半径、坡度等参数的分布情况。通过评价,优化了路网结构,提出了初步设计方案。

13.4.2 场地平整三维辅助设计应用

1. 项目概况

某公司由于生产经营规模不断扩大,拟在某经济园区征地1.35 km^2,新建第二分厂。在确定征地范围后,公司与经济园区就第二分厂场地的平场标高发生了严重意见分歧。公司要求第二分厂主厂区标高与第一厂区相同,为230 m,但园区建议的是255 m。双方分歧严重,且公司态度坚决,导致谈判进展缓慢。

为此,经济园区决定建立一个三维地理信息平台,集成该区域的用地信息、规划信息、社界信息、道路信息等。一方面可以采用三维地理设计的技术手段解决当前双方的分歧;另一方面也可以用于园区后期规划设计,服务于园区建设过程的监督和管理工作。

2. 数据建设

利用低空无人飞行器对园区约11.125 km^2 的范围进行真彩色航空摄影,进行正射影像和数字高程模型制作,并利用制作的数据建设数字三维地形模型。以此为基础数据,集成片区的规划、地形等数据建立三维地理信息平台,搭建三维规划设计平台。

3. 场地平整设计

1)主厂区用地标高设计

利用三维规划设计平台快速分析和三维展示的特点,对双方提出的各种场平条件进行快速计算和展示,分析不同设计标高对土石方工程量、建设资金、周边环境等的影响,最终为双方达成一致提供了有力的技术支撑,为辅助决策提供科学的依据。在230 m和255 m不同标高下的分析情况如表13.1、表13.2、表13.3所示。

表13.1 挖填方对比

标高/m	挖方/(10^4 m^3)	填方/(10^4 m^3)	净土方/(10^4 m^3)
230	2 244	20	净挖方 2 224
255	541	556	净填方 15

表13.2 切放坡高度对比 单位:m

标高	最大切坡高度	最大放坡高度
230	55	6
255	3	31

表13.3 最大挖填高度对比 单位:m

标高	最大填方高度	最大挖方高度
230	7	62
255	32	37

对比两个标高方案,230 m标高的方案存在如下问题:

(1)土石方的外运量达2 224万立方米,外运工作量巨大。周边地形标高均比230 m标高要高，要寻找存放如此巨量的土石方场地非常困难，并将占用庞大的土地面积，且堆填过高易造成水土流失、地质灾害等。

(2)切坡的高差太大，处理难度大，同时存在严重的地质灾害隐患。

(3)与周边地块因高差大而无法进行有利衔接，不利于周边用地的规划设计。

(4)由于用地平场后标高低于周边地块，不利于雨水快速排出与排污的处理。在短时间降雨量较大时，存在雨水倒灌风险。

(5)挖填方量巨大，对城市地形的破坏非常大，对环境保护和城市整体景观产生不良的影响。

基于以上分析，建议某公司第二分厂用地的总体平场标高定为 255 m，同时提高周边衔接道路的标高，便于厂区与外界的交通连接。

2)主厂区场平设计

在主标高确定为 255 m 的基础上，对主厂区用地进行详细设计，协调厂区内土石方平衡，科学规划厂区的场平施工，分步实施。

4. 应用效果

基于三维地理信息平台的工程设计，在工期要求紧急、设计方案修改频繁、环境复杂的项目中，充分发挥了快速、所见即所得的优势。在项目中，这些特性主要体现在以下两方面：

(1)三维展现和分析技术可以让客户更好地理解设计者的意图。在厂区原始标高设计中，采用传统手段无法让客户充分理解过低的标高(230 m)带来的各类问题，使园区无法充分表达使用建议标高(255 m)的意图和优势。

(2)三维设计所带来的所见即所得的设计与优化技术，可以让设计方与建设方有一个沟通的平台，甚至可以在会议现场确定一些关键指标，从而大大提高设计效率，缩短设计周期。

第 14 章　三维地理信息在智慧消防建设中的应用

在我国的公共安全领域，公安部门正努力采用各类先进的信息技术打造更先进的社会公共安全体系。本章将以“上海消防三维地理信息系统”建设为例，介绍消防重点单位内部结构生产、重点单位内外部结构模型一体化浏览、消防三维态势标绘关键技术与实现方法。随着该灭火救援指挥系统的推广应用，以及全国消防单位的网络基础设施条件和信息化应用水平的不断提高，空间信息技术也开始越来越受到消防部门各级领导与业务部门的重视。

§14.1　项目背景

上海作为特大型城市，致灾因素复杂，抗灾能力相对薄弱。要提升消防部队灭火救援效率、保障城市安全运营，先进技术手段的引入势在必行，并且上海智慧城市三年行动计划明确提出了“智能化消防数字平台”的要求。因此，以丰富的地理信息资源为基础，结合当前先进的虚拟化技术、地理信息系统技术、通信技术，建设一套先进的、科学的、高效的智能化消防应急救援系统，能提高消防部队战斗力，实现科技强警目标，也能推进城市消防工作信息化建设进程。

如何突破传统，应用各种先进的技术手段为消防业务服务是消防信息系统建设的重点。项目将三维实地场景和受灾建筑内部三维信息引入消防业务领域，能为消防现场指挥提供可靠的作战依据，具有很强的实用性。具体体现在：①二、三维联动，实现消防业务的多模式浏览分析；②集编辑分析决策于一体，保证数据可持续更新；③态势标绘战评辅助，指导消防作战指挥与智能决策。

§14.2　消防专题三维数据生产

14.2.1　重点单位内部结构模型生产

传统基于平面地图的消防地理信息系统在消防实战指挥和预演中无法直观了解火灾事发地点的基本情况及周边环境。三维地理信息技术的应用将突破传统的平面地图应用限制，通过丰富的多维度地理信息为消防部队提供高效、真实的实地场景，根据三维实地场景和受灾建筑内部三维信息的浏览和查询，配合先进的传感技术和通信技术，为消防现场指挥提供可靠的作战依据。在案件结束后，通过虚拟仿真平台可进行案件回放，为消防预演和训练提供全面直观的案例。

消防重点单位三维内部结构模型结合二维地理信息综合使用，可以充分满足消防指挥辅助决策。消防员可以在最短时间内熟悉建筑单位所有疏散通道、疏散门位置、消防设施、消防力量、单位建筑形式及周边详细的道路、水源、建筑分布等情况。

1. 数据准备

消防重点单位内部结构模型建设主要依据是消防局提供的建筑施工设计与竣工数据。其中，数据要求如下：

(1)数据标准，符合 GB/T 50001—2017《房屋建筑制图统一标准》、GB/T 50104—2010《建筑制图标准》等现行国家与地方标准。

(2)数据格式，为 CAD 格式矢量格式数据。

(3)数据内容，为每栋建筑施工设计数据，包括分层平、立、剖面三视图数据。其中，主体结构信息包括内墙、外墙、柱子、楼板等主要结构部件的形状与位置；各楼层主要消防设施信息包括消火栓、逃生通道、电梯井、主要出入口、消防重点部位等部件的形状与位置信息。

2. 建设流程与方法

消防重点单位内部结构模型建设中，模型平面信息主要依据施工设计图；±0 标高与每层标高、层高等高程信息主要依据建筑竣工图，对于没有竣工图的，按照施工设计图中的高程设计值进行建模。结构模型主要反映建筑主体结构，并且重点突出建筑内部与消防相关的设施。其主要步骤如下：

(1)原始数据预处理。原始数据的预处理主要在 EPS 软件中进行，包括：①删除原始数据中的冗余信息；②对每个构件进行对象化处理；③将每个构件按照三维建模的要求输出为三维矢量格式。

(2)三维建模。三维建模主要在 3dsMax 软件中进行，包括：①导入建筑部件三维矢量数据；②使用消防重点单位快速建模方法，将三维矢量按照要求自动生成内部结构模型；③作业员对部分部件的形状、贴图等信息进行修改。

(3)数据发布。将模型导出成三维场景发布格式后，使用模型编译工具对三维模型进行编辑，包括：①将编译后的数据拷贝到三维服务器中；②配置相关服务；③设置场景三维图层。

14.2.2　态势标绘三维标准符号模型生产

三维标准符号库模型分类参考《公安消防部队常用标号及代码》的标绘二维符号库分类，并结合消防三维态势标绘需求，选取主要消防态势标绘要素进行三维建模。

1. 数据准备

态势标绘标准符号数据源主要包括消防设施文本、图片资料及相关二维态势标绘符号图例。其中，消防车、指挥员、消防员等模型须由消防局协助实地拍摄照片并采集相关形状数据。

2. 生产流程

(1)数据采集。对于部分无法直接根据提供的图文资料建立的态势标绘模型，到实地进行外观与形状数据的采集。

(2)三维符号模型建设。利用三维设计软件，并根据符号模型相关资料与数据进行三维建模。

(3)数据发布。制作完成的三维符号模型，按照指定的文件格式导出，并按照一定的存放规则存储至相应模型。

§14.3　消防三维地理信息系统建设

14.3.1　系统设计

根据智慧消防建设的进展及业务系统的需求，需要将具有大量计算资源的系统作为基础地理信息系统,它为整个消防系统提供基础地图、三维地图及地址定位搜索、派车路径分析等服务。由于上海市消防局的整体业务运行于公安网内,而公安网属于独立网络,无法使用政务网及互联网中的地理信息云服务,因此在消防项目中需要在公安网内结合地理信息系统,进行系统架构设计并建立私有地理信息云服务。

系统的总体框架将采用目前信息技术中流行而较成熟的"N"层结构方案,如图 14.1 所示。

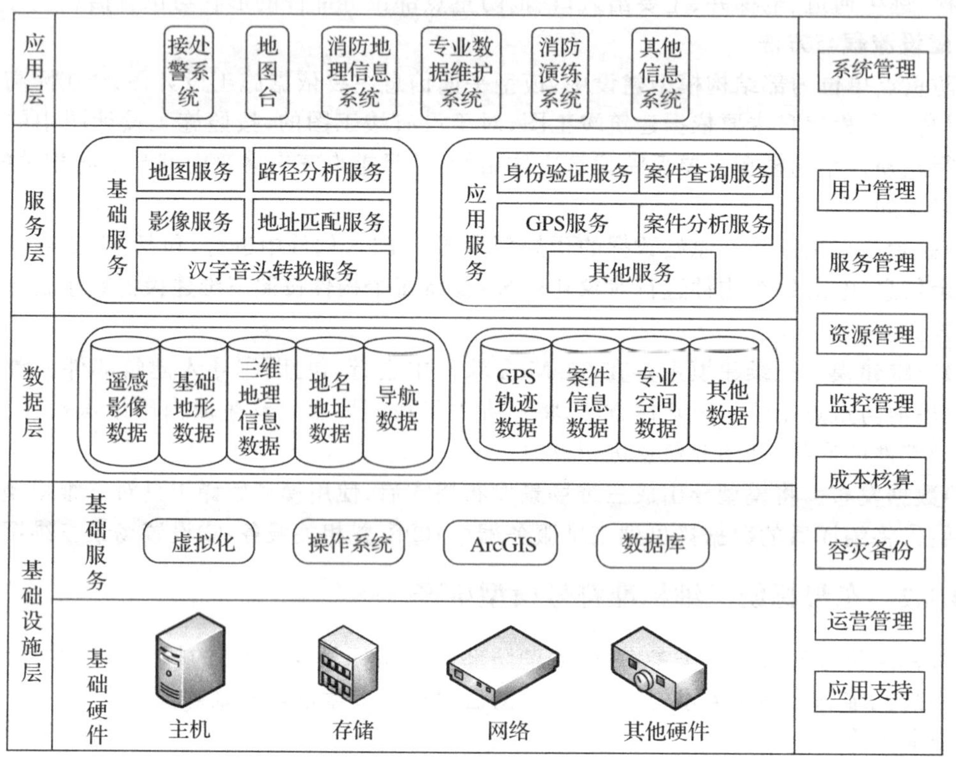

图 14.1 系统总体框架

(1)基础设施层,主要包括服务器主机、存储、网络、安全设备、路由设备及其他外围设备,还包括服务器虚拟化软件平台、操作系统、地理信息系统平台(如 ArcGIS)、数据库系统等。

(2)数据层,主要包括遥感影像数据、基础地形数据、三维地理信息数据、地名地址数据、导航数据、GPS 轨迹数据、案件信息数据、专业空间数据、用户及权限数据等。

(3)服务层,系统设计将以网络服务为中心、以分布式数据库为基础来搭建,从而将各种服务以 SOAP 或 REST 形式推送到云端,实现各种信息的互操作和共享,并把各模块的信息进行有机关联。存在于云端的网络服务不是一种孤立的系统,而是一个分布式服务系统,消除了用户与数据之间的信息鸿沟,体现了分布和集中相结合的特点,也为系统自身功能扩展打下了基础。这里所指的服务是信息服务,包括信息的获取、处理、管理、分发、传递、提取等。一个网络服务可以认为是一个"黑箱",它屏蔽了操作的细节,通过提供一系列访问接口来提供数据的服务,提高了数据的安全级别。因此,从实际应用考虑,消防地理信息系统的基础地理信息应用及其他消防专业相关信息需在网络条件具备的情况下充分利用,以最小代价为消防系统各类信息管理系统提供网络应用服务。

(4)应用层，包括接处警系统、地图台、消防三维地理信息系统、专业数据维护工具、消防演练系统、用户认证访问控制和授权管理系统，以及今后可能扩展的其他应用系统。系统提供两种类型的客户端运行平台：一种是 B/S 结构的客户端，为各级领导和业务人员提供统一的应用环境，使用 IE 浏览器，完成业务处理工作；另一种是 C/S 结构的客户端，主要面向对地图处理要求较多的数据维护管理和部分业务人员。

在基础设施层引入云计算，对中央处理器、内存、网络等计算资源实现全面虚拟化，整合服务器资源，形成云端的共享资源。这不但提高了服务器的使用效率，还利用虚拟机将各种应用进行了系统隔离，提高了系统的健壮性和可维护性。更重要的是，它是云计算的基本粒子，是云计算的必备体系架构。

14.3.2　重点单位内外部结构模型一体化浏览

上海市中心城区的显著特点是建筑密度大、高层建筑集中、人口高度集聚。虽然近几年上海城市规划向郊区的引导作用逐渐显现，但集聚现象依然十分突出。全市范围 8 层且 24 m 以上高层建筑近 3 万栋，其中 100 m 以上的超高层建筑物有 1 000 多栋，并且 70%～80%高层建筑集中在 S20 外环线以内的中心城区。对于指挥作战来说，不仅要能直观地浏览建筑外观与周边消防水源，还要能深入了解建筑内部三维结构，如建筑内部消防设施、疏散通道、重点消防部位及楼内消防供水等情况。

1. 建筑内部三维结构浏览

内部结构浏览与外立面浏览模式可以实现重点建筑内部结构模型与外立面模型之间的切换，如图 14.2 和图 14.3 所示。

图 14.2　消防重点单位外立面模型浏览模式

2. 琴键式浏览

琴键式浏览可以在三维场景中，自动隐藏当前重点单位以外的周边所有建筑物，如图 14.4 和图 14.5 所示。

图 14.3 消防重点单位内部结构模型浏览模式

图 14.4 普通三维浏览模式

图 14.5 重点建筑内部结构琴键式浏览

3. 360°环视

360°环视在三维场景中将自动以当前重点建筑为中心，自动进行 360°缓慢旋转，可以全方位、无阻碍地浏览建筑外部与内部结构信息。

4. 重点单位分层三维结构浏览

重点单位分层三维结构浏览可以加载指定楼层的三维结构模型与楼层平面图，如图 14.6 所示。

图 14.6　重点单位分层三维结构浏览三视图

其中，右侧分层三维场景与平面指示图将实现联动，即当右上角分层三维场景移动后，场景中使用的摄像机所在位置与观察方向将自动在右下方的楼层平面图中进行标识。反之，也能在楼层平面指示图中拖动摄像机位置和观察方向，来调整楼层三维场景中的摄像机位置与方向。

14.3.3　三维态势标绘

以往态势标绘都是基于二维平面地图的态势标绘工具与符号库，然而由于上海建筑密度大，高层、超高层建筑及人员密集的大体量商场非常多，传统的二维态势标绘较难进行室内外一体化的标绘，并且表现方法也较为单一。因此，上海市消防三维地理信息系统将传统的二维态势标绘进行了三维形象化表达，并且实现了重点单位的室内外一体化三维态势标绘功能。

1. 添加与编辑标绘符号

系统给指挥员提供在三维地图中交互式地添加指挥标识、人员标识、车辆标识、装备标识、灾情标识、水源设施标识六大类标绘要素的功能，如图 14.7 所示。添加标绘符号的方式分为点状符号添加和线状符号添加。将标绘符号添加到场景中的最终效果如图 14.8 所示。

图 14.7　标绘界面

图 14.8　态势标绘效果

对于已经添加到场景中的标绘模型或者三维符号，可以选中后进行平移、旋转、缩放和删除等操作，如图 14.9、图 14.10 和图 14.11 所示。

图 14.9　在场景中移动标绘要素

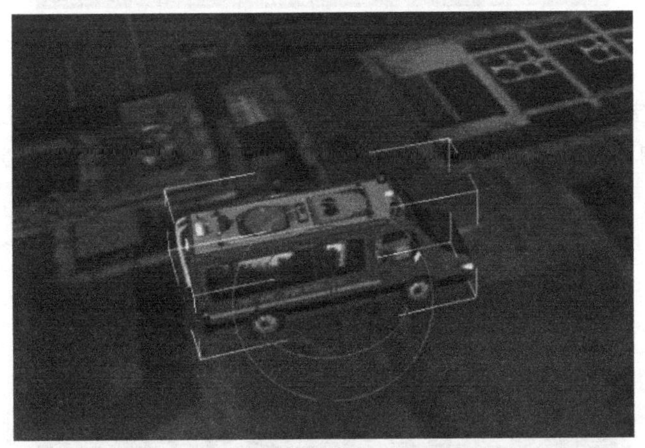

图 14.10　在场景中旋转标绘要素

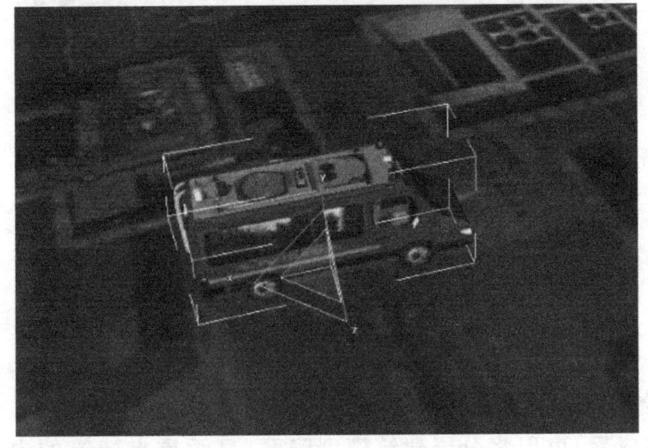

图 14.11　在场景中缩放标绘要素

2. 室内三维态势标绘

对于具有室内三维结构模型的建筑，可以进入室内标绘模式。指定楼层后，首先将该楼层详细三维视图载入场景,如图 14.12 所示。

图 14.12 消防重点单位建筑楼层室内结构

然后,在了解该楼层主体结构、消火栓的位置及消防重点部位等信息后,使用"态势标绘"绘制工具在该楼层内部制定作战方案,如标绘着火点、部署战斗兵力及确定室内进攻路线等信息,如图 14.13 所示。

图 14.13 室内三维态势标绘

3. 三维态势标绘室内外一体化浏览

室内态势标绘完成后,可以将分层建筑模型隐藏,显示重点建筑的内部整体结构模型,结合受灾建筑的周边与内部整体结构三维模型,在统一的三维场景中浏览周边与建筑内部态势标绘内容,如图 14.14 所示。

图14.14　三维态势标绘整体浏览

§14.4　特色与评价

14.4.1　应用特色

(1)该项目通过建立智慧消防云平台,为消防战前演练、消防接处警、指挥作战及战后评估等业务提供了高效稳定的二、三维基础地理信息云计算服务。

(2)将三维实地场景和受灾建筑内部三维信息引入消防业务领域。根据消防作战指挥对建筑内部主体结构三维数据的需求,对全市主要的消防重点建筑进行了精准化三维建模,为智能化消防作战指挥提供了良好的数据基础。

(3)利用激光三维扫描方法,对主要消防车辆、消防器具等消防设施建立了精细化三维模型,并结合消防态势标绘需求实现了消防三维态势标绘功能,为消防灭火救援战前演练、作战指挥与战后评估提供了有效的技术辅助手段。

14.4.2　项目评价

目前项目建设成果已应用于消防日常业务中,提供了二维和三维消防地理信息展示、查询和分析功能,实现了用户管理、二维与三维地理信息系统基本操作、综合信息查询、指挥决策、案件分析和三维内部结构浏览等专业功能,集成了查询和展示各类消防业务信息和二、三维地图信息的功能,实现了智能化消防信息的综合分析,以辅助领导决策等。

项目建设了一套先进的、科学的、高效的"上海市消防地理信息系统",自2012年9月上线运行以来,日均接入报警电话3 000余个,日均处理警情200余起。系统已应用于消防接处警、灭火救援作战指挥及战评等业务中,有效提高了消防部队战斗力,并推进了城市消防工作信息化建设进程,为智能化消防建设提供了有力的技术支撑。

第 15 章　三维地下管线在市政规划管理中的应用

城市地下管线是城市内极其重要的基础设施，被称为城市“生命线”。目前，我国城市地下管线信息化建设已在多个城市开展并取得效果，但是还存在一些技术问题。首先，地下管线错综复杂，数据量巨大，必须采用高效的数据组织、调度手段进行管理；其次，目前所建立的管线信息管理系统大多是基于二维地理信息系统或是 CAD 系统，只能表达二维信息，不能准确表达管线之间的三维关系。随着地理信息系统技术从二维平面向三维空间的延伸，利用三维可视化和虚拟现实技术开展地下管线三维模型重建，搭建三维管线地理信息系统，实现三维查询统计、空间分析、监测、预警等应用功能，能够解决传统二维管线系统空间关系不明晰、显示效果不直观等问题，可为保障管线安全、合理集约利用地下空间、辅助设计地下管线、规划建设综合管廊和海绵城市提供有效技术支撑。

§15.1　项目背景

随着城市建设和发展，城市地下管网也越来越庞大、密集，种类也更趋复杂，与地下工程设施的交叉矛盾也日趋突出，给市政管线的规划设计工作带来了许多新的挑战，同时，也给审批工作提出了更高要求。传统的市政管线规划与审批工作大多都是基于平面数据完成的，在一些方面还存在不足：①管线空间特征表现不明显，通过平面和局部剖面表示管线空间关系，不能直观表现管线空间位置和走向；②管线体量特征表现不明显，通过线形和文字标注表示管线，不能直观反映管线断面形状和尺寸，也不能准确表示管线之间的相互关系；③管线碰撞分析困难，需要人为判断和计算；④管线调整往往是局部和孤立的调整，忽略了管线的连通性及管线之间的相互影响；⑤多专题要素在平面上叠加，层次混乱，图面复杂，地形、地物和各类管线表示得不够清晰。

为了解决以上问题，2010 年武汉市在国内城市中率先将三维数字地图的应用由地上扩展到地下，开展地下管线三维数字地图建设。利用武汉市基础测绘管线普查数据成果，完成了主城建设区范围内 7 大类、19 种地下管线三维模型建设；实现了二维管线普查库到三维模型数据库的高效转化，并在地下管线三维模型数据库的基础上，搭建了武汉市地下空间三维信息系统；实现了城市范围多源、多维、多细节层次地上、地下海量三维数据的无缝集成与管理，提供了网络环境下地下管线三维模型的实时在线浏览平台，为解决管线交叉、穿越等问题，以及促进地下空间的规划管理、开发利用、项目审批和综合设计等提供了直观、准确的辅助工具，为全市地下空间开发利用提供了三维空间基础资料。

同时，为了弥补在平面中进行综合设计与规划审批的不足，加快三维成果在市政审批工作中的应用，提高规划审批的科学性和规划方案在实施阶段的可操作性，武汉市结合重点市政工程规划审批工作的需要，搭建了“市政管线三维辅助审批系统”，实现了与管线综合设计相关的功能，突出了三维显示效果，体现了准确的空间关系，能够对管线设计的合理性做出评估。

§15.2　管线三维模型建库

15.2.1　建库流程

管线三维模型建库是以二维管线普查数据库为基础,根据各类管线点和管线段的特点,采用不同方式,通过空间、属性和材质信息映射,利用二维管线实时驱动生成三维的系统工具,生成地下管线三维模型数据,并将二维管线数据和管线三维模型数据入库,进行服务器端发布,实现在网络环境下对三维数字地图的快速浏览访问和应用。具体管线三维建库流程如图 15.1 所示。

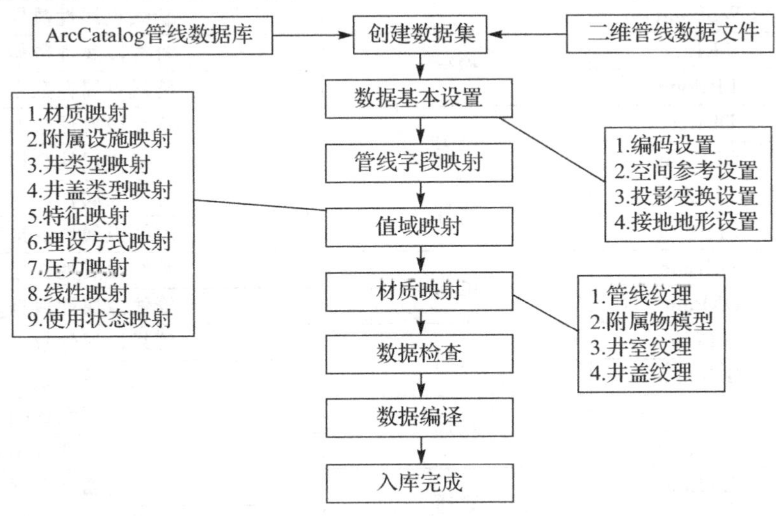

图 15.1　管线三维模型建库流程

15.2.2　建库要求

1. 管线数据分层要求

以利用二维管线数据实时驱动生成管线三维模型的方式进行管线三维模型建库时,须严格要求二维管线数据库分层,以达到规范管线三维模型数据库分层的目的。分层按管线类别进行,每类管线分为两个图层,分别用于存储管线段和管线点的数据。武汉市在《城市地下管线探测技术规程》基础上,按照实际情况将地下管线分为 19 种细分类,并增加 ZHLine 图层用于存储综合管廊数据,增加 Essential 图层用于存储测区基本信息。详细的管线数据分层如表 15.1 所示。

2. 管线数据库结构要求

管线数据库结构设计应严格遵循国家或地方相关标准规范,同时须严格规定二维管线数据库中的必填字段,以实现二维管线数据到管线三维模型的自动生成。二维管线点数据库必要字段主要包括管线点编码、x 坐标、y 坐标、地面高程、特征、附属物、尺寸、井类型、井直径、井脖深、井底深、井盖类型、井盖规格、井盖材质、井底深、旋转角度等;二维管线段数据库必填字段主要包括起始点编码、终止物编码、起始埋深、终止埋深、起点高程、终点高程、埋设方式、材质、管径、流向、压力、断面尺寸等。

表 15.1　管线数据分层设计

序号	图层名称	管线类别	内容
1	Essential	测区基本信息	各测区地下管线探测作业的基本资料
2	JSLine	给水	管线段属性数据表
3	JSPoint		管线点属性数据表
4	PSLine	排水	管线段属性数据表
5	PSPoint		管线点属性数据表
6	YSLine	雨水	管线段属性数据表
7	YSPoint		管线点属性数据表
8	WSLine	污水	管线段属性数据表
9	WSPoint		管线点属性数据表
10	TRLine	燃气	管线段属性数据表
11	TRPoint		管线点属性数据表
12	DLLine	电力	管线段属性数据表
13	DLPoint		管线点属性数据表
14	LDLine	路灯	管线段属性数据表
15	LDPoint		管线点属性数据表
16	DXLine	电信	管线段属性数据表
17	DXPoint		管线点属性数据表
18	GTLine	共通	管线段属性数据表
19	GTPoint		管线点属性数据表
20	YDLine	移动	管线段属性数据表
21	YDPoint		管线点属性数据表
22	LTLine	联通	管线段属性数据表
23	LTPoint		管线点属性数据表
24	WTLine	网通	管线段属性数据表
25	WTPoint		管线点属性数据表
26	TTLine	铁通	管线段属性数据表
27	TTPoint		管线点属性数据表
28	DSLine	市有线	管线段属性数据表
29	DSPoint		管线点属性数据表
30	JYLine	军用	管线段属性数据表
31	JYPoint		管线点属性数据表
32	DTLine	电通	管线段属性数据表
33	DTPoint		管线点属性数据表
34	ZYLine	专用	管线段属性数据表
35	ZYPoint		管线点属性数据表
36	GYLine	工业	管线段属性数据表
37	GYPoint		管线点属性数据表
38	RLLine	热力	管线段属性数据表
39	RLPoint		管线点属性数据表
40	ZHLine	综合管廊	综合管沟数据表(边线、图形说明)

3. 与地上三维模型无缝集成要求

城市地下管线三维模型的展示和应用离不开与地上三维模型的集成。城市地上三维模型在源数据精度、建模方法和模型精度要求等方面与地下管线三维模型的不一致，直接导致地上、地下三维模型在集成应用中经常出现平面和高程位置冲突的现象，迫使地上或地下三维模型必须修改或重建。针对这一问题，武汉市以源数据精度和建模流程两个方面对地上三维建模进行要求，以实现地上建筑与地下管线三维模型的无缝集成。

(1)源数据精度要求。制作管线三维模型的源数据是 1∶500 管线普查成果，实现地上、地下的无缝衔接，基于 CAD 方式的地上三维建模的源数据精度应与管线普查成果精度一致，特别是与地下管线平面重叠最多的交通设施三维模型，应严格选择 1∶500 地形图或数字高程模型作为源数据进行三维建模，以保证地上三维模型成果精度与地下管线模型成果精度的一致。

(2)建模流程要求。交通设施是现代城市的主要骨架，是城市三维模型平面和高程坐标控制的关键，也是与地下管线三维模型平面重叠最多的。因此，应先从交通设施三维模型上把握城市骨架的高程精度，再通过交通设施控制地面高程精度，最后通过地面高程精度控制地面建模对象的接地点高程精度，最终实现地面高程精度与地下管线高程精度的统一与衔接。

§15.3　市政管线三维辅助审批系统建设

15.3.1　技术路线

"市政管线三维辅助审批系统"以服务市政管线的规划审批工作为目的，满足市政管线审批工作的需要，弥补现有在平面中进行规划审批的不足，加快三维管线成果在市政审批工作中的应用，提高规划审批和规划方案的科学性。因此，该专业系统需具备的功能包括：①地上、地下三维模型一体化展示；②灵活的三维场景浏览；③完整的三维辅助审批功能，包括查询、分析和节点调整等。

在对国内外多种软件平台和三维引擎调研、测试和比较的基础上，选定北京睿城传奇 stamp 三维管线信息平台作为开发平台，实现"市政管线三维辅助审批系统"的功能开发。该平台不但具备高质量的三维展示效果、良好的交互操作性和灵活的二次开发引擎，而且能够实现二维管线数据到管线三维模型数据的实时驱动生成，将复杂的建模工作交给专业建模工具完成，让用户可以专注于功能的开发和应用。

15.3.2　工作流程

在进行地下管线审批和综合设计时，首先需要收集已有的数据资料，包括地形图、现状管线数据、现场照片等，通过这些数据构建现状三维模型。同时，根据管线平面设计成果构建规划管线三维模型。在"市政管线三维辅助审批系统"中，经过浏览、对比和分析，对不合理的设计管线在三维场景中进行适当调整，并将调整后的结果输出到管线平面设计中，指导辅助设计人员对管线设计方案进行修改和调整。工作流程如图 15.2 所示。

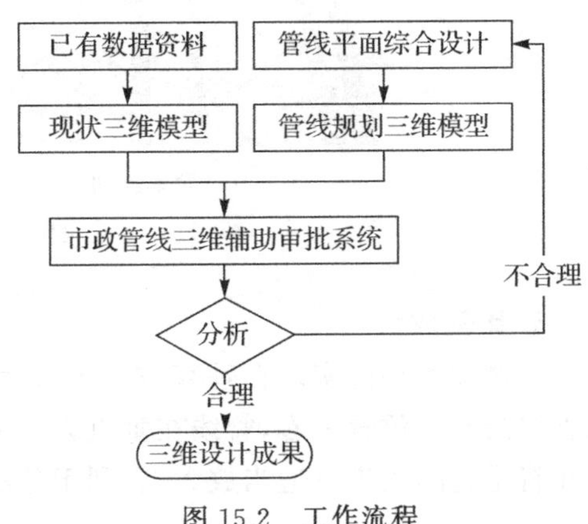

图 15.2　工作流程

15.3.3　特色功能

“市政管线三维辅助审批系统”服务于市政管线的规划与审批工作，系统功能设计符合规划审批工作的实际需要，能够为规划审批和决策提供技术支持。下面介绍系统所实现的主要功能。

1. 三维浏览

三维浏览功能实现的是三维场景中的漫游，可以选择全局浏览模式、地面浏览模式或者动画浏览模式，使用不同方式浏览场景，操作灵活方便，如图 15.3 所示。

(a) 全局浏览模式

(b) 地面浏览模式

图 15.3　三维浏览功能

2. 信息查询

信息查询功能提供简单查询和详细查询两种方式。移动鼠标，单击左键，选择管线，可快速查询管线类型，并以红色字体表示规划管线，以绿色字体表示现状管线。同时，单击鼠标左键查询时，弹出详细查询信息，包括管线编号、类型、材质、断面形状、尺寸等信息，如图 15.4 所示。

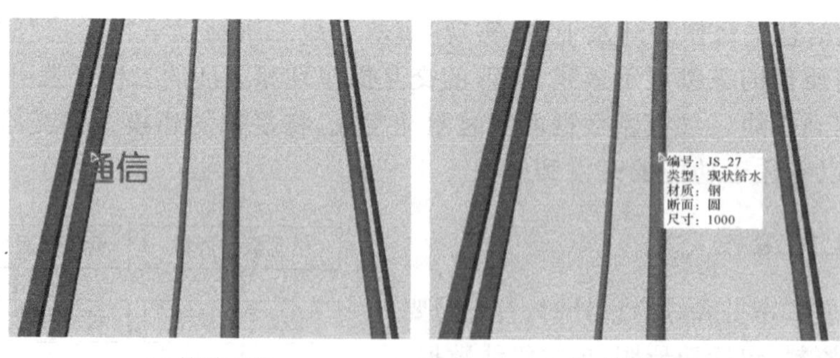

(a) 简单查询　　(b) 详细查询

图 15.4　信息查询功能

3. 比例放大

比例放大功能实现在垂直方向上放大管线间距的操作，方便查看管线之间的层次关系。从管线的实际位置来看，管线在垂直方向上的分布相对于水平方向的分布而言要更紧密一些，因此将垂直间距进行适当放大，有利于分辨管线的上下层次关系，如图 15.5 所示。

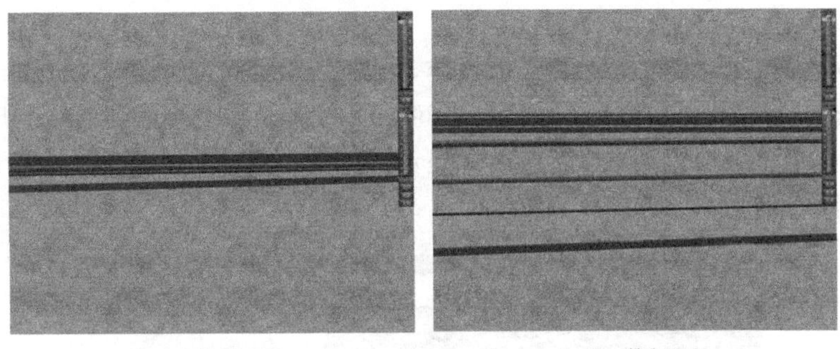

(a) 原始间距　(b) 6倍间距

图 15.5　比例放大功能

4. 逐层显示

逐层显示功能模拟从地面开始，逐渐向下移动水平面，以便查看一定埋深值范围内所存在的管线。该功能与比例放大结合使用，将有更好的显示效果，如图 15.6 所示。

(a) 埋深1 m以内的管线

(b) 埋深3 m以内的管线

图 15.6　逐层显示功能

5. 碰撞检测

碰撞检测功能可以检测管线的交叉或冲突情况。当选中一条管线后，系统视点将自动沿管线移动，开始进行检测，当该管线与其他不同类型管线发生碰撞时，系统将会闪烁进行提示，并将视点定位于碰撞发生点，如图 15.7 所示。

图 15.7　碰撞检测功能

6. 断面分析

断面分析功能提供管线的横断面分析操作,以检测管线间距和分布情况。可以在任意位置设置起点和终点,系统将自动计算这两点之间管线的水平和垂直间距,并分析实际间距是否符合规范要求,当不符合要求时,以红色字体提示。同时,在断面分析图中标出地面高程、管线类型、尺寸及埋深等信息,如图 15.8 所示。

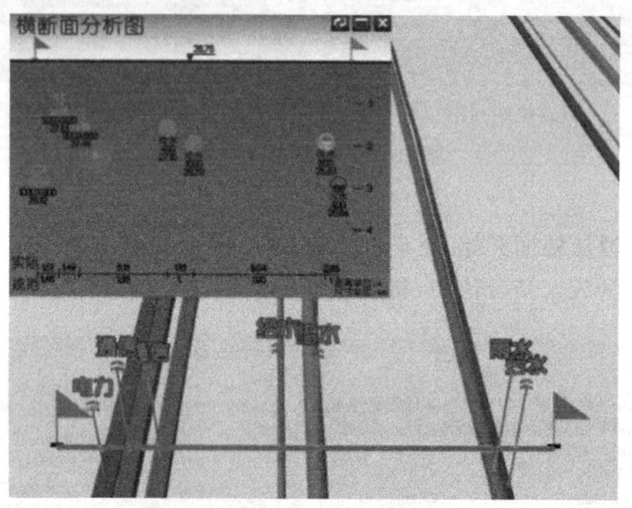

图 15.8　横断面分析功能

7. 节点调整

节点调整功能实现对管线节点位置移动的操作,以便对不符合要求的管线进行调整。选择一个节点,可以拖动鼠标移动节点位置,也可以输入一个精确值进行移动,移动后点击鼠标右键,将弹出管点移动选项对话框。点击“确定”按钮,则该节点移动完成,并在管线断面分析图中更新其位置;点击“调整”按钮,则完成该节点移动的同时,将其前后两个相邻点也做适当调整,以保证管线的合理性;点击“还原”按钮,则恢复节点原来位置,如图 15.9 所示。为方便调整,还可以在管线上增加一个节点,或删除一个节点。

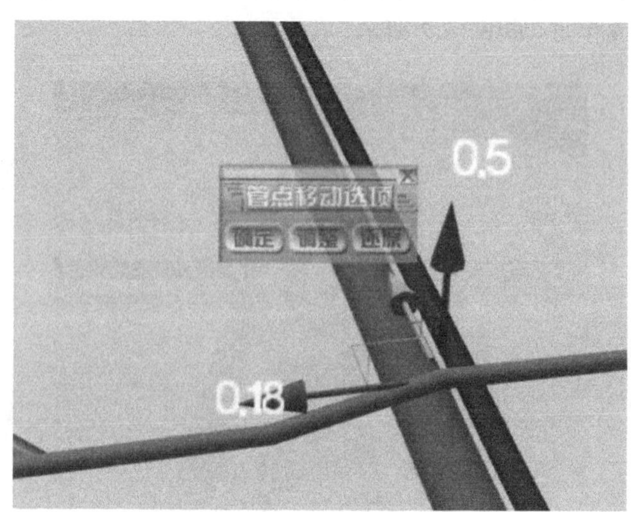

图 15.9　节点调整功能

15.3.4　主要应用

1. 辅助管线项目审批

传统的管线规划审批工作大多是在平面上完成，在反映管线空间位置和空间特征方面表现不足。“市政管线三维辅助审批系统”集成地上、地下一体化三维模型，提供与市政管线规划审批工作相关的功能，准确表现出管线空间位置和空间关系，能够为管线规划审批提供辅助决策支持。

1）项目概况

武汉市东沙连通工程是一项复杂、系统的市政工程。为了提高东沙连通工程规划审批的科学性和规划审批方案在实施阶段的可操作性，以及保证市重点建设项目顺利推进，在传统二维的基础上，采用三维可视化技术来进行三维规划设计和辅助规划审批，以加快推进项目的规划审批工作。

2）建设内容

东沙连通工程的建设内容主要包括以下几方面：

（1）道路及景观模型。东沙连通工程区域面积约为 1.3 km^2，工程完成了区域内 9.75 km 市政道路的三维模型制作，其中包括中北路段的下穿通道及路上立交道路模型。同时，根据市政道路设计图，准确地表现了道路标线。为增加场景真实感，还构建了交通信号灯、树木、绿化带等景观模型，如图 15.10 所示。

图 15.10　道路景观模型效果

（2）管线模型。根据武汉市管线特点和规划设计中的惯例，将管线类型分为电力、通信、给水、燃气、热力、雨水、污水、污水压力 8 类，并分别设定不同代码、颜色和断面符号，如表 15.2 所示。

（3）地下桩基和沟槽模型。东沙连通工程地下结构复杂，管线种类多，需要综合考虑各种管线之间、管线与地下构筑物和桩基之间的相互关系。因此，根据道路施工设计图，构建了立交道路下的桩基模型。桩基模型位置和尺寸严格按照设计要求制作，准确地反映了桩基与管线的空间关系。另外，为突出管线和桩基的显示效果，还构建了沟槽模型，用于衬托地下三维模型效果,如图 15.11 所示。

表 15.2 管线分类与编码

序号	类型	代码	颜色	断面符号
1	电力	DL	大红	
2	通信	TX	绿	
3	给水	JS	蓝	
4	燃气	RQ	粉红	
5	热力	RL	橘黄	
6	雨水	YS	青	
7	污水	WS	褐	
8	污水压力	WY	褐	

图 15.11 管线与桩基、沟槽关系效果

3)系统集成与应用

"市政管线三维辅助审批系统"集成地上、地下三维模型,采用一体化展示技术,管线、道路和桩基模型三维显示效果明显,空间分布清晰,逼真地模拟了实地场景,也能够较好地反映规划设计效果。系统在高质量展示三维模型的同时,也注重系统效率和交互操作的实用性。系统操作方便灵活、功能满足规划审批应用需要,尤其是管线横断面分析、碰撞检测、节点调整、比例放大和逐层显示等功能,作用突出,效果良好,为规划审批和管理决策提供了科学依据,有效地提高了市政管线规划审批工作的效率。

2. 辅助管线综合设计

城市地下管线通常包括给水管线、污水管线、雨水管线、燃气管线、热力管线、电力电缆及各类通信电缆。在城市规划设计中，对各类管线进行综合设计，可以规避和解决城市建设中各类管线之间、管线与建筑物和构筑物之间可能发生的矛盾，并给将来建设的工程管线预留出空间。管线综合设计的关键是如何在有限的地下空间对这些管线进行合理的布置。城市中有各种工程管线，它们的性能和用途各不相同，承担设计和施工的也不是同一部门，建设时间又常有先后。管线综合设计还可以指导各项管线工程的设计和施工，也便于管线建成后的管理工作。

传统的设计流程中通过二维管线综合设计来协调各专业的管线布置，但它只是将各专业的平面管线布置图进行简单的叠加，按照一定的原则来确定各种系统管线的相对位置，对管线的空间位置和空间关系考虑不足。“市政管线三维辅助审批系统”在三维环境中完成系统开发，具有高质量的三维展示效果和良好的交互操作性，在武汉市银墩路口地下管线综合改造中得以应用。

1）项目概况

道路交叉口是管线综合设计中相对复杂的节点之一。在道路交叉口，尤其是主干道路的交叉口，各种管线最为错综复杂，纵、横向的各种管线均会在这里发生交汇，如何在交叉口对各种管线进行妥善的布置是设计该节点的关键。银墩路口地下管线综合改造工程地址位于发展大道与银墩路的道路交叉口处。该区域交通繁忙，道路布局复杂，发展大道是城市主干道，并建有高架桥，地下有高架桥桩基和地下通道。同时，管线种类繁多，涉及给水、雨水、污水、燃气、电信和电力等现状管线，如图 15.12 所示。为保障改造工程顺利实施，需要对部分管线进行迁改或重新进行规划设计。

图 15.12　银墩路口地下管线综合改造工程

2）建设内容

建设内容主要有：①道路模型，包括发展大道和银墩路道路模型；②桩基模型，发展大道高架桥下桩基模型；③地下通道模型，发展大道下人行地下通道模型；④管线模型，包括给水、雨水、污水、燃气、电信和电力等管线模型。

3)系统集成与应用

在实际应用中,"市政管线三维辅助审批系统"准确地展现了管线的空间位置及管线与地下桩基和地下通道之间的位置关系。图 15.13 清晰直观地反映了管线之间,以及管线与桩基或地下通道之间的冲突情况,为设计人员及时调整设计方案提供了参考依据。

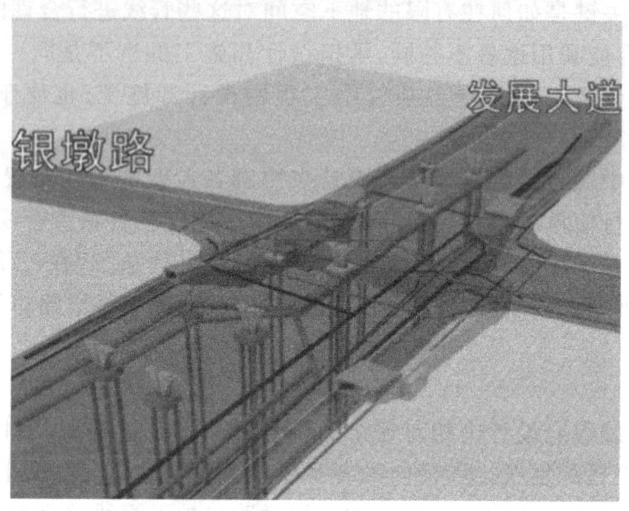

图 15.13 管线空间关系

§15.4 关键性技术

15.4.1 高精度自动三维建模技术

地下管线三维建模的依据是管线普查数据。管线普查数据由管点和管线段组成,对象多,数据量大。同时,地下管线三维模型成果一般应用于工程级项目,对三维模型的细节和精度要求较高。采用手动或半自动建模虽然精度可以满足要求,但存在效率低、成本高和周期长等问题,高精度自动建模成为地下管线三维建模的首选技术方法。

高精度自动三维建模是利用二维管线普查数据,根据各类管线点和管线段的特点,采用不同方式,通过空间、属性和材质信息映射,实时驱动生成管线三维模型。

自动建模方法是针对形态规则且结构单一的管线段,通过二维管线段的定位、管径和材质信息映射,利用 OpenGL 实时绘制三维管线段;针对形态不规则但可复用的管线点,如阀门、消防栓、接线箱等,通过预先建立高精度的三维模型部件库,经过二维管线点的定位、定向和类型信息映射,实时生成三维管线点;针对形态规则但不可复用的管线点,如变径、弯头、三通等,经过二维管线点的定位、定向、管径和材质信息映射,分别建立主管和支管模型;通过 OpenGL 布尔运算和并集剖切,连接形成完整的实体模型。

三维模型局部快速更新是在地下管线高精度自动三维建模的基础上进行的,通过对二维管线普查数据库的自动探测,提取二维管线数据库更新信息,主动在三维系统中进行单体管线模型及其附属设施的重建;因管网中管线的增加或减少导致其拓扑结构发生变化,故自动建模工具也会同步更新其拓扑关系,精细地建立管段和拓扑连接关系驱动的管点三维实体模型。

在不影响日常使用的前提下，实现了三维管网模型的局部高效更新，保证了三维模型与二维属性数据的严格一致，为基于三维的管线管理和分析提供高时效性的数据基础。

15.4.2　二、三维一体化集成技术

二、三维一体化集成技术旨在实现数据存储、数据管理、可视化、分析功能等多方面的二、三维一体化应用。本系统基于先进的地理信息系统内核技术，将二维和三维统一到一个真实的地理空间(球面空间)中，真正实现了二、三维的有机结合。二、三维空间数据融合的处理流程如图 15.14 所示。

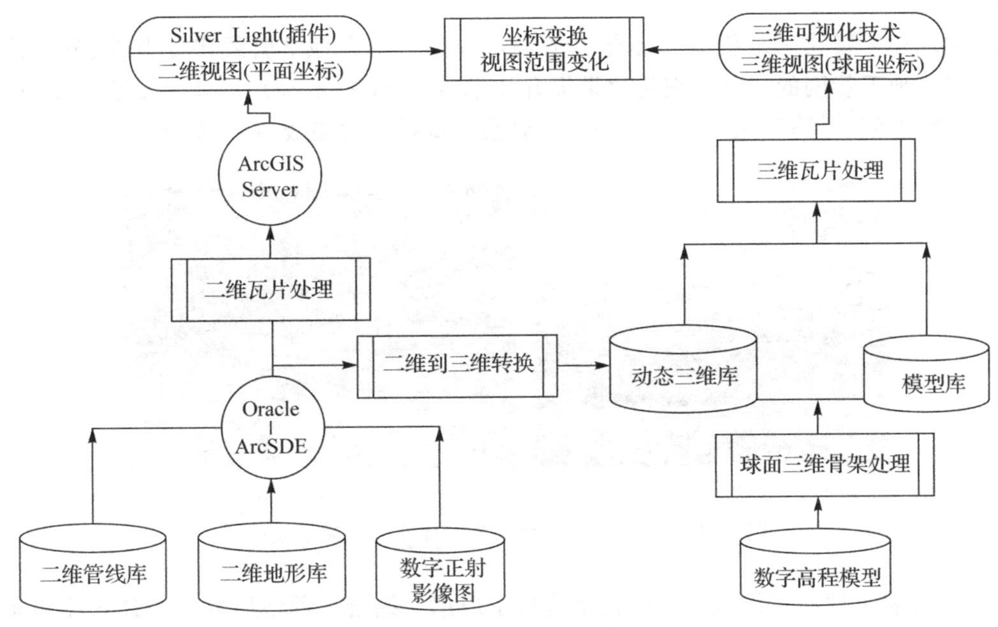

图 15.14　二、三维空间数据融合的处理流程

二、三维一体化的实现路线具体表现在：①地理空间一体化，将二维和三维信息统一到球面这个真实的地理环境中，将所有的数据都转换为真实的地理空间坐标进行发布；②数据存储和管理一体化，三维模型数据是与二维属性数据自动挂接的，两者使用的是一套存储和管理的数据；③查询和分析一体化，三维系统和二维系统采用一体化的空间分析和算法引擎，二维系统中的大部分查询(包括属性查询、空间查询)、分析功能都可以在三维系统中使用，同时三维系统还会提供淹没分析、三维量算等分析功能。

15.4.3　地上、地下三维模型集成展示技术

城市地下空间与地上空间有着很大的区别，最根本的一点在于地下空间是真三维连续空间，具有三维空间连续覆盖特性。也就是说，地下空间对象之间紧密相连，即使是空洞，也被建模为一个对象。而地上空间对象则是一个个离散对象，对象之间可以不连续。同时，地下空间数据的获取和信息解译比较困难，造成了地下空间表达的不确定性。

本项目针对地上、地下三维模型数据的特点、展示内容、表现方式和应用方向的不同，充分发挥三维模型一体化环境下的数据内容的完备性、空间参考的直观性等特点，研究地下三维模

型数据在地上、地下一体化集成环境下的展示手段、交互方式和可视化技术，实现地上、地下三维模型一体化集成展示应用，为地下不可见空间的三维展示提供快捷、直观的途径，具体内容包括以下四点：

(1) 实现地上、地下三维模型一体化无缝整合。针对地上、地下多源数据质量差异导致同一平台内各类三维模型在边界融合、坐标匹配、比例尺切合等方面所存在的问题，本项目对各类空间对象的传统三维数据结构进行分析，通过研究各类三维模型数据源的选取和转换方法、地表路网构建方法、多源三维模型数据的边界融合技术，构建一个适合三维模型一体化集成、展示、发布和分析所需的统一的三维数据结构，实现地上、地下三维模型一体化的无缝整合。

(2)实现地下管线三维模型一体化集成展示应用。结合地下管线多专业性、分散性等特点，重点研究地下管网的三维可视化效果提升技术(shader 技术等)、一体化交互展示方式(高程夸大、三维剖面、道路开挖等)等，实现地下管线三维模型的集成应用，如图 15.15 所示。

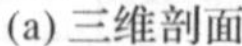

(a) 三维剖面　　(b) 道路开挖

图 15.15　地下管线三维模型一体化集成展示应用

(3) 实现岩土地质三维模型一体化集成展示应用。结合工程地质数据的分散性和非线性等特点，重点研究岩土地质的三维可视化效果提升技术、一体化交互展示方式(三维剖面、地层展示、道路开挖等)等，实现地质钻孔三维模型的集成应用。

(4)实现地下建(构)筑物三维模型一体化集成展示应用。结合地下建(构)筑物的专业内容和模型特点，重点研究地下建(构)筑物三维可视化效果提升技术、一体化展示方式(建筑抬升、地面开挖)等，实现地下建(构)筑物三维模型的集成应用，如图 15.16 所示。

(a) 建筑抬升　　(b) 地面开挖

图 15.16　地下建(构)筑物三维模型一体化集成展示应用

§15.5　特色与评价

15.5.1　应用特色

1. 形象直观

“市政管线三维辅助审批系统”实现了由平面到空间、由符号到模型的转变，如图 15.17 所示。通常使用平面符号表示管线及其附属物时，往往只能够表示管线平面位置关系，而对管线的尺寸、高度及表面特征表示得不够清楚。建立三维模型后，管线表现形式就更形象和直观。由于是按照实际尺寸构建了三维模型，因此管线的空间特征及空间关系都表现得比较清晰准确。

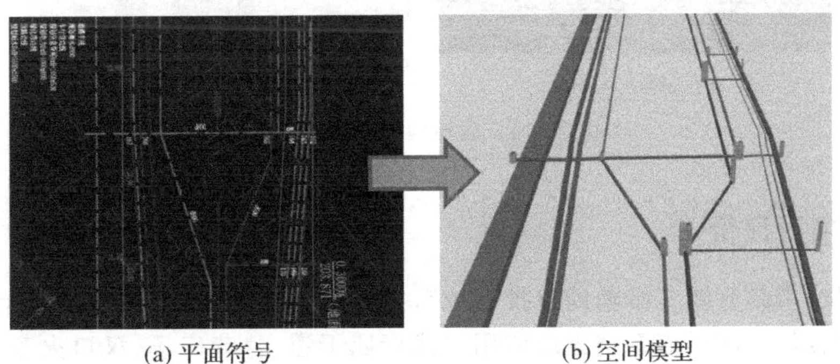

(a) 平面符号　　(b) 空间模型

图 15.17　表现形式的转变

2. 动态分析

“市政管线三维辅助审批系统”实现了由预先计算到实时计算、由定点分析到任意位置分析的转变，如图 15.18 所示。一般在 CAD 设计软件中都缺乏管线横断面实时分析功能，需要预先绘出横断面图。在本系统中，可以在任意位置上进行横断面实时分析。只需用鼠标设定起点和终点，便可以进行这两点间的横断面分析，动态灵活，简单方便。在断面分析图中标出地面高程、管线间距、管线类型、尺寸及埋深等信息，并提示间距是否符合规范要求。

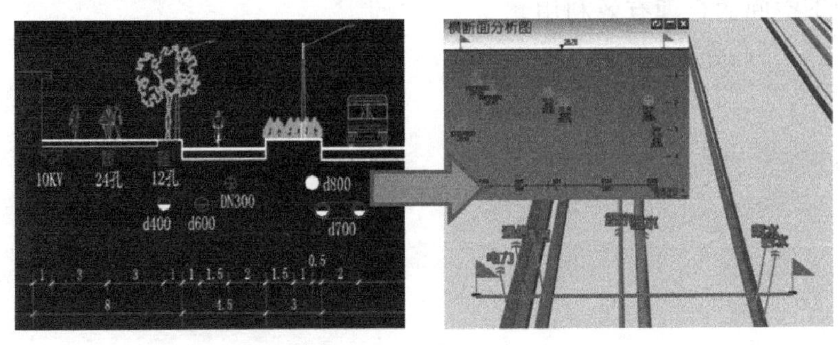

(a) 定点分析　　(b) 动态分析

图 15.18　横断面分析方法的转变

3. 空间碰撞检测

“市政管线三维辅助审批系统”实现了由二维到三维、由人工判断到自动碰撞检测的转变，如图 15.19 所示。传统的管线信息系统都是基于二维的图形和数据，因此对管线之间的碰撞检测需要人工进行判断。利用本系统可以自动完成三维碰撞检测功能，能够有效地检查出管线相交或冲突的情况。

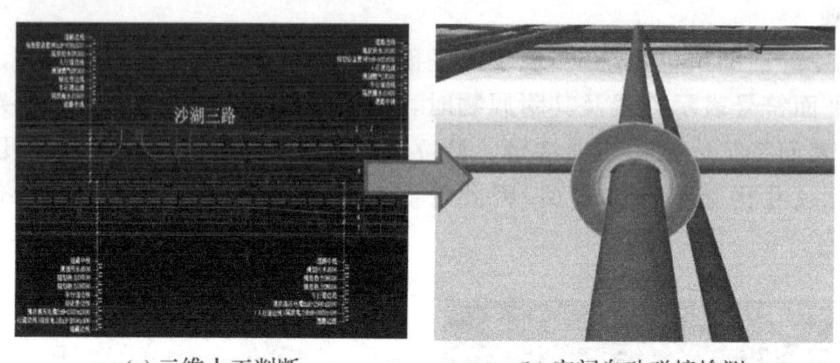

(a) 二维人工判断　　(b) 空间自动碰撞检测

图 15.19　碰撞检测方法的转变

15.5.2　项目评价

武汉市开发“市政管线三维辅助审批系统”，并开展了管线综合三维辅助设计和审批试点，作用显著，效率良好。随后该系统先后应用于武青四干道、鲁巷广场、汉口火车站周边配套设施改造等工程的规划审批工作。三维审批开展以来，弥补了在平面上进行规划审批的不足，建立了市政工程规划审批三维空间评估的工作模式，实现了规划管理从二维平面到三维立体空间的转变、从单一项目审批到城市空间形态统筹的转变，促进了地下三维模型成果在市政管线审批工作中的应用，提高了规划审批的科学性和规划方案在实施阶段的可操作性。

地下空间的有效开发和利用是当今乃至今后一段时期内城市发展所要解决的主要问题之一。地下空间三维地理信息系统的应用，能够为各相关单位在工程建设及协调上提供准确、现势的地下管线信息服务，使各单位能够及早制定相应对策，综合安排道路开挖、管线敷设工作，从而减少重复施工，避免施工事故，缓解交通拥堵，改善城市面貌，营造一个高效通畅的市政建设环境，实现地下空间的合理有效利用。

第4篇　地理信息公共服务

地理信息是国家重要的战略信息资源，在政府管理决策、产业发展、人民生活等方面发挥着越来越重要的作用。针对政府、专业部门和企业对地理信息资源综合利用、高效服务的需求，依托测绘部门现有地理信息生产、更新与服务架构，以及国家投入运行的涉密电子政务内网和非涉密电子政务外网物理链路，连通分布在全国各地的国家级、省级、市级地理信息资源，实现全国不同地区宏观、中观到微观地理信息资源的开发开放与7×24小时不间断的“一站式”服务，在此基础上形成有效的分建共享、联动更新、协同服务的高效运维机制，持续推进地理信息资源建设，积极探索现代化地理信息服务方式，大力促进地理信息产业发展，提高公共服务能力和水平。

第 16 章　省级“天地图”建设

§16.1　概　述

“天地图”是地理信息公共服务平台公众版，是全国基础地理信息数据资源最全的互联网地图服务网站。切实转变基础地理信息服务方式，推动地理信息共建共享，更好地统筹地理信息资源的利用，有效地服务于国民经济和社会信息化建设，促进经济社会又好又快发展，对提供公共服务、推动信息化进程、繁荣地理信息产业、维护国家安全意义重大。省级“天地图”建设，实现纵向对上连通国家级主节点、对下连通市级节点、横向连通省政府及有关部门，为增强测绘服务保障能力、最大限度地发挥地理信息资源效益、全面提升省级地理信息资源开发利用水平奠定坚实的基础。

§16.2　建设目标与内容

16.2.1　建设目标

省级“天地图”建设的总体目标是：按照提供权威、鲜活、统一、高效的“一站式”地理信息服务的要求，在国家地理信息公共服务平台的总体框架下，遵照“天地图”建设相关技术标准与规范，基于最新的地理信息资源建成省级“天地图”，实现与国家“天地图”、市级“天地图”的服务聚合与协同服务，并通过省级“天地图”门户网站向社会公众提供免费的地理信息浏览查询等综合服务，同时向企业提供增值开发标准接口。

16.2.1　建设内容

1. 建设标准体系

建设一系列适合省级实际管理应用的数据标准和技术规范。

2. 建立在线服务数据集

对基础地理信息数据、相关专题数据进行整合、处理，依据《地理信息公共服务平台 电子地图数据规范》要求，形成 15～17 级的地理实体数据、地名地址数据、线划电子地图数据和影像电子地图数据，并建立数据动态更新机制。

3. 搭建软件系统

软件系统包括门户网站、二次开发接口、在线服务基础系统、服务管理系统和运维管理系统。

4. 构建支撑环境

支撑环境包括机房建设、网络接入系统、服务器系统、存储备份系统、安全系统和日常运行管理。

5. 开展示范应用

结合实际情况，利用省级“天地图”搭建省住房和城乡建设厅的全省保障房建设、省新闻出版广电局的送电影下乡工程和省卫生和计划生育委员会疾控防治三个典型示范应用。

6. 实现互联互通

实现与国家“天地图”和市级“天地图”之间的互联互通。

§16.3　总体设计

16.3.1　总体框架结构

为了保证省级“天地图”能与国家“天地图”和省内市级“天地图”实现互联互通，省级“天地图”采用的框架结构由四个层次构成，即运行支撑层、数据层、服务层和应用层，如图 16.1 所示。

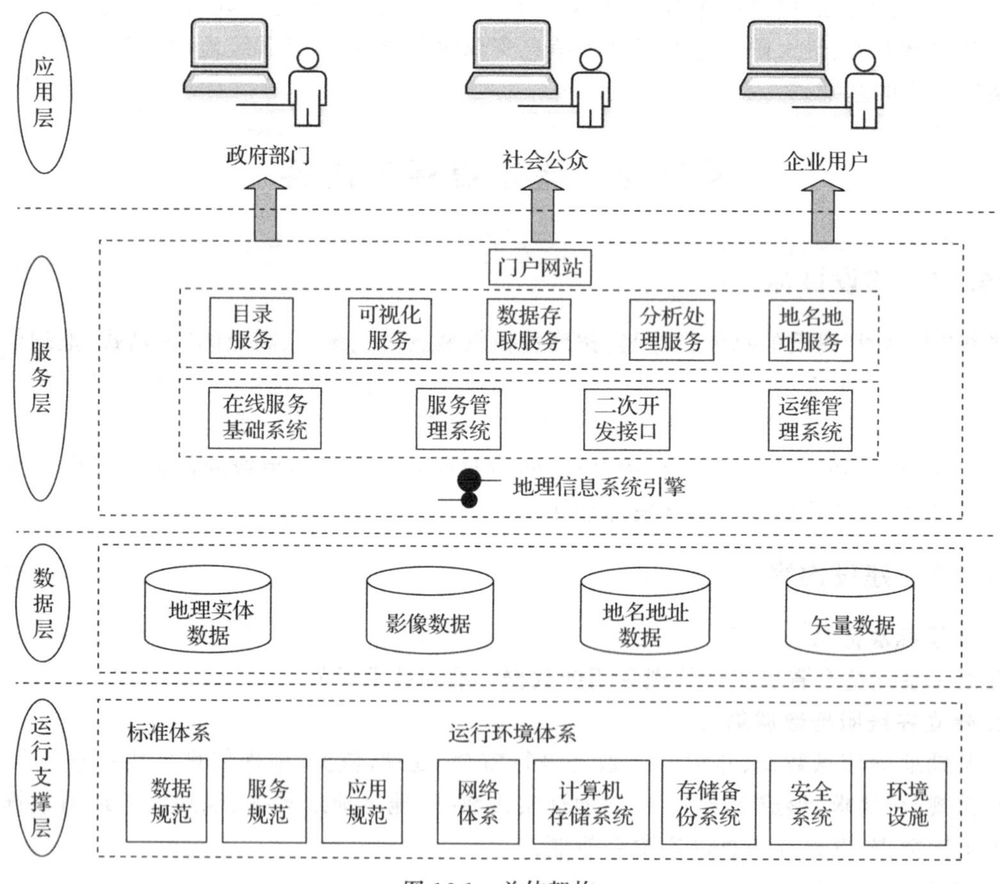

图 16.1　总体架构

(1)运行支撑层。运行支撑层包括标准体系和运行环境体系两部分，该层贯穿于整个系统。标准体系包括数据规范、服务规范和应用规范；运行环境体系包括网络体系、计算机存储系统、存储备份系统、安全系统和环境设施等。

(2)数据层。数据层主要包括地理实体数据、影像数据、地名地址数据、矢量数据等。数据的处理、存储、编辑等由数据管理系统来实现。采用分布式存储与管理模式，所有数据资源在逻辑上规范一致、物理上彼此互联互通。

(3)服务层。服务层是建设的核心内容，主要包括服务系统、运维管理系统和门户系统。服务层以门户网站为统一访问界面，对外提供数据服务接口和功能服务接口；用户既可通过门户网站使用系统提供的在线地理信息服务，也可通过调用系统提供的功能接口，快速构建业务系统。

(4)应用层。应用层是各类用户基于省级“天地图”建立的应用系统的集合。从用户角度看，省级“天地图”是一个信息服务机构，用户通过应用系统完成对各类信息服务的使用。

16.3.2　网络结构设计

为了更好地实现互联互通，省级“天地图”与市级“天地图”能提供统一设计、统一目录服务，通过广域网实现横向与社会公众和政府专业部门、纵向与国家和地方市的互联互通，如图16.2 所示。

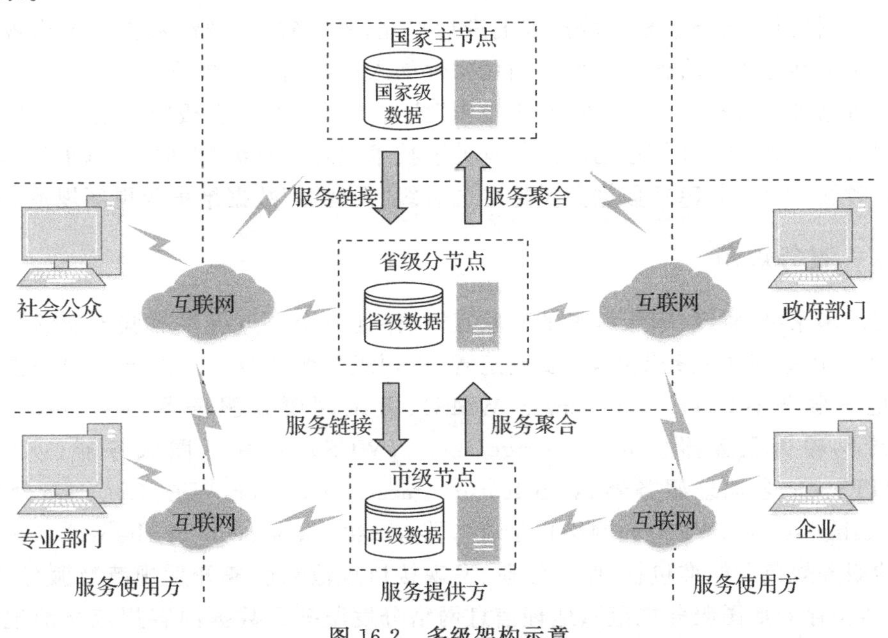

图 16.2　多级架构示意

16.3.3　数据资源

省级“天地图”以基础测绘生产的、覆盖全省的 1：10 000 矢量数据和 0.5～2.5 m影像数据为数据源生产 15～17 级在线服务数据集。在此基础上，融合第三方数据资源，增加本地关注点、三维建筑物模型、街景，以及相关的社会、经济、人文、交通、行政和旅游等信息。

同时，为了推进地理信息共建共享，支持为交通、规划、国土、旅游、水利、农业等专业部门提供相应的公共专题地理数据，通过系统的服务接口向用户提供服务。

16.3.4　软件架构和数据库平台

平台采用多层体系架构。后台数据入库及切片等功能采用 C/S 架构实现，服务发布及运维采用基于 Web 技术搭建。服务体系以空间数据为基础、信息网络为载体、服务为中心、应用为导向,基于 Web 服务技术和面向服务的架构体系,参照开放式地理空间信息联盟(Open Geospatial Consortium,OGC)服务规范建设,实现空间信息资源分布式管理、集中共享与服务。数据库管理平台采用 Oracle 11g,存储管理海量的空间信息资源和与系统运行有关的各类信息。

§16.4 标准体系建设

在现有国家、省相关法律法规和测绘、计算机行业标准的基础上,参考国家地理信息公共平台和数字中国地理空间框架的相关标准体系,面向省级“天地图”建设具体情况,扩充相应的技术规范,包括数据规范、服务规范、应用规范。

16.4.1 数据规范

为保证各类数据资源的共享与集成服务,结合省级、市级数据的特点,需要制定相应的省级“天地图”数据规范,对国家相关数据规范进行扩充,界定省、市两级数据规范内容。现行国家或行业技术标准与规范将作为规范性引用文件纳入这些制定的规范。

形成的数据规范及标准包括《省级“天地图”建设数据标准》《省级“天地图”地理实体数据处理技术规程》《省级“天地图”地名地址数据处理技术规程》《省级“天地图”电子地图数据处理技术规程》《省级“天地图”POI 数据分类标准》《省级“天地图”数据维护与更新规范》等。

16.4.2 服务规范

为了实现国家级、省级、市级服务的互联互通,保证各个节点提供的服务能够协同提供统一的服务,参照国家相关服务规范,需要制定省、市两级的服务规范。遵循的服务技术规范包括万维网地图服务器(web map server,WMS)、万维网要素服务器(web feature server,WFS)、万维网覆盖服务器(web coverage server,WCS)、切片地图服务器(web map tile server,WMTS)、地名地址服务器(web feature gazetteer server,WFS-G)、网络处理服务器(web processing server,WPS)和网络目录服务器(catalogue server for the web,CSW)等。

形成的服务规范及标准包括《服务注册、发现接口规范》《服务开发规范》《服务调用规范》《基于服务器缓存的地图服务规范》《地理信息网络分发服务元数据内容规范》《地理信息网络分发服务元数据服务接口规范》等。

16.4.3 应用规范

根据国家相关法律规定,结合省级“天地图”建设的功能,制定应用规范,并制定相应的规章管理制度和安全保密制度。

形成的应用规范包括《省级“天地图”用户指南》《省级“天地图”运行管理办法》等。

§16.5 在线服务数据集建设

16.5.1 数据构成

在线服务数据集建设的主体内容是公共地理框架数据。公共地理框架数据是在现有基础地理信息数据基础上，针对社会经济信息空间化整合和在线阅览标注等网络化服务需求，依据统一技术标准和规范，经过内容提取与分层细化、模型对象化重构、符号化表现、安全保密处理等加工形成的以面向地理实体、分层细化为重要特征的地理信息数据。公共地理框架数据主要包括地理实体数据、地名地址数据、影像数据和电子地图数据。省级“天地图”主要基于省级“十一五”1：10 000基础测绘成果生产15～17级在线服务数据。

1. 地理实体数据

地理实体数据主要分为水系类实体、交通类实体、境界与政区类实体及扩展地理实体等。

1)水系类实体

(1)河流实体，按河流名称划分，以河流骨架线表达，即将具有同一名称的河流的骨架线定义为表示该河流的实体。所有河流实体构成连通的水网。公共地理框架数据中河流实体的最小粒度与相应数据集所记录的内容相同，即不同尺度数据集中的河流都需以中心线表达，并构成连通的网络。对于源数据中没有名称的河流，按其骨架线的最小弧段定义实体。

(2)湖泊实体，按照湖泊名称划分，以湖泊的面状范围表达，即将属于同一湖泊的面状区域定义为该湖泊的实体。公共地理框架数据中湖泊实体的最小粒度与相应数据集所记录的内容相同。

(3)水库实体，按照水库名称划分，以水库的面状范围表达，即将属于同一水库的面状区域定义为该水库的实体。公共地理框架数据中水库实体的最小粒度与相应数据集所记录的内容相同。

2)交通类实体

(1)公路实体，按公路名称划分，以公路中心线表达，即将具有同一名称的公路的中心线定义为表示该公路的实体。所有公路实体构成连通的道路网。公共地理框架数据中公路实体的最小粒度与相应数据集所记录的内容相同，即不同尺度数据集中的所有公路都需以中心线表达，并构成连通的网络。对于源数据中没有名称的公路，按其中心线的最小弧段定义实体。

(2)铁路实体，按铁路名称或专业编号划分，以铁路中心线表达，即将具有同一名称或专业代码的铁路中心线定义为表示该铁路的实体。所有的铁路实体构成连通的铁路网。公共地理框架数据中铁路实体的最小粒度与相应数据集所记录的内容相同，即不同尺度数据集中的所有铁路都需以中心线表达，并构成连通的网络。对于源数据中没有名称或专业代码的铁路，按其中心线的最小弧段定义实体。

3)境界与政区类实体

境界与政区类实体包括行政境界及其所围区域。行政区域实体按不同级别行政单元划分，包括省、地区、县、乡镇等；行政境界是行政区域的边界，每个行政境界实体由相邻行政区域单元定义。公共地理框架数据境界与政区实体的最小粒度可至第四级行政区(镇、乡、街道)及相应界线。

4)扩展地理实体

地理实体是连接空间数据与相关社会经济、自然资源信息及专业部门专题信息的桥梁，当所构建的地理实体不能满足应用需求时，需要增建其他地理实体，从而满足挂接专题信息的要求。

2. 地名地址数据

地名地址数据以坐标点位的方式描述某一特定空间位置上自然或人文地理实体的专有名称和属性，是实现地理编码必不可少的数据，也是专业或社会经济信息与地理空间信息挂接的媒介与桥梁。地名地址数据包括地名数据和地址数据两部分。地名地址数据是公共地理框架数据的重要组成部分,是对地名、地址信息的结构化描述与唯一性标识。

3. 影像数据

影像数据是指面向网络地图服务需求而处理形成的地表影像、建筑物纹理、立面街景数据。其中,地表影像采用最新时相的各类遥感数据,经过正射纠正、拼接、匀色、融合、影像金字塔建设等处理,可与地理实体数据配置形成影像地图,或与数字高程模型结合构成三维地形景观。构筑物纹理和立面街景数据是采用激光扫描仪、CCD数码相机等获取的构筑物和街景表面影像,可与三维构筑物模型结合形成三维城市景观。

省级"天地图"建设使用的影像数据是指用于制作影像地图、三维地形景观的地表影像,包括卫星影像和高分辨率航空影像。

4. 电子地图数据

电子地图是指利用矢量数据、影像数据、高程数据进行内容选取、组合,经符号化处理、图面整饰后形成的重点突出、色彩协调、符号形象、图面美观的视屏显示地图,可用于在线浏览、专题标图,也可供用户下载后打印输出或作为文档插图使用。

电子地图主要包括线划地图、影像地图、数字高程模型晕渲地图等。线划地图以矢量基础地形要素数据为主要数据源,经过数据分级与可视化设置而成;影像地图以航空、航天遥感影像为基础,并配以矢量线划和适量注记得到;数字高程模型晕渲地图是在数字高程模型数据的基础上经过晕渲处理,并配以矢量线划和注记生成。

16.5.2 数据集建设流程

1. 地理实体数据建设流程

地理实体通过对基础地理信息数据进行内容提取与分层细化、模型对象化重构、拓扑化处理、数据重组等处理而形成。

1)水系类实体数据处理

水系类实体数据处理按照实体的编码方式,进行实体编码。面状河流实体采集河流骨架线,河流骨架线之间的连通关系与基础数据实体一致。不同比例尺的同一河流实体标识码相同。省级水系类实体数据主要表示1~6级水系实体、湖泊实体和水库实体。

2)交通类实体数据处理

(1)公路实体表示粒度。公路实体以公路的结构线(或中心线)表示,由于依比例尺表示的公路较多,需要采集公路结构线(或中心线)信息,并将公路相应的信息附加到公路结构线的属性结构中。根据基础地理数据实际情况,结合收集的参考资料,省级公路实体数据表示为高速公路、国道、省道。

(2)公路实体数据处理。在进行公路实体数据处理时,需要注意公路实体的个体完整性及整体的连通性。作为个体地理实体,在表示时应尽量保持地理实体的完整性;作为公路实体数据层的路网应贯通,整体应具有连通性。当多公路实体为同路段时,应在该路段的图元信息中,通过顺序增加"地理实体标识码"字段,并按照该路段同线所有实体等级由高到低、序号由小到大的顺序依次填写,同时地理实体名称与地理实体标识码的表示顺序及对应关系应一致。

在不同比例尺中,同一要素的地理实体编码应保持一致,即同一条公路在省级节点数据、市级节点数据、县级节点数据中的实体编码一致。例如，江苏省连云港市赣榆区境内的 G15 段，在江苏省节点实体数据中该公路实体标识码为“G0015320000000000”，在连云港市节点实体数据中该公路的实体标识码仍为“G0015320000000000”，在连云港市赣榆县节点的公路实体数据中该公路的实体标识码仍为“G0015320000000000”。

在进行街道实体编码时，以公路实体编码标准为依据。在进行街道顺序码编码时，参照 GB/T 21381—2008《交通管理地理信息实体标识编码规则 城市道路》的编码顺序进行。以街道起点的位置顺序进行，由东到西，由南到北，编写实体标识码的顺序码位。

对于跨行政区域的公路实体，其所在的行政区划标识码采用其所跨的行政区域的上级行政区划代码，如跨两个县的编码归于地级市编码、跨城市两个区的编码归于市辖区编码。

(3)铁路实体数据处理。铁路实体编码与公路处理方式一致。

3)政区与境界类实体数据处理

(1)政区实体表示粒度。省级政区地理实体可表示为省级政区、市级政区、县级政区和乡级政区四级行政区划。对缺少政区信息的，如市区部分，若无街道政区的信息，表示到县级政区即可。

(2)拓扑关系处理。境界实体与政区实体之间关系要协调一致。境界的线划位置与政区范围的位置应重叠表示，境界级别与政区级别应对应。在进行政区与境界数据处理时，需要注意与其他地物的空间关系表示正确。例如，境界以河流中心线为界时，境界线要确保与河流中心线相一致。

(3)政区实体标识码编制。实体编码依据《地理信息公共服务平台 地理实体与地名地址数据规范》中政区实体标识码规则进行编码。

2. 地名地址数据建设流程

地名地址数据涵盖了省、市两级地名信息点，是地图注记的主要数据源，也是用户查询的主要对象。为了适应省、市两级“天地图”地图服务应用及符号化配置需求，根据地名类别、级别等信息对其进行合理分类、分级。

1)地名分类

省级地名要素分类在参照了《国家 1∶50 000 数据库更新工程 1∶50 000 地形要素数据规定》基础上，结合数据情况进行地名分类。

2)地名提取

地名数据主要来源于矢量数据中的地名信息、外业调绘地名信息及其他专题资料地名信息。以上多源地名数据合成一套比较完整的地名层数据。在合成地名时，需要统一不同来源数据的地名表达方式、明确地名定位点。

3)数据处理

在进行地名数据处理时，对地址描述信息、地名地址代码、地名地址坐标、地理实体名称、地名地址分类代码进行了处理。

在进行地址描述信息数据处理时，通过各种参考资料，获取地名的具体地址信息，在地址描述中，详细描述地理实体名称的所在地址。地名地址代码采用 GB/T 23705—2009《数字城市地理信息公共平台地名/地址编码规则》进行代码编制。对详细地址无法与街道、小区、门址相关联的编码，将其编至所在的行政区划代码。地名地址坐标信息根据地名点位的经纬度信息填写，地理实体名称按照地名名称填写。地名地址分类代码按照 GB/T 18521—2001《地名分类与类别代码编制规则》编制10位编码。

3.电子地图数据建设流程

1)线划电子地图制作

线划电子地图作为省级“天地图”的基本地图服务数据,为保持与基础地理信息的一致性,其数据源应符合国家或行业标准,数据的精度应符合相应比例尺精度要求。数据处理过程如下:

(1)坐标转换。经整合处理之后的线划电子地图,其数据坐标系需统一转换为2000国家大地坐标系。

(2)数据标准化处理。不同的数据源存在不同的分类编码体系,为使不同比例尺、不同级别的数据在数据分类上易于标识,采用统一的分类方式。将省级、市级的基础数据编码体系以GB/T 13923—2006《基础地理信息要素分类与代码》为标准,进行编码转换。在进行编码转换时,尽量保持原始数据的分类精度,对《基础地理信息要素分类与代码》中缺少的分类类别,按照该标准的编码规则,在现有的编码基础上进行扩充。扩充的编码应不与现有的编码产生重叠、矛盾。

(3)分层与属性结构整理。数据的分层和属性结构参考《1:400万~1:5万地理实体数据整合技术要求》,结合数据的实际内容,进行数据的分层和属性结构调整。按照地理要素的分类特点,明确要素的归属类别,调整要素所属图层。在整理图层时,图层的属性结构以地理实体的基本属性为基础,结合数据源的属性内容,扩充基础数据的属性结构,与国家级1:50 000以下的比例尺基本属性结构的顺序、内容尽量保持一致。尽量保持原有数据信息,将各比例尺的特有属性内容放在基础属性项之后。

(4)要素整理。数据属性内容转换,将原始数据中的以标注或符号方式表示的主要信息内容,添加到相应地物要素的属性项中,使其成为属性内容;要素内容完善,通过收集不同的数据源,补充基础数据的数据内容,添加基础数据的名称、编码等基本的属性内容,同时补充完善原始数据中因表示方式不同而造成的不连续等现象,以表示完整的地物要素信息;要素符号化,根据电子地图配图标准,对各要素进行配置符号及标注。地名数据标注采用简化数据名称或代码表示方式,增加简称属性项,用于符号化标注。

(5)涉密信息处理。按照有关规定对整合处理之后的线划电子地图数据内容进行处理,删除涉密的要素图形、涉密属性内容及地名点,并以1:250 000国家公开版线划数据为标准,降低线划电子地图数据的平面精度。

2)影像电子地图制作

(1)影像数据处理。影像数据处理主要包括纠正、拼接、匀色、融合、影像金字塔建设等。影像的纠正精度应不小于该分辨率所对应比例尺的矢量数据精度。如有相应区域的矢量数据,应与矢量数据实现较好的套合。影像经过接边处理后,接边处应无明显的错位、接边痕迹。影像整体应色调均匀,无明显区域色彩不一致现象。高分辨率遥感影像中,拼接后的影像应无明显的重影、导向不一致、扭曲、拉丝等现象。

(2)影像标注数据制作。选择需要标注的要素类型,对相应区域内线划电子地图中的要素注记进行提取,依据相应的标准对影像数据进行标注。

(3)降低平面精度。降低影像电子地图平面精度所采用的方法和精度要求与线划电子地图一致。

16.5.3 脱密处理

由于地理空间信息的保密性要求，为社会公众提供服务的所有数据需依据国家有关规定过滤、删除涉密信息内容，降低空间精度和影像分辨率，经地图审核后取得审图号方可发布，在公共地理框架数据基础上整理形成在线服务数据，通过互联网为社会公众提供服务。

脱密处理后，数据内容与表示需符合《基础地理信息公开表示内容的规定(试行)》(国测成发〔2010〕8号)、《公开地图内容表示若干规定》(国测法字〔2003〕1号)和《公开地图内容表示补充规定(试行)》(国测图字〔2009〕2号)要求，空间位置精度需符合《公开地图内容表示补充规定(试行)》要求，位置精度不高于50 m，等高距不小于50 m，数字高程模型格网不小于100 m，影像数据分辨率不高于0.5 m。

16.5.4 数据库管理系统

基础地理信息数据库是由测绘部门生产的用于专业用途的空间数据库，一般不直接应用于空间信息共享。原始的基础地理数据库需要经过矢量数据提取和整合、栅格及影像数据处理及数据脱密等处理工作之后，才能生成用于公共服务的地理框架数据库。省级“天地图”运行在互联网上，因此需要为框架数据库设计完善的数据入库、管理、切片、提取和更新功能，并严格按照内外网分离原则进行部署，从而为数据管理和对外服务奠定坚实基础。

为方便对数据进行管理，需要建立数据库管理系统。该系统负责公共地理框架数据的更新、维护及日常管理工作，为地理信息服务提供数据支持与保障。

在框架数据整理和建库后，数据库管理系统可结合大型数据库商业软件，对相关数据进行一体化管理。

16.5.5 数据更新机制

按照国家和“十二五”省级基础测绘规划对数据更新的要求，建立相应的数据动态更新机制。

针对公共地理框架数据，采用应急更新、定期更新、共建共享更新、联动更新四种模式。

1. 应急更新

在突发事件或应急情况下，采取多种技术手段与方式，快速获取事件发生地点或相关区域的航空航天影像数据、地面实测数据及相关专题数据，提取变化信息并更新公共地理框架数据，及时向用户提供最新信息服务，满足应急救灾与风险管理需求。

2. 定期更新

依托基础测绘定期更新机制，对公共地理框架数据进行定期更新。定期获取全省航空航天遥感影像，航空影像更新周期为3年、卫星影像更新周期为1年；基础测绘数据苏南地区更新周期为2年，苏北地区为3年，行政区划调整和铁路、公路、桥梁、港口、水利等重要要素更新周期为0.5年。

3. 共建共享更新

利用各共建共享单位提供的权威数据资源进行更新。例如，交通部门提供最新的交通路网信息、民政部门提供最新的行政区划信息等，测绘部门利用上述权威数据更新公共地理框架数据中相应内容。

4. 联动更新

由于省、市两级节点分别部署不同尺度的公共地理框架数据,而且数据更新时间不一致,故有必要建立不同尺度框架数据的联动更新。当更新市级框架数据后,可以联动更新省级框架数据。

§16.6 在线服务软件体系建设

16.6.1 在线服务软件系统设计

在线服务软件系统建设是省级"天地图"建设的重要组成部分。服务类型具体可分为目录服务、可视化服务、数据存取服务、地名地址服务和数据分析处理服务。其中,可视化服务、数据存取服务和地名地址服务是基本服务类型,数据分析处理服务主要指通用的或与特定应用领域相关的空间应用分析模型和处理过程服务。数据分析处理服务需要依托于可视化或数据存取服务来实现,或者在调用数据分析处理服务时,需要同时调用可视化或数据存取服务。

服务模式分为网站访问、定制应用、标准接口服务和服务器托管,结合不同的服务模式,向不同类型的用户提供各类服务,从而满足不同用户的需求。

1. 服务类型划分

采用面向服务的架构,以服务的方式对外提供地理信息公共服务,实现数据管理和应用的分离。

1)目录服务

目录服务是指将有关现实世界中事物的信息存储为具有描述性属性的对象,提供网络发布、发现空间数据和地理信息服务元数据的功能,完成将空间数据与地理信息服务元数据注册到目录服务中以方便管理和查询。开放式地理空间信息联盟 CSW 是行业公认的、开放的标准在线目录服务规范,提供了用于发布与访问地理空间数据和服务、相关资源信息元数据的网络目录服务规范。开放式地理空间信息联盟 CSW 规范支持 HTTP 协议,客户端和服务端之间采取标准 HTTP 协议的"请求—响应"机制进行交互。

开放式地理空间信息联盟 CSW 规范包括七个访问操作,分别是:GetCapabilities、DescribeRecord、GetDomain、GetRecords、GetRecordById、Transaction 与 Harvest。这七个操作可分为三类:①第一类为基本服务接口,包含 GetCapabilities 操作;②第二类为发现接口,包含 DescribeRecord、GetDomain、GetRecords 和 GetRecordById 四个操作;③第三类为管理接口,包含 Transaction 和 Harvest 两个操作。

2)可视化服务

可视化服务直接通过发布地图资源获得,主要实现地理信息的二维和三维可视化服务。

(1)二维地图服务。二维地图服务为用户提供预先编制地图的浏览服务,包括基本地形图、政区图、交通图、影像图及各类专题地图等。创建地图服务之前,需指定矢量和栅格数据源,预先对数据进行符号化配置,设置注记,创建专题图。

发布的地图服务,可根据用户的地图访问功能需求,发布成静态地图或者动态地图。静态地图,即支持按照一定规则预先创建图片文件,以缓存的方式存储在服务器端的地图服务,可提高地图显示和访问效率;动态地图,即支持动态生成特定请求范围的地图服务。

二维地图服务支持开放式地理空间信息联盟规范，包括WMS规范和WMTS规范，支持用户构建具有良好用户体验的富客户端应用。

(2)三维地图服务。三维地图服务为用户提供多分辨率遥感影像、数字高程模型构建的三维地形场景，以及利用三维建筑物模型和纹理构建的三维城市景观。

为方便用户浏览发布三维地图服务，省级“天地图”提供专门的三维显示客户端软件的下载，并支持满足开放式地理空间信息联盟规范和通用成熟软件厂商发布的二维地图服务的叠加显示。三维地图服务需遵循WMTS规范或WMS规范。

为提高三维地图显示和访问效率，发布的三维地图服务可根据需要提供完全数据缓存、部分数据缓存和按需数据缓存三种三维地图缓存。其中，完全数据缓存是默认三维地图发布模式，用户可快速浏览任意区域和任意比例尺下的数据。

3)数据存取服务

数据存取服务，从一定意义上而言，是传统地理信息服务模式的延续，但其又不同于传统地理信息提供模式。通过数据存取服务，授权用户可在局域网(local area network，LAN)或者互联网(internet)网上访问共享的所有数据，支持数据的复制和查询。

除了支持对数据的复制和查询之外，该服务还支持空间数据抽取，即通过指定空间范围，进行空间数据抽取，转换并下载到本地。数据存取服务遵循开放式地理空间信息联盟的WFS规范、WCS规范。

4)地名地址服务

地名地址服务主要是针对规范化处理的地名和地址，建立与空间位置的对应关系，形成带有空间位置坐标的地名地址数据，以满足各种专题信息空间定位的要求。地名地址包括自然地名和人文地名数据。自然地名包括山脉、山峰、河流、湖泊等自然地物名；人文地名包括行政区域、街巷、小区、门(楼)牌号等名称。地名地址服务遵循开放式地理空间信息联盟的WFS-G规范。

5)数据分析处理服务

数据分析处理服务主要指可以实现某些特定的空间应用模型分析和数据处理的服务，包括常用的空间分析和计算服务，如最短路径分析、临近设施分析、服务区域分析、缓冲区分析、动态投影、拓扑分析、面积距离和角度计算。数据分析处理服务遵循开放式地理空间信息联盟的WPS规范。

2. 服务提供模式

1)网站访问

通过通用浏览器(如IE、Firefox等)，输入门户地址，进入门户系统为有需求用户提供的服务展示界面，在线查看系统提供的服务，支持地图(包括影像地图)浏览、地名查找、地址定位、空间查询、信息标绘等功能。

2)定制应用

该模式适用于需要建立地理信息系统应用、但地理信息系统应用不太复杂的部门，通过利用系统提供的二次开发功能，针对用户需求进行个性化的定制，实现功能的扩展和个性化表达。

系统提供标准的二次开发接口，通过使用二次开发接口，各部门能够便捷、直接地实现地图调用，不需要再支付昂贵的软件费用和数据费用，也不需要再另外购置软件就可以直接使用系统提供的数据成果,方便快捷地把地图集成到各部门的系统中。系统提供的开发接口包括数据访问接口和应用功能接口两类。

3)标准接口服务

针对地理空间数据需求复杂的用户,可通过地理信息系统软件调用系统提供的接口服务(数据访问接口和应用功能接口),实现基础数据与专业数据的叠加显示、空间上的统计分析等。

在数据接口方面,数据发布完全遵循开放式地理空间信息联盟的 WMS 规范和 WFS 规范,在客户端支持基于第三方商用地理信息系统软件的应用开发,包括 ArcGIS、SuperMap、MapInfo、MapGIS 等平台软件,只要将数据设置为远程数据源,就可以在这些软件中直接调用。功能接口方面,系统提供的应用分析功能接口服务亦可直接使用,避免重复开发。

4)服务器托管

对于部分用户,不具备网络接入条件或系统提供在线服务方式不能满足需要时,可以采用服务器托管模式。服务器托管模式是一种非在线服务模式,数据提供者提供数据库服务器和数据访问接口,用户方可以将数据库服务器纳入本方网络环境,通过开发,建立部门应用系统。由数据提供者对数据进行周期性更新,保证数据更新同步。

3. 服务软件组成

服务软件以数据体系为基础,对外支撑各种应用,由五个子系统组成:在线服务基础系统、二次开发接口、服务管理系统、运维管理系统和门户网站,如图 16.3 所示。

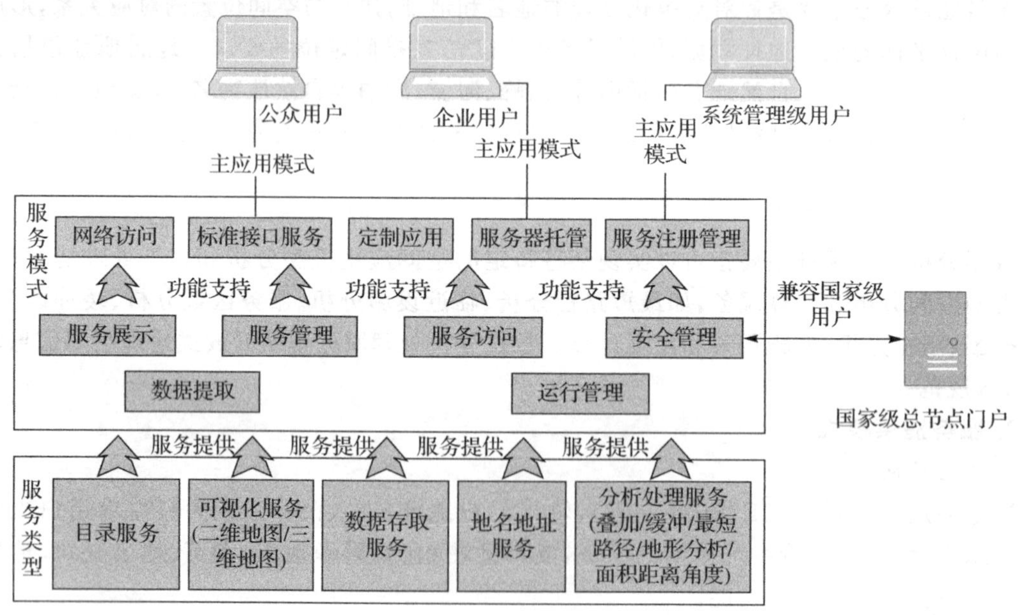

图 16.3 在线服务软件系统总体框架

为了确保服务体系这样一个复杂软件系统的可持续发展,对变化系统能做出最快的响应,需要采用先进技术以确保系统的技术架构和技术体系长期不落后,通过先进技术延长系统的生命周期。根据系统的公用性、基础性和持久性的特点,软件采用面向服务的架构,将流程逻辑与业务逻辑相分离。业务逻辑作为服务提供,流程逻辑通过将这些服务连接在一起来构成,可以基于各种服务接口实现服务器端聚合和客户端聚合，从而在一个开放的、灵活的、可扩展的架构上增强系统的服务能力。

1）在线服务基础系统

（1）目录管理。目录管理包含服务目录的管理和元数据目录的管理。目录服务按照开放式地理空间信息联盟目录服务规范（CSW）进行统一管理。

——服务目录管理。通过调用图层目录服务接口，对所有服务以树状结构展示，需要维护服务目录的准确性与现势性。服务查询，根据用户提交的信息在服务目录信息中精确搜索，返回用户所需的服务描述、地址等信息。应提供服务查询接口，供其他系统调用。服务预览，用于各类服务元数据的浏览，用户可以以文本、表格等形式进行服务元数据浏览。另外还提供地图服务的预览，允许对地图进行移动、放大等基本地图操作。

——元数据目录管理。用于维护目录的元数据目录结构，在应用系统中通过目录服务可以直接访问目录信息。元数据目录可按照不同的分类标准，组织不同的目录结构，同一数据源可属于不同的目录，包括增加目录、浏览目录、配置目录、删除目录、导入与导出目录等功能。

（2）服务发布。服务发布系统可将公共地理框架中的数据发布成服务，也可供用户将本地数据发布成服务。

服务发布。系统提供可视化界面，允许将本地或远程数据发布成服务，数据源支持SHAPE、Geodatabase、MXD、GML 等常用格式。

——服务预览。服务发布后，可以预览用户自己发布的服务，以验证服务是否正常发布。

——服务编辑。当服务发布后，用户可以根据实时需要，对所发布的服务名称、服务内容等进行修改和编辑。

（3）地图浏览。地图浏览主要包括二维地图和三维地图的浏览。其中，二维地图服务为用户提供预先编制地图的浏览服务，包括基本地形图、政区图、交通图、影像图及各类专题地图等。地图服务可根据用户的地图访问需求，发布成静态地图或者动态地图。二维地图服务支持开放式地理空间信息联盟规范，包括 WMS 规范、WFS 规范、WCS 规范和 WMTS 规范，支持用户构建具有良好的用户体验的富客户端应用。三维地图服务指基于遥感影像、数字高程模型和各类矢量数据提供具有真实地形感的、可灵活交互式的景观服务（类似于 Google Earth）。三维地图服务包含两种内容：一种是数据服务，另一种是功能服务。数据服务即三维地图，功能服务是对三维控件进行封装后可在桌面环境、浏览器环境使用的具有更多功能的控件。三维地图服务主要有三维场景浏览、三维叠加显示、三维量测与分析、地图搜索与地图标注等几种形式。

（4）地址匹配。地址匹配主要由地址空间数据库、地址拆分及标准化、地址匹配规则配置及地址匹配算法等部分组成，其核心是地址匹配。系统满足单地址匹配、批量地址匹配需求，遵循开放式地理空间信息联盟的 WFS-G 规范。

（5）数据分析处理。数据分析处理包括路径分析服务、缓冲区分析服务和叠加分析服务等，遵循开放式地理空间信息联盟的 WPS 规范。

——路径分析服务。利用地理信息系统网络分析算法，在短时间内完成距给定地点最近对象的查询和给定起止点的最佳路径查询，可以根据给定的限制条件进行最优路径选择，如时间最短、距离最短、费用最少等条件。

——缓冲区分析服务。提供基于点、线、面的缓冲计算和分析，支持对地理对象附近的地理要素进行搜索的功能，如对交通沿线或河流沿线的地物搜索、对公共设施的服务半径搜索及对铁路、公路及航运河道所穿过区域经济发展的重要性搜索等。

——叠加分析服务。支持空间关系和属性关系的叠加、分析和比较,提供的服务包括视觉信息叠加、点与多边形叠加、线与多边形叠加、多边形叠加、栅格图层叠加。

2)二次开发接口

二次开发接口是实现共享服务的核心,公共地理框架数据通过服务接口提供共享服务,是进行门户网站和一切业务系统定制的基础,服务接口涵盖数据访问接口、应用功能接口、开发接口三个层次。

(1)数据访问接口:①WMS、WFS、WCS规范的服务接口,为外部应用系统提供符合开放式地理空间信息联盟规范的空间数据访问接口,发布的WMS、WFS、WCS规范的服务接口能支持常用的地理信息系统平台(如ArcGIS、SuperMap、MapInfo、MapGIS等),服务接口之间能相互调用;②图片引擎服务接口,图片引擎服务是将电子地图数据按照一定比例尺进行切片,通过Web服务接口对外发布图片服务。图片服务遵守WMTS规范,可接收比例尺、范围等参数,返回图片对象数组。图片对象包含图片地址、尺寸、范围信息。

(2)应用功能接口,包括地图标注、地图量测、信息检索和空间查询等功能。各功能接口遵循开放式地理空间信息联盟的WPS规范:①地图标注服务,用户可直接在地图上添加、删除和移动关注点及其相关信息,该功能允许用户收集自己关心区域的信息,并标注到地图上,方便搜索和利用,满足个性化的需求,标注信息保存提供上传至服务器或保存在客户端两种方式;②地图量测服务,支持用户直接在地图上对各种地图实体进行量测,如距离量测、面积量算等;③目录服务,提供服务分类目录和服务元数据的描述信息,并提供按条件进行服务元数据查询功能;④检索服务,对给定信息进行全文搜索,又分为关键字查询和详细查询,通过关键字在数据服务中进行查询,对于查询结果可以进行二次详细查询,查询该结果关联的其他服务属性信息;⑤空间查询服务,提供点查询、拉框查询、圆形查询、多边形查询等功能。

(3)开发接口:①利用业务系统定制向导,用户只需经过简单的配置,如设置系统部署的服务器IP地址、虚拟目录地址,选择通用地理信息系统功能(如放大、缩小、量算、查询等),在图层目录中勾选所需图层,即可定制属于自己的业务系统;②提供各种应用程序接口,允许授权用户链接、引用系统提供的地图数据服务和功能服务,进行应用系统开发;③提供富网络应用(rich internet application,RIA)技术的开发支持,如基于互联网的JavaScript、Flex、Silverlight技术开发接口,以及基于移动网的ArcGIS for Android、ArcGIS for iOS开发接口等。

3)服务管理系统

当服务发布后,需要将服务进行注册,服务管理系统包含服务注册与反注册、服务审核、服务运行控制、服务聚合功能。

(1)服务注册与反注册:对发布的服务进行注册,是将需要注册的服务向一个目录服务进行登记的活动。该功能提供与国家级主节点和市级节点的服务注册接口,允许管理员将省级节点注册的服务上传注册到国家级主节点,也可以将市级节点的服务注册到省级节点。该功能允许服务的反注册,即将服务从服务目录中删除。服务注册应支持主流地理信息系统软件发布的空间数据服务,基于开放式地理空间信息联盟的CSW规范建立。

(2)服务审核:对注册的服务进行审核验证,确保服务符合平台规范。

(3)服务运行控制:监测服务状态,显示服务的运行情况;对服务进行启动、停止、重启、刷新等操作。

(4)服务聚合:提供客户端、Web服务层和服务层三个层次的服务聚合能力,用户可以在少编程甚至不编程的情况下,非常方便地使用第三方提供的标准网络服务,也可将多个服务聚合后发布成一个新的服务。

4)运维管理系统

运维管理系统的建设包括安全管理、审批管理、服务监控巡检、日志管理和数据访问统计等模块,实现对用户和服务的全过程访问监控管理,保障系统的正常、安全和稳定运行。同时,系统参考省、市等多级管理结构的特点进行设计,实现分布式纵向运维,上级单位可以调用下级单位运维服务,了解运维数据,保障上级单位对下级单位的监管。

(1)安全管理。系统主要运行于互联网,安全管理主要指用户安全管理。用户安全管理主要实现用户认证和授权管理。系统需兼容国家级主节点的用户认证和授权,并支持对用户访问系统权限的进一步授权。基于用户授权,可对不同的身份进行鉴别,避免用户的越权访问。系统为强、中需求用户提供统一的单点登录模式,提供统一的用户注册、用户登录界面,同时为系统管理人员提供用户认证和授权管理界面,为不同权限的用户跳转到不同的服务界面。

——认证服务。用户访问系统提供的其他服务必须携带用户身份信息,否则将无法访问。用户发送用户名和密码到服务器端,服务器端返回给用户一个凭证,用户每次访问系统的服务必须携带该凭证。认证服务可用Cookie或HTTP的头信息来实现。涉及保密的数据和接口需要采取IP限制,严格限定用户和用户登录的地址。

——用户权限管理。门户中会设置用户、组织机构和功能不同的组,不同的用户有不同的图层权限、数据权限,用户权限管理就是对这些与用户相关的信息进行统一管理,实现各系统用户、组织机构和角色相关的权限管理,包括组织机构管理、用户角色管理、用户权限设置等内容。

(2)审批管理。审批管理模块基于工作流引擎,按照预先设计的审批流程实现对数据交换、服务使用的自动审批。数据交换审批实现对省、市两级上传、下载的基础框架数据、专题数据进行审批,审批后利用数据管理系统入库,并通过服务发布系统发布相应的服务;服务使用审批实现省、市两级单位对具体服务使用的审批,对审批通过的单位授予该服务调用权限。

(3)服务监控巡检。服务监控巡检指在网络节点中使用一些独立进程,不断地、定期地自动探测当前各个服务的运行状态,把这些状态通过短信、邮件的形式发布给运维人员。当出现较严重的状况时,巡检程序将报警。巡检程序提高了系统运维的自动化程度,是保障系统7×24小时正常运行的必要手段。功能包括服务器状态巡检、核心服务巡检和服务接口巡检。

(4)日志管理。日志包括系统日志和业务日志。系统日志是指记录系统各模块的运行状态,用户对系统运行情况进行跟踪,在系统出现故障时能根据日志快速进行问题排查。业务日志主要是记录用户对数据资源的访问情况和每个图层的访问状况。日志管理完成用户登录、访问、操作等各种工作日志的记录、查询、统计、审查、备份和恢复等工作,是系统安全审查的证据和依据。

(5)数据访问统计。数据访问统计根据系统提供的数据访问工作日志,对数据访问、数据上传、数据下载进行统计分析,按照时间、区域了解数据访问情况,并用图表方式展示。

5)门户网站

门户网站通过建立单点登录系统为用户提供统一的信息资源认证访问入口,建立统一的、基于角色的和个性化的信息访问。通过实施单点登录功能,使用户只需一次登录就可以根据相关的规则去访问不同的应用系统,提高信息系统的易用性、安全性、稳定性。门户网站上标注审图号,展示地图使用条款、用户意见反馈、服务运行状态等信息。

门户网站主要功能包括目录展示、地图浏览、信息检索、地名查找定位、地图标绘、地图打印和二次开发接口等。

(1)目录展示。图层目录与目录管理系统的目录对应,目录体系是按照统一的标准和规范,为发布、发现和定位地理信息而建设的服务体系,是根据社会公众或企业用户的业务需求,按照统一的目录体系标准,生成地理信息资源和共享专题信息资源目录,为社会公众或企业用户提供准确的地理信息资源的发现和定位服务。目录按行业、专题、地理空间信息分类、编码体系、关键词、用户定义等多种方式展现。

(2)地图浏览。该功能提供各种基本的电子地图浏览工具,进行各种电子地图的浏览,包括二维地图(矢量电子地图、影像电子地图、专题电子地图)、三维地图等。

(3)信息检索。该功能实现空间信息的快速检索和空间定位,调用服务接口提供的检索服务,可以查询系统中所有的数据。

(4)地名查找定位。该功能提供根据地名或地址查找的工具,实现地理位置的定位。

(5)地图标绘。该功能提供对地图的在线标绘工具。

(6)地图打印。该功能提供对当前地图的打印功能。

(7)二次开发接口。针对不同用户提供各种应用程序接口和服务接口,允许授权用户链接、引用系统提供的地图数据服务和功能服务,并可接入或集成各类相关网站专题服务。

16.6.2　系统集成与测试

1. 系统集成

1)省级“天地图”系统集成要求

(1)服务标准符合的规范:确保系统发布的各类服务满足国家在服务规范上的要求,目录服务符合 CSW 规范,地图浏览符合 WMTS、WMS 规范,数据存取服务符合 WFS 规范,数据分析服务符合 WPS 规范,地名地址服务符合 WFS-G 规范。

(2)运行环境搭建要求:系统运行支持环境要保证系统的峰值并发用户数超 1 000 个、服务等待时间不超过 1 s、互操作服务等待时间不超过 5 s 等各项性能指标达到“天地图”整体性能要求。

(3)连通要求:实现省级“天地图”与国家级“天地图”和市级“天地图”的对接和连通。

2)提供集成开发的技术支持

解决在线服务软件系统研制中多家开发商技术融合中可能出现的问题,包括接口标准、服务调用、功能实现和运行性能等方面。

2. 系统测试

1)功能测试

对软件系统各模块的功能进行全面的测试,及时修正测试中发现的问题,确保软件与开发需求、开发计划的一致性,系统各项功能使用正常,达到试运行要求。

2)性能测试

使用特定的工具,通过模拟超常的数据量、负载等环境,检测系统的各项性能指标,如检查软件的响应时间、并发访问下的系统运行状况等，确保系统性能满足运行要求。

§16.7　运行环境体系建设

16.7.1　计算机机房改造

机房是重要的基础设施建设项目，机房内的网络设备、核心服务器、网络都是信息系统的关键，同时环境设备如不间断电源（UPS）、空调、消防等也是系统重要的保障设备。机房的正常保障是信息系统正常运行的重要前提。高标准现代化机房应具有可靠的电力供应系统，应具有防火、防雷、防盗窃、防静电、温湿度控制、环境监测等功能。机房改造需符合国家相关规范的要求。

16.7.2　网络接入系统

省级“天地图”节点接入中国电信互联网链路，接入总带宽为 100 Mbit/s，同时预留中国联通的接口，待系统运行稳定、用户和应用服务达到一定规模时，租用内容发布网络服务来提升用户访问速度。

在各个网络节点内部，规划三个网络分区：对外服务区、数据存储管理区和数据生产加工区。对外服务区主要部署应用服务器系统，数据存储管理区主要部署数据库服务器系统，数据生产加工区主要部署数据检查、处理、建库计算机软硬件设备。数据加工区利用已建成的涉密生产网，与其他两区进行物理隔离。

16.7.3　服务器系统

省级“天地图”节点配置 4 台数据库服务器和 6 台刀片服务器作为 Web 应用服务器，在对外服务区通过部门级交换机的负载均衡器配置服务器集群，保障灾难情况下的服务快速迁移，以实现 7×24 小时不间断高可用性服务，满足负载均衡服务要求。在数据存储管理区，通过构建的存储区域网、Oracle 11g 企业版及其实时应用集群（RAC）组件，实现 TB 级数据量的存储管理、并发工作、高可用及负载均衡集群。实现海量空间数据并发检索、处理的高效率和高可靠性，提供面向政府、业务部门与社会公众的大规模并发空间数据访问与协同应用，保障异常情况下的服务快速迁移，实现不间断服务。

16.7.4　存储备份系统

为实现网络各节点海量地理信息高效和可靠的存储备份，需要构建专门的存储区域网，将零散分布存储导致访问效率低下的数据进行集约化存储管理。

存储区域网内使用大容量、高性能的磁盘阵列来存储、备份及归档关系型数据库数据和文件数据。在线数据应用采用高性能磁盘阵列进行数据吞吐处理，数据备份通过专门软件采用自动磁带库进行数据保护。

省级“天地图”数据库包括矢量框架数据库、影像数据库、地名数据库、电子地图数据库等，通过对数据全面估算，全部数据量达 TB 级，按照未来逐年增长的容量计算，提供 20 TB 磁盘阵列作为存储空间、40 TB 磁带库作为备份设备。

16.7.5 安全系统

为了保障系统的安全性和稳定性,从网络、系统、应用及管理等层面进行安全体系设计。系统需符合公安部信息系统的安全保护等级第三级的要求。

1. 网络安全

(1)访问控制。网络层通过 IP 地址绑定网卡,或者通过核心交换机的访问控制列表(ACL)策略利用 IP 实现访问控制。

(2)入侵检测。配置入侵检测系统,通过入侵检测报警日志,对所有网络系统有可能造成危害的数据流进行报警及响应。

(3)防火墙。防火墙能提高内部网络的安全性,并通过过滤不安全的服务而降低风险。防火墙类型有软件防火墙、硬件防火墙和芯片防火墙,拟采用芯片防火墙来保障网络系统的安全,对恶意攻击进行过滤。

2. 系统安全

(1)用户认证与授权。通过网络中的服务器,对服务系统的访问调用需要进行"用户名+口令"的认证身份方式进行认证,只有给用户进行授权后,用户方可使用相关服务。

(2)漏洞扫描。建立安全漏洞知识库,采用漏洞扫描系统,及时发现网络服务漏洞,根据安全漏洞知识库来提出修改建议,对服务器、数据库应用的对象可能存在的安全隐患进行逐项检查。

(3)数据库系统安全。数据库安全方面,选择专业的安全公司提供数据库加固等方面的安全服务,对数据库安全进行全面评估,包括所有的数据库安全漏洞和认证、授权、完整性方面的问题。选用数据库系统安全服务,定期对数据库的完整性进行审核配置、打补丁和修正程序漏洞等。

3. 应用安全

所谓应用层安全威胁,主要包括蠕虫、间谍软件、带宽滥用等,应用层的安全就是解决上述威胁,使系统能够正常、稳定地运行。

系统部署网络版的防病毒服务器,实现对网络内的防病毒软件的统一管理,包括防病毒软件的安装和维护、病毒库和扫描引擎的更新升级、网络防病毒策略的配置、报警的集中管理、定时调度、隔离、实时扫描和监控等。

16.7.6 日常运行管理

随着运行支持系统的逐步建成完善和用户规模的扩大,其网络结构越来越复杂,管理维护越来越繁杂,网络安全风险越来越大,系统故障频率越来越高,系统负载也越来越重。为了保障平台运行支持环境和服务系统安全可靠正常运行,需要建立一套完备的平台管理与运行维护机制。运行维护的主要工作包括网络、服务器、存储备份、安全、运行支撑环境等硬件系统,以及数据库、平台服务系统、操作系统等软件系统和门户网站的日常管理与运行维护。

为了保障省级"天地图"节点提供 7×24 小时不间断、安全、可靠和高效的服务,满足国家计算机信息系统等级保护第三级建设的要求,以及节点应用服务的行业领域和用户规模不断增长的现状,须编制日常管理与运行维护相关的制度和操作规程,主要包括运行支持环境日常管理与运行维护的管理办法、服务系统和数据库灾难备份与恢复方案、网络和系统安全防护方案。

§ 16.8　省级、市级节点之间的对接

在省级“天地图”建设过程中，做到省级节点与市级节点的互联互通，选择省内已经完成数字城市的城市开展“天地图”省级、市级节点的对接，提供省、市、县一体化服务。

利用省级“天地图”门户网站的地图浏览功能可查看市级“天地图”发布的18～20 级在线服务数据。同时，在市级“天地图”门户网站上也可查看省级“天地图”发布的 15～17 级在线服务数据。

省级、市级节点在确保各自发布的服务满足相关技术标准和规范的同时，需要建立服务管理系统，实现对各类服务的管理、发布、审核和监管。通过服务管理系统，只要在省级、市级节点注册的服务，均可进行服务查询、服务聚合等操作，从而实现省级、市级节点之间的联通和聚合服务。

§ 16.9　示范应用系统建设

示范应用系统的建设主要基于省级“天地图”提供的数据服务接口、功能接口来搭建业务系统，实现服务的集成与共享。

16.9.1　省住房和城乡建设厅保障房建设应用系统

省住房和城乡建设厅保障房建设应用系统基于省级“天地图”服务资源和应用程序接口开发。系统数据采用分布式存储的方式，基础空间数据存储在省级“天地图”数据库，而业务数据存储在省建设信息中心数据库中。

省住房和城乡建设厅保障房建设应用系统只需调用“天地图 · 江苏”提供的应用程序接口和图片引擎接口（切片服务），同时加载本地的业务数据，将两者进行关联，就可以实现保障房建设应用系统所需要的功能。搭建系统时不需要额外的地理信息系统软件，只需在本地搭建 Web 服务器。

该系统主要由保障房分布、位置标注、信息浏览和统计等功能组成。该系统建成后，将与省住房和城乡建设厅门户网站挂接，方便相关用户使用。

16.9.2　省新闻出版广电局送电影下乡工程管理系统

省新闻出版广电局送电影下乡工程管理系统基于省级“天地图”服务资源和应用程序接口开发。系统数据采用分布式存储的方式，业务数据存储在省新闻出版广电局本地数据库中，空间地理信息存储在省级“天地图”数据库中，双方各自维护本部门数据。系统利用卫星定位技术实现放映设备和放映员定位、放映轨迹显示、放映员业绩统计与评估等方面的应用。

16.9.3　省卫生和计划生育委员会疾控防治应用系统

省卫生和计划生育委员会疾控防治应用系统基于省级“天地图”服务资源和应用程序接口开发。系统数据采用分布式存储的方式，业务数据存储在省卫生和计划生育委员会本地数据库中，而空间地理信息存储在省级“天地图”数据库中，双方各自维护本部门数据。系统提供位

置查询、统计分析、信息空间标绘等功能。

§16.10 关键技术与项目评价

16.10.1 关键技术

1. 广域网分布式多服务器技术

空间数据源以金字塔作为访问对象,基本访问单位是瓦片,它有来源、类型、空间、尺度与时相等多方面的描述,服务器设计了多维度的网络访问协议,支持用户从这些维度来访问瓦片。针对向同一服务器发出多个并发请求的情况,设计高效的并发处理模型,以提高单服务器的服务性能。

2. 虚拟服务器技术

利用 VMware 公司的虚拟化解决方案,合成整个硬件的配置。将网络共享的磁盘机转换成装在本机内的存储设备,将一个以太网卡变成几个网卡,在较老式的操作系统和它不支持的新式硬件(如光通道卡)之间生成网关,组装完全适合应用程序需要的服务器。

3. 金字塔图片引擎和地理信息系统服务引擎一体化技术

图片引擎是将地图数据设定好制图方案后,对分比例尺、分区域地图进行地图图片切片,形成无数小文件图片后,由图片引擎负责在客户端根据地图大小将多张图片拼接形成切片前的效果。图片引擎是 ServiceGIS 平台提供给服务器的关键组成部分,该平台将地图图片引擎统一集成在网络地理信息系统服务器中,同时,将地理信息系统图片引擎也集成在统一的平台中,在功能上实现对接。

4. 分层分块开发技术

分层分块开发技术可以将分布在各处的资源综合利用,将负载由单个节点转移到多个节点,从而提高效率。同时,分层分块技术可以避免由于单个节点开发失效而使整个系统崩溃的危险。

5. 可定制的界面扩展引擎技术

通过使用界面扩展引擎,采用 Ajax 和组件化技术,配置精心设计的界面供用户进行选择。随意添加用户所需要的组件,不仅可以在应用层上配置出丰富多彩的界面方案,还可以随意添加界面内容和界面方案,使平台应用系统能够满足用户的个性化需求。

6. B/S 拖拽配置技术

为了便于管理,在进行资源目录树编辑时,使用了拖拽技术。管理员只需要从服务资源目录中选取需要配置给用户的模块,拖拽到资源目录树中,而不必有过多的权限配置工作,节省了操作和运行时间,设计更人性化。平台在用户、角色、权限、部门的分配方面,均用到了 B/S 拖拽技术。

16.10.2 创新点及特色

1. 图面动态负载和注记智能避让

采用图层级别与要素权重联合控制技术实现地图图面动态负载和注记智能避让。在地图注记配置方面,结合图层标注级别与要素标注权重两种控制手段,既实现了整体图面上多种标注的动态避让，又保证了重要图层、同一图层内的重要要素注记不被避让，从而达到最优的地图图面效果。

2. 地图表达高效

基于地理要素图形码和权重码组合编码技术实现电子地图的高效表达。通过对地理要素增加权重码、图形码字段，并将权重码和图形码组合为配图码，根据配图码来配置注记，在兼顾要素权重的同时，尽可能减少符号分类，使配图工作流程化、简单化。

3. 集中注册、集中管理

实现地理信息服务与元数据及其他地理信息资源的注册与管理，构建分布式的地理信息资源目录中心。

16.10.3　项目评价

本项目的建成很大程度上提高了省级地理信息的公共服务水平，为深入开展地理信息网络化服务奠定了较好的数据基础和技术保障。项目成果供各政府职能部门、社会公众使用。通过技术成果转化，针对市级、县级“天地图”的管理和应用需求，基于本项目采用的开发技术、数据加工处理流程，开发了若干个市级、县级“天地图”平台，推动了各地区公共服务平台的建设。同时，带动了各地在地理信息数据生产、高新技术设备配置及应用系统建设等方面进行较大的投入，扩大了内需，促进了经济增长。本项目成果已应用在“天地图・南京”“天地图・镇江”和“天地图・武进”，取得了一系列成效。

第 17 章　“多规合一”信息管理平台建设

§ 17.1　概　述

“多规合一”是在全面分析、统筹协调国民经济和社会发展规划、城乡规划、土地利用总体规划、环境保护规划等主要内容，以及规划目标和重点、实施管理机制等基础上，完成一套技术标准(数据标准和技术指引)、“一张图”数据库、一个信息联动平台、一个运行实施方案、一套管理规定等内容；“多规合一”作为研究探索市、县空间规划改革的重要手段，是当前中央深化改革工作中的重要任务之一。

开展“多规合一”规划编制，建立一个城市“一本规划、一张蓝图”，其最终目的是搭建“多规合一”公共服务平台，使各部门在同一个空间信息管理平台上开展统一规划的编制、审批、实施、评估、调整、修编等工作，实现“多规合一”信息的互联互通、信息资源的实时共享。在同一规划信息平台上，发展改革部门开展建设项目立项审批、核准、备案等管理工作；国土资源部门开展土地审批、供应、登记、执法、监察等管理工作；规划部门进行分区规划详细规划审批，以及颁发选址意见书、建设用地规划许可证、建设工程规划许可证等管理工作；建设部门进行建筑工程管理、颁发建筑施工许可证等管理工作。

§ 17.2　建设目标

依托现有的各部门审批系统，搭建信息联动平台。建立一个“多规”管理信息汇通机制，实现部门间信息共享和各部门业务协同办理，将各规划叠加，并协调消除各规划存在的矛盾。远期将涵盖城乡规划建设、重大项目、土地资源(含土地储备)、环境保护、交通等涉及空间要求的信息要素叠加，建成统一的信息联动平台，便于发展改革、规划、国土、建设、环保、水利、交通等部门审批过程中及时沟通和协同，为建设“智慧城市”和实现“多规”统一、高效的管理提供信息技术支撑。通过“多规合一”信息管理平台主要达到了以下四个方面具体建设目标：

(1)构建“多规”成果编制、建库、应用、更新的全生命周期管理。平台面向“多规合一”“一张图”规划编制、成果应用、运行维护各阶段，提供“建库、应用、评价、维护”全过程的服务支撑。

(2)实现“一张图”成果在多规划编制部门间的互联互通和共享交换。通过信息管理平台建设，将“多规合一”“一张图”成果入库，为各规划编制部门提供数据共享支撑和沟通协调渠道，为各项规划编制提供参考，消除各项规划之间的冲突矛盾。

(3)提供规划辅助决策和建设项目的智能化选址。“多规合一”信息管理平台建设，为规划部门提供了规划编制决策分析、项目智能选址的功能，为规划部门提供了辅助分析工具。

(4)推动规划业务从串联审批到并联审批模式的转变。按照“统一收件、同步受理、并联审批、同步出件”的改革思路，通过信息管理平台推动政府部门规划审批机制的改革，积极推进规划审批工作流程的简化，加快各部门之间从串联审批到并联审批的转变。

§17.3 总体设计

17.3.1 总体设计原则

1. 统一性和分步性原则

“多规合一”信息管理平台建设要实现“一张图”管理，保证数据的一致性，将公共空间定位信息数据作为统一底图，支撑各部门规划应用。

“多规合一”信息管理平台建设必须在统一规划指导下，统一确立各阶段重点，明确分工，合理利用资金，分步实施，最大限度地减少投资风险，提高系统利用率。

2. 先进性和实用性原则

“多规合一”信息管理平台建设在考虑系统的结构设计、配置、管理方式、经济实用性的同时，要尽可能采用先进的技术、方法、软件、硬件和网络平台，确保系统的先进性，同时兼顾成熟性，使系统成熟且可靠。该平台在满足全局性与整体性要求的同时，要能够适应未来技术发展和需求的变化，使系统能够可持续发展。

“多规合一”信息管理平台的建设应从用户需求出发，充分考虑发展的需要来确定系统规模。功能模块子系统以插件方式扩展。该平台应突出实用，要让其投资与本地区的实际需求相符合。同时，对各类用户（如审批人员）来说，操作要简便、易用，系统响应要符合人的习惯。

3. 共享性和兼容性原则

共享性是“多规合一”信息管理平台建设的一个重要原则和根本目的，在该平台设计和建设过程中，必须充分考虑系统集成、数据共享、业务协同。数据共享包括本部门的数据共享给外单位和本部门办公需要外单位共享的数据两种情况。

4. 开放性和规范化原则

“多规合一”信息管理平台必须是开放性的，才能够兼容和不断发展，才能保证前期投资持续发展。要考虑与各地城市地理空间框架相兼容，能够与各地发改、规划、国土等部门现有的业务系统相兼容。该平台在运行环境的软、硬件平台选择上要符合地理信息系统、计算机等行业标准。该平台从设计到验收均执行相应的国际、国家和行业标准及省市的有关标准和规定，如数据采集、数据分类、数据编码、数据库设计、数据的输入输出、数据共享等。

5. 可扩展与可维护原则

“多规合一”信息管理平台应考虑未来的发展及机构、业务的变化，其设计应满足可扩展和可维护的原则。在相关数据、文档和资料格式变化时，能够快速进行转换、导入、导出和扩充等，既能保证动态条件下业务流程的正确性，又能保留足够的业务可扩充性。

6. 安全性和保密性原则

“多规合一”信息管理平台需建立统一的用户与权限管理，确保实现：安全性和秘密性，未经授权，用户不得对数据进行访问；完整性，未经授权，用户不得对数据进行篡改，甚至删除；防抵赖性，用户在平台上的所有操作都有日志记录，防止用户抵赖。

由于整个平台所涉及的数据，多数是国家和政府的内部资料，这些数据的安全性和保密性至关重要。对于涉密数据，将建立相应的涉密机房。除了安全保密以外，还应避免破坏，对重要的数据应进行自动备份。另外，系统的安全性还体现在保证数据的真实性不被修改，保证信息变更的真实性、正确性不被篡改,因此系统应设置使用权限,对机要的内容不能任何人都动用,应该是谁管理就只能谁负责使用,以保证系统信息的保密安全。

17.3.2 总体设计思路

1. 差异检测、辅助编制

基于平台提供的"两规"冲突分析、成果审查等功能,辅助编制人员比对全市各规划之间海量图斑数据,快速发现差异,进行"调入调出"处理,合理消除矛盾,保障"多规合一"成果的质量。

2. 数据整合、资源共享

本着共建、共享、共用原则,充分整合利用各委办局现有的各项地理空间信息及规划成果数据,避免重复建设,实现多部门之间的资源共享。

3. 部门协调、落实管控

利用平台对各规划间存在的差异进行分析,在保障国家利益的前提下,各部门之间对存在的问题进行充分协商,共同确保同一个城市空间同一张发展蓝图。

4. 联合审批、创新管理

以信息管理平台为技术支撑,创新政府管理方式,整合建设项目审批管理流程,实现发改、规划、国土、环保等部门业务联合审批,提升行政运行效率和公共服务水平。

17.3.3 总体框架结构

"多规合一"信息管理平台总体框架(图17.1)尽可能利用云计算、大数据运行支撑环境,以"多规合一"数据中心、各业务数据库等为数据基础,搭建"多规合一"信息管理平台(共享),实现成果数据的质量检查、冲突智能检测、协同工作管理、数据共享交换、辅助决策、年度实施评价和数据入库管理等功能;基于服务总线与规划、国土、发改、环保、林业等业务子系统对接融合,完成"多规合一"信息管理平台(业务协同)建设,实现建设项目并联审批、多部门之间的业务协同;在此基础上,完成"多规合一"信息管理平台高级应用建设,包含分析与评估等,最终服务于发展改革、国土、规划、环保、林业等用户群体。

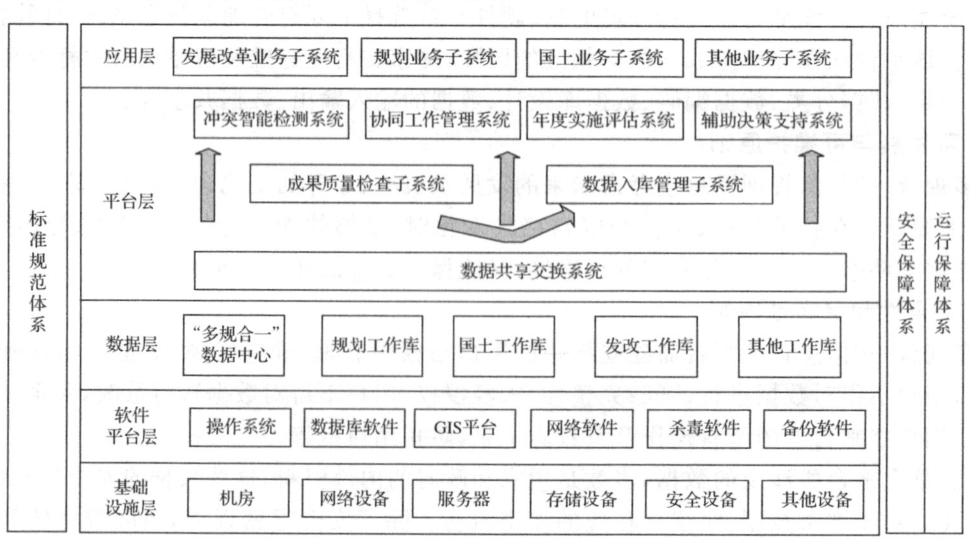

图17.1 总体框架结构

如图 17.1 所示，总体架构有基础设施层、软件平台层、数据层、平台层和应用层共五个层次。

(1)基础设施层主要由网络设备、服务器、存储设备等组成。

(2)软件平台层包括操作系统、数据库软件、地理信息系统平台等。

(3)数据层包括“多规合一”数据中心，以及发展改革、规划、国土、环保等部门业务库。其中，本平台的数据库为“多规合一”数据中心，而对于发展改革、规划、国土、环保等部门的数据，则通过数据共享的方式或数据提供(建库)的方式，从发展改革工作库、规划工作库、国土工作库、环保工作库及其他部门工作库获取相关数据；而对于核心数据，则通过本次项目“一张图”建设过程，将数据整理到“多规合一”数据中心。

(4)平台层主要是指“多规合一”信息管理平台的应用子系统，主要包括基于 B/S 建设实现的子系统，即“多规合一”冲突智能检测系统、辅助决策支持系统、数据共享交换系统、协同工作管理系统和年度实施评价系统。另外，为保证前期数据入库质量，需要建立基于 C/S 的成果质量检查子系统；为实现对“多规合一”“一张图”成果的动态更新与维护，需要开发基于 C/S 的数据入库管理子系统。

(5)应用层包括发展改革、规划、国土、环保等部门的业务子系统。“多规合一”信息管理平台应与各部门的业务审批进行共享、交换。

17.3.4 网络拓扑设计

“多规合一”信息管理平台依托政务外网，对接发展改革、国土、规划、环保、林业等部门相关业务子系统，实现发展改革、国土、规划、环保、林业等部门的信息集成共享。通过平台的功能，实现各部门之间的业务联动，提高项目审批效率。与此同时，该平台可通过政务内网对外提供数据和功能服务，如市政府、市委办和其他兄弟单位可通过政务内网访问平台，平台提供“多规合一”成果数据查看和决策支持等功能。

17.3.5 运行环境设计

1. 软件支撑环境

地理信息系统软件：ArcGIS Server Enterprise Standard。

应用服务器操作系统：Windows Server 2008 R2 中文标准版。

数据服务器操作系统：Windows Server 2008 R2 中文标准版。

2. 应用服务器配置

服务器主机：E5606 2.13 4C/1 * 4G 1.35V RDIMM / M5015 Raid 0,1,5/460 W HS(不带硬盘)。

CPU：Intel Xeon Processor E5606 4C 2.13 GHz 8 MB Cache 1066 MHz 80 W X3650M3。

内存：4 GB (1x4 GB,2Rx4,1.35V) PC3L-10600 CL9 ECC DDR3 1333 MHz LP RDIMM。

硬盘：500 GB 7.2 K 6 Gbps NL SAS 2.5-inch SFF Slim-HS HDD。

冗余电源：IBM 460 W Redundant AC Power Supply。

光驱：IBM 超薄内置光驱 DVD-ROM。

3. 数据库服务器配置

服务器主机：E5606 2.13 4C/1 * 4G 1.35 V RDIMM/M5015 Raid 0,1,5/460 W HS(不带

硬盘)。

CPU:Intel Xeon Processor E5606 4C 2.13 GHz 8 MB Cache 1066 MHz 80 W X3650M3。

内存:4 GB (1x4 GB,2Rx4,1.35V) PC3L-10600 CL9 ECC DDR3 1333 MHz LP RDIMM。

硬盘:500 GB 7.2 K 6 Gbps NL SAS 2.5-inch SFF Slim-HS HDD。

冗余电源:IBM 460 W Redundant AC Power Supply。

光驱:IBM 超薄内置光驱 DVD-ROM。

§17.4 数据建库标准制定

国民经济和社会发展规划、城乡规划、土地利用总体规划等不同规划所依据的编制标准互不一致。例如,城市规划编制参考的是城乡规划体系,国土规划编制依据的是土地利用规划体系,发展改革规划编制依据的是主体功能区规划体系。因此,研究并制定"多规合一"数据建库标准,既遵从现行国家标准和行业标准的规定,满足业务办公的实际需求,又能协调不同规划间分类,作为"多规合一"实施的重要依据和具体实施要求,同时指导"多规合一"的建设和今后的运行维护。

17.4.1 数据库组成

"多规合一"规划数据库包括基础地理信息数据、"一张图"核心数据、审批数据和其他数据,如图 17.2 所示。

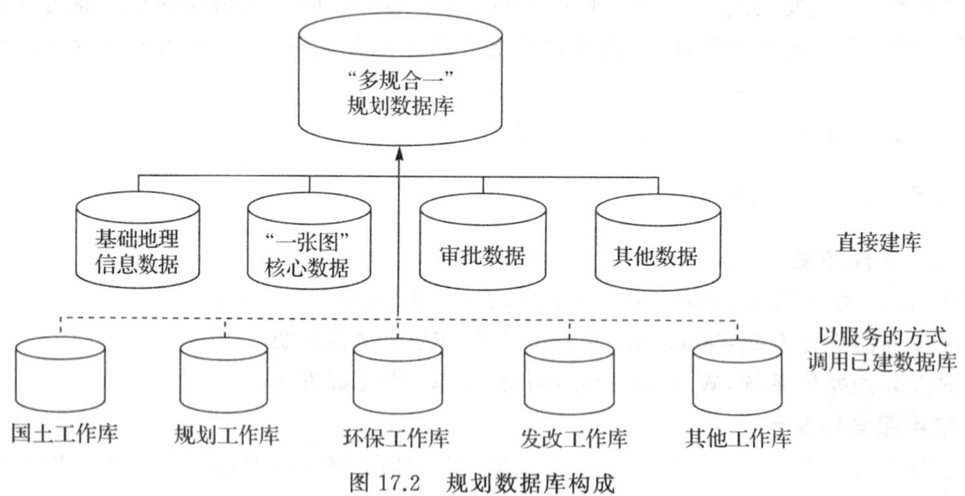

图 17.2 规划数据库构成

1. 基础地理信息数据库

基础地理信息数据为开展规划编制工作的现状依据,包括卫星影像图、中心城区 1∶2 000 地形图、其他区域 1∶10 000 地形图、行政界线、土地利用变更调查数据、土地利用现状数据、政务电子地图数据等。

2. 核心数据库

核心数据为"多规合一""一张图"工作成果需提交的必备数据,不得缺失,包括土地规划期末地类数据、土地规划基本农田保护区数据、城乡规划拼合数据、"两规"建设用地差异数据、建设项目布局数据、“多规合一”用地数据、“多规合一”控制线数据、土地利用总体规划规模调入数据、土地利用总体规划规模调出数据等。

3. 审批管理资料数据库

审批数据为审批管理提供服务，包括国有土地使用证、建设用地批准书、建设项目用地预审意见、集体所有证、国有建设用地划拨决定书、国有建设用地使用权出让、储备用地规划设计条件、建设用地选址意见书、建设用地规划许可证、建设项目立项(核准、备案)等。

4. 其他相关资料数据库

其他资料包括土地储备规划、土地整治规划等，如土地整治规划图、矿产资源规划图、林地保护规划图、水资源规划图、地质灾害防治规划图等。

经过多年信息化的发展，国土、规划、发展改革、环保等部门已完成一些数据库和业务子系统的建设，在数据共享的前提下，“多规合一”信息管理平台可以服务的方式直接调用相关已建数据库，不需要建设重复数据库。

17.4.2 数据分层

“多规合一”数据库图层构成如表 17.1 所示。

表 17.1 “多规合一”数据库图层构成

名称		主要内容	要素特征	纳入类型
基础地理信息数据	卫星影像图	卫星影像图	栅格	可选
	地形图	地形图	点、线、面	可选
	行政区划图	各级行政区	面	可选
	土地利用变更调查数据	土地利用变更调查地类图斑	面	可选
	土地利用现状调查	土地利用现状调查(规划部门)	面	可选
	政务电子地图	各要素电子地图(中比例尺)	点、线、面	可选
“一张图”核心数据	土地规划期末地类图斑图层	土地利用总体规划中规划期末土地利用地类图斑	面	必要
	土地规划基本农田保护区图层	土地利用总体规划中规划基本农田保护图斑	面	必要
	城乡总体规划拼合图层	城市、镇总体规划拼合图	面	必要
	控制性详细规划拼合图层	控制性详细规划拼合图	面	必要
	“两规”建设用地差异图层	土地规划、城乡规划确定的规划建设用地布局差异图斑	面	必要
	建设项目布局图层	建设项目范围	面	必要
	“多规合一”用地 2020 年图层	2020 年建设用地、有条件建设区、产业区块、城市生态绿地、基本农田等	面	必要
	“多规合一”控制线 2020 年图层	2020 年建设用地规模控制线、建设用地增长边界控制线、产业区块控制线、基本农田控制线、生态控制线	面	必要

续表

名称		主要内容	要素特征	纳入类型
"一张图"核心数据	"多规合一"用地 2030 年图层	2030 年建设用地、有条件建设区、产业区块、城市生态绿地、基本农田等	面	必要
	"多规合一"控制线 2030 年图层	2030 年建设用地规模控制线、建设用地增长边界控制线、产业区块控制线、基本农田控制线、生态控制线	面	必要
	产业区块布局图层	2020 年及 2030 年产业区块分布	面	必要
	城市生态绿地布局图层	城市生态绿地分布	面	必要
	土地利用总体规划规模调出图层	2020 年土地利用总体规划调出图斑	面	必要
	土地利用总体规划规模调入图层	2020 年土地利用总体规划调入图斑	面	必要
审批数据	国有土地使用证	国有土地使用权证用地范围	面	可选
	建设用地批准书	建设用地批准书用地范围	面	可选
	建设用地选址意见书	建设用地选址意见书用地范围	面	可选
	建设用地规划许可证	建设用地规划许可证用地范围	面	可选
	储备用地规划设计条件	储备用地规划设计条件用地范围	面	可选
	建设项目用地预审意见	建设项目用地预审线	面	可选
	集体所有证	集体所有证	面	可选
	国有建设用地划拨决定书	国有建设用地划拨决定书	面	可选
	国有建设用地实用权出让	国有建设用地实用权出让	面	可选
其他数据	土地储备规划	土地储备地块范围	面	可选
	土地整治规划	土地整治地块范围	面	可选
	产业园区布局规划	产业园区分布图斑	面	可选
	其他专项规划	蓝线、绿线等范围图斑	面	可选

17.4.3 数据结构

1. 基础地理信息数据

基础地理信息数据包括卫星影像图、地形图、政务电子地图等数据。卫星影像图和地形图主要作为底图参考。政务电子地图面向地理信息系统空间查询分析,也作为基础地图进行展示。在基础数据中,要求行政区划数据、道路数据和地名地址数据为必备基础数据,为地理信息系统空间查询分析提供支撑。

(1)行政区划图。数据类型为矢量;几何结构为面;文件格式为 ArcGIS 的 MDB、SHAPE 格式;建库方式,保持属性结构一致,直接入库;属性项要求,至少包含行政区划代码和行政区划名称信息。

(2)卫星影像图。数据类型为栅格;分辨率为无要求;文件格式为 TIFF、IMAGE;建库方式为直接入库;入库后进行影像地图切片,提供影像地图服务,调阅速度快。

(3)线划地形图。数据类型为矢量;比例尺为 1∶2 000 或 1∶10 000 及以上;文件格式为 ArcGIS MDB、AutoCAD DWG;建库方式,MDB 格式保持属性结构一致,直接入库;入库后进行线划地形图切片,提供线划地形图在线地图服务,调阅速度快。

(4)政务电子地图。政务电子地图依托基础地理信息数据,通过数据提取、扩充和重组等加工,整合了政府关注的且具有应用需求的社会经济信息,主要内容包括水系、交通、居民地、地貌等基础地理信息,以及行政机关、公共服务设施等专题信息,用来满足电子政务底图的要求。其数据类型为矢量;文件格式为 ArcGIS 的 MDB、SHAPE 格式;建库方式,保持属性结构一致,直接入库;属性项要求,利用道路中心线、地名地址等数据提供查询定位服务,这类数据要求至少包含查询所需要的字段及属性内容,如道路中心线图层必须包含道路名称属性项、地名地址图层必须包含地名信息属性项,对字段名称无特别要求;其数据处理包括基础地图提取、建库、地图符号库配置与数据发布;数据发布后,提供政务电子地图在线地图服务,调阅速度快。

(5)土地利用现状数据。数据类型为矢量;比例尺为 1∶10 000;几何结构为面;文件格式为 ArcGIS 的 MDB、SHAPE 格式;建库方式,保持属性结构一致,直接入库。

(6)规划路网数据。数据类型为矢量;几何结构为线;文件格式为 ArcGIS 的 MDB、SHAPE 格式;建库方式,保持属性结构一致,直接入库。

2. “一张图”核心数据

“一张图”核心数据指“多规合一”规划编制项目完成的核心规划一张图成果,是“多规合一”信息管理平台数据的核心组成部分。该平台主要围绕核心数据进行应用与管理。

“一张图”核心数据一般包括土地规划期末地类图斑图层、土地规划基本农田保护区图层、城乡总体规划拼合图层、“两规”建设用地差异图层、建设项目布局图层、“多规合一”用地图层、“多规合一”控制线图层、土地利用总体规划规模调出图层、土地利用总体规划规模调入图层等。

3. 审批数据

审批数据包括国有土地使用证、建设用地批准书、建设用地选址意见书、建设用地规划许可证、建设项目用地预审意见等,主要用于行政审批管理。国土、规划、发展改革等部门在日常审批工作中形成了大量的审批管理数据,对于已经建立相关工作数据库的部门,可以直接以数据共享的方式为“多规合一”信息管理平台提供调用;对于尚未建立相关工作数据库的部门,可以将相关空间数据整理入库,统一管理、集中展示。

已有的审批管理数据不作为“多规合一”必备建库数据,已有审批管理空间数据,可以保持属性结构一致,直接导入空间数据库。在“多规合一”业务审批子系统中,新形成的审批管理数据将与国土、规划、发展改革等部门数据标准保持一致。

(1)国有土地使用证。数据类型为矢量;文件格式为 ArcGIS 的 MDB、SHAPE 格式;属性项为权属人、用地面积、用地性质、用地权限限制等;建库方式,保持属性结构一致,直接入库。

(2)建设用地批准书。数据类型为矢量;文件格式为 ArcGIS 的 MDB、SHAPE 格式;属性项为权属人、用地面积、用地性质、用地权限限制等;建库方式,保持属性结构一致,直接入库。

(3)建设用地选址意见书。数据类型为矢量;文件格式为 ArcGIS 的 MDB、SHAPE 格式;属性项为权属人、用地面积、用地性质、用地权限限制等;建库方式,保持属性结构一致,直接入库。

(4)建设用地规划许可证。数据类型为矢量;文件格式为 ArcGIS 的 MDB、SHAPE 格式;属性项为权属人、用地面积、用地性质、用地权限限制等;建库方式,保持属性结构一致,直接入库。

(5)储备用地规划设计条件。数据类型为矢量;文件格式为 ArcGIS 的 MDB、SHAPE 格式;属性项为权属人、用地面积、用地性质、用地权限限制等;建库方式,保持属性结构一致,直接入库。

(6)建设项目用地预审意见。数据类型为矢量;文件格式为 ArcGIS 的 MDB、SHAPE 格式;属性项为权属人、用地面积、用地性质、用地权限限制等;建库方式,保持属性结构一致,直接入库。

4. 其他数据

除了基础地理信息数据、“一张图”核心数据和审批数据之外的需要纳入“多规合一”信息管理平台的数据,都归为其他数据,可包括林业规划数据、水源地数据、自然保护区数据、矿产资源规划数据、主体功能区数据等。

(1)林业规划数据。数据类型为矢量;文件格式为 ArcGIS 的 MDB、SHAPE 格式;几何结构为面;属性项为林业分类代码、名称等;建库方式,保持属性结构一致,直接入库。

(2)水源地数据。数据类型为矢量;文件格式为 ArcGIS 的 MDB、SHAPE 格式;几何结构为面;属性项为水源地分类代码、名称等;建库方式,保持属性结构一致,直接入库。

(3)自然保护区数据。数据类型为矢量;文件格式为 ArcGIS 的 MDB、SHAPE 格式;几何结构为面;属性项为自然保护区分类代码、名称等;建库方式,保持属性结构一致,直接入库。

(4)矿产资源规划数据。数据类型为矢量;文件格式为 ArcGIS 的 MDB、SHAPE 格式;几何结构为面;建库方式,保持属性结构一致,直接入库。

(5)主体功能区数据。数据类型为矢量;文件格式为 ArcGIS 的 MDB、SHAPE 格式;几何结构为面;属性项为功能分区;建库方式,保持属性结构一致,直接入库。

§17.5 平台关键技术

17.5.1 基于企业服务总线技术,打通“多规”部门信息壁垒

该平台与多规各部门业务系统之间将通过企业服务总线技术(ESB)进行总集成,集成的手段包括消息传递、事件触发、服务聚合等,具体表现为:①当发展改革、规划、国土等部门主动修改或调整了本部门的规划成果(如规划部门修编了城市总体规划数据、国土部门修编了土地利用总体规划数据等)时,相应部门的业务系统将以消息传递、事件触发或数据服务聚合的形式,通过企业服务总线技术将“修编”过程或结果传递给平台,平台通过数据适配、服务(功能)适配等形式,触发相应的处理事件,实现“多规合一”规划数据库的调整、更新;②当平台对“多规合一”规划数据库进行调整或更新时(如项目无法另行选址,需要对划定的控制线进行调整),平台同样将以消息传递、事件触发或数据服务聚合的形式,通过企业服务总线技术将“修编”过程或结果传递给“多规”相应部门的业务系统,相应部门的业务系统通过数据适配、服务(功能)适配等形式,触发相应的处理事件,实现相应“多规”部门工作库的调整、更新,如调整“多规合一”规划数据库中的建设用地规模控制线时,国土部门的土地利用总体规划数据也需

要进行相应的调整。

17.5.2 面向服务的架构设计，确保平台快速开发敏捷应变

该平台采用面向服务的架构，将平台与发展改革、规划、国土、环保等部门的业务系统进行集成，实现不同的硬件平台、操作系统、编程语言和地理信息系统平台等之间的耦合。

17.5.3 采用服务式地理信息系统技术，实现“多规”成果的共享交换

该平台充分利用服务式地理信息系统技术的优点，支持将“多规合一”数据（如基础地理信息数据、规划编制成果等）和功能（如控制线检测分析、“两规”冲突检测等）以服务的形式进行注册与申请、审批与调用。在进行建设项目选址、用地审批等业务办理时，通过调用相应的数据和功能服务接口，可为“多规”项目协同规划的编制与审批、实施与评估、调整与修编等提供技术支撑，解决平台与发展改革、规划、国土等部门相关业务系统难以融合与集成的技术难题。

17.5.4 工作流技术与地理信息系统结合，优化“多规”业务审批流程

优化审批程序，再造审批流程，将涉及工作流技术，而在项目审批、业务办理过程中，需要根据项目的用地选址范围与“多规合一”“一张图”成果进行空间叠加分析，随时查阅候选地块范围内的城乡规划、土地利用总体规划情况，这些都将用到地理信息系统技术。因此，在“多规合一”业务协同工作管理子系统中，将工作流技术与地理信息系统技术相结合，是发展改革、规划、国土、建设、市政等部门协同审批的关键。

17.5.5 多坐标系集成转换技术，保障“一张图”的联动叠加

该平台结合各地项目具体的应用需求，与地方测绘行政主管部门配合，将多坐标系的坐标转换参数（由地方测绘行政主管部门提供，属于保密参数）通过程序代码编写，以动态链接库DLL、Web 服务的形式进行封装，实现“多规合一”多坐标系的集成转换：①支持平台中的各B/S系统（以 Web 服务形式提供）和 C/S 系统（以动态链接库 DLL 或菜单工具提供）的坐标转换；②支持单点的坐标转换、多点的批量坐标转换；③支持 TXT、EXCEL、WORD 等格式文本文档中的多点批量坐标转换；④支持 AutoCAD 的 DWG 和 DXF 文件、MicroStation 的 DGN 文件的坐标转换；⑤支持常用地理信息系统软件（如 MapInfo、ArcGIS、MapGIS、SuperMap 等）空间图形数据的坐标转换；⑥支持 1980 西安坐标系、1954 北京坐标系、WGS-1984 坐标系、2000 国家大地坐标系及地方坐标系的坐标转换。

§ 17.6 平台功能建设

17.6.1 冲突智能检测系统

面向“多规合一”成果的规划编制人员和技术审查人员等，基于 B/S 架构，要实现成果报送管理（编制人员对成果进行提交，审查人员对成果进行查看）和成果审查管理（面向技术审查人员实现“两规”分类衔接管理、“两规”冲突检测、专项冲突检测、审查记录管理、审查意见管理等功能）。

17.6.2 协同工作管理系统

为充分发挥国民经济与社会发展规划、城乡规划、土地利用总体规划“多规合一”的统筹功能,实现优化建设工程项目投资发展环境,提高审批效率,促进经济快速增长,需要搭建一套协同工作管理系统,集中管理“多规合一”规划编制成果和相关部门的审批信息,为建设项目的审批提供协同办公所需的信息和辅助工具等。具体包括控制线管控方案、项目前期协调、联动信息管理和协调会议管理等功能。

17.6.3 年度实施评估系统

年度实施评估系统总结“多规”实施情况,对国民经济和社会发展规划、城乡规划、土地利用总体规划、主体功能区规划和建设方面的规划目标贯彻落实效果、取得的成就及存在的主要问题进行解析和检讨,对及时调整规划提供参考和建议,这是实现城市规划滚动发展的重要环节。通过对项目审批信息的加工,对每年“多规合一”实施的各类数据进行分类汇总统计,方便总结规划实施报告,为今后各类规划的科学编制提供数据支撑。

该系统共分七大功能模块,即基本地理信息系统功能、城规数据评价、土规数据评价、控制线评价、重点项目评价、审批成果评价和组合实施评价。该系统以行政区划数据、人口经济数据、城乡规划数据、土地规划数据、“多规合一”控制线数据、重点建设项目数据和相关部门的业务审批数据为基础,在“多规合一”项目实施之后,研究各项规划在不同年份、不同区域比照后统一的目标指标、用地布局等方面的差异,将差异结果以不同的图表样式进行分析展示。

17.6.4 辅助决策支持系统

在“一张图”成果的基础上,实现“多规合一”各类成果的展示与分析,包括:“多规合一”规划编制成果数据、基础地理信息数据和其他数据的查询,可以按地名、道路名称、选定范围、项目范围、规划管理单元等进行信息的查看查询;“多规合一”规划编制成果数据和其他数据的成果查看,可以提供规划项目分布及进度查询、规划成果管理及查看、行政审批数据查看、重点项目和产业园区分布及查看等功能;提供对“多规合一”规划编制成果数据、城乡规划、土地利用总体规划、生态环境规划、国民经济发展规划等的统计分析功能,为领导决策提供支持。

17.6.5 数据共享交换系统

为实现“多规合一”规划数据在各区县之间,以及在发展改革、规划、国土、环保等部门之间的互联互通、共享交换,方便与“四规”部门或政务中心现有的或新建的业务系统进行耦合与集成,从而简化办事流程,提高办事效率,数据共享交换系统能实现数据展示、数据中心、数据共享、服务管理和服务接口等模块。同时,为了对所有服务严格控制访问权限和使用权限,从而保障数据的安全性,该系统能实现服务授权、机构管理、用户管理和角色管理等;为了监控平台的运行情况、日常使用情况,从而提高系统稳定性,该系统提供统计分析、平台监控、日志管理等功能。

17.6.6 成果质量检查子系统

“多规合一”工作实施包括规划编制和平台建设。规划编制工作会形成“多规合一”“一张图”成果，作为平台的核心数据。在规划编制过程中及规划编制完成提交入库前，如何保证成果的正确性是非常关键的问题。因此，需要研究设计并开发成果质量检查子系统，为规划编制过程及成果管理提供质量保障措施。

成果质量检查子系统开发包括全项检查、分项检查(包括成果目录规范性检查、核心数据坐标系与图形空间范围检查、核心数据图层命名及结构规范性检查、核心数据属性字段值检查和核心数据空间拓扑关系检查等功能)、专题检查、统计报表、系统设置、地图操作和帮助等功能，从而确保数据成果符合相关“多规合一”标准与规定。

17.6.7 数据入库管理子系统

“多规合一”规划编制属于过程规划，其成果提交入库后，存在后续的更新维护问题。数据入库管理子系统面向业主的数据库管理人员或专业技术人员，其主要定位就是对“多规合一”规划数据库的管理及更新维护。该系统基于 C/S 架构，面向“多规合一”，主要实现“多规合一”基础地理信息数据、规划编制成果数据、审批数据、其他相关数据的数据输入、输出、入库及动态更新管理等，主要功能包括地图操作、数据查询、数据统计、空间分析、数据编辑、数据库管理与更新、制图输出、成果审查等。

17.6.8 与各部门业务子系统的接口标准

为实现“多规合一”规划数据在各区县之间，以及发展改革、规划、国土、环保等部门之间的互联互通、共享交换，需要市发展改革、规划、国土、环保等部门向“多规合一”信息管理平台提供相关接口，方便平台对其规划数据进行调用，并由平台对其进行封装，再以服务方式共享在平台中，供其他部门二次调用；同时，平台将把“多规合一”成果通过服务方式共享在平台中，供有需要的各个部门调用。

§ 17.7 项目评价

“多规合一”信息管理平台通过将城乡规划建设、重大项目、土地资源(含土地储备)、环境保护、交通等涉及空间要求的信息要素叠加，便于发展改革、规划、国土、建设、环保、水利、交通等部门在审批过程中及时沟通和协同，为“多规”统一、高效的管理提供信息技术支撑。

第 18 章　环境监测系统建设

§18.1　项目背景

污染源普查是一项重大的国情调查。搞好污染源普查，准确了解污染物的排放情况，有利于正确判断环境形势，科学制定环境保护政策和规划；有利于有效实施主要污染物排放总量控制计划，切实改善环境质量；有利于提高环境监管和执法水平，保障国家环境安全。

福州市污染源管理及应急监测地理信息系统采用地理信息系统与相关环境分析数学模型相结合的方式，充分利用地理信息系统对空间数据的采集、管理和分析功能，通过整套信息化建设来保障历史及未来各类环保信息数据的综合管理，真正做到高效管理，形成自己特有的知识库来为社会服务。

18.1.1　系统建设目标

整合多年环保业务相关数据，提供统一的基础地理信息平台，为环保业务相关数据提供结合空间信息的可视化查询、更新、专题分析服务，为应急监测工作提供辅助决策支持服务。

18.1.2　系统建设内容

福州市污染源管理及应急监测地理信息系统项目主要包括软硬件资源、软件开发和数据加工建设等，具体包括以下内容：

(1)地理信息系统建设，包括污染源管理地理信息系统、应急监测地理信息系统、大气扩散模拟分析系统、应急监测现场处理单机系统的建设。

(2)地理信息系统数据库建设，包括基础地理信息数据库、环保专题信息数据库的建设。

§18.2　项目需求

18.2.1　业务功能需求

1. 应急监测工作

本项目能整合多年应急监测数据，提供应急监测工作流程向导，提供结合空间信息的可视化查询、更新、专题分析等服务，满足应急监测工作辅助决策的需要。

2. 污染源普查及常规监测工作

本项目能充分利用污染源普查成果数据，实现对普查成果分层、分类快速组合查询；同时，对接常规监测数据库，统计各环境监测子站的采集数据，显示结果数据表及统计图。这些功能可满足污染源普查及常规监测工作的需要。

18.2.2　系统功能需求

1. 污染源空间数据库建设

污染源空间数据包括普查的污染源，环保监测部门日常管理的重点有毒、有害污染源，以及特征污染物的数据。本系统要实现对工业、农业、生活等污染源数据的空间信息建库。

2. 数据库管理

数据库管理是在污染源空间数据库建立的基础上，开发与之适应的信息管理系统，基于电子地图方便地实现污染源数据的更新维护。从基于表格模式的数据管理提升到基于地图模式的动态管理。

3. 专题数据管理

作为电子地图数据展现和分析功能的一个重要组成部分，本系统的专题数据管理为环保监测站提供方便的、完整的地图专题信息的采集、编辑、管理功能。环保监测站通过本系统可方便地进行污染源信息录入、位置标注和编辑管理等，实现对各类污染源的动态管理，实现污染源信息的增加、删除、修改和发布。

4. 专题信息查询

本系统支持分区域、分行业类型、分污染等级等多种复合条件查询，可以方便快捷地进行污染源定位及相关信息查询。

5. 应急扩散空间分析

应急扩散空间分析是结合模拟紧急事故泄漏高密度气体扩散的大气扩散模型，通过模型支持的输入数据接口，利用专业模型计算后输出结果可进行叠加分析。本系统支持结合扩散模型分析数据进行分析叠加查询该污染源的影响范围、速度及应急措施等，可提供路径分析及空间专题统计等功能。

6. 危险化学品库信息管理

本系统可将危险类化学品目录库批量导入系统，同时提供化学品新增录入功能。化学品资料手册包含物质的理化常数、对环境的影响、现场应急监测方法、实验室监测方法、应急处理处置方法等。系统提供可按化学品的国标编号、中英文名称、别名、CAS 号及化学性质等描述各种条件的综合查询功能。

7. 仪器设备及应急专家信息管理

仪器设备管理包括仪器设备的新增、修改、删除及查询，主要供应急监测中的调用分配。仪器设备主要信息属性有类型、名称、型号、检测能力、产地、数量、使用说明等。应急专家信息管理主要是针对应急监测工作对有关专家的资料进行备案、存档和管理，以备紧急之需，包括根据专家名称，创建新的专家信息、修改已有专家信息等。

8. 应急监测工作向导管理

应急监测工作向导管理主要按照已设定的工作流程，利用系统向导模式引导用户进行应急监测的逐项工作。例如，应急小组进入现场调查时，启动现场调查记录表单，监测人员根据实际情况录入调查信息后，制订应急监测详细方案。监测跟踪后期根据监控过程编写评估报告及总结。

9. 事故生成向导

事故生成向导对污染事故发生情况提供向导，根据污染事故发生时间顺序及处理情况流程，准确严密地记录整个事故的发生和处理情况，包括事故地点定位、污染物查询确认，特别是根据污染物的颜色、气味等查询、确定污染物与事故地点,从而查询应急监测方法及所需设备、计算到达现场的最短路径,实现污染事故地点的图、文互动查询定位。

10. 污染事故处理

污染事故处理对系统中已经存在的污染事故信息进行补充编辑,不仅针对静态的危险源(如化工厂)进行管理,还针对流动的危险源环境污染事故(如运输罐爆炸、海轮化学品溢漏等事件)进行管理,补充发生的污染事故信息,并整理结案。根据事故现场资料、监测工作结果,编制事故总结报告。

18.2.3 系统数据需求

1. 基础地理数据

整合1∶25 000和1∶5 000基础电子地图为基础地理数据,建设基础地理信息系统数据库。

2. 公共专题数据

整合关注点和道路中心线等专题数据为公共专题数据,覆盖范围为市城区,约400 km^2。关注点包括市城区内及各县区的企事业单位、医院、学校、酒店、商业等重要地物信息点数据。

3. 环境信息专题数据

环境信息专题数据包括与环境信息相关的专题数据,如水质监测断面约50个、大气监测站点约7个、水质监测点约6个、噪声监测点等。

4. 普查污染源专题数据

普查污染源专题数据包括污染源重点流域、地区分级等,以及各企业废水生产量、排放量汇总专题数据等。数据来源于全国普查污染源数据采集处理系统。

5. 重点污染源专题数据

重点污染源专题数据包括各等级有毒有害的污染源信息,共分为三个等级。其中,一级污染点约12个,二级污染点约120个,三级污染点约350个。

§18.3 空间数据设计

18.3.1 数据库建设内容

空间数据内容分为基础数据、公共专题数据和业务数据,如表18.1所示。其中,基础数据又分为矢量数据和影像数据,以瓦片图形式提供;公共专题数据和业务数据通过ArcSDE存储在Oracle数据库中。

表18.1 数据库建设内容

类型	数据目录	覆盖范围	数据内容	备注
基础数据	1∶5 000 矢量数据	五区城区、八县城区	铁路、道路、居民地、水系、公园绿地、运动场、图面注记	
	1∶10 000 矢量数据	福州地区	行政区划、水系、铁路、道路(高速、国道、省道、县道、乡道)、地理名称(省、市、县、乡镇政府、村委会)	
	数码航空影像	五区城区	2010年11月拍摄,分辨率为0.2 m	
	SPOT卫星影像	福州地区	2008—2009年拍摄,分辨率为2.5 m	

续表

类型	数据目录	覆盖范围	数据内容	备注
公共专题数据	关注点	城区 380 km^2 及八县市辖区 170 km^2	企事业单位、医院、学校、酒店、商业等重要地物信息点和标志性建筑	
	道路中心线	城区 380 km^2 及八县市辖区 170 km^2	道路中心线	
	河道中心线	市辖区内主要内河、闽江及其主要支流、龙江、敖江	河道中心线	
业务数据	普查污染源数据	福州地区 28 000 个点	第一次、第二次、第三次普查污染源数据	
	重点污染源数据	福州地区约 400 个点	重点污染源、一般污染源、垃圾处理场	

18.3.2 空间数据子库设计

1. 重点污染源

重点污染源属性如表 18.2 所示。

表 18.2 重点污染源属性

序号	列名	数据类型	长度	小数位	允许空
1	OBJECTID	NUMBER		0	否
2	监测年	NVARCHAR2	22		是
3	行政区代码	NVARCHAR2	30		是
4	行政区	NVARCHAR2	22		是
5	名称	NVARCHAR2	132		是
6	企业代码	NVARCHAR2	42		是
7	法人代码	NVARCHAR2	28		是
8	行业代码	NVARCHAR2	26		是
9	行业名称	NVARCHAR2	66		是
10	注册类型	NVARCHAR2	42		是
11	规模	NVARCHAR2	18		是
12	废气级别	NVARCHAR2	26		是
13	废水级别	NVARCHAR2	26		是
14	中心经度	NUMBER	38	8	是
15	中心纬度	NUMBER	38	8	是
16	详细地址	NVARCHAR2	78		是
17	废水口数	NUMBER	5	0	是
18	废气设备数	NUMBER	5	0	是
19	废气口数	NUMBER	5	0	是
20	SO_2 值	NUMBER	38	8	是
21	COD 值	NUMBER	38	8	是
22	申报登记号	NVARCHAR2	32		是
23	无组织点数	NUMBER	38	8	是
24	法人姓名	NVARCHAR2	32		是
25	监测联系人	NVARCHAR2	32		是
26	电话	NVARCHAR2	32		是
27	传真	NVARCHAR2	32		是
28	开业时间	NVARCHAR2	50		是
29	产污工艺	NVARCHAR2	128		是
30	污处理工艺	NVARCHAR2	120		是

续表

序号	列名	数据类型	长度	小数位	允许空
31	备注	NVARCHAR2	56		是
32	最后改时间	NVARCHAR2	60		是
33	监测联系部门	NVARCHAR2	34		是
34	污染源编码	NVARCHAR2	56		是
35	地址	NVARCHAR2	96		是
36	经度	NUMBER		0	是
37	经分	NUMBER		0	是
38	经秒	NUMBER		0	是
39	纬度	NUMBER		0	是
40	纬分	NUMBER		0	是
41	纬秒	NUMBER		0	是
42	地区	NVARCHAR2	18		是
43	街道	NVARCHAR2	18		是
44	邮政编码	NVARCHAR2	18		是
45	法人码普查	NVARCHAR2	26		是
46	地区编码	NVARCHAR2	34		是
47	X	NUMBER	38	8	是
48	Y	NUMBER	38	8	是
49	错误	NVARCHAR2	8		是
50	门类码	NVARCHAR2	12		是
51	大类码	NVARCHAR2	12		是
52	中类码	NVARCHAR2	12		是
53	小类码	NVARCHAR2	12		是
54	门类	NVARCHAR2	160		是
55	大类	NVARCHAR2	160		是
56	中类	NVARCHAR2	160		是
57	小类	NVARCHAR2	160		是
58	污染源类型	NVARCHAR2	40		是
59	SHAPE	ST_GEOMETRY	256		是

2. 噪声网格

噪声网格属性如表 18.3 所示。

表 18.3 噪声网格属性

序号	列名	数据类型	长度	小数位	允许空
1	OBJECTID	NUMBER		0	否
2	序号	NVARCHAR2	48		是
3	监测点名称	NVARCHAR2	100		是
4	检测月	NUMBER	3		是
5	检测日	NUMBER	3		是
6	监测时	NUMBER	3		是
7	监测分	NUMBER	3		是
8	监测秒	NUMBER	3		是
9	L10	NUMBER	6	1	是
10	L50	NUMBER	6	1	是
11	L90	NUMBER	6	1	是
12	LEQ	NUMBER	6	1	是

续表

序号	列名	数据类型	长度	小数位	允许空
13	SD	NUMBER	6	1	是
14	声源类型	NVARCHAR2	40		是
15	功能区类别	NVARCHAR2	40		是
16	行政区	NVARCHAR2	20		是
17	SHAPE	ST_GEOMETRY	256		是

3. 水监测断面

水监测断面属性如表 18.4 所示。

表 18.4　水监测断面属性

序号	列名	数据类型	长度	小数位	允许空
1	OBJECTID	NUMBER		0	否
2	类型	NVARCHAR2	254		是
3	断面名称	NVARCHAR2	254		是
4	旧代码	NVARCHAR2	254		是
5	新代码	NUMBER	24	6	是
6	经度	NUMBER	24	6	是
7	纬度	NUMBER	24	6	是
8	测站	NVARCHAR2	50		是
9	SHAPE	ST_GEOMETRY	256		是

4. 大气监测点位

大气监测点位属性如表 18.5 所示。

表 18.5　大气监测点位属性

序号	列名	数据类型	长度	小数位	允许空
1	OBJECTID	NUMBER		0	否
2	测点名称	NVARCHAR2	254		是
3	测点编码	NUMBER	24	6	是
4	旧测点编码	NUMBER	24	6	是
5	经度	NUMBER	24	6	是
6	纬度	NUMBER	24	6	是
7	监测项目	NVARCHAR2	200		是
8	SHAPE	ST_GEOMETRY	256		是

§ 18.4　系统总体框架

污染源管理及应急监测地理信息系统从环境信息系统建设的整体考虑，按照“分层设计、模块构建”的思想进行规划和设计。在建立的地理信息系统平台和污染源基础数据库的基础上进行其他专业应用信息系统的扩展。借助信息资源共享平台实现信息资源的共享，通过信息资源服务平台提供各项信息服务。

平台设计框图如图 18.1 所示，总体框架由四层结构、两大保障构成。

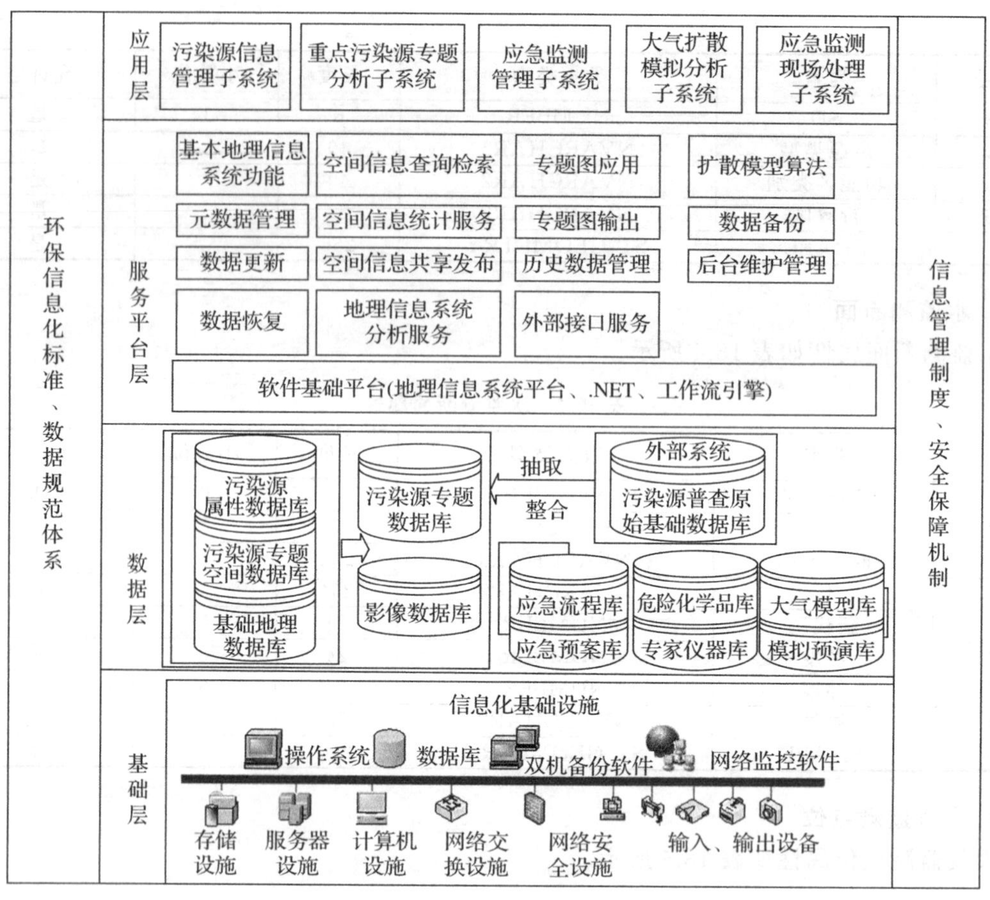

图 18.1 系统总体框架

第一层是基础层,该层提供系统的基本网络操作、桌面操作系统及企业级数据库系统等基础软件环境,提供信息化系统运行所依赖的存储设备、计算机设施、网络交换设施、网络安全设施等,是信息化系统的软硬件设施基础。

第二层是数据层,是整个系统的信息资源核心。污染源专题数据库在统一的数据标准与技术规范的规定下,由污染源专题空间数据库和污染源属性数据库组成,污染源属性数据库直接从外部的污染源普查原始基础数据库提取建库;应急监测管理数据库包括应急流程库、应急预案库、大气模型库、模拟预演库、危险化学品库和专家仪器库等;整套系统由基础地理数据库和影像数据库这两个库提供所需地图背景。

第三层是服务平台层,在统一的地理信息系统核心平台运行框架下,提供工作流程的运转服务,面向各应用子系统提供标准的服务接口,如基本地理信息系统功能、元数据管理、数据更新、数据恢复、空间信息查询检索、空间信息统计服务、空间信息共享发布、地理信息系统分析服务、专题图应用、专题图输出、历史数据管理、扩散模型算法及各种系统管理服务。

第四层是应用层,在服务平台层的基础上,面向污染源和应急监测管理的需求,为平台提供应用,如污染源信息管理子系统、重点污染源专题分析子系统、应急监测管理子系统、大气扩散模拟分析子系统和应急监测现场处理子系统等。

18.4.1　功能设计

(1)应急监测便携子系统包含了应急监测管理子系统和应急监测现场处理子系统等,如图 18.2 所示。

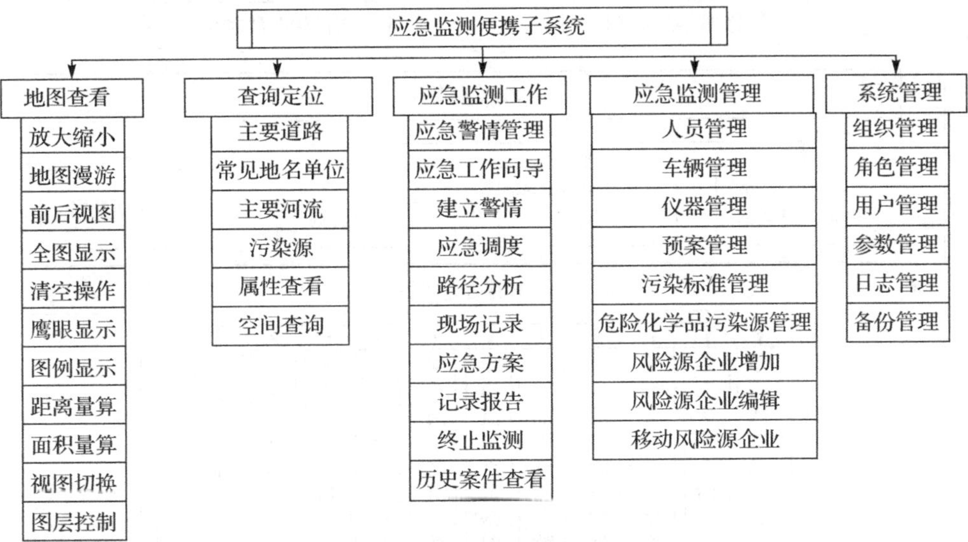

图 18.2　应急监测便携子系统

(2)环境监测与污染源管理子系统包含了污染源信息管理子系统、重点污染源专题分析子系统和大气扩散模拟分析子系统等,如图 18.3 所示。

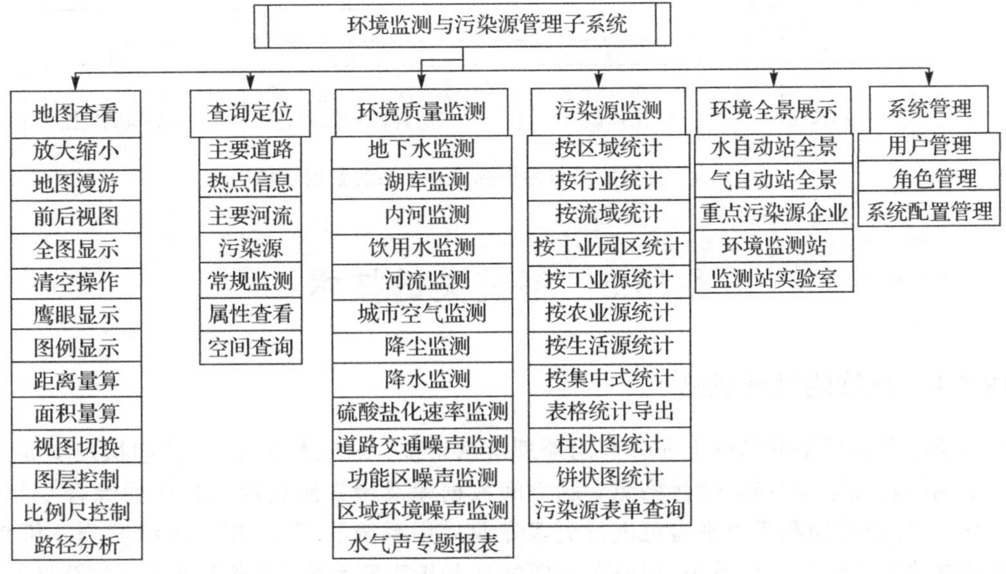

图 18.3　环境监测与污染源管理子系统

18.4.2　数据设计

环境监测与污染源管理子系统数据结构如图 18.4 所示。

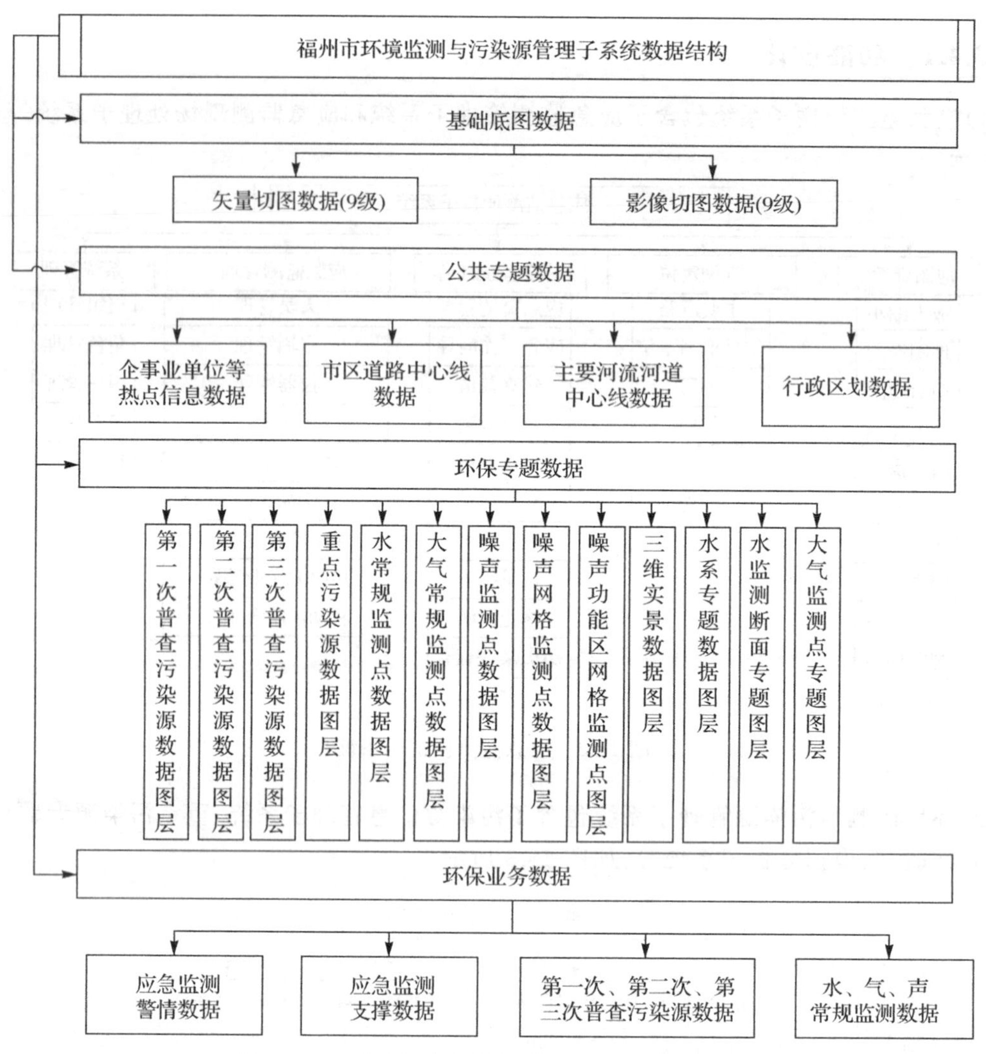

图 18.4 环境监测与污染源管理子系统数据结构

§18.5 系统关键技术

18.5.1 整体的设计思路

在污染源普查成果的基础上充分利用地理信息系统、网格、数据库、三维虚拟现实等技术，搭建一个包括基础地理数据库、污染源专题空间数据库及污染源属性数据库的综合空间数据库管理平台，保证后期利用该平台可进行更多专业应用系统的开发，如大环境监测分析系统、环境污染事故应急监测管理系统、污染源专题统计分析管理系统、环境质量考核与总量控制系统、环境污染模拟与预测信息系统及环境资源信息发布与服务系统等。

18.5.2 应急监测工作流程化

应急监测工作具有时间紧迫、责任重大等特点，通过分析应急监测工作内容，将应急监测工作分为七个工作流程,分别是建立警情、应急调度、路径分析、现场记录、应急方案、记录报告、终止监测。通过实际应急工作处置时间段,具体细化各流程的工作内容,通过警情辅助定位、应急资源查询调度、最短路径分析、集成大气扩散模型、部署应急监测点、上传应急现场和监测图片视频资料等手段,提供应急监测工作,辅助部署、分析、决策。

18.5.3　环保业务数据整合、业务平台统一

环境监测站多年来积累了许多环保数据,如普查监测数据、重点污染源数据、水常规监测数据、气常规监测数据、声常规监测数据,这些数据以分散形式存储在站内,并且使用不同的系统进行日常管理使用,造成了数据维护和日常工作的不便。环境监测与污染源管理子系统的建设将普查污染源数据和重点污染源数据整合入系统,并且连接水、气、声常规监测数据,在系统上实现现有业务系统的部分常用功能,初步解决了多个系统应用不便的问题,并且可以以本次项目建设成果为基础,将所有环保数据都集中到一个数据库中,所有应用都集成到一个平台上,实现环保业务的统一平台处理。

18.5.4　配图、切图技术的优化

本项目的矢量和影像切图样式吸收了长久以来的信息系统地图及网络电子地图的特点,对项目底图数据重新配图,矢量切图数据最后两级还采用了 2.5 维建筑配图方案,增加了地图的美观性。在切图方面,采用 ArcGIS 10.0 的最新切图技术,用切片数据压缩技术,减少了切片数据量,减少了系统数据部署迁移的时间。

18.5.5　插件式开发和 Silverlight 开发技术

应急监测便携子系统采用插件式开发技术,可以实现系统基本框架不变,并能扩展基础功能和业务功能,同时集成到基础框架中。不但系统框架清晰,并且不同模块间的开发不会相互影响,降低了系统集成难度及系统模块间的耦合度。

环境监测与污染源管理子系统以 Microsoft Silverlight 为开发插件。Silverlight 作为微软最新富客户端技术,配合最新的地图切片数据,大大提升了系统地图和功能的展示效果,可以作为以后 B/S 系统的新的开发路线。

§ 18.6　应用情况

(1)环境监测与污染源管理子系统。充分利用污染源普查成果数据,实现对普查成果分层、分类快速组合查询,同时对接常规监测数据库,统计各环境监测子站的采集数据,显示结果数据表及统计图。

(2)应急监测便携子系统。在多年应急监测数据基础上,提供应急监测工作流程向导,结合空间信息的可视化查询、更新、专题分析等服务,为应急监测工作提供辅助决策支持服务。

(3)环保系统数据库。该数据库主要包括矢量地图切片数据、影像地图切片数据、热点单位道路河流公共专题数据,同时整合应急监测业务数据、整理普查污染源数据、采集环保专题全景数据入库,并与站内水、气、声常规监测数据库实现对接。

第 19 章 “数字园林”建设

§ 19.1 项目背景

“数字园林”是当今城市园林主管部门创新管理方式、全面提升城市园林绿化管理水平的重要举措。通过实施“数字园林”，推动良好城市软硬件环境的创造，将促进园林绿化管理从定性变为定量、静态变为动态、单一变为综合，并在现有基础资源的基础上进一步提高城市园林管理的运行效率，不断满足城市生产和人民生活对城市环境美化需要；将进一步增强福州市的城市综合竞争力、宜居度和幸福度，提升城市品位，展现具有良好形象的城市管理新格局。

福州市数字园林管理系统的总体建设目标是以福州市园林局的业务管理信息化需求为出发点，在充分利用“数字福州”空间数据成果的基础上，继承已有信息化建设成果，整合优势资源，建立福州市园林绿化综合管理数据库框架，开发建设具备园林绿化数据的查询、统计、分析、成果展示功能，满足福州市园林局在绿地规划、绿化建设、绿化养护、树木移植、公园和景区(含绿道)管理、园林绿化企业综合诚信评价、绿化展示等方面业务管理需求的地理信息系统，全面提升市园林绿化的综合管理水平。

§ 19.2 总体框架

在“数字福州”标准规范体系、信息安全体系及组织保证体系的前提下，福州市数字园林管理系统项目以政务云计算平台为依托，以福州市基础地理信息和园林绿化综合管理数据库为基础进行建设。系统的总体框架如图 19.1 所示。

本项目建设分为园林绿化综合管理数据库建设、数字园林管理系统建设、网络和硬件及存储系统建设、平台系统建设四部分内容。总体框架采用了层次化设计思想，实现了不同层次间的相互独立性，从而保障系统的高度稳定性、实用性和可扩展性。

1. 信息化基础设施层

第一层是信息化基础设施层，是信息化基础设备平台。该层提供了系统的基本网络操作系统、桌面操作系统及企业级数据库管理系统等基础软件环境，提供系统运行所依赖的存储设备、网络设施、安全设备等，是信息系统的软硬件设施基础。

2. 数据层

第二层是数据层，是系统的核心信息资源。在统一的数据标准与技术规范的规定下，数据层由基础地理信息数据库、园林绿化综合管理数据库组成。

3. 软件服务平台层

第三层是软件服务平台层，主要功能是为应用系统的实现提供基础平台支撑。其中，除了第三方的商业平台(如.Net 或 J2EE 平台、地理信息系统平台等)以外，还包括针对该项目实际需求的软件组件，具体包括地理信息系统应用开发组件、统计分析组件、数据库管理组件、全景数据管理组件。

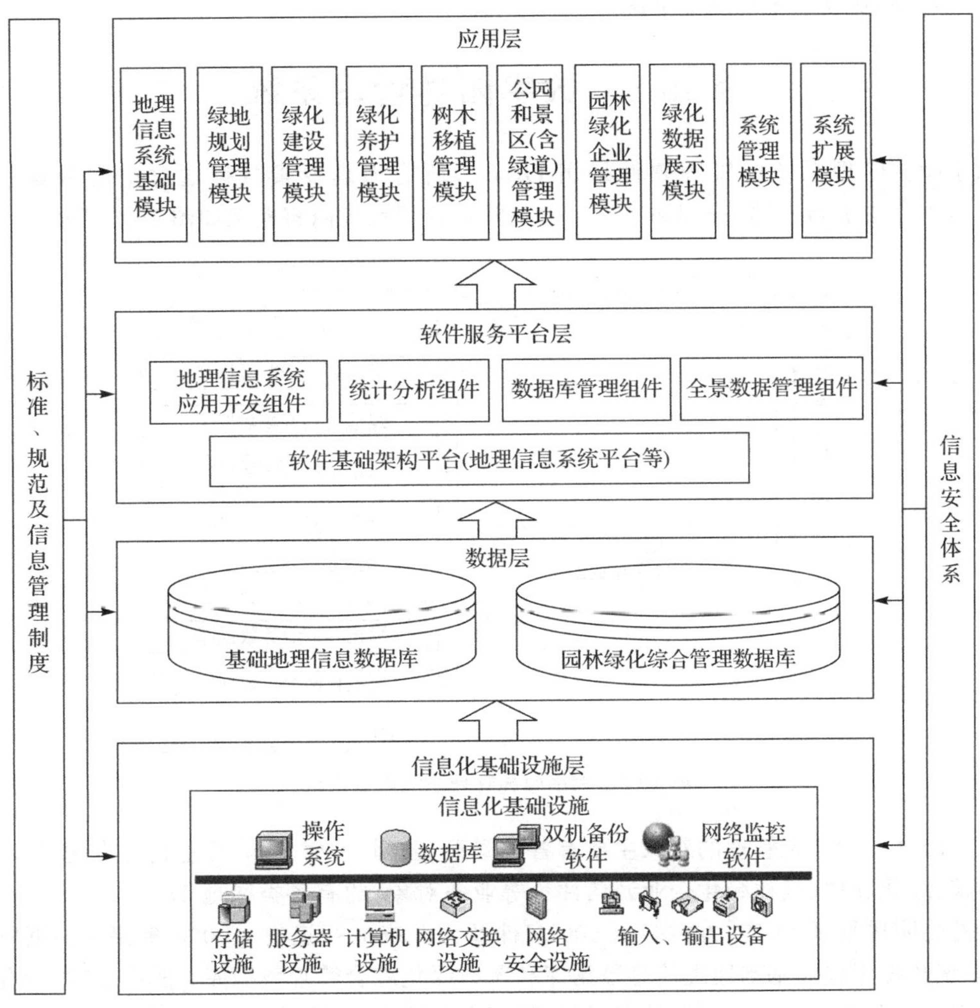

图 19.1 数字园林管理系统总体框架

4. 应用层

第四层是应用层，是系统的直接操作与使用对象，主要包括局领导及业务管理人员、系统数据维护人员、系统管理员等。不同用户对系统有不同的需求，通过不同的功能模块实现操作。该层主要实现具体的数字园林管理，可划分为九个功能模块：地理信息系统基础模块、绿地规划管理模块、绿化建设管理模块、绿化养护管理模块、树木移植管理模块、公园和景区(含绿道)管理模块、园林绿化企业管理模块、绿化数据展示模块、系统管理模块、系统扩展模块。

数字园林管理系统采用 B/S 模式在政务云计算平台上运行，并整合已经建成的市园林局门户网站和古树名木管理系统。市园林局各处室通过政务外网接口访问本系统，并在政务外网上部署虚拟专用网(virtual private network，VPN)网关，园林企业、社会公众、公园管理处等可以通过互联网接入方式进行访问。

本项目部署在政务外网公用网络区，为市园林局各业务部门提供绿地规划、绿化建设、绿化养护、树木移植、公园和景区(含绿道)管理、园林绿化企业综合诚信评价、绿化展示等业务管理的功能,同时园林企业、社会公众及基层单位等可以通过互联网访问政务外网接入区的市园林局门户网站、古树名木信息等资源。

§19.3　数字园林管理系统

数字园林管理系统的管理软件采用 Oracle,所有地理要素数据通过空间数据引擎在 Oracle 数据库中进行存储、查询和管理。数字园林管理系统内容框架如图 19.2 所示。

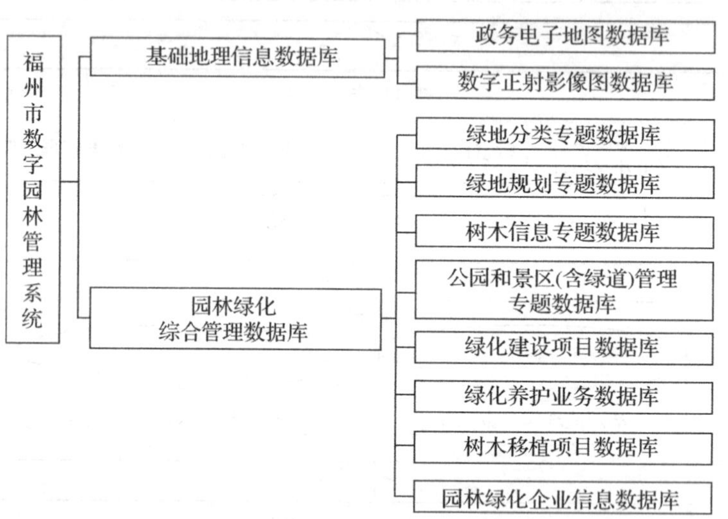

图 19.2　数字园林管理系统内容框架

数字园林管理系统管理的对象主要有各类绿地、公园、古树名木、行道树等专题对象,以及树木移植、绿化养护、园林绿化企业诚信评价等业务对象,约有各类绿地 165 km^2、市园林局直属管理的公园风景区 11 座、古树名木 900 多株及已调查的行道树 43 000 多棵。根据管理的需要,系统数据库包含基础地理信息数据库和园林绿化综合管理数据库。其中,园林绿化综合管理数据库又包含绿地分类专题数据、绿地规划专题数据、树木信息专题数据、公园和景区(含绿道)管理专题数据、绿化建设项目数据、绿化养护业务数据、树木移植项目数据和园林绿化企业信息数据八方面的数据内容,涵盖了园林绿化管理工作的方方面面。

19.3.1　基础地理信息数据库

基础地理信息数据库主要表达空间位置信息,用于对园林绿化专题空间要素的空间位置及其周边空间环境进行说明,便于园林绿化专题信息能够精确落地定位。基础地理信息数据库通过“数字福州”地理空间框架的公众版地理信息公共平台获取 1∶2 000 电子地图数据和数字正射影像图数据。公众版地理信息公共平台的在线服务系统主要提供目录服务、二维地图服务、空间信息服务、地理编码服务、应用分析服务和安全认证服务等给予标准接口的地理信息服务。利用共享平台的在线服务系统,用户通过网络发出符合开放式地理空间信息联盟相关互操作规范的调用指令,可以获取共享平台的地理信息资源元数据服务、地理信息浏览服务、数据存取服务和数据分析处理服务,达到数据共享的目的。

1. 电子地图数据

“数字福州”项目已经建成 1∶2 000 数字线划图数据库并投入使用，电子地图(1∶2 000)在数字线划图的基础上，通过地图配图和地图切片发布生成的电子地图数据，数据格式为 PNG 或 JPG，通过公众版地理信息公共平台进行数据交换、数据共享和数据服务。电子地图数据的地图图层分为基础图层数据和信息点数据两大项，各大项中又细分若干子类。

(1)1∶2 000 数字线划图数据库由面状、线状基础内容及对应的注记组成。具体内容如表 19.1 所示。

表 19.1 数据图层

大类	中类	小类
行政区划	行政区划面界	市区界
		街道界
		社区界
	行政区划线界	市区界线
		街道界线
		社区界线
建筑物	一般建筑物	一般建筑物
	高层建筑物	高层建筑物
植被	体育场	体育场
	植被面	植被
水系	水系线	水系线
	水系面	水系面
	水系注记	水系注记
交通及其附属设施	道路中心线	道路中心线
	道路边线	道路边线
	道路面	道路面
	道路标注	道路标注
	道路附属设施	桥梁中线
		桥梁边线
		高架桥
		立交桥
		隧道
		人行天桥
		地下通道
	铁路	铁路

(2)信息点数据分成 15 大类，分别为基础地名、政府机关、科技教育、医疗卫生、文化体育、交通设施、旅游观光、宾馆酒楼、连锁餐饮、购物中心、金融机构、邮政通信、公共服务、市政网店和知名企事业。

2. 数字正射影像图数据

“数字福州”项目已经建成 1∶2 000 数字正射影像图数据库并投入使用，通过公众版地理信息公共平台进行数据交换、数据共享和数据服务。现有的 1∶2 000数字正射影像图数据覆盖市五城区(鼓楼、台江、仓山、晋安、马尾)、闽侯上街大学城，约 450 km^2 的范围，生产时间为

2012 年,分辨率为 0.2 m。

数字园林管理系统建设在政务外网的政务云计算平台上,采用在线共享的方式获取电子地图数据,通过系统设计的数据共享接口与公众版地理信息公共平台的数据共享接口对接,实现数字正射影像图数据的在线共享。

19.3.2 园林绿化综合管理数据库

1. 数据库建设内容

(1)绿地分类专题数据库。绿地分类专题数据库是在已有的“园林绿化现状调查建库项目”成果数据基础上通过数据规范化处理和属性录入建立起来的,且在已有的数据基础上,增加绿地的绿地部件编码、权属单位、养护区划编号、养护单位名称等。

(2)绿地规划专题数据库。绿地规划专题数据库来源于绿地系统规划数据,本项目的绿地规划专题数据库在 2013 年绿地规划数据的基础上建设。

(3)树木信息专题数据库。树木信息专题数据库以数字化城市管理系统中的部件数据为基础,充分利用“数字城管”项目数据成果,在树木部件信息的基础上,补充树木的芯片信息、地表高程、树间距、树木移植数据项、树木与地下管线关系数据项,并在养护区划数据库的基础上增加树木养护数据。

(4)公园和景区(含绿道)管理专题数据库。公园和景区(含绿道)管理专题数据库主要根据市园林局和直属公园管理处提供的公园信息资料、公园基本信息表进行数据录入。

(5)绿化建设项目数据库。绿化建设项目数据由市园林局绿化建设项目档案数据资料库提供,而档案均为纸质资料,需要对绿化建设项目数据进行梳理、整合后录入。

(6)绿化养护业务数据库。绿化养护业务数据库在养护管理区划资料的基础上,对矢量图层进行绘制,经核实后,录入矢量数据的属性信息。

(7)树木移植项目数据库。树木移植项目数据库是对树木移植测量数据进行整理,经过数据格式转换、坐标转换、属性录入后实现;对树木移植项目档案、树木移植测量数据资料和树木移植施工资料的信息根据系统设计的表格进行数据录入。

(8)园林绿化企业信息数据库。园林绿化企业信息数据库对企业基本信息、企业市场情况信息、建设单位评价进行整理和录入。

2. 绿地分类专题数据库

1)数据现状

2012 年园林局开展了市园林绿化现状调查建库项目,并用航测方法进行数据生产工作,获取了包括公园绿地数据、生产绿地数据、防护绿地数据、附属绿地数据、其他绿地数据 5 大类 13 小类的绿化覆盖数据,共计约 11 万条。园林绿化现状调查建库项目的范围与本系统建设项目的范围基本一致,数据现势性较强,精度也较高。数据生产流程如图 19.3 所示。

2)城市绿地数据分类

城市绿地数据分类是依据 CJJ/T 85—2017《城市绿地分类标准》将绿地划分为各类公园绿地、生产绿地、防护绿地、附属绿地及其他绿地 5 大类 16 小类的城市绿地类型,如表 19.2 所示。

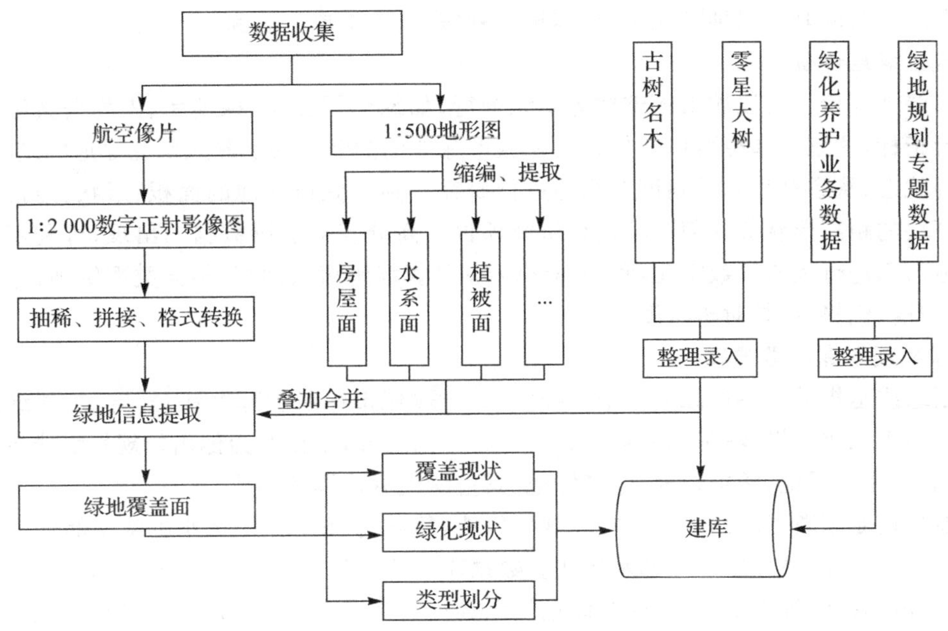

图 19.3 园林绿化现状调查建库流程

表 19.2 城市绿地分类

大类编号	大类名称	小类编号	小类名称
G1	公园绿地	G11	综合公园
		G12	社区公园
		G13	专类公园
		G14	带状公园
		G15	街旁绿地
G2	生产绿地		
G3	防护绿地		
G4	附属绿地	G41	居住绿地
		G42	公共设施绿地
		G43	工业绿地
		G44	仓储绿地
		G45	对外交通绿地
		G46	道路绿地
		G47	市政设施绿地
		G48	特殊绿地
G5	其他绿地		

绿地分类专题数据是园林绿化综合管理数据库中的重要空间数据，表现为面状地物数据，存储格式为 ArcGIS 的数据库格式，可作为电子地图的一项专题数据图层加载显示，对绿地分类数据配以对应的图例，在电子地图上显示。

3）数据库建设

绿地分类专题数据库是在已有的园林绿化现状调查建库项目成果数据基础上通过数据规范化处理和属性录入建立起来的。数据属性包含绿地名称、类别代码、类别名称、所属辖区、绿地面积、绿地部件编码、绿地权属单位、养护区划编号、养护单位名称。

4)城市绿地评价

城市绿地评价主要以城市的整体为单元进行,如绿化覆盖率、绿地率、人均公共绿地是重要的评价指标,这三个指标可以较好地反映城市绿地的数量。为了深入研究绿地的结构、空间的分布等状态,从景观生态的角度对绿地进行研究。利用城市绿地的面积、形状、连接程度及与其他斑块的距离形状等几何因子进行研究评价。高分辨率遥感数据的出现,可利用正射影像对绿地信息进行提取和数字化,利用 ArcView 计算绿地斑块面积、不同类型绿地面积比、多样性、均匀度、优势度、相对丰富度等。

3. 绿地规划专题数据库

规划绿线是指城市各类绿地范围的控制线。按《城市绿线管理办法》规定,规划绿线内的土地只准用于绿化建设,除了国家重点建设等特殊用地外,不得改为他用。规划绿线主要包括公共绿地、居住区绿地、防护绿地、生产绿地、其他绿地等范围控制线。

绿地规划专题数据库的主要内容为规划绿线,简称为"绿线"。此外还需要部分公园风景区、城市内河等市园林局所管辖的水域线。数据库的建设目的是绿地规划管理,并为绿地使用审批、绿地占用执法等提供依据,因此绿地规划数据的来源需要具有准确性和权威性。

1)数据来源和现状

本项目"绿线"数据的直接来源是绿地系统规划数据,而绿地系统规划数据以城市控制性详细规划数据为基础,提取绿地规划专题图层编制而成。绿地系统规划的编制周期为 10 年,而本项目的绿地规划专题数据库是在 2013 年绿地系统规划数据的基础上建设的。

2013 年绿地系统规划的范围包含中心城区及周边,约 1 400 km^2,完全覆盖了本项目的建设范围。绿地系统规划数据格式为 AutoCAD 的 DWG 格式,以分层分类编码的方式保存各类绿地范围线。

2)分类标准

"绿线"根据绿地的用途可分为公园绿地绿线、生产绿地绿线、防护绿地绿线、附属绿地绿线及其他绿地绿线,分类原则与《城市绿地分类标准》规定的绿地分类一致。

3)表现形式

"绿线"数据表现为面状空间数据,通过属性表信息承载其编号、类型、面积、规划编制单位、规划审批时间等信息,可作为电子地图的一项专题数据图层加载,在地理信息系统中进行定位和属性数据查询,数据保存成 ArcGIS 数据库格式。

4)数据库建设

绿地规划专题数据库建设所需的各类"绿线"数据由市园林局向规划数据管理部门申请提供,数据库需要通过数据检查、数据格式转换、坐标系转换、数据构面处理和属性录入等加工步骤,并通过规范化处理,统一规范数据的属性内容和分类标准。绿地规划专题数据库建库生产流程如图 19.4 所示。

4. 树木信息专题数据库

树木信息专题数据库是市园林绿化综合管理数据库最核心的数据子库,是园林绿化管理的基本单元之一,与绿化养护业务、树木移植项目、绿化建设项目等数据库共同服务于市园林绿化的业务信息化管理。树木信息专题数据库中的树木类型主要划分为行道树、独立散树。树木信息专题数据图层表现为点状数据,通过空间数据属性表承载树木编号、芯片编号、类型、树种、位置、生长情况、养护信息、移植信息等信息。数据库格式为 ArcGIS 数据库格式。

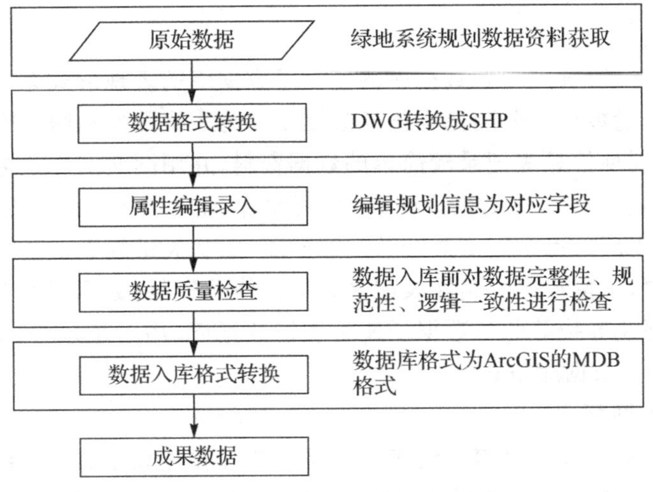

图 19.4 绿地规划专题数据库建库生产流程

1)数据来源和现状

树木信息专题数据的基础信息数据大部分来源于“数字城管”的园林绿化类部件数据，主要是其中的行道树专题数据，包含部分行道树的部件编码、部件类型名称、主管部门名称、权属部门名称、维护部门名称、所在网格编号、部件照片编号、部件照片路径、现势性、树种、树木胸径 11 项属性信息。“数字城管”项目建设完成了约 220 km^2 的部件普查工作，所形成的行道树数据基本能满足本项目对树木定位数据的范围需求。

树木信息专题数据的更新数据来源于树木移植测量数据资料。从 2012 年年底至今，市园林局对所开展的树木移植项目进行树木移植测量工作，除了获取树木的基本信息外，还进行了树木的权属确认、树木的位置和胸径测量、树种调查、树木现状照片拍摄，以及与树木相关的地下管线测量。目前，已经积累了树木移植工程项目的约 12 000 棵树木的移植测量资料数据。

2)数据库建设

树木信息专题数据库的建设目前以数字化城市管理系统中的部件数据为基础，采用离线拷贝的方式获取数字化城市管理系统的园林绿化类数据，充分利用“数字城管”项目数据成果，并以树木移植测量数据资料为主要更新数据源，补充树木的芯片信息、地表高程、树间距、树木移植数据项、树木与地下管线关系数据项，并在养护区划数据库的基础上增加树木养护数据项。

5. 公园和景区(含绿道)管理专题数据库

公园和景区(含绿道)管理专题数据库的建设范围为市园林局直属的 11 个公园风景区，主要内容包含三个子库：公园基本信息数据子库，公园设备、经营服务网点地理空间数据子库，公园环卫保洁、绿化养护等业务数据子库。

1)数据来源

公园基本信息数据子库主要内容为公园简介、景点介绍、交通路线、游客指南等图文数据资料；公园设备、经营服务网点地理空间数据子库的空间数据来源为基础地形图数据；公园环卫保洁、绿化养护等业务数据子库来源于市园林局直属的公园管理处的日常管理资料，主要有公园环卫保洁队数据资料、公园绿化养护单位资料、公园环卫保洁工作记录单、养护记录单等纸质资料。

2)表现形式

公园和景区(含绿道)管理专题数据库的三个子数据库的表现形式有三种,即表格数据、图文附件数据和空间矢量数据。公园基本信息数据子库为表格数据和图文附件数据相结合的数据库,通过公园基本属性信息表记录较简单的数据资料,并用图文附件数据对基本信息详细情况进行说明,存储格式为Oracle数据库格式;公园设备、经营服务网点地理空间数据子库为空间矢量数据库,具体表现为点状矢量数据及其属性表,点状矢量数据记录公园基础设施和经营服务网点的地理位置,矢量数据的属性表记录其属性信息资料,数据保存为ArcGIS数据库格式;公园环卫保洁、绿化养护等业务数据子库为表格数据库,用于记录公园的日常工作管理资料,存储格式为Oracle数据库格式。

6. 绿化建设项目数据库

绿化建设项目数据库针对目前在建或计划建设的绿化建设项目,记录绿化建设工程项目的登记信息、管理信息及项目实施报告等档案信息。2013年市园林局管理的在建项目近百项,绿化建设的面积约100万平方米。

绿化建设项目数据库的数据来源于市园林局绿化建设项目档案数据资料库。目前,市园林局绿化建设项目档案均为纸质资料归档,普遍存在数据资料不全、资料内容不统一不规范的问题,也没有建设规范的数字化工程项目档案管理平台。

本项目的绿化建设项目数据库以空间矢量数据、表格数据和附件数据相结合的方式建立。其范围线数据建设主要是对在建或年度计划建设的项目,由市园林局配合本系统承建单位,进行项目范围线的确定,并负责项目档案资料的收集,属性信息则根据收集的项目档案资料录入,建立范围线矢量数据库。项目信息表由四个表格构成,分别是项目信息表、项目施工信息表、项目竣工信息表、项目施工单位信息表。数据库建设的主要工作是根据项目资料进行数据的录入、数据表格关联和建库工作。

7. 绿化养护业务数据库

绿化养护业务数据库是为实现养护业务的流程化管理而设计的,因此数据库需要在明确养护任务责任区划、确定养护单位的基础上实现养护业务流程的管理和数据库的维护。因此,绿化养护业务数据库由养护区划数据和养护记录数据两部分组成。

绿化养护业务数据库的数据来源有两方面:一方面是养护区划数据的来源,是福州市园林局的养护管理区划资料,是福州市园林绿化养护单位、企业对各自的绿化养护区域进行划分的依据,该资料以纸质资料的形式由福州市园林局收集和提供;另一方面是养护记录数据的来源,是园林绿化养护工作记录资料,是福州市园林绿化养护单位、企业日常绿化养护工作的记录表单资料,该资料由绿化养护单位、企业收集并提供。

养护区划数据的表现形式为面状矢量数据,其范围为一个养护责任区,每个责任区对应一个养护责任单位,矢量数据的属性表记录养护区划的基本信息,一个养护区划数据元素对应一系列养护记录表格数据,存储格式为ArcGIS数据库格式;养护记录数据在系统中为表格形式,绿化养护单位管理人员根据系统设计的养护记录表进行养护工作记录的填报,存储格式为Oracle数据库格式。

养护区划数据库建设由市园林局提供养护管理区划资料,在此资料的基础上,由系统承建单位完成矢量图层的绘制，由市园林局相关负责人配合核实后，录入矢量数据的属性信息。

8. 树木移植项目数据库

树木移植项目数据库用于记录树木移植工程项目的基本信息、苗木信息、移植测量信息及项目施工信息。

树木移植项目数据库的内容有两部分：树木移植矢量数据，具体形式是点状矢量数据，用于表达移植树木的地理位置，矢量数据的属性表内容来源于树木移植业务数据表的部分内容，存储格式为ArcGIS数据库格式；移植业务表单数据，包含四个表格项，即树木移植业务数据表、苗木清单表、树木移植测量信息表和树木移植施工信息表，其中树木移植业务数据表为主表，通过字段关联，使四个表格构成完整的移植项目信息，存储格式为Oracle数据库格式。

9. 园林绿化企业信息数据库

园林绿化企业信息数据库是实现园林绿化企业综合诚信评价平台建设的基础数据。数据库内容包含企业基本信息(名称、资质、经营范围、经营许可、企业规模等)、企业市场情况信息(企业招投标行为、中标情况、纳税情况、获奖情况等)、建设单位评价(施工质量、安全责任、施工文明等)。根据市园林局审核后的相关企业资料进行整理和录入，从而建立数据库。

园林绿化企业信息数据库的数据源为园林绿化企业向市园林局自行申报的材料，经市园林局审核后，进行录入。

§19.4 数字园林管理系统建设

数字园林管理系统的建设是以福州市园林绿化综合管理数据库为基础，将计算机技术、网络技术、地理信息系统技术、遥感技术的理论和方法综合应用于园林绿化的准备、实施、管理和应用的全过程。系统将基础地理信息数据与园林绿化专题成果数据相集成，供福州市园林局各业务部门使用。

19.4.1 系统架构

数字园林管理系统架构如图19.5所示。系统的地理信息服务是基于公众版地理信息公共平台进行开发，由公众版地理信息公共平台提供数据服务和功能服务。对接服务方式有在线服务和离线拷贝两种。

1. 在线服务

系统的地理信息服务主要通过在线调用方式实现与公众版地理信息公共平台对接。具体对接服务如图19.6所示。

通过在线调用公众版地理信息公共平台的数据服务与功能服务实现对地理信息的使用，按平台提供的服务接口进行项目的建设。公众版地理信息公共平台提供的数据服务包括线划电子地图、影像电子地图和晕渲电子地图等，提供的功能服务包括地图浏览、地图标绘、属性查询、全文检索、空间查询等，访问方式为调用开放式地理空间信息联盟的WMS规范、WMTS规范等。

2. 离线拷贝

采用离线拷贝的方式获取福州市数字化城市管理系统园林绿化类数据，收集“数字城管”

项目数据成果,并进行相关信息更新。

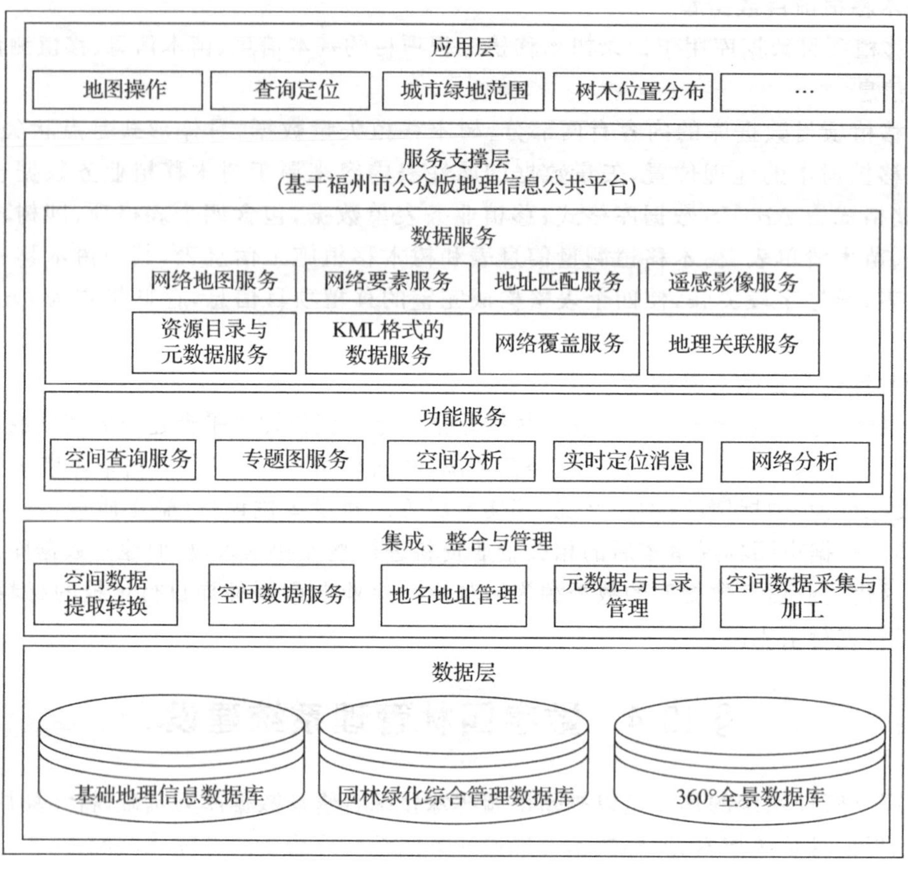

图 19.5 数字园林管理系统架构

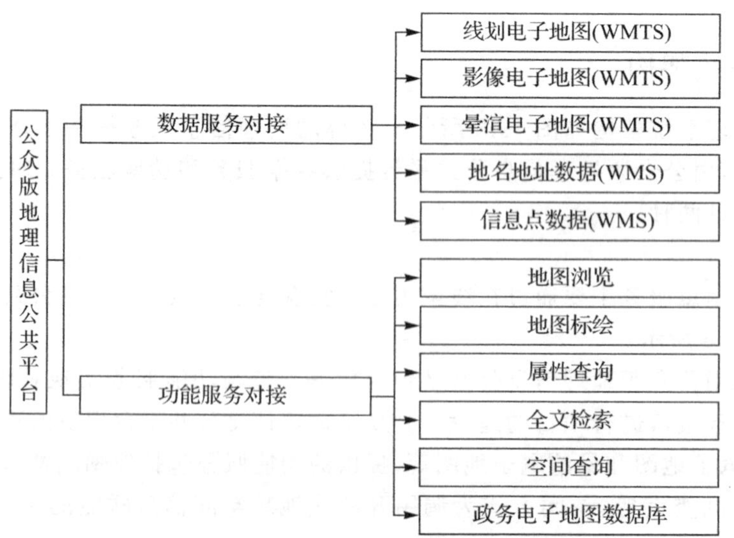

图 19.6 公众版地理信息公共平台对接服务

19.4.2 系统功能设计

福州市数字园林管理系统的内容主要包括七个应用功能模块和三个基础模块。七个应用功能模块分别是绿地规划管理模块、绿化建设管理模块、绿化养护管理模块、树木移植管理模块、公园和景区(含绿道)管理模块、园林绿化企业管理模块、绿化数据展示模块,三个基础模块分别是地理信息系统基础模块、系统管理模块、系统扩展模块。系统的构成如图 19.7 所示。

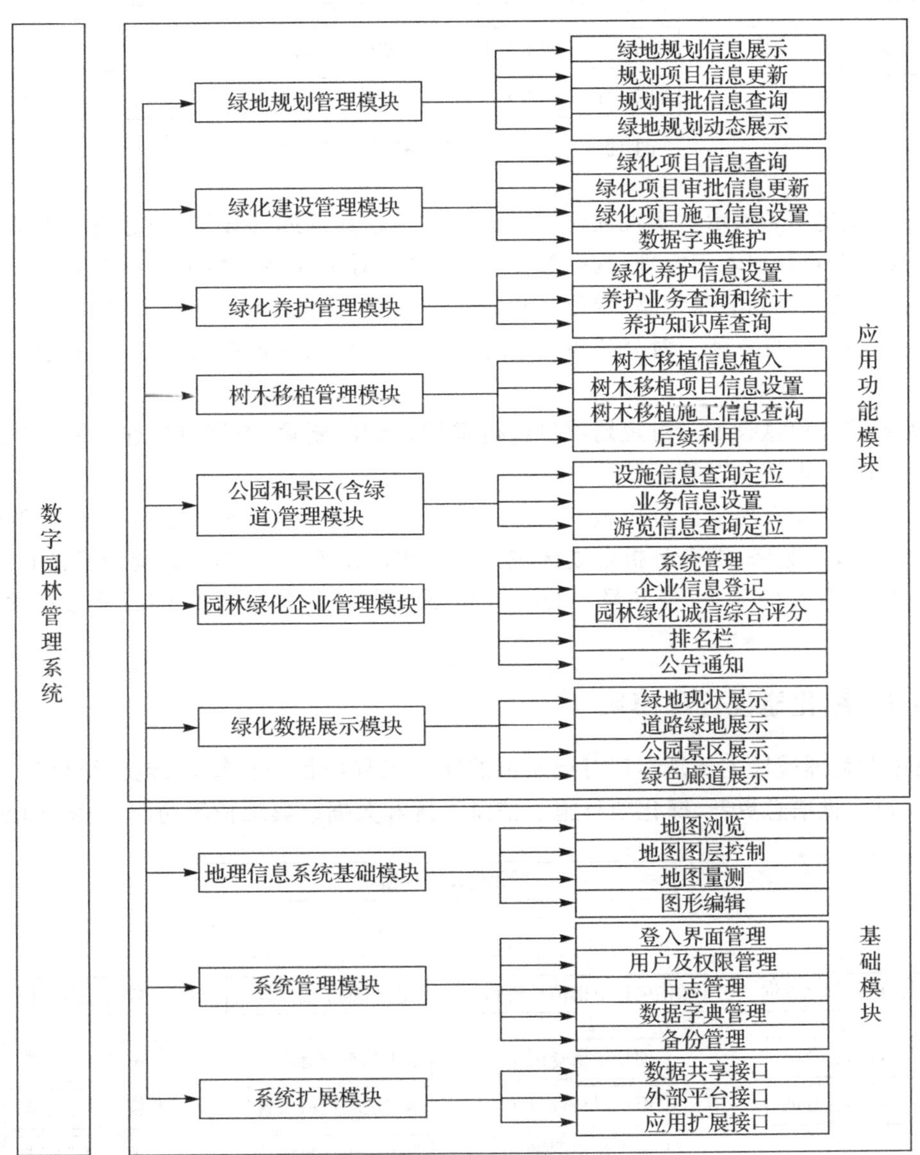

图 19.7 系统功能模块

19.4.3 绿地规划管理模块

绿地规划管理模块以基础地理信息数据库为背景数据,通过调用绿地规划专题数据库和绿地分类专题数据库,对全市绿化进行全局直观展示,辅助城市绿地系统规划。绿地规划管理模块的规划审批管理功能能实现审批信息资料的录入和管理,如图 19.8 所示。

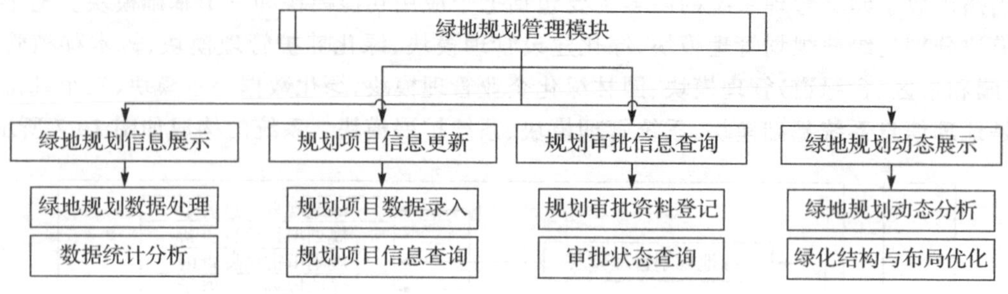

图 19.8 绿地规划管理模块功能结构

(1)绿地规划信息展示。实现福州市绿地规划专题数据库的显示、信息查询管理操作,并实现绿地规划专题数据入库管理,具有数据导出功能;对绿地规划数据进行统计分析,准确获取全域或指定区域规划的绿化率、绿化面积、覆盖率、变化率、人均占有量等数据。

(2)规划项目信息更新。对公园规划、道路绿化规划、风景名胜区规划等与规划相关的项目信息进行录入和查询。

(3)规划审批信息查询。对规划项目进行登记、修改、删除、查询等操作,并对已登记的项目进行资料审批、审核状态管理。

(4)绿地规划动态展示。分析影响当前园林绿化规划区域发展的主要因素,预测该规划区域的园林绿化发展趋势;综合分析规划区域园林绿化建设工程成本,以及建成后的社会经济与生态环境效益、存在的风险、任务量、周期等,调整绿化结构和布局,以使风险最小化、效益最大化。

19.4.4 绿化建设管理模块

绿化建设管理模块主要是实现对福州市的绿化工程项目进行管理,包含绿化项目信息查询、绿化项目审批信息更新、绿化项目施工信息设置和数据字典维护等功能,如图 19.9 所示。

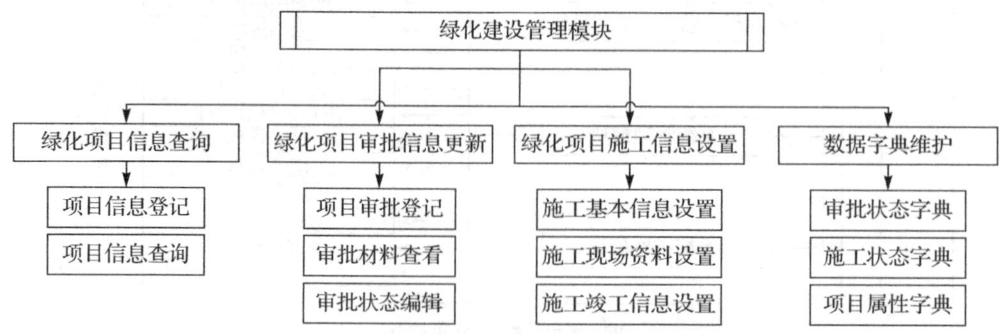

图 19.9 绿化建设管理模块功能结构

(1)绿化项目信息查询。提供绿化建设项目的登记、编辑、删除、查询、导出等操作,提供快捷操作命令,快速定位到与该项目相关的审批和施工信息页面。

(2)绿化项目审批信息更新。提供绿化建设项目审批信息的新增、编辑、删除、查询、导出等操作，还提供审批过程记录、审批档案资料查看的操作。

(3)绿化项目施工信息设置。通过项目施工基本信息设置功能，实现对施工起止时间、施工单位信息、企业资质信息和开工报告等基本信息的登记；通过项目施工现场资料设置功能，将施工现场的资料(数据、文字、图片、报表等)上传到系统，形成系列汇报资料；通过项目施工竣工信息设置功能，将项目的施工报告、成果资料、验收申请等信息进行设置，上传质量监督报告和验收意见。

(4)数据字典维护。维护与该模块有关的字典信息，主要有审批状态字典，施工状态字典、项目属性字典。

19.4.5 绿化养护管理模块

福州市绿化养护管理模块主要实现福州市绿化养护信息查询、绿化日常养护、养护知识库等功能。从业务流程上应满足绿化养护信息设置、绿化养护业务查询和统计、养护知识库查询。功能结构如图 19.10 所示。

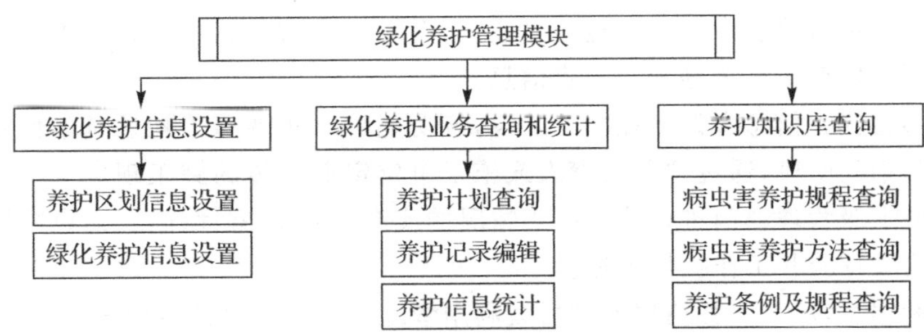

图 19.10 绿化养护管理模块功能结构

(1)绿化养护信息设置。提供养护区划信息的编辑、导出操作；提供快捷操作命令，可以快速导航到与该养护区划相关的日常养护信息、养护计划信息等页面；提供养护区划数据地图显示与养护区划属性表之间的切换操作。

(2)绿化养护业务查询和统计。增加、查询、编辑、删除、导出与区划网格相关的养护计划、养护计划经费预算、养护计划定时下派管理；新增、查询、编辑、删除、导出与区划网格相关的日常养护任务、养护过程记录、养护档案；根据养护人员、时间、养护类型，查询和统计养护信息。

(3)养护知识库查询。新增、查询、删除、编辑、导出病虫害养护规程、养护方法信息及相关法律法规信息等。

19.4.6 树木移植管理模块

树木移植管理模块利用射频识别(radio frequency identification，RFID)设备对树木芯片进行扫描识别和信息查询，实现对移植树木芯片信息和树木基本属性信息的管理维护、对移植项目施工过程的全程监管，并跟踪移植树木的后续利用情况。因此，树木移植管理模块包含树木移植信息植入、树木移植项目信息设置、树木移植施工信息查询植入和后续利用等功能，如图 19.11 所示。

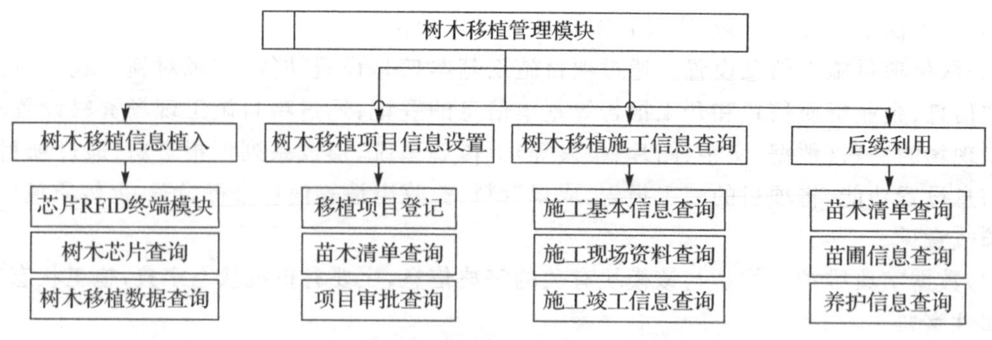

图 19.11　树木移植管理模块功能结构

(1)树木移植信息植入。根据树木移植测量工作需要,针对植入芯片的树木移植项目,开发利用射频识别终端设备识别并读取树木芯片信息、基于网络查询和录入芯片数据和树木信息等功能;在系统中对植入的树木移植数据进行录入、查询、修改、删除等操作,并实现与芯片数据进行关联。

(2)树木移植项目信息设置。通过项目登记,系统记录树木移植项目的工程编号、移植起止位置及范围信息、苗木清单等施工内容信息。

(3)树木移植施工信息查询。在施工阶段,该功能可以实现施工初始基本信息的录入、修改等操作;施工中间阶段,通过项目负责人或施工单位定期上传的施工现场资料,形成施工阶段性报告,以便上级管理部门进行项目施工情况的实时掌握和监管;施工结束阶段,通过竣工资料的上传,为管理验收工作提供依据。

(4)后续利用。竣工后,移植树木的后续利用管理需要对树木信息数据库、苗圃数据库、养护记录数据库等信息进行及时更新,并跟踪后续的利用、养护状态。

19.4.7　公园和景区(含绿道)管理模块

公园和景区(含绿道)管理模块主要实现福州市公园设备设施、经营服务养护网点、环卫保洁、绿化养护、图文介绍、游乐活动等信息的管理、查询和展示,包含对专题信息的管理和查询功能,如图 19.12 所示。

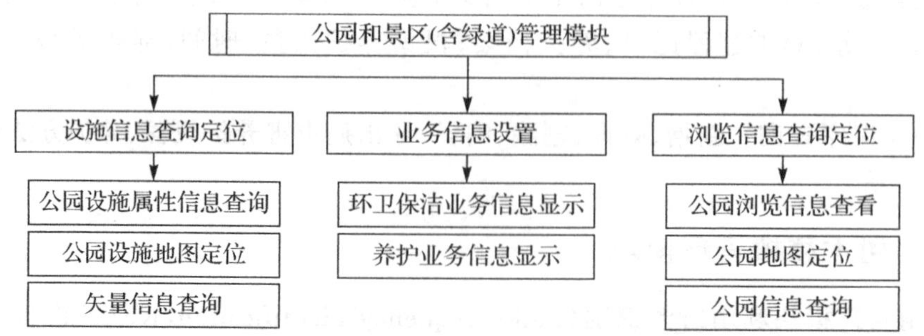

图 19.12　公园和景区(含绿道)管理模块功能结构

(1)设施信息查询定位。实现对公园和景区(含绿道)管理模块中的设备设施和经营服务网点构成的空间信息数据的管理、地图显示和查询,以及可视化查询功能,辅助公园管理者对公园基础设施建设和经营服务网点的日常管理。

(2)业务信息设置。业务数据库主要为表单文字记录数据，本功能实现对公园的环卫保洁、养护业务信息的查询、录入、编辑、更新、维护等管理，辅助公园管理者对日常业务进行管理。

(3)游览信息查询定位。实现公园的图文简介资料、平面图资料、游客指南、景点介绍等信息的编辑、录入功能，建立公园信息档案。该功能在数据管理模块的基础上，可实现在电子地图上对公园的定位，以及对公园、风景名胜区的图文简介资料、平面图资料、游客指南、景点介绍等信息的快捷查询和展示。

19.4.8 园林绿化企业管理模块

园林绿化企业管理模块主要功能是园林绿化企业信息管理和综合诚信信息评价。在数据库基础上，通过建设园林绿化企业诚信综合评价体系，对企业在市场行为、施工质量、工程质量和文明行为等方面进行综合评价，按预定的权重计算企业诚信评价综合得分，作为企业参与投标的参考信息，如图 19.13 所示。系统提供统一的数据更新接口，方便园林绿化企业进行数据申报和更新，并可以查看得分排名情况。

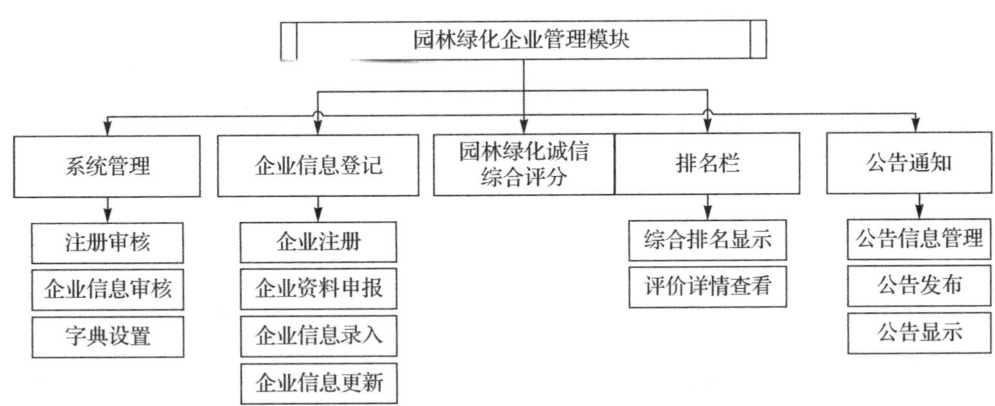

图 19.13 园林绿化企业管理模块功能结构

(1)系统管理。该功能包括用户信息管理、权限管理、角色管理、系统日志管理、系统备份管理、数据字典管理、分值统计等功能。

(2)企业信息登记。该功能包括企业建立、申报注册登记、基础信息录入(资质等级、市场行为、建设单位、质量安全)等。

(3)园林绿化诚信综合评分。根据诚信综合评价体系标准，对各企业进行评价打分。

(4)排名栏。实现园林绿化企业诚信综合评价信息对外发布。

(5)公告通知。及时发布与园林绿化企业诚信相关的招投标、工程施工情况、获奖、处罚、整改、通报批评等信息。

§ 19.5 项目特色

(1)采用先进技术，提高效率。在园林绿化现状调查数据获取技术上综合采用了地理信息系统技术、遥感技术，技术方法先进科学，确保了建库数据的准确性与现势性，大大提高了现状调查工作效率。

(2)自主设计程序算法,化繁为简。在园林绿化要素数据综合处理上,通过复杂的程序算法设计,实现地理信息数据拓扑分析、自动关联等,大大降低了内业数据处理的复杂度,提高了数据处理能力。

(3)航测技术助力,降低劳动强度。在园林绿化覆盖要素数据的采集技术上,采用先进的全数字摄影测量技术,对覆盖投影进行准确数字化,大大提高数据的数学精度和工作效率,解决了传统依靠外业目测树冠投影带来的人为误差与工作强度大等问题。

(4)合理组织,资源共享。本项目综合采用地理信息系统技术、遥感技术、大型数据管理技术,将福州市遥感数据、地形图数据、园林绿化现状专题地理信息系统数据、绿地系统规划数据合理地进行组织管理,将统计分析方法和专家知识结合,进行智能分析、辅助决策、空间分析和评价,实现了数据共享,为城市园林绿化管理工作提供新的技术方法。

第5篇　测绘地理信息新技术应用

测绘地理信息新技术是现代测绘科学技术与其他学科的技术融合交叉发展而成，提高了空间(天、空、地、室内)地学在动态和静态条件下的时效性，满足了社会对地理空间信息服务提出的精细化、精确化、真实化、智能化等新需求。从技术角度和测绘作业模式上，测绘地理信息新技术主要包括卫星遥感技术、倾斜摄影测量技术、无人机测绘技术、机载激光雷达技术、车载三维激光测量技术、雷达干涉测量技术、物联网技术、智慧城市时空信息云平台等。卫星遥感技术快速获取大范围地球表面三维信息，具有高分辨率、全天候、全天时、多极化、多波段、多侧视角观测等优点，已经在民用监测和军事勘察等方面表现出强大的应用潜力。大面阵数字航空摄影和倾斜多角度摄影的互补，能够更真实地反映地物的实际情况，并对地物进行精确的量测，在城市三维重建、应急指挥、市政管理等方面发挥着巨大的技术优势。无人机具有低成本、灵活控制、大比例尺航测等优点，成为低空摄影测量最快捷高效的数据获取手段之一，具有广阔的应用前景。测绘地理信息新技术的发展，可以有效促进地理信息产业的实时化、自动化、社会化。

第 20 章　倾斜摄影在城市三维建模中的应用

§20.1　项目背景

城市三维空间信息是现代地理信息的重要组成部分，三维地图在地理空间基础信息中的使用频度不断增加，为三维导航、城市建设管理、应急救灾等方面的应用提供了重要的数据保障和信息支撑。传统城市三维地图通过详细的数字地形图和数字正射影像图进行生产，其生产工艺复杂，更新效率低。低空倾斜摄影具有清晰度高、大比例尺、区域现势性高的优点，结合倾斜摄影处理软件的发展，该技术大大提高了城市数字三维模型基础数据采集的速度和生产的效率，在丰富城市地理空间基础信息的同时，也提高了城市三维的表现力和信息密度。

除了大型载人飞机作为倾斜影像采集设备搭载平台外，近年来，多旋翼、固定翼无人机和航空摄影技术的创新与发展降低了低空影像采集的门槛，倾斜摄影测量技术发展愈发成熟。倾斜摄影采集装备以正射、垂向倾斜 45°等不同角度对地面进行摄影测量，突破了正射影像单一垂直角度拍摄的局限，不仅获得近地高分辨率序列倾斜航测影像，同时结合定位技术，使影像具有准确的地理信息。利用后续处理软件进行倾斜摄影测量三维建模，大幅提高了影像的应用价值。

武汉市利用多旋翼、固定翼等无人机设备采集倾斜序列影像，通过 Context Capture（简称 CC）软件进行空中三角测量运算和三维模型重建，对地理空间信息实现数字化、三维化、实景化的信息表达，视觉感受上极大地还原了城市的区域现状，测量精度上基本能够满足当前的工程和保护应用。同时，结合了传统数字栅格图、数字高程模型、数字正射影像图的优点，以三维的形式辅助城市管理、监测及导航等，在“三旧改造”、历史街区保护及城市三维建模等项目中进行应用。

§20.2　技术流程

倾斜摄影三维建模成果的优劣依赖于序列倾斜影像质量，包括影像分辨率、影像航向和旁向重叠度、批次影像间的影像适应性和连接强度、像控点（控制点）质量等。倾斜影像采集技术方案和建模技术方案通常依据上述指标制定。

倾斜摄影三维建模技术分为两个阶段，即数据采集和数据处理。

20.2.1　倾斜摄影数据采集流程

倾斜摄影数据采集要进行大量前期准备工作，包括无人机调试和准备、云台和相机挂载、航线设定、无人机起飞作业、无人机降落回收、数据提交等。倾斜摄影三维建模数据采集流程如图 20.1 所示。

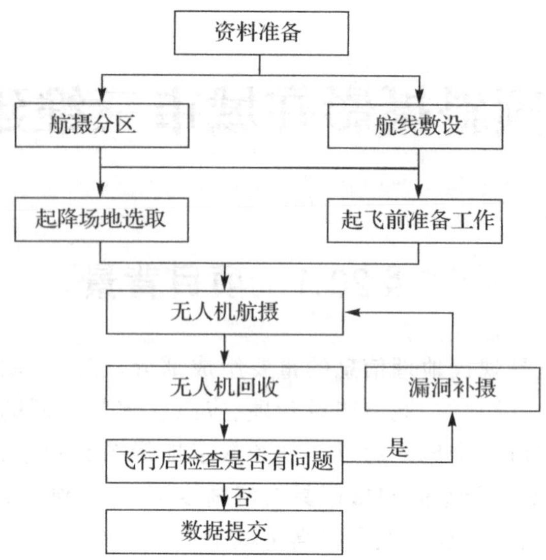

图 20.1 倾斜摄影三维建模数据采集流程

1. 资料准备

调阅航摄区域的航空影像图及地形图，确认航摄区域的地形状况，根据相机参数、地面影像分辨率等，计算飞行高度、基线长度等，制订航线敷设方案。

由于三维城市建设范围覆盖部分中心城区和郊区，作业区域大，作业情况复杂，因此选择续航时间长、作业范围大的飞行器挂载 3 台相机(1 台正射相机、2 台倾斜相机)来完成城市实景三维模型数据采集工作。

2. 航摄分区

制定与图廓线一致的航摄分区界线。当地面高差突变、地形特征差别显著或有特殊要求时，可以破图廓划分航摄分区。

在每个子区或者相邻子区中寻找大型空旷场地作为起飞点，并在地面站上进行航线规划，飞行高度约为 250 m，飞行速度为每小时 40 km，航向重叠度不低于 80%，旁向重叠度不低于 60%。该飞行器一个飞行架次安全飞行的面积为 3～6 km^2，一个架次 3 台相机飞行拍摄影像数量约为 7 000 幅。飞行子区面积大小不一，因此部分子区需要多个飞行架次才能覆盖。

3. 航线敷设

设计飞行高度高于每个摄区和航路上最高点 100 m 以上，设计总航程小于无人机能到达的最远航程，避免无人机撞山、撞物或因电力耗尽造成飞行事故。航线一般按东西向平行于图廓线直线飞行，特定条件下亦可做南北向飞行或沿道路、河流等方向飞行。进行水域摄影时，应尽量避免像主点落水，要确保所有岛屿达到完整覆盖，并能构成立体像对。

挂载 3 台相机时，能获取 3 个方向的影像数据，倾斜影像采集航线敷设采用“十”字航线，通过十字交叉形成“井”字，获取前、后、左、右、中共计 5 个方向的影像数据；飞机负荷允许时，可挂载 5 台相机，同时获取 5 个方向的影像，航线按“之”字形布设即可满足单次倾斜影像数据采集。

4. 起降场地选取

起降场地要求相对平坦，无土坎、树桩，也无水塘、大沟渠等，能见度好；远离人口稠密地区，半径 200 m 范围内不能有高压线、高大建筑物、重要设施等；距离军用、商用机场须大于空管部门的要求;附近应无雷达站、微波通信、无线通信干扰源。在不确定的情况下,应测试信号的频率和强度,如果有系统设备的干扰,应重新选择起降场地。

5. 起飞前准备工作

每次飞行前,须仔细检查设备的状态是否正常。检查工作应按照检查内容逐项进行,对直接影响飞行安全的无人机的动力系统、电气系统、执行机构及航路点数据等进行重点检查。每项内容由两名操作员同时检查或交叉检查。

6. 无人机航摄

无人机起飞阶段应根据地形、风向决定起飞航向,迎风起飞,由飞行操作员操作;飞行模式在遥控模式和自主飞行模式间的切换,由监控操作员向飞行操作员下达指令。视距内进行飞行操控,在自主飞行模式下,监控操作员在无人机及机载设备工作正常情况时,引导无人机飞往航摄作业区;视距外进行飞行操控,监控操作员要密切监视无人机的飞行高度、发动机转速、机载电源电压、飞行姿态等,一旦出现异常,应及时发送指令进行干预。

7. 无人机回收

飞行作业完成后,无人机进入预先设计的回收航线,监控操作员须适时通知其他岗位操作人员,做好降落前的准备工作。无人机落地后,机务、监控两名操作员应同时记录降落时间。

8. 飞行后检查

(1)飞行平台检查。对无人机飞行平台进行飞行后检查并记录,如果无人机以非正常姿态着陆并导致无人机损伤,应优先检查受损部位。

(2)电量检查。检查所剩的电量,评估当时天气条件和地形地貌情况下电量的消耗情况,为后续飞行提供参考数据。

(3)机载设备检查。检查机载设备并记录。

(4)影像数据检查。从机载设备中导出影像数据及 GNSS 和定位测姿系统姿态数据,并进行数据完备性检查。

9. 数据提交

将检查后的数据提交至内业作业人员,并进行数据完备性检查,分析是否有航摄漏洞,如漏洞过大则重新采集数据。

20.2.2　倾斜摄影数据处理流程

倾斜摄影数据的处理是对批次飞行的多台相机采集的影像,进行像控点量测,通过空中三角测量加密生成点云,基于点云构建三角网并贴图,形成数字表面模型(digital surface model, DSM),通过对地面建筑、道路等要素进行单体化和对象化,建立城市三维空间数据库。

采用倾斜摄影影像处理软件完成城市三维建模,利用其全自动的倾斜摄影三维重建解决方案,运算生成基于真实影像的点云,并以此基于影像纹理生产高分辨率、高仿真度的三维模型;在三维模型建库方面,可采用 DPModeler、CityBuilder 等单体化软件对倾斜摄影三维模型进行单体化、模型修复和建库,以人机交互的方式强化空中三角测量成果的应用深度,并建立三维城市空间数据库。倾斜摄影三维建模数据的处理流程如图 20.2 所示。

1. 数据检查

数据采集完成后,要对获取的影像按相机分组,同步逐影像序列进行质量检查,对影像缺漏严重的区域进行补飞,直到获取的影像质量满足要求。另外,在飞行过程中存在时间和空间上的差异,影像之间会存在色偏,色偏过大时须重新采集类似时段和光照条件的影像,色偏在允许范围内则进行影像及纹理匀光匀色处理。

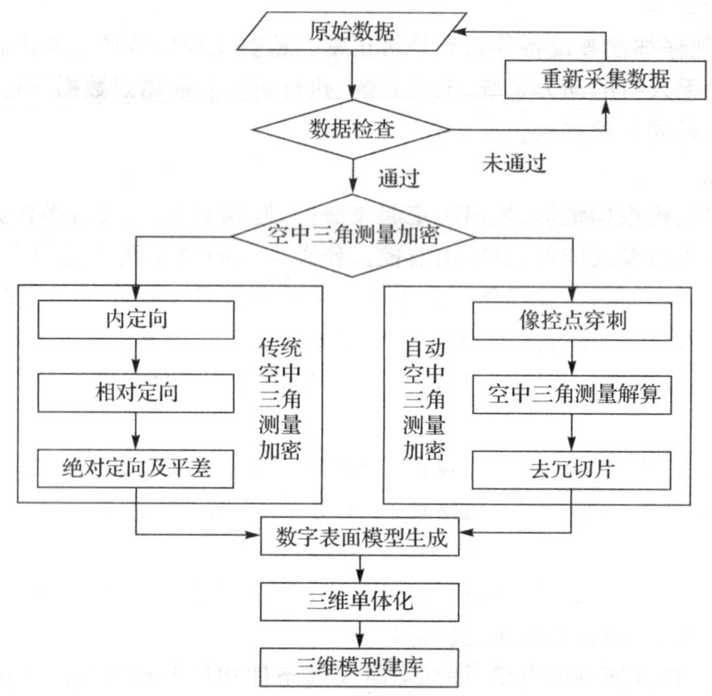

图 20.2 倾斜摄影三维建模数据处理流程

在 Context Capture 中,建立工程和 Block,在 Block 中按飞行航次、拍摄相机的分类导入影像集。一台相机一次飞行采集的倾斜影像为一个影像组,影像组内影像具有完全一样的影像尺寸、传感器大小、焦距等内定向信息。同时,利用 Context Capture 导入影像可自动判断影像内定向一致性信息。

2. 空中三角测量加密

空中三角测量加密的目的之一是提取影像组的匹配点并进行坐标转换,通过适量地面控制点,平差解算出每幅影像的外方位元素及航摄区域加密点,构建与航摄区域类似的空间几何点云模型。随着倾斜摄影后处理智能软件的快速发展,在传统空中三角测量加密的基础上,自动空中三角测量加密的效率和质量不断提高。

利用倾斜摄影处理软件实施自动化空中三角测量加密,如 Context Capture、Pixel4D 等软件,将影像按照内定向一致性原则分组导入软件,依次对地面控制点量测多张影像,即手动在影像上对应空间位置定位控制点的图上位置,自动解算单航次及多航次影像空中三角测量加密点云空间模型,以及每幅影像的外方位元素、姿态,分析与选择合适的影像匹配单元进行特征匹配和逐像素级的密集匹配,对点云空间模型进行去除冗余点云操作,并对加密点云规则化切片分区,满足软件和硬件集群处理要求。

空中三角测量加密完成后,可以在 Context Capture 中查看倾斜影像的空间分布情况,解算空中三角测量同名点的位置密度、每幅影像的相对位置及其所覆盖的范围方位角等信息,方便下一步完成控制点量测工作,如图 20.3 所示。

图 20.3　空中三角测量加密预览

在开展刺点工作时，首先指定待生产模型的坐标系统，在 Context Capture 中，对于具有精确地理空间坐标的控制点，必须输入椭球高程。依据相对定向结果和外业测量的控制点，自动或手动获取相应影像，并在影像上完成像控点的量测工作，如图 20.4 所示。

图 20.4　控制点刺点

刺点完成后再次进行空中三角测量计算和模型的绝对定向。当空中三角测量计算任务提交后，系统自动建立一个新的区块并执行空中三角测量计算。

3. 数字表面模型生成

通过平差和内插计算的空中三角测量密集匹配点云数据，具有较高精度的坐标及高程，利用密集点云建立不规则三角网，结合空中三角测量纠正影像，从倾斜影像中自适应提取最优影像纹理并自动贴图，生成倾斜摄影数字地形模型。

在 Context Capture 中对空中三角测量计算的密集匹配点云按照规则立体格网进行切块分区，目的是降低单节点的运算压力，并主动筛选和区分建模区域和非建模区域，剔除边缘地带噪点和非关注分区，在减少软件运算量的同时提高数字表面模型的连续性和整体质量，减少边缘破损，如图 20.5 所示。

在完成点云分区后，提交三维重建，设置纹理的影像提取质量，定义贴图分辨率，自动生成原始倾斜摄影三维重建模型,如图 20.6 所示。

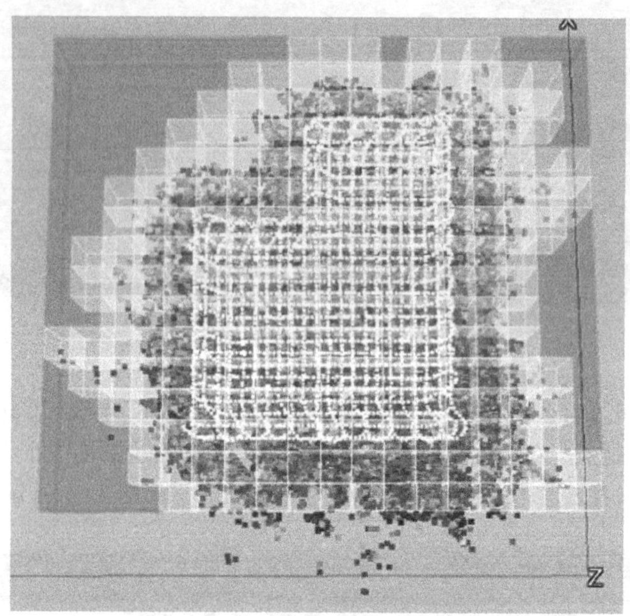

图 20.5　空中三角测量密集点云切块

图 20.6　原始倾斜摄影三维重建模型

4. 三维单体化

由于生成的倾斜摄影数字地形模型是由整体三角网控制的,所表达的是连续的建筑、道路、土地、山脉等要素,故对数字地形模型按照规定或需求进行单体化,特别是对建筑、道路、区域地表等进行拆分,沿各类要素边线和界限进行三角网的切割和重构,完成按要素和需求的三维模型单体化。单体化技术流程如图 20.7 所示。

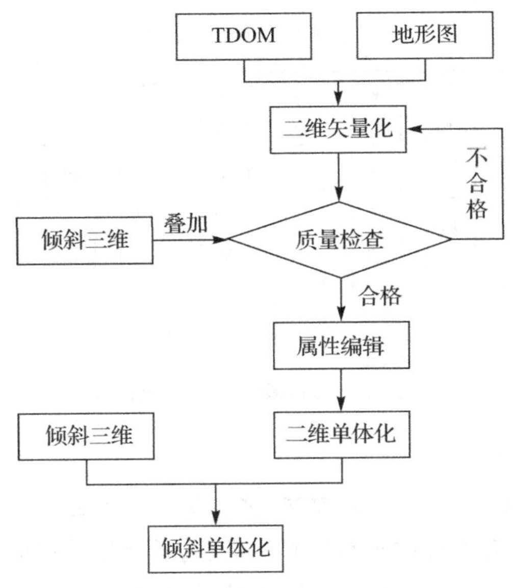

图 20.7　倾斜模型单体化技术流程

收集与倾斜影像采集时间接近的区域真数字正射影像图(true DOM,TDOM)数据及地形图数据。以 TDOM 为主要依据,参考现势地形图,对其进行矢量化。通过叠加倾斜三维模型检查矢量化的数据质量,包括要素完备性检查、正确性检查等。检查合格则对矢量化的各个图上要素进行属性编辑,形成二维单体化的基础数据库,将二维单体化数据库作为倾斜三维数据的基础数据支持。在实施倾斜摄影三维单体化时,采用 DPModeler 软件对整片的三维模型进行空间切割和单体化。同时,借助软件自身的特点对局部缺陷模型进行改造和修饰,对三维模型中各类地物、交通市政设施、建筑、道路等要素进行分类单体化,剔除飞点和噪声多边形,形成单体化的倾斜摄影三维模型。

5. 三维模型建库

对已经单体化的倾斜摄影三维模型建立空间数据库,集成管理各类空间要素,并录入各类要素非空间属性,完善高逼真度单体三维模型的属性信息,建立三维空间专题数据库,辅助城市管理和应用等。

§20.3　技术要求

倾斜摄影三维城市建模成果质量取决于倾斜影像的分辨率、重叠度及软件的处理水平等,成果的应用深度与后期的处理息息相关。在利用倾斜摄影进行城市三维建模数据采集和处理过程中,涉及硬件选型和装配、空中三角测量加密、三维模型再处理和应用等关键的技术节点。

20.3.1　硬件选型和装配

倾斜摄影飞行系统的组成一般包括飞行平台、飞行导航与控制系统、地面监控系统、任务设备、数据传输系统、发射与回收系统、野外保障装备及附属设备,如图20.8 所示。

其中,飞行平台、飞行导航和控制系统、任务设备的选型和装配是倾斜摄影飞行硬件设备的关键。

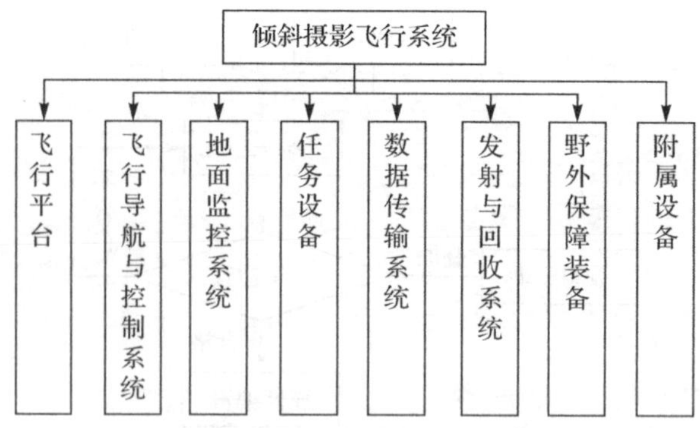

图 20.8 倾斜摄影飞行系统构成

1. 飞行平台

采用无人机作业模式简单快捷、机动灵活，通常为云下作业，拓宽了航摄条件，获取影像的分辨率可达到厘米级，因此无人机在倾斜摄影测量、鸟瞰全景拍摄的数据采集方面有着广泛应用。直升机由于续航时间、飞行速度比不上固定翼，安全性及姿态稳定度不如多轴飞行器，因此无人机飞行平台通常采用固定翼和多轴飞行器两种。

2. 飞行导航与控制系统

飞行导航与控制系统是无人机的核心系统之一，按具体功能又可划分为导航子系统和飞控子系统两部分。导航子系统的功能是向无人机提供所选定的参考坐标系的位置、速度、飞行姿态，引导无人机沿指定航线安全、准确、准时地飞行。飞控子系统是无人机完成起飞、空中飞行、执行任务、返场回收等整个飞行过程的核心系统，对无人机实现全权控制与管理，因此飞控子系统对于无人机来说相当于有人机的驾驶员，是无人机执行任务的关键。

飞行导航与控制系统的选择要根据专业性、易操作性、经济性、后续升级性和技术支持等多个方面综合考虑；应集成 GNSS 接收机、三轴微机电系统(micro electro mechanical system，MEMS)陀螺仪、三轴加速度计、三轴磁传感器、高精度气压计、风速计，使用惯性捷联姿态解算，结合卡尔曼数字滤波和数据融合算法，提供高精度姿态；支持定距自动拍摄和定时间自动拍摄，集成定位测姿系统信息记录模块，可以记录拍照点经纬度、高度、速度、拍照时飞行姿态等信息，便于后期进行图像数据处理；包含电子地图功能的地面站软件，可在线更改航线和任务，实时进行半自主式遥控，实时记录飞行数据和离线回放；支持用户自主固件程序升级。

3. 任务设备

有人机的倾斜摄影任务设备通常是在一个平台上搭载五镜头相机，同时从垂直、倾斜等不同角度采集影像，获取地面物体更完整准确的信息。垂直地面角度拍摄获取的影像称为正片(一组影像)，镜头朝向与地面成一定夹角拍摄获取的影像称为斜片(四组影像)。

然而有人机和无人机在持续巡航时间、最大载重、放置空间、飞行高度、动力系统上均存在着较大的差异，因此其任务设备应该尽量小、轻，且布局合理。为降低无人机负载压力并延长续航时间，通常可去掉机载云台、扩展无人机翼展长度、选择搭载三相机或轻小型五相机倾斜设备。

20.3.2 空中三角测量加密

摄影测量空中三角测量加密是根据若干均匀分布于区域内的控制点，运用立体测图技术，计算得到匹配加密点的高程和平面位置。空中三角测量加密过程是基于倾斜摄影测量技术三维建模的重要步骤,空中三角测量计算后的影像是经过纠正和绝对定向的。多幅影像间的同一匹配点能够准确叠合,影像上的任一点具有空间几何信息,即具备定位性质和可量测性。

在对无人机倾斜摄影影像进行空中三角测量加密处理时,像控点在倾斜影像上的穿刺质量对空间绝对定向准确度起决定性的作用。一方面穿刺的控制点分布要密度均匀,能够全面控制倾斜影像,对控制不均且不便于采集像控点的影像,可通过自由定向的空中三角测量加密成果选择缺失区域的同名点代替像控点进行穿刺;另一方面每个像控点和同名点的穿刺影像数量一般不少于五幅,且在不同的影像组中穿刺。同时,提高穿刺位置的准确性和一致性,能够大幅提高空中三角测量解算的质量,形成良好的三维重建基础。

经过绝对定向的空中三角测量成果包括纠正和绝对定向的倾斜影像及空中三角测量报告,对于检查验证及后期模型的修饰、单体化有重要用途。

20.3.3　三维模型再处理和应用

基于无人机倾斜摄影测量技术生产的初始三维模型有多种畸变类型,某些畸变是由工程实施过程中难以避免的客观原因造成的。这种情况下,初始生产的三维模型难以满足精细化的应用需求。

通过分析武汉市倾斜摄影三维模型成果的缺陷可知,现状倾斜摄影三维模型需要改进的方面有:①几何修复,包括修补破洞、抹平并还原凸包、删除飞面等碎部;②细部整饰,包括整饰或替换重要地物和标志物的三维模型;③纹理修补,包括替换和修补不均匀纹理、清晰度不够的纹理等。

针对模型应用的方式和精度要求,倾斜摄影三维模型的再处理的方法主要有结合传统建模软件再处理和利用空中三角测量成果快速修复模型等。

1. 结合传统建模软件再处理

结合传统建模的优点和成熟技术,对无人机倾斜摄影三维模型中需要改进的地物目标或区域进行二次处理,技术路线如图 20.9 所示。

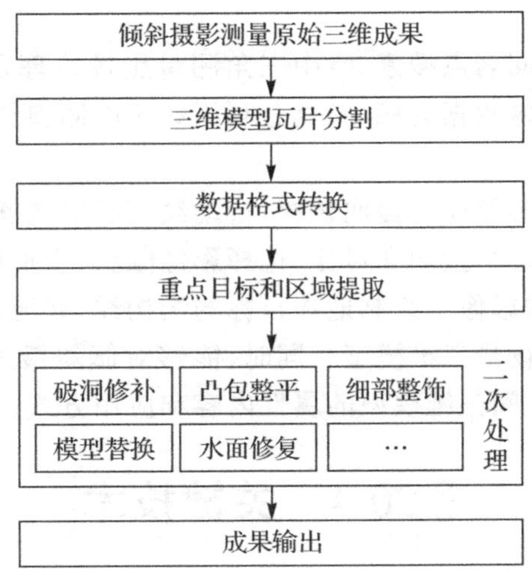

图 20.9　基于传统方法的三维模型二次处理

将倾斜摄影测量原始三维成果按块进行瓦片分割，切割成计算机硬件和软件可承载处理的最优单元。将各个瓦片单位进行格式转换，转为OBJ、OSGB等较通用的数据格式，提取重点需要再处理的区域并导入到3dsMax软件中进行破洞修补、凸包整平、细部整饰、模型替换、水面修复等二次处理，并将成果输出为应用格式。

利用该方法能够有效地将倾斜摄影三维模型局部建筑等要素替换为传统建模生产的精细模型或其他模型，并进行一定量的局部缺陷修饰。其优点在于新方法和传统方法的优势互补，减少建模人员工作量的同时提升了倾斜摄影三维模型的精度；其缺点是当倾斜摄影三维模型需要进行大量缺陷修复时，工作效率不升反降。

2. 利用空中三角测量成果快速修复模型

系统性的无人机倾斜摄影三维重建成果包括初始重建三维模型和空中三角测量加密成果，两个成果间具有内在的联系。Context Capure、街景工厂及其他倾斜摄影测量软件通常仅展示空中三角测量加密结果，利用系统性的成果特别是空中三角测量加密成果是提升模型质量的一个途径。

利用DPModeler软件，导入空中三角测量加密成果和初始化重建三维模型，根据空中三角测量技术和空中三角测量加密成果的特点，对原始模型缺陷明显的目标和区域进行几何修复和纹理修补工作，主要的工作流程如图20.10所示。

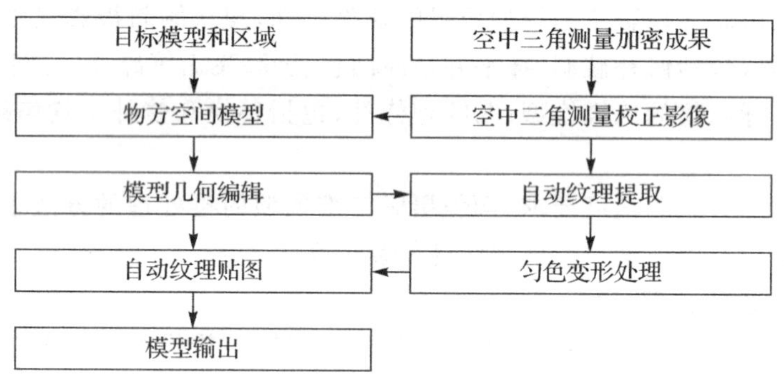

图20.10 基于空中三角测量成果的三维模型二次处理

用该软件进行三维模型同名点搜索、空中三角测量影像纹理自动提取、模型交互制作等，然后以空中三角测量后的影像数据为核心，充分利用纠正的倾斜影像和加密点，进行模型纹理的提取和定向、建模。

该软件的优点在于倾斜影像纹理提取快捷，自动纹理获取能够节省大量的手动处理时间。允许通过同名点对多幅影像进行量测和对比，选择影像倾斜、变形纠正小的倾斜影像提取纹理并映射；在空中三角测量后的影像上绘制地物目标的结构线，并通过拉伸等方法实时制作三维模型实体，并自动贴图，形成场景三维模型。同时，能够对倾斜摄影三维模型进行要素的单体化和建立空间数据库，丰富空间三维模型的属性内容和应用方式。

§20.4 关键技术

倾斜影像是通过镜头具有一定倾角的相机获取的，具有如下的特点：

(1)可以获取多个视点和视角的影像，得到更详尽的侧面信息。

(2)具有较高的分辨率和较大的视场角。

(3)同一地物具有多重分辨率的影像。

(4)倾斜影像地物遮挡现象较突出。

针对这些特点，倾斜摄影测量技术通常包括多视影像匹配、定向、区域网联合平差、数字表面模型生成、三维建模等处理流程。其中，多视影像匹配技术和自动空中三角测量技术是倾斜摄影三维建模的核心。

20.4.1　多视影像匹配技术

影像匹配是摄影测量的基本问题之一。像点之间的对应关系通过影像匹配技术实现，其贯穿于整个数据处理流程中。例如，自动空中三角测量需要利用影像匹配技术来获取影像间的连接点，以此作为光速法区域网平差的前提和基础；在自动采集地形数据时，需要利用影像匹配来获取大量的三维点云对地表形状和细节进行描述。

低空飞行平台由于飞行高度低、距离地面很近、飞行速度慢，因此易受大气升力、风力的影响，相机的姿态不稳，易造成相邻影像之间旋偏过大、影像重叠度不规则、高差引起的像点位移的影像被放大等问题。针对拍摄视角变化较大影像的匹配问题，常用的仿射不变区域特征算子有哈里斯仿射(Harris affine)、黑塞仿射(Hessian affine)、最大极值稳定区域(maximal stable extremal regions，MSER)、尺度不变特征变换(scale invariant feature transform，SIFT)算子等。然而哈里斯仿射与黑塞仿射都是从非仿射不变的尺度和位置开始，并不具有完全的仿射不变性，对于拍摄视角变换较大的影像匹配效果有时候并不理想。最大极值稳定区域不具有完全的尺度不变性，并且对仿射变换的抵抗能力也比较有限。SIFT 算子具有缩放、旋转和平移不变性，但其并不具有仿射不变性，在视角变化较大时也不能得到较好的匹配效果。ASIFT(affine-SIFT)算子是目前使用最广泛的多视影像匹配算子，它模拟两台相机轴定向参数，在影像的拍摄视角变化较大的情况下，也能得到较多的匹配点，具有更好的稳健性，它的抗仿射变换能力比上述算子都要好。因此，通常采用 ASIFT 算子来完成多视影像的特征匹配，获取影像间的同名点。

20.4.2　自动空中三角测量技术

绝大部分的倾斜摄影空中三角测量加密软件都需要使用定位测姿系统辅助空中三角测量解算，然而部分低空飞行平台并没有定位测姿系统信息输出，导致这些飞行平台的数据无法使用常规的空中三角测量软件解算。而基于区域自由网递增式构建的倾斜航空影像自动空中三角测量解算采用一种自动的、递增式的区域自由网构建方法，然后进行大倾角绝对定向，最后进行影像的区域网光束法平差，整个处理流程如图 20.11 所示。

其主要处理流程如下：

(1)在得到影像的匹配结果之后，通过对匹配点数和影像之间的基线长短的比较，选取最佳的初始像对。

(2)对选取的初始像对进行相对定向，得到初始的模型(含有初始像对的相对定向元素和模型点坐标)。

(3)通过比较已有模型和余下影像间的匹配点数，选取下一幅待计算的影像，并通过后方交会计算其外方位元素，并利用空中多片前方交会计算新的模型点坐标。重复这个过程，直到所有具有三度重叠关系的影像被添加到模型中,得到一个影像的区域自由网。

(4)利用已有的摄影中心 GNSS 观测值或像控点数据,对已得到的区域自由网进行绝对定向。

(5)利用绝对定向后得到的外方位元素和待定点地面坐标,进行区域网光束法平差。

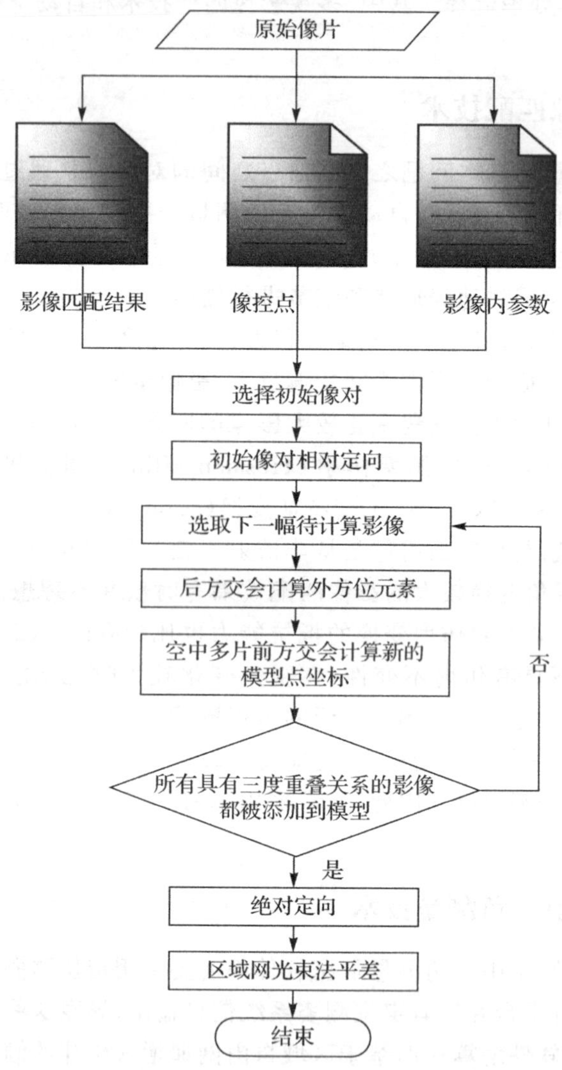

图 20.11 区域自由网递增式自动空中三角测量流程

§20.5 应用评价

20.5.1 技术特点

倾斜摄影是指利用一个飞行平台上的影像传感器采集目标物多个不同角度的倾斜影像,利用摄影测量等技术实现区域数字地形模型的建立,主要的技术特点如下:

(1)飞行设备机动性强,数据采集灵活,能够满足多种尺度的摄影测量数据采集。

(2)成果视觉效果佳,几何精度高,真实地反映地物的纹理和实际情况,提高了城市三维模型的视觉质量。

(3)获得可测量、可定位的三维模型成果,通过绝对定向实现地物要素的空间关系还原。

(4)成果利于网络发布,相比于传统三维模型数据体量,倾斜摄影三维成果数据量精简,便于实现共享应用。

20.5.2　质量评价

武汉市倾斜摄影三维建模选取 5 个航区、共 23 个平面检查边长和 38 个高程检查点,计算中误差,即

$$\sigma = \sqrt{\frac{\sum_{i=1}^{n} P_i (D_i - \overline{D}_i)^2}{\sum_{i=1}^{n} P_i}}$$

式中,P_i 为观测量权值,D_i 为观测值,$\overline{D}_i$ 为理论值。计算可得边长中误差为 0.48 m,高程中误差为 0.39 m。该精度满足了 1∶2 000 的测图精度要求,且单位面积建模时间成本和经济成本远低于传统方式。

20.5.3　社会效益

运用倾斜摄影三维建模技术方案,武汉市在城区、郊区及周边城市进行了无人机倾斜摄影城市三维建模。相比于传统三维城市建模方案,倾斜摄影节约了大量的时间和人力成本,降低了建模的开销。无人机作业范围大,而且其得到的三维模型的精度与传统模型相当甚至更高,在城市三维地图上能够测距、定位,满足城市监管及测量应用需求,对于大区域现状三维建模有良好的快速响应机制;同时,倾斜摄影可视化效果远优于传统建模方法,给用户带来真实的视觉浸入感。

20.5.4　经济效益

利用倾斜摄影测量技术进行城市三维建模,大幅降低了城市现状三维建模的经济成本。特别是在城市快速发展的今天,倾斜摄影三维建模能够快速、经济地进行局部三维更新,减少更新成本。对于城市规划、建设和管理等工作,如拆迁、轨道交通选线、区域规划等,低成本、高精度的倾斜摄影三维模型能够降低城市规划、建设和管理的成本,并提高城市规划和建设的科学性,为优化城市产业发展格局提供新型重要的测绘保障。

第 21 章　无人机测绘技术的应用

无人机凭借响应速度快、处理效率高、运行成本低等优势，在基础测绘、数字城市建设、生态环境监测、矿产资源合理开发利用、水资源开发与水利工程建设、土地利用调查、交通基础设施建设和管理、海洋环境监测、农作物监测与评估、自然灾害救援与预防、城市规划与市政建设、森林防火保护、公共安全等领域得到了广泛应用。本章介绍无人机测绘技术在城镇违法建设监测、海域养殖现状调查、海岛礁测绘中的应用情况。

§21.1　无人机测绘技术在城镇违法建设监测中的应用

广州城市扩张十分迅速，城中村分布于各个辖区。为掌握城市的变化情况，实施有效的管理，各级政府主管部门迫切需要掌握城市规划布局、土地使用、违法建筑区域、非法占地等方面的信息。

常规的违法建设发现手段主要是执法部门的现场巡视和群众举报，因巡查力量和巡查时间有限，调查取证困难，难免出现纰漏。现有的卫星遥感数据重复覆盖周期不灵活，分辨率无法满足违法建设局部取证的精度需求；而传统航空摄影由于空管、飞行方式及数据处理手段，往往资金投入巨大、生产周期过长，无法满足执法取证对数据时效性的要求。

无人机测绘能动态、快速、高效地监测违法建设行为，并对违法建设起到很好的震慑作用，为准确及时的城管执法及决策处理执行提供了客观而有力的技术支撑，创新了城市管理执法模式。

21.1.1　项目工作内容

本项目以广州市建成区及城乡接合部违法建设多发区为监测区域，利用低空无人机技术手段，结合广州市大比例尺地形图数据成果开展动态、快速、高效的“违法用地、违法建设”的客观取证、动态监测及综合管理。

1. 明确违法监控区，组织无人机航摄

根据已明确的无人机航摄区域坐落、周边环境、可选用的起降场地分布等情况，制订网格化的详细飞行计划，有计划、分步骤地获取整个无人机航摄监测区的高分辨率影像数据。

2. 高分辨率、现势性强的数字正射影像图成果的快速制作

对无人机航摄得到的原始成果，基于先进的低空自动化空中三角测量加密，高效完成10 cm高分辨率、强现势性的真彩色数字正射影像图制作。数字正射影像图成果采用广州市平面坐标系，按 1∶2 000 比例尺进行分幅。

3. 疑似违法建设区域的快速发现和准确定位

将数字正射影像图成果与广州市 1∶500 地形图叠加，可快速明确数字正射影像图上疑似违法建设区域的准确位置，为现场巡检、执法提供依据。

21.1.2　技术路线

项目实施的主要技术路线(图 21.1)如下:

(1)根据现状划定监测区域的具体实施范围。

(2)搜集监测区域的基础资料,如地形图、卫星影像等。

(3)依据监测区域的基础资料和城市管理的要求,对监测区域划分格网,统一设计航飞路线,制订工期计划,并在空管部门进行航飞路线报备。

(4)按照工期计划定期对监测区域执行无人机航拍任务,并对航拍数据进行处理,生成数字正射影像图,并对数字正射影像图成果进行检查及入库整理。

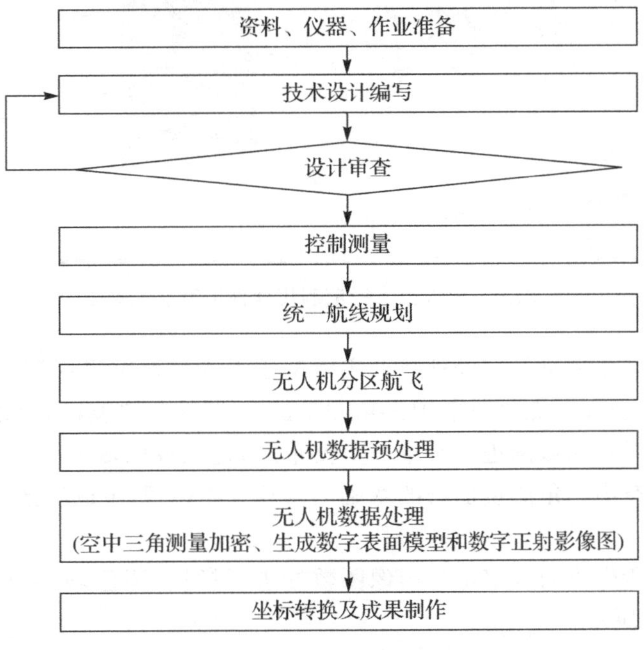

图 21.1　项目技术路线

21.1.3　作业流程

1. 无人机低空摄影测量

无人机航空摄影系统具有分辨率高的特点,最高地面分辨率可达 3 cm。根据项目要求,可以规划航线,制作 10 cm 地面分辨率的成果,满足动态监测违法建设要求,如图 21.2 所示。

2. 数字正射影像图生产

(1)利用无人机空中三角测量加密的软件模块,以无人机航飞所拍摄的数码航片作为空中三角测量加密的原始数据,运用平差软件进行光束法区域网平差;通过航测内业方法(包括内定向、相对定向、公共连接点的转刺、绝对定向)构建空中三角网,并将外业控制点成果导入系统,按严密的数学模型进行区域整体平差,得到平差处理后的外方位元素和加密点成果。

(2)对于部分重点区域,需要精确绝对坐标信息,可以利用 1∶500、1∶2 000 大比例尺地形图直接解析;或利用 GZCORS 系统快速提取广州市域无人机航飞测区所需要的外业控制点,将外业控制点成果导入系统,按严密的数学模型进行区域整体平差,得到平差处理后的外方位元素和加密点成果。实现少量外业控制甚至无外业控制的无人机低空遥感数字正射影像图成果的快速制作,极大提高了作业效率。

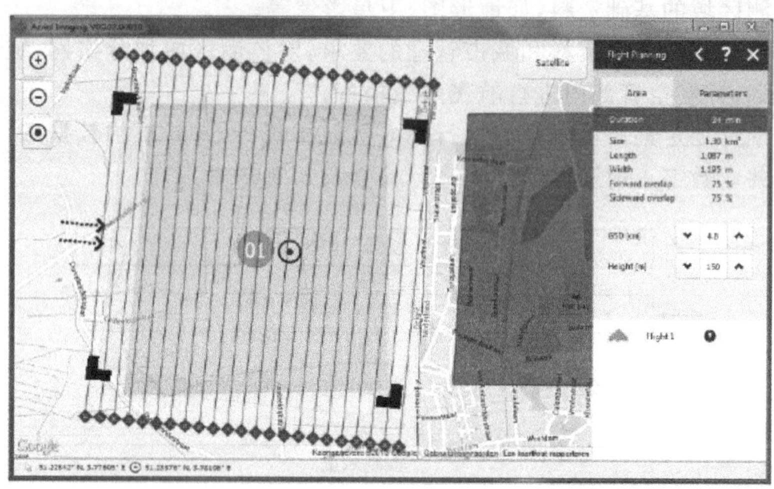

图 21.2 无人机飞行前利用软件进行航线规划

(3)无人机空中三角测量加密处理目前主要基于无人机数字摄影测量工作站提供的自动化流程进行。利用外业控制点进行空中三角测量加密,作为控制基础;根据外业像控点分布情况进行加密分区,并对各区域网进行空中三角测量,通过光束区域网整体平差,得到空中三角测量加密点成果;在空中三角测量加密的基础上恢复立体模型,生成测区的数字表面模型和数字正射影像图。

(4)对多个架次所生成的数字正射影像图数据进行拼接、调色,如果有需要可按标准图幅裁切出图,如图 21.3 所示。

图 21.3 广州某村 0.1 m 分辨率无人机航摄样例

3. 坐标转换和监测报告输出

(1)对发现检测的违法建设变化数据结果进行坐标转换,将数据成果坐标转化为广州坐标。

(2)将广州坐标系下的数据成果与 1∶500、1∶2 000 地形图叠加,明确监测区域位置,叠加后的效果如图 21.4 所示。

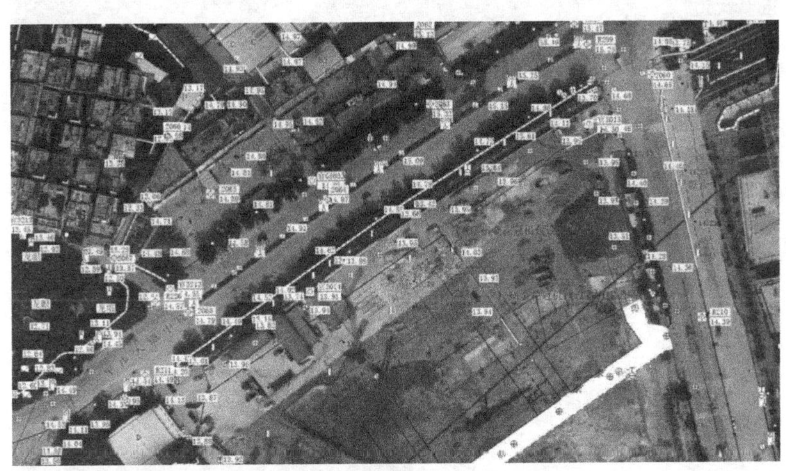

图 21.4　无人机正射影像与地形图叠加

21.1.4　项目效果和特点

本项目以广州某村为试点,进行了无人机违建监察,获取了高地面分辨率的数字正射影像图,并发现了多处疑似违法建设。

通过本项目实施,改善了因缺乏“定位性”“现势性”数据指引所造成的“违法用地、违法建设”难以发现、无法动态监测的现象;扩大了单位时间内动态监测的范围,实现查违工作的有据可依,如图 21.5、图 21.6、图 21.7 所示。

图 21.5　数字正射影像图和疑似违法建设图斑叠加(一)

图 21.6　数字正射影像图和疑似违法建设图斑叠加(二)

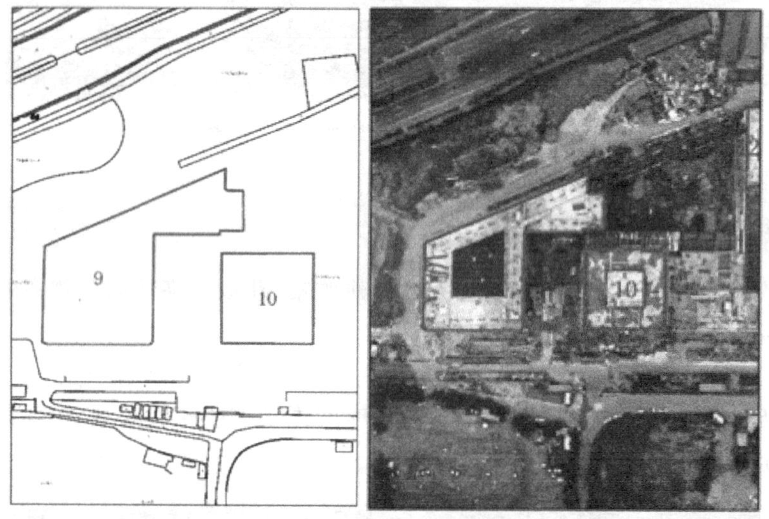

图 21.7　疑似违法建设执法指引

§21.2　无人机测绘技术在海域养殖调查中的应用

21.2.1　项目概况

罗源湾位于福建省沿海东北部,闽江口以北约 50 km,是全国少有的天然深水港湾。根据海峡西岸经济区规划,罗源湾列为福州港的深水外港。同时,罗源湾盛产海带和紫菜,又有丰富的鱼类资源。罗源政府及相关海洋检查部门为进一步推进当地经济建设、合理规范利用海洋渔业港口资源,对罗源湾区域养殖现状进行准确测量和调查,使采集数据真实、可靠,为以后的养殖退养、滩涂保护、港口规划及相应的开发利用做好基础准备。

对已有的 2008 年海域滩涂调查资料进行建库,根据现有的 2012 年 10 月的影像资料形成初步的面积测算，将相关数据资料分类整理，同时研发相关的地理信息系统软件进行科学管理。通过软件平台实现海域资源有序管理，通过地理信息技术建立海域信息化数据库。利用无人机航空摄影获取现状影像依据，提供业主实地调查使用，作为最终的资料依据。

21.2.2　资料准备

1. 历史资料

收集已有的 2008 年海域滩涂调查资料，将历史资料根据海域滩涂管理地理信息系统的需要进行前期的建库工作。

2. 影像资料

收集已有的 2008 年航拍数据并制作正射影像，作为历史资料进行参考。利用 2012 年 10 月21 日航摄数据制作正射影像，作为此次调查的前期面积摸底的依据。

3. 现状无人机航摄

根据项目确定的公示时间，利用无人机航摄技术采集最新现状影像数据，将无人机航空摄影制作的现状正射影像作为最终的资料依据。

4. 内业情况摸底

结合 2012 年 10 月航摄影像数据，对作业范围内的现状进行内业摸底调查。

5. 建立海域滩涂管理地理信息系统

根据项目的要求，建立海域滩涂管理地理信息系统，方便现有资料及未来的资料录入、收集和管理。

21.2.3　技术路线

1. 工作流程

本项目的工作流程如图 21.8 所示。

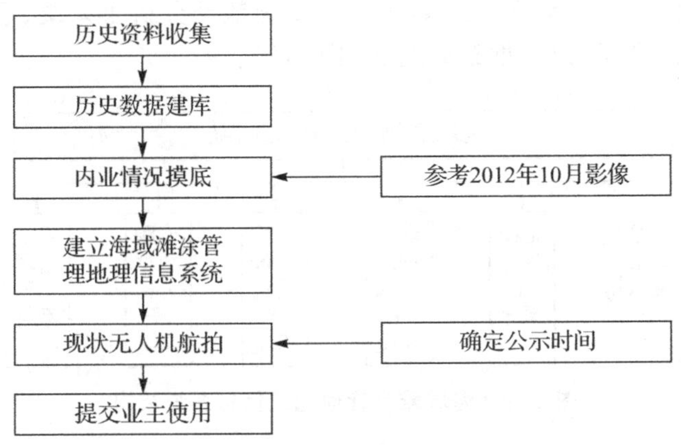

图 21.8　工作流程

2. 数据属性

数据属性包含姓名、身份证号、联系电话、地址、养殖品种、养殖面积、养殖时间等，如表 21.1 所示。

表 21.1 字段编码方式

序号	描述名称	字段类型	字段长度	说明
1	ID	字符型	6	自动生成
2	姓名	字符型	20	养殖户姓名,以身份证为准
3	标识号	字符型	20	用于唯一标示村民,一般一个村民一个编号,标准型如 TT10037C
4	身份证号	字符型	25	身份证编号
5	联系电话	字符型	12	固话中间不加线,如 059586079844
6	地址	字符型	50	养殖户住址,以身份证为准
7	养殖品种	字符型	8	根据村民申报养殖品种整理,分为石蛎、石柱吊蛎、紫菜、龙须菜、海蛎苗、底播(蛤、蛏、蛤、螺)等
8	养殖面积	数值型	10.2	单位为亩
9	养殖时间	字符型	40	如 1998—2007
10	作业员	字符型	10	数据入库人员
11	质检员	字符型	10	质检人员
12	录入日期	字符型	30	数据入库日期
13	申报品种	字符型	10	村民自行申报品种,据登记表填写
14	申报面积	字符型	30	村民申报面积,据登记表填写
15	组别	字符型	20	统一用大写,如十一组
16	养殖说明	字符型	254	对相关情况进行说明

21.2.4 系统设计

1. 功能总体设计

系统针对数据相关特点和后期工作需求,实现滩涂养殖数据的录入、修改、查询、统计、分析等功能,推进对滩涂养殖数据的全面调查和管理维护工作。系统分为影像数据展示子系统、地图操作子系统、现状信息录入子系统、数据查询专题数据分析子系统、系统管理子系统等进行设计,具体如图 21.9 所示,总体框架如图 21.10 所示。

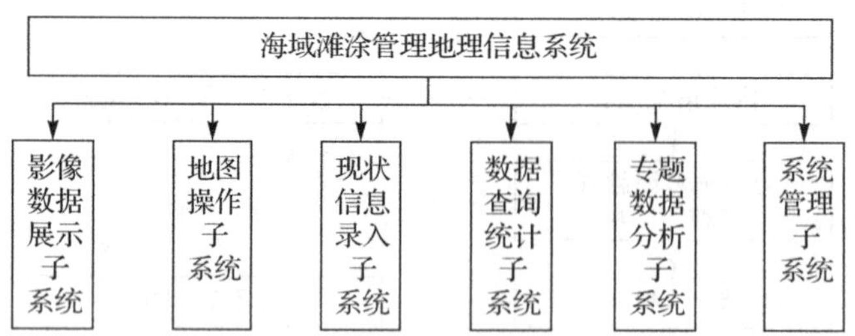

图 21.9 海域滩涂管理地理信息系统结构

2. 系统功能

(1)影像数据展示。从数据库中快速调取航摄正射影像,以高精度效果显示多年代影像关联对比。

(2)地图操作。该功能包括:视图操作;根据影像直接进行长度和面积量测;标注、存储图面中线段的坐标;导入 SHP、DWG 等格式的矢量参考数据;调节矢量层数据和影像层数据的显示顺序。

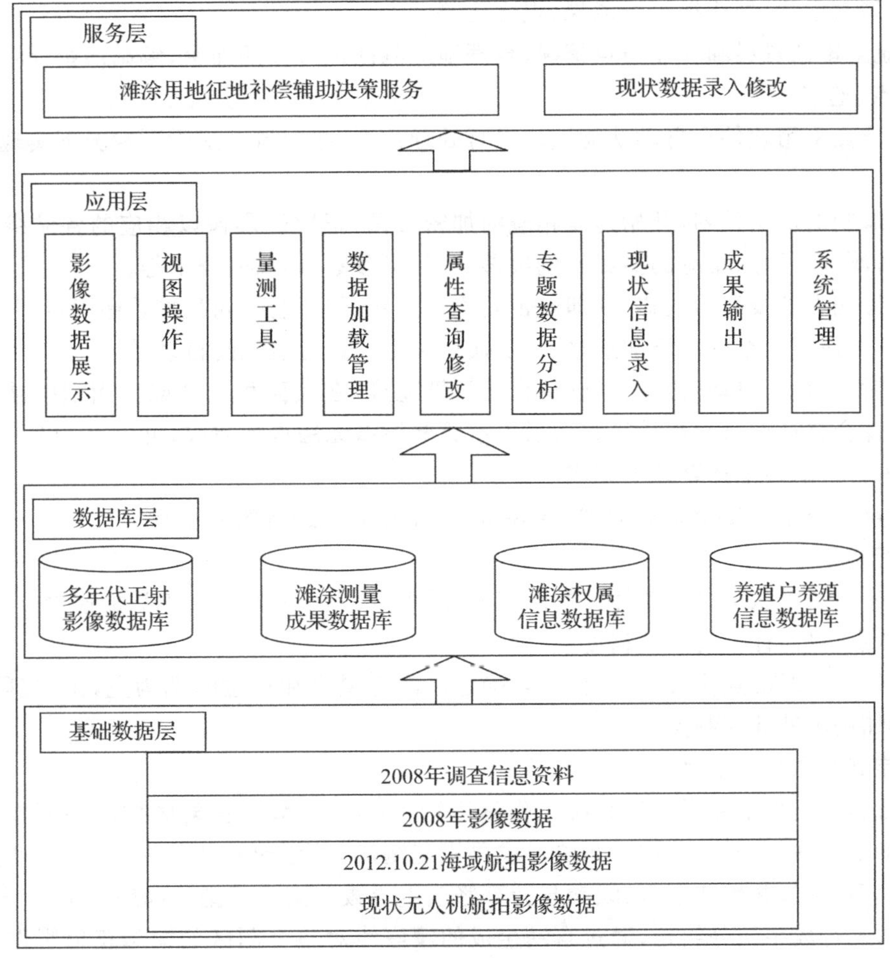

图 21.10　系统总体框架

(3)现状信息录入。该功能包括:在图面上根据影像的养殖户范围面绘制,录入和修改养殖户相关属性信息,计算面状数据的实时面积、周长。

(4)数据查询统计。该功能包括:按行政区划、养殖户、面层类型统计养殖量;养殖户信息查询定位,根据姓名或地址信息来查询该养殖户的养殖量、家庭成员、补偿金额等信息,并迅速定位到其养殖地块;按行政区查询滩涂养殖范围。

(5)成果输出。该功能包括:养殖户信息表格、养殖户养殖信息表格、各乡和村养殖信息统计结果表格、滩涂征地补偿统计结果输出,以及专题图生成(将各个统计数据快速生成滩涂养殖调查专题图)。

(6)系统管理。该功能包括:用户登录、注销登录、修改密码、用户权限设置;通过给用户配置权限,指定用户访问特定的操作功能。

21.2.5　正射影像制作

1. 资料准备

航摄仪鉴定表、UCX 相机数码彩色影像数据、航线、像片结合图,外业技术设计书、布点略图、外业控制点像片、外业控制点成果、点之记等。

依据航空影像资料和外业布点情况,合理地对测区进行分区加密,编制加密计划等。

2. 转点、选点

转点、选点采用软件全自动功能模块进行处理操作,在少量人工干预情况下实现工作效率最大化。

(1)按编制的加密计划,开始建立相应的加密分区,把数码影像以相应的各航线关系建立相应的加密测区。输入相应的摄影比例尺参数、相机参数、影像分辨率等。

(2)添加相邻航线间的偏移点(即航带间连接点)。相邻航线间只加首尾两点即可,航线过长的情况下可适当地在中部添加连接点,以便后续工作进行航线间自动转点。

(3)相对定向、全自动转点。由软件自动计算完成,在大面积水域或大面积植被无法计算情况下,软件会自动记录并在计算完成后提示哪些模型无法自动完成,可由人工干预适当添加关联点再进行自动匹配计算即可完成。

(4)选点。调用 PATB 软件计算,选用 5×3 布点方式进行粗差剔除。

3. 坐标量测

(1)首先对加密区域进行整体控制网编辑,对少点、无点的影像人工添加连接点,删除处于影像边缘的点,以保证控制网的精度、强度。

(2)立体观测对准点位置,外业控制点确定以注记说明和点位略图为主,参照刺孔综合判定点位,添加测区外业控制点。

4. 数字正射影像图制作

本项目利用全数字摄影测量系统工作站进行 1∶1 000 数字正射影像图的制作。在全数字摄影测量工作站中,导入空中三角测量成果恢复测区,并创建立体像对;导入作业生产区域数字高程模型数据,并用特征点、线参与计算修改生成数字高程模型。利用数字高程模型数据对原始影像进行数字微分纠正,通过自动生成的镶嵌线对整个测区的模型正射影像进行无缝拼接,并最终完成数字正射影像图。为保证镶嵌后正射影像色彩一致、均匀,针对航摄过程中出现的色差,此次对所生成的正射影像进行统一批处理匀色处理。影像色彩真实、纹理清晰、层次丰富、反差适中、色调饱满、色调正常,图幅与图幅之间色彩过渡自然、色调基本一致。最后,按矩形图廓对影像进行分幅裁切,形成数字正射影像图数据成果。

21.2.6 无人机摄影测量

1. 无人机摄影测量系统

无人机摄影测量系统由无人机摄影硬件系统和无人机摄影软件系统组成。硬件系统主要包括无人机、机载系统、监控系统三部分。软件系统包括航线设计、飞行控制、远程监控、航摄检查、数据预处理五部分,有效实现了快速航线设计、航摄覆盖检查、实时数据传输、数据预处理等,有效解决了程控平行飞行和程控姿态稳定的难点。

2. 准备工作

(1)硬件准备。无人机系统,包括:飞行器平台,大白 2 无人机,续航时间为2 小时,翼展为 2.8 m;任务载荷,佳能 5DⅢ数码相机,焦距是 35 mm;地面监控站,主要作用是设计航线及实时监控飞机飞行过程中的姿态参数;飞控系统,主要作用是自动控制飞行器按预定航线飞行。

(2)人员准备。由三名机组成员组成:飞控手,其主要任务是飞机起降操控;地面站,其主要任务是设计航线及飞机自动巡航时实时监控飞机姿态；机械师，其主要任务是飞行检查及日常维护。

(3)其他准备。收集分析摄区数字高程模型和潮汐历史数据，进行数码相机检校，选择一个视野开阔、空旷平坦的起降场地。

3. 无人机航飞

(1)航线设计。罗源湾项目计划布设航线区域面积总计 107 km^2，航片成果地面分辨率要求为 10 cm。选择合适的起降场地之后，结合摄区实地情况进行航线设计；航线设计总体原则是在确保航飞安全、重叠度及摄区完整性的情况下，以最小航程、最短飞行时间完成航飞，从而有效地降低航飞成本及飞行风险，如图 21.11 所示。

图 21.11　航飞范围

(2)航飞过程。采用弹射式起飞方式，飞机装上弹射架之后，由机械师进行安全检查，确定飞机各项指标正常后，通过弹射皮筋将飞机弹离弹射架，之后由飞控手通过遥控器将飞机螺旋爬升至 250 m 自驾高度，将飞机切换至自动巡航状态。飞机沿着预定线路飞行，并由地面站实时监控飞机的空速、高度、姿态角等参数，进入航线之后开始航拍，屏幕上红色点位即为相应的摄影点位，直至完成整个测区摄影。完成航空摄影之后，自然风对飞机的降落影响比较大，应尽量在无风的情况下进行降落；飞控手手动将飞机盘旋降高至 90 m 开伞高度，姿态平稳后，打开伞，飞机安全降落。

(3)数据提取。飞机安全降落之后，进行航摄成果数据提取。数据成果分为两部分：第一部分是航片，从数据质量上看，渔排、渔网等地物清晰可见，可以满足海域养殖现状调查工作需求；第二部分是航片对应的定位测姿系统数据，由航片曝光点坐标和姿态角两部分构成。

4. 航飞后数据处理

在获取到航片数据之后，结合相机文件、定位测姿系统数据，利用 OKMatrix 无人机专业快拼平台，制成摄区粗拼影像供业主使用。由于快拼成果仅限于外业调查使用，而项目最终成果要求建立数据库，因此需要进行高精度数字正射影像图成果(图 21.12)生产，制作工艺流程按所示传统方式进行。

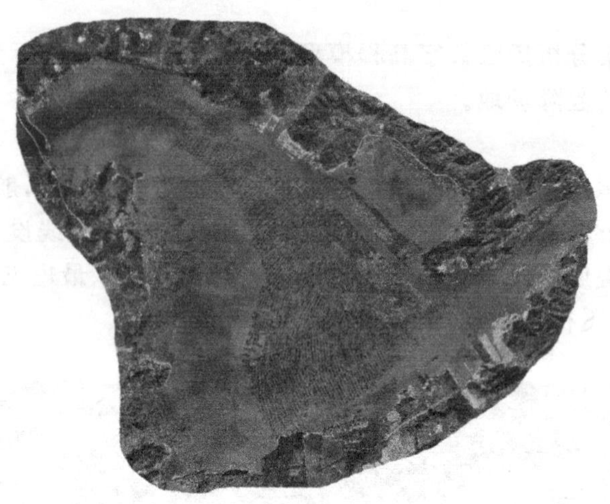

图 21.12　区域影像

5. 养殖调查

根据影像成果，入户调查养殖情况。首先制作权属表，然后现场量测每个养殖户的养殖面积及数量；其次与户主确认量测结果无误之后，进行数据入库，如图 21.13 所示。

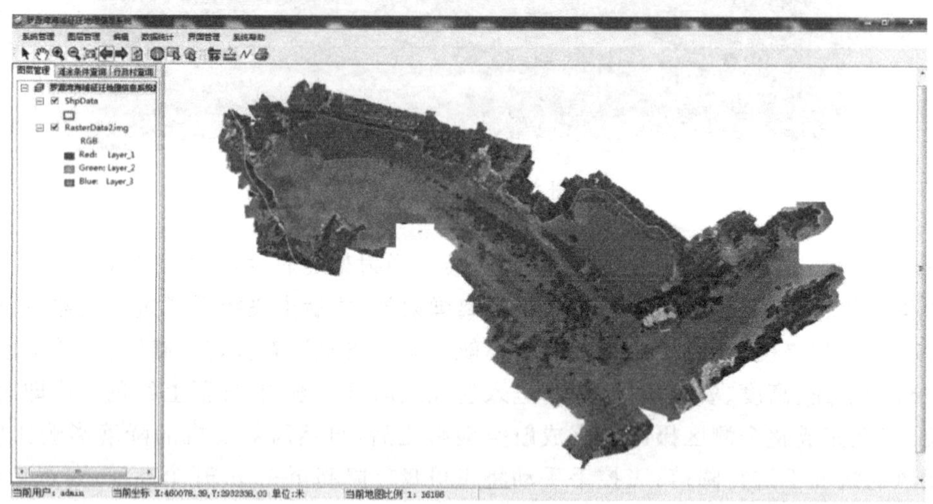

图 21.13　数据入库

21.2.7　项目评价

该项目完成了罗源湾海域滩涂养殖现状调查，建设了罗源湾海域滩涂养殖现状地理信息综合数据库，项目成果在海域滩涂养殖管理及港区规划建设方面得到实际应用。

罗源湾项目的完成，创造了良好的经济效益；与此同时，为罗源湾冲突事件提供应急解决方案，有效地缓解了冲突的发生。

§21.3　无人机测绘技术在岛礁测绘中的应用

21.3.1　项目背景

由于历史原因及技术限制，我国海岛(礁)精确的基础地理信息仍有空白。尤其重要的是，一些岛礁直接涉及国家领海基线划定，直接与国家主权和海洋权益相联系。我国海洋测绘技术处于刚刚起步不久的状态，技术水平等各个方面都相对滞后，跟发达国家相比差距较大，特别是远离本土的岛礁测绘，更对我国高水平、高技术含量的海洋测绘学科提出了全新的要求。

我国海岸周边遍布岛礁，多数岛礁远离大陆、登岛难、面积小，卫星或航空摄影测量因分辨率难以获得岛上地物信息。依据轻小型无人机遥感技术及基于双频卫星定位系统和定位测姿系统辅助的稀少控制测图技术，开展远海岛礁地理信息监测与测图，可以达到 1∶2 000 测图精度。

以某岛礁为例，介绍无人机在海岛(礁)测绘项目的流程、关键技术和主要成果。

21.3.2　总体流程

本项目收集了已有测图成果、控制资料等，通过前期项目技术方法调研，初步确定项目技术流程，制订实施方案；实施前做好所需设备的准备和调试工作，包括无人机航摄系统的调试、智能 GNSS 浮标调试等；开展生产试验，包括像控点布设(岛礁陆地区域像控点布设、海上智能 GNSS 浮标布设)、基站架设、无人机航摄、航摄成果分析和预处理；进行内业区域网加密平差，对不同情况下的区域网平差结果进行比较分析，得出岛礁 1∶2 000 数字正射影像图生产工艺和技术指标；编写项目报告及其他文档资料。项目实施总体技术路线如图 21.14 所示。

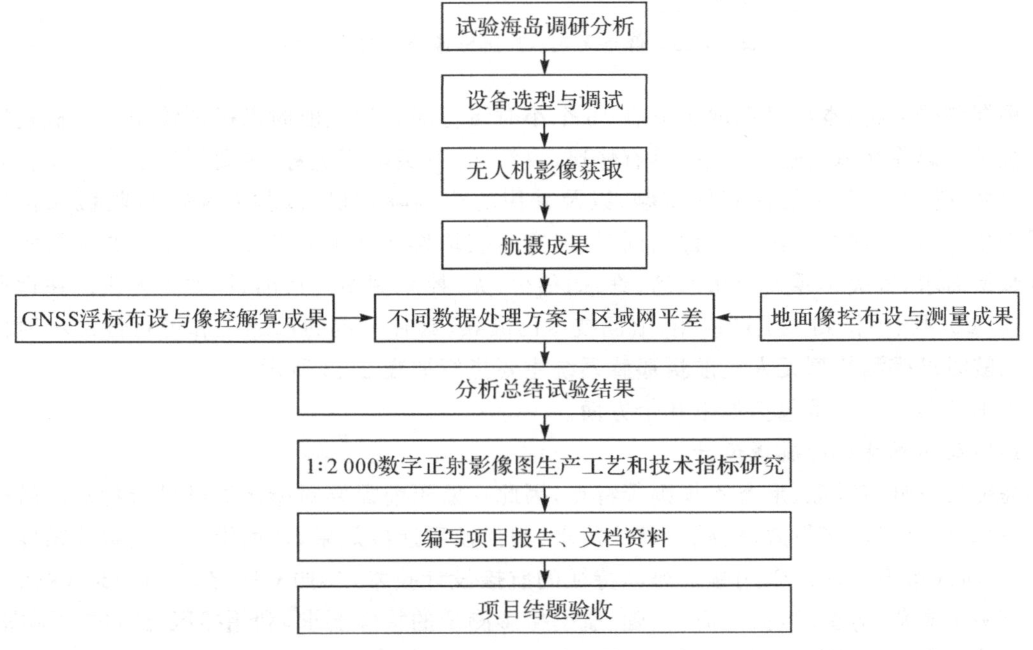

图 21.14　项目实施总体技术路线

21.3.3　主要步骤

1. 无人机航摄

远海岛礁高分辨率影像获取要求无人机系统具有长时间续航能力、可靠的高分辨率影像获取能力、高精度影像曝光点坐标测量技术,并在远海岛礁测图中有过一定的生产应用经验。通过试验海岛的调研分析,项目选取了集成双频卫星定位飞控技术,在影像获取的同时,通过事后差分卫星定位或精密单点定位技术获得了影像曝光点坐标,为后期试验提供了精确的卫星定位坐标。无人机航摄技术流程如图 21.15 所示。

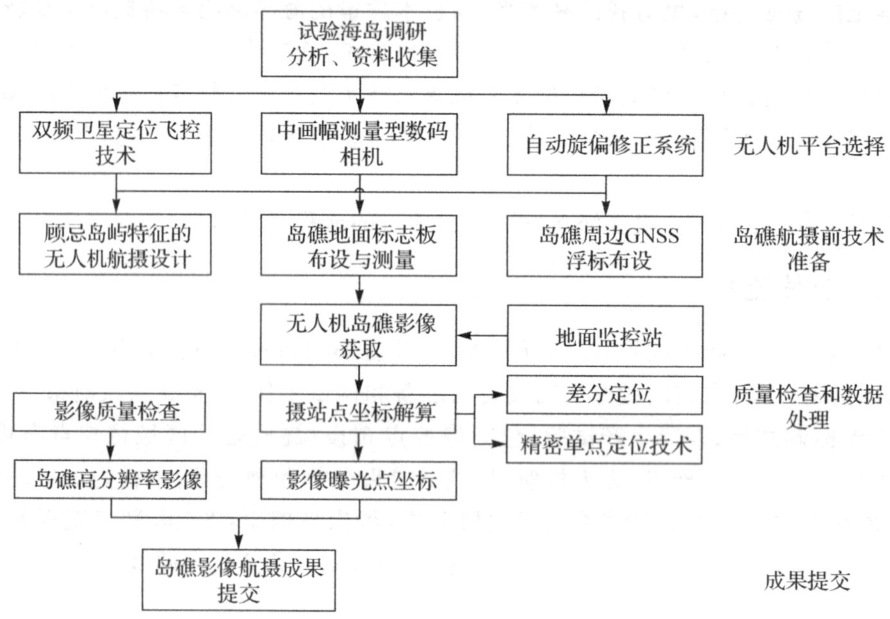

图 21.15　低空无人机岛礁影像获取技术流程

根据调研分析,本项目选取了具有 16 个小时飞行能力的长航时岛礁测绘型无人机航摄遥感系统进行影像获取,该款无人机具有快速、灵活、云下摄影等优势,主要用于解决分布相对零散的海岛(礁)高分辨率影像获取难题,以及采用的全画幅相机、双频 GNSS 接收机和相机定点曝光技术,在获取高分辨率影像的同时,能实时获取影像曝光点坐标,有效减少测图所需控制点数量需求,解决了零散分布海岛(礁)的稀少(无)控制测图。目前,该款无人机已在远海岛礁1∶2 000测图中得到了生产应用,航测技术已成熟,具有一定的可靠性和可行性。本项目采用的长航时岛礁测绘型无人机航摄遥感系统主要指标如表 21.2 所示。

岛礁航摄关键技术包括如下几个方面。

1)顾及岛礁特征的航摄设计

岛礁具有分布零散、形态不规则等特点,因此在航摄前需要对摄区岛礁进行特殊的航摄设计,以提高航空摄影飞行效率、减少像片落水、增强模型连接效果,从而提高模型解算精度。

(1)航线敷设方向。采用顾及海岛特征的航摄设计技术,参照 CH/Z 3005—2010《低空数字航空摄影规范》等要求,针对海岛(礁)航空摄影测量的特殊要求,利用摄区已有的地形图、遥感影像等信息,根据测区形状,以测区长边方位角为航线飞行方向,并使首末航线敷设在摄区边界线上或边界线外。构架航线垂直于常规航线。

表 21.2　长航时岛礁测绘型无人机航摄遥感系统技术指标

主要性能指标	机型	
	长航时机型	海岛(礁)测绘机型
机身材料	碳纤维	玻璃钢
机身长	2.1 m	2.1 m
翼展	3.5 m	2.7 m
最大任务载荷	2 kg	5 kg
起降速度	70 km/h	70 km/h
爬升率	3～5 m/s	3～5 m/s
最大平飞速度	130 km/h	150 km/h
巡航速度	90～110 km/h	100～130 km/h
最大升限	5 000 m	5 000 m
续航时间	16 小时	2.5 小时
飞行曝光模式	卫星导航定点曝光	卫星导航定点曝光
动力系统	4 冲程汽油发动机	2 冲程汽油发动机
测控任务半径	20 km	20 km
燃油	97 号汽油	97 号汽油
抗风能力	5 级	5 级

(2)影像分辨率。根据要求获取优于 0.2 m 分辨率影像,根据测区易形成低云的情况,为避免影像进云,对测区进行了 0.1 m 分辨率设计,对应的构架航线分辨率为 0.12 m。

(3)设计航高。采用尼康 D800 的 24 mm 镜头,基准面选取为 0 m,分辨率为 0.1 m 时,飞行高度为 491 m。

(4)设计航向、旁向重叠度。设计航向重叠度为 75%,旁向重叠度为 45%;构架航线航向重叠度设为 80%。

(5)航线及曝光点。测区航线设计总体情况如表 21.3 所示。

表 21.3　测区航线设计总体情况

项目	设计指标
常规航线分辨率	0.1 m
构架航线分辨率	0.12 m
常规航线敷设方向	162°
构架航线敷设方向	52°
常规航线航向重叠度	75%
常规航线旁向重叠度	45%
构架航线重叠度	80%
曝光点总数	206 个

2)岛礁地面控制点布设

为满足试验结论的科学性和可靠性,除了在试验岛上尽可能选取具有明显地物特征(如道路交叉口、建筑物房角等)位置布设一定数量的地面控制点外,还需在岛上明显缺少像控和精度检查点位上,在进行无人机航摄前布设一定数量的地面标志板作为影像控制和精度检测。

本项目采用了岛上11个像控点用于试验区的定向、检查。

3)地面基站布设与测量

为了验证双频差分定位与精密单点定位解算曝光点坐标对岛礁1∶2 000数字正射影像图生产精度影响,在无人机航摄前需架设地面基站。拟选择距岛20 km^2 范围内的陆地上架设地面基站,在无人机航摄前完成基站联测工作。

4)无人机岛礁影像获取

(1)摄影时间选择。摄区浪潮为不规则日潮型,以日潮为主,每月14天为日潮。日潮时最高潮位为2.2 m,持续16小时,最低潮位为0.6 m,平均潮位为1.03 m,最大潮差为2.26 m,最小潮差为0.06 m,平均潮差为0.79 m。充分顾及海洋气象和潮汐的影响,在满足航摄光照要求的前提下,尽量选择摄区低潮位时段进行摄影。

(2)漏洞补摄和重摄。按照航摄设计路线进行无人机飞行。航摄中出现的相对漏洞和绝对漏洞均应及时补摄,应采用前一次航摄飞行的数码相机进行补摄,补摄航线的两端应超出漏洞之外两条基线。

5)航摄质量检查

无人机航摄成果质量检查包括影像质量检查和GNSS数据质量检查。

影像质量检查内容如下:

(1)在影像下载后,首先检查原始影像是否都能正常打开,是否有不能打开或存储时影像损坏的情况。

(2)检查影像是否有发虚现象,如有,立即查找原因,可从相机快门速度或飞行平台的减震等方面查找。

(3)检查全部影像的曝光情况,查看是否有明显的曝光过度或明显的曝光不足,若有且影响影像的判读,应立即调整光圈设置,组织重飞。

(4)检查影像的重叠度、倾斜角、旋角等是否满足设计要求。

GNSS数据质量检查内容如下:

(1)下载所有基站观测数据,检查各地面基站记录的原始数据是否存在异常,分析该数据是否可以用于后续处理,保存原始观测数据。

(2)检查GNSS数据有无失锁现象发生,如果有,观察失锁发生的区域,并对该数据质量进行评价分析,确定因失锁导致的数据不完整而需要对摄区进行补摄的范围。

(3)进行差分GNSS数据预处理,检查观测数据质量、共星情况,分析成果是否满足精确联合滤波的要求,确定是否需对摄区进行补摄及补摄的范围。

6)基于双频高精度测量型GNSS接收机的卫星定位曝光点解算

为了验证远海岛礁1∶2 000数字正射影像图生产是否需要架设地面基站,采用了双频差分定位及精密单点定位技术解算曝光点的三维坐标,分别进行岛礁数字正射影像图生产精度分析。

(1)双频差分定位。基于双频高精度测量型GNSS接收机记录的曝光时刻精确数据,利用海岛附近的卫星导航定位连续运行基准站的数据进行差分,按照载波相位测量差分定位技术,采用高精度动态数据处理软件GrafNav,精密计算每一幅影像于曝光时刻的机载GNSS卫星天线相位中心的WGS-84框架坐标。

(2)精密单点定位。采用GraNav8.4解算软件,利用IGS的Final Products的卫星轨道改正和钟差改正，对机载GNSS接收机所采集的相位和伪距观测值进行定位解算，内插计算求得每幅影像曝光时刻的精确三维坐标，解算的坐标和使用的IGS精密星历的坐标框架与国际地球参考框架(international terrestrial reference frame，ITRF)系列一致。

双频差分定位与精密单点定位的精度比较如表21.4所示。

表21.4　双频差分定位与精密单点定位的精度比较

坐标	点数	平均误差/m	中误差/m	最大误差/m
X	278	0	0.23	−1.1
Y	278	0.36	0.62	1.05
Z	278	0.6	0.61	0.66

经统计分析，双频差分定位与精密单点定位技术解算的曝光点坐标 X 方向有约5%点的误差约为1.0 m，其余误差为0；Y 方向有50%点的误差约为1.0 m，其余误差为0；Z 方向有明显的系统误差，约为0.6 m。

2. 海上GNSS浮标控制点布设与测量

GNSS浮标上安装双频GNSS接收机，采用长距离精密模式定位，精度达到厘米级，通过浮标的实时定位信息与航摄曝光瞬间影像坐标信息的联合解算，起到像控点的作用，可以作为无人机的海上影像像控点，技术流程如图21.16所示。

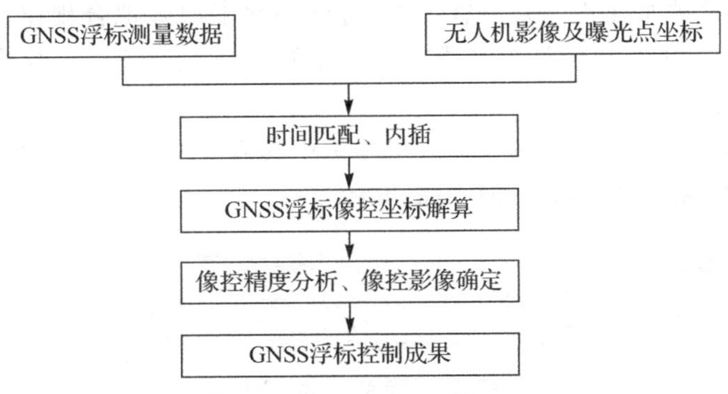

图21.16　GNSS浮标控制成果获取

海上GNSS浮标控制点布设与测量的主要关键技术有以下几方面。

1)海上GNSS浮标布设

(1)GNSS浮标主要组成。GNSS浮标是以卫星定位系统为主要传感器，结合海洋浮标体平台，以姿态传感器进行姿态改正，通过卫星定位测量得到浮标高精度三维坐标。该型号GNSS浮标主要由GNSS模块、姿态传感器、嵌入式控制器、无线通信模块、电池组、其他数据接口及浮标体组成。浮标体由半球形浮体和仪器舱组成，仪器舱可根据测量目的的不同，更换相应的仪器舱。半球形浮体上留有浮体扩展物理接口，可方便连接标示物(标靶)、浮球、传感器支架等。本项目采用的浮标如图21.17所示。

(2)GNSS浮标主要技术参数。该型号浮标的主要技术参数如表21.5所示。

(3)GNSS浮标布放、回收。利用船只将GNSS浮标运到海上布放位置，通过人工搬抬将浮标放入海中即可。在航摄完成后，再次回到布放位置，将浮标从水中打捞出来。

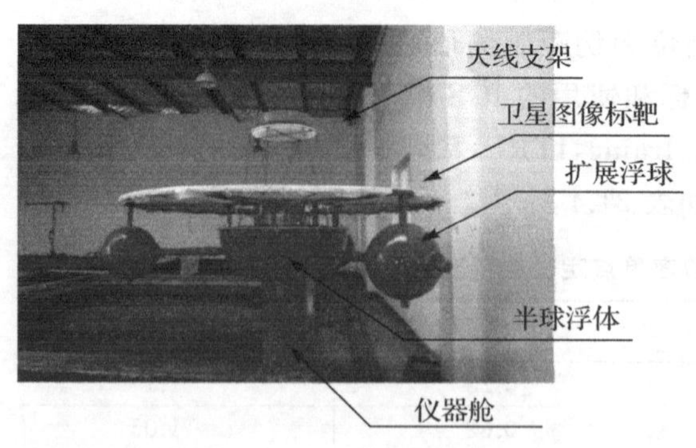

图 21.17 GNSS 浮标(参考)

表 21.5 GNSS 浮标主要技术参数

主要性能指标	参数
浮标体直径	850 mm
浮标高度	1 000 mm
标靶直径	2 000 mm(可定制)
浮标重量	150 kg

(4)浮标测量监测。GNSS 浮标的无线通信系统会实时向地面发送测量数据,同时在浮标内部会有存储器记录测量数据,以保证测量数据的安全。对于远海岛礁前者将受到限制,通常情况下是将 GNSS 浮标回收后再获取测量数据。

2)海上 GNSS 浮标测量

(1)浮标坐标解算。通过与地面基站进行联合差分解算,得到了 1 s 采样间隔的浮标坐标。由于海上风浪较大,高程上变化较大,故根据解算的浮标在每个采样时刻的总体中误差、平面精度、垂直精度分析求出 4 个浮标平均精度。通过分别对各浮标的 X、Y、Z 坐标进行傅里叶变换拟合,浮标在平面上有一定规律可循,符合多次多项式拟合规律;但在高程上离散很强,呈随机分布,无法拟合出合适的函数,某浮标的 x、y、高程坐标拟合结果如图 21.18、图 21.19、图 21.20 所示。

(2)影像上浮标坐标解算。仅选取无人机影像中具有浮标点的相邻几张航片的拍摄时刻的坐标,通过求平均值得到浮标的影像平面、高程坐标。

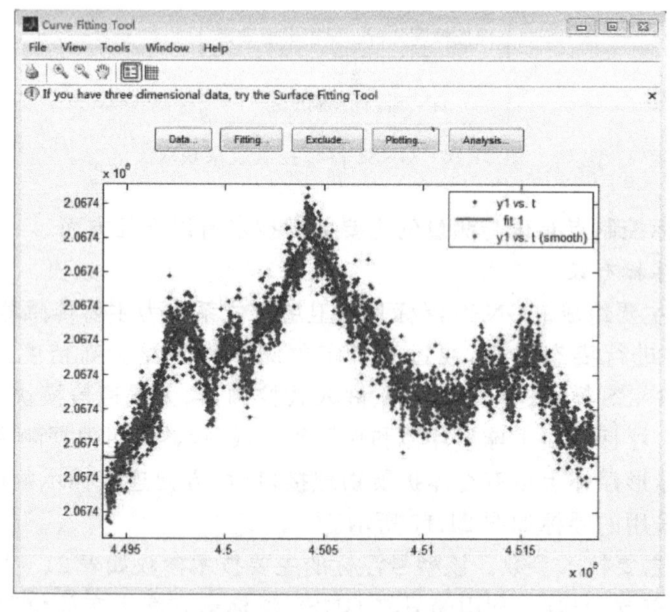

图 21.18 某浮标 x 坐标拟合

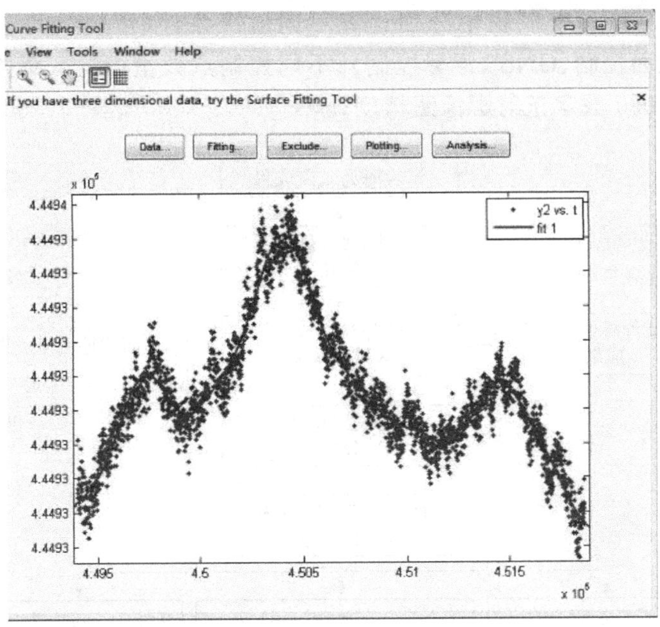

图 21.19　某浮标 y 坐标拟合

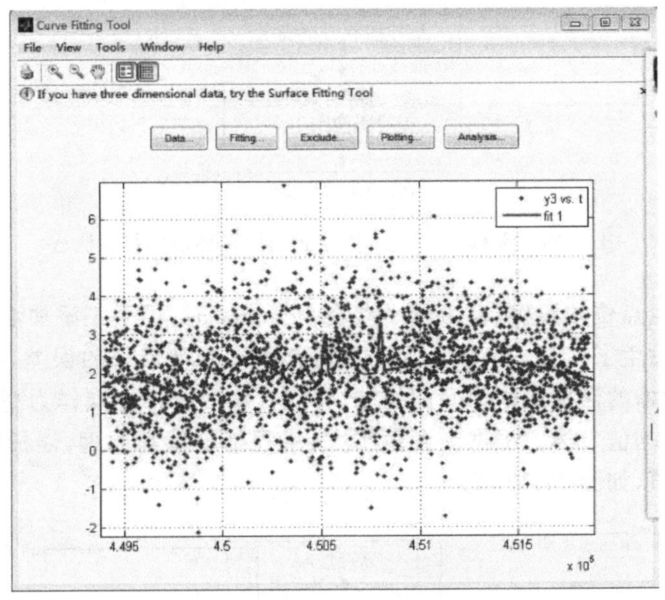

图 21.20　某浮标高程坐标拟合

3. 岛礁 1∶2 000 数字正射影像图生产

采用岛礁陆地控制和海上 GNSS 浮标控制，利用稀少/无控制点数量的岛礁1∶2 000数字正射影像图生产的总体技术流程如图 21.21 所示。

下面介绍岛礁 1∶2 000 数字正射影像图生产主要关键指标和要求。

1)数据处理

利用长航时无人机获取的无人机影像、海岛陆地像控点、海上 GNSS 浮标像控成果，在

PixelGrid 空中三角测量加密模块中分别计算不同航摄条件(常规航线、常规航线及构架航线)、不同控制源(地面控制、GNSS 浮标控制)、不同控制点数量(稀少、无控制)条件下的卫星定位技术辅助 1∶2 000 数字正射影像图精度。

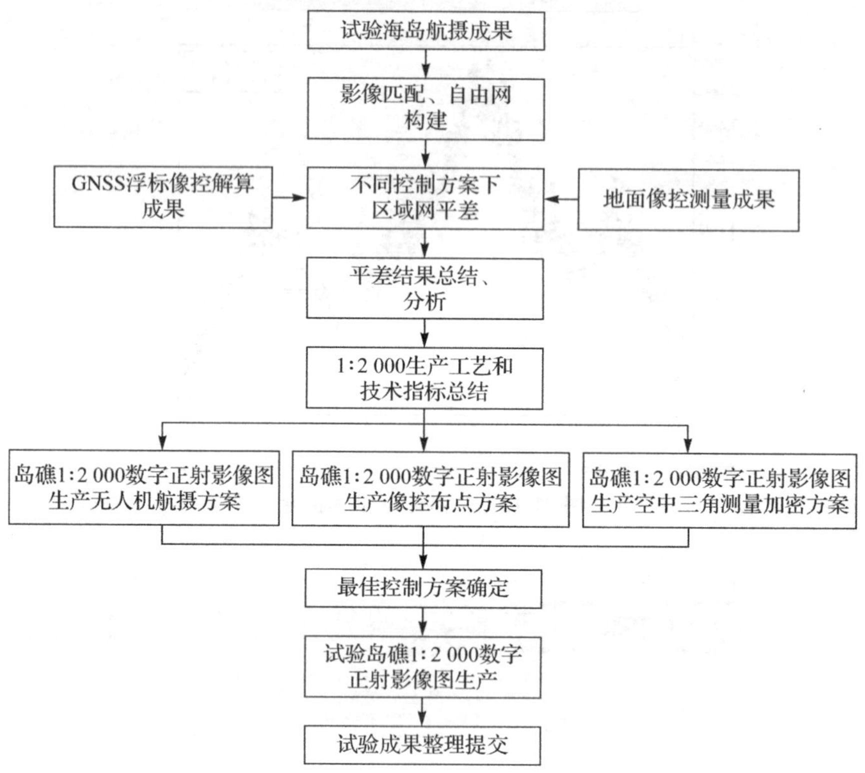

图 21.21 岛礁 1∶2 000 数字正射影像图总体技术流程

在确保岛上像点点位均正确、自由网平差在 1/3 像素时,再手工添加浮标点位。由于每幅影像中浮标位置均发生了变化,因此为尽可能减少浮标移动带来的误差,在选刺浮标控制点时,采用相邻两幅影像的浮标点作为平面控制、将隔片像对中浮标点作为高程控制分别进行选刺,并分别赋值浮标均值坐标。根据交会角越大、高程精度越高原理,浮标的高程控制坐标按像对中高程均值赋值,如图 21.22 所示。

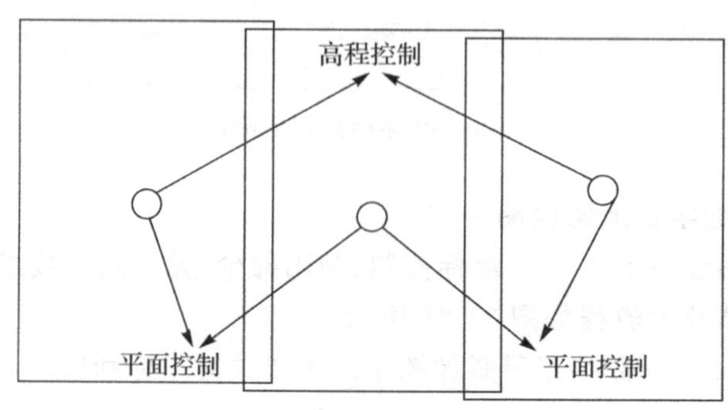

图 21.22 浮标内业量测示意

2)数据分析

本地区为丘陵地地形，精度统计分析后，进行空中三角测量加密精度评价。根据测试区不同控制点分布、数量等情况，分别按在相同测试条件下不同控制点数量、相同控制点数量情况下不同测试条件进行精度比较分析。

(1)在浮标控制数量为 0 时，即仅用陆地像控点做控制时，检查点平面随陆地控制点数量增多而变化。平面精度随陆地控制点数量的增多，采用构架航线的精度明显优于无构架航线的平面精度；当控制点达到 2 个及以上时，采用构架航线的平面精度已能满足 1∶2 000 测图空中三角测量加密一级平面精度要求。高程精度随陆地控制点数量增多而变高，控制点数量稀少，控制网结构不稳、误差分配不合理，精度并无明显提高。

(2)在浮标控制数量为 1、其余控制采用陆地像控点做控制时，检查点平面随陆地控制点数量增多而变化。平面精度随陆地控制点数量的增多，采用构架航线的精度明显优于无构架航线的平面精度；当浮标及陆地控制点总数达到 3 个及以上时，采用构架航线的平面精度已能满足 1∶2 000 测图空中三角测量加密精度要求。高程精度随陆地控制点数量增多而变高，控制网结构不稳、误差分配不合理，精度并无明显提高。但较浮标数量为 0 时，整体高程精度有一定提高。

(3)在浮标控制数量为 2、其余控制采用陆地像控点做控制时，检查点平面随陆地控制点数量增多而变化。平面精度随陆地控制点数量的增多，采用构架航线的精度明显优于无构架航线的平面精度；当浮标及陆地控制点总数达到 3 个及以上时，采用构架航线的平面精度已能满足海岛礁 1∶2 000 测图空中三角测量加密一级精度要求。高程精度随陆地控制点数量增多而变高，采用构架航线的精度明显优于无构架航线的高程精度；但控制网结构不稳、误差分配不合理，精度并无明显提高。但较浮标数量为 1 时，整体高程精度有一定提高。

(4)在浮标控制数量为 3、其余控制采用陆地像控点做控制时，检查点平面随陆地控制点数量增多而变化。平面精度随陆地控制点数量的增多，采用构架航线的精度明显优于无构架航线的平面精度；当构架航线的浮标及陆地控制点总数达到 4 个及以上时，采用构架航线方案，当浮标和陆地控制点总数达到 5 个时，采用无架构航线方案，两个方案的平面精度均能满足海岛礁 1∶2 000 测图空中三角测量加密一级平面精度要求。高程精度随陆地控制点数量增多而逐渐趋于合理，整体精度有了提高；当构架航线的浮标及陆地控制点总数达到 3 个时，高程精度可满足海岛礁1∶2 000测图空中三角测量加密三级高程精度要求。

(5)在浮标控制数量为 4，即所有浮标均作为控制，其余控制采用陆地像控点做控制时，检查点平面随陆地控制点数量增多而变化。平面精度随陆地控制点数量的增多，采用无构架航线与构架航线的精度已趋近。在仅采用 4 个浮标作为像控时，构架、无构架、差分定位、精密单点定位四种区域网方式的平面精度均能达到海岛礁 1∶2 000 测图空中三角测量加密一级平面精度要求。当浮标及陆地控制点总数达到 4 个及以上时，无构架航线、构架航线的高程精度已能满足海岛礁 1∶2 000 测图空中三角测量加密三级高程精度要求。

3)试验结论

总体而言，构架航线的总体平面精度、高程精度均要明显高于无构架航线的测区精度。采用差分定位与精密单点定位的平面、高程精度相差不大。在控制点数量少于 4 个时，区域网平差的高程精度不稳定；因浮标为动态定位、内业近似立体量测，整体点位精度不高，因此当采用少量浮标作为控制时，其余浮标作为精度检查，会引起整个区域网检查精度下降。经多种控制组合分析,浮标和地面控制点数量在3个以上时,采用构架航线差分定位与精密单点定位组合的区域网平差精度均能满足1∶2 000测图平面精度要求。

因此,综合本项目的试验目的,采用基于4个浮标控制的构架航线和精密单点定位控制组合方案进行后续的1∶2 000数字正射影像图生产,进一步通过外业检查点、已有1∶2 000数字正射影像图来评价此平差方案下进行1∶2 000数字正射影像图生产的可靠性与合理性。

通过上述指标统计分析,选取满足岛礁1∶2 000测图精度的最佳空中三角测量加密方案,即常规航线+构架航线+差分定位+4个浮标控制组合条件的空中三角测量加密成果,进行数字正射影像图生产。利用无人机航摄影像资料、空中三角测量加密成果,采用数字摄影测量系统及辅助软件,进行正射纠正—影像镶嵌裁切—图像处理等,制作数字正射影像图。工艺流程如图21.23所示。

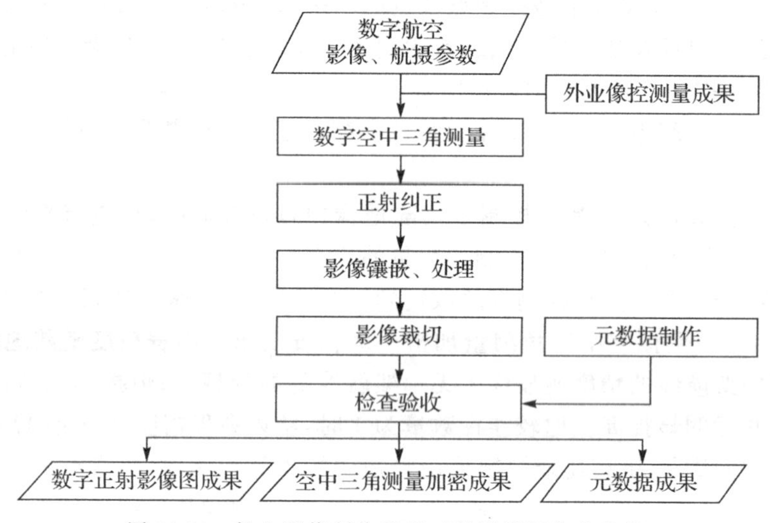

图21.23 航空影像制作数字正射影像图作业流程

采用高分辨率遥感影像一体化测图系统PixelGrid软件进行数字高程模型制作。利用原始航片结合空中三角测量加密成果进行密集匹配生成数字表面模型,并经滤波处理加上少量的人工修测即可得到高精度的数字高程模型。在数字高程模型基础上,进行影像单片正射纠正、镶嵌处理、精度检查、图面质量检查与修改、数字正射影像图拼接裁切等工作。

除了在空中三角测量加密环节进行精度检测外,本项目还利用岛上8个多余像控点作为精度检测,同时比对已有1∶2 000数字正射影像图数据,均匀选取20处地物点进行检测,影像精度评价如表21.6所示。

表21.6 影像精度评价结果

精度检测类型	数量/个	平面中误差/m	最大误差/m
实测检查点	8	1.0	2.3
影像检测点	25	0.9	1.8

经分析,在海岛边缘的影像精度较差。在自由网阶段,此部分影像大部分落水,匹配点较少,精度得不到有效控制。在测区中间、浮标控制附近,精度较好。

21.3.4　小　结

通过对长航时无人机航摄技术、岛礁陆地地面标志板布设及海上 GNSS 浮标布设、联合解算技术的研究，基于某岛礁试验区的 1∶2 000 数字正射影像图生产试验，总结岛礁1∶2 000 数字正射影像图生产无人机航摄方案、岛礁 1∶2 000数字正射影像图生产像控点布测方案、岛礁 1∶2 000 数字正射影像图生产空中三角测量加密方案，并进行对比分析。在远离大陆、无法登岛、岛上无明显地物的条件下，采用无人机双频卫星定位技术辅助航摄，并加设构架航线的前提下，通过在海岛四周布设 4 个浮标点进行区域网平差，影像生产是切实可行的，精度基本可以满足海岛 1∶2 000 数字正射影像图生产精度要求。

第22章 机载LiDAR在高精度数字高程模型制作中的应用

数字高程模型是地理国情普查中基础数据成果的重要组成部分，由数字高程模型派生形成的坡度、坡向等数据是地形地貌统计分析的基础。机载LiDAR利用高精度的激光点云测距技术，为数字高程模型制作提供高质量的数据源，为高精度数字高程模型制作奠定基础。

§22.1 项目背景

为了满足高精度数字高程模型需求，按照北京市第一次地理国情普查领导小组办公室的总体部署和设计，集中获取了全北京市的机载LiDAR资料，包括北京全市域16 410 km^2 点云数据和数字影像数据。其中点云数据平原区点密度每平方米不少于2点，山区每平方米不少于0.5点；数字影像的分辨率优于0.4 m，获取周期为2015年9月至2016年8月。

§22.2 机载LiDAR数据获取技术流程

22.2.1 技术流程

依据第一次地理国情普查《多尺度数字高程模型生产技术规定》、CH/T 8024—2011《机载激光雷达数据获取技术规范》、CH/T 8023—2011《机载激光雷达数据处理技术规范》等规定，采用经检校合格的机载LiDAR系统和数字航摄仪，对测区进行了点云数据和影像数据采集。主要技术流程可分为航摄准备、航空摄影、数据处理和精度检查，具体如图22.1所示。

22.2.2 技术要求

1. 航线设计技术要求

航线设计技术要求包含测区分区划分、航高和重叠度的选择、航线敷设设计等工作，是整个航飞过程的基础。具体技术要求如下：

(1)航摄分区。航摄分区应综合考虑测区范围内地形地貌及空域情况，考虑使用飞机，结合惯性测量装置(inertial measurement unit，IMU)误差积累指标，确定分区宽度，分区进行航摄。航摄分区要求基于激光有效距离及地形起伏等情况进行设计，基站布设及测区跨带等问题须综合考虑。

(2)航线敷设方法。针对测区，按照东西向敷设航线，特殊情况下可以南北向飞行，每个测区范围内至少设计两条构架航线，航高保持一致。

(3)检校场布设。参照《机载激光雷达数据获取技术规范》，检校场用于对机载LiDAR设备的整体检校，检校场包含平坦裸露地形，需有用于检校的建筑物或明显凸出地物，检校场内目标应具有较高的反射率，存在明显地物点，如道路拐角点等。

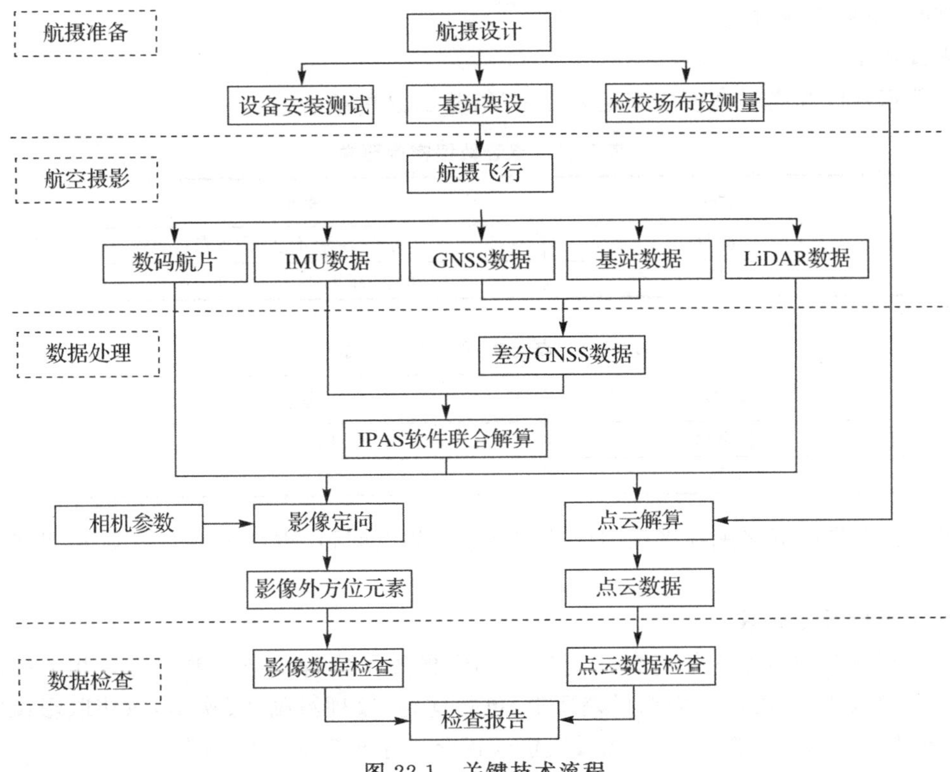

图 22.1 关键技术流程

2. 点云数据质量要求

1)检校场飞行

设备每次安装和拆卸,或设备各部件相对关系发生改变后,应重新进行检校场飞行;多架次飞行后,根据数据质量情况重新进行检校;检校场飞行满足卫星数量大于 10 颗,高度角大于 15°,选择好的观测时段,位置精度衰减因子(position dilution of precision,PDOP)值小于 4。

2)飞行质量

(1)航高保持:在一条航线内航高变化不应超过相对航高的 5%～10%,实际航高变化不应超过设计航高的 5%～10%。

(2)重叠度要求:LiDAR 点云旁向重叠度一般情况下应达到 20%,极端特殊情况下最小不得小于 13%;同时保证飞行倾斜姿态变化较大情况下,不产生数据覆盖漏洞;在丘陵山区地区,应适当加大航线旁向重叠度。

(3)覆盖要求:LiDAR 点云航向和旁向覆盖应超出摄区边界线至一个成图图幅。

(4)飞行速度:整个作业区域内飞行速度尽可能保持一致;在一条航线内,飞机上升、下降速度变化不大于 10 m/s。

(5)飞行过程:航线俯仰角、侧翻角一般不大于 2°,最大不超过 4°;飞机转弯时,坡度不大于 20°;航线弯曲度不大于 3%;飞机起飞前和飞机降落后,都应对系统进行至少 15 分钟的静态观测。

(6)补飞与重飞:定位测姿系统的局部数据记录缺失时,要补飞或重飞;根据各个设备评价指标检查是否满足要求,并决定是否补飞或重飞;原始数据质量存在局部缺陷,影响点云的精度或密度时,要补飞或重飞。

3)点云质量

点云数据密度和高程精度应满足表22.1和表22.2的要求。

表22.1 点云数据密度要求

地形	要求
平原区	每平方米不少于2点
山区	每平方米不少于0.5点

表22.2 点云数据高程精度要求

地形	要求
平原区	0.25 m
山区	0.4 m

激光点云航带间同名地物平面中误差应小于平均点间距,重叠区域的房顶、陡坡等地形匹配良好。

3. 数字影像质量要求

数字航摄仪获取的数字影像的飞行质量和影像质量应符合数字航空摄影相关标准的规定:地面分辨率要优于0.4 m;影像反差适中、色彩均匀、纹理清晰、层次丰富;获取影像能够完全覆盖点云扫描范围,其航向、旁向重叠度能够满足数字正射影像图制作要求。

1)飞行质量

(1)像片重叠度:航向重叠度一般为60%～65%,最小不小于53%;旁向重叠度一般为20%～30%,个别最小不应小于13%。

(2)像片倾斜角:一般不大于2°,最大不大于3°。

(3)像片旋偏角:一般不大于10°,最大不大于15°。

(4)航线弯曲度:一般不大于1%,最大不大于3%。

(5)航高保持:同一航线上相邻像片的航高差不大于30 m,最大航高与最小航高之差不大于50 m。

2)影像质量

影像应清晰、层次丰富、反差适中、色调柔和,应能辨认与地面分辨率相适应的细小地物影像,能够建立清晰的立体模型。影像上不应有云、云影、烟、大面积反光、污点等缺陷。确保飞机地速影响导致的、在曝光瞬间造成的像点位移一般不应大于1像素,最大不应大于1.5像素。

4. 定位测姿系统数据质量控制

定位测姿系统数据质量应满足:GNSS偏心分量不大于5 cm,惯性测量装置偏心分量不大于1 cm;卫星PDOP值不大于5;GNSS数据卫星信号不能有失锁和缺失,惯性测量装置数据需连续并与GNSS时间同步;数据联合解算偏差,平面位置不超过0.1 m,高程不超过0.4 m,速度偏差不超过0.5 m/s。

22.2.3 主要步骤

1. 航飞设备准备

为了满足测区的采集要求和工期进度,综合考虑飞机布局、航速、航高、设备安装及安全性能，并结合国内航飞资源情况，投入1架运-5飞机、1架运-12飞机作为飞行平台。其中，运-5飞机用作平原区的飞行采集，运-12飞机用于山区的飞行采集，投入2套机载LiDAR设备，分别为1套RIEGL LMS-Q780和1套Leica ALS70。

2. 差分解算基准站设置

采用邻近卫星导航定位连续运行基准站作为差分处理数据源之一，共用到13个卫星导航定位连续运行基准站。经分析，卫星导航定位连续运行基准站的分布，基本可以满足本项目的差分解算，因此将卫星导航定位连续运行基准站作为优先选择的方案，将精密单点定位作为备选方案。

3. 数据预处理

对原始数据进行解码，获取定位测姿系统数据、激光测距数据等。将同一架次的机载定位测姿系统数据、地面基准站观测数据、飞行记录数据、基准站控制点数据和激光测距数据等进行整理，生成满足要求的点云数据。

4. 定位测姿系统数据处理

在飞行区域布设卫星导航定位基准站，可采用与国家已知GNSS坐标点进行联测的方式得到基准站坐标，或收集基准站周围卫星导航定位连续运行基准站观测数据及IGS精密星历、精密钟差等相关数据，解算获取卫星导航定位基准站坐标。然后联合机载GNSS观测数据按照后处理精密动态测量模式进行处理，获取飞行过程中各时刻天线的基准坐标。通常使用多基准站数据进行联合解算，确保采用最优解算结果。通过系统检校已量测的偏心分量值，基于差分定位结果与惯性测量装置数据进行定位测姿系统数据联合处理，并生成处理报告。

5. 点云数据解算

联合定位测姿系统数据和激光测距数据，附加系统检校数据，进行点云数据解算，生产三维点云。点云数据采用LAS格式存储。

6. 航带拼接和系统误差改正

拼接航带时，不同航带间(含同架次和不同架次)点云数据同名点平面位置中误差应小于平均点云间距的1倍，高程中误差应小于规定的LiDAR点云数据高程中误差的1倍。如果中误差超限且存在系统误差，应采取布设地面控制点的方式进行系统误差改正，小于限差后，再进行航带拼接。

§22.3　机载LiDAR数据数字表面模型和数字高程模型制作流程

22.3.1　技术流程

利用机载LiDAR数据制作了数字表面模型和数字高程模型产品，技术流程如图22.2所示。

22.3.2　主要步骤

1. 航摄数据收集和检查

收集航摄分区图表和索引图、原始LiDAR记录数据、原始影像数据等资料。按照设计要求,检查提供的航摄 LiDAR 数据的完整性、点云密度等项是否符合要求。

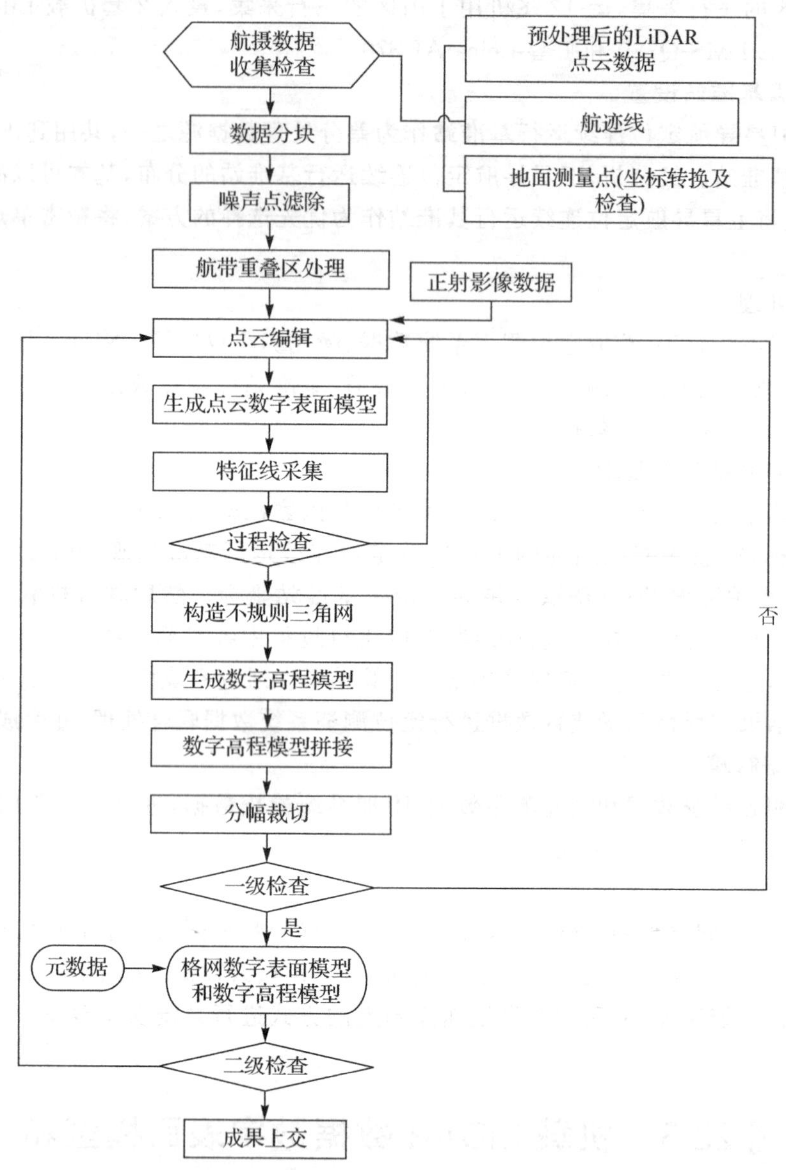

图 22.2 数字表面模型和数字高程模型制作流程

2. 数据分块

分别按确定的行列宽将平原和山区激光点云数据划分成矩形(1 000 m×1 000 m)数据块,然后将每个数据块分配给作业员进行精细的人工编辑处理。

3. 噪声点(非数字表面模型野点)剔除

飞机在飞行测量过程中,受外界因素(如风、云、雾霾、颗粒粉尘等)和内在因素的影响,高空和低于地面的位置会出现部分噪点,这些噪声需要滤除。主要分为两步:一是通过宏(macro)的运行滤除大部分噪声点;二是通过人机交互方式,人工判断每条航线的噪声点,进行第二次滤除。

4. 航带重叠区处理

航带重叠区处理是为了滤除由航带重叠而产生的冗余数据，参照航迹文件，对冗余数据进行裁切。由于不同航区间也存在航带重叠区问题，故通过运行专业软件中的宏命令，裁切出航带重叠区域的冗余数据，以便于进行数据编辑。同时，将冗余数据保存到重叠点类中，以现势性好的数据为准，进行人工重叠点云删除。

5. 非夜航数据快速正射影像制作

利用 TerraPhoto 软件，通过航摄像片、航迹、初始的相机检校文件、影像列表可同步获取原始航片，并处理成快视影像。快视影像可用于快速生成人工点云分类所用的参考正射底图。

6. 点云编辑

点云编辑包括数字表面模型点云编辑和在数字表面模型基础上的数字高程模型点云编辑。

数字表面模型点云编辑主要针对移动物体和架空管线。移动物体是指位置随时间变化的物体，如车辆、船舶、飞机等。移动物体的存在会影响数字表面模型的精度，应当滤除，并将其存放在移动物体类中。对于车辆，应重点关注道路、停车场、铁轨、居民地和商圈等区域；对于船舶，应重点关注水域、码头和造船厂等区域；对于飞机，应重点关注飞机场、飞机维修厂等区域。在点云类数字表面模型中，架空管线不做处理；在格网类数字表面模型中，电力线、通信线等横截面积小的架空管线应滤除，其他设施不做特殊处理，如管道、墩架等。

数字高程模型点云编辑包括自动滤波和人工编辑。自动滤波即自动分类，利用机载 LiDAR 数据处理专业软件，采用自动分类算法，对激光点云数据进行过滤，将植被、建筑物、电力设施等地物数据分类成非地面点数据，将地表数据分类为地面点，从而实现对地表数据的提取。在 MicroStation V8 软件中，运行 Macro 命令，分离每块数据后进行滤波，自动分离地面点和非地面点，分别归入地面点数据层和默认数据层中。人工编辑分类又称为精细分类，即利用点云分类软件对自动滤波后的地面点数据进行构建不规则三角网检查，对分类错误数据进行修正。人工编辑的目的主要是修正在自动滤波时分错的点云数据。该过程通过大量的人工干预，对数据进行逐屏浏览检查。使用不同的显示模式，通过建立地面模型、绘制断面图，检查点云分类成果，准确分出地面点云数据，保证地面点云的数据质量。在有影像地区(约占平原区 50%)，人工交互分类中需要参考实时获取的数码像片判读点云，辅助检查点云分类数据。应用 LiDAR 点云数据制作数字高程模型，从而从经过预处理的原始点云数据中分离地面点和非地面点，用地面点构造不规则三角网，生成数字高程模型。

对机载 LiDAR 点云中不属于数字表面模型的点应进行分离，并通过分类编辑存放在相应的类别中。分类编辑过程应参考相应区域同期生产的数字正射影像图或实时生成的数字表面模型晕渲图，并重点关注对移动物体、架空管线的处理。编辑方法主要包括：采用宏命令，调整参数或更换算法，进行局部区域的自动分类；采用人工编辑的方法，对分类错误的点进行重新分类。

7. 特征线采集

桥区特征线采集。参考相应区域同期生产的数字正射影像图或实时生成的数字高程模型晕渲图，通过点云分类显示、高程显示等方法，目视检查分类编辑后的点云。对高架桥区，需要增采特征线，实现桥区点云构不规则三角网，并将桥区高架桥点分入桥区层。水域的高程值应为数据获取时的瞬时水位高。在格网类数字表面模型和数字高程模型产品中，静止水域的高程应一致;流动水域的高程应与水陆边界处的地形高程关系合理,且平缓过渡。

生产格网类数字表面模型数据,需要采集特征线,处理方法与要求如下:

(1)参考相应区域同期生产的数字正射影像图或实时生成的数字表面模型晕渲图,通过点云分类显示、高程显示等方法,目视检查分类编辑后的点云,对有疑问的区域用断面图进行查询和分析。

(2)按照辅助反映地表、地物原貌信息的原则切准模型,采集带有高程信息的特征线,如道路边线、河流边线、面状水域(湖泊、水库、池塘等)范围线等。

(3)对流动水域及河流、湖泊等面积较大的无数据水体区域,应采集水涯线作为特征线。其中,流动水域的高程应根据上下游水涯线高程进行分段赋值。当点云数据无法获取水涯线高程时,应补测高程信息。

(4)不同地物类别的特征线应放置在不同的图层内。特征线在接边处应保证无缝连接。

8. 接边

检查接边处数据的高程,若高程较差大于 2 倍高程中误差,则视为超限,应返回同期生产的数字表面模型进行分类编辑。接边较差符合规定后,对于格网类数字表面模型,取同名点的高程均值作为各格网点的高程;对于点云类数字表面模型,接边处地形应过渡自然,地物应保持其真实性,不应出现明显的错位与变形。

9. 构不规则三角网

利用经过上述处理后的机载 LiDAR 点云地面点层数据和特征线数据,通过 TerraModel 软件构建不规则三角网。

10. 生成数字高程模型

将不规则三角网按规定的格网尺寸进行内插,形成间距为 2 m 格网的数字表面模型和数字高程模型产品。平原区满足 1∶2 000 比例尺精度要求,山区满足1∶10 000比例尺精度要求。数字表面模型和数字高程模型数据的精度用明显地物点相对野外检查点的高程中误差表示。精度要求如表 22.3 所示。

表 22.3　数字表面模型和数字高程模型精度要求　　单位:m

比例尺	地形类别	高程中误差		
		一级	二级	三级
1∶2 000 (平原区)	平地	0.25	0.40	0.50
	丘陵地	0.35	0.50	0.70
	山地	0.85	1.20	1.50
	高山地	1.00	1.50	2.00
1∶10 000 (山区)	平地	0.35	0.50	0.70
	丘陵地	0.85	1.20	1.70
	山地	1.75	2.50	3.30
	高山地	3.50	5.00	6.70

11. 规则分幅

利用 ERDAS 软件进行数据拼接,并按规定对数据覆盖范围进行裁切,生成 2000 国家大地坐标系 1∶10 000 标准分幅的数字高程模型成果。

接边后进行数据拼接,并按数据覆盖范围进行裁切,生成标准分幅的数字表面模型。存储数字表面模型数据时，数据的存储格式为 GRID 格式，结果如图 22.3 所示。

图 22.3　山区和城区数字高程模型结果

1)元数据制作

根据要求，制作数字高程模型成果的元数据。

2)成果上交

存储格网类数字表面模型数据时，应按照由西向东、由北向南的顺序排列，数据格式采用 GRID 格式；存储点云类数字高程模型和数字表面模型数据时，采用 LAS 格式。

§22.4　项目评价

机载 LiDAR 传感器发射的激光脉冲能部分穿透树林遮挡，直接获取高精度三维地表地形数据。数据经过相关软件处理后，可以生成高精度的数字表面模型、数字高程模型。机载 LiDAR 技术具有传统摄影测量和地面常规测量技术无法取代的优越性，因此在测绘领域得到了广泛应用。

北京市在第一次地理国情普查期间，获取了高精度的机载 LiDAR 点云和影像数据，生产制作了全市域数字表面模型和数字高程模型。该成果可辅助开展海绵城市模型构建、辅助规划设计等，成果已应用到北京冬奥会赛道辅助设计、永定河生态廊道恢复建设及 1∶2 000 地形图高程更新工作中。

第 23 章　移动激光测量技术的应用

§23.1　项目概述

移动激光测量系统是一种基于飞机、飞艇、火车、汽车等移动载体的快速新型激光扫描测量系统。该系统通常以车辆为移动载体，将激光设备安置在车顶，在垂直于车辆行驶方向上做二维扫描，通过汽车行驶方向形成的运动维，构成三维扫描系统。

针对移动激光测量系统产品研制与应用的现状，本项目于 2012 年实现了 RIEGL VZ-400 激光扫描仪和 Ladybug3 全景相机集成的“多传感器城市实景移动测量系统”。该系统总体创新思路是把仅用于三维定点激光扫描的 RIEGL VZ-400 激光扫描仪加工、改造成可用于移动扫描模式，与 Ladybug3 全景相机、惯性导航装置、GNSS 集成，开发出多源信息复合处理的软件，使之构成综合、完善、灵活适用于不同载体平台一体化激光测量与可量测城市实景的工程实用系统，实现应用需求的各项基本功能。在广州市“数字化城市管理平台深化建设之基础数据建设”项目中发挥了核心作用。

§23.2　项目指标及功能

23.2.1　系统性能指标

多传感器城市实景移动测量系统主要由惯性导航装置、定位测姿系统、GNSS、RIEGL VZ-400 激光扫描仪、Ladybug3 全景相机、里程计、工控机(笔记本)及相关后处理软件组成，为空间数据获取提供了一个移动三维信息获取与处理平台，具有机动、灵活、高效率、高精度等特点。该系统整体外观如图 23.1、图 23.2 所示。

图 23.1　多传感器城市实景移动测量系统

图 23.2　系统可整体直接安置于普通 SUV 车体后备厢

1. 激光机械光学系统技术指标

系统集成的激光机械光学系统的各项技术指标如表 23.1 所示。

表 23.1　系统技术指标

参数	指标	参数	指标
扫描视场	100°	行车方向扫描点间距	20 cm(60 km/h)
激光发射频率	300 kHz	100 m 外光斑大小	3 cm
激光扫描频率	3～120 线/秒	回波灰度等级	10 bit
光束发散角	0.3 mrad	测距精度	8 mm
激光等级	1 级安全	重复测量精度	5 mm
工作距离	2～600 m	测角精度	0.1 m rad
回波采样方式	多回波探测(4 回波)	扫描方向扫描点间距	15 cm

2. 组合导航系统技术指标

GNSS 信号良好情况下，事后差分处理水平精度达到 1 cm＋1×10^{-6} D，垂直精度达到 2 cm＋1×10^{-6} D，航向角优于 0.1°，水平姿态角优于 0.05°。输出频率大于等于 100 Hz，时间同步精度低于 1 ms，初始对准时间要在 15 分钟以内，里程计分辨率为 10 cm。

3. 系统整体测量指标及精度

系统总体的绝对定位精度优于 0.5 m。本项目还制定了移动道路测量系统检校场建立及精度测试的标准化工作机制，在广州市番禺区生物岛建立了永久性的系统检校场，并通过了由广东省测绘产品质量监督检验中心组织开展的精度测试。

4. 其他

系统整体为刚性连接，每次安装不需要重新检校，使用导轨抽拉式安装，简单、方便、高效，安装时间可控制在 2～3 分钟内，全景相机的支架可伸缩，整体可不拆卸直接安置于普通运动型多功能汽车(SUV)车体后备厢，如图 23.2 所示。系统外观采用流线型金属不锈钢壳体包装，简单大方，实现美观、紧凑、可靠的结构集成。

23.2.2　系统功能及特色

1. 系统功能

系统是多传感器集成的综合系统，其主要功能如下：

(1)以正常车速沿着道路获取目标侧面 100°的空间信息。

(2)提供激光点云的快速解算，完成惯导数据与激光数据的融合，得到高精度点云数据。

(3)提供 360°全景影像的拼接、配准，提供带有地理参考系的可量测全景影像。

2. 系统特色

(1)充分利用已有的 RIEGL VZ-400 激光扫描仪，将定点激光和车载激光互换使用，极大地节省了实施成本。

(2)将在水平方向可 360°旋转的激光用于二维扫描，在车行时可自由设置扫描旋转角，有利于深入扫描胡同内侧，减少树木遮挡，实现国外 2 台激光扫描仪才能达到的效果。

(3)常用车载激光相对精度为 1～2 cm，RIGEL VZ-400 相对精度可达毫米级，适合于对相对测量精度要求较高的项目，如道路平整度、车辙等的测量。

(4)作业距离远，在长距离模式下可达 600 m，高速模式下可达 350 m，远远超过现有车载激光。在高速公路改、扩建的项目中，在精度上可高于机载激光，在作用范围上，可替代机载激光的作用。

(5)全套设备总体重量小于 25 kg,方便搬运及装载在其他轻便载体上。

§23.3　数据采集流程

系统数据采集包括外业数据采集和内业数据处理,具体流程如图 23.3、图 23.4 所示。

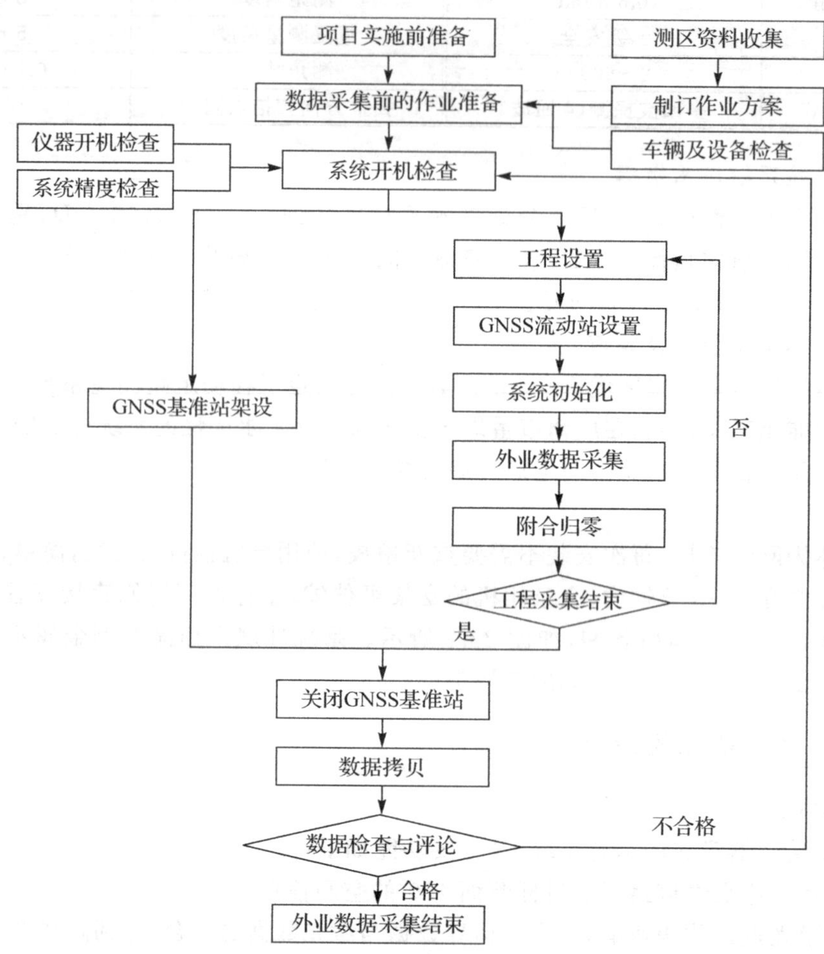

图 23.3　系统外业数据采集工作流程

23.3.1　系统外业数据采集

系统外业数据采集工作主要过程如下:

(1)开启基站,记录基站信息。

(2)设备安置、接线、安全确认。

(3)开启硬件系统。照系统硬件操作流程依次开启硬件设备,并设置好硬件的状态参数。

(4)GNSS 接收机。打开 GNSS 接收机和连接的计算机,检查设置参数是否正确。

(5)惯导设备。确认惯导初始参数设置的正确性,打开惯导状态监测界面。

(6)全景相机。开启全景相机,确定处于正常工作状态,设置当前工作的全景相机触发模式，设置全景影像存储路径。

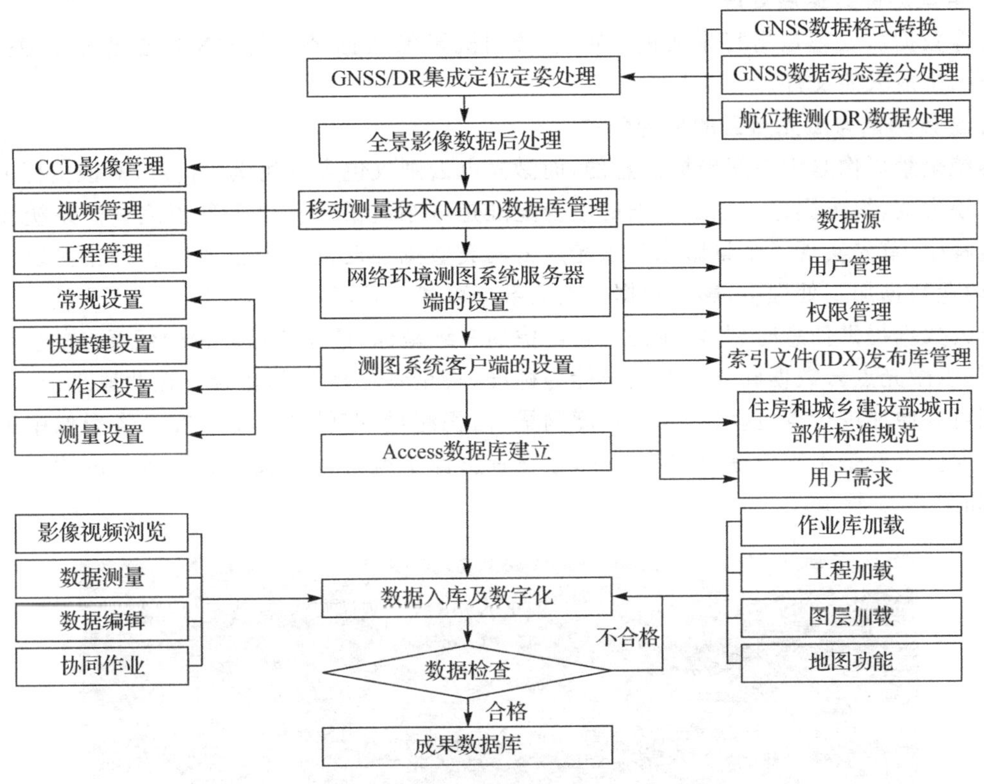

图 23.4 系统内业数据处理工作流程

(7)激光扫描仪。开启激光扫描仪，确定正常工作状态，设置当前作业的扫描模式、扫描角度、扫描速度等参数，以及激光扫描数据存储路径。

(8)系统软件启动。在硬件系统全部正常启动后，启动系统软件并对相关的参数进行设置，触发方式一般设置为每隔 5 m 触发一次。每个工程应设定起点和终点，一般情况下，一个工程的终点与下一个工程的起点应该重合。

(9)数据采集。测量车进入测区，司机按照计划路线行驶，作业人员按照规定项目内容对其进行数据采集并对影像进行保存。

在采集作业中，对出现的影响数据质量、数据完整性等的问题应及时给予记录，并填写《外业补测记录表》。

(10)采集作业完成后，将采集数据拷贝至外挂数据专用移动硬盘，依次关闭各硬件设备，最后关闭系统电源。

23.3.2 系统内业数据处理

系统内业数据主要处理包括 GNSS/IMU 集成处理、全景影像数据后处理、全景影像与激光点云的融合配准、属性采集、矢量编辑及标准空间数据转换。

1. 数据的差分后处理

将流动站的 GNSS/IMU 融合的数据与基准站采集的 GNSS 数据进行差分后处理，消去系统和环境误差,提高流动站 GNSS 测量数据的精度。

2. 全景影像数据后处理

影像数据后处理是指将采集的 360°全景相机影像数据经过与 GNSS 数据进行关联、处理、优化,生成入库文件。

3. 全景影像与激光点云的融合配准

传统全景影像是无空间坐标信息的,而激光点云则仅包含空间坐标信息,对该坐标的影像属性是缺失的,解决影像与点云数据的融合配准是本系统的关键性创新点之一。系统设备在采集过程中,首先实现了全景影像及激光点云两类数据在时间触发上的同步采集。以此为基础,在内业数据加工处理中,影像数据与点云数据可建立较高精度的配对关系。主要原理是由激光点云数据提供任意时刻、对应处全景影像的三维坐标,还原全景影像中任意点的坐标。也就是说,以激光点云数据确立的准确坐标为标准,将全景影像与其套合。在此原理上,利用辅助格网可方便地进行点位坐标采集、长度测量、面积测量、跨帧测量等。在全景影像中进行测量的最大优点就是不需要逐个实地操作,在全景影像中就可以完成所见即所得的测量,高效、安全,如图 23.5 所示。

图 23.5 影像数据与点云数据精确配准精求姿态

利用共线方程式计算点云在影像中的位置,将此 RGB 值赋予点云形成彩色点云数据。

4. 部件图层处理

属性录入要结合外业,采集属性数据库、影像数据、设计资料,以及测区收集的地形图、航空遥感影像、交通图,各类数据相互关联、相互补充,从而形成完整的部件图层数据。

§23.4 项目应用

在广州市"数字化城市管理平台深化建设之基础数据建设"项目中通过现场测绘和可量测实景影像提取相结合的方式,对花都、黄埔、南沙等建成区和重点道路约 240 km² 范围内的 7 大类、95 小类部件数据进行普查、修测、整理、集成与入库。项目应用效果如图 23.6、图 23.7、图 23.8 所示。

图 23.6 二、三维数据联动——基于可量测全景影像的市政要素提取

图 23.7 基于原始点云和全景影像实现全自动三维建模和纹理贴附

图 23.8 具备量测功能的网络版街景发布

§23.5 项目特色

基于 RIEGL VZ-400 及 Ladybug3 全景相机的多传感器城市实景移动测量系统，除了保持高精度、远距离的测量特点之外，兼顾城市实景测量车的特点，获取适合人眼视觉的全景影像，可同时适用于地面定点激光扫描、车载移动激光扫描、船载移动激光扫描等不同载体平台和应用环境。系统及相关的处理软件在广州市三维实景影像采集和城市管理部件普查(二期)、数字营区建设、带状地形图测绘、道路改扩建项目、移动道路测量与航空倾斜摄影测量整合等项目中进行了实际的应用，与传统测量手段形成了很好的互补，丰富了测绘地理信息产品的形式，延伸了测绘地理信息服务的产业链，为数字广州、智慧广州进一步的发展提供了强有力的支撑。

第24章　InSAR技术在区域地表沉降监测中的应用

InSAR技术是利用雷达波信号的相位信息获取地球表面不同时期的三维形变信息，具有以下特点：

(1)具有全天候、全天时对地观测能力，且具有较强的遥感探测能力。

(2)动态连续监测能力强。它不仅能够提供宏观的静态信息，还能够提供定量的动态变形信息，可以反映数年的地面沉降情况。InSAR的动态监测能力有助于对地面沉降机理的研究。

(3)InSAR数据覆盖范围大且全、方便迅速，一次能覆盖上千平方千米至数万平方千米范围。InSAR技术不仅可以有效地解决沉降监测中的点、线约束问题，从而将沉降监测扩展到面的范畴，还可以进行地表及大型建筑物的全方位监测，从而为城市规划、公共安全提供决策支持。

(4)成本低、效率高。利用InSAR数据可大大减少地面监测点的数量和密度。InSAR数据处理流程化，人为干预因素极少。与传统的地面沉降监测方法相比，InSAR技术在节省人力、物力、财力方面均具有较大的优势。

(5)将InSAR方法与卫星定位测量、水准测量方法相结合，可以形成点、线、面的多层次、全方位的监测方式。

因此，本章将结合某城市利用InSAR技术进行沉降监测的项目案例，介绍InSAR在城市沉降监测中的应用和优势。

§24.1　项目背景

2010年，某城市采用的监测方法主要有精密水准测量和卫星定位测量，布设了精密水准路线约400 km，监测点主要由区域内原水准控制点和地铁水准控制点组成，卫星定位监测点共布设4个，主要起基准控制和衔接作用。2010年下半年，完成了InSAR应用的小区试验。根据前期研究工作的情况，在InSAR试验基础上，补充采用InSAR技术开展项目研究区的监测工作。2011年编制完成了InSAR应用的实施方案。根据项目的进展情况，项目引入InSAR技术监测地面沉降，同时精密水准和卫星定位技术也按计划实施，进一步丰富了项目中的监测技术手段。

§24.2　技术路线

应用InSAR技术进行地面沉降监测的技术路线主要包括前期准备工作、数据质量检查、数据处理分析、地面沉降的时空演变分析、质量检验及成果提交等。

24.2.1　前期准备工作

前期准备工作主要包括技术调研、文献研究、项目的具体研究思路细化或调整、详细的项目实施计划设计，并进行工作分工安排，如图 24.1 所示。收集监测区域自然环境、地质环境资料，进行实地考察、干涉雷达影像数据获取与订购、多源基础资料收集等。为保证项目顺利开展，搜集合成孔径雷达(synthetic aperture radar，SAR)影像的同时，应收集研究区现有的地下水文资料、地质构造活动数据、水准测量数据、卫星定位测量数据。

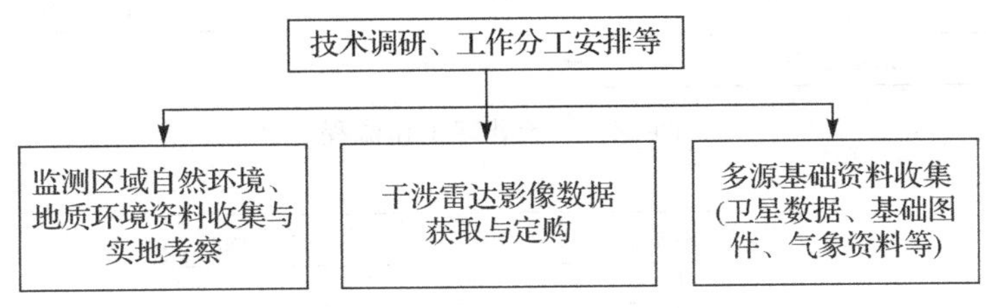

图 24.1　前期准备工作流程

24.2.2　数据质量检查

对获取到的合成孔径雷达数据应进行质量检查，检查内容如下：

(1)缺失数据的比例、受大气影响的程度、多幅合成孔径雷达数据的多普勒中心频率的一致性等。

(2)垂直基线是否超过干涉的要求、获取数据的时间基线能否满足要求，以及干涉图的相干性是否满足要求。

24.2.3　数据处理分析

1. 主影像选择

在永久散射体处理中，一般要选择一幅影像作为主影像，这是其他影像的配准对象，最终把所有参与分析的影像统一到相同的影像几何下形成影像堆叠。

2. 永久散射体选取

通过幅度分析法对所有干涉对的对应像元幅度值进行分析，一般按照幅度值方差最小的原则选取永久散射体候选对象。在此基础上，按照相位在时间与空间上的最小方差进一步提高永久散射体候选对象的质量。

3. 差分干涉和差分雷达干涉测量地面沉降反演

主影像确定后，按照常规干涉图形成的一般原理，生成主影像与符合条件的从影像之间的干涉图，把 SRTM 项目提供的数字高程模型或本地高精度数字高程模型转换到雷达影像的坐标几何下，进行初始干涉运算，建立差分干涉图，去除地形对干涉相位的影响。InSAR 数据根据小基线组合原则，形成若干个主辅干涉像对，依次进行粗配准和精配准、生成干涉图、去平地相位、去地形相位、去大气相位等处理，生成差分相位，如图 24.2 所示。

常规差分雷达干涉测量(D-InSAR)处理，是对给定基线阈值范围内的干涉像对进行组合和干涉处理，剔除低质量影像数据，认识大面域地面沉降趋势。通过不同时相的形变测量值的时间回归拟合分析,得出地面沉降的历程(为线性形变与非线性形变之和),如图24.3所示。

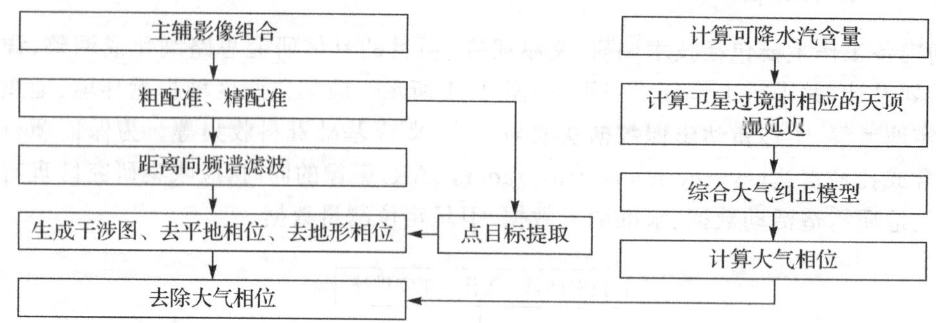

图 24.2 预处理工作流程

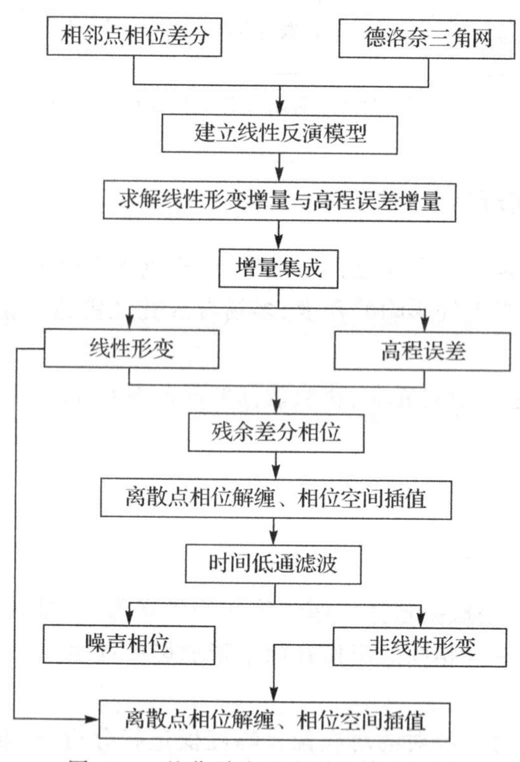

图 24.3 差分雷达干涉测量技术流程

4. 永久散射体雷达干涉测量技术

永久散射体雷达干涉测量(PS-InSAR)分析技术被认为是目前非常有效的地面沉降监测技术,它可以在很大程度上克服传统 InSAR 技术难以去除大气效应影响、无法做时间序列分析等局限。通过采用同一区域长时间序列的合成孔径雷达影像识别永久散射体(时间序列上的高相干目标点),利用“大气影响时间上不相关但空间上相关、地表变形空间不相关但时间上相关”的特性,将相位的地表形变和大气效应分离,去除大气效应对雷达波残余相位的影响,得到精确到毫米级尺度的地表形变。应用 PS-InSAR 技术监测地面沉降技术流程如图 24.4 所示。

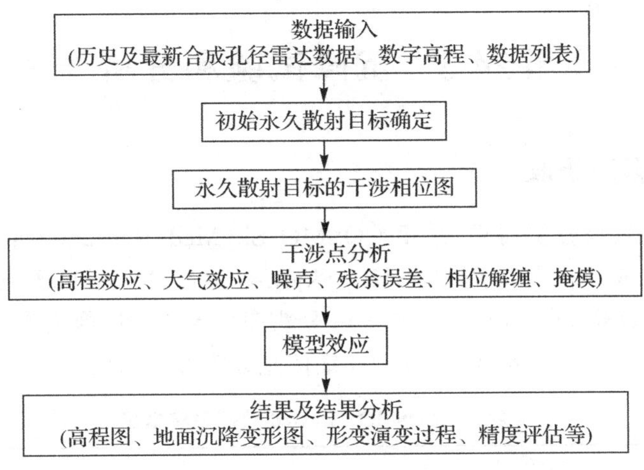

图 24.4　PS-InSAR 技术流程

利用时间序列雷达影像数据进行 PS-InSAR 地面沉降反演监测分析，主要包括数据选取和数据处理两个步骤。数据处理包括主影像选择、永久散射体选取、差分干涉和沉降分析等。

24.2.4　地面沉降的时空演变分析

利用 InSAR 地面沉降监测时间序列，分析研究区主要沉降中心的空间位置分布变化、地面沉降分布范围(面积)、沉降速率，结合各研究区其他地质、环境和监测数据资料综合分析地面沉降发展特征和发展趋势。

24.2.5　质量检验及成果提交

1. 观测数据及数据处理过程检查

(1)检查的成果应包括观测记录的存储介质及备份，内容与数量应完整无损，各项注记、整饰应符合要求。

(2)数据采集、数据处理分析应符合规范和技术设计要求。

(3)数据剔除应合理。

(4)数据处理软件应达到项目成果精度要求，处理的项目齐全，数据使用正确。

(5)数据处理及成果各项技术指标达到项目设计要求。

2. 成果的检核与评价

(1)InSAR 数据覆盖范围内同期水准资料与 InSAR 数据反演的沉降结果要进行比较、检核。

(2)项目研究区域内卫星定位监测点沉降变化量与 InSAR 数据反演的沉降结果要进行比较、检核。

(3)对 InSAR 数据处理成果进行整体评价。

3. 成果提交

(1)采用 InSAR 技术生成的地面沉降等值线图件。

(2)COSMO-SkyMed 卫星数据的处理、分析结果，应包括永久散射体位置、永久散射体平均速率、永久散射体在指定时间段里的平均速率、永久散射体随时间变化形变轨迹、相邻时间段之间的形变量和每期数据与第一期数据的累计形变量。

§24.3 沉降试验和分析

24.3.1 雷达影像获取

根据监测计划和数据分析需求，采用 COSMO-SkyMed 卫星 2009 年至2010 年的历史影像数据，2011 年 2 月、5 月、8 月应用 COSMO-SkyMed 卫星又对项目研究区域进行了 3 次数据采集。共收集了 COSMO-SkyMed 卫星 3 m 分辨率影像 41 景，像幅为 40 km×40 km，数据时间段为 2009 年 1 月至 2011 年 8 月，数据详细信息如表 24.1 所示。

表 24.1 COSMO-SkyMed 数据采集情况

参数	情况
传感器	COSMO-SkyMed
获取姿态	降轨
入射角	20°
极化方式	HH
区域面积	1 600 km^2
时间段	2009 年 1 月至 2011 年 8 月

24.3.2 其他沉降数据的整理与分析

本项目开展初期(2010 年)所采用的地面沉降监测方法主要是精密水准测量和卫星定位测量技术，项目研究区内布设精密水准路线约 400 km，监测点主要由区域内原水准控制点和地铁水准控制点组成；卫星定位监测点共布设了 4 个，主要起基准控制和衔接作用。

24.3.3 沉降数据干涉处理

应用永久散射体技术对 41 景 COSMO-SkyMed 数据进行了干涉处理，得到了每景数据间隔时间段内永久散射体的地面沉降变化量，并绘制影像覆盖范围内的沉降等值线图。

24.3.4 点位沉降量的比较

1. COSMO-SkyMed 数据比较

按照水准点的位置，沉降量的比较情况如表 24.2 所示。

表 24.2 水准点上沉降量比较 单位：mm

编号	水准沉降量	InSAR 沉降量	差值
1	−3.0	−2.0	−1.0
2	−5	−3.4	−1.6
3	−1	−3.5	2.5
4	−6	−3.4	−2.6
5	−9	−7.8	−1.2
6	−7	−3.4	−3.6

从表 24.2 可以看出，水准和 InSAR 沉降量与水准沉降量符合性较好，精度较高，均为毫米级。

2. 等值线的比较

将 COSMO-SkyMed 数据统一到一个坐标系下，并将附近 2008 年至 2010 年导线点水准成果曲线图进行叠加，形成成果。通过分析，水准监测和 COSMO-SkyMed 监测两种技术手段得到的结果基本一致，但在监测密度、精度上均存在一定差异。监测成果反映了该地区的沉降变化，由西向东沉降量越来越大，其中东北角地区沉降量最大，每年为 20～30 mm。

局部放大如图 24.5 所示，其中黑色线为永久散射体沉降等值线，灰色线为水准点沉降等值线。

图 24.5　永久散射体 2008 年至 2010 年沉降分布等值线图(局部放大)

综上所述，高分辨率合成孔径雷达数据在地面沉降监测方面与水准相比有较大优势，合成孔径雷达监测具有覆盖面积大、监测周期短、监测密度大等优点，数据处理基本可以实现自动化，节省了人力、物力，且监测精度满足要求。

24.3.5 地铁沿线沉降监测

沉降区水准点设计一般为沿城市主要道路分布,点位分布不均而且较稀疏,更新周期为一年,基本能够反映地面沉降整体情况和主要沉降中心区的分布。如果要分析重点地区和重要基础设施等局部沉降情况,还需要加密水准观测。InSAR 技术提供了一种全新的地面沉降监测手段,可以实现短周期、高密度数据采集。InSAR 数据经过干涉处理后,得到比较密集的永久散射体,同时也得到永久散射体位置在各景影像时刻的沉降量。永久散射体具有时间节点准确、密度大的特点,但是永久散射体的分布也随着干涉散射体的不同而不均匀,有些散射体会形成较密集的永久散射体,而在一些植被覆盖区域得到的永久散射体则较稀疏。因此,在地面水准点位置正好得到永久散射体的可能性较小。为了比较水准与 InSAR 监测地面沉降量的精度,以水准点为中心,提取其周边一定范围内的永久散射体沉降量,对按照上述方法得到的永久散射体进行距离加权,计算得到水准点位置的 InSAR 监测沉降量,再与水准监测数据进行比较(表 24.3 和图 24.6),分析 InSAR 监测数据的精度。表 24.3 中的数据是地铁某线沿线布设的水准监测点 2010 年 5 月至 2011 年 5 月的水准监测沉降量和 InSAR 监测沉降量。从两者的差值可以看出,InSAR 监测得到的沉降量均小于水准监测得到的沉降量,存在一个系统性的误差,差值一般都在 20 mm 以内,最大差值为 19 mm。

表 24.3 地铁某线沿线水准监测点与 InSAR 监测结果比较 单位:mm

点名	水准监测沉降量	InSAR 监测沉降量	差值
BM[6]38	−11	−6.96	−4.04
BM[6]39	−11	−7.97	−3.03
BM[6]41	−20	−13.91	−6.09
BM[6]42	−20	−13.81	−6.19
BM[6]43	−34	−27.01	−6.99
BM[6]45	−32	−23.82	−8.18
BM[6]46	−38	−32.26	−5.74
BM[6]47	−42	−37.47	−4.53
BM[6]50	−113	−108.98	−4.02
BM[6]51	−78	−58.85	−19.15
BM[6]52	−96	−77.98	−18.02
BM[6]53	−76	−72.70	−3.30
BM[6]55	−60	−46.76	−13.24
BM[6]56	−60	−51.07	−8.93

通过对地铁某线沿线水准监测量和 InSAR 监测量的比较,在没有地面辅助设施(如角反射器)参与的情况下,考虑水准复测周期长、时间节点不准确引进的误差,采用永久散射体技术得到 InSAR 监测量与精密水准的监测量符合性较好,精度在10 mm左右,能够满足项目中地面沉降监测要求。

24.3.6 InSAR 监测研究区地面沉降的发展变化

利用 2010 年至 2012 年研究区精密水准监测数据绘制了各期水准监测的沉降图,可以比较直观地看出在监测周期内区域地面沉降变化和量值。通过 InSAR 试验,InSAR 影像干涉后可以得到密度非常高的永久散射体，且各永久散射体具有各景影像获取时刻的沉降量。由于合成孔径雷达卫星重访周期较短，可以在预定的时间内实现多次观测，加之永久散射体在有些区域间距甚至可以达到米级，所以由 InSAR 技术得到的地面沉降监测信息更丰富，为更直观、更细致地反映区域地面沉降变化提供了有效手段。根据水准监测的历史资料和近期研究区水准监测成果，分析研究区地面沉降中心的发展变化和沉降速率变化，对区域地面沉降的演化进行研究。根据 2009 年 1 月至 2011 年 8 月 InSAR 监测数据，以 3 个月为一个沉降发展阶段，分析该时间段内研究区地面沉降发展演化过程。

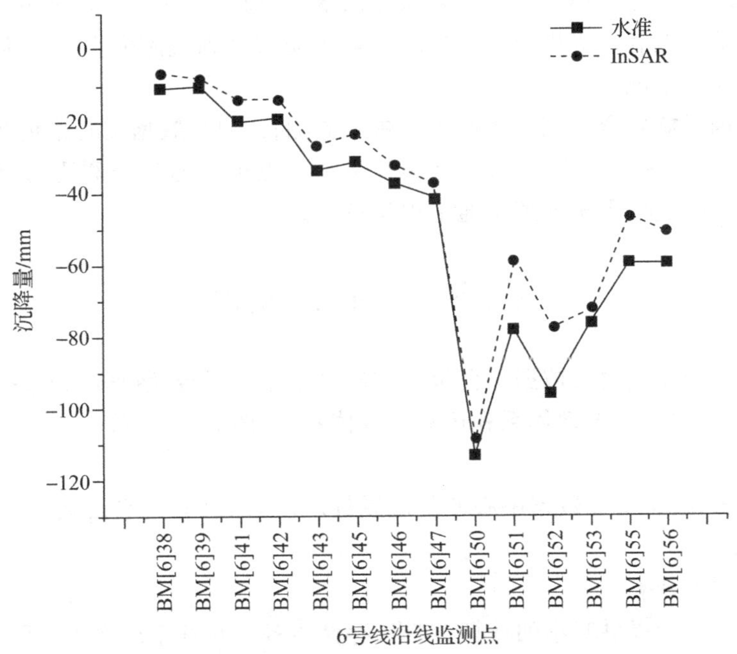

图 24.6　地铁某线沿线区域 InSAR 与水准沉降监测点比较

从以上 InSAR 监测得到的区域累计沉降变化可以看出，InSAR 监测结果与水准监测结果基本一致。由于 InSAR 监测结果分辨率更高、周期更短，故可以更加清晰地展示区域地面沉降发展过程。从监测数据上看，在 2 年 8 个月时间内，区域地面沉降最大值接近 400 mm，年均沉降速率最大值接近 150 mm，在该区域形成了一个面积较大的沉降漏斗区。

§24.4　项目评价

因为雷达卫星具有全天候、全天时、动态连续对地观测能力，所以利用 InSAR 技术开展地表沉降监测具有实用价值。

本章介绍了某城市利用 InSAR 技术开展沉降监测的工作，包括前期准备工作、数据质量检查、数据处理分析和地面沉降的时空演变分析等。通过与水准、GNSS 点的点位沉降量比较，以及对地铁沿线沉降监测、InSAR 监测研究区地面沉降发展变化的分析，介绍了 InSAR 技术在沉降监测中的具体分析结果和应用经验。

第 25 章　城市基础设施安全监测大数据平台

城市基础设施安全监测大数据平台将现代测绘、物联网、云计算、大数据等技术进行充分整合，实现对城市基础设施安全监测及安全管理工作的智能化、自动化、一体化。平台可向政府相关部门、建设单位、监测单位和社会公众提供基础设施、大型建(构)筑物的动态监测信息，为城市基础设施的安全管理提供保障。本章以重庆城市基础设施安全监测大数据平台为例，介绍平台建设及应用情况。

重庆城市基础设施安全监测大数据平台具有监测自动化、数据实时采集及传输、监测结果动态发布等特点。自建成以来，已用于重庆百余个重点项目的安全监测，如重庆国际博览中心、重庆石门嘉陵江大桥、重庆轨道交通工程建设等。

§25.1　平台设计

城市基础设施安全监测大数据平台包括基础设施服务平台、数据融合服务平台、应用软件服务和支撑平台、信息安全管理体系和运营管理体系，如图 25.1 所示。

1. 主机建设

采用专用机房、机柜搭建数据中心的基础硬件环境，部署满足平台运营所需的网络环境、存储设备、安全设备。

2. 基础设施服务平台

基础设施服务平台提供基本的计算、网络、存储服务。在这个层次上对既有的基础资源进行虚拟化，通过资源的池化，实现资源的动态分配、再分配和回收。资源池主要包括计算资源池、存储资源池、网络资源池，同时也包括软件和数据资源池。

3. 数据服务层

利用物联网、数据交换平台建立全市统一的城市基础设施安全监测信息资源中心，通过对数据进行比对、处理、融合和共享，为全市的安全运营监管和业主、管理部门的专业应用提供统一数据支撑。

4. 数据融合服务平台

数据融合服务平台主要是提供应用开发、测试和运行的平台。用户在该平台上进行应用的快速开发、测试和部署运行，依托云计算、大数据服务架构，把基础架构资源变成平台提供给用户。

5. 应用软件服务和支撑平台

典型的运行模式就是用户通过 Web 浏览器来使用因特网上的服务，只需要按需租用软件，直接应用。

6. 信息安全管理体系

针对平台，建设以高性能和高可靠度的网络、安全一体化防护体系及虚拟化为技术支撑的安全防护体系，利用云安全模式加强云端和客户端的关联耦合，保障平台安全。

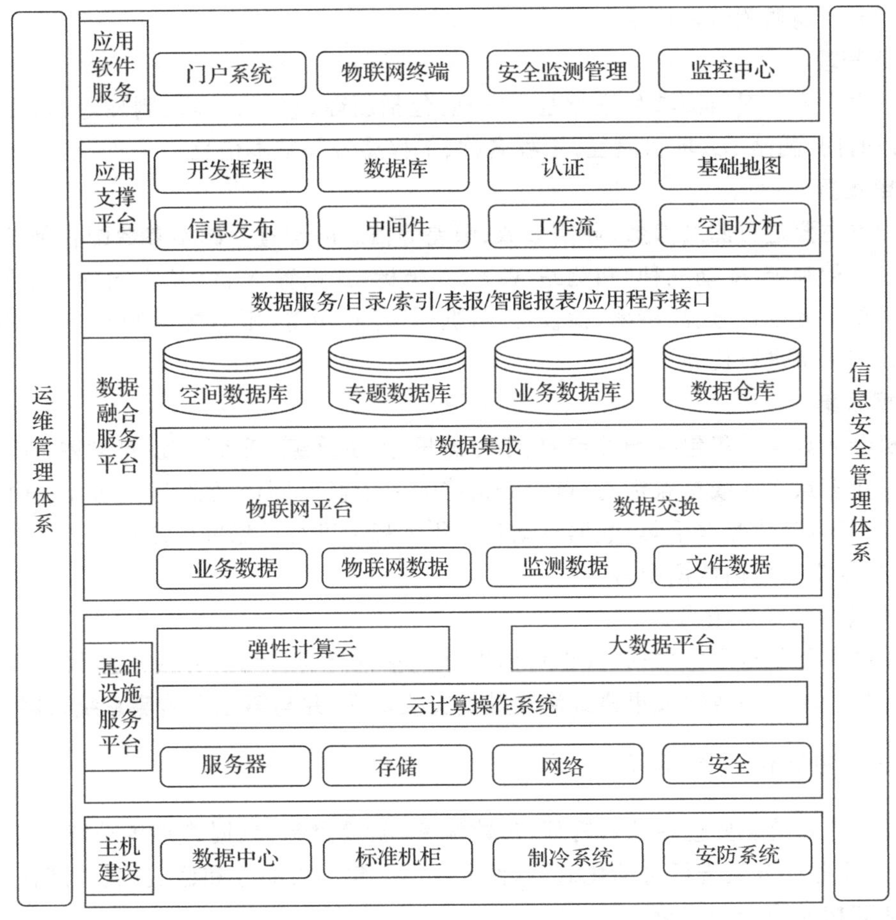

图 25.1 总体架构

7. 运维管理体系

运维管理体系包括运行维护管理和运营管理，保障平台的正常运行，提供资源管理、调度管理、监控管理等运维功能，以及业务管理、流程管理、订单管理等运营功能。

§25.2 数据采集系统

城市基础设施安全监测大数据的核心是物联网环境下的数据采集系统。目前已建设的数据采集系统包括测量机器人、智能传感器。测量机器人数据采集系统是以智能全站仪为基础，集成环境传感器、网络通信设备，实现对建(构)筑物形变参数的实时采集、计算，并发送到数据集成平台。智能传感器数据采集系统是将应力传感器、静力水准计、频率读数仪、风速风压计、土体测斜仪等传感器进行 RS485 总线集成，对建(构)筑物结构参数进行实时采集、分析，并传输到数据集成平台。

25.2.1 测量机器人系统

测量机器人数据采集系统包括项目管理、参数配置、数据采集、数据管理、成果输出五个核心功能。通过在工程现场建立自动化测量服务系统，实现 24 小时不间断监测，向安全监测大数据中心实时传输监测数据成果。

1. 项目管理

项目管理主要是对监测项目进行基本管理,包括新建、打开、编辑、删除等,以维护项目名称、创建者、时间、测站 ID、项目路径、工程名称、工程编号等基本信息。

2. 参数配置

参数配置主要进行测站参数、通信参数、限差等信息的配置。测站参数配置是设置测站类型(分为稳定、待判定、变动三种)和测站 X、Y、Z 坐标,并设置 X、Y、Z 方向的变动限差;通信参数配置主要设置串口号、波特率、检校位、数据位、停止位等;限差配置则是参照国家相关规范对测量数据成果进行检验。

3. 数据采集

测量机器人数据采集包括测站定向、学习测量、点位分组、任务配置、自动测量等环节。测站定向可采用多点定向或单点定向;点位分组将同一个监测断面的监测点划分在同一个工作组内,便于进行自动化数据采集;数据自动化采集过程中进行数据准确度校验。一个测量周期完成后,将数据实时传回数据中心。

4. 数据管理与成果输出

数据管理主要是对原始数据、成果数据进行查看、检校与计算,并对观测数据进行图形绘制与成果输出。输出的数据成果格式满足数据交换要求,并与第三方监测系统兼容。

25.2.2 智能传感器系统

智能传感器系统主要包括项目管理、参数配置、测量控制、数据管理等功能。项目设置完成后,以系统服务的方式进行自动化监测,保证数据采集的可靠性和稳定性。智能传感器系统的主要功能架构如图 25.2 所示。

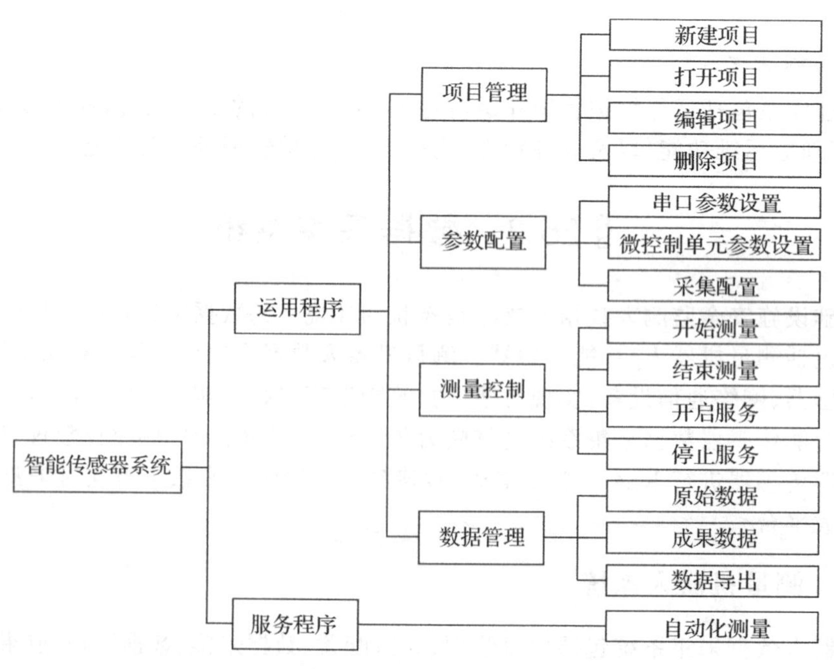

图 25.2 功能架构

1. 项目管理

项目管理主要功能包括新建项目、打开项目、编辑项目和删除项目。新建项目时设置项目名称、工程编号、主管部门、项目负责人及概略经纬度等信息。

项目建立后会出现在项目列表中，在项目列表中，单击可以打开所选项目，双击则可以对项目信息进行编辑修改。

2. 参数配置

参数配置包括串口参数设置、微控制单元(micro controller unit，MCU)参数设置及采集配置等。串口参数设置包括设置通信端口、波特率、数据位、校验方式及停止位等；微控制单元参数设置针对与工控机特定端口通道连接的采集箱，设置每台激光测距仪的设备地址、设备通道、点名及粗差探测阈值，设置完成之后通过“数据扫描”功能可测试激光测距仪能否正常采集数据；采集配置主要设置测距仪开始测量的时间及测量周期等信息。

3. 测量控制

测量控制包括开始及结束测量、开启及停止服务等功能，满足自动化测量的需要。

4. 数据管理

数据管理主要包括原始数据粗差剔除及展示(图 25.3)、数据计算及成果展示(图 25.4)、数据导出等功能。原始数据粗差剔除采用适当的算法模型和阈值设置进行，同时给相应设备发送重测指令；数据计算是对采集的原始数据进行各项改正与处理，并以图、表的形式；数据导出可将指定监测周期或起止时间的数据导出为 XML 格式文本。

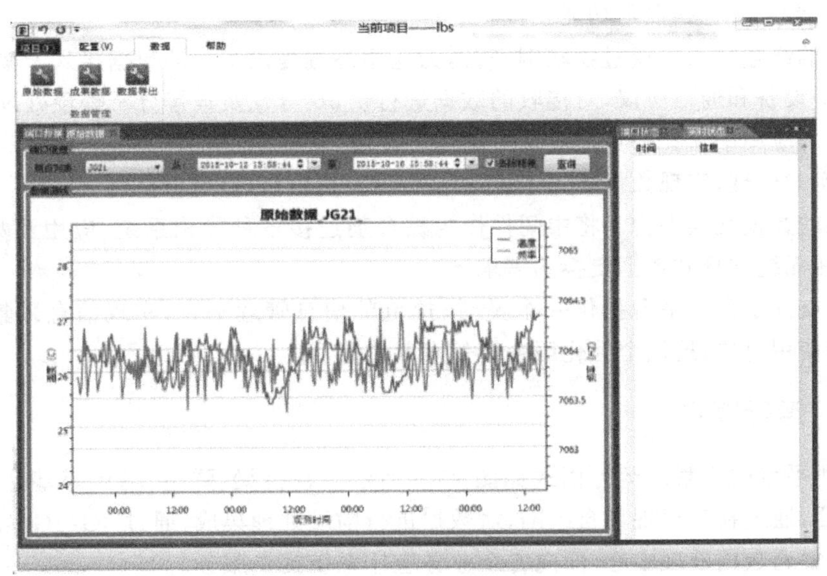

图 25.3　原始数据展示

§25.3　物联网平台建设

物联网平台是大数据平台的支撑，承担数据集成、处理、存储、服务工作。该平台以分布式架构运行，提供大量传感器并发访问接入服务，实现传感数据与业务数据的在线集成与处理。

通过该平台,可实现传感设备的自主注册、远程监控、即时通信。

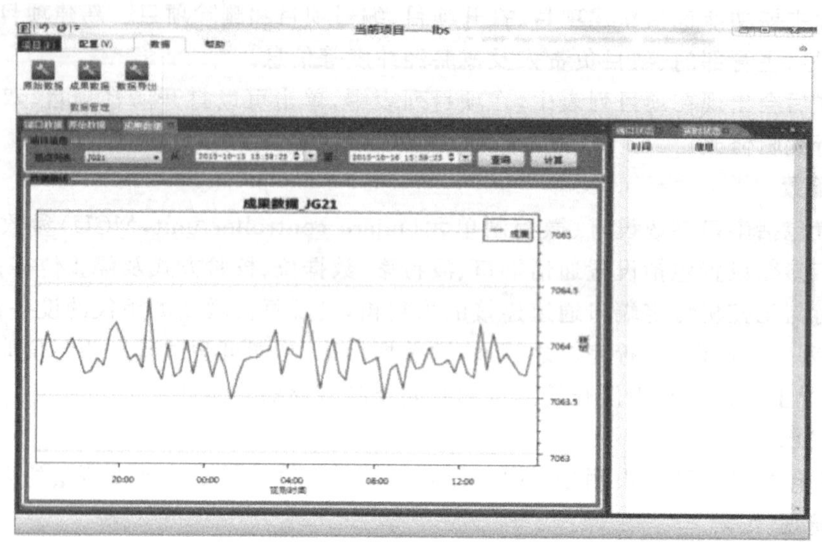

图 25.4 成果数据展示

25.3.1 平台功能

物联网平台主要包括以下功能:

(1)统一的终端接入。通过物联网平台,为应用终端提供统一的数据接入方案。数据接入支持多种通信设备和通信协议,对接收的数据进行辨识、分发及报警分析等预处理。

(2)统一的应用平台。平台提供统一的运行环境,从概念、技术、方法与机制等方面集成数据的存储与实时处理,实现数据的高效调度与处理。

(3)统一的数据交换平台。将中间件作为黏合剂连接各种异构系统、应用及数据源,满足业务系统之间无缝共享和数据交换的需求。

(4)门户支撑平台。平台提供一个灵活、规范的信息管理平台,实现信息采集、管理和搜索,面向不同使用对象,提供个性化服务和信息整合应用。

25.3.2 运行模式

安全监测平台的物联网运行模式如图 25.5 所示。在桥梁、隧道、场馆等基础设施现场布设监测传感器,通过在工程现场自组网,对数据进行前端处理集成,通过 3G/4G 无线网络进行数据传输,汇集到数据处理中心,面向各个业务应用系统提供服务。

安全监测平台的主要功能如下:

(1)基于物联网技术建立数据采集系统,将 GNSS 接收机、智能全站仪、雨量计、裂缝计、倾斜仪、压力传感器、光纤光栅传感器等监测设备按项目需求组成监测节点,形成前端数据采集系统,实现监测数据的实时采集。

(2)综合运用 WLAN、2G/3G/4G 无线网络、无线传感器网络、光纤通信等方式,在数据采集器和监测设备之间、数据采集器和数据管理中心之间,实现实时数据传输。

(3)建立海量实时数据处理流机制,充分运用云计算技术,实现数据的并发处理与控制,并综合运用假设检验、滤波跟踪、聚类分析、人工智能等方法处理数据，对传感器获取的多源异构数据进行处理和融合，实现多传感器集成，建设高效的数据处理、分析和存储体系。

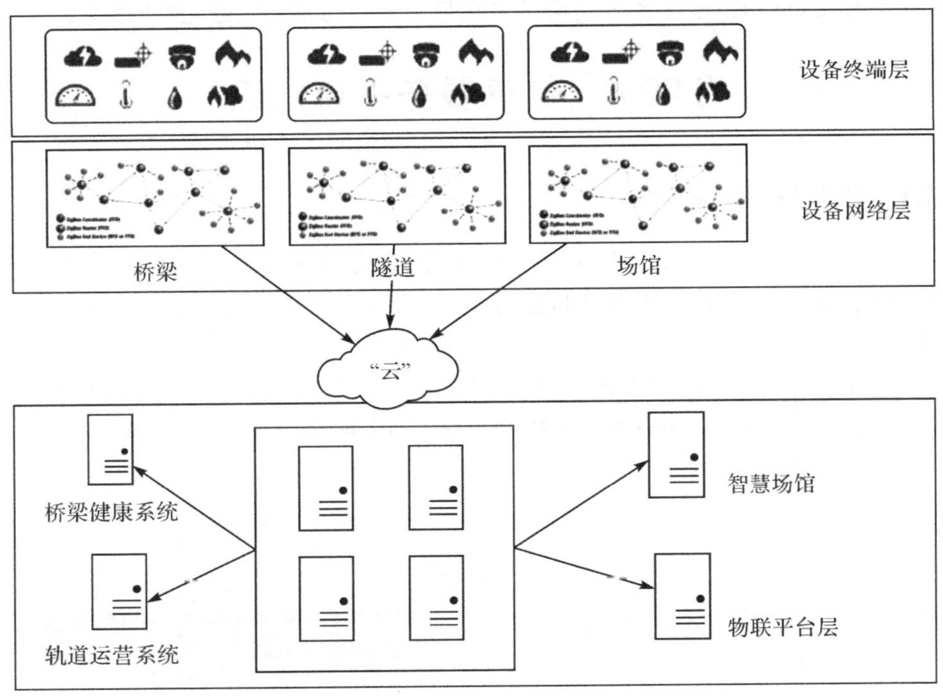

图 25.5　物联网运行模式

(4)通过建立远程监控中心，实现对工程现场传感器设备的控制，对监测数据进行管理、维护，对建(构)筑物进行虚拟可视化展示，进行实时监控和预测预警等工作。

(5)用户通过虚拟专用网链接到数据中心，实时在线了解监测对象的安全状态，并根据权限分配相应的管理、控制、处理等功能。

25.3.3　平台实现

云计算的核心思想是将计算、存储等服务托管在云环境中，基于这一理念，建立安全监测大数据平台的分布式应用系统。物联网平台分布式应用采用网络通信中间件技术框架。中间件均基于开源代码，具备同步、异步执行能力，且具备跨平台语言支持能力。目前成熟的网络通信引擎(internet communication engine，ICE)中间件主要包括 IcePack、Freeze、FreezeScript、IceSSL、Glacier、IceBox、IceStorm 等功能性组件，可提供系统程序文件、数据库存储、文件加密、订阅发布、格网计算等分布式服务模块。分布式服务由服务器端提供计算、存储、管理服务，客户通过远程过程调用(remote procedure call，RPC)完成相关操作。

随着监测项目数量的增加和客户端访问量的加大，利用网格计算可实现负载均衡，从而提供服务器集群服务，借此可极大提高数据中心的服务能力和稳定性。服务器集群服务就是在多个逻辑服务器(虚拟设备或真实设备)上注册相应的服务功能。逻辑服务器均可访问数据存储设备(磁盘阵列)，通过统一的注册节点配置对外提供服务端口映射，客户端通过访问网关端口进行服务功能调用及委托。

上述技术实现了数据库管理、信息订阅及发布等功能的分布式服务架构。数据库管理可提供项目管理、文档管理等基础性功能,供远程客户端调用。信息订阅及发布提供监控信息、预警信息的及时发布功能,远程客户端均可建立与之对应的发布主题,发布信息。

§25.4　信息服务平台建设

25.4.1　平台管理

平台管理包括平台简介、项目地图、项目管理、用户管理等部分。主页上对平台的基本功能和特点进行了简单介绍,并对现有项目进行了展示,方便用户快速直观地了解平台概况,如图 25.6 所示。

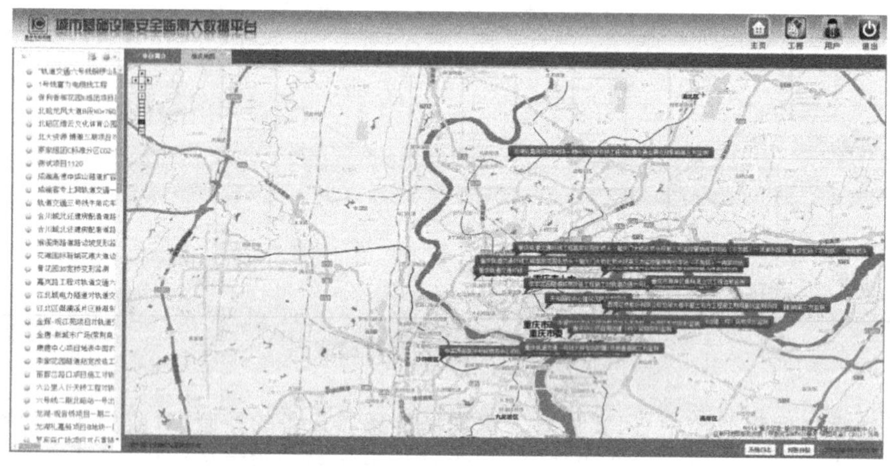

图 25.6　项目概览

项目管理包括新建项目、删除项目、项目列表和各项目的基本信息查询、更新项目信息、上传和下载项目相关资料等功能,如图 25.7 所示。

用户管理主要包括创建新用户、编辑和管理现有用户信息及分配用户权限等功能。

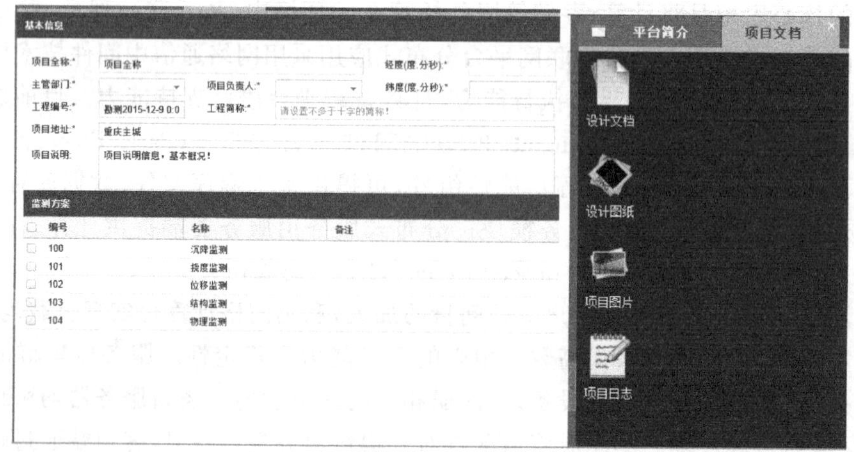

图 25.7　项目管理

25.4.2　工程管理

工程管理是平台的核心部分，包括工程维护、项目二维及三维展示、数据处理分析、预警预报、成果输出等功能模块。

1. 工程维护

工程维护主要是对工程基本信息的查询和修改。页面分为工程基本情况介绍、基本属性参数和项目基本图片信息展示三部分，如图 25.8 所示。

图 25.8　项目属性

2. 工程视图

平台提供二维矢量、三维模型两种视图类型，让用户从多尺度、多视角直观清晰地预览整个工程项目及监测点位的分布情况。

1）二维矢量展示

平台提供常用绘图软件二维矢量图形的在线浏览，如图 25.9 所示，如 AutoCAD 的 DWG 格式、EPS 的 EDB 格式等，同时具备简单的编辑和量测功能。

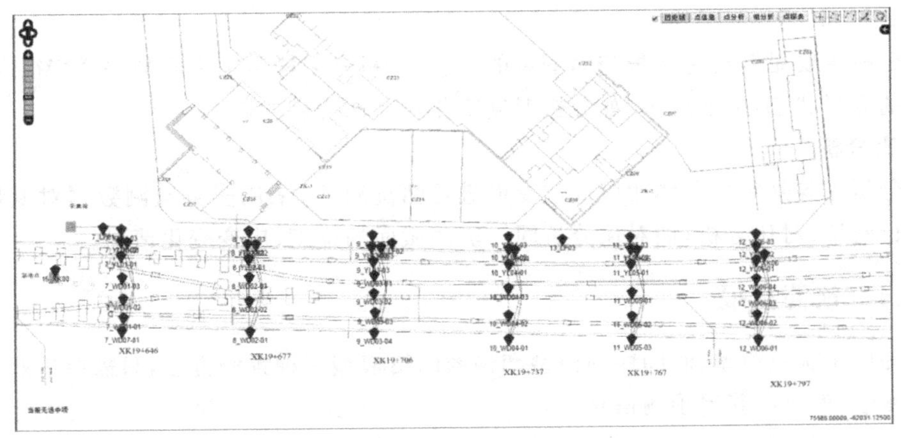

图 25.9　二维视图

2)三维模型展示

平台结合虚拟现实技术,实现了三维模型展示功能,如图 25.10 所示,用户可在线浏览、加载监测点位至模型,显示、查看各监测点的历史和实时监测数据,还提供简单的分析和量测功能。

图 25.10　三维视图

三维场景制作完成后,可以加载到服务平台,同时所有加载到视图窗口中的数据以树状信息在页面左侧显示。用户可以在服务平台通过动画查看监测点在选定时间段内的动态变化情况。另外,用户可以以自由模式、鸟瞰模式、步行模式浏览项目。

25.4.3　数据分析

平台具备对安全监测数据进行预处理、测点分析、关联分析、对比分析、平面分析等功能。

1. 数据预处理

数据采集过程中受外部环境的影响,可能出现一些异常数据。通过数据预处理能够剔除数据采集过程中的异常点,进行标准采样时刻数据的整理输出。

2. 测点分析

测点分析是对单个监测点进行统计分析、趋势分析、速率提取、统计直方图绘制等,如图25.11 所示。

3. 关联分析

关联分析主要是针对主变量与因变量的关系,分析各采样数据之间的关联特征,综合考察监测对象的变形状态、形变原因,如分析温度变化对桥面挠度的影响。

4. 对比分析

对比分析主要是对变形体相应部位变形进行情况对比,采用多类监测数据对变形体的形变规律进行验证、对比分析,如对比分析同一监测截面的挠度、应变变化情况。

25.4.4　预警预报

平台提供了灰色模型、时间序列模型和神经网络模型三种预测方法,只需要按照系统提示输入相关参数,就可以获得预测信息。

(1)灰色模型预测是通过鉴别系统因素之间发展趋势的相异程度进行关联分析,生成规律性数据序列，从而对未来趋势进行预测。

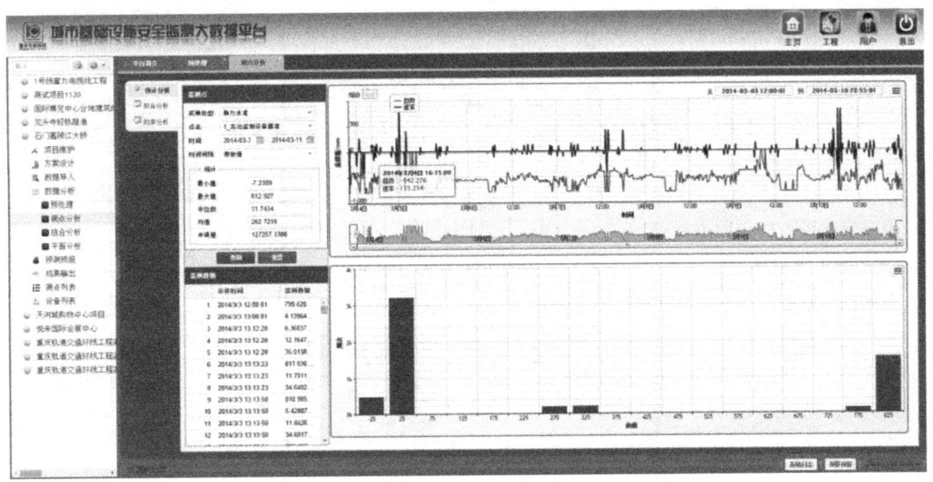

图 25.11　测点分析

(2)时间序列模型预测是根据系统观测得到的时间序列数据，通过曲线拟合和参数估计建立数学模型，从而对未来趋势进行预测。

(3)神经网络模型预测是对已获得的监测数据进行关联分析，提取变形量与变形因素之间的关系，并在此基础上对未来可能发生的变形进行预测。

25.4.5　成果输出

成果输出包括测点报告和综合报告。测点报告是针对当前测点的多期监测数据生成统一报表，综合报告是对当前工程的多个测点的监测成果进行综合报表，如图 25.12、图 25.13 所示。

平台简介　重庆地图　测点报告

单测点监测数据报表 - 龙头寺轻轨隧道 - 1_XK01

测点类型：静力水准　选择单点报表点号：1_XK01　查询结果

起零基准：NULL　起始时间：2014-3-26-23-11-40　截止时间：2014-3-29-3-31-20　生成报表

ID	测量时间	测量值_1	变化率_1
1	2014/3/26 23:11:40	0.2280	0.00
2	2014/3/26 23:21:40	0.3280	14.4000
3	2014/3/26 23:31:40	0.2280	-14.4000
4	2014/3/26 23:41:40	0.3280	14.4000
5	2014/3/26 23:51:40	0.2280	-14.4000
6	2014/3/27 0:01:40	0.3280	14.4000
7	2014/3/27 0:11:40	0.2280	-14.4000
8	2014/3/27 0:21:40	0.2280	0.0000
9	2014/3/27 0:51:22	0.2280	0.0000
10	2014/3/27 1:01:22	0.2280	0.0000
11	2014/3/27 1:11:22	0.2280	0.0000
12	2014/3/27 1:21:22	0.3280	14.4000
13	2014/3/27 1:31:22	0.2280	-14.4000
14	2014/3/27 1:41:22	0.3280	14.4000
15	2014/3/27 4:01:22	0.3280	0.0000
16	2014/3/27 4:11:22	0.2280	-14.4000

图 25.12　测点报告

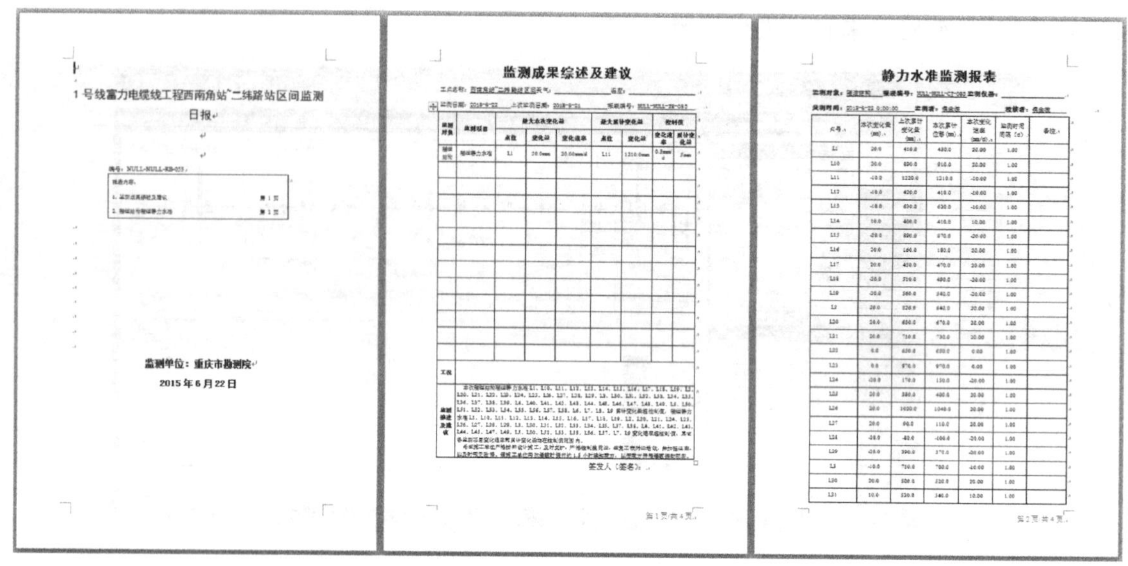
1号线富力电缆线工程西南角站~二纬路站区间监测日报

监测单位：重庆市勘测院

2015年6月22日

监测成果综述及建议

静力水准监测报表

图 25.13 综合报告

§25.5 应用前景

(1)依托物联网技术,平台实现了多源传感器数据采集的一体化,通过自主研制监测设备与技术创新,极大地节省了基础设施安全监测的硬件设备成本。

(2)以云计算、分布式存储为基础的大数据平台架构,实现了数据异地存储与有效共享,为海量监测设备在线集成、多用户并发访问提供支持。

(3)平台搭建的自动化实时监测体系极大地节省了人力、物力,可对外提供安全监测信息化服务,减少数据中心和系统平台的重复建设投资。

(4)平台具备海量数据处理分析能力,为工程项目从施工至运营各阶段提供安全监测及评估服务,有效提升了施工及运营管理效率。

第 26 章　智慧城市时空信息云平台

§26.1　项目背景

数字城市地理信息公共服务平台是依托地理信息数据，通过在线方式满足政府部门、企事业单位和社会公众对地理信息和空间定位、分析的基本要求，具备个性化应用的二次开发接口和可扩展空间，是实现地理空间框架应用服务的数据、软件及其支撑环境的总称。数字城市地理信息公共服务平台的建设与应用，能够为城市的科学发展及政府的科学决策和信息化管理提供有力支撑，可在解决城市建设中重复投入、重复建设等问题及为地理信息资源的统筹开发与利用提供现实依据等方面发挥重要作用；对于改善城市基础设施，促进产业结构调整，完善资源合理配置，优化资源、环境、人口和发展的相互关系等，都具有非常大的推动作用，为科学决策提供翔实、可靠的依据。

随着近年来智慧城市的建设，数字城市地理空间框架存在的问题也逐渐凸显，主要表现为智能化程度不高，尚不具备地理信息时空一体化、异构资源汇集的泛在实时集成共享能力，不具备地理信息基础设施即服务、数据即服务、平台即服务的泛在实时服务能力。总体上看，智慧城市更强调地理信息的动态化、实时化和对时空数据的多维表达能力，更依赖地理信息的计算服务能力而非数据提供能力。现在要求地理空间信息技术在智慧城市中的应用由静态变为动态、由时间点变为时间段、由测绘地表形态变为监测地表变化、由提供测绘成果变为报告监测信息、由提供数据使用变为提供信息服务。这是目前数字城市地理信息公共服务平台所不具备的，在此背景下，智慧城市时空信息云平台的建设也就应运而生。

本章以武汉市为例，介绍智慧城市时空信息云平台建设的情况。

§26.2　云平台总体设计

26.2.1　建设目标

智慧城市时空信息云平台主要是指利用云计算，将地理信息资源与计算资源、存储资源和网络资源进行融合，形成地理信息资源池，通过网络对用户提供服务，来满足不同用户对地理信息的个性化需求，是智慧城市的重要信息基础设施。智慧城市时空信息云平台的建设可以为“智慧城市”建设提供统一、权威、标准的时空信息共享平台和信息服务云环境，是实现城市自然、经济、社会等各种信息资源的整合、共享和应用的关键设施。

总体来说，该平台的主要建设目标是：建立跨部门、跨行业、跨网络、跨平台、高服务聚合、高重用性、高可用性、低应用开发技术门槛的共享、交换与更新的管理体制和运行机制，以及相关标准规范和安全支撑体系，并将以建成的基础地理信息数据库为框架的分布式数据库作为基础，实现市、区两级一体的地理空间信息资源服务平台互联互通和信息资源的共享；开发数据发布、共享、交换、服务的网络体系和综合服务平台,以在线服务方式为政府部门、企事业单位和社会公众提供权威、准确、现势性强的地理空间信息服务和功能服务,满足城市管理、建设和发展的各项需求,推进智慧城市建设。

具体来说,平台建设目标可分解为以下几点。

1. 建立基础设施即服务模式的地理信息集成共享云

基础设施即服务(infrastructure as a service,IaaS)是通过对各类硬件资源(计算资源、存储资源、网络资源等)的虚拟化,建立计算资源池、存储资源池和满足云计算服务与发布的网络系统,为平台运行提供高速、稳定、安全的网络硬件平台支撑。

基础设施即服务模式的地理信息集成共享云是将地理空间基础设施建设所需要的计算、存储、网络、保密安全等基础设施资源虚拟化,与地理信息数据一起封装成服务,实现空间信息资源管理与使用的剥离,实现资源动态获取和释放、按需配置、弹性分配。

基础设施即服务模式的地理信息集成共享云主要是针对个性化需求很高和应用水平也很高的用户来设计,只提供大规模地理信息集中存储、并行计算服务和标准的数据网络访问服务,不提供地理信息其他操作服务,来满足用户对地理信息数据集成共享的要求,其主要目的就是降低硬件成本。基础设施即服务模式的地理信息集成共享云只是实现数据层面的集成共享,相比而言,其地理信息使用起来灵活性最好,但使用难度也最大。

2. 建立平台即服务模式的地理信息集成共享云

平台即服务(platform as a service,PaaS)是将开发平台作为一种服务与网络用户共享。平台层运行于基础设施层之上,以软件平台为核心,为应用服务提供开发、测试和运行过程中所需的基础服务,用户可通过相应的编程模式和应用程序接口来建立应用和发布。

平台即服务模式的地理信息集成共享云是在计算设施、存储设施、网络设施和数据设施等资源池化的基础上,除了提供数据的访问服务外,还提供开发地理信息应用系统的二次开发和系统定制接口,包括与地理空间信息相关的软件开发、测试、部署、运行环境及应用程序托管等服务,通过网络向用户提供可定制、可开发的平台服务,以及各类通用的地理信息服务,帮助用户快速地按需构建与地理空间信息相关的应用和产品,为专题系统的开发提供支撑。

平台即服务模式的地理信息集成共享云主要针对个性化需求较高和应用水平较强的用户来设计,为用户提供简化的分布式软件开发、测试和部署环境,用户只要专心于应用的内容和流程,不必考虑测试、发布的资源环境,既能降低硬件成本,也能降低开发成本。平台即服务模式的地理信息集成共享云实现数据层面和应用接口的集成共享,相比而言,其地理信息使用起来灵活性较好,但使用难度也较大。

3. 建立软件即服务模式的地理信息集成共享云

软件即服务(soft as a service,SaaS)是用户不需要购买应用软件,而是向提供商租用软件,是一种面向客户的业务提供模式。该模式可以通过浏览器访问或者具有开发功能的应用程序接口允许客户调用,不需要先期投入,只需要按需付费,其要求高度整合。

软件即服务模式的地理信息集成共享云在基础设施即服务层和平台即服务层的信息技术资源及应用能力的支撑下,承载各种应用系统,可为各种时空决策应用提供强大的技术支持,以较低的资源使用成本部署高效的地理数据处理应用,提供更灵活的多样化地理信息、时空决策和应用等服务。

软件即服务模式的地理信息集成共享云主要是针对个性化需求不高和应用水平较低的用

户来设计，通过网络向最终用户提供定制好的各类软件应用服务，针对具体的应用领域提供一站式服务，其内容涵盖目录服务、数据交换服务、内容管理、门户等多个方面，其主要目的不仅要降低硬件成本，还要降低软件成本。软件即服务模式的地理信息集成共享云实现了数据层面和应用软件层面的集成共享，相比而言，其使用灵活性最差，但使用难度也最小。

26.2.2　建设思路

在智慧城市阶段，要提供时空信息服务，必须在数字城市地理信息公共服务平台基础上，集成多时相的基础地理信息和全景影像、点云等新型产品数据，建立实体化对象数据，并赋予相应时间属性，形成时空信息数据集，统一分类编码，构建时空信息数据库；在完善权威、唯一、通用的地理信息公共服务平台基础上，新增按需提供的个性化平台，扩充物联网节点定位功能与传感设备接口，增强时空分析能力；建设能够复用、计算、分析、具有云计算服务能力的软硬件网络环境。在上述条件支撑下，选择交通、规划、环保、应急和公众等领域开展具有智慧化的应用示范。

26.2.3　建设总体框架

智慧城市时空信息云平台的建设采用“共建共享”的方式，形成全市统一的、权威的、稳定的、可扩展的、可兼容的时空信息数据库和时空信息云平台，更高效地为政府各级部门、企业和社会公众提供时空信息资源服务，为全市的信息化建设、智慧城市的建设奠定基础。整个平台框架主要包括基础设施服务层、动态计算层、地理信息服务层和应用服务层。

(1)基础设施服务层。基础设施服务层利用 VMWare 软件的虚拟化技术对软硬件资源进行统一整合、管理，并提供平台自动部署配置模块简化基础云平台的安装管理。基础设施服务层能够为不同行业的业务用户提供云端宿主的工作环境。

(2)动态计算层。动态计算层包含一系列的关键技术和核心组件，通过先进的时空调度、自动扩展和负载均衡技术实现对分布式计算资源和存储资源的高效组合利用，为平台提供基础支撑服务。该层包括三种类型的基础云服务，即集群服务(计算集群和数据集群)、大影像数据处理服务和云存储服务。

(3)地理信息服务层。地理信息服务层是在基础设施服务层和动态计算层的基础上，将地理信息数据资源和平台资源进行深度整合，可面向用户直接提供各种类型的地理信息服务，为用户开发地理信息业务系统提供支持。这些地理信息服务主要包括地图资源服务、空间查询服务、空间处理服务三种类型。地理信息服务层为用户提供了统一的平台开发接口，使用户在平台上能够完成与业务系统建设相关的各项工作，包括资源服务发布、身份认证管理、应用搭建部署等。

(4)应用服务层。应用服务层是基于地理信息服务层，围绕国土、规划、地质、环保等行业的各部门搭建的上层云业务应用服务，包括智慧规划、智慧工地、智慧教育、智慧税务等。所有的应用服务都支持桌面端、Web 端、移动端等多种终端访问，能够满足不同行业建设对各种应用模式的需要。

26.2.4　数据库建设

与传统的空间数据库不同，立足于智慧城市应用的时空信息数据库应是一个基于统一时空基准，以时间、位置为纽带动态关联事物或事件的多时态、多主题、多层次、多粒度信息的全息图。它包含二维和三维、地上地下、室内室外、历史实时、静态动态等信息，能够挂接其他行业部门的共享业务数据,如表 26.1 所示。

表 26.1 时空信息数据库建设内容

序号	数据内容	数据格式	存储模式
1	线划地图	时空瓦片数据	瓦片
2	影像地图	时空瓦片数据	瓦片
3	地名地址数据	地名地址字典库	矢量
4	三维地图	时空三维服务	三维模型
5	全景地图	时空全景地图服务	全景影像/瓦片
6	人口数据	时空数据	矢量
7	土地登记数据	时空数据	矢量
8	房屋权属数据	时空数据	矢量
9	规划审批数据	时空数据	矢量
10	规划核实数据	时空数据	矢量
11	管网设施数据	时空数据	矢量
12	市政设施数据	时空数据	矢量
13	交通路网数据	时空数据	矢量
14	社会经济数据	时空数据	矢量
15	地理国情数据	时空数据	矢量
16	地质矿产数据	时空数据	矢量
17	过江 ETC 数据	空间大数据	矢量
18	通信类数据	空间大数据	矢量
19	视频监控传感器数据	视频数据	视频文件

26.2.5 平台建设

智慧城市时空信息云平台建设采用最新的信息技术——云计算搭建而成,从根本上改变了地理信息系统的建设模式,即从传统的地理信息系统建设模式转变为“云 GIS”平台模式,实现了基础设施资源的共建共享。这里的资源不仅包括服务器、存储、网络等物理资源,同时包括操作系统、数据库、地理信息系统软件平台等软件资源。

平台的建设充分参考了国家测绘地理信息局 2015 年 10 月印发的《智慧城市时空大数据与云平台建设技术大纲》,其总体技术架构如图 26.1 所示。

为了能够充分利用基础设施资源,为国土规划、地质、环境等行业的业务应用提供稳定的时空信息服务支持,智慧城市时空信息云平台的建设基于数据中心构建整体的虚拟化资源池,由基础设施云管理系统进行统一管理和调度。

除了基础设施云环境外,需要基于传统的物理架构构建时空信息数据库。具体内容以现有的城市框架基础数据为主,参照技术规范,通过数据扩充、添加时间属性及数据重组,实现从基础地理信息数据到时空信息数据的升级。通过时空数据库管理系统,实现时空信息数据的成果入库,确保成果数据的高效存储、管理。在此基础上,发布时空信息云服务。智慧城市时空信息云平台根据不同类型时空信息云服务的应用需求,可构建不同计算规模、不同计算性能 ArcGIS 集群,并由“云 GIS”服务运维管理系统进行统一规划和弹性调度管理,同时可以直接面向有需要的业务用户提供宿主的 ArcGIS 平台环境。

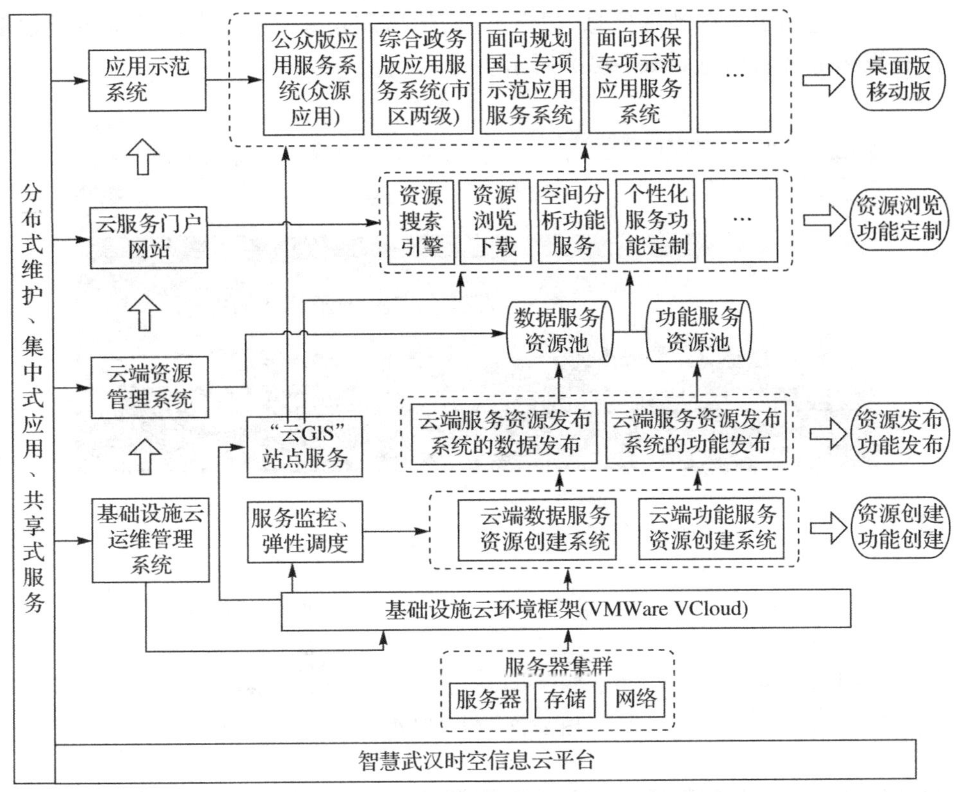

图 26.1　智慧城市时空信息云平台及应用示范总体技术架构

云服务门户对时空信息云服务进行统一的注册、管理、共享，并面向业务用户提供在线的个性化工作平台和业务建模平台，可满足用户业务定制的需求。依托个性化工作平台，在智慧城市时空信息云平台提供的云环境下，建设多个示范应用。

§26.3　应用案例

以下就智慧城市时空信息云平台面向国土规划专项示范应用的案例"三规修编基础信息平台"进行举例说明。

"三规修编基础信息平台"是为了高水平地完成"三规"(城市总体规划、土地利用总体规划和综合交通规划)修编工作而建，统筹其他规划编制对现状信息的综合需求，兼顾信息共享的统一需求，按照"数据有标准、生产有流程、任务有分工、使用有规则"的原则，实现共享内容由数据到服务的转变、共享方式由数据汇交向网络在线的转变、共享手段由文件共享向数据云的转变，从宏观、中观及微观等多层面，建立数据种类能全面涵盖规划所需、数据信息能权威反映全市发展状况、数据生产能实现全员共建、数据服务能实现共享的现状数据库和基础服务平台。该平台能真正消除各数据生产单位分割形成的"信息孤岛"，解决丰富的地理信息资源共享困难和综合利用率不高的局面。

该平台的具体实现可以概括为三个部分：一个门户网站，两个资源池，三个管理环节。

(1)一个门户网站是针对专业用户及公众建设的信息门户网站，其开放数据资源条目，提供搜索服务，重点包括了基础地理信息、国情普查、地质调查等规划编制所需的各类地图服务、文本、图片和视频等现状信息，如图 26.2 所示。

图 26.2　门户网站

(2)两个资源池分别是数据资源池和功能资源池。数据资源池提供数据的搜索、浏览和下载服务。平台提供了对地理信息数据、文本数据、图片和视频等数据的关键字搜索服务；用户可对平台提供的所有数据进行浏览；对需要离线处理的数据可向数据生产部门申请下载。功能资源池是根据规划编制的需要，在线提供数据分析和挖掘服务。目前平台已集成九大类功能服务，具体包括专题图制作、叠加分析、聚合分析、缓冲区分析、密度分析、数值统计、范围汇总统计、关键字过滤查询、空间查询，如图 26.3、图 26.4 所示。

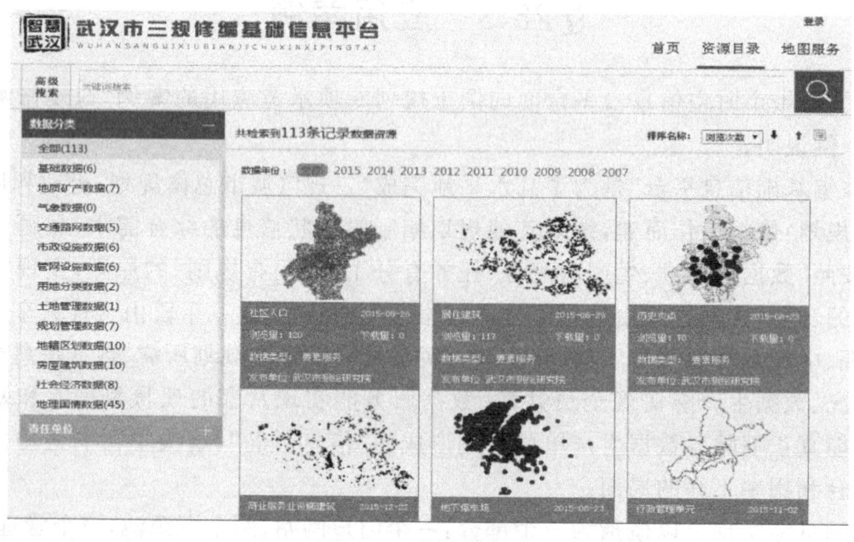

图 26.3　数据资源池

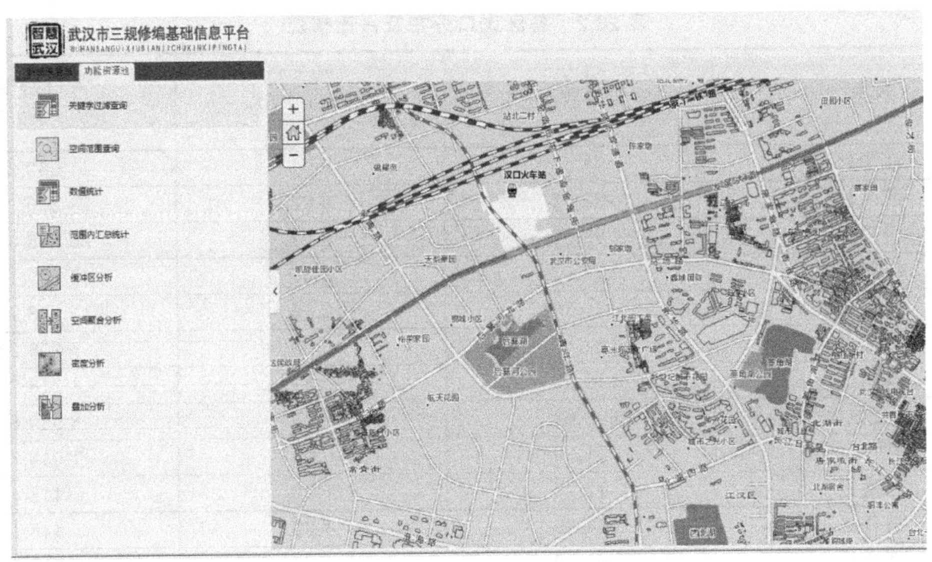

图 26.4　功能资源池

(3)三个管理环节，即建、管、用三个环节，主要表现为平台用户角色的管理，包括管理员、数据发布者、普通用户三类。管理员拥有平台的最高权限，包括用户和角色设置、数据发布、数据浏览和数据下载等；数据发布者可以发布数据服务，同时能够对自己发布的数据进行下载审批；普通用户可以浏览数据并申请数据下载。平台通过授权式管理，实现了“三规”数据的共建共享和数据访问的分析统计，如图26.5 所示。

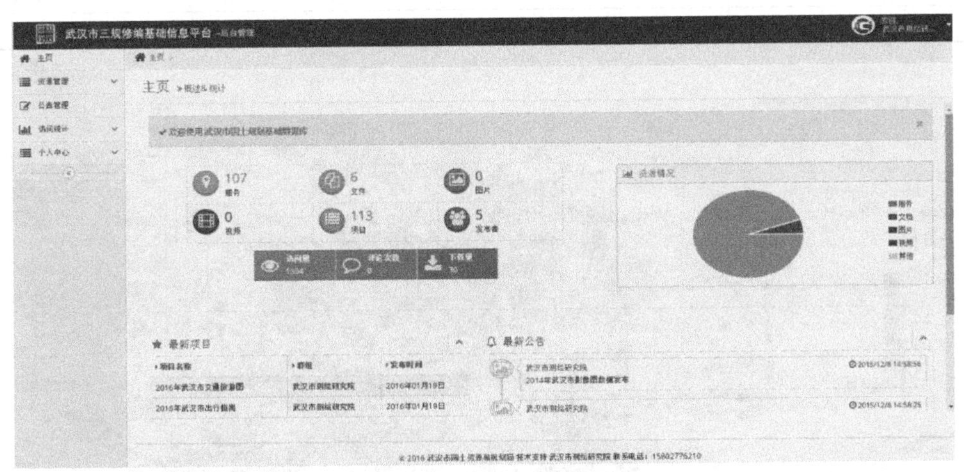

图 26.5　系统后台的管理

在具体应用过程中，该平台的实现能够针对不同规划专题进行各类现状数据的统计评估，下面分别以人口分布和土地分类的评估应用为例进行说明。

(1)人口总体规模分布分析。通过调用平台功能资源池提供的叠加分析、范围内汇总统计、密度分析等功能，使用人口数据及行政区划数据，能够分析得出表 26.2 的结论，并且能够根据人口数量的分布情况，在平台中直接进行人口数据分布专题的制作，如图 26.6 所示。

表 26.2 各区人口分布及占比情况

区名	总人口数/万人	人口占比/%	人口密度(人/千米^2)
江岸区	93.69	9.01	11 562.23
江汉区	72.02	6.92	23 200.32
硚口区	85.52	8.22	20 848.00
汉阳区	57.93	5.57	5 709.19
武昌区	126.16	12.13	15 988.76
青山区	52.83	5.08	5 206.27
洪山区	112.53	10.82	4 716.26
中心城区	600.68	57.75	8 950.88
东西湖区	51.99	5.00	1 048.71
汉南区	12.76	1.23	448.40
蔡甸区	44.69	4.30	448.10
江夏区	67.30	6.47	403.04
黄陂区	91.39	8.79	407.24
新洲区	88.35	8.49	613.64
新城区	356.48	34.27	499.87
武汉经济技术开发区	23.09	2.22	2 119.03
武汉化学工业区	4.39	0.42	642.09
东湖高新技术开发区	48.36	4.67	1 047.79
东湖风景区	6.89	0.66	856.86
功能区	82.93	7.97	1 149.74
全市	1 040.09	100.00	1 220.22

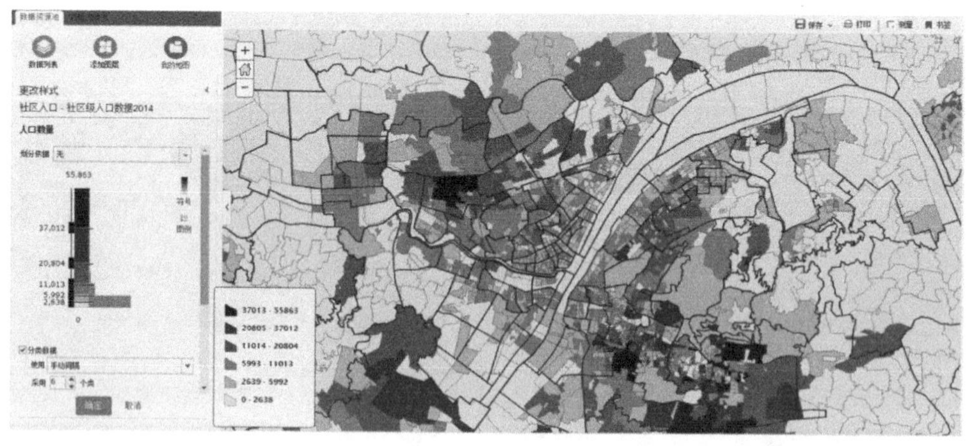

图 26.6 人口数据分区专题的统计

(2)城镇建设用地分类情况统计。通过平台功能资源池提供的范围内汇总统计、数值统计等功能,使用城镇建设用地数据,能够分析得出表 26.3 的结论,并且能够根据城镇各类建设用地总量,在平台中直接进行城镇建设用地情况分类专题的制作,如图 26.7 所示。

表 26.3　城镇建设用地情况一览

区域	用地代码	用地分类	用地总量/km²	各类用地占比/(%)
都市发展区	R	居住用地	227.8	30.7
	A	公共管理与公共服务用地	87.9	11.9
		教育科研用地	(38.6)	(5.2)
	B	商业服务设施用地	37.8	5.1
	M	工业用地	197.2	26.6
	W	物流仓储用地	21.8	2.9
	S	交通设施用地	102.0	13.7
	U	公用设施用地	27.3	3.7
	G	绿地与广场用地	40.1	5.4
	F1	批而未建(主城区存量)用地	44.8	
	小计		786.7	
农业生态区	城关镇城镇建设用地		25.4	
	其他镇城镇建设用地		33.3	
	小计		58.7	
城市合计			845.4	

注:都市发展区内的批而未建(主城区存量)用地(F1)不参与用地占平衡计算。

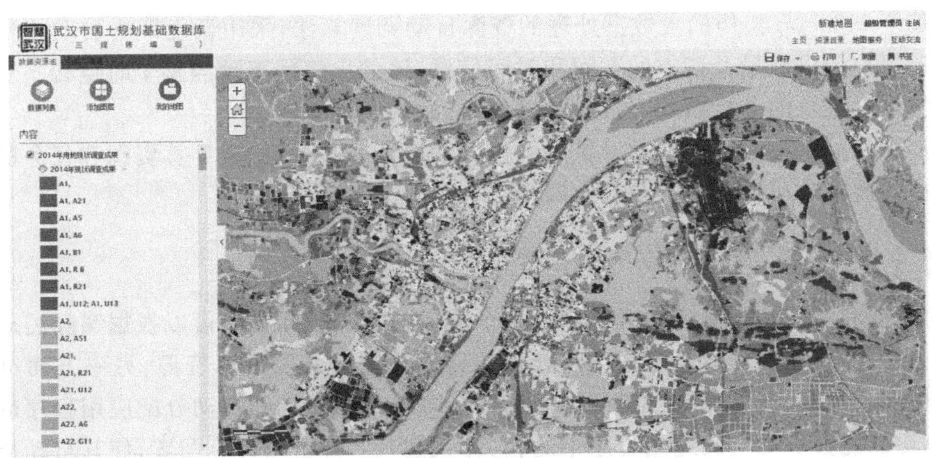

图 26.7　城镇建设用地分类专题

§26.4　关键技术实现

为了更好地支持智慧城市时空信息云平台的建设,本项目在以下四个前沿方向对其建设的关键技术进行集中研究实现。

26.4.1　基于时空的计算资源调度策略

云计算一个很重要的特点就是通过虚拟化技术无缝整合在物理空间分布的计算资源,并将这些计算资源提供给在物理空间中分布的用户,使这些用户在任何时间、任何地点都可以快速地获取所需要的计算资源或者服务。该特点决定了云计算与计算资源调度的联系是密不可分的,主要可归纳为:存储计算资源在空间上是分布的,对用户是透明的;用户在空间上是分布的,对云计算平台是透明的;资源的调度使用在时间上是分布的,对云平台也是透明的。

对于一个智慧城市时空信息云平台的常规搭建,只要搭建好硬件环境和软件环境即可,如服务器、存储、网络、操作系统、虚拟化软件、应用软件等。然而这种忽视具体用户需求的云平台无法实现时空分布性能的最优化。例如,某个客户请求一台虚拟机资源,虽然有一个计算中心离该用户更近,但是如果不考虑空间分布,那么该云平台很可能从离客户较远的计算中心提供虚拟资源。又如,工作日上午有较多用户集中访问,导致资源紧张,供不应求,服务器响应速度降低,而其他时间段则较少客户访问,平台处于空闲状态。因此,空间和时间分布处理方式直接决定了平台的性能水平和服务质量。

为了最大限度优化平台性能,同时降低平台能源耗费,平台建设提出了时空计算资源调度策略。该调度策略以时空分布原则为基础,除了考虑硬件环境的时空分布和负载之外,还结合了用户实际的空间分布和用户计算资源调用的时间分布。具体来说,平台建设采用研究路线为:将整个时空云平台部署在 N 个空间分布的中心,形成 N 个子云区,每个子云区负责提供相应的计算、存储和数据资源。

(1)用户在请求资源时,根据用户的空间位置和所请求资源的空间位置,计算出最优的资源获取路径。

(2)基于 Hadoop 架构的大数据处理的资源自动调度算法,采用调度策略自动搜集服务器负载状态、用户请求数量及请求的空间和时间信息,该信息将用于预测整个时空云平台的资源使用模式,以及用户的分布模式,从而动态调整资源的调度算法。

(3)基于相关时空云计算基础以扩展虚拟机动态迁移技术,结合计算资源和任务的时空特性,实现在微观物理机层面的资源有效调度。

26.4.2 自动扩展和负载均衡技术

自动扩展和负载均衡是实现云计算的两个关键技术。自动扩展可以根据实际需求增减计算资源。一方面可以保证运算时提供足够多和高效快捷的并发计算资源,另一方面可以保证计算资源的实时动态调整调度。负载均衡可以在多个应用实例间自动分配应用程序的传入流量。负载均衡能够自动检测应用程序中的相关问题实例,并更改计算配置,使其自动指向应用完整正确的实例,直到问题实例恢复正常为止。智慧城市时空信息云平台建设通过以下步骤的实现来解决自动扩展和负载均衡中的挑战:

(1)建立一个云的计算资源和成本模型。在这个模型中,首先估计潜在资源需求和最佳使用方法,然后使用一个评估模型来建立可能的云解决方案。

(2)初始化解决方案。基于云的计算资源和成本模型开发,采用一个高度自动化的咨询工具。该工具根据用户的需求和约束条件过滤云解决方案,并且评估和提供最佳解决方案。

(3)建立一个云的实时监测系统。该系统通过云服务的应用程序接口实时对云平台里的各种资源进行监测。

(4)根据云的实时监测系统动态调整自动扩展和负载均衡策略机制。此策略机制会动态调整计算资源在各种应用服务中的调度。运用此策略可在不同可用区域的一个或者多个中启用负载均衡,以提高应用程序性能响应的一致性。

(5)建立平台动态调整机制。对于某些计算资源要求较高的应用需要,可以通过调整优先级来调整分配更多计算资源以供使用。

26.4.3　云环境下的服务链组合策略

在智慧城市时空信息云平台中,绝大部分功能与资源以服务的形式被集成封装,通过集成服务通用接口,被分布的系统和用户所调用。因此,如何有效地将分布集成的各种功能和资源服务组合成一个高效的服务链,对整个平台的应用性能起着关键作用。在该平台中,基础设施、数据和服务一般由分布在不同位置的不同机构进行管理,如果能将这些分布的服务与资源协同组建为应用服务链,同时实现稳定的工作流闭合环,那么该平台的应用效率将会大大提高。该平台建设采用如下关键技术:

(1)开发基于云的服务链组合引擎。基于现有的链引擎进行内容扩展,计算资源将作为一个重要的服务链节点,集成到服务链引擎中。

(2)提出基于云的服务链优化算法。在现有的服务链优化算法的基础上,延伸并集成服务链在云环境下的特性(如动态计算资源、时空分布规律等),最终提出一套针对云环境下的服务链优化机制,并进一步提高服务链的运行效率。

(3)系统集成。全新的服务链引擎、模型和优化算法将代替传统的服务链模块,集成到时空云服务平台中,提高服务链和整个云服务平台的运行效率。

26.4.4　云环境下的分布式时空大数据管理

时空信息数据包含大量的地形地貌、遥感影像、三维建筑物模型等,因此云平台的建设涉及关于地理大数据管理应用的研究。大数据通常包含几方面的特征:数据类型多,数量体量大,数据来自不同地点的不同部门,访问权限不一致。面对地理大数据,普通的硬件系统已经无法满足其对空间容量及存储性能的需求。而云平台则可以通过虚拟化、弹性管理及动态调度等云计算技术在网络的基础上组成分布式的环境,以提供“无尽”灵活的存储和计算能力。因此,该平台的建设为高效地管理和分析地理大数据提供了可能性。在该平台的设计过程中,对以下几方面展开了关键技术研究:

(1)针对智慧城市时空信息云平台的数据特征,进行全面试验,对比关系数据库和分布式文件系统(hadoop distributed file system,HDFS)两种不同存储方式之间的优缺点,从而确定哪些大数据可以用分布式文件系统进行存储。

(2)开发基于分布式文件系统存储的大数据索引机制,从而实现高效存储和数据访问。通过有效的时空索引机制,并且定义合适影像的分割粒度,减少 Hadoop 架构读取文件时的寻址开销和索引文件的读取时间。

(3)研究云环境下大数据同步技术,保证数据用户随时随地可以在不同存储设备上获取相同的数据。根据需要,研究并测试不同的备份方式,如本地备份、异地备份、EBS 备份和非 EBS 备份。

(4)分析和总结在时空地理数据应用中已有的用户数据访问,确定访问在时间及空间上的规律。而后,利用这些时空规律,确定不同数据内容需要在哪些子云中心中进行备份存储(EBS 或者非 EBS 备份),以便提供最近的用户访问,提高数据访问的效率。

§26.5 应用评价和展望

智慧城市时空信息云平台的建设为现有信息系统和即将建设的平台提供统一的地理空间支撑,构建了城市权威、唯一和通用的时空信息云平台,实现了全市地理空间信息的统一集中管理和集约利用,为智慧城市建设提供坚强的基础支撑,基本满足城市运行、管理、服务对地理信息的智能化需求,为智慧城市建设提供及时有效的地理信息服务。

现今智慧城市建设已经从概念研究迈向实践探索,国家也在大力推动智慧城市的建设。智慧城市正在成为城市转变经济发展模式、改善人们生产与生活方式、推进社会管理创新的新手段和新途径。

武汉市时空信息云平台作为智慧武汉建设的关键一环,对于促进城市的运行和管理、服务的自动化和智能化起着至关重要的作用。结合武汉的发展现状、经济状况及今后的发展方向建立起的武汉市时空信息云平台,推动了整个城市的进步,完善了城市的公共服务,这也是智慧城市时空信息云平台的要义之一。

今后应加大应用力度,以时空大数据和智慧城市时空信息云平台为基础,深化在国土资源、城市规划、城市管理、警用平台、防灾减灾、公共安全、市场监管、旅游服务等重点领域的应用,推动在智慧交通、智慧医疗、智慧教育、智慧社区等民生方面的智能化服务,进一步优化城市管理服务质量。

参考文献

陈桂龙,2014.测绘地理信息:打造智慧基础平台[J].中国建设信息(5):16-19.

丁科,任宏伟,2016.工业厂房室内管线综合设计与研究[J].工程建设与设计(2):30-32.

杜福光,张亚南,2015.基于云计算的智慧唐山时空信息平台数据库构建[J].测绘工程(11):59-63.

郭军,2014. POS数据辅助的多角度影像自动空三转点方法[D].长沙:中南大学.

李成名,李兵,2013.从数字城市走向智慧城市[J].地理空间信息(a01):8-10.

宁津生,王正涛,2012.2011—2012 测绘学科发展研究综合报告(下)[J].测绘科学,37(4):5-12.

盛业华,郊达志,1995.GIS 环境下空间要素的制图综合方法[J]. 测绘通报(3):26-30.

宋炜炜,2015.基于时空信息云平台的空间大数据管理和高性能计算研究[D].昆明:昆明理工大学.

宋文平,杨志强,计国锋,等,2015. 匹配地面街景的倾斜摄影全空间信息恢复研究[J]. 测绘通报(S1):187-191.

谭仁春,李鹏鹏,文琳,等,2016. 无人机倾斜摄影的城市三维建模方法优化[J]. 测绘通报(11):39-42.

谭仁春,姚岚,2015.城市三维快速建模方法探讨[J].测绘科学(5):136-138.

陶迎春,郑国江,杨伯钢,2013.三维城市地下管网规划辅助系统研究[J].测绘通报(10):95-98.

王建强,钟春惺,江丽钧,等,2014. 基于多视航空影像的城市三维建模方法[J]. 测绘科学(3):70-74.

王露,王志坚,高祥涛,等,2015.水利地理信息云平台的探讨[J].水利信息化(5):6-10.

温全,成天乐,苏泽亚,2016. 基于 STM32 和 OV2640 的自主循迹四旋翼飞行器设计[J]. 微型机与应用(22):105-107.

杨海军,李营,朱海涛,等,2015. 无人机遥感技术在环境保护领域的应用[J]. 高技术通讯(6):607-613.

杨远丰,蔡晓宝,2011.三维管线综合设计实践与技术探讨[J].建筑技艺(2):154-159.

张必胜,李朝奎,周启,2006. 空间信息源的多尺度地形图智能化缩编方法与应用[J]. 地球信息科学学报,15(2): 217-224.

张海鹰,张新长,康停军,2011.面向城市规划的虚拟景观建设方法的探讨与应用[J].测绘通报(3):29-33.

郑国江,陶迎春,杨伯钢,2012.三维 GIS 在地下管网管理中的应用研究[J].北京测绘(10):26-29.

朱庆,2004.三维地理信息系统技术综述[J]. 地理信息世界(3):8-12.